高职高专"十二五"规划教材

# 炼铁原理与工艺

## （第 2 版）

王明海　主编

夏玉虹　陈　聪　副主编

北　京

冶金工业出版社

2022

# 内 容 提 要

本书是高职高专"十二五"规划教材。全书共 13 章，主要内容包括：高炉冶炼对原燃料的要求，高炉冶炼的产品和主要的技术经济指标；高炉冶炼基本原理；高炉工艺操作；特殊矿石冶炼；非高炉冶炼等。

本书为冶金类职业院校教材，也可作为钢铁企业职工培训教材或相关专业的技术人员参考。

**图书在版编目（CIP）数据**

炼铁原理与工艺/王明海主编 . —2 版 . —北京：冶金工业出版社，2012.7（2022.6 重印）

高职高专"十二五"规划教材

ISBN 978-7-5024-5969-7

Ⅰ . ①炼…　Ⅱ . ①王…　Ⅲ . ①高炉炼铁—高等职业教育—教材　Ⅳ . ①TF53

中国版本图书馆 CIP 数据核字（2012）第 134559 号

**炼铁原理与工艺（第 2 版）**

| | | | |
|---|---|---|---|
| **出版发行** 冶金工业出版社 | | **电　话** | （010）64027926 |
| **地　址** 北京市东城区嵩祝院北巷 39 号 | | **邮　编** | 100009 |
| **网　址** www. mip1953. com | | **电子信箱** | service@ mip1953. com |

责任编辑　俞跃春　谢冠伦　美术编辑　彭子赫　版式设计　葛新霞
责任校对　王贺兰　责任印制　李玉山
北京富资园科技发展有限公司印刷
2006 年 1 月第 1 版，2012 年 7 月第 2 版，2022 年 6 月第 3 次印刷
787mm×1092mm　1/16；24 印张；584 千字；370 页
定价 **49.00** 元

投稿电话　（010）64027932　投稿信箱　tougao@cnmip. com. cn
营销中心电话　（010）64044283
**冶金工业出版社天猫旗舰店**　yjgycbs. tmall. com
（本书如有印装质量问题，本社营销中心负责退换）

# 第 2 版前言

本书于 2006 年 1 月出版以来，受到高职高专、职业技术院校和读者的欢迎和好评。为了适应钢铁冶金工业的发展，满足冶金职业技术教育的需要，在广泛征求兄弟院校和使用企业的意见，总结多年教学实践经验基础上，本着吐故纳新、与时俱进的原则，对本书进行了修订再版。

本书的修订是根据炼铁生产工艺过程的特点，同时参照冶金行业职业技能标准和职业技能鉴定规范，依据冶金企业的生产实际和岗位群的技能要求进行的，力求紧密结合现场实践，注意学以致用，体现以岗位技能为目标的特点，各章节内容选材均来自工程实际，在叙述和表达方式上力求做到深入浅出，直观易懂，能使读者触类旁通。

本书第 1 章由山西工程职业技术学院王明海编写；第 2 章由四川机电职业技术学院夏玉虹、山西工程职业技术学院薛方编写；第 3、4 章由山西工程职业技术学院陈聪编写；第 5 章由山西工程职业技术学院任中盛编写；第 6、13 章由山西工程职业技术学院薛方编写；第 7 章由四川机电职业技术学院夏玉虹、太原钢铁公司于强编写；第 8、10 章由太原钢铁公司张爱国编写；第 9 章由山西工程职业技术学院陈名樑编写；第 11 章由太原钢铁公司于强编写；第 12 章由山西工程职业技术学院程志彦编写。

本书由王明海担任主编，夏玉虹、陈聪任副主编。

由于编者水平所限，书中不妥之处，敬请广大读者批评指正。

编　者
2012 年 4 月

# 第1版前言

根据教育部《面向21世纪教育振兴行动计划》提出的实施职业教育课程改革和教材建设规划，教育部全面启动了中等职业教育国家规划教材建设工作。为完成"职业技术院校三年制钢铁冶炼专业整体教学改革方案"的研究工作，全国钢铁冶炼课程组成立了研究与开发项目领导小组，借鉴加拿大CBE模式进行实践与探索，主持完成了"钢铁冶炼专业岗位群DACUM能力图表的开发及各专门化方向技能分解"，并在此基础上完成了三年制钢铁冶炼专业指导性教学计划及各主干课程教学大纲的开发工作。以上工作经研讨修改、补充、完善后，均顺利地通过了教育部组织的专家审定。

《炼铁原理与工艺》是职业技术院校钢铁冶炼专业的主干专业课程之一。

本书是根据教育部钢铁冶炼专业《炼铁原理与工艺》课程教学大纲编写的，按照炼铁生产工艺过程的特点，全书共分为13章，第1章为高炉炼铁简述，介绍了高炉冶炼对原燃料的要求，高炉冶炼的产品和主要的技术经济指标。第2~7章为高炉冶炼基本原理，第8~11章为高炉工艺操作，第12章为特殊矿石冶炼，第13章为非高炉炼铁。教材内容是根据炼铁生产的实际情况和各岗位技能要求确定的。本书注重职业技术教育的特点，强调了理论联系实际和现场的应用，便于学生掌握炼铁生产工艺的基本知识，对从事炼铁生产工作的技术人员，高炉炼铁值班工长有一定的参考价值。

本书第1、11章由山西工程职业技术学院王明海编写；第2、7、12章由四川机电职业技术学院夏玉虹编写；第3章由河南工业学校高军编写；第4、13章由河南工业学校曹季林编写，第5章由河南工业学校郭绍彬编写；第6章由山西工程职业技术学院陈名樑编写；第8、9、10章由长治钢铁公司炼铁厂冯宏斌编写。

本书由山西工程职业技术学院王明海任主编，四川机电职业技术学院夏玉虹任副主编。北京科技大学王筱留教授审阅，并提出了许多宝贵意见，在此表示衷心的感谢。

由于编者水平所限，书中不妥之处，敬请广大读者批评指正。

编　者
2005年7月

# 目 录

# 0 绪 论

## 0.1 钢铁工业在国民经济中的地位和作用

钢铁工业是国民经济的基础工业，钢铁产品在各类原材料中用途最为广泛。当今世界的文化和经济的发展与钢铁生产有着非常密切的关系，它对国家工业化和国防现代化建设具有举足轻重的作用。

钢铁工业对国民经济的发展之所以意义重大，其主要原因是钢铁材料具有很好的物理性能和化学性能。铁硬而脆，其应用受到一定限制，但将铁炼成钢，其用途就非常广泛了。钢除了有高的强度和韧性外，还能获得特殊的性能，如不锈、耐酸、抗磁、耐高温等。钢铁均可以铸造，具有良好的机械加工性能，可以满足现代化机械设备制造的各种要求。此外，在地壳的组成中，铁约占4.2%，仅次于氧、硅和铝居第四位，同时含铁矿物比较集中，开采和加工也较容易，所以和其他金属相比，铁的制取产量大，成本也较低。总之，钢铁作为基础材料，迄今为止还没有任何材料可以取而代之。

## 0.2 世界钢铁生产的发展状况及我国钢铁生产概况

纵观世界发达国家的工业化过程，在国民经济发展的初期和中期阶段，都把钢铁工业增长的速度置于国民生产总值增长速度之上，把钢铁工业作为带动整个经济发展的战略产业。20世纪产业革命以后，世界钢产量迅速增长，钢铁企业日益扩大，优质钢与合金钢比例增大，钢产量成为反映一个国家综合国力的标志。1945~1970年，世界钢铁工业仍处于高速发展阶段，平均每年增长率为6.3%。

1970年以后，世界钢产量增长缓慢，停滞不前。1987~1996年出现了十年徘徊，世界粗钢产量在750Mt左右波动，产生这一现实的背景是：(1) 工业发达国家钢铁产量已达到社会所需的饱和值，日本人均钢材消耗量已达680kg/a，美国已达660kg/a；(2) 两次石油危机造成能源短缺，钢铁工业必须再降低能耗才能盈利，这促使钢铁生产流程、工艺进一步革新，传统全流程钢铁企业处于萎缩状态；(3) 20世纪90年代世界格局发生变化，冷战时期军备竞赛告一段落，出现"和平与发展"的新阶段，高新技术发展要求钢铁工业从"产量型"向"质量型"转化；(4) 有色金属及合金、陶瓷材料、塑料、复合材料的发展一定程度上取代了钢材。

我国的钢产量2001年已经超过了152Mt，2003年年产量为220Mt，2005年年产量为349Mt，2007年年产量为489Mt，2009年年产量为568Mt，2010年年产量为627Mt。2010年全球钢产量达到1414Mt，可见我国钢产量约占全球钢产量的一半。我国拥有庞大的钢铁产能。目前，钢铁生产已由过去的重产量、抓速度，转到重质量、抓品种、节能降耗、提高经济效益的发展轨道上来，我国钢铁行业还面临巨大的淘汰落后产能和节能减排压力，"十二五"期间，国家对钢铁行业将实行能源消费总量控制。我国的钢铁工业正稳步健康地向前发展。

## 0.3 我国炼铁工业发展历史及成就

我国是世界上用铁最早的国家之一。

我国古代冶炼技术有过辉煌的历史。早在 2500 年前的春秋战国时期，就已生产和使用铁器，逐步由青铜时代过渡到铁器时代。公元前 513 年，赵国铸的"型鼎"就是我国掌握冶炼液态铁和铸造技术的见证。而欧洲各国直到 14 世纪才炼出液态生铁。

冶炼技术在我国的发展，表现了我国古代劳动人民的伟大创造力，有力地促进了我国封建社会的经济繁荣。欧洲的冶炼技术也是从中国输入的。但是，到了 18 世纪，特别是腐朽的清王朝，冶炼业同其他行业一样发展非常缓慢。与此同时，欧洲爆发了工业革命。19 世纪，英国和俄国首先把高炉鼓风动力改为蒸汽机，使冶铁炉的规模不断扩大。不久英国又用高炉煤气把鼓风预热，逐渐产生了现代高炉的雏形。当高炉生产向着大型化、机械化、电气化方向发展，冶炼技术不断完善的时候，中国却正处在落后的封建统治时代，发展迟缓，一直到 19 世纪末，不得不转而从欧洲输入近代炼铁技术。现代炼铁是钢铁生产中的重要环节，这种方法是由古代竖炉炼铁发展、改进而来的。尽管世界各国研究发展了很多新的炼铁法，但由于高炉炼铁技术经济指标良好、工艺简单、生产量大、劳动生产率高、能耗低，这种方法生产的铁仍占世界铁总产量的 95% 以上。

1891 年，清末洋务派领袖张之洞首次在汉阳建造了两座日产 100t 生铁的高炉，迈出了我国近代炼铁的第一步。之后，先后在鞍山、本溪、石景山、太原、马鞍山、唐山等地修建了高炉。1943 年是新中国成立前钢铁产量最高的一年（包括东三省在内），生铁产量1.8Mt，钢产量 900kt，居世界第十六位。后由于战争的破坏，到了 1949 年，生铁年产量仅为 250kt，钢年产量 160kt。

新中国成立后，我国于 1953 年生铁产量就达到 1.9Mt，当时超过了历史最高水平。1957 年生铁产量达到了 5.97Mt，高炉利用系数达到了 1.321，我国在这一指标上跨入世界先进行列（美国当时高炉利用系数为 1.0）。1958 年生铁产量为 13.64Mt，1978 年突破了 30Mt；1988 年达到了 60Mt，1993 年生铁产量为 80Mt，跃居世界第二位，1995 年生铁产量为 100Mt，居世界第一位。1998 年生铁产量为 120Mt。2000 年生铁产量为 130Mt。2002 年生铁产量为 171Mt，占世界产量的 28.17%。2006 年生铁产量为 402Mt，2010 年生铁产量为 590Mt。

20 世纪 90 年代以来，我国炼铁工业取得了巨大的成绩，主要表现在：

（1）精料取得较大的进展，入炉品位提高一般已达到 58.5%，好的还在 60% 以上。炉料结构日趋合理，即以碱度 1.75 ~ 2.0 的高碱度烧结矿与酸性料（富矿或球团矿）搭配，促使我国球团矿生产发展，不仅有竖炉焙烧球团矿，而且年产 1 ~ 2Mt 的链算机——回转窑球团矿生产成为主要生产工艺。

（2）高炉利用系数 $\eta_V$ 达到国际水平，全国重点钢铁企业炼铁技术经济指标：高炉有效容积利用系数达到 2.60t/（$m^3 \cdot d$）。

（3）高炉喷吹煤粉全国重点钢铁企业均达到 149kg/t(2010 年) 的国际先进水平，宝钢高炉已达到 200kg/t 以上、平均焦比 369kg/t 以下、喷煤最高 260kg/t 的世界先进水平。

（4）高炉大型化和装备水平取得进展，2010 年全国重点钢铁企业共有 1000$m^3$ 以上大型高炉 206 座。其中 1000 ~ 1999m³ 高炉 116 座，2000 ~ 2999m³ 高炉 57 座，3000m³ 以上高炉 33 座，宝钢 4966m³ 高炉、首钢曹妃甸 5500m³ 高炉、沙钢 5800m³ 高炉等特大型高炉相继建成投产。新建或大修高炉采用铜冷却壁，球墨铸铁冷却壁和钢冷却壁，采用节能节水的软水密闭循环冷却，高炉操作现已进入分段实现计算机智能控制和专家系统。

# 1 高炉炼铁简述

## 1.1 钢铁联合企业中的炼铁生产

钢铁生产可分为炼铁、炼钢和轧制三个阶段，钢铁生产过程由矿石到钢材又可分为两个流程，如图 1-1 所示。

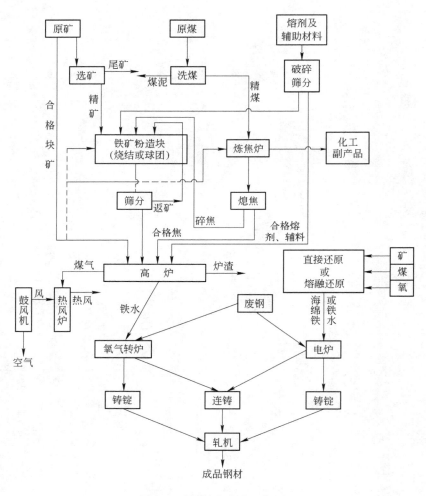

图 1-1  钢铁生产流程框图

一种是高炉-氧气转炉-轧机流程；另一种是直接还原或熔融还原-电炉-轧机流程。前者被称为长流程，后者被称为短流程。目前长流程是主要流程，但因它必须使用块状原料，需要配用质量好的炼焦煤在焦炉内炼成性能好的冶金焦，粉矿和精矿粉要制成烧结矿或球团矿。这两道生产工序不但能耗高，而且生产中产生粉尘，污水和废气等对环境造成污染。所以长流程面临能源和环保等的挑战，直接还原和熔融还原是用来替代高炉炼铁的两种工艺。

直接还原和熔融还原炼铁工艺的特点是用块煤或气体还原剂代替高炉炼铁工艺所必需的焦炭来还原天然块矿、粉矿或人造块矿（烧结矿或球团矿）具有相当大的适应性，特别适用于某些资源匮乏，环保要求特别严格的地区或国家，但其生产规模较高炉小（2010 年世界直接还原铁产量为 55.65Mt），而且很多技术问题还有待解决或完善，故在现阶段高炉炼铁仍占优势。各种炼铁法的设备及生产方式差别很大，但其原理是相同的。

## 1.2 高炉炼铁生产工艺流程

高炉炼铁生产工艺流程由一个高炉本体和五个辅助设备系统完成，如图 1-2 所示。

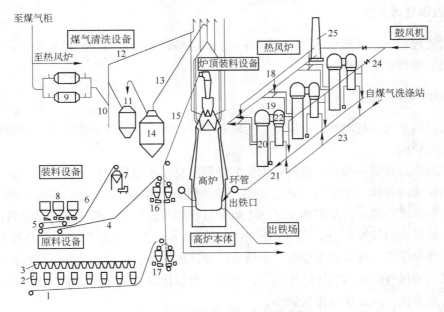

图 1-2　高炉炼铁生产工艺流程

1—矿石输送皮带机；2—称量漏斗；3—储矿槽；4—焦炭输送皮带机；5—给料机；6—粉焦皮带机；7—粉焦仓；8—储焦槽；9—电除尘器；10—调节阀；11—文氏管除尘器；12—净煤气放散管；13—下降管；14—重力除尘器；15—上料皮带机；16—焦炭称量漏斗；17—矿石称量漏斗；18—冷风管；19—烟道；20—蓄热室；21—热风主管；22—燃烧室；23—煤气主管；24—混风管；25—烟囱

### 1.2.1 高炉本体

高炉本体包括炉基、炉壳、炉衬、冷却设备、炉顶装料设备等。高炉的内部空间称炉型，从上到下分为五段，即炉喉、炉身、炉腰、炉腹、炉缸。整个冶炼过程是在高炉内完成的。

### 1.2.2 上料系统

上料系统包括储矿槽、槽下漏斗、槽下筛分、称量和运料设备，料车斜桥或装料传送皮带向炉顶供料设备。其任务是将高炉所需原燃料通过上料设备装入高炉内。

### 1.2.3  送风系统

送风系统包括鼓风机、热风炉、冷风管道、热风管道、热风围管和风口装置等。其任务是将风机送来的冷风经热风炉预热以后送进高炉。

### 1.2.4  煤气净化系统

煤气净化系统包括煤气导出管、上升管、下降管、重力除尘器、洗涤塔、文氏管、脱水器及高压阀组等，也有的高炉用布袋除尘器或电除尘器进行干法除尘。其任务是将高炉冶炼所产生的荒煤气进行净化处理，以获得合格的气体燃料。

### 1.2.5  渣铁处理系统

渣铁处理系统包括出铁场、炉前设备、渣铁运输设备、水力冲渣设备等。其任务是将炉内放出的渣铁按要求进行处理。

### 1.2.6  喷吹燃料系统

喷吹燃料系统包括喷吹物的制备、运输和喷吹设备等。其任务是将按一定要求准备好的燃料喷入炉内。

高炉冶炼过程是一系列复杂的物理化学过程的总和，包括炉料的挥发与分解、铁氧化物和其他物质的还原、生铁与炉渣的形成、燃料燃烧、热交换和炉料与煤气运动等。这些过程不是单独进行的，而是在相互制约下数个过程同时进行的。基本过程是燃料在炉缸风口前燃烧形成高温还原煤气，煤气不停地向上运动，与不断下降的炉料相互作用，其温度、数量和化学成分逐渐发生变化，最后从炉顶逸出炉外。炉料在不断下降过程中，由于受到高温还原煤气的加热和化学作用，其物理形态和化学成分逐渐发生变化，最后在炉缸里形成液态渣铁，从渣铁口排出炉外。

## 1.3  炼铁原料及评价

地壳中铁的储量比较丰富，按元素总量计占 4.2%，仅次于氧、硅及铝居第四位。但在自然界中铁不能以纯金属状态存在，绝大多数形成氧化物、硫化物或碳酸盐等化合物。不同的岩石含铁品位可以差别很大。凡在当前技术条件下，可以从中经济地提取出金属铁的岩石称为铁矿石。这样，铁矿石中除有含铁的有用矿物外，还含有其他化合物，统称为脉石。常见的脉石有 $SiO_2$、$Al_2O_3$、$CaO$ 及 $MgO$ 等。

### 1.3.1  铁矿石的分类

炼铁生产使用的铁矿石中铁元素是以氧化物形态赋存的，根据铁矿石中铁氧化物主要矿物形态，人们把铁矿石分为赤铁矿、磁铁矿、褐铁矿和菱铁矿等。各种铁矿石的主要特征，见表 1-1。

表1-1 不同种类铁矿石的特征

| 矿石名称 | 矿物名称 | 理论含铁量 /% | 密度 /t·m⁻³ | 颜色 | 条痕 | 实际矿含铁量/% | 强度及还原性 |
|---|---|---|---|---|---|---|---|
| 磁铁矿 | 磁铁矿 ($Fe_3O_4$) | 72.4 | 5.2 | 黑或灰有光泽 | 黑 | 45~70 | 坚硬、致密、难还原 |
| 赤铁矿 | 赤铁矿 ($Fe_2O_3$) | 70.0 | 4.9~5.3 | 红或浅灰 | 红 | 55~68 | 软、易破碎、易还原 |
| 褐铁矿 | 水赤铁矿 ($2Fe_2O_3 \cdot H_2O$) | 66.1 | 4.0~5.0 | 黄褐、暗褐或绒黑 | 黄褐、暗褐或绒黑 | 37~58 | 疏松、易还原 |
| | 针赤铁矿 ($Fe_2O_3 \cdot H_2O$) | 62.9 | 4.0~4.5 | | | | |
| | 水针铁矿 ($3Fe_2O_3 \cdot 4H_2O$) | 60.9 | 3.0~4.4 | | | | |
| | 褐铁矿 ($2Fe_2O_3 \cdot 3H_2O$) | 60.0 | 3.0~4.2 | | | | |
| | 黄针铁矿 ($Fe_2O_3 \cdot 2H_2O$) | 57.2 | 3.0~4.0 | | | | |
| | 黄赭石 ($Fe_2O_3 \cdot 3H_2O$) | 55.2 | 2.5~4.0 | | | | |
| 菱铁矿 | 菱铁矿 ($FeCO_3$) | 48.2 | 3.8 | 灰带有黄褐 | 灰或带黄色 | 30~40 | 易破碎，焙烧后易还原 |

矿石长期在自然界中受氧化，磁铁矿常转化为半假象赤铁矿或假象赤铁矿。所谓假象赤铁矿，是指从化学成分上 $Fe_3O_4$ 已氧化为 $Fe_2O_3$，但仍保留了原磁铁矿结晶结构的特征。一般以矿石中全铁总量与FeO含量的比值判别磁铁矿受到氧化的程度：

$$w(\text{TFe})/w(\text{FeO}) \geq 7.0 \qquad 假象赤铁矿$$
$$7.0 > w(\text{TFe})/w(\text{FeO}) \geq 3.5 \qquad 半假象赤铁矿$$
$$w(\text{TFe})/w(\text{FeO}) < 3.5 \qquad 磁铁矿$$

式中 $w(\text{TFe})$——矿石中TFe总量，%；

$w(\text{FeO})$——矿石中FeO含量，%。

（1）磁铁矿。磁铁矿化学式为 $Fe_3O_4$，脉石主要是硅酸盐。结构致密，晶粒细小，用粗瓷片在矿石上刻划时，留下黑色条痕，相对密度为 $4.9 \sim 5.2 \text{g/cm}^3$。具有强磁性，半金属光泽，含S、P较高，还原性差。

（2）赤铁矿。赤铁矿化学式为 $Fe_2O_3$，脉石大部分是硅酸盐。半金属光泽，组织致密，颜色暗红。含铁量越高，颜色就越深，甚至接近黑色，但条痕为樱红色，具有弱磁性，呈致密块状或结晶块状，也称镜铁矿，土状光泽。相对密度为 $4.9 \sim 5.3 \text{g/cm}^3$，含S、P较低，易破碎、易还原。

（3）褐铁矿。褐铁矿是含结晶水的氧化铁，化学式为 $nFe_2O_3 \cdot mH_2O$（$n = 1 \sim 3$，$m = 1 \sim 4$），褐铁矿中绝大部分含铁矿物是以 $2Fe_2O_3 \cdot 3H_2O$ 的形式存在的，脉石多为砂质黏土和石英。有黄褐、褐色和黑褐色多种颜色，呈黄褐色条痕，还原性好，无磁性，相对密度为 $3.3 \sim 4\text{g/cm}^3$。

（4）菱铁矿。菱铁矿化学式为 $FeCO_3$，脉石含碱性氧化物。颜色有黄白、浅褐色或深褐色等多种颜色，性脆，无磁性。菱铁矿经过焙烧，分解出 $CO_2$ 气体，含铁量即提高，矿石也变得疏松多孔，易破碎，还原性好。其含 S 量低，含 P 量较高，相对密度为 $3.8 \sim 3.9g/cm^3$。

此外，还有钒钛磁铁矿，钒钛磁铁矿是铁、钒、钛共生的磁性铁矿，钒绝大部分和铁矿物呈现类质同象赋存于钛磁铁矿中。所以钒钛磁铁矿有时也称钛磁铁矿。在我国，其主要分布在四川攀枝花—西昌地区、河北承德地区、陕西汉中地区等。其中，攀枝花—西昌地区是我国钒钛磁铁矿的主要成矿带，也是世界上同类矿床的重要产区之一。四川攀枝花钒钛磁铁矿中平均含 Fe 30.55%、$TiO_2$ 10.42%、$V_2O_5$ 0.30%。我国钒钛磁铁矿床分布广泛，储量丰富，已探明储量 9830Mt，远景储量达 30Gt 以上。

## 1.3.2　对铁矿石的评价

### 1.3.2.1　含铁品位

矿石品位基本上决定了矿石的价格，即冶炼的经济价值。若含铁品位低需经富选才能入炉的为贫矿。划分富矿与贫矿没有统一的标准，此界限将随选矿及冶炼技术水平的提高而变化。

一般将矿石中铁的质量分数高于65%而硫、磷等杂质少的矿石，供直接还原法和熔融还原法使用。而矿石中铁的质量分数高于50%而低于65%的矿石可供高炉使用。我国富矿储量已很少，绝大部分是铁的质量分数为30%左右的贫矿，要经过富选才能使用。

### 1.3.2.2　脉石的成分及分布

铁矿石中的脉石包括 $SiO_2$、$Al_2O_3$、CaO 及 MgO 等金属氧化物，在高炉冶炼条件下，这些氧化物不能或很难被还原为金属，最终以炉渣的形式与金属分离。渣中碱性氧化物（CaO、MgO 等）与酸性氧化物（$SiO_2$ 等）的质量分数应大体相等。因为只有如此，渣的熔点才较低，黏度也较小，易于在炉内处理而不致有碍于正常操作。为此，实际操作中应根据铁矿石带入的脉石的成分和数量，配加适当的"助熔剂"，简称"熔剂"，以便得到性能较理想的炉渣。此外，造渣物的另一个重要来源——焦炭及煤粉灰分，几乎是100%的酸性氧化物，而大多数铁矿石的脉石也是酸性氧化物。故通常要消耗相当数量的石灰石（$CaCO_3$）或白云石［$Ca(Mg)CO_3$］等碱性氧化物作为熔剂。若矿石的脉石成分中碱性物较多，甚至以碱性物为主，必然会节省燃料灰分中的酸性氧化物造渣物所需外加的熔剂量，这是极为有利的。

有些矿石中 $Al_2O_3$ 的质量分数很高，这是不利的，因为 $Al_2O_3$ 将大大地提高炉渣的熔点。东半球澳大利亚、印度产铁矿石及我国河北省承德地区平安堡矿即为此种类型。

矿石中（CaO + MgO）质量分数较高的矿石，可允许矿石中铁的质量分数低些，冶炼仍然是经济的。用扣除（CaO + MgO）后折算铁的质量分数对不同的矿石进行评价和对比是合理的。

矿石中脉石的结构和分布，特别对于贫矿，是很重要的特性。如果含铁矿物结晶的颗粒比较粗大，则在选矿过程中容易实现有用矿物的单体分离，从而使有用元素达到有效的富集。相反，如果含铁矿物呈现细粒结晶嵌布于脉石矿物的晶粒中，则要消耗更多的能量以细碎矿石才能实现有用矿物的单体分离。

此外，有用矿物及脉石矿物的结构又决定了矿石的致密程度，影响矿石的机械强度及还原性。矿石要具有一定的机械强度，但不宜过度致密，以免难以进行加工和被还原。

### 1.3.2.3 有害元素的含量

矿石中的有害元素是指那些对高炉冶炼过程有妨碍或冶炼时影响产品质量的元素，主要有 S、P、Pb、Zn、Cu、As、Ti、K、Na、F 等。

S、P、As 和 Cu 易还原为元素并进入生铁，对铁及其后的钢及钢材的性能有害。碱金属及 Zn、Pb 和 F 等虽不能进入生铁，但容易破坏炉衬，或易于挥发并在炉内循环累积造成炉墙结厚或结瘤，或污染环境危害人身健康。事先用选矿法除去这些有害杂质，困难很大或代价太高，只好在高炉炉料中限制这些矿石用量的百分比，从而极大地降低了这些矿石的使用价值。

各种有害元素的危害及界限含量见表 1-2。

**表 1-2 矿石中有害元素的危害及界限含量**

| 元素 | 允许的质量分数/% | | 危害及某些说明 |
|---|---|---|---|
| S | ≤0.3 | | 会使钢材具有热脆性，这是由于 FeS 和 Fe 结合而形成的低熔点（985℃）合金，冷却后凝固成薄膜状，并分布于晶粒界面之间，当钢材被加热到 1150~1200℃时，硫化物首先熔化，使钢材沿晶粒界面形成裂纹；易轧裂，显著降低钢材的焊接性、抗腐蚀性和耐磨性 |
| P | ≤0.3 | 对酸性转炉生铁 | 磷以 $Fe_2P$、$Fe_3P$ 形态溶于铁水。因为磷化物是脆性物质，冷凝时聚集于钢的晶界周围，减弱晶粒间的结合力，使钢材在冷却时产生很大的脆性，从而造成钢的冷脆现象。烧结及炼铁过程皆不能除磷，矿石允许含磷量 $w(P_{矿})$（%）为： |
| | 0.2~1.2 | 对碱性转炉生铁 | |
| | 0.05~0.15 | 对普通铸造生铁 | $$w(P_{矿}) = \frac{[w(P_{铁}) - w(P_{熔焦附})] \times w(Fe_{矿})}{w(Fe_{铁})}$$ |
| | 0.15~0.6 | 对高磷铸造生铁 | |
| Zn | ≤0.1~0.2 | | 锌在 900℃时挥发，上升后冷凝沉积于炉墙，使炉墙膨胀，破坏炉壳，烧结时可除去 50%~60% 的锌 |
| Pb | ≤0.1 | | 铅易还原，密度大，与铁分离沉于炉底，还原产生的铅沉积于炉缸铁水层下部，渗入砖缝破坏炉底砌砖，甚至使炉底砌砖浮起；破坏炉底，铅蒸气在上部循环累积，形成炉窗，破坏炉衬 |
| Cu | ≤0.2 | | 少量铜可改善钢的耐腐蚀性，但铜过多使钢热脆，不易焊接和轧制，铜易还原并进入生铁 |
| As | ≤0.07 | | 砷使钢"冷脆"，不易焊接，生铁含砷量不大于 0.1%，炼优质钢时，铁中不应含砷 |
| Ti (TiO₂) | 15~16 | | 钛降低钢的耐磨性和耐腐蚀性，使钛渣变黏稠，易起泡沫 |
| K、Na | | | 易挥发，在炉内循环累积，造成结瘤，降低焦炭及矿石的强度 |
| F | | | 氟高温下气化，腐蚀金属，危害农作物及人体，$CaF_2$ 侵蚀破坏炉衬 |

### 1.3.2.4　有益元素

有些与铁伴生的元素可被还原并进入生铁，并能改善钢铁材料的性能。这些有益元素包括 Cr、Ni、V 及 Nb 等。还有的矿石中的伴生元素有极高的单独分离提取价值，如钛及稀土元素等。某些情况下，这些元素的品位已达到可单独分离利用的程度，虽然其绝对含量相对于铁来说仍是少量的，但其价值已远超过铁矿石本身，则这类矿石应作为综合资源利用。

### 1.3.2.5　铁矿石的还原性

铁矿石的还原性是指铁矿石被还原性气体 CO 或 $H_2$ 还原的难易程度。它是评价铁矿石质量的重要指标，铁矿石的还原性好，有利于降低高炉燃料比。

铁矿石的还原性可用其还原度来评价，还原度越高，矿石的还原性越好。对于烧结矿来说，生产中习惯使用 FeO 含量代表其还原性。FeO 含量高，表明烧结矿中难还原的硅酸铁多，烧结矿过熔而使结构致密，气孔率低，故还原性差。合理的指标是 FeO 含量在 8% 以下，但多数企业的指标在 10% 左右，有的甚至更高，根据国内外实践经验，烧结矿中 FeO 含量每减少 1%，高炉焦比下降 1.5%，产量增加 1.5%。

影响铁矿石还原性的因素主要有矿物组成、矿物结构的致密程度、粒度和气孔率等。组织致密、气孔度小、粒度大的矿石，还原性较差；一般磁铁矿因结构致密，最难还原。赤铁矿有中等的气孔率，比较容易还原。褐铁矿和菱铁矿被加热后将分别失去结晶水和 $CO_2$，使得矿石气孔率大幅度增加，最易还原。烧结矿和球团矿由于气孔率高，其还原性一般比天然富矿要好。

### 1.3.2.6　矿石的高温性能

矿石的高温性能包括矿石的软化性和低温还原粉化性。

*A　矿石的软化性*

铁矿石的软化性包括铁矿石的开始软化温度和软化温度区间两方面。铁矿石在一定的荷重下收缩率为 4% 时的温度通常称为开始软化温度；收缩率为 40% 时的温度定为软化终了温度。软化温度区间是指矿石开始软化到软化终了的温度范围。高炉冶炼要求铁矿石的开始软化温度要高（800℃以上），软化温度区间要窄。反之，会使铁矿石在高炉内过早地形成初渣，成渣位置高，软熔区大，将使料柱透气性变差，并增加炉缸热负荷，严重影响冶炼过程的正常进行。

*B　矿石的低温还原粉化性*

矿石的低温还原粉化性是指铁矿石在低温还原过程中发生碎裂粉化的特性。低温还原粉化的根本原因在于矿石中的 $Fe_2O_3$ 在 $400 \sim 600℃$ 下进行还原时，由赤铁矿转变为磁铁矿发生了晶格的变化，前者为三方晶系六方晶格，而后者为等轴系立方晶格，还原造成了晶格的扭曲，产生极大的内应力，导致铁矿石在机械力作用下碎裂粉化。铁矿石这种性能的强弱以低温还原粉化率（RDI）来表示，多数厂规定烧结矿 $RDI_{+6.3} > 65\%$，$RDI_{-0.5} < 15\%$。生产实践证明，入炉料的低温还原粉化率每增加 5%，生铁减产约 1.5%。

矿石是在炉内逐渐受热、升温的过程中被还原的。矿石在受热及被还原的过程中或还原后都不应因强度下降而破碎,以免矿粉堵塞煤气流通道而造成冶炼过程的障碍。为了在熔化造渣之前,矿石更多地被煤气所还原,矿石的软化熔融温度不可过低,软化与熔融的温度区间不可过宽。这样一方面可保证炉内有良好的透气性,另一方面可使矿石在软熔前达到较高的还原度,以降低高炉直接还原度和能源消耗。

### 1.3.3　国内外铁矿石分布及成分

我国的铁矿石资源不算丰富。1982 年年底已探明保有储量为 44.3Gt。其中工业储量占 54%,近年来年产铁矿石都在 200Mt 以上。但由于我国钢铁工业自 1980 年后发展很快,而矿山由于所需投资大,建设周期长,赶不上钢铁工业发展的速度,故目前铁矿石尚不能自给自足,近年来,进口矿石占全部矿石消耗量的 40% ~ 50%。

我国的铁矿主要分布在以下地区:

(1) 北鞍山地区:总储量 10Gt 以上。主要是鞍山地区的贫矿,包括东鞍山、西鞍山、齐达山、弓长岭等。本溪南芬地区有部分富矿,且质量极佳,含杂质极少,为炼制高纯净钢的原料。

(2) 攀西地区:我国西南地区攀枝花钒钛磁铁矿区储量在 8Gt 以上,具有罕见而丰富的 V、Ti 资源,是极有综合利用价值的复合矿石。

(3) 华北地区:以河北省迁安矿区为主,储量数十亿吨,为贫磁铁矿。河北省有邯郸、邢台地区及宣北的庞家堡贫赤铁矿和承德地区的钒钛磁铁矿等小型矿区。山西娄烦尖山铁矿和岚县袁家村铁矿。

(4) 海南岛:海南岛是我国少有的富矿产地之一。

(5) 西北地区:内蒙古包头白云鄂博及甘肃镜铁山矿区为两大复合矿区。白云鄂博矿虽只有数亿吨的储量,但却含有极丰富的稀土族元素和 Nb、$CaF_2$ 以及其他有用金属。酒泉的镜铁山矿则含有 $BaSO_4$。

(6) 华东及中南矿区:主要有南京及马鞍山附近的梅山、凹山,湖北的大冶、鄂山,广东韶关地区的大宝山矿等。我国一些主要铁矿石的化学成分见表 1 - 3。

表 1 - 3　我国一些主要铁矿石的化学成分　　　　　　　（质量分数,%）

| 矿山名称 | TFe | FeO | $SiO_2$ | $Al_2O_3$ | CaO | MgO | MnO | S | P | 其　他 |
|---|---|---|---|---|---|---|---|---|---|---|
| 弓长岭（赤） | 44.00 | 6.90 | 34.38 | 1.31 | 0.28 | 1.16 | 0.15 | 0.007 | 0.02 | |
| 弓长岭（赤贫） | 28.00 | 3.90 | 55.24 | 1.53 | 0.22 | 0.73 | 0.35 | 0.013 | 0.037 | |
| 东鞍山（贫） | 32.73 | 0.70 | 49.78 | 0.19 | 0.34 | 0.30 | | 0.031 | 0.035 | |
| 齐达山（贫） | 31.70 | 4.35 | 52.94 | 1.07 | 0.84 | 0.80 | | 0.010 | 0.050 | |
| 南芬（贫） | 33.63 | 11.90 | 46.36 | 1.425 | 0.576 | 1.593 | Mn 0.037 | 0.073 | 0.056 | |
| 攀枝花钒钛矿 | 47.14 | 30.66 | 5.00 | 4.98 | 1.77 | 5.49 | 0.36 | 0.75 | 0.009 | $TiO_2$：15.46, $V_2O_5$：0.48, $CO_2$：0.024 |
| 庞家堡（赤） | 50.12 | 2.00 | 19.52 | 2.10 | 1.50 | 0.36 | 0.32 | 0.067 | 0.156 | |
| 承德钒钛矿 | 35.83 | | 17.50 | 9.78 | 3.32 | 3.51 | 0.31 | 0.50 | 0.134 | $TiO_2$：9.49, $V_2O_5$：0.41 |

| 矿山名称 | TFe | FeO | SiO$_2$ | Al$_2$O$_3$ | CaO | MgO | MnO | S | P | 其他 |
|---|---|---|---|---|---|---|---|---|---|---|
| 邯郸 | 42.59 | 16.30 | 19.03 | 0.47 | 9.58 | 5.55 | 0.11 | 0.208 | 0.048 | |
| 海南岛 | 55.90 | 1.32 | 16.20 | 0.95 | 0.26 | 0.08 | Mn 0.14 | 0.098 | 0.020 | |
| 梅山（富） | 59.35 | 19.88 | 2.50 | 0.71 | 1.99 | | 0.323 | 0.452 | 0.399 | |
| 武汉铁山矿 | 54.38 | 13.90 | 11.30 | | | | | 0.32 | 0.056 | |
| 马鞍山南山矿 | 58.66 | | 5.38 | | | | | 0.005 | 0.550 | |
| 马鞍山凹山矿 | 43.19 | | 14.12 | | 9.30 | | | 0.113 | 2.855 | TiO$_2$：：0.161 |
| 马鞍山姑山矿 | 50.82 | | 23.40 | | 1.20 | | | 0.056 | 0.26 | |
| 包头（赤） | 52.30 | 5.55 | 4.81 | 0.22 | 8.78 | 0.99 | 0.79 | SO$_3$ 0.213 | P$_2$O$_5$ 0.935 | F：5.87, Re$_x$O$_y$：2.73, K$_2$O：0.09, Na$_2$O：0.25 |
| 大宝山矿 | 53.05 | 0.70 | 3.60 | 5.88 | 0.12 | 0.12 | 0.048 | 0.316 | 0.124 | Cu：0.26, Pb：0.072, As：0.184 |

　　世界上铁矿石储量丰富的国家和地区有前苏联、澳大利亚、巴西、加拿大、美国、印度和南非等。其中巴西和澳大利亚铁矿石的出口量占世界矿石贸易的52%。某些国家铁矿石的储量见表1-4，而铁矿石的化学成分见表1-5。

**表 1 - 4　某些国家铁矿石的储量**　　　　　　　　　　　　　　（Mt）

| 国家或地区 | 原 矿 | 含 铁 |
|---|---|---|
| 前苏联 | 59944 | 22680 |
| 中 国 | 9144 | 3175.2 |
| 其他东欧国家 | 914.4 | 304.8 |
| 澳大利亚 | 33528 | 18325.4 |
| 巴 西 | 15850 | 9707.8 |
| 美 国 | 25197 | 5352.5 |
| 印 度 | 7214 | 4354.6 |
| 加拿大 | 25502 | 8890.6 |
| 南 非 | 9449 | 5987.5 |
| 瑞 典 | 4674 | 2177.3 |
| 利比里亚 | 1626 | 725.8 |
| 委内瑞拉 | 2032 | 1088.6 |
| 法 国 | 2235 | 816.5 |
| 其他一些国家 | 12293.6 | 6299.2 |
| 世界合计 | 209296 | 99568 |

表1-5 国外典型铁矿石的化学成分 （质量分数，%）

| 产 地 | TFe | SiO$_2$ | CaO | Al$_2$O$_3$ | MgO | P | S | FeO | 烧损 |
|---|---|---|---|---|---|---|---|---|---|
| 巴西（里奥多西） | 67.45 | 1.42 | 0.07 | 0.69 | 0.02 | 0.031 | 0.006 | 0.09 | 1.03 |
| 巴西（MBR） | 67.50 | 1.37 | 0.10 | 0.94 | 0.10 | 0.043 | 0.008 | 0.37 | 0.92 |
| 巴西（卡拉加斯） | 67.26 | 0.41 | | 0.86 | | 0.110 | 0.008 | 0.22 | 2.22 |
| 南非（伊斯科） | 65.61 | 3.47 | 0.09 | 1.58 | 0.03 | 0.058 | 0.011 | 0.30 | 0.39 |
| 南非（阿苏曼） | 64.60 | 4.26 | 0.04 | 1.91 | 0.04 | 0.035 | 0.011 | 0.11 | 3.64 |
| 加拿大（卡罗尔湖） | 66.35 | 4.40 | 0.30 | 0.20 | 0.26 | 0.007 | 0.005 | 6.92 | 0.26 |
| 委内瑞拉 | 64.17 | 1.33 | 0.02 | 1.09 | 0.03 | 0.084 | 0.028 | 0.52 | 3.64 |
| 瑞典 | 66.52 | 2.09 | 0.27 | 0.26 | 1.54 | 0.025 | 0.004 | 0.35 | 0.86 |
| 澳大利亚（哈默斯利） | 62.60 | 3.78 | 0.05 | 2.15 | 0.08 | 0.066 | 0.013 | 0.14 | 2.10 |
| 澳大利亚（纽曼山） | 63.45 | 4.18 | 0.02 | 2.24 | 0.05 | 0.068 | 0.008 | 0.22 | 2.34 |
| 澳大利亚（扬迪） | 58.57 | 4.61 | 0.04 | 1.26 | 0.07 | 0.036 | 0.010 | 0.14 | 8.66 |
| 澳大利亚（罗布河） | 57.39 | 5.08 | 0.37 | 2.58 | 0.20 | 0.042 | 0.009 | 0.07 | 8.66 |
| 印度（卡洛德加） | 64.54 | 2.92 | 0.06 | 2.26 | 0.06 | 0.022 | 0.007 | 0.14 | 0.65 |
| 印度（果阿） | 62.40 | 2.96 | 0.05 | 2.02 | 0.10 | 0.035 | 0.004 | 2.51 | 1.27 |

### 1.3.4 矿石入炉前的准备处理

入炉原料成分稳定，即矿石品位、脉石成分与数量、有害杂质含量的波动幅度值很小，对改善高炉冶炼指标有很大的作用。为此，应在原料入厂后，对其进行中和、混匀处理。即所谓"平铺切取"法，将入厂原料水平分层堆存到一定数量，一般应达数千吨，然后再纵向取用。例如上海宝钢及武钢公司都采用此项工艺。

含铁品位较高，可直接入炉的天然富矿，在入炉前还要经过破碎、筛分等处理，使其粒度适当（冶炼时炉料的透气性要好，又容易被煤气还原）。

一般矿石粒度的下限为8mm，大可至20～30mm。小于5mm的称为粉末，它严重阻碍炉内煤气的正常流动，必须筛除。粒度均匀、粒度分布范围窄、料柱孔隙度高，则料柱透气性好。而粒度小被气体还原时反应速度快，在矿石软熔前可达到较高的还原度，有利于降低单位产品的燃料消耗量。粒度的大小必须适当兼顾。

含铁品位低的贫矿直接入炉冶炼将极大地降低高炉生产的效率，增加成本，必须经过选矿处理。由于将有用含铁矿物与脉石单体分离的需要，往往需将原矿破碎到很细的粒度，如小于0.074mm。不同的选矿方法则可根据其所利用的有用矿物与脉石不同的特性差异而分类。如利用不同的磁性、密度、表面吸附性及电导率等，选矿法可分为磁选、重力选、浮选等。

选矿后所得细粒精矿和天然富矿在开采、破碎、筛分及运输过程中所产生的粉末，都必须经过造块过程（即经过烧结或球团工艺过程）才能供高炉使用。造块过程还提供调制矿石冶金性能的机会，以制成粒度、碱度、强度和还原性能等比较理想的烧结矿和球团矿。

烧结矿是一种由不同成分黏结相将铁矿物黏结而成的多孔块状集合体。它是混合料经干燥（水分蒸发）、预热（结晶水和碳酸盐分解）、燃料燃烧（产生还原氧化和固相反应）、熔化（生成低熔点液相）和冷凝（铁矿物和黏结相结晶）等多个阶段后生成的产品。

烧结矿一般可分为酸性（$CaO/SiO_2 < 0.5$）、自熔性（$CaO/SiO_2 = 0.9 \sim 1.4$）和高碱度烧结矿（$CaO/SiO_2 > 1.6$）三种，是我国高炉炼铁的主要原料（约占重点企业含铁原料的 70% ~ 85%），且绝大部分是高碱度烧结矿。

高碱度烧结矿的含铁矿物为磁铁矿、赤铁矿，黏结相主要是铁酸一钙（$CaO \cdot Fe_2O_3$）、铁酸二钙（$2CaO \cdot Fe_2O_3$）以及少量的硅酸二钙（$2CaO \cdot SiO_2$）和硅酸三钙（$3CaO \cdot SiO_2$）。其外观一般呈致密块状，大气孔少，气孔壁厚，熔结较好，断面呈青灰色金属光泽。气孔率约 40% ~ 50%，大部分是直径大于 0.15mm 的开口气孔，直径小于 0.15mm 的微气孔约占全部气孔的 10% ~ 20%。烧结矿自然堆角为 31° ~ 35°，堆密度约为 1.8t/m³。

球团矿是细磨铁精矿在加水润湿的条件下，通过造球机滚动成球，再经干燥、固结而成的含有较多微孔的球形含铁原料。目前，世界上生产的球团矿有酸性氧化性球团（包括氧化镁酸性球团等）、自熔性球团和白云石熔剂性球团三种，但我国高炉生产普遍采用的是碱度在 0.4 以下的酸性氧化性球团矿，它通常与高碱度烧结矿配合作为高炉的炉料结构。

酸性球团矿粒度在 6 ~ 15mm 之间，矿物主要为赤铁矿，一般含铁在 65% 左右，含 $SiO_2$ 4% ~ 6%，FeO 含量很低（1% 左右），含硫较低，其他杂质含量因原料的不同而异，总量不超过 3% ~ 4%。球团矿强度高，单个球的抗压强度常在 2000N 以上，转鼓指数可达到 93%（标准 +6.3mm），粒度 9 ~ 16mm。全气孔在 20% ~ 25% 之间，其中开口气孔占 70% ~ 80% 以上，其密度与品位、气孔率密切相关。结晶完善的酸性球团矿呈钢灰色，条痕为赭红色，自然堆角小，仅为 24° ~ 27°，堆密度大，可达 2.27t/m³。

## 1.4 熔剂

由于高炉造渣的需要，入炉料中常需配加一定数量的助熔剂，简称熔剂。由于铁矿石中主要是酸性脉石，所以最常用的是碱性熔剂，即石灰石（$CaCO_3$）、白云石 [$Ca(Mg)CO_3$] 等。

对熔剂质量要求主要是有效成分含量高。如对石灰石及白云石来说，即要求其有效熔剂性高。熔剂所含碱性氧化物扣除其本身酸性物造渣需要的碱性氧化物后所剩余的碱性氧化物质量分数即为有效熔剂性。

$$有效熔剂性 = [w(CaO) + w(MgO)] - w(SiO_2) \times R \qquad (1-1)$$

式中　$w(CaO), w(MgO), w(SiO_2)$——熔剂中各相应成分的质量分数，%；

$R$——高炉造渣所要求的炉渣碱度 $\dfrac{m(CaO) + m(MgO)}{m(SiO_2)}$。

其次，要求熔剂中含 S、P 等有害杂质的量尽可能低。

在主要使用天然富矿的高炉上，熔剂往往作为入炉原料的一种，同焦炭一起加入炉内，且配用量也较多。这些碳酸盐在炉内受热分解，要消耗大量的热，而且这些热是炉内燃烧昂贵的焦炭提供的。我国在某些对原料强度要求较低的小高炉上，使用预先在炉外已熔烧过的生石灰（CaO）代替 $CaCO_3$ 入炉，可取得较为显著的降低焦炭消耗的效果，而对高炉操作没有明显的副作用。

大多数大中型高炉使用高碱度烧结矿作为主要含铁原料（平均占含铁原料的90%左右），已无需或只需加入少量的熔剂入炉。

在特殊情况下，如洗刷炉墙上的黏结物或炉缸堆积以及炉况不顺行时，要加入特殊熔剂，如萤石（$CaF_2$）和均热炉渣（$FeO \cdot SiO_2$）等。其目的是造成低熔点、低黏度的炉渣。但这些特殊熔剂只能作为短时期使用的炉料。

为了充分利用钢铁工业的废弃物以降低成本，近年来有些高炉以高碱度的转炉炼钢渣代替碱性熔剂。此法既利用了渣中的碱性氧化物又回收了渣中的 FeO，但也造成磷在生铁中的积累，所以用量要适当控制。

当冶炼含碱性氧化物脉石为主的矿石时，则熔剂应为酸性物，如常用的硅石（$SiO_2$）等。生产中常以配用含酸性脉石的矿石代替，以降低成本。近年来，使用高碱度烧结矿冶炼铸造铁的高炉，为了提高生铁中的含硅量，常加入硅石，以提高炉渣中 $SiO_2$ 的活度。

## 1.5  锰矿

铸造及炼钢生铁都要求含有一定数量的锰。为此，入炉料中应配加相应数量的锰矿。而当高炉冶炼含锰高的铁合金时，如 Fe – Mn 合金等，则锰矿即成为主要原料。

对锰矿的质量要求与铁矿类似。由于锰矿中往往含有相当数量的铁，在冶炼要求含锰品位较高的合金时，可能由于矿石中含铁过高而不合乎要求。锰矿允许的极限铁的质量分数按式(1-2)和式(1-3)计算：

$$w(\mathrm{Fe_{允}}) = \frac{100 - \left[ w(\mathrm{C}) + w(\mathrm{Si}) + w(\mathrm{P}) + w(\mathrm{S}) + w(\mathrm{Mn}) + \cdots \right]}{K} \qquad (1-2)$$

$$K = \frac{w(\mathrm{Mn})}{\eta w(\mathrm{Mn})_{矿}} \qquad (1-3)$$

式中　　　　　　　　$w(\mathrm{Fe_{允}})$——锰矿允许的极限铁的质量分数，%；

$K$——冶炼单位质量合金时锰矿的消耗量；

$w(\mathrm{C}), w(\mathrm{Si}), w(\mathrm{S}), w(\mathrm{P}), w(\mathrm{Mn})\cdots$——合金中各相应元素的质量分数，%；

$w(\mathrm{Mn})_{矿}$——锰矿含锰品位，%；

$\eta$——炉内 Mn 的回收率，冶炼一般生铁时此值为50%~60%，冶炼锰铁时此值可达80%~85%。

由于锰矿资源有限，不得不使用含锰量较低，而含磷及含铁量较高的矿石。除含锰品位外，对磷含量要求较为严格。对高磷锰矿要采用"两步法"予以处理。第一步，用高磷高铁锰矿直接炼铁，得到高磷铁及富锰渣，实现锰与铁、磷的火法分离，并提高锰的品位。第二步，富锰渣即可作为冶炼高锰低磷的合金的合格原料了。

## 1.6  其他含铁代用品

在钢铁联合企业中，一些工序产生的含铁废弃物尚有进一步利用的价值，如高炉炉尘、出铁场渣铁沟内的残铁、铁水罐内的黏结物和轧钢铁鳞等。其中有些经简单处理即可返回高炉，如大小适当的残铁；有的则必须经造块工序，作为混合料的一部分。

黄铁矿（$FeS_2$）焙烧后，生成的气态 $SO_2$ 是制取硫酸的原料，而其固体残渣中铁的质量分数一般大于 50%，可作为含铁原料。但由于其残留的硫量仍远远超过一般铁矿石，只能限量地配入烧结或球团混合料。

## 1.7　高炉燃料

### 1.7.1　焦炭

焦炭的应用是高炉冶炼发展史上一个重要的里程碑。古老的高炉使用木炭。17、18世纪随着钢铁工业的发展森林资源急剧减少，木炭的供应成了冶金工业进一步发展的限制性环节。1709 年焦炭的发明，不仅用地球上储量极为丰富的煤炭资源代替木炭进行冶炼，而且焦炭的强度比木炭高，这为高炉不断扩大炉容、扩大生产规模奠定了基础。

焦炭在高炉内的作用有：

（1）在风口前燃烧，提供冶炼所需热量。

（2）固体碳及其氧化产物 CO 是氧化物的还原剂。

（3）在高温区，矿石软化熔融后，焦炭是炉内唯一以固态存在的物料，是支撑高达数十米料柱的骨架，同时又是风口前产生的煤气得以自下而上畅通流动的高透气性通路。

（4）铁水渗碳。

传统的典型高炉生产，其燃料为焦炭。高炉采用喷吹燃料技术后，焦炭已不再是高炉唯一的燃料。但是任何一种喷吹燃料只能代替焦炭的铁水渗碳、热源和还原剂的作用，而代替不了焦炭在高炉内的料柱骨架作用。焦炭对高炉来说是必不可少的，而且随着冶炼技术的进步，焦比不断下降，焦炭作为骨架保证炉内透气、透液性的作用更为突出。焦炭质量对高炉冶炼过程有极大的影响，成为限制高炉生产发展的因素之一。

#### 1.7.1.1　高炉冶炼对焦炭质量的要求

A　强度

焦炭在入炉前要经过多次转运，在炉内下降过程中承受越来越高的温度和越来越大的料柱重力和摩擦力。如果焦炭没有足够的强度，则要被破碎，产生大量的粉末，导致料柱透气性恶化、炉渣黏稠、渣中带铁以及风渣口大量破损等。检测焦炭强度的办法是转鼓试验。自 1979 年 7 月起，我国统一规定采用小转鼓（米库姆转鼓），这是直径及长度皆为1m 的密闭转鼓，鼓内平行于轴线方向，每隔 90° 在内壁上焊装一条 100mm × 50mm × 10mm 的角钢挡板，挡板高度为 100mm。

试验开始时，鼓内装入粒度大于 60mm 的焦炭 50kg，鼓以 25r/min 的速度，旋转4min。停转后将鼓内全部试样，以 $\phi$40mm 及 $\phi$10mm 的圆孔筛处理。大于 40mm 焦炭的质量分数（记为 $M_{40}$）为抗冲击强度的指标；而小于 10mm 碎焦的质量分数（记为 $M_{10}$）为抗摩擦强度的指标。

我国以国标形式颁布的冶金焦炭技术指标见表 1 - 6。

**表 1-6　我国冶金焦炭技术指标**（GB 1996—80）

| 种　类 | 灰分 (A$^g$)/% | | | 硫分 (S$^g_Q$)/% | | | 机械强度/% 抗碎强度 $M_{40}$ | | | |
|---|---|---|---|---|---|---|---|---|---|---|
| | 牌号 I | 牌号 II | 牌号 III | I 类 | II 类 | III 类 | I 组 | II 组 | III 组 | IV 组 |
| 大块焦（>40mm） | | | | | | | | | | |
| 大中块焦（>25mm） | ≤12.00 | 12.01~13.50 | 13.51~15.00 | ≤0.60 | 0.61~0.80 | 0.81~1.00 | ≥80.0 | ≥76.0 | ≥72.0 | ≥65.0 |
| 中块焦（25~40mm） | | | | | | | | | | |

| 种　类 | 机械强度/% 耐磨强度 $M_{10}$ | | | | 挥发分 $V^1$/% | 水分 $W_Q$/% | 焦末含量 /% |
|---|---|---|---|---|---|---|---|
| | I 组 | II 组 | III 组 | IV 组 | | | |
| 大块焦（大于40mm） | | | | | | 4.0±1.0 | ≤4.0 |
| 大中块焦（大于25mm） | ≤8.0 | ≤9.0 | ≤10.0 | ≤11.0 | ≤1.9 | 5.0±2.0 | ≤5.0 |
| 中块焦（25~40mm） | | | | | | ≤12.0 | ≤12.0 |

B　固定碳及灰分含量

良好的冶金焦应含固定碳量高而灰分低。

我国的干焦中一般固定碳的质量分数为 85%，灰分的质量分数为 11%~13%，其余为挥发分及硫。

焦炭含灰分高则意味着含碳量低。焦炭灰分主要由酸性氧化物构成，故在冶炼中需配加数量与灰分大体相等的碱性氧化物以造渣。焦炭含灰分量增加时，高炉实际渣量将以灰分量两倍的比率增长。

此外，灰分高对焦炭强度有害。因焦炭是依靠碳原子间形成平面网状结晶结构才具有强度的。如果碳原子间充斥着其他惰性质点，必然会阻断碳原子之间有效的结晶键的联结。实践证明，焦炭灰分含量与其强度之间呈简单的反比关系。

高炉冶炼的实践还证明，焦炭灰分的质量分数每增加 1%，焦比升高 1.5%~2%，高炉产量下降 1.5%~3%。

焦炭中灰分的质量分数主要是由原煤灰分的质量分数及炼焦前最经济的洗煤工艺条件决定的。

C　硫

焦炭带入的硫量，占冶炼单位质量生铁所用原燃料总硫量的 80% 左右。

我国低硫煤的资源数量有限。每吨生铁入炉原料带入的总硫量（也称"硫负荷"，kg/t）增大时，对高炉是个沉重的负担。为了保证生铁含硫量低于国家标准，必须提高炉温和炉渣碱度。这些措施要额外消耗能量，使产量降低，焦比升高。冶炼实践说明，焦中硫的质量分数每提高 0.1%，高炉焦比升高 1.2%~2.0%。

国家颁布的焦炭质量标准要求，一类焦 $w(S) \leq 0.6\%$；三类焦 $w(S) \leq 1.0\%$。

焦中硫与灰分的质量分数的条件类似，取决于原煤的含硫量及经济而合理的洗煤工艺条件。

D　挥发分含量

焦炭中挥发分含量代表焦炭在制造过程中受到干馏后的成熟程度。一般焦炭中挥发分的质量分数为 0.8% ~ 1.2%。原煤中挥发分含量很高，在干馏过程中，大部分逸出。挥发分在焦中残留量高，如大于 1.5%，则说明干馏时间短，往往不能构成结晶完善程度好、强度足够高的焦炭。挥发分过低，也会形成小而结构脆弱的焦炭。故要求焦炭挥发分的质量分数适当，主要是防止挥发分过高。

目前我国钢铁厂使用的焦炭，挥发分有升高至 1.5% ~ 2.0% 的趋势，这主要是由于配煤中气煤的比率增高，而并未相应延长结焦时间所致。

E　成分和性能的稳定性以及粒度

与所有入炉原料相同，焦炭成分和性能波动会导致高炉冶炼行程不稳定，对高炉提高生产效率及降低燃料消耗量十分不利。与铁矿石及熔剂等不同，焦炭不能采用大型露天料场堆存，用混匀中和的办法减少其成分的波动。这是由于与高炉配套的焦炉没有很大的生产能力，足以维持相当规模的焦炭储存量；更为重要的原因是，焦炭长期储存会降低其品质。所以对焦炉生产的稳定性提出了更高的要求。

与含铁原料一样，焦炭的平均粒度及粒度分布范围随冶炼技术的进步，近年来有逐步缩小的趋势。

有两方面的因素对焦炭的平均粒度提出了不同的要求：

一是缩小焦炭粒度，缩小焦炭粒度可使焦炉产品中成品率提高，降低焦炭成本，这是纯经济因素的考虑；二是从冶炼过程考虑，为了加速炉内传热和传质过程，铁矿石的粒度在逐渐缩小，并确实取得了降低吨铁能耗的效果。而焦炭粒度应与缩小了的矿石粒度相适应，二者粒度维持恰当的比值，可以减少焦炭及矿石层在炉内相互混合，从而降低炉料透气性的程度。

但另一种的理由则认为，矿石与焦炭在炉内毕竟是分层装入的，焦与矿互相混合只发生在两层交界处的局部，而单独成层的是多数。焦炭粒度越大则焦炭分层的透气性越好。在软熔带中则焦窗的透气性良好；在软熔带以下只有焦炭构成的料柱内产生液泛的可能性也越小。此外，由于炉料下降过程中的摩擦，焦炭粒度是逐渐缩小的。为了防止炉缸中焦炭粒度过小引起炉缸堆积而带来的故障，入炉焦炭的粒度应稍大。

处理这一矛盾的原则是，在保证高炉操作顺行的前提下，尽量采用小粒度焦炭。根据经验，焦炭应比矿石的平均粒度大 3 ~ 5 倍为最佳。若取矿石的平均粒度为 12mm，则焦炭的粒度应为 40 ~ 60mm。大于 60mm 的焦炭应该筛出，破碎至 60mm 以下。

近年来，国内外大中型高炉生产中，将 15 ~ 25mm 粒级的焦丁与矿石一起混装，每吨生铁加入量为 15 ~ 25kg，取得了很好的冶炼效果。

F　反应性

它是指焦炭与 $CO_2$ 反应而气化的难易程度。在高炉内上升煤气中的 $CO_2$ 与下降的焦炭块相遇而反应：$CO_2 + C(焦) = 2CO$。反应后的焦炭失重而产生裂缝，同时气孔壁变薄而失去强度。因此冶金工作者既要注意焦炭的反应性，还要注意反应后强度，即通常所说的热强度。对高炉用焦来说，希望反应性小一些。焦炭反应性与焦炭的粒度、比表面积及碱金属、铁、钒等的催化作用有关。更重要的是，要通过配煤、炼焦工艺等使生产出的焦炭具有抗反应性好的微观结构。

### 1.7.1.2 炼焦工艺过程

根据资源条件，将一定配比的粉状煤混匀，置于隔绝空气的炭化室内，由两侧燃烧室供热。随温度的升高，粉煤开始干燥和预热（50～200℃）、热分解（200～300℃）、软化（300～500℃），产生液态胶质层，并逐渐固化形成半焦（500～800℃）和成焦（900～1000℃），最后形成具有一定强度的焦炭。整个干馏过程中逸出的煤气导入化工产品回收系统，从中提取百余种化工副产品。

每 1000kg 干精煤约可获得：冶金焦 750kg；煤焦油 15～34kg；氨 1.5～2.6kg；粗苯 4.5～10kg；焦炉煤气 290～350m$^3$。

按我国的分类标准，可用于炼焦的煤依煤的变质程度、挥发分的多少和黏结性大小（胶质层的厚度）分为四大类，见表 1－7。

**表 1－7 炼焦煤的分类标准**

| 煤类别 | 可燃基挥发分/% | 胶质层厚度/mm |
|---|---|---|
| 气 煤 | 30～37 以上 | 5～25 |
| 肥 煤 | 26～37 | 25～30 以上 |
| 焦 煤 | 14～30 | 8～25 |
| 瘦 煤 | 14～30 | 0～12 |

配煤的原则是既要得到性能良好的焦炭，又要尽量节约稀缺的主焦煤的用量，以降低成本。

炼焦工艺过程中影响焦炭质量的环节大体上可分为洗煤、配煤、焦炉操作及熄焦等，其中配煤起着决定性的作用。

洗煤的目的在于降低原煤中灰分及硫的质量分数。但正如选矿一样，在洗煤的同时，随分选的矸石损失掉一部分精煤，降低了煤的回收率，提高了煤的成本。煤的洗选到什么程度，取决于多种条件，利与弊两方面要适当兼顾。

配煤对焦炭质量的影响最为显著。此项环节中最重要的是控制混合煤料的胶质层厚度。对于大型高炉所要求的高质量焦炭，胶质层厚度不应低于 16～20mm。

精煤的粒度、含水量和装入炭化室后的压实程度对焦炭质量也有影响。精煤粉粒度配合要适当，而含水量应尽量低，在装入炭化室后应适当压实。

在焦炭生产这一工艺环节中最重要的是控制合理的加热制度。

熄焦是焦炭生产中最后一个环节，即要把炽热焦炭冷却到大气温度。过去主要采用水熄焦法，这对成品焦质量有害，并损失大量显热。目前大型焦炉均采用先进的工艺用 N + CO$_2$ 的干熄焦法，可避免上述缺点。

### 1.7.1.3　型焦

我国的煤炭资源（包括焦煤），是比较丰富的。煤的预测储量为3200Gt。1982年底探明储量为750Gt。其中烟煤约占65%，而可炼焦的煤又占烟煤的40%。主焦煤的储量约占总储量的9%，即接近70~100Gt。但主焦煤的分布地区不均匀，华北地区主焦煤约占总储量的60%，其次是东北地区，东南沿海省区则极少。这些省区发展地方钢铁工业要立足于本地区的资源，型焦是解决这一问题的出路。用弱结焦性煤为原料，在一定温度下加压成型；或使用非结焦性原煤，加入一定量的黏结剂（如沥青等），然后加压成型。最后将成型物置入炭化室以类似于炼焦炉的工艺，在干馏过程中使其炭化，提高其强度。型焦尚在研究与发展中。

### 1.7.1.4　煤粉

钢铁厂中除炼焦用煤外，还使用大量的煤以提供多种形式的动力，如电力、蒸汽等，或将煤直接用于冶金其他过程，如烧结、炼钢及高炉冶炼工艺等。

1964年，我国首先在首钢成功地向高炉喷吹无烟煤粉，作为辅助燃料置换了一部分昂贵的焦炭，降低了生铁成本。

现在，我国80%以上的高炉都采用喷吹煤粉的工艺，并且开始逐步扩大到喷吹其他含挥发分较高的煤种。

高炉喷吹用的煤粉，其质量有如下要求：

（1）灰分含量低，固定碳含量高。

（2）含硫量低。

（3）可磨性好（即将原煤制成适合喷吹工艺要求的细粒煤粉时所耗能量少，同时对喷枪等输送设备的磨损也弱）。

（4）粒度细。根据不同条件，煤粉应磨细至一定程度，以保证煤粉在风口前完全气化和燃烧。一般要求粒度小于0.074mm的占80%以上。细粒煤粉也便于输送。目前西欧有的高炉正在推广喷粒度煤工艺。为了节约磨煤能耗，煤粉粒度维持在0.8~1.0mm左右，但为了保证煤尽量多地（例如85%以上）在风口带内气化，应喷吹含挥发分较高的烟煤。国外钢铁企业大多采用这种喷吹工艺，煤中挥发分的质量分数一般控制在22%~25%之间。

（5）爆炸性弱，以确保在制备及输送过程中人身及设备安全。

（6）燃烧性和反应性好。煤粉的燃烧性表征了煤粉与$O_2$反应的快慢程度。煤粉从插在直吹管上的喷枪喷出后，要在极短暂的时间内（一般为0.01~0.04s）燃烧而转变为气体。如果在风口带不能大部分气化，剩余部分就随炉腹煤气一起上升。这一方面影响喷煤效果，另一方面大量的未燃煤粉会使料柱透气性变差，甚至影响炉况顺行。在反应性上，与上述焦炭的情况相反，人们希望煤粉的反应性好，以使未能与$O_2$反应的煤粉能很快与高炉煤气中的$CO_2$反应而气化。高炉生产的实践表明，约有喷吹量15%的煤粉是与煤气中的$CO_2$反应而气化的。这种气化应对高炉顺行和提高煤粉置换比都是有利的。

### 1.7.2　气体燃料

气体燃料在钢铁企业中有重要作用。除天然气、石油气等外购气外，还有冶金各工序产生的二次能源气，如焦炉和高炉煤气以及由固体燃料专门加工转化成的发生炉煤气等。

不同种类的气体燃料成分及发热量见表 1-8。

**表 1-8　冶金企业常用各种气体燃料成分及发热量**

| 煤气种类 | | 成分(干基)/% | | | | | | | | 发热量/kJ·m⁻³ |
|---|---|---|---|---|---|---|---|---|---|---|
| | | CO | $H_2$ | $CH_4$ | $C_nH_m$ | $H_2S$ | $CO_2+CO_3$ | $O_2$ | $N_2$ | /kJ·m⁻³ |
| 天然气 | 气井天然气 | | 0~微 | 85~98 | 0.6~1.0 | 0~微 | 0~1 | 0~微 | 0.1~6 | 3500~5000 |
| | 油井天然气 | | 0~微 | 70~90 | 4~30 | 0~微 | 0~1 | 0~微 | 0.1~7 | |
| 焦炉煤气 | | 5~7 | 50~60 | 20~30 | 1.5~2.5 | | 2.0~4.0 | 0.5~0.8 | 5~10 | 1550~1900 |
| 高炉煤气 | | 25~30 | 1.5~3 | 0.2~0.6 | | | 8~15 | | 55~58 | 330~460 |
| 转炉煤气 | | 50~70 | 0.5~2 | | | | 10~25 | 0.5~0.8 | 10~20 | 630~1050 |
| 发生炉煤气（空气-蒸气） | | 24~30 | 12~15 | 0~3 | 0~0.6 | | 3~7 | 0.1~0.9 | 47~55 | 480~650 |

高炉炼铁使用气体燃料加热热风炉。

根据我国资源条件，不可能普遍使用天然气，而焦炉煤气主要供民用，只有在特殊条件下高炉才使用少量焦炉煤气。故高炉煤气就成为钢铁企业内部的主要气体燃料了。

气体燃料输送方便，控制和计量比较准确，燃烧装置简单，燃烧效率高。但高炉煤气发热值低，不能满足高温装置的需要，泄漏时不易察觉（无色无味），危害人身安全。此外，煤气的中间储存装置容量有限，主要依靠高炉连续均衡的生产来保证对用户的供应。一旦高炉出现故障，用户的正常生产就要受到影响。

## 1.8　高炉冶炼产品

高炉冶炼的主要产品是生铁，副产品是炉渣、煤气和一定量的炉尘（瓦斯灰）。

### 1.8.1　生铁

生铁组成以铁为主，此外含碳质量分数为 2.5%~4.5%，并有少量的硅、锰、磷、硫等元素。生铁质硬而脆，缺乏韧性，不能延压成型，机械加工性能及焊接性能不好，但含硅高的生铁（灰口铁）的铸造及切削性能良好。

生铁按用途又可分为普通生铁和合金生铁，前者包括炼钢生铁和铸造生铁，后者主要是锰铁和硅铁。合金生铁作为炼钢的辅助材料，如脱氧剂、合金元素添加剂。普通生铁占高炉冶炼产品的 98% 以上，而炼钢生铁又占我国目前普通生铁的 90% 以上，随着工业化水平的提高，这个比例还将继续提高。

我国现行生铁标准见表 1-9 和表 1-10。

表 1-9　炼钢用生铁的化学成分标准（GB 717—1998）

| 铁号 | 牌　号 | | 炼 04 | 炼 08 | 炼 10 |
|---|---|---|---|---|---|
| | 代　号 | | L04 | L08 | L10 |
| 化学成分/% | C | | ≥3.5 | | |
| | Si | | ≤0.45 | >0.45~0.85 | >0.85~1.25 |
| | Mn | 1 组 | ≤0.40 | | |
| | | 2 组 | >0.40~1.00 | | |
| | | 3 组 | >1.00~2.00 | | |
| | P | 特级 | ≤0.100 | | |
| | | 1 组 | >0.100~0.150 | | |
| | | 2 组 | >0.150~0.250 | | |
| | | 3 组 | >0.250~0.400 | | |
| | S | 特类 | ≤0.020 | | |
| | | 1 类 | >0.020~0.030 | | |
| | | 2 类 | >0.030~0.050 | | |
| | | 3 类 | >0.050~0.070 | | |

表 1-10　铸造生铁的国家标准（GB 718—1982）

| 铁号 | 牌　号 | | 铸 34 | 铸 30 | 铸 26 | 铸 22 | 铸 18 | 铸 14 |
|---|---|---|---|---|---|---|---|---|
| | 代　号 | | Z34 | Z30 | Z26 | Z22 | Z18 | Z14 |
| 化学成分/% | C | | >3.3 | | | | | |
| | Si | | >3.2~3.6 | >2.8~3.2 | >2.4~2.8 | >2.0~2.4 | >1.6~2.0 | >1.25~1.6 |
| | Mn | 1 组 | ≤0.50 | | | | | |
| | | 2 组 | >0.50~0.90 | | | | | |
| | | 3 组 | >0.90~1.30 | | | | | |
| | P | 1 级 | ≤0.06 | | | | | |
| | | 2 级 | >0.06~0.10 | | | | | |
| | | 3 级 | >0.10~0.20 | | | | | |
| | | 4 级 | >0.20~0.40 | | | | | |
| | | 5 级 | >0.40~0.90 | | | | | |
| | S | 1 类 | ≤0.03 | | | | ≤0.04 | |
| | | 2 类 | ≤0.04 | | | | ≤0.05 | |
| | | 3 类 | ≤0.05 | | | | ≤0.06 | |

## 1.8.2　铁合金

铁合金主要供炼钢用的原料。

### 1.8.2.1　锰铁

高炉冶炼的高碳铁合金中，我国生产最多的是锰铁。我国高碳锰铁的国家标准见表 1-11。

表 1 – 11　高碳锰铁的国家标准（GB 4007—1983）

| 类别 | 牌号 | 化学成分/% | | | | | | |
|---|---|---|---|---|---|---|---|---|
| | | Mn | C | Si | | P | | S |
| | | | | 1 组 | 2 组 | I 级 | II 级 | |
| 高碳 | FeMn 75C 7.5 | ≥75.0 | ≤7.5 | ≤1.5 | ≤2.5 | | ≤0.33 | ≤0.03 |
| | FeMn 70C 7.0 | ≥70.0 | ≤7.0 | ≤2.0 | ≤3.0 | ≤0.20 | ≤0.38 | |
| | FeMn 65C 7.0 | ≥65.0 | ≤7.0 | ≤2.5 | ≤4.5 | | ≤0.40 | |

### 1.8.2.2　硅铁

硅铁除作为炼钢用脱氧剂和合金添加剂外，还可作为用碳元素难以还原的金属元素的还原剂（即所谓"硅热法"）。一般情况下，从硅的利用率及总的经济效益考虑，使用电炉生产的硅的质量分数高达 75% 以上的硅铁较为合理，但在某些特殊场合下，如铸造生铁的增硅，因所需的硅量较少，可以用品位较低的高炉硅铁。

### 1.8.3　高炉煤气

高炉冶炼每吨普通生铁所产生的煤气量随焦比水平的差异及鼓风含氧量的不同差别很大，低者只有 1600m³/t，高者可能超过 3500m³/t。煤气成分差别也很大，先进的高炉煤气的化学能得到充分的利用。其 CO 的利用率 $\eta_{CO} = \dfrac{\varphi(CO_2)}{\varphi(CO + CO_2)}$ 可超过 50%，即煤气中 $\varphi(CO)$ 可低于 21%，而 $\varphi(CO_2)$ 比之稍高。但高炉冶炼铁合金时煤气中 $\varphi(CO_2)$ 几乎为零。

不同铁种时煤气成分及发热量见表 1 – 12。

表 1 – 12　不同铁种时煤气成分及发热量

| 铁　种 | | 炼钢生铁 | 铸造生铁 | 锰　铁 |
|---|---|---|---|---|
| 成分（体积分数）/% | CO | 21 ~ 26 | 26 ~ 30 | 33 ~ 36 |
| | H₂ | 1.0 ~ 2.0 | 1.0 ~ 2.0 | 2.0 ~ 3.0 |
| | CH₄ | 0.2 ~ 0.8 | 0.3 ~ 0.8 | 0.2 ~ 0.5 |
| | CO₂ | 14 ~ 21 | 11 ~ 14 | 4 ~ 6 |
| | N₂ | 55 ~ 57 | 58 ~ 60 | 57 ~ 60 |
| 低位发热量/kJ·m⁻³ | | 3000 ~ 3800 | 3600 ~ 4200 | 4600 ~ 5000 |

### 1.8.4　炉渣

每吨生铁的产渣量，随入炉原料中铁品位高低、焦比及焦炭含灰分之多少而差异很大。我国大型高炉吨铁的渣量在 270 ~ 350kg 之间。小型高炉由于原料条件差，技术水平低，其渣量大大超过此数。

炉渣是多种金属氧化物构成的复杂硅酸盐系，外加少量硫化物、碳化物等。除去原料条件特殊者外，一般炉渣成分的范围为：

$w(CaO) = 35\% ~ 44\%$；$w(SiO_2) = 32\% ~ 42\%$；$w(Al_2O_3) = 6\% ~ 16\%$；$w(MgO) = 4\% ~ 13\%$ 及少量的 MnO、FeO 及 CaS 等。

特殊条件下如包钢的高炉渣含有 $CaF_2$、$K_2O$、$Na_2O$ 及 $Re_xO_y$ 等；攀钢炉渣含有 $TiO_2$、$V_2O_5$；酒钢炉渣含有 BaO 等。

除特殊成分的炉渣外（如含 $TiO_2$ 的攀钢渣），几乎所有的高炉炉渣皆可供制造水泥或以其他形式得以应用。我国高炉渣量的 70% 以高压水急冷方式制成了水渣，供水泥厂作原料。炉渣的另一种利用方式是缓冷后破碎成适当粒度的致密渣块（密度 $2.5 \sim 2.8 t/m^3$）代替天然碎石料作铁路道渣，或铺公路路基。作为这种用途消耗的渣量在我国不超过总渣量的 10% 。

液态炉渣用高速水流和机械滚筒予以冲击和破碎可制成中空的直径 5mm 的渣珠，称为膨珠。膨珠可作为轻质混凝土的骨料，建筑上用做防热、隔音材料。

液态炉渣如果用高压蒸汽或压缩空气喷吹可制成矿渣棉，矿渣棉是低价的不定型绝热材料。

一般炉渣出炉时的温度为 $1400 \sim 1550℃$，热含量为 $1680 \sim 1900 kJ/kg$。虽然已作过大量的研究工作，目前世界各国皆未找到简易可行的办法来利用这部分潜热。

## 1.9　高炉冶炼的主要技术经济指标

### 1.9.1　高炉有效容积利用系数

高炉有效容积 $V_{有}$ 是指大钟落下时其底边平面至出铁口中心线之间的炉内容积。有效容积利用系数 $\eta_V$ 是指在规定的工作时间内，每 $1 m^3$ 高炉有效容积每昼夜（d）生产的合格铁水的吨数。它综合地说明了技术操作及管理水平。

$$\eta_V = \frac{P}{V_{有}}$$

式中　$\eta_V$——有效容积利用系数，$t/(m^3 \cdot d)$；

　　　$P$——每天合格生铁，$t/d$；

　　　$V_{有}$——有效容积，$m^3$。

### 1.9.2　入炉焦比、综合焦比及综合折算焦比

焦比既是消耗指标又是重要的技术经济指标，它是指冶炼每吨生铁消耗的干焦（或综合焦炭）的千克数。

（1）入炉焦比。冶炼 1t 生铁消耗的干焦量，指实际消耗的焦炭数量，不包括喷吹的各辅助燃料。其计算式为：

$$K = \frac{Q}{P}$$

式中　$K$——入炉焦比，$kg/t$；

　　　$Q$——干焦耗用量，$kg$；

　　　$P$——合格生铁产量，$t$。

（2）折算入炉焦比：其计算式为：

$$K' = \frac{Q}{P'}$$

式中　$K'$——折算入炉焦比，kg/t；

　　　$Q$——干焦耗用量，kg；

　　　$P'$——合格生铁折算产量，t。

（3）综合焦比（kg/t）。综合焦比是生产每吨生铁所消耗的干焦数量以及各种辅助燃料折算为干焦量的总和：

$$综合焦比 = \frac{干焦数量 + \sum 喷吹燃料 \times 折算系数}{合格生铁折算产量}$$

$$= \frac{综合干焦耗用量}{合格生铁产量折算产量}$$

不同辅助燃料的折算系数见表 1 – 13。

表 1 – 13　不同辅助燃料的折算系数

| 燃料种类 | 无烟煤/kg·kg⁻¹ | 焦粉/kg·kg⁻¹ | 沥青/kg·kg⁻¹ | 天然气/kg·m⁻³ | 重油/kg·kg⁻¹ | 焦炉煤气/kg·m⁻³ |
|---|---|---|---|---|---|---|
| 折算系数 | 0.8 | 0.9 | 1.0 | 0.65 | 1.2 | 0.5 |

（4）折算综合焦比(kg/t)的计算式为：

$$折算综合焦比 = \frac{综合干焦耗用量}{合格生铁折算产量}$$

### 1.9.3　煤比

煤比 $M$(kg/t) 的计算式为：

$$煤比 = \frac{煤粉耗用量}{合格生铁产量}$$

喷吹其他辅助燃料的计算方法类似，但气体燃料应以立方米计量。

### 1.9.4　燃料比

燃料比的计算式为：

$$K_f = \frac{Q_f}{P}$$

式中　$K_f$——冶炼 1t 生铁消耗的焦炭和喷吹燃料的数量之和；

　　　$Q_f$——高炉一昼夜消耗的干焦量和喷吹燃料之和。

### 1.9.5　生铁合格率

生铁合格率是指生铁化学成分符合国家标准的产量占生铁总产量的百分数，它是衡量产品质量的指标。

$$生铁合格率 = \frac{合格生铁产量}{生铁总产量(包括不合格产品)} \times 100\%$$

### 1.9.6　燃料喷吹作业指标及各种因素对焦比的影响

（1）喷吹率：

$$喷吹率 = \frac{喷吹燃料总量}{总燃料消耗量} \times 100\%$$

（2）置换比：

$$R = \frac{K_0 - K_1 + \sum \Delta K}{M}$$

式中　$R$——喷吹的辅助燃料的置换比；

　　　$K_0$——未喷吹辅助燃料前的实际平均焦比；

　　　$K_1$——喷吹辅助燃料后的平均入炉焦比；

　　　$\sum \Delta K$——其他各种因素对实际焦比影响的代数和。

各种因素对焦比影响的经验值见表 1 – 14。

表 1 – 14　各种因素对焦比影响的经验值

| 因　素 | 变动量 | 影响焦比 | 影响产量 | 说　明 |
|---|---|---|---|---|
| 烧结矿含铁 | ±1% | ∓1.5% ~ 2.0% | ±3% | |
| 烧结矿碱度 | ±0.1 | ∓3.5% ~ 4.5% | | |
| 烧结矿 FeO | ±1% | 1.5% | | |
| 粒径小于 5mm 烧结矿粉末 | ±10% | ±0.6% | ∓6% ~ 8% | |
| 入炉石灰石 | ±100kg | ±25 ~ 30kg | | |
| 焦炭含硫 | ±0.1% | ±1.5% ~ 2% | ∓2% | |
| 焦炭灰分 | ±1% | ±2% | ∓3% | |
| 焦炭转鼓指数 | ±10kg | ∓3% | ±6% | |
| 碎铁加入量 | ±100kg | ∓20kg | ±3% | 碎铁含 Fe <60% |
| | ±100kg | ∓30kg | ±5% | 碎铁含 Fe 60% ~ 80% |
| | ±100kg | ∓40kg | ±7% | 碎铁含 Fe >80% |
| 渣量 | ±100kg | ±50kg | | 包括熔化热、熔剂分解及 $CO_2$ 影响 |
| | ±100kg | ±20kg | | 只考虑渣熔化热 |
| 炉渣碱度 | ±0.1 | ±15 ~ 20kg | | 渣量 500 ~ 700kg/t |
| | ±0.1 | ±20 ~ 25kg | | 渣量 700 ~ 900kg/t |
| 干风温 | ±100℃ | ∓7% | | 原风温 600 ~ 700℃ |
| | ±100℃ | ∓6% | | 原风温 700 ~ 800℃ |
| | ±100℃ | ∓5% | | 原风温 800 ~ 900℃ |

## 1.9.7　冶炼强度与综合冶炼强度

（1）冶炼强度。冶炼强度 $I$ t/（m³·d）是冶炼过程强化的程度，即每昼夜（d）每 1m³ 高炉有效容积燃烧的干焦耗用量：

$$冶炼强度 = \frac{干焦耗用量}{有效容积 × 实际工作日}$$

（2）综合冶炼强度。综合冶炼强度 $I_f$ t/（m³·d）除干焦外，还考虑到是否有喷吹的其他类型的辅助燃料：

$$综合冶炼强度 = \frac{综合干焦耗用量}{有效容积 \times 实际工作日}$$

有效容积利用系数 $t/(m^3 \cdot d)$、焦比及冶炼强度之间存在以下的关系：

在不喷吹辅助燃料时：

$$有效容积利用系数 = \frac{冶炼强度}{焦比}$$

喷吹燃料时：

$$有效容积利用系数 = \frac{综合冶炼强度}{综合焦比}$$

### 1.9.8 燃烧强度

由于炉型的特点不同，小型高炉可允许较高的冶炼强度，因而容易获得较高的利用系数。为了对比不同容积的高炉实际炉缸工作强化的程度，可对比其燃烧强度。燃烧强度 $t/(m^2 \cdot d)$ 的定义为每 $1m^2$ 炉缸截面积上每昼夜（d）燃烧的干焦吨数：

$$燃烧强度 = \frac{一昼夜干焦耗用量}{炉缸截面积}$$

### 1.9.9 焦炭负荷

焦炭负荷可用来估计配料情况和燃料利用水平，也是用配料调节高炉热状态时的重要参数。

$$焦炭负荷 = \frac{每批炉料中铁矿石与锰矿石总量}{每批炉料中焦炭量}$$

### 1.9.10 休风率

休风率反映了高炉操作及设备维护的水平，也有记作业率的。作业率与休风率之和为 100%。

休风率是指高炉休风时间（不包括计划中的大、中修及小修）占规定工作时间的百分数：

$$休风率 = \frac{休风时间}{规定工作时间} \times 100\%$$

### 1.9.11 生铁成本

生产每吨合格生铁所有原料、燃料、材料、动力、人工等一切费用的总和，单位为元/t。

### 1.9.12 炉龄

炉龄为两代高炉大修之间高炉实际运行的时间，即不计计划中进行的中小修而造成的休风以及封炉时间。

衡量炉龄及一代炉龄中高炉工作效率的另一个指标为每立方米炉容在一代炉龄期内的累计产铁量。先进高炉不但每日平均的利用系数高，而且炉龄长，即实际工作日多，故累计产量很高，平均可达 $5000t/m^3$ 以上。世界先进高炉的累计产铁量超过 $10000t/m^3$。

### 1.9.13　吨铁工序能耗

能源是维持各种生产及活动得以正常进行的动力。钢铁工业是国民经济各部门中的耗能大户。近年来我国钢铁工业每年消耗标准煤 70Mt 以上，占全国总能耗的 10% ~ 12%。其中钢铁冶炼工艺的能耗占 70%，这些能耗又主要消耗于炼铁这一工序上。我国能源的开发和利用比较落后，其发展速度又受投资、建设周期等多方面的限制，降低单位钢铁产品的能源消耗量是个重大的课题。

## 复习思考题

1-1　简述高炉生产工艺流程。

1-2　高炉常用的铁矿石有哪几种？

1-3　如何评价铁矿石的质量？

1-4　高炉冶炼对熔剂有何要求？

1-5　高炉冶炼对焦炭质量有哪些要求？

1-6　简述炼焦工艺流程。

1-7　简述高炉冶炼的主要产品和副产品。

1-8　简述高炉冶炼的主要技术经济指标。

# 2 还原过程与生铁形成

## 2.1 高炉内基本现象和基本规律

高炉冶炼过程是个连续的生产过程。炉料自炉顶加入炉内，在下降过程中与风口前燃料燃烧产生向上流动的高温煤气相遇，受热和还原剂的作用，一些物质挥发和分解，铁及某些元素的氧化物被还原，被还原出来的铁经渗碳作用及其他元素的加入，形成液体生铁；未被还原部分和脉石生成炉渣，最后将液体渣、铁放出炉外。已用去大部分能量的煤气则从炉顶排出。整个冶炼过程中发生的物理化学变化是复杂交错、互相影响的。这些变化的发展方向、反应速度和进行程度，影响高炉生产率、产品质量和物资消耗，特别是燃料消耗。

高炉是一个密闭的连续的逆流反应器。把正在生产的高炉，突然停止鼓风，并急速降温以保持炉内原状，然后将高炉剖开，并进行全过程的观察、录像、取样分析化验等各个项目的研究，这项工作称为高炉解剖研究。

早在1930年前后，斯德哥尔摩就进行过解剖高炉的工作。1968年，日本首先对646m³高炉进行了解剖研究。随后日本解剖了13座容积更大的高炉。前苏联解剖了2座高炉，美国等其他国家也进行过解剖研究。我国于1979年10月对首钢23m³试验高炉进行了解剖研究，继之在攀钢解剖了一座容积更小的试验高炉，获得了大量而丰富的资料。

### 2.1.1 炉料在高炉内的物理状态

通过国内外高炉解剖研究得到如图2-1所示的典型炉内状况。按炉料物理状态可将高炉内大致分为五个区域或称五个带。

#### 2.1.1.1 块状带

在该区域内，炉料明显地保持装料时的分层状态（矿石层与焦炭层），没有液态渣铁。随着炉料下降其层状逐渐趋于水平，而且厚度逐渐变薄。

#### 2.1.1.2 软熔带

矿石从开始软化到完全熔化的区间称为软熔带，它由许多固态焦炭层和黏结在一起的半融的矿石层组成。焦炭、矿石相间，层次分明。由于矿石呈软熔状，透气性极

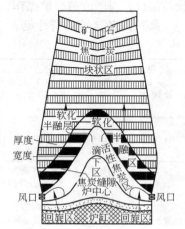

图2-1 典型炉内状况

差。煤气主要从焦炭层通过，像窗口一样，因此称为"焦窗"。软熔带的上沿是软化线（即固相线），软熔带的下沿是熔化线（即液相线），它与矿石的软熔温度区间是一致的。

最高部位称为软熔带顶部，其底部位与炉墙相连，称为软熔带的根部，如图2-2所示。

随着原料与操作条件的变化，软熔带的形状与位置都随之改变。

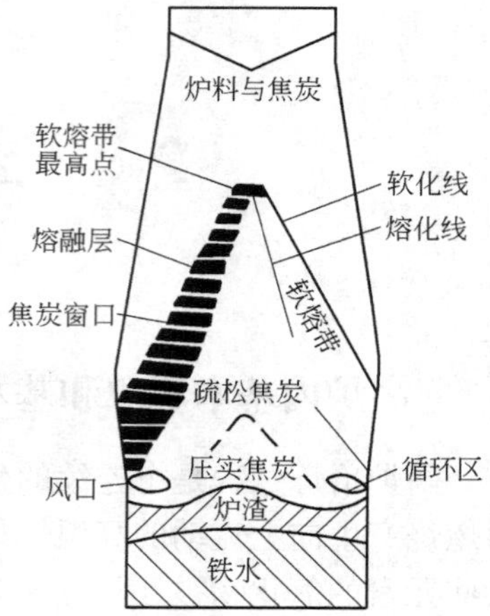

#### 2.1.1.3　滴落带

软熔带以下是已熔化的渣铁穿过固体焦炭空隙，沿焦炭柱向下滴落，故称滴落带。在滴落带内，焦炭长时间处于基本稳定状态的区域，称"中心呆滞区"（死料柱）。焦炭松动下降的区域称活性焦炭区。

#### 2.1.1.4　风口带

风口前在鼓风动能作用下焦炭作回旋运动的区域又称"焦炭回旋区"，这个回旋区中心呈半空状态。该区内焦炭燃烧，是高炉内热量和气体还原剂的主要产生地，也是高炉内唯一存在的氧化性区域。

图2-2　软熔带示意图

#### 2.1.1.5　渣铁带

风口以下的下部即边循环运动炉缸区域，主要是液态渣铁以及浸入其中的焦炭。在铁滴穿过渣层以及在渣铁界面时最终完成必要的渣铁反应，得到合格的生铁，并间断地或连续地排出炉外。

热交换和化学反应都发生在炉料和煤气的相向运动中，所以炉料下降顺利，上升煤气流分布合理乃是获得高产、优质的前提。

### 2.1.2　软熔带及其对高炉行程的影响

高炉解剖研究肯定了软熔带的存在，这是一项很重要的研究成果。寻求最佳软熔带的形状与位置，对于改善高炉操作以及获得先进的经济技术指标，具有非常重要的实际意义。

高炉内各区域的特性见表2-1。

表2-1　高炉内各区域的特性

| 区域 | 相向运动 | 热交换 | 反应 |
|---|---|---|---|
| 块状带 | 固体（矿、焦）在重力作用下下降，煤气在强制鼓风作用下上升 | 上升的煤气对固体炉料进行预热和干燥 | 矿石间接还原，炉料的蒸发、挥发及分解 |
| 软熔带 | 影响煤气流分布 | 上升煤气对软化半融层进行传热熔解 | 矿石进行直接还原和渗碳，焦炭的 $C + CO_2 = 2CO$ 气化反应 |
| 滴落带 | 固体（焦炭）、液体（铁水熔渣）下降，煤气上升向回旋区供给焦炭 | 上升煤气使铁水、熔渣、焦炭升温，滴下的铁水、熔渣和焦炭进行热交换 | 非铁元素的还原，脱硫、渗碳，焦炭的 $C + CO_2 = 2CO$ 气化反应 |
| 焦炭回旋区 | 鼓风使焦炭作回旋区运动 | 反应放热，使煤气温度上升 | 鼓风中的氧和蒸汽使焦炭燃烧 |
| 炉缸区 | 铁水，炉渣存放，出铁时，铁水和炉渣作环流运动，而浸入渣铁中的焦炭则随出渣铁而作缓慢的沉浮运动，部分被挤入风口燃烧带汽化 | 铁水、熔渣和缓慢运动的焦炭进行热交换 | 最终的渣、铁反应 |

2.1.2.1 软熔带的形状

随着原料条件和操作因素改变，软熔带形状也大不一样，其形式基本上分为三种类型：

（1）倒 V 形。它的形状像倒写的英文字母 V 字形，如图 2－1 与图 2－2 所示的软熔带形状。其特点是：中心温度高，边沿温度低，煤气利用较好，而且对高炉冶炼过程一系列反应有着很好的影响。

（2）V 形。它的形状像英文字母 V 字形。其特点刚好与倒 V 形相反，边沿温度高而中心温度低，煤气利用不好，侵蚀炉墙降低高炉寿命，而且不利于炉缸一系列反应。高炉操作中应该尽量避免它。

（3）W 形。它的特点与效果都介于以上二者之间。

2.1.2.2 影响软熔带形状的因素

高炉解剖研究表明，影响和控制软熔带的因素较多，但其主要受布料和送风状况的影响。当高炉中心区域矿焦比较低（如以正装为主，批重较小，料线较低）鼓风动能大时，容易形成倒 V 形软熔带；反之，则易形成 V 形软熔带；若因炉墙破损等原因在边缘形成焦矿混合层，改善了透气性，则易形成中心和边缘气流对称发展的 W 形软熔带；而在边沿形成混合层后，沿圆周方向入炉风量不均匀或炉料下降不均匀情况下，就会形成中心气流和边沿气流不对称的 W 混合形软熔带。

2.1.2.3 软熔带对高炉冶炼的影响

软熔带由固态焦炭与半熔融的矿石层组成，呈环状，并分层分布，焦矿相隔，层次分明。矿石呈软熔状，透气性极差，几乎不透气，煤气从焦层通过，称为透气的“焦窗”。软熔带对高炉中下部起着煤气再分布的作用，它的形状和位置对高炉冶炼过程产生了明显的影响。如影响矿石的预还原、生铁含硅、煤气的利用、炉缸温度与活跃程度以及对炉衬的维护等。

目前倒 V 形软熔带被公认为是最佳软熔带。软熔带形状对高炉冶炼进程的影响列于表 2－2 中。

表 2－2　软熔带形状对高炉冶炼进程的影响

| 形　状 | | 倒 V 形 | V 形 | W 形 |
|---|---|---|---|---|
| 冶炼进程 | 铁矿石预还原 | 有利 | 不利 | 中等 |
| | 生铁脱硫 | 有利 | 不利 | 中等 |
| | 生铁含硅 | 有利 | 不利 | 中等 |
| | 煤气利用 | 利用好 | 不利 | 中等 |
| | 炉缸中心活跃 | 中心活跃 | 不活跃 | 中等 |
| | 炉墙维护 | 有利 | 不利 | 中等 |

## 2.2　炉料中的蒸发、挥发及分解

### 2.2.1　水分的蒸发与水化物的分解

炉料从炉顶装入高炉后，在下降过程中受到上升煤气流加热，首先水分蒸发。装入高炉的炉料，除烧结矿等熟料之外，在焦炭及有些矿石中均含有较多的水分。炉料中的水以吸附水（也称物理水）和化合水（也称结晶水）两种形式存在。

#### 2.2.1.1　水分的蒸发

吸附水存在于热烧结矿以外的一切炉料中，吸附水一般在105℃时就迅速蒸发。吸附水蒸发对高炉冶炼并无坏处，因为炉喉煤气温度通常在200℃左右，流速也很高，炉料中的吸附水在炉料入炉后，下降不大的距离就会蒸发完，水分的蒸发仅仅利用了煤气的余热，不会增加焦炭的消耗；同时因水分的蒸发吸热，降低了炉顶煤气温度，对装料设备和炉顶金属结构的维护还带来好处。此外，煤气温度降低，体积减小，流速也随之降低，炉尘吹出量随之减少。在实际生产中，往往因炉顶温度过高，而向炉料或炉喉内打水以降低煤气温度。

#### 2.2.1.2　水化物的分解

炉料中的化合水，又称结晶水，以化合物的状态存在。褐铁矿（$n\mathrm{Fe_2O_3} \cdot m\mathrm{H_2O}$）化合水最多，高岭土（$\mathrm{Al_2O_3} \cdot 2\mathrm{SiO_2} \cdot 2\mathrm{H_2O}$）也含部分化合水。化合水只有在水化物分解后，水分才会蒸发。

褐铁矿中的结晶水在200℃左右开始分解，400~500℃时分解速度激增。高岭土在400℃时开始分解，但分解速度很慢，到500~600℃时才迅速进行。

化合水分解与矿石粒度、气孔度（率）等有很大关系，只有当料块中心温度达到该水化物强烈分解的温度时，才能认为分解完毕。因此有的化合水可能在高温下才能分解出来。

由于结晶水分解，矿石破碎而产生粉末，炉料透气性变坏，对高炉稳定顺行不利。部分在较高温度分解出的水汽还可与焦炭中的碳素反应，消耗高炉下部的热量。其反应如下：

在500~1000℃时

$$2\mathrm{H_2O} + \mathrm{C}_{\text{焦}} = \mathrm{CO_2} + 2\mathrm{H_2} - 83134\mathrm{kJ}$$

在1000℃以上时

$$\mathrm{H_2O} + \mathrm{C}_{\text{焦}} = \mathrm{CO} + \mathrm{H_2} - 124450\mathrm{kJ}$$

这些反应大量耗热并且消耗焦炭，同时减少风口前燃烧的碳量。尤其在高炉下部进行这些反应时，将使炉温降低，对高炉生产不利，甚至带来严重的后果。而反应生成的还原性气体 $\mathrm{H_2}$ 和 $\mathrm{CO}$，若发生反应的部位较高，则利用率低，不足以弥补其不利影响。

### 2.2.2 挥发物的挥发

#### 2.2.2.1 燃料挥发物的挥发

燃料挥发分存在于焦炭及煤粉中，焦炭含挥发分少，一般为 0.7% ~ 1.3%（按质量计），其主要成分是 $N_2$、CO 和 $CO_2$ 等气体。焦炭到达风口前，挥发物就已全部挥发。由于数量少（焦炭燃烧生成的煤气中，挥发分仅占 0.2% ~ 0.25%），对煤气成分和冶炼过程影响不大。在喷吹煤粉时，煤粉中若含挥发分高，喷吹量又大，则将使炉缸煤气成分和温度明显变化，这对还原反应的影响是不能忽略的。另外在焦炭挥发物挥发时，使焦炭碎化而产生粉末，影响炉缸工作。

#### 2.2.2.2 其他物质的挥发与"循环富集"

除焦炭挥发物外，炉内还有许多化合物和元素进行少量挥发（也称气化）。其中包括可以在高炉内还原的元素，如 S、P、As、K、Na、Zn、Pb、Mn 以及还原的中间产物如 SiO、PbO、$K_2O$、$Na_2O$ 等。这些物质在高炉下部还原后气化，随煤气上升到高炉上部又冷凝，然后再随炉料下降到高温区又气化而形成循环。它们之中只有部分气化物质凝结成粉尘被煤气带出炉外或溶入渣铁后被带到炉外，而剩余部分则在炉内循环富集（也称循环积累）。有的积累常常妨碍高炉正常冶炼。如挥发的锌蒸气渗入炉衬，在冷凝过程中被氧化成 ZnO，体积增大，使炉衬胀裂。铅的积累则会破坏炉底，渗入砖缝使砖浮起。还原出的锰也有部分挥发随煤气上升至低温区，被氧化成极细的 $Mn_3O_4$ 随煤气逸出，增加了煤气清洗的困难。有部分沉积在炉料的孔隙中，堵塞煤气流的上升通道，导致炉子难行甚至造成悬料和结瘤。在冶炼制钢铁时，焦比或炉温较低，Mn 和 SiO 的挥发不多，对高炉生产影响不大。近年来研究证实，由于高炉炉缸温度过高造成的热悬料现象与 SiO 的大量挥发有着密切关系。

### 2.2.3 碱金属的挥发与危害

大量事实表明，碱金属对高炉生产危害很大，如碱金属能使焦炭强度大大降低甚至粉化，使炉墙结厚甚至结瘤，使风口大量烧坏等，导致各项技术经济指标恶化。国内多数地区的矿石脉石和焦炭灰分中，均不同程度地含有碱金属，如白云鄂博铁矿中含 $K_2O$ 约 0.2%，含 $Na_2O$ 约 0.4%，大冶铁精矿中碱金属主要存在于黑云母（$K_2O \cdot 6H_2O \cdot Al_2O_3 \cdot 6SiO_2 \cdot 2H_2O$）之中，新疆八一钢铁公司所用雅满矿中其碱金属主要以芒硝（$Na_2SO_4$）的形式存在。

#### 2.2.3.1 高炉内碱金属的循环

钾、钠等碱金属大都以各种硅酸盐的形态存在于炉料而进入高炉，比如 $2K_2O \cdot SiO_2$、$2Na_2O \cdot SiO_2$、$Na_2O \cdot SiO_2$ 等；也有少量 $K_2O$、$Na_2O$、$K_2CO_3$、$Na_2CO_3$ 等形态存在于矿石脉石中。

以硅酸盐形式存在的碱金属，在低于 1500℃ 时是很稳定的；而当温度高于 1500℃ 时，且有碳素存在条件下，它能被 C 还原。以氧化物或碳酸盐存在的碱金属，能在较低温度

下被 CO 还原。如

$$K_2(Na_2)SiO_3 + 3C = 2K(Na)_{气} + Si + 3CO \tag{2-1}$$

$$K_2(Na_2)SiO_3 + C = 2K(Na)_{气} + SiO_2 + CO \tag{2-2}$$

$$K_2(Na_2)O + CO = 2K(Na)_{气} + CO_2 \tag{2-3}$$

$$K_2(Na_2)CO_3 + CO = 2K(Na)_{气} + 2CO_2 \tag{2-4}$$

被还原出来的 K 在 766℃ 气化, Na 在 890℃ 气化进入煤气流。部分气化的 K、Na 在高温下, 将与 $N_2$ 和 C 反应生成氰化物:

$$2K(Na)_{气} + 2C + N_2 = 2K(Na)CN_{气} \tag{2-5}$$

KCN 和 NaCN 的熔点分别为 662℃ 和 562℃, 沸点分别为 1625℃ 和 1530℃。由此可知, 碱金属将以气态形式随煤气上升; 而碱金属的氰化物多以雾状液体的形态随煤气向上运动。当这些气态或雾状液体上升至低于 800℃ 的温度区域, 就会被 $CO_2$ 氧化而以碳酸盐形态凝结在炉料表面:

$$2K(Na)_{气} + 2CO_2 = K_2(Na_2)CO_3 + CO \tag{2-6}$$

$$2K(Na)CN_{液} + 4CO_2 = K_2(Na_2)CO_3 + N_2 + 5CO \tag{2-7}$$

被冷凝下来的碱金属碳酸盐, 一部分(约 10%)随炉料的粉末一起, 被带出炉外, 大部分则随炉料下降, 降至高温区后又被还原生成碱蒸气, 如同 $K_2(Na_2)CO_3 + CO = 2K(Na)_{气} + 2CO_2$ 反应。

但由于动力学条件的限制, 炉料中原有碱金属硅酸盐, 及再生的碱金属碳酸盐, 都将有一部分不能被还原而直接进入炉渣, 并随炉渣排出炉外。

由此可见, 炉料中带入的碱金属在炉内的分配情况是: 少量被煤气和炉渣带走, 而多数在炉内往复, 循环富集, 严重时炉内碱金属量高于入炉量的 10 倍以上, 以致殃及高炉生产。碱金属在炉内的积累富集现象, 被高炉解剖所证实。如日本解剖某高炉, 将碱金属在炉内的循环平衡测绘于图 2-3。该图表明, 矿石和焦炭带入的碱金属仅为 2.29kg/t$_{铁}$, 可是由于碱的循环积累, 在软熔带和滴落带富集量已分别达到 10kg/t$_{铁}$ 以上。炉内含碱量约为炉料带入量的 2.5~3.0 倍。

从碱金属(K、Na)在炉内的分布来看, 各类矿石、焦炭所含的碱金属量都在 1000℃ 左右开始增多, 矿石在熔化前的软熔层内含碱量出现最高值, 再往下炉渣中的碱降低; 焦炭在低于软熔带位置含碱量最高, 在接近燃烧带时下降。

炉内物料中碱含量最高值在软熔层下部附近, 其分布状态与炉内温度分布和软熔带形状相一致。即以气态上升的碱, 来自燃烧带或滴落带。从 1000℃ 左右到风口平面的区域就是碱

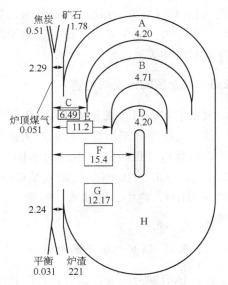

图 2-3　炉内碱($Na_2O + K_2O$)循环平衡实例

(图中数据单位 kg/t$_{铁}$)

A—块状带吸收; B—软熔带吸收; C—块状带;
D—滴落带吸收; E—软熔带; F—滴落带;
G—挥发; H—滴落中的碱量、炉渣中的碱量

循环区域。

### 2.2.3.2　碱金属对高炉冶炼的危害

（1）碱金属是碳气化反应的催化剂。实验表明，当焦炭中碱金属量增大时，焦炭气化反应速度增加，而且对反应性愈低的焦炭，碱金属对加速气化反应速度的影响愈大。

碱金属的催化作用必然使焦炭气化反应开始温度降低，即气化反应在高炉内开始反应的位置上移，从而使高炉内直接还原区扩大，间接还原区相应缩小，进而引起焦比升高，降低料柱特别是软熔带气窗的透气性，引起风口大量破损等。

（2）碱金属降低焦炭强度：

1）因碱金属促进焦炭气化反应发展以及氰化物的形成，其结果必然使焦炭的基质变弱，在料柱压力作用和风口回旋区高速气流的冲击下，焦炭将碎裂，碎焦增多，平均粒度减小。

2）碱金属蒸气渗入焦炭孔隙内，促进焦炭的不均匀膨胀而产生局部应力，造成焦炭的宏观龟裂和粉化。

（3）碱金属恶化原料冶金性能。球团矿含碱金属在还原过程中将产生异常膨胀，烧结矿含碱金属将加剧还原粉化，结果造成块状带透气性变差，严重时将产生上部悬料。

（4）碱金属促使炉墙结厚甚至结瘤。碱金属蒸气在低温区冷凝，除吸附于炉料外，一部分凝结在炉墙表面，若炉料粉末多，就可能一起黏结在炉墙表面逐步结厚，严重时形成炉瘤。因钾挥发量大于钠，故钾的危害更大。

（5）碱蒸气对高炉炉衬高铝砖、黏土砖有侵蚀，其反应如下：

$$6K_气 + 3CO + 3Al_2O_3 \cdot 2SiO_2 + 10SiO_2 = 3[K_2O \cdot Al_2O_3 \cdot 4SiO_2] + 3C \qquad (2-8)$$
$$\Delta V/V_0 = 30\%$$

$$6K_气 + 3CO + 3Al_2O_3 \cdot 2SiO_2 + 4SiO_2 = 3[K_2O \cdot Al_2O_3 \cdot 2SiO_2] + 3C \qquad (2-9)$$
$$\Delta V/V_0 = 50.7\%$$

$$2K_气 + CO + \frac{1}{3} \cdot 3Al_2O_3 \cdot 2SiO_2 + 5\frac{1}{3}SiO_2 = K_2O \cdot Al_2O_3 \cdot 6SiO_2 + C \qquad (2-10)$$
$$\Delta V/V_0 = 22.27\%$$

$$2K_气 + CO + K_2O \cdot Al_2O_3 \cdot 4SiO_2 + Al_2O_3 = 2[K_2O \cdot Al_2O_3 \cdot 2SiO_2] + C \qquad (2-11)$$
$$\Delta V/V_0 = 21.2\%$$

$$2K_气 + CO + 11Al_2O_3 = K_2O \cdot 11Al_2O_3 + C \qquad (2-12)$$
$$\Delta V/V_0 = 29.8\% \qquad (2-13)$$

式中　$V_0$——试样原始体积；

　　　$\Delta V$——膨胀体积；

　　　$\Delta V/V_0$——体积膨胀率，%。

### 2.2.3.3　防止碱金属危害的措施

（1）减少和控制入炉碱金属量，如碱金属以芒硝形态存在，则可经破碎、水洗而去除大部分。

（2）借助炉渣排碱是最具有实际意义和有效的途径，方法是降低炉渣碱度，采用酸渣操作。据钾钠化合物的稳定性可知：在高炉低温区，以 $Na_2CO_3$、$K_2CO_3$ 最稳定，$K_2SiO_3$、$Na_2SiO_3$ 次之；在中温区，以 $K_2SiO_3$、$Na_2SiO_3$ 最稳定，$KCN$、$NaCN$ 次之，$K_2O$、$Na_2O$ 最不稳定；在高温区，只有钾钠硅酸盐和钠氰化物能够存在，但不稳定（硅酸盐要相对稳定一些）。所以降低炉渣碱度，增加渣中 $SiO_2$ 活度，以增加碱金属硅酸盐稳定存在的条件，从而提高炉渣排碱量。基于上述原因，使用含碱金属高的炉料时，采用酸性渣冶炼以促进炉渣排碱，降焦顺行；而脱硫则靠炉外进行是有意义的。

此外，大渣量增加炉渣的排碱能力，但在实际生产中除矿石品位低渣量大外，一般不可能人为的增大渣量，顾此失彼，不一定有利。

（3）根据前面所述碱金属的反应式可知，增加压力有利于反应向左进行，减少碱金属的气化量。

（4）适当降低燃烧带温度，可以减少 K、Na 的还原数量。

（5）提高冶炼强度，缩短炉料在炉内的停留时间，可以减少炉内碱金属的富集量。

（6）对冶炼碱金属含量高的高炉，可定期采用酸性渣洗炉，以减少炉内碱金属的积累量。

### 2.2.4　碳酸盐的分解

高炉料中的碳酸盐常以 $CaCO_3$、$MgCO_3$、$FeCO_3$、$MnCO_3$ 的形态存在，以前两者为主。它们中很大部分来自熔剂或白云石，后两者来自部分矿石。当炉料受热时，碳酸盐分解按 $FeCO_3$、$MnCO_3$、$MgCO_3$、$CaCO_3$ 的顺序依次分解。碳酸盐分解反应通式可写成：

$$MeCO_3 \rule[0.5ex]{2em}{0.4pt} MeO + CO_2 - Q \tag{2-14}$$

式中，Me 代表 Ca、Mg、Fe 及 Mn 等元素。

碳酸盐的分解反应是可逆的，随温度升高，其分解压力升高，即有利于碳酸盐的分解。除 $CaCO_3$ 外，其余碳酸盐受热分解时大多分解温度较低，一般在高炉上部已分解完毕，对高炉冶炼过程影响不大。但 $CaCO_3$ 的分解温度较高，对高炉冶炼有较大的影响。因此着重讨论 $CaCO_3$ 的分解及其对高炉进程的影响。

#### 2.2.4.1　石灰石的分解

石灰石的主要成分是 $CaCO_3$，其分解反应为：

$$CaCO_3 \rule[0.5ex]{2em}{0.4pt} CaO + CO_2 - 178000kJ \tag{2-15}$$

反应达到平衡时，$CO_2$ 的分压称为 $CaCO_3$ 的分解压力，可用符号 $p_{CO_2}$ 表示。分解压力随温度升高而升高。当分解压力等于周围环境中 $CO_2$ 的分压 $p'_{CO_2}$ 时，$CaCO_3$ 开始分解。此时的温度称为开始分解温度。当分解压力等于环境中气相的总压力 $p_总$ 时，$CaCO_3$ 剧烈分解，被称为化学沸腾。此时温度称为化学沸腾温度。

$CaCO_3$ 的开始分解温度和化学沸腾温度与周围环境的压力（$p_总$、$p'_{CO_2}$）有关。在大气中 $CO_2$ 的含量为 0.03%，即 $p'_{CO_2} = 30Pa$，$p_总 = 105Pa$。$CaCO_3$ 的开始分解温度为 530℃，化学沸腾温度为 900～925℃。在高炉内的总压力 $p_总$，二氧化碳分压力 $p'_{CO_2}$ 和环境温度都是随高度而变化的，故开始分解和化学沸腾温度与在大气中有所不同，如图 2-4 所示。图中曲线 1 为 $CaCO_3$ 分解压力 $p_{CO_2}$ 与温度的关系，曲线 2 为煤气的 $CO_2$ 分压 $p'_{CO_2}$ 与温度的关系。当 $p_{CO_2} = p'_{CO_2}$ 时，其交点 $A$ 即为 $CaCO_3$ 在高炉内开始分解温度（740℃）。随着温度升高，$CaCO_3$ 的分解压力逐步增大，$CaCO_3$ 的分解加速进行。当温度继续升高，$CaCO_3$ 的分解压力和炉内煤气总压力相等时，即曲线 1 与曲线 3 的交点 $B$ 时，$CaCO_3$ 急剧分解，此点所对应的温度（约 910℃）即为 $CaCO_3$ 在高炉内的化学沸腾温度。若炉内 $p'_{CO_2}$ 和 $p_{总}$ 发生变化，则 $CaCO_3$ 的开始分解和化学沸腾温度也随之变化。

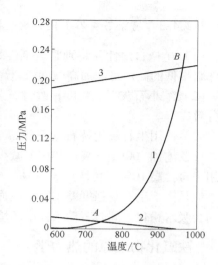

图 2-4 在高炉条件下的 $CaCO_3$ 分解
1—$CaCO_3$ 分解压力；2—高炉煤气中 $CO_2$ 分压；3—高炉煤气总压力

$CaCO_3$ 的结晶构造也影响其分解温度。在实验条件下测得，当气氛中 $p'_{CO_2} = 0.1MPa$ 时，不同结晶构造的 $CaCO_3$ 分解温度如下：

| 石灰石 | 方解石 | 白垩 | 大理石 |
|---|---|---|---|
| 900℃ | 910℃ | 915℃ | 920℃ |

石灰石的分解速度和它的粒度有很大关系。因为 $CaCO_3$ 的分解是由表及里，分解一定时间后，在表面形成一层石灰（CaO）层，妨碍继续分解生成的 $CO_2$ 穿过石灰层向外扩散，从而影响分解速度。当大粒度分成若干小块时，比表面积增加，在相同条件下，分解生成的石灰量增多，未分解部分减少，粉状的石灰石在 900℃ 左右即可分解完毕，而块状的石灰石要在更高的温度下才能完全分解。粒度愈大，分解结束的温度愈高。此外，CaO 层的导热性差，内部温度要比表面温度低；粒度愈大，温差愈大。因此，石灰石因块度的影响，分解完成一直要到高温区域。前苏联马格尼托高尔斯克钢厂高炉在温度大于 1100℃ 的炉腰部分取样表明，石灰石中还有 23.4% 的挥发物，分解度相当于 50%；在风口取出的试样中，石灰石中心还有 7.1% 的挥发物。

### 2.2.4.2 石灰石分解对高炉冶炼造成的影响

（1）$CaCO_3$ 分解是吸热反应，据计算分解每 1kg $CaCO_3$，要消耗约 1780kJ 的热量。

（2）$CaCO_3$ 在高温区分解出的 $CO_2$，一般有 50% 以上与焦炭中的 C 发生气化（熔损）反应：

$$CO_2 + C = 2CO - 165800kJ \qquad (2-16)$$

式（2-16）的反应既消耗 C 又消耗热量。因耗 C 而减少了风口前燃烧的 C 量，即减少了 C 燃烧的热量。

（3）$CaCO_3$ 分解放出的 $CO_2$，冲淡了高炉内煤气的还原气氛，降低了还原效果。

由于以上影响，增加石灰石（熔剂）的用量，将使高炉焦比升高，据统计每吨铁少加 100kg 石灰石，可降低焦比 30~40kg。

### 2.2.4.3　消除石灰石不良影响的措施

（1）生产自熔性（特别是熔剂性）烧结矿或球团矿，使高炉少加或不加熔剂。对使用熟料率低的高炉可配加高碱度或超高碱度的烧结矿。

（2）缩小石灰石的粒度，改善石灰石炉内分解条件，使入炉熔剂在高炉的上部尽可能分解完毕。

（3）使用生石灰代替石灰石作熔剂，据上海钢铁厂高炉使用生石灰作熔剂的效果表明，1t 铁增加 100kg 石灰（相应地减少石灰石用量），可降低焦比 41.6 ~ 48.5kg，生石灰使用率每提高 10%，可增产 3.16% ~ 6.64%。

但是由于生石灰强度差，吸水性强，只适合于小高炉使用，而且储存不应超过 2 天，否则会吸水粉化。同时劳动条件或环境较差，不能长久使用。

## 2.3　铁氧化物还原的热力学

高炉炼铁的主要目的，即将铁矿石中铁和一些有用元素还原出来，所以还原过程是高炉冶炼最基本的物理化学反应。本节主要阐述高炉内还原反应的基本原理，还原方式及其影响因素。

### 2.3.1　还原反应的基本理论

还原反应是高炉内最本质最基本的反应。除铁的还原外，高炉内还有少量的硅、锰、磷等元素的还原。炉料从高炉顶部装入后就开始还原，直到下部炉缸（除风口区域），还原反应几乎贯穿整个高炉冶炼的始终。

所谓还原反应，是指利用还原剂夺取金属氧化物中的氧，使之变为金属或该金属的低价氧化物的反应。

还原反应可表示为：

$$\text{MeO} + \text{B} =\!=\!=\!= \text{Me} + \text{BO} \tag{2-17}$$

式中　MeO——被还原的金属氧化物；

　　　Me——还原得到的金属；

　　　B——还原剂，可以是气体或固体，也可以是金属或非金属；

　　　BO——还原剂夺取金属氧化物中的氧后被氧化得到的产物。

式（2-17）反应得以进行，必须是还原剂 B 和氧的化学亲和力，大于金属 Me 和氧的化学亲和力。显然，还原剂与氧的亲和力越大，夺取氧的能力越强，或者说还原能力越强。对被还原的金属氧化物来说，其金属元素与氧的亲和力越强，该氧化物越难还原。

衡量金属或非金属与氧亲和力大小的尺度，可用元素与氧生成化合物时，系统中自由能 $\Delta G$（一般看其氧化物的标准生成自由能 $\Delta G^{\ominus}$）变化的大小来区别。还原反应式可按反应的标准生成自由能变化表示为：

$$\Delta G^{\ominus} = \Delta G^{\ominus}_{\text{BO}} - \Delta G^{\ominus}_{\text{MeO}}$$

式中　$\Delta G^{\ominus}_{\text{BO}}$，$\Delta G^{\ominus}_{\text{MeO}}$——BO 和 MeO 的标准生成自由能。

还原反应进行的条件是 $\Delta G^{\ominus}_{\text{BO}} < 0$ 即

$$\Delta G^{\ominus}_{\text{BO}} < \Delta G^{\ominus}_{\text{MeO}}$$

也就是说还原剂氧化物 BO 的标准生成自由能必须小于（负值大于）被还原氧化物的标准生成自由能。

生成自由能的大小说明该氧化物的稳定程度。生成自由能越小（负值越大）则它的化学稳定性越好。因此，只有其氧化物生成自由能小于（负值大于）被还原元素氧化物的生成自由能，才能起到还原剂的作用。

图 2-5 列出高炉中常见氧化物的标准生成自由能变化与温度的关系（对 1mol $O_2$ 而言）。

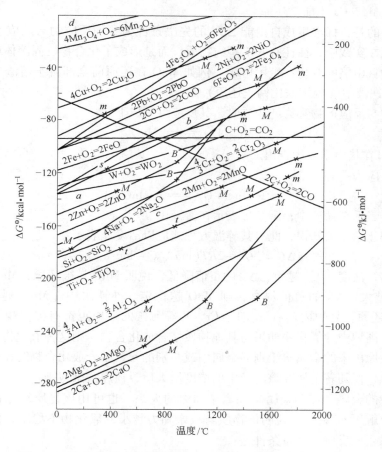

图 2-5　高炉中常见氧化物的标准生成自由能变化与温度的关系

$a$—$Mo + O_2 = MoO_2$；$b$—$\frac{4}{5}P + O_2 = \frac{2}{5}P_2O_5$；$c$—$\frac{4}{3}V + O_2 = \frac{2}{3}V_2O_3$；$d$—$2Mn_2O_3 + O_2 = 4MnO_2$

（图中 $M$、$B$、$t$ 各点（大写是指金属，小写是指氧化物）分别代表物质的熔点、沸点和晶型转变点，$s$ 为升华点）

在图 2-5 中位置越低的氧化物，其 $\Delta G^\ominus$ 值越小（负值越大），该氧化物越稳定，越难还原。凡是在铁以下的物质，其单质都可用来还原铁的氧化物，例如：Si 可以还原 FeO，如果两线有交点，则交点温度即为开始还原温度。高于交点温度，下面的单质能还原上面的氧化物；低于交点温度，则反应逆向进行。如两线在图中无交点，那么下面的单质一直能还原上面的氧化物。从热力学的有关手册数据以及图 2-5 可了解到，在高炉冶炼常遇到的各种金属元素还原难易的顺序，由易到难依次排列为：Cu、Pb、Ni、Co、Fe、Cr、Mn、V、Si、Ti、Al、Mg、Ca。从理论上讲，按上面排列的各元素中，排在铁后面的各元素，均可作为铁氧化物的还原剂。但是，根据高炉生产的特定条件，在高炉生产中作为还原剂的是焦炭中的固定碳和焦炭燃烧后产生的 CO，以及鼓风水分和喷吹物分解产生的 $H_2$，还原区域的温度一般不高于 1500℃。

由此又可得出在高炉冶炼条件下：

（1）Cu、Pb、Ni、Co、Fe 为易全部被还原的元素；

（2）Cr、Mn、V、Si、Ti 只能部分被还原；

（3）Al、Mg、Ca 不能被还原。

需要指出的是，标准生成自由能 $\Delta G^\ominus$ 的先决条件为参加反应物与反应产物都属纯物质时才适用。在实践中，往往有些不是纯物质，而是形成了化合物、固溶体或成熔融的液态等，此时对自由能的变化产生了影响。例如 MnO 在还原前全部溶于熔渣中，而还原出的 Mn 又溶于铁液中（因为铁比锰先还原）。

当反应物与反应产物都为纯物质时，其反应可写成下式：

$$2Mn_{液} + O_2 = 2MnO_{固}$$

其 $\Delta G^\ominus$ 可在热力学表中查出。

但实际反应为：

$$2[Mn] + O_2 = 2(MnO)$$

式中，方括号表示在铁液中；圆括号表示在渣液中。

根据物理化学相关知识，此时其等温方程式应以活度 $a$ 表示：

$$\Delta G = \Delta G^\ominus + 2RT(\ln a_{(MnO)} - \ln a_{[Mn]})$$

不难看出，活度 $a_{(MnO)}$ 越大，$\Delta G$ 的负值降低，说明 MnO 易被还原，Mn 则难被氧化。当活度 $a_{[Mn]}$ 越大，$\Delta G$ 的负值提高，则 MnO 越稳定。即铁水中 [Mn] 越来越多之后，(MnO) 越难还原。高炉内还有 Si、P、Cr、V 等元素的还原也都有类似规律。由此可得出以下结论，高炉中的氧化物如果与其他物质结合成化合物，则这种氧化物比纯物质更难还原。如果还原出来的金属溶于别的金属中或与别的元素结合成化合物时，则该金属的氧化物将易还原，但随着金属在该溶液中的浓度增大后，还原愈来愈难。

氧化物中的金属（或非金属）和氧亲和力的大小，也可用该物质氧化物的分解压衡量。氧化物分解压 $p_{O_2}$ 越大，说明该物质与氧亲和力越小，氧化物不稳定，易分解，反之则相反。所以还原反应的必备条件是：

$$(p_{O_2})_{BO} < (p_{O_2})_{MeO}$$

即还原剂氧化物的分解压 $(p_{O_2})_{BO}$ 小于金属氧化物的分解压 $(p_{O_2})_{MeO}$。

高炉内常见氧化物生成反应的热效应和不同温度下的分解压力如表 2-3 及图 2-6 所示。

表 2-3　高炉内常见氧化物生成反应的热效应和不同温度下的分解压力

| 氧化物标准生成热效应 （×4.1868kJ） | | $T(K)$ 时分解压力（$\lg p_{O_2}$） | | | |
|---|---|---|---|---|---|
| | | 500 | 1000 | 1500 | 2000 |
| FeO | 129000 | -49.1 | -20.8 | -11.2 | -6.9 |
| MnO | 186200 | | -20.8 | -17.1 | -11.8 |
| $SiO_2$ | 207850 | -81.7 | -36.1 | -20.9 | -13.3 |

| 氧化物标准生成热效应 （×4.1868kJ） | | $T(K)$ 时分解压力 （$\lg p_{O_2}$） | | | |
|---|---|---|---|---|---|
| | | 500 | 1000 | 1500 | 2000 |
| $Al_2O_3$ | 262200 | −103.8 | −46.4 | −27.3 | −17.7 |
| MgO | 292200 | −116.3 | −52.5 | −31.3 | −20.6 |
| CaO | 303400 | −121.7 | −55.4 | −33.3 | −22.2 |

由表2－3及图2－6可知，铁氧化物的分解压力比其他一些氧化物大，FeO 比 MnO 和 $SiO_2$ 易于还原。铁的高价氧化物分解压力更大，如 $Fe_2O_3$ 在1375℃时的分解压力为 0.021MPa，在此温度下，即使无还原剂，$Fe_2O_3$ 也能热分解，生成 $Fe_3O_4$；而 $Fe_3O_4$ 与 FeO 的分解压力比 $Fe_2O_3$ 小得多，FeO 要达到3487℃时才能分解，高炉内达不到这样高的温度，因此在高炉内不能靠加热分解以获得铁的低价氧化物直至金属铁，而需借助还原剂还原。

### 2.3.2 铁氧化物的还原

高炉料中铁的存在形态大致有 $Fe_2O_3$、$Fe_3O_4$、$Fe_2SiO_4$、$FeCO_3$、$FeS_2$ 等，铁的氧化物主要以三种形态存在，即 $Fe_2O_3$、$Fe_3O_4$、FeO。

铁的低级（价）氧化物比高级氧化物稳定。因

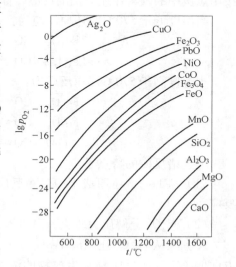

图2－6　氧化物的分解压力与温度关系

此，铁氧化物的分解顺序是从高价氧化物向低价氧化物转化。还原的顺序与分解的顺序是一致的，即从高价铁氧化物逐级还原成低价铁氧化物，最后获得金属铁。由此，其还原的顺序为：

$$3Fe_2O_3 \longrightarrow 2Fe_3O_4 \longrightarrow 6FeO \longrightarrow 6Fe$$
失氧量　　　　　1/9（11.1%）　　2/9（33.3%）　6/9（55.6%）

可见第一阶段（$Fe_2O_3 \rightarrow Fe_3O_4$）失氧数量少，因而还原是容易的，越到后面，失氧量越多，还原越困难。一半以上（6/9）的氧是在最后阶段即从 FeO 还原到 Fe 的过程中夺取的，所以铁氧化物中 FeO 的还原具有最重要的意义。

FeO 在低于570℃时是不稳定的，将分解成 $Fe_3O_4$ 和 Fe。它们的还原情况是：

当温度高于570℃时：$Fe_2O_3 \longrightarrow Fe_3O_4 \longrightarrow FeO \rightarrow Fe$

当温度低于570℃时：$Fe_2O_3 \longrightarrow Fe_3O_4 \longrightarrow Fe$

铁的高价氧化物分解压比低价氧化物的大，如 $Fe_2O_3$ 在1350℃时，$p_{O_2(Fe_2O_3)} = 0.21 \times 10^5 Pa$，即1350℃为在大气中的开始分解温度。1435℃时，$p_{O_2(Fe_2O_3)} = 10^5 Pa$，即1435℃为在大气中的化学沸腾温度。

$Fe_3O_4$ 和 FeO 的分解压则低得多。$Fe_3O_4$ 在1600℃时，$p_{O_2(Fe_2O_3)} = 10^2 Pa$ 左右。FeO 的分解压则更低。

故在高炉的温度条件下，除 $Fe_2O_3$ 不需要还原剂（只靠热分解）就能得到 $Fe_3O_4$ 外，

$Fe_3O_4$、$FeO$ 必须要还原剂夺取其氧。高炉内的还原剂是固体碳及气体 $CO$ 和 $H_2$。

### 2.3.3　用 CO、固体碳和氢还原铁氧化物

#### 2.3.3.1　用 CO 还原铁氧化物

实际生产中，矿石入炉后，在加热温度未超过 900~1000℃ 的高炉中上部，$CO$ 能还原铁的各级氧化物。这种铁氧化物中的氧被煤气中 $CO$ 夺取而产生 $CO_2$，还原过程不是直接用焦炭中的碳素作还原剂的反应，称为间接还原。

当温度低于 570℃ 时还原反应为：

$$3Fe_2O_3 + CO \Longrightarrow 2Fe_3O_4 + CO_2 + 27130kJ \tag{2-18}$$

$$Fe_3O_4 + 4CO \Longrightarrow 3Fe + 4CO_2 + 17160kJ \tag{2-19}$$

当温度高于 570℃ 还原反应为：

$$3Fe_2O_3 + CO \Longrightarrow 2Fe_3O_4 + CO_2 + 27130kJ$$

$$Fe_3O_4 + CO \Longrightarrow 3FeO + CO_2 - 20890kJ \tag{2-20}$$

$$FeO + CO \Longrightarrow Fe + CO_2 + 13600kJ \tag{2-21}$$

上述诸反应的特点是：

（1）从 $Fe_2O_3$ 还原成 $FeO$，除反应式（2-20）为吸热反应外，其余反应均为放热反应；

（2）$Fe_2O_3$ 分解压力较大，可以被 $CO$ 全部还原成 $Fe_3O_4$；

（3）除从 $Fe_2O_3$ 还原成 $Fe_3O_4$ 的反应为不可逆外，其余反应都是可逆的，反应进行的方向取决于气相反应物和生成物的浓度。反应在一定温度下达到平衡，当 $Fe_2O_3$、$Fe_3O_4$ 等为纯物质时，其活度 $a_{Fe_2O_3} = a_{Fe_3O_4} = 1$，因此这些反应的平衡常数为：

$$K_p = \frac{p_{CO_2}}{p_{CO}} = \frac{\varphi(CO_2)}{\varphi(CO)} \tag{2-22}$$

由于气相中 $\varphi(CO) + \varphi(CO_2) = 100$，与式（2-22）联解可得：

$$\varphi(CO) = \frac{100}{1 + K_p} = f(T) \tag{2-23}$$

按 $K_p$ 与温度关系，上述各还原反应的平衡常数为：

反应式（2-18）：

$$\lg K_p = \frac{2726}{T} + 2.144 \tag{2-24}$$

反应式（2-19）：

$$\lg K_p = \frac{2462}{T} - 0.997 \tag{2-25}$$

反应式（2-20）：

$$\lg K_p = \frac{1645}{T} + 1.935 \tag{2-26}$$

反应式（2-21）：

$$\lg K_p = \frac{949}{T} - 1.140 \tag{2-27}$$

由式(2-24)~式(2-27),可计算出反应式(2-18)~式(2-21)的平衡常数。据此按式(2-23)便能算出各反应平衡气相中 CO 的浓度。由于各反应的 $K_p$ 值不同,因而平衡气相中 $\varphi(CO)$ 也不相同。将各种温度下的平衡常数代入式(2-23),便可以计算出各个反应在不同温度下的 $\varphi(CO)$,则可绘出 $\varphi(CO)-t$ 曲线,如图 2-7 所示。

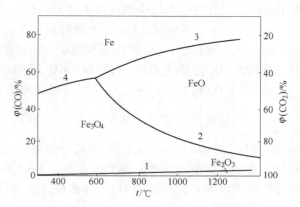

图 2-7 CO 还原铁氧化物的平衡
三相成分与温度关系

曲线 1 为反应 $3Fe_2O_3 + CO = 2Fe_3O_4 + CO_2$ 的平衡气相成分与温度的关系线。它的位置很低,与横坐标几乎重合,这说明平衡气相中 CO 浓度很低,几乎全部为 $CO_2$。换句话讲,只要少量的 CO 就能使 $Fe_2O_3$ 还原。这是因为 $3Fe_2O_3 + CO = 2Fe_3O_4 + CO_2$ 反应的平衡常数 $K_p$ 在不同温度下的值都很大,或者说 $Fe_2O_3$ 的分解压很大,其反应很容易向右进行。一般把它看为不可逆反应。该反应在高炉上部低温区就可全部完成,还原成 $Fe_3O_4$。

曲线 2 是反应式 $Fe_3O_4 + CO = 3FeO + CO_2$ 的平衡气相成分与温度关系线。它向下倾斜,说明平衡气相中 CO 的浓度随温度的升高而降低,随温度升高,CO 的利用程度提高;也说明这个反应是吸热反应,温度升高有利反应向右进行。

当温度一定时,平衡气相成分是定值。如果气相中的 CO 含量高于这一定值,反应则向右进行,低于这一定值,反应向左进行,使 FeO 进一步被氧化成 $Fe_3O_4$。

曲线 3 是反应式 $FeO + CO = Fe + CO_2$ 的平衡气相成分与温度关系线。它向上倾斜,即反应平衡气相中 CO 的浓度随温度升高而增大,说明 CO 的利用程度是随温度升高而降低的,并且还是放热反应,升高温度不利于该反应向右进行。

曲线 4 是反应式 $Fe_3O_4 + 4CO = 3Fe + 4CO_2$ 的平衡气相成分与温度关系线。它与曲线 3 一样是向上倾斜的,并在 570℃ 的位置与曲线 2、3 相交,这说明反应仅在 570℃ 以下才能进行。升高温度对该反应不利。由于温度低,反应进行的速度很慢,该反应在高炉中发生的数量不多,其意义也不大。

曲线 1、2、3、4 将图 2-7 分成四个区域,即 $Fe_2O_3$、$Fe_3O_4$、FeO、Fe 的稳定存在区域。稳定区的含意是该化合物在该区域条件下能够稳定存在。在曲线 1 以下为 $Fe_2O_3$ 稳定区;曲线 1、2 和 4 之间为 $Fe_3O_4$ 稳定区;曲线 2 和 3 之间为 FeO 稳定区;曲线 3 和 4 之上为 Fe 的稳定区。不在曲线上的点,表明体系处在非平衡状态,并且反应将向着该区域内稳定存在的物质方向转化。例如,将 Fe 放在曲线 2 和曲线 3 之间,在大于 570℃ 的任一温度下,气相组成中 $CO_2$ 含量均大于曲线 3 上平衡气相中的 $CO_2$ 含量;或者说气相组成 CO 含量均小于平衡曲线 3 上的 CO 含量,所以反应式(2-21)将向左进行,最终 Fe 会被氧化成 FeO。又如将 $Fe_3O_4$ 也放在曲线 2 和曲线 3 之间,气相成分中 CO 含量皆高于平衡曲线 2 上的 CO 含量,因此 $Fe_3O_4$ 将被还原成 FeO。所以在相当于曲线 2 和曲线 3 区域内的气相组成中,只有 FeO 能稳定存在。同理,可得出曲线 1、曲线 2、曲线 4 之间,只

有 $Fe_3O_4$ 稳定存在；曲线 3 和曲线 4 之上只有 Fe 能够稳定存在。在图 2-7 所示温度范围内，气相中几乎无 CO 时，$Fe_2O_3$ 才能稳定存在。

煤气上升过程中，CO 将首先在高炉中下部把 FeO 还原成 Fe，剩余的 CO 在继续上升时，再将 $Fe_3O_4$ 还原成 FeO，最后将 $Fe_2O_3$ 还原成 $Fe_3O_4$。

由于 $Fe_3O_4$ 和 FeO 的还原反应均属可逆反应，即在某温度下有固定平衡成分（$K_\varphi = \dfrac{\varphi(CO_2)}{\varphi(CO)}$），故按反应式（2-20）和式（2-21），即用 1mol CO 不可能把 1mol $Fe_3O_4$（或 FeO）还原为 3mol FeO（或金属 Fe），而必须要有更多的还原剂 CO，才能使反应后的气相成分满足平衡条件需要。或者说，为了 1mol $Fe_3O_4$ 或 FeO 能彻底还原完毕，必须要多加过量的还原剂 CO 才行。所以反应式应写为：

$>570℃$ 时

$$Fe_3O_4 + nCO \Longrightarrow 3FeO + CO_2 + (n-1)CO \qquad (2-28)$$

$$3FeO + nCO \Longrightarrow 3Fe + CO_2 + (n-1)CO \qquad (2-29)$$

$<570℃$ 时

$$Fe_3O_4 + 4nCO \Longrightarrow 3Fe + 4CO_2 + 4(n-1)CO \qquad (2-30)$$

式中 $n$——还原剂的过量系数，其大小与温度有关，其值大于 1。

$n$ 可根据平衡常数 $K_p$ 求得，也可按平衡气相的成分求得：

$$K_p = \frac{\varphi(CO_2)}{\varphi(CO)} = \frac{1}{n-1} \qquad (2-31)$$

则

$$n = 1 + \frac{1}{K_p} \qquad (2-32)$$

$K_p = \dfrac{\varphi(CO_2)}{\varphi(CO)}$ 代入式（2-32）：

$$n = 1 + \frac{\varphi(CO)}{\varphi(CO_2)} = \frac{\varphi(CO_2) + \varphi(CO)}{\varphi(CO_2)}$$

因为

$$\varphi(CO_2) + \varphi(CO) = 100$$

所以

$$n = \frac{100}{\varphi(CO_2)} \qquad (2-33)$$

式中 $\varphi(CO_2)$，$\varphi(CO)$——在某温度下，反应处于平衡状态时 $CO_2$ 或 CO 的浓度。

**例 2-1** 已知 FeO 还原成金属铁，在 700℃ 时达到平衡时的气相成分是 $\varphi(CO_2) = 40\%$，$\varphi(CO) = 60\%$，求过量系数 $n$。

（1）按式（2-33）$n = \dfrac{100}{\varphi(CO_2)} = \dfrac{100}{40} = 2.5$。

（2）按平衡时 CO 与 $CO_2$ 的比值：即 $\varphi(CO)/\varphi(CO_2) = 60/40 = (n-1)/1$。

所以 $n = 1.5 + 1 = 2.5$。

说明要彻底还原 1mol FeO，必须要 2.5mol 以上的还原剂才可能。

### 2.3.3.2 用固体碳还原铁的氧化物

高炉内有过剩的固体碳存在，铁的各级氧化物也可被固体碳还原，而且也是按逐级还原程序进行的，即：

当温度低于 570℃ 时，还原反应为：

$$3Fe_2O_3 + C = 2Fe_3O_4 + CO - 110112.8kJ \qquad (2-34)$$
$$Fe_3O_4 + 4C = 3Fe + 4CO - 643260kJ \qquad (2-35)$$

当温度高于 570℃ 时，还原反应为：

$$3Fe_2O_3 + C = 2Fe_3O_4 + CO - 110112.8kJ$$
$$Fe_3O_4 + C = 3FeO + CO - 186689.4kJ \qquad (2-36)$$
$$FeO + C = Fe + CO - 152190.2kJ \qquad (2-37)$$

上述反应有两个特点：

（1）都是吸热反应，并直接消耗焦炭中的固体碳；

（2）反应是不可逆的。

高炉中用固体碳作还原剂还原铁的氧化物，生成的气相产物为 CO 的还原反应统称为直接还原。

由于矿石在软化和熔化之前（固相）与焦炭的接触面积很小，且在铁氧化物表面已被还原时，固体碳也难以渗透扩散到矿石中心去进行还原，所以直接还原反应受到限制；矿石在下降过程中，在高炉上部的低温区已先经受了高炉煤气的间接还原，即在矿石到达高温区之前，都已受到一定程度的还原，残存下来的铁氧化物主要以 FeO 形式存在（在崩料、坐料时也可能有少量未经还原的高价铁氧化物落入高温区），因此，高炉内有实际意义的直接还原主要是 FeO 的还原。在高温区进行的直接还原实际上是通过下述两个气固相反应步骤进行的。

第一步：通过间接还原即：

$$Fe_3O_4 + CO = 3FeO + CO_2$$
$$FeO + CO = Fe + CO_2$$

第二步：间接还原的气相产物与固体碳发生反应（碳素溶解损失反应或称贝－波反应），直接还原是以上两个步骤的最终结果。

$$FeO + CO = Fe + CO_2 + 13600kJ$$
$$CO_2 + C = 2CO - 165800kJ$$
$$\overline{\qquad FeO + C = Fe + CO - 152200kJ \qquad}$$

所以固体碳还原铁氧化物反应，只表示最终结果，反应的实质仍是 CO 在起作用，最终消耗碳素。

反应 $FeO + C = Fe + CO$ 的进行，决定于 $CO_2 + C = 2CO$ 反应的速度。实验指出：$CO_2$ 与 C 作用达到平衡，其速度是很慢的。650℃ 时，大约需要 12h；800℃ 时，大约需要 9h；温度愈低，用固体碳进行还原愈难。由于高炉内煤气流速很高，在温度高于 700~730℃ 时，$CO_2 + C = 2CO$ 反应有可能达到平衡，即 FeO 可用 C 进行还原。但因碳的气化反应速度很慢，C 还原 FeO 的作用很小。只有在 800~850℃ 时，FeO 被 C 还原才比较明显；激烈地进行反应则在 1100℃ 以上。所以气－固的直接还原是在高炉内高温区进行的。

高炉内的直接还原除了以上提到的气固相两步反应方式外，在下部的高温区还可通过以下方式进行：

$$(FeO)_{液} + C_{焦} = [Fe]_{液} + CO\uparrow$$
$$(FeO)_{液} + [Fe_3C]_{液} = 4[Fe]_{液} + CO\uparrow$$

　　一般只有 0.2% ~ 0.5% 的 Fe 进入炉渣中。如遇炉况失常渣中 FeO 较多，会造成直接还原增加，而且由于大量吸热反应会引起炉温剧烈波动。

### 2.3.3.3　用氢还原铁的氧化物

　　在不喷吹燃料的高炉上，煤气中的含氢量只有 1.8% ~ 2.5%。它主要是由鼓风中的水分在风口前高温分解产生。在喷吹高挥发分烟煤、重油、天然气等燃料时，煤气中氢浓度显著增加，可达 5% ~ 8%。氢和氧的亲和力很强，可夺取铁氧化物中的氧而作为还原剂。氢的还原也称间接还原。

　　用 $H_2$ 还原铁氧化物，仍然遵守逐级还原规律：

　　当温度高于 570℃ 时，还原反应为：

$$3Fe_2O_3 + H_2 = 2Fe_3O_4 + H_2O + 21800kJ \qquad (2-38)$$

$$Fe_3O_4 + H_2 = 3FeO + H_2O - 63570kJ \qquad (2-39)$$

$$FeO + H_2 = Fe + H_2O - 27700kJ \qquad (2-40)$$

　　当温度低于 570℃ 时，还原反应为：

$$3Fe_2O_3 + H_2 = 2Fe_3O_4 + H_2O + 21800kJ$$

$$Fe_3O_4 + 4H_2 = 3Fe + 4H_2O - 146650kJ \qquad (2-41)$$

　　反应的平衡常数为：

$$K_p = \frac{p_{H_2O}}{p_{H_2}} = \frac{\varphi(H_2O)}{\varphi(H_2)} \qquad (2-42)$$

　　因为

$$\varphi(H_2O) + \varphi(H_2) = 100$$

　　所以

$$\varphi(H_2) = \frac{100}{1 + K_p} = f(T) \qquad (2-43)$$

　　$H_2$ 还原铁的各级氧化物的 $K_p = f(T)$ 关系，其经验式近似为：

　　反应式 (2-38)：

$$\lg K_p = \frac{131}{T} - 4.42 \qquad (2-44)$$

　　反应式 (2-39)：

$$\lg K_p = -\frac{3070}{T} + 3.25 \qquad (2-45)$$

　　反应式 (2-40)：

$$\lg K_p = -\frac{977}{T} + 0.64 \qquad (2-46)$$

　　反应式 (2-41)：

$$\lg K_p = -\frac{1500}{T} + 1.29 \qquad (2-47)$$

　　用 $H_2$ 还原铁氧化物的特点是：

　　(1) 反应的气相产物都是 $H_2O$。

　　(2) 各反应中 $3Fe_2O_3 + H_2 = 2Fe_3O_4 + H_2O$ 是不可逆放热反应；其余各反应皆是可逆吸热反应。即反应在某一温度下达到平衡时，有一定的平衡气相组成。据此可作出平衡气相组成，如图 2-8 所示。曲线 1~4 对应表示反应式 (2-38)~式 (2-41)。曲线 2、3、4

向下倾斜，表示均为吸热反应，随温度升高，平衡气相中的还原剂量降低，而 $H_2O$ 的含量增加，这与 CO 的还原不同。$\varphi(H_2)-t$ 平衡图，也和 $\varphi(CO)-t$ 一样，四条平衡曲线区分出不同的稳定区。高于 570℃ 时，平衡图也分为 $Fe_3O_4$、FeO、Fe 三个稳定存在区；低于 570℃ 分为 $Fe_3O_4$ 和 Fe 的稳定存在区。

为了比较，将 $\varphi(CO)-t$ 平衡图和 $\varphi(H_2)-t$ 平衡图绘在一起，如图 2-9 所示。可见，用 $H_2$ 和 CO 还原 $Fe_3O_4$ 和 FeO 时的平衡曲线都交于 810℃。

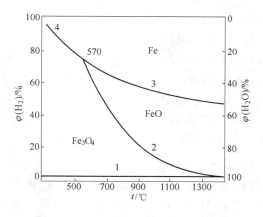

图 2-8　Fe-O-H 体系中平衡
气相组成

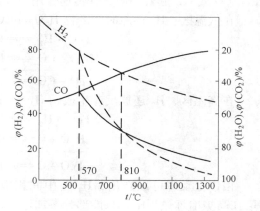

图 2-9　Fe-O-C 和 Fe-O-H 体系中
平衡气相组成

当温度低于 810℃ 时，$\dfrac{p_{H_2O}}{p_{H_2}} < \dfrac{p_{CO_2}}{p_{CO}}$；

当温度等于 810℃ 时，$\dfrac{p_{H_2O}}{p_{H_2}} = \dfrac{p_{CO_2}}{p_{CO}}$；

当温度高于 810℃ 时，$\dfrac{p_{H_2O}}{p_{H_2}} > \dfrac{p_{CO_2}}{p_{CO}}$。

以上说明 $H_2$ 的还原能力随着温度的升高而不断提高。在温度等于 810℃ 时，$H_2$ 与 CO 的还原能力相同；在温度大于 810℃ 时，$H_2$ 的还原能力比 CO 强；温度小于 810℃ 时，CO 的还原能力则比 $H_2$ 强。这一特点是由在高炉很易达到平衡的 $C + 2H_2O = CO_2 + 2H_2$ 反应所决定的。

$H_2$ 与 CO 的还原相比有以下特点：

（1）与 CO 还原一样，均属间接还原，反应前后气体体积（$H_2$ 与 $H_2O$）没有变化，即反应不受压力影响。

（2）除 $Fe_2O_3$ 的还原外，$Fe_3O_4$、FeO 的还原均为可逆反应。在一定温度下有固定的平衡气相成分，为了铁的氧化物还原彻底，都需要过量的还原剂。

（3）反应为吸热过程，随着温度升高，平衡气相曲线向下倾斜，说明 $n$ 值降低，也即 $H_2$ 的还原能力提高。

（4）从热力学因素看 810℃ 以上，$H_2$ 的还原能力高于 CO 还原能力。810℃ 以下时，情况则相反。

（5）从反应的动力学看，因为 $H_2$ 与其反应产物 $H_2O$ 的分子半径均比 CO 与其反应产物 $CO_2$ 的分子半径小，因而扩散能力强。这说明不论在低温或高温下，$H_2$ 还原反应速度都比 CO 还原反应速度快（当然任何反应速度都是随温度升高而加快的）。

在高炉冶炼条件下，$H_2$ 还原铁氧化物时，还可促进 CO 和 C 还原反应的加速进行。因为 $H_2$ 还原时的产物 $H_2O$（气）会同 CO 和 C 作用放出氧，而 $H_2$ 又重新被还原出来，继续参加还原反应。如此，$H_2$ 在 CO 和 C 的还原过程中，把从铁氧化物中夺取的氧又传给了 CO 或 C，起着中间媒介传递作用。

在低温区，$H_2$ 还原时的产物 $H_2O$ 与 CO 作用：

$$FeO + H_2 \rule[0.4em]{2em}{0.05em} Fe + H_2O - 27700kJ$$
$$H_2O + CO \rule[0.4em]{2em}{0.05em} H_2 + CO_2 + 44300kJ$$
$$\overline{FeO + CO \rule[0.4em]{2em}{0.05em} Fe + CO_2 + 16600kJ}$$

在高温区，$H_2$ 还原反应生成的 $H_2O$（蒸汽），可与 C 作用：

$$FeO + H_2 \rule[0.4em]{2em}{0.05em} Fe + H_2O - 27700kJ$$
$$H_2O + C \rule[0.4em]{2em}{0.05em} H_2 + CO - 124500kJ$$
$$\overline{FeO + C \rule[0.4em]{2em}{0.05em} Fe + CO - 152200kJ}$$

由以上反应可以看出，$H_2$ 在中间积极参与还原反应，而最终消耗的还是 C 和 CO。$H_2$ 在高炉冶炼过程中，只能部分参加还原，得到产物 $H_2O$。$H_2$ 在高炉内的利用率（氢利用率是指高炉内参加还原反应的 $H_{2还}$ 与入炉总 $H_{2总}$ 量的比值）随生产条件不同而异：无喷吹高炉 $H_2$ 利用率只有 $\frac{1}{3}$，喷吹重油 $H_2$ 利用率可达 40%~50%。随 $H_2$ 含量增加，$H_2$ 利用率增加，但到一定范围后，增加就不再明显，甚至降低。但因与矿石作用的 $H_2$ 的绝对数量增加，这在一定程度上还是改善了还原过程。

## 2.4　直接还原与间接还原的比较

### 2.4.1　直接还原度的概念

从上面的所述可知，高炉内进行的还原方式包括直接还原、间接还原。把各种还原在高炉内的发展程度分别用直接还原度、间接还原度衡量。直接还原度又可分为铁的直接还原度和高炉的综合直接还原度两个不同的概念。

在高炉冶炼中，除铁的氧化物外，还有其他元素（Si、Mn、P 等）和其他物质的还原反应，其还原产物同样是 CO，而消耗的同样是 C。此外，碳酸盐分解出的 $CO_2$，也有一部分在高温区参加 $CO_2 + C = 2CO$ 这一反应，炉料中带入的结晶水也有一部分进行 $H_2O + C = H_2 + CO$ 反应等。所有这些反应在本质上都同铁的直接还原反应相似，如吸收高温区的热量，并使风口前燃烧碳素减少等。因此把直接还原度这一概念又分为铁的直接还原度和高炉内各种直接还原综合发展程度（也称高炉直接还原度）不同的两个概念。在铁的直接还原度相同的情况下，可能获得不同的高炉直接还原度。在实际生产中，较少使用高炉直接还原度，广泛应用的是铁的直接还原度。

#### 2.4.1.1　铁的直接还原度

铁的直接还原度 $r_d$ 就是高炉内还原生成的铁量中以直接还原的方式还原出来的铁所

占的比例。

假定铁的高级氧化物（$Fe_2O_3$、$Fe_3O_4$）还原到低级氧化物（FeO）全部为间接还原，则 FeO 中以直接还原的方式还原出来的铁量与铁氧化物中还原出来的总铁量之比，称铁的直接还原度，以 $r_d$ 表示：

$$r_d = \frac{Fe_直}{Fe_{生铁} - Fe_料} \qquad (2-48)$$

式中    $Fe_直$——FeO 以直接还原方式还原出的铁量；

$Fe_{生铁}$——生铁中的含铁量；

$Fe_料$——炉料中以元素铁的形式带入的铁量，通常指加入废铁中的铁量。

从 $r_d$ 的定义看出，它没有考虑 Si、Mn、P 等元素的影响，也没有计算 $Fe_2O_3$ 和 $Fe_3O_4$ 参加直接还原的影响，但在高炉生产较稳定的条件下，$r_d$ 能比较灵敏地反映高炉内还原过程的变化。

### 2.4.1.2  铁的直接还原度的计算

前面已提及，从 FeO 还原成铁（$Fe_还$），其途径可由 C 直接还原（$Fe_{C_d}$）、CO 间接还原（$Fe_{CO}$）和 $H_2$ 还原（$Fe_{H_2}$）而来。由此可得：

$$Fe_还 = Fe_{C_d} + Fe_{CO} + Fe_{H_2}$$

用 $r_d$、$r_{CO}$、$r_{H_2}$ 分别表示铁的直接还原度、CO 还原度和氢还原度，则得：

$$r_d = 1 - r_{CO} - r_{H_2} = 1 - \frac{Fe_{CO}}{Fe_还} - \frac{Fe_{H_2}}{Fe_还} \qquad (2-49)$$

（1）$r_{CO}$ 的计算。

$$r_{CO} = \frac{Fe}{C} \times \frac{56}{12} \Big[ (C_焦 + C_油 + C_煤 + C_料 + C_熔 + C_挥 - C_铁 - C_尘) \times \frac{CO_2}{CO_2 + CO + CH_4}$$

$$- \frac{12CO_{2(熔+挥)}}{44} - \frac{12Fe_2O_3}{160} - \frac{12MnO_2}{87} \Big] \Big/ (Fe_生 - Fe_料) \qquad (2-50)$$

式中        分子——从 FeO 中用 CO 间接还原的铁量，kg/t；

分母——还原出来的总铁量，kg/t；

$CO_2$，CO，$CH_4$——高炉炉顶煤气中相应成分的质量分数，%；

$CO_{2(熔+挥)}$——冶炼 1t 生铁所用熔剂，焦炭挥发分中的 $CO_2$ 质量，kg/t；

$Fe_2O_3$——冶炼 1t 生铁的炉料带入的 $Fe_2O_3$ 质量，kg/t（扣除被 $H_2$ 还原成 FeO 的部分）；

$MnO_2$——冶炼 1t 生铁的炉料带入的 $MnO_2$ 质量，kg/t。

式（2-50）中，$C_焦$、$C_油$、$C_煤$、$C_料$、$C_熔$、$C_挥$、$C_铁$、$C_尘$ 分别为冶炼 1t 生铁的焦炭、重油、煤粉、金属附加料、熔剂、挥发分、生铁、炉尘等带入（+）或带出（-）的碳量，kg/t。

（2）$r_{H_2}$ 的计算。

$$r_{H_2} = \left( \frac{Fe_{H_2}}{Fe_生 - Fe_料} \right) \alpha = \left( \frac{\frac{56}{2}H_{2还}}{Fe_生 - Fe_料} \right) \alpha \qquad (2-51)$$

式中     $\alpha$——在高炉下部参与还原 FeO 的 $H_2$ 占总量的百分数（不包括还原 $Fe_2O_3$ 到 FeO 的 $H_2$ 量，此值一般为 0.85 ~ 1.0）；

    $Fe_{H_2}$——高炉内被 $H_2$ 还原的铁量，kg/t；

    $H_{2还}$——参加还原反应的全部 $H_2$ 量，kg/t：

$$H_{2还} = H_{2全} - H_{2煤}$$

$H_{2全}$，$H_{2煤}$——分别为入炉全 $H_2$ 量和炉顶煤气中的 $H_2$ 量，kg/t。

当炉顶煤气成分等未知时，$r_{H_2}$ 为：

$$r_{H_2} = \frac{\frac{56}{2}\left[H_{2燃} + \frac{2}{18}(H_2O_风 + H_2O_喷)\right] \times \eta_{H_2}}{Fe_生 - Fe_料} \times \alpha$$

式中     $H_{2燃}$——各种燃料带入的 $H_2$ 量，kg/t；

  $H_2O_风$，$H_2O_喷$——鼓风及喷吹物含水量，kg/t；

    $\eta_{H_2}$——在高炉内的利用率，一般为 30% ~ 50%。

（3）$r_d$ 的计算。

$$r_d = 1 - r_{CO} - r_{H_2} = 1 - \frac{56}{12}\left[(C_焦 + C_油 + C_煤 + C_料 + C_熔 + C_挥 - C_铁 - C_生) \times \frac{CO_2}{CO_2 + CO + CH_4} - \right.$$
$$\left. \frac{12CO_{2(熔+挥)}}{44} - \frac{12Fe_2O_3}{160} - \frac{12MnO_2}{87}\right] + \frac{56}{2}H_{2还} \times \alpha / (Fe_生 - Fe_料) \tag{2-52}$$

$r_d$ 可用于配料计算，计算理论焦比等，对设计、生产都是很重要的。我国大部分高炉 $r_d$ 在 0.4 ~ 0.5 范围内。

## 2.4.2 直接还原与间接还原对焦比的影响

高炉冶炼中，降低碳耗一直是人们最关心的问题。法国冶金学家格留涅尔从直接还原耗热，间接还原放热的观点出发，认为 100% 的间接还原是高炉的理想行程。另一位英国冶金学家克利门茨则从直接还原少耗还原剂、间接还原要多耗还原剂出发，又认为 100% 直接还原是高炉的理想行程。前者只注意到间接还原时碳的热能利用，但忽略了化学能的消耗；相反，后者又只注意了碳的化学能利用，忽视了热能的消耗。因此，结论都难免失之偏颇。事实上焦炭燃烧既发热，又提供还原剂，而要完成冶炼过程，热能和化学能的消耗，或者说直接还原和间接还原的发展，在一定的冶炼条件下，有一个合适的比值，在此比值下，高炉冶炼需要的热能和化学能都能得到满足，从而可获得最小的燃料消耗，这也就是最合适的高炉行程。这一理论可以通过下面的计算与分析证明。

### 2.4.2.1 还原耗碳量计算

A   间接还原消耗碳量

在高炉风口区燃烧生成的煤气中的 CO 首先遇到 FeO 进行还原，还原 FeO 之后的气相产物上升过程中遇到 $Fe_3O_4$。用 CO 还原铁氧化物时，要保证还原反应能正向进行，必须有过量的 CO 以维持平衡时的 $CO_2/CO$ 比值。则 FeO 的还原反应式为：

$$FeO + n_1CO = Fe + CO_2 + (n_1 - 1)CO \tag{2-53}$$

式中   $n_1$——过量系数。

$n_1$ 随温度不同而变化。如在 630℃ 平衡气相中，$\varphi(CO_2)$ 为 43%，按式（2 – 33）计算，此时 $n_1 = 100/43 = 2.33$，即在 630℃ 的平衡条件下，还原 1kg Fe，需 2.33kg CO。由此，从 FeO 中还原出 1kg Fe 所需碳量为：

$$n_1 \times \frac{56}{12} = 0.214 \times 2.33 = 0.4986 \text{kg}$$

在高炉内还原 FeO 后的气体产物 $(n_1 - 1)\, CO + CO_2$，在上升过程中，必须满足将 $Fe_3O_4$ 还原成 FeO 所需的还原剂量，即由反应：

$$\frac{1}{3} Fe_3O_4 + (n_1 - 1) CO + CO_2 \Longrightarrow FeO + \frac{4}{3} CO_2 + \left(n_1 - \frac{4}{3}\right) CO \qquad (2-54)$$

得

$$K_{p2} = \frac{\% CO_2}{\% CO} = \frac{\dfrac{4}{3}}{n_1 - \dfrac{4}{3}}$$

或

$$n_2 = \frac{4}{3}\left(\frac{1}{K_{p2}} + 1\right) \qquad (2-55)$$

式中，$n_1$ 改写成 $n_2$，以表示还原 $Fe_3O_4$ 的过量系数与还原 FeO 过量系数的区别。

当 $n_1 = n_2$ 时，FeO 和 $Fe_3O_4$ 的还原耗碳量均可得到满足。

按 Fe – O – C 体系平衡气相组成与温度关系，可求出铁氧化物间接还原所需的过量还原剂 $n_1$，$n_2$（见表 2 – 4）。

表 2 – 4　不同温度下 CO 的过量系数

| 反　　应 | 反应式的 $n$ 值 | | | | | | |
| --- | --- | --- | --- | --- | --- | --- | --- |
| | 600℃ | 700℃ | 800℃ | 900℃ | 1000℃ | 1100℃ | 1200℃ |
| $FeO \xrightarrow{CO} Fe_{n_1}$ | 2.12 | 2.5 | 2.88 | 3.17 | 3.52 | 3.82 | 4.12 |
| $\frac{1}{3} Fe_3O_4 \xrightarrow{CO} FeO_{n_2}$ | 2.42 | 2.06 | 1.85 | 1.72 | 1.62 | 1.55 | 1.50 |

将数值绘成图 2 – 10，比较 FeO 和 $Fe_3O_4$ 还原反应可知，FeO 的还原反应是放热反应，所以 $n_1$ 随温度升高而上升；而 $Fe_3O_4$ 的还原反应是吸热反应，所以 $n_2$ 随温度升高而下降。若同时保证两个反应，应取其中最大值。由于高炉内还原 FeO 到 Fe 后的煤气总是能保证 $Fe_3O_4$ 还原到 FeO，即 $n_1 > n_2$，所以最低的还原剂消耗量是由 $n_1$ 决定的。从图 2 – 10 可见，630℃ 时，$n_1 = 2.33$，从而可计算出间接还原时还原剂的最小消耗量为：

$$C_i = \frac{12}{56} \times 2.33(1 - r_d)(Fe_{生} - Fe_{料})$$

$$= 0.4968(1 - r_d)(Fe_{生} - Fe_{料}) \qquad (2-56)$$

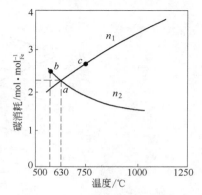

图 2 – 10　CO 还原铁氧化物 $n$ 值与温度的关系

B　直接还原耗碳

根据反应 $FeO + C = Fe + CO$ 得知，直接还原耗碳为：

$$C_d = \frac{12}{56} \times r_d Fe_全 = 0.214(Fe_生 - Fe_料) \qquad (2-57)$$

### 2.4.2.2　作为发热剂的碳耗

根据反应：

$$FeO + nCO = Fe + CO_2 + (n-1)CO + 13188.42kJ$$
$$FeO + C = Fe + CO - 152608.86kJ$$

可知每还原 1kg 铁，若以间接还原则放热 $3150 \times 4.1868/56 = 56.3 \times 4.1868kJ/kg_铁$；若以直接还原则吸热 $36450 \times 4.1868/56 = 651 \times 4.1868kJ/kg_铁$。所以每还原 1kg 铁，直接还原比间接还原多耗热 $(56.3 + 651) \times 4.1868 = 707.3 \times 4.1868kJ$。

另外，也可从高炉热平衡推导出还原铁的热量消耗所需的碳量（kg/kg_铁）：

$$C_热 = \frac{Q - 23614(Fe_生 - Fe_料)(1.5 - r_d) \times 0.214}{9797 + q_风 + q_渣} \qquad (2-58)$$

式中　$C_热$——还原 1kg 铁耗热相当的碳量，kg；

　　　$Q$——单位生铁总耗热量，kJ/kg；

　　$q_风$，$q_渣$——高炉中氧化 1kg 碳时鼓风带入热和成渣热，kJ/kg。

由式（2-58）可知，当冶炼条件一定时，作为发热剂的碳素消耗量与直接还原度 $r_d$ 成正比，$r_d$ 愈高，消耗的碳量愈多。

### 2.4.2.3　降低碳耗分析

从以上比较可以看出，直接还原和间接还原各有特点，还原出相同数量的铁，以消耗还原剂论，间接还原耗碳多于直接还原；从热效应看，直接还原又比间接还原多耗热（碳）。在什么情况下，可以获得最低的碳素消耗是下面讨论的中心问题。

为了说明清楚，把 $C_d$、$C_i$、$C_热$ 与 $r_d$ 的关系绘在同一图上，如图 2-11 所示。

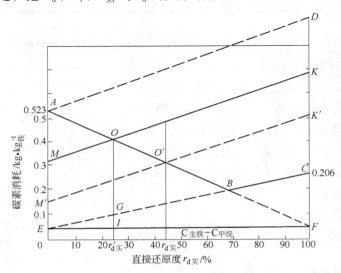

图 2-11　直接还原度和碳素消耗关系

横坐标表示直接还原度 $r_d$，而间接还原度 $r_i = 1 - r_d$，$r_d + r_i = 1$（100%），若考虑 $H_2$ 还原时，应扣除 $r_{H_2}$。纵坐标表示碳素消耗，以 $AOBF$ 线和 $CBGE$ 线分别表示间接还原和直接还原的碳素消耗，$MOK$ 线表示作为发热剂的碳素消耗。$EF$ 线以下为溶解于生铁的碳量，这部分碳量基本上保持不变。

从图 2-11 中可分析出以下几点：

（1）作为还原剂的碳耗。直接还原与间接还原的碳素消耗线交于 $B$ 点，在 $B$ 点右侧，作为还原剂耗碳为 $BC$ 线，是直接还原消耗的碳，在高炉下部直接还原生成的 CO 产物，在上升过程中仍能满足间接还原需要；在 $B$ 点左侧，还原剂耗碳为 $AOB$ 线，如在 $O$ 点对应的还原剂耗碳为 $OI$，其中直接还原耗碳为 $GI$，间接还原耗碳为 $OG$，总的还原剂碳耗为 $AOBC$ 线，此时 $B$ 点的还原剂碳耗即为最低碳耗；而对应的 $r_d$ 即为碳素消耗最低时的直接还原度。

（2）同时满足还原剂和发热时的碳耗。高炉内碳素消耗不仅满足还原需要，也要满足发热需要。因此，总碳耗沿 $AOK$ 线变化，低于此线的碳素消耗不能完成冶炼过程。$O$ 点右侧，$OK$ 线以下表示供热不足；$O$ 点左侧 $AO$ 线以下，还原剂碳素不足。$O$ 点为理论最低碳素消耗点，对应的直接还原度为适宜的直接还原度 $r_d'$。

（3）热量消耗对 $r_d'$ 的影响。热量消耗 $MOK$ 线随单位生铁耗热多少而变动。当热量消耗增多时，$MOK$ 线上移，热量消耗减少（如渣量减少、石灰用量减少、控制低［Si］、减少热损失）时，则 $MOK$ 下移。而当 $MOK$ 线上移时，$r_d'$ 向左挪动，若移到 $AD$ 线的 $A$ 点，则 $r_d' = 0$，即为 100% 间接还原，此时，碳耗为该条件下最低，但仍然是很高的。当 $MOK$ 线下移到 $M'O'K'$ 线时，$r_d'$ 增加，但碳耗却下降。因此，理想高炉行程是既非全部直接还原，也非全部间接还原，而是二者有适当的比例；适宜的直接还原度升高或降低，不仅受还原剂碳素消耗的升高或降低的影响，还受到热量消耗的影响。目前，高炉生产实际的直接还原度大于适宜的直接还原度 $r_d'$，在这种情况下，高炉焦比主要取决于热量消耗（严格地说取决于热量消耗的碳素与直接还原所耗碳素之和），而不决定于间接还原的碳素消耗量。因此，一切降低热量消耗的措施均能降低焦比。同时，由于 $r_d > r_d'$，所以高炉工作者的奋斗目标仍然是降低 $r_d$，这是当前降低焦比的重要内容。

降低直接还原度（包括改善 CO 和 $H_2$ 的还原作用）的主要措施有：改善矿石的还原性，控制高炉煤气的合理分布，采用综合喷吹技术（如富氧与喷吹燃料配合），喷吹高温还原性气体等。

降低热量消耗的主要措施有：提高风温、提高矿石品位，降低焦炭灰分，减少渣量，使用熔剂性烧结矿、球团矿，基本做到高炉内不加或少加石灰石，增加生铁产量以减少单位生铁热量损失，采用合适的冷却制度，降低休风率等。

## 2.5 铁的复杂化合物与非铁元素的还原

### 2.5.1 铁的复杂化合物的还原

高炉料中的铁氧化物常常与其他氧化物结合成复杂的化合物，例如烧结矿中的硅酸铁（$nFeO \cdot mSiO_2$）、自熔性烧结矿中的铁酸钙（$nCaO \cdot mFe_2O_3$）、钒钛磁铁矿中的钛铁矿（$FeO \cdot TiO_2$）、炼钢炉渣、加热炉渣（高炉洗炉料）中的硅酸铁（$2FeO \cdot SiO_2$）等。这些复杂化合物的还原过程，首先必须分解成自由的铁氧化物。而后再被还原剂还原，因此还原比较困难，会消耗更多的燃料（碳素）。

### 2.5.1.1　硅酸铁的还原

用 CO 或 $H_2$ 还原 $Fe_2SiO_4$，要在 800~900℃ 以上才能开始，而且还原速度很慢，硅酸铁在高炉中属难还原物质。这是因为：一方面，含硅酸铁的炉料结构致密，气孔率小；另一方面，硅酸铁熔点低而流动性好。它在高炉上部未充分还原即被熔化，并较快地流到高温区域炉缸，所以硅酸铁主要是在高炉下部直接与固体碳接触进行还原，同时消耗大量的热量。其反应式如下：

用 CO 还原

$$Fe_2SiO_4 \!=\!\!=\!\! 2FeO + SiO_2 - 47490kJ$$
$$2FeO + 2CO \!=\!\!=\!\! 2Fe + 2CO_2 + 27200kJ$$
$$\overline{\qquad\qquad\qquad\qquad\qquad\qquad\qquad\qquad\qquad}$$
$$Fe_2SiO_4 + 2CO \!=\!\!=\!\! 2Fe + SiO_2 + 2CO_2 - 20290kJ \qquad (2-59)$$

有固体 C 存在时

$$Fe_2SiO_4 \!=\!\!=\!\! 2FeO + SiO_2 - 47490kJ$$
$$2FeO + 2CO \!=\!\!=\!\! 2Fe + 2CO_2 + 27200kJ$$
$$2CO_2 + 2C \!=\!\!=\!\! 4CO - 331370kJ$$
$$\overline{\qquad\qquad\qquad\qquad\qquad\qquad\qquad\qquad\qquad}$$
$$Fe_2SiO_4 + 2C \!=\!\!=\!\! 2Fe + SiO_2 + 2CO - 351660kJ \qquad (2-60)$$

可知，从 $Fe_2SiO_4$ 的直接还原中，还原出 1kg Fe 需热 $351660/(2 \times 56) = 3140kJ/kg$，而从 $FeO + C \!=\!\! Fe + CO - 152200kJ$ 反应中还原 1kg Fe 需热 $152200/56 = 2720kJ/kg$。可见，从 $Fe_2SiO_4$ 中还原同样的 Fe 比从 FeO 中直接还原需消耗更多热量。

在高炉条件下，如有 CaO 存在，有助于 $Fe_2SiO_4$ 的还原，因为 CaO 可将 $Fe_2SiO_4$ 中的 FeO 置换出来，使其成为自由氧化物，并放出热量。其反应式为：

$$Fe_2SiO_4 + 2CaO \!=\!\!=\!\! Ca_2SiO_4 + 2FeO + 91800kJ$$
$$2FeO + 2C \!=\!\!=\!\! 2Fe + CO - 305020kJ$$
$$\overline{\qquad\qquad\qquad\qquad\qquad\qquad\qquad\qquad\qquad}$$
$$Fe_2SiO_4 + 2CaO + 2C \!=\!\!=\!\! Ca_2SiO_4 + 2Fe + 2CO - 213220kJ \qquad (2-61)$$

则还原 1kg Fe 需热为 $213220/(2 \times 56) = 1900kJ/kg$。可见其比从 FeO 中直接还原 Fe 时耗热要少。

高炉生产中不希望使用 $Fe_2SiO_4$ 的炉料，并且尽量使炉内少生成 $Fe_2SiO_4$，以免过多地增加炉缸中碳和热量的消耗。特别是一些中小高炉，由于使用的风温不高，炉缸热储备少。如炉渣中有较多硅酸铁的还原会造成炉凉、炉况不顺以及生铁含硫升高等。一些使用土烧结矿的中小高炉常出现此情况。若使用高碱度烧结矿、球团矿以及采用高风温和碱性炉渣操作则有利于硅酸铁的还原。

### 2.5.1.2　钛磁铁矿中铁的还原

我国钛磁铁矿蕴藏丰富，它的复合氧化物一般以钛铁矿（$FeTiO_3$）或钛磁铁矿（$Fe_3O_4 \cdot TiO_2$）的形态存在。

由实验得出，温度在 400℃ 时，用 CO、$H_2$ 还原钛磁铁矿粉末，只有少量铁被还原出来；温度在 900℃ 时，用纯 CO 可以还原出 95% 以上的铁；如单用 $H_2$ 还原，则可还原出更多的铁。

通常钛磁铁矿都很致密，高炉又不可能用粉末进行冶炼，因此钛磁铁矿的还原都是在900℃以上的区域内进行，通过 C 进行直接还原，其反应式为：

$$FeTiO_3 \Longrightarrow FeO + TiO_2 - 33480kJ$$

$$FeO + CO \Longrightarrow Fe + CO_2 + 13640kJ$$

$$CO_2 + C \Longrightarrow 2CO - 165840kJ$$

$$FeTiO_3 + C \Longrightarrow Fe + TiO_2 + CO - 185680kJ \qquad (2-62)$$

或者

$$FeTiO_3 \Longrightarrow FeO + TiO_2 - 33480kJ$$

$$FeO + H_2 \Longrightarrow Fe + H_2O - 27720kJ$$

$$H_2O + C \Longrightarrow H_2 + CO - 124400kJ$$

$$FeTiO_3 + C \Longrightarrow Fe + TiO_2 + CO - 185600kJ$$

可知：还原 1kg Fe 需热 185600/56 = 3314kJ/kg，这比 $Fe_2SiO_4$ 还原 1kg Fe 的耗热还多。

考虑到钛磁铁矿较难还原以及高炉冶炼的特点和要求，当前我国冶炼钒钛磁铁矿有些是通过选矿、造块（烧结）来改善矿石的冶炼性能。

### 2.5.2 非铁元素的还原

#### 2.5.2.1 锰的还原

锰是高炉冶炼中常遇到的金属，高炉有时也炼镜铁和锰铁。锰是贵重元素，高炉中的锰主要由锰矿石带入，一般铁矿石中也都含有少量锰。高炉内锰氧化物的还原也是从高价向低价逐级进行的。

其顺序为：$6MnO_2 \longrightarrow 3Mn_2O_3 \longrightarrow 2Mn_3O_4 \longrightarrow 6MnO \longrightarrow 6Mn$

失氧量　　　　　　3/12　　　　1/12　　　　2/12　　　6/12

气体还原剂（CO、$H_2$）把高价锰氧化物还原到低价 MnO 是比较容易的，因为 $MnO_2$ 和 $Mn_2O_3$ 的分解压都比较大。在 $p_{O_2}$ = 101325Pa（1atm）时，$MnO_2$ 分解温度为 565℃，$Mn_2O_3$ 分解温度为 1090℃，其反应可认为是不可逆反应，反应式如下：

$$2MnO_2 + CO \Longrightarrow Mn_2O_3 + CO_2 + 226690kJ \qquad (2-63)$$

$$3Mn_2O_3 + CO \Longrightarrow 2Mn_3O_4 + CO_2 + 170120kJ \qquad (2-64)$$

$Mn_3O_4$ 的还原则为可逆反应：

$$Mn_3O_4 + nCO \Longleftrightarrow 3MnO + CO_2 + (n-1)CO + 51880kJ \qquad (2-65)$$

在 1400K（1127℃）以下，$Mn_3O_4$ 没有 $Fe_3O_4$ 稳定，即是说，$Mn_3O_4$ 比 $Fe_3O_4$ 易还原。

但 MnO 是相当稳定的化合物，其分解压比 FeO 分解压小得多。在 1400℃ 的纯 CO 的气流中，只能有极少量的 MnO 被还原，平衡气相中的 $CO_2$ 只有 0.03%，由此可见，高炉内 MnO 不能由间接还原进行。MnO 的直接还原也是通过气相反应进行的，反应式如下：

$$MnO + CO \Longrightarrow Mn + CO_2 - 121500kJ$$

$$CO_2 + C \Longrightarrow 2CO - 165690kJ$$

$$MnO + C \Longrightarrow Mn + CO - 287190kJ \qquad (2-66)$$

还原 1kg Mn 耗热 287190/55 = 5222kJ/kg，它比直接还原 1kg Fe 的耗热（2720kJ/kg）约高一倍，即比铁难还原，所以高温是锰还原的首要条件。

由于 Mn 在还原之前已进入液态炉渣，在 1100 ~ 1200℃ 时，能迅速与炉渣中 $SiO_2$ 结合成 $MnSiO_3$，此时要比自由的 MnO 更难还原。

$MnSiO_3$ 与 $Fe_2SiO_3$ 的还原相类似，当渣中 CaO 高时，可将 MnO 置换出来，能促进 MnO 的还原。

$$MnSiO_3 + CaO = CaSiO_3 + MnO + 58990kJ$$
$$MnO + C_{焦} = Mn + CO - 287190kJ$$

$$MnSiO_3 + CaO + C_{焦} = Mn + CaSiO_3 + CO - 228200kJ \qquad (2-67)$$

如碱性更高时，形成 $Ca_2SiO_4$，此时锰还原耗热更少些，因此，高碱度炉渣是 Mn 还原的重要条件。此外，高炉内有先前已还原的 Fe 存在，有利于锰的还原，因为锰能溶于铁水，降低 [Mn] 的活度，故有利于还原。

锰在高炉内有部分随煤气挥发，它到高炉上部又被氧化成 $Mn_3O_4$，在冶炼普通生铁时，有 40% ~ 60% 锰进入生铁，有 5% ~ 10% 的锰挥发入煤气，其余进入炉渣。

高炉冶炼锰铁应注意的几点：

（1）锰矿含锰要高，含铁要低，P、S、$SiO_2$ 等含量愈低愈好，这样才能炼出高牌号（Mn > 70%）的锰铁。

（2）使用高风温和富氧鼓风。由于锰的还原耗热多，其焦比比炼普通生铁高出 1.5 ~ 2 倍，甚至更高。提高风温可以降低焦比，而且使高炉下部热量充足，有利于锰的还原。炼锰铁时高炉内的热量分布，不同于炼普通生铁，在高炉上部由于高价氧化锰的还原是放热反应，而显得热量有余，造成炉顶煤气温度较高（必要时还需打水控制），而高炉下部由于锰的直接还原吸热，显得热量不足，再加上高锰初成渣流动性好，带入炉缸热量少，使炉缸温度仅能维持在稍高于冶炼普通生铁时的温度，所以焦比虽高出几倍，炉温却相差无几。提高炉缸温度是改善锰还原条件的最有力措施。高风温与富氧鼓风能满足此要求，使用效果很好。

（3）选择合理的造渣制度。炼锰铁时炉渣中（MnO）= 8% ~ 13%，有时高达 20%，为了提高锰的回收率，应减少渣量。其办法是精选锰矿，降低焦比。提高锰回收率的另一途径是提高炉渣的碱度到 1.25 ~ 1.50，这可以减少渣中（MnO），另外高碱度炉渣熔点高，也有助于提高炉缸温度。为了保证炉渣的流动性，可适当加些萤石，或把（MgO）提高到 10% 左右，均能收到效果。

（4）减少锰的挥发。减少锰的挥发，即炉温控制适当，[Si] = 0.7% ~ 1.0%，[Si] 太低则炉温不足，不利于 Mn 的还原，太高时则挥发的锰量太多，回收率也低，冶炼锰铁时，锰的挥发损失约为炉料中总锰量的 8% ~ 12%；炼镜铁时约为 5%。挥发氧化生成的细粒 $Mn_3O_4$ 随煤气带走，且会增加煤气清洗的困难。煤气的分布，以发展中心煤气流较好（双峰或漏斗式煤气曲线），既能保护炉墙，又改善煤气利用，也活跃了炉缸的中心。

对于中小高炉冶炼锰铁，炉温可以高一些，以防止炉缸冻结，含硅量保持在 1% ~ 2% 是适宜的。

（5）采用二步法炼锰铁。使用贫锰矿或铁锰矿时，高炉难以炼得高锰、低磷、低硫等质量较高的锰铁，为了解决这一问题，可采用二步法炼锰铁。第一步：在高炉普通冶炼温度下，把锰矿先炼成（MnO）高的富锰渣。Fe 与 P 等均进入生铁中。第二步：再将高锰渣加入高炉或送到电炉中进行冶炼，最后获得高锰低磷的锰铁。

### 2.5.2.2　硅的还原

不同的铁种对含硅量有不同要求。一般炼钢生铁含硅量应小于 1%。目前有些高炉冶炼低硅炼钢生铁，其含硅量已降低到 0.2% ~ 0.3%，甚至 0.1% 或更低。对铸造生铁则要求含硅在 1.25% ~ 4.0%，对硅合金则要求含硅量愈高愈好。但高炉条件炼出的硅铁一般不大于 20%（更高含硅量的硅铁在电炉中冶炼）。

生铁中的硅主要来自矿石的脉石和焦炭灰分中的 $SiO_2$，特殊情况下高炉也可加入硅石。$SiO_2$ 是比较稳定的化合物，它的生成热大，分解压力小，很难用 CO 从矿石的 $SiO_2$ 或焦炭灰分中的 $SiO_2$ 还原出硅。据计算，1500℃时，$SiO_2 + 2CO = Si + 2CO_2$ 的平衡气相中，$CO_2$ 仅为 0.02%；用 $H_2$ 作还原剂，反应平衡时水蒸气含量仅为 0.12%。所以，实际上 $SiO_2$ 只能在高温区以 C 进行直接还原。

$$SiO_2 + 2C = Si + 2CO - 627980kJ \qquad (2-68)$$

从式（2-68）可计算出，还原 1kg 硅需要的热量为 627980/28 = 22430kJ。相当于还原 1kg 铁（直接还原）所需热量的 8 倍，是还原 1kg 锰耗热的 4.3 倍，所以硅的还原是很困难的。

研究和实践表明，硅的还原也是逐级进行的：

$$SiO_2 \longrightarrow SiO \longrightarrow Si$$

还原过程的中间产物 SiO 的蒸气压比 Si 和 $SiO_2$ 的蒸气压都大。在 1890℃时可达 98066.5Pa（1atm）。因此 SiO 极易挥发，改善了和 C 的接触条件，便于硅的还原。日本槌谷等人研究认为，硅是通过 SiO 还原所得。在风口带焦炭灰分中的 $SiO_2$（它比脉石中的 $SiO_2$ 有更好条件）与 C 反应生成 SiO，在煤气上升过程中被铁液吸收，又与 [C] 反应生成 [Si]。

$$SiO_2 + C = SiO + CO$$
$$SiO + [C] = Si + CO$$
$$\overline{SiO_2 + 2C = Si + 2CO}$$

SiO 的生成也可通过如下途径：

$$SiO_2 + Si = 2SiO$$

硅还原反应的平衡常数为：

$$K_{Si} = \frac{r_{Si}[Si] \times p_{CO}^2}{\alpha_{SiO_2}}$$

$$[Si] = \frac{\alpha_{SiO_2}}{r_{Si}p_{CO}^2} \times 10\left(19.1 - \frac{353000}{T}\right) \qquad (2-69)$$

式（2-69）表明，温度升高对硅还原有利。

未被还原的 SiO 被煤气带到高炉上部，被 $CO_2$ 重新氧化，凝结为白色的 $SiO_2$ 微粒，或者与炉料中的 CaO 形成化合物，随炉料下降或被煤气带走。据分析，冶炼硅铁时有 10% ~ 25% 硅挥发损失，高硅铸造铁有 5% 左右。另外，有部分 SiO 沉积在料块空隙之间，使炉料透气性恶化，导致炉料难行甚至结瘤。

高炉内由于有 Fe 的存在，还原出来的 Si 能与 Fe 在高温下形成很稳定的硅化物 FeSi（也包括 Fe₃Si 和 FeSi₂ 等）而溶解于铁中，因此降低了还原时的热消耗和还原温度，从而有利于硅的还原，其反应为：

$$SiO_2 + 2C = Si + 2CO - 627980kJ$$
$$Si + Fe = FeSi + 80333kJ$$
$$\overline{SiO_2 + 2C + Fe = FeSi + 2CO - 547647kJ} \tag{2-70}$$

与锰的还原类似，从矿石（特别是烧结矿）的硅酸盐或炉渣中还原 Si 要比从自由的 $SiO_2$ 中还原困难得多，即使有 Fe 存在也比较困难。实验研究，把铁与炉渣置于石墨坩埚中还原，在 1400~1500℃时只有 0.2%~0.7% 的 Si 能进入生铁中。较长时间后也只能有 3% 进入生铁。经炼硅铁高炉的取样分析，只有 1/4 的 Si 是在炉腹 1400℃ 区域内从自由的 $SiO_2$ 还原而来，3/4 的 Si 是在更高的温度区域内从炉渣中还原得到。

高炉解体表明，在炉料熔融之前，硅在铁中含量极低，到炉腹处硅含量剧增，通过风口带以后，硅含量又降低。

改善及控制硅还原的条件主要是：

(1) 提高高炉下部温度。提高炉缸温度，更确切地说是提高炉渣温度有利于硅的还原。研究表明，渣温越高，硅还原量越大（原因是渣温高时，渣中 FeO 含量低，有利于硅的还原，硅的再氧化量少）。所以生产中常以生铁含硅高低来判断炉温水平。不过 [Si] 的多少，一般表示化学热的高低，不能完全代表炉缸的实际温度水平，如冶炼低硅生铁，往往是硅低高温（化学热低、物理热高）。当然正常的情况下，生铁含硅高，炉温也相应高。

提高风温、富氧鼓风都有利于提高生铁含硅量。因硅还原需要高温高热，故冶炼硅铁的焦比，一般为炼钢生铁的 2~2.5 倍；冶炼铸造铁的焦比，也比炼钢铁高 5%~30%。

冶炼钢铁时，一般生铁的硅仅为炉料带入硅量的 2%~8%，92%~98% 的硅以 $SiO_2$ 形式进入炉渣；冶炼铸造生铁时，10%~20% 的硅进入生铁，约 5% 的硅挥发随煤气带出炉外，其余的硅转入炉渣中；冶炼硅铁时，则有 40%~50% 的硅进入硅铁，有 10%~20% 的硅挥发，其余进入渣中。

(2) 适宜的造渣制度。高熔点的炉渣可以提高高炉下部温度，促进硅的还原，但应防止炉渣黏稠；碱度低的炉渣，渣中 $SiO_2$ 的活度增加，也有利于硅的还原。国内生产经验表明，冶炼铸造铁时，炉渣二元碱度要控制低些，特别是使用低硫原燃料时尤应如此，这样更容易炼出高硅铁。中小高炉冶炼铸造铁时，有的使用高碱度渣操作，结果焦比高，并未获得高硅低硫的效果，甚至低硅高硫，事与愿违。其原因是高碱度渣不利于 $SiO_2$ 还原，高焦比又增大了硫负荷。冶炼钢铁时，炉渣二元碱度可控制高一些（比铸造铁炉渣碱度高 0.05~0.1），以便于炼制低硅低硫生铁。

(3) 注意原料的选择。由前分析，Fe 能促进硅的还原，因此应尽可能选择铁矿物易还原、而脉石难熔化的矿石进行冶炼高硅铁或硅铁。

用高 $SiO_2$ 灰分的焦炭冶炼硅铁是合理的，因为焦炭灰分中的 $SiO_2$ 是自由态的，有利于 Si 的还原。

### 2.5.2.3　磷的还原

炉料中的磷主要以磷酸钙 $(CaO)_3 \cdot P_2O_5$（又称磷灰石）形态存在，有时也以磷酸铁

（FeO）$_3$·P$_2$O$_5$·8H$_2$O（又称蓝铁矿）形态存在。

蓝铁矿的结晶水分解后，形成多微孔的结构，比较容易还原。900℃时，用 CO（700℃时用 H$_2$）作还原剂，可以还原出 P；温度到 1100～1300℃时，磷的还原进行得很完全。

$$2Fe_3(PO_4)_2 + 16H_2 = 3Fe_2P + P + 16H_2O \qquad (2-71)$$
$$2Fe_3(PO_4)_2 + 16CO = 3Fe_2P + P + 16CO_2 \qquad (2-72)$$

不过蓝铁矿中结晶水的分解，也会吸热和消耗焦炭。

磷酸钙是较稳定的化合物，在高温下只能用 C 直接还原。实验室研究表明，在 1200～1500℃时，可发生如下反应：

$$(CaO)_3 \cdot P_2O_5 + 5C = 3CaO + 2P + 5CO - 1629084kJ \qquad (2-73)$$

但在高炉冶炼条件下，存在磷酸钙还原的有利因素，如 SiO$_2$、Fe 皆能促进其还原：

$$2(CaO)_3 \cdot P_2O_5 + 3SiO_2 = 3(CaO)_2SiO_2 + 2P_2O_5 - 918082kJ \qquad (2-74)$$
$$\underline{2P_2O_5 + 10C = 4P + 10CO - 1922579kJ}$$

$$2(CaO)_3 \cdot P_2O_5 + 3SiO_2 + 10C = 3(CaO)_2SiO_2 + 4P + 10CO - 2840661kJ \quad (2-75)$$

上述反应还原出来的 P 与 Fe 结合，形成 Fe$_2$P、Fe$_3$P 而溶于铁中，从而降低了 P 的活度，并且放出热量，改善了 P 的还原条件。

冶炼普通生铁时，炉料中的磷几乎全部还原进入生铁，所以对生铁中磷的控制，只能控制入炉料的含磷量。但当炉渣碱度高时，可生成少量（CaO）$_3$·P$_2$O$_5$ 溶于渣中；炉温高时，也有少量 P 气化随煤气逸出炉外。据生产实践统计，冶炼高磷生铁，约有 5%～10% 的 P 进入渣中；冶炼磷铁时，约 80% 磷进入生铁，约 7% 被煤气带走，余下部分进入渣中。冶炼磷锰铁时，锰可到 50% 左右，磷约 15% 左右。

### 2.5.2.4 铅、锌、砷的还原

A 铅的还原

铅在炉料中以 PbSO$_4$、PbS 等形式存在，Pb 是易还原元素，可全部还原，其反应为：

$$PbSO_4 + 4C = PbS + 4CO - 278171kJ \qquad (2-76)$$
$$PbS + Fe = FeS + Pb - 544kJ \qquad (2-77)$$

PbS 也可借助 CaO 的置换作用，生成 PbO，再被 CO 间接还原：

$$PbO + CO = Pb + CO_2 + 64184kJ$$

还原出的 Pb 不溶于生铁，而且密度大于铁（Pb11.34、Fe7.87），熔点也低（327℃），下沉炉底，渗入砖缝，使炉底遭受破坏。

铅在 1550℃沸腾，部分铅在炉内将挥发上升，遇 CO$_2$、H$_2$O 又被氧化，再随炉料下降又被还原，在炉内循环。

B 锌的还原

锌在矿石中以闪锌矿（ZnS）状态存在，有时又以碳酸盐、硅酸盐状态存在。随温度升高，碳酸盐能分解成 ZnO 和 CO$_2$。ZnS 能借助 Fe 的作用促进还原。ZnO 可被 CO、H$_2$、C 还原。

$$ZnO + CO = Zn + CO_2 - 66026kJ$$
$$ZnO + H_2 = Zn + H_2O - 107350kJ$$

Zn 在高炉内 400~500℃ 就开始还原，一直到高温区才还原完全。还原出的 Zn 在 1200~1250℃ 挥发，随煤气上升到高炉上部又被氧化成 ZnO，其中一部分 ZnO 微粒被煤气带出炉外，另一部分黏附在炉料上随炉料下降再被还原，之后再挥发形成循环。从高炉解体得知，炉料含锌在 900℃ 左右急剧增加，到 1100~1200℃ 锌含量达最高值，之后又急剧降低。由此分析，锌在炉内循环主要集中在 900~1250℃ 的温度区域，相当于块状带中段到软熔带上段区域内。

锌的挥发对高炉生产有不好的影响，因为挥发的锌有的在炉衬中冷凝并氧化为 ZnO，其体积膨胀，使炉墙遭到破坏；或者凝附在炉墙上形成炉瘤。

C　砷的还原

As 是易还原元素，在高炉冶炼时，不论采取什么热制度和造渣制度，砷均极易还原进入生铁，并与铁化合成砷化铁（FeAs）。生铁中 As 含量不宜大于 0.1%，因砷能显著降低钢铁性能，使钢冷脆，焊接性能也大大降低。

广东韶关钢铁厂高炉，使用含有 Pb、Zn、As 的矿石，高炉经常出现难行、结瘤。解决这些含有害物质的矿石的方法，最好先把它们挥发分离，如通过球团氯化焙烧等加以回收，而后再进入高炉冶炼。

### 2.5.2.5　钒、钛、铌、镍、钴、铜等的还原

A　钒的还原

钒存在于钒钛磁铁矿中，钒与氧组成一系列氧化物如 $V_2O_5$、$V_2O_4$、$V_2O_3$、$V_2O_2$ 等。我国钒钛磁铁矿资源丰富，以四川攀西地区为主，V 和 Ti 共生，钒以尖晶石（FeO·$V_2O_3$）形态存在，经过选矿，钒富集于铁精矿中，含钒量由 0.17% 提高到 0.37% 左右。

钒的还原类似锰，但比锰难还原。用 $H_2$ 在 1000℃ 还原钒的氧化物，能把 $V_2O_5$ 还原到 $V_2O_3$，但不能还原成金属钒，甚至在 1900℃ 时，也难以进一步还原。但若有 $Fe_2O_3$ 存在，只要在 1530℃ 下保持 1.5h，就能得到钒和铁的合金。$Fe_2O_3$ 含量愈高，钒愈易还原。此外，钒的低价氧化物略带碱性，所以炉渣碱度越高，钒的还原越完全。

高炉内钒只能用碳直接还原：

$$V_2O_5 + 5C \Longrightarrow 2[V] + 5CO \qquad \Delta G^{\ominus} = 84200 - 71.66T \qquad (2-78)$$

$$V_2O_3 + 3C \Longrightarrow 2V + 3CO \qquad \Delta G^{\ominus} = 136986 - 76.55T \qquad (2-79)$$

钒的还原温度大于 1500℃，故钒是从液态渣中还原为主。

高炉冶炼条件下，80% 以上的钒进入生铁，使生铁中钒含量接近 0.4%，这种铁水经雾化或转炉提钒处理后，可得含 $V_2O_5$ 约 17%~25% 的钒渣，回收率约 75%~85% 以上，吹钒后的铁水为半钢，再经冶炼成钢。

钒是稀有合金元素，能显著改善钢的性能，对原子能工业、化学工业都有重要意义。

B　钛的还原

钛与氧组成一系列化合物，如 $TiO_2$、$Ti_3O_5$、$Ti_2O_3$、TiO 等。钛的还原近似于硅，但比硅更难还原，其还原顺序逐级进行：

$$TiO_2 \longrightarrow Ti_3O_5 \longrightarrow Ti_2O_3 \longrightarrow TiO \longrightarrow Ti$$

用 $H_2$ 还原 $TiO_2$，在 700~1000℃ 可得到 $Ti_3O_5$；1300℃ 时可还原成 $Ti_2O_3$；1500℃ 时

可还原成 TiO。用 CO 还原 Ti 的氧化物，比用 $H_2$ 还原所需温度高。Ti 的低价氧化物只能用 C 直接还原：

$$Ti_2O_3 + C \Longrightarrow 2TiO + CO \tag{2-80}$$

$$TiO + C \Longrightarrow Ti + CO \tag{2-81}$$

上述反应要在高温下才能进行。但 Ti 在高温下很活泼，能与 $N_2$、C 等化合，从而改善还原条件，如：

$$TiO_2 + 3C \Longrightarrow TiC + 2CO \tag{2-82}$$

$$Ti + C \Longrightarrow TiC \tag{2-83}$$

$$TiO_2 + 2C + \frac{1}{2}N_2 \Longrightarrow TiN + 2CO \tag{2-84}$$

$$Ti + \frac{1}{2}N_2 \Longrightarrow TiN \tag{2-85}$$

从高炉取样分析得知，炉腰处只有低价钛氧化物，而在炉腹渣样中发现焦炭周围有 TiC，熔渣中有 TiN。Ti 的还原率：在炉腹部位平均为 3.3%，风口区为 20%，终渣中为 12.16%。这一事实表明，Ti 的氧化物大量还原在出现熔渣以后，主要在炉腹至风口区间，经风口有部分 Ti 再被氧化。

高温和提高炉渣碱度均有利于 Ti 的还原。但还原出的 Ti 生成钛的化合物，对高炉生产不利。因 TiN、TiC 的熔点高达 2900 ~ 3000℃，在渣中实际上不能熔化，使炉渣黏度增大，流动性变差，渣中带铁，高炉难以操作。因此冶炼钒钛磁铁矿要从顺行、脱硫和钒的回收率等方面综合考虑，以选择合适的炉温。

从热力学角度分析，鉴于渣铁接触可能发生以下反应：

$$(SiO_2) + [Ti] \Longrightarrow [Si] + (TiO_2) \tag{2-86}$$

Ti 和 Si 的还原速度有趋于相等的制约关系，即在一定温度下，控制了硅在渣铁间的分配比，就能控制钛的分配比。因此生产中通过抑制硅来抑制钛的还原，例冶炼低钛渣时，控制 $\sum[Si + Ti]$ = 0.63% ~ 0.75%，$[Si]$ = 0.38% ~ 0.45%，铁中钛就为 $[Ti]$ = 0.700$[Si]$ - 0.025，即 $[Ti]$ = 0.25% ~ 0.30%；而中钛渣冶炼时，$\sum[Si + Ti]$ = 0.56% ~ 0.63%，$[Si]$ = 0.25% ~ 0.31%，铁中钛就为 $[Ti]$ = 0.845$[Si]$ - 0.007，即 $[Ti]$ = 0.20% ~ 0.25%。

在高炉温度下是不能熔化 TiN、TiC 的，但通过氧化性物质可以破坏 TiN、TiC，从而使炉渣稀释，改善炉渣的流动性。

TiN、TiC 可以形成固溶体填充砖缝，起着保护炉墙的作用，所以目前对于普通矿冶炼的高炉，常采用钛渣保护。

C 铌的还原

铌有多种氧化物，其还原逐级进行：

$$Nb_2O_5 \longrightarrow NbO_2 \longrightarrow Nb_2O_3 \longrightarrow NbO \longrightarrow Nb$$

铌的高级氧化物可用气体还原剂进行还原，而低级氧化物只能靠 C 还原：

$$Nb_2O_5 + CO \Longrightarrow 2NbO_2 + CO_2 \tag{2-87}$$

$$Nb_2O_3 + CO \Longrightarrow 2NbO + CO_2 \tag{2-88}$$

$$NbO_2 + 2C \Longrightarrow [Nb] + 2CO \tag{2-89}$$

$$NbO + C =\!=\!= [Nb] + CO \qquad\qquad (2-90)$$

包头矿含有 0.1% 左右的铌，经高炉冶炼获得含铌 0.3% 的生铁，含铌生铁和钒的综合利用相似，经过吹炼铌富集在渣中，再用铌渣冶炼铌铁。

　　D　铜的还原

铁矿石中的铜以氧化物或黄铜矿存在，如经过烧结则主要以氧化物形态进入高炉，如 $CuO_2$、$CuO$、$Cu_2O$ 等。温度低于 375℃ 时，$Cu_2O$ 不稳定，能分解成 $CuO$ 和 $Cu$。铜的氧化物是很容易还原的，高炉冶炼过程中，$Cu$ 全部还原进入生铁。

　　E　镍、钴、铬的还原

镍、钴是容易还原的元素，用 CO 还原 NiO 或 CoO 时，在 200℃ 就开始还原，至 400 ~500℃ 时还原激烈，到 900℃ 已全部还原。从硅酸盐中还原 Ni 和 Co 要稍难一些。高炉冶炼中 Ni 和 Co 全部进入生铁。

Ni 和 Co 都是比较贵重的金属。当矿石中含 Ni 到 1.0% 或含 Co 为千分之几时，就将作为镍矿、钴矿使用，先要提取 Ni 和 Co，才能再送入高炉冶炼。

至于铬的还原则比铁的还原困难，在高炉中约有 45% 的铬可以还原进入生铁。

综上所述，对一些难还原元素，如 Si、Mn、Ti、V、P 等的还原，有如下共同规律：

（1）这些元素的还原都是以直接还原方式进行的，而且主要是从液态渣中的复合化合物，如硅酸盐、硅酸钙、磷酸钙等中还原，所以还原所需温度高于自由状态氧化物还原的温度。同时，炉渣的性质对这些元素的还原和在渣铁间的分配有重大影响；

（2）还原出来的元素若能与其他元素生成化合物，如 $Mn_3C$、$Fe_2Si$、$Fe_2P$ 等并溶于生铁中，按化学平衡原理则有利于还原；

（3）还原出来的元素或其氧化物，如 P、$P_2O_5$、$SiO_2$、$SiO$ 等容易气化时，由于热力学和动力学条件的改善，也将促进还原反应的进行；

（4）因 Si、Mn、Ti、V 等元素共存于铁液中，它们在氧势图中大体位置位于 Si 的附近，所以在一定温度下，它们在渣铁之间的分配比与硅的分配比之间有关联，即相互间有制约关系，可利用硅分配比来判断或确定其他元素的分配比。表 2-5 所示为各元素在高炉生铁、煤气和渣中的分布（以日本某高炉为例）。

表 2-5　各元素在高炉生铁、煤气和渣中的分布

| 元　素 | Bi | Zn | S | Si | Ti | Sb | Pb | Mn | Sn |
|---|---|---|---|---|---|---|---|---|---|
| 生铁中的量/% | | 1.3 | 6.2 | 9.7 | 32.4 | 40.0 | 62.8 | 71.7 | 84.0 |
| 煤气和瓦斯灰中的量/% | 13.0 | 45.6 | 1.5 | 1.4 | | | | | |
| 炉渣中的量/% | 87.0 | 53.1 | 92.2 | 88.9 | 67.6 | 60.0 | 37.2 | 28.3 | 14.3 |

| 元　素 | As | Cr | TFe | V | Co | Ni | P | Cu | Mo |
|---|---|---|---|---|---|---|---|---|---|
| 生铁中的量/% | 84.0 | 88.8 | 97.9 | 98.4 | 98.4 | 98.7 | 98.8 | 99.5 | 100.0 |
| 煤气和瓦斯灰中的量/% | 1.7 | 0.1 | 1.1 | 1.6 | 1.6 | 1.3 | | 0.5 | |
| 炉渣中的量/% | 14.3 | 11.1 | 1.0 | | | | 1.2 | | |

## 2.6　还原反应动力学

前面叙述的均属热力学内容。热力学不能说明反应是通过什么步骤进行（反应机理）以及反应速度和反应达到平衡所需的时间。反应速度在实际生产中很重要，例如利用某一化学反应的生产设备，其生产能力主要取决于该反应的速度。高炉冶炼能否强化在很大程度上取决于铁矿石中氧化铁的还原速度。因此，铁矿石还原动力学研究对炼铁生产和技术改造、高炉发展等起着指导性作用。

还原反应动力学是讲述反应速度及与此速度有关的各种因素，具体解决下列问题：

（1）生产过程中化学反应所需的时间；

（2）外界条件（温度、压力等）对反应速度的影响，如何提出加快和控制反应速度的途径；

（3）确定反应速度的限制环节、提出强化过程的措施。

### 2.6.1　还原反应的机理

对于铁矿石还原反应的机理，曾经有过多种理论解释，其中主要有以下四种。

#### 2.6.1.1　两步还原论

这是 1924 年苏联巴依科夫等人提出的。他认为氧化物首先分解为低价氧化物（或金属）与氧分子，然后分解出的氧与还原剂结合成氧化物。还原剂的作用是不断除去放出的氧，保证氧化物不断分解。以 FeO 被 CO 还原为例，还原按如下两步进行：

第一步　　　　　$FeO_{固} = Fe_{固} + \frac{1}{2}O_{2气}$　　　　即氧化亚铁分解

第二步　　　　　$\frac{1}{2}O_{2气} + CO_{气} = CO_{2气}$　　　　即还原剂氧化

总的结果是 $FeO_{固} + CO_{气} = CO_{2气} + Fe_{固}$。因为两步还原论认为前后两步理论是各自独立的，所以总的反应速度必然决定于两步中最慢的一步。绝大部分冶金反应（包括高炉内反应）都在较高温度下进行，还原剂和氧的反应必然很快（第二步），所以第一步反应即氧化物的分解速度显然成了限制和决定整个还原速度的关键。但在 900 ~ 1200℃，$Fe_2O_3$ 的分解压力比 FeO 大 $10^{10}$ 倍。如果用 $H_2$ 还原，从单位面积上夺取氧的速度几乎相同，$Fe_2O_3$、$Fe_3O_4$ 和 FeO 同样都容易还原成金属铁，这与两步还原论是矛盾的。同时热力学认为，铁氧化物自行分解是不可能的，因此这一理论已被否定。

#### 2.6.1.2　吸附自动催化理论

这是 20 世纪 40 年代苏联邱发洛夫等人提出的，也称"吸附 – 催化"理论。按这一理论，还原过程如下：

（1）还原气体被氧化物的表面所吸附；

（2）还原气体的分子与氧化物中的氧原子结合，破坏旧的晶格，产生新的晶格（化学变化与结晶变化同时发生）；

（3）反应生成的气体分子脱离吸附。当反应面逐步深入到固体内部后，还原剂分子须首先扩散穿过固体反应层，才能到达反应面。反应生成的气体分子也须扩散穿过固体反应层才能进入外界气相层，反应过程可列方程式表示：

$$FeO_{固} + CO_{气} \Longrightarrow FeO_{固} \cdot CO_{吸附}　（吸附过程）$$
$$FeO_{固} \cdot CO_{吸附} \Longrightarrow Fe_{固} \cdot CO_{2吸附}　（界面反应）$$
$$Fe_{固} \cdot CO_{2吸附} \Longrightarrow Fe_{固} + CO_{2吸附}　（脱附过程）$$

总的结果为：

$$FeO_{固} + CO_{气} \Longrightarrow Fe_{固} + CO_{2气} \tag{2-91}$$

整个反应由吸附扩散、界面反应和脱附扩散等步骤组成（也称三步还原论），其中最慢的一步就是反应的限制环节。当反应速度处于化学反应速度范围（即决定于界面反应过程）时，还原反应具有自动催化的现象，此时反应速度可分为三个时期即诱导期、加速期和前沿汇合期（也称延缓期）。图 2-12 说明了这一机理和三个时期的特征。

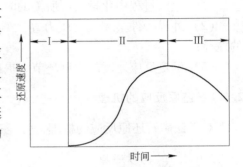

图 2-12　铁矿石还原的吸附—自动
催化特征（在一定温度下）
I—感应期；II—自动催化期；III—减速期

第 I 时期。反应初期，反应在少许的活化中心处进行，由于活化中心数目少，新相生成又困难，所以在宏观速度上表现为反应很慢，此即诱导期，或称感应期。

第 II 时期。当有一定数量新相产生后，由于新相晶格与旧相晶格不一致，引起晶格歪扭，所以活化中心增加，而反应再生成的产物只在原新相基础上长大，不需形核，这样反应变得容易，则反应明显加速，宏观速度是越来越大，此即加速期或称自动催化期。

第 III 时期。一旦当前沿汇合，反应的界面相互接触，反应界面就不再自动增大，反而缩小，反应速度又趋下降，此即前沿汇合期或称延缓期（减速期）。

这一理论较圆满地解释了还原反应的吸附特性，但还没有全面解释整个反应过程。

### 2.6.1.3　固相扩散论

这种理论的要点是在铁氧化物的还原过程中，反应层内有 FeO、Fe 等原子或离子的固相扩散，从而使固体内部没被还原的部分裸露出来，促使反应不断进行。它实际上是吸附自动催化理论的补充和发展。

### 2.6.1.4　未反应核模型理论

这种理论比较全面地解释了铁氧化物的整个还原过程，是目前得到公认的理论。这种理论的要点是，铁氧化物从高价到低价逐级还原，当一个铁矿石颗粒还原到一定程度后，外部形成了多孔的还原产物——铁壳层，而内部尚有一个未反应的核心。随着反应进行，反应界面逐步向内推进，未反应核心逐渐缩小，直到完全消失。

未反应核模型又分为两种情况：一种是界面反应核模型，即忽略 $Fe_3O_4$、$Fe_xO$ 等中间产物层，未反应核心为 $Fe_2O_3$，计算由 $Fe_2O_3$ 直接一步还原为 Fe 的总失氧量为基础的还原度。另外一种是考虑到各种中间产物层，则未反应核是个多层结构，在 $Fe_2O_3 - Fe_3O_4 - Fe_xO - Fe$ 等三个界面上发生反应，即实际化学反应是在一定厚度的反应带内进行的三界面核模型。铁矿石还原的层状结构如图 2 - 13 所示。

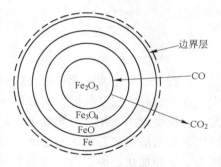

图 2 - 13 铁矿还原的层状结构

由图 2 - 13 所示，处于还原性气体 CO 或 $H_2$ 中的铁矿石的还原是逐级进行的，即还原是经过各个阶段完成的；二是由矿块外层向其中心推进，其还原过程的组成环节如下：

（1）气相中 CO（或 $H_2$）通过矿球外气相边界向矿球表面扩散。

（2）气相中 CO（或 $H_2$）通过矿球表面和其内部反应界面之间的产物层的扩散。

（3）CO（或 $H_2$）在反应界面上发生化学反应，包括 CO（或 $H_2$）在相界面的吸附、吸附的还原剂与矿石晶格上氧的结合、生成的气体还原产物 $CO_2$（或 $H_2$）的脱附，固相还原产物的结晶化学变化等。

（4）形成的气体还原产物 $CO_2$（或 $H_2O$），通过反应界面外的还原层、边界层向外扩散。由此得知，整个还原过程可看成是由外扩散（气体还原剂通过边界层向矿块的表面或气体产物自矿块表面向边界层的扩散，包括空间对流和通过边界层的传质过程）、内扩散（还原性气体或气体产物通过矿块或固态还原产物层的大孔隙、微孔隙向反应界面或脱离反应界面而扩散，还有铁、氧离子在还原产物层晶格结点间及空位上的扩散）、反应界面的化学反应（包括还原性气体在反应界面上的吸附，吸附的还原剂与矿石晶格上氧的结合，气体产物的脱附及固相还原产物的结晶化学变化及晶格的重建等）。

还原反应速度取决于最慢环节的速度，此最慢环节称为限速步骤或限制性环节。一般在高炉中煤气流速很快，边界层很薄，传质速度很快，由于气流速度已大大超过临界流速，而在临界速度下，气流速度的提高不再影响还原速度。此时边界层厚度已趋近于零，外扩散阻力消失，故外扩散一般不会成为高炉内铁矿还原的限速步骤。

通常，当矿块粒度小、温度高、气流速度大，压力低时，此时扩散条件较好，即还原反应处于化学反应速度范围。反之，当粒度大、流速小、温度低、压力高时，化学反应速度较快，扩散速度则成了限制性环节，或称处于扩散范围。现在的研究认为，高炉内的铁矿石还原处于"复合控制"。

## 2.6.2 影响矿石还原反应速度的因素

高炉生产的主要任务是尽可能利用高炉煤气中的 CO（与少量的 $H_2$）的还原能力，使矿石在熔化前还原得好，减少氧化铁在高炉下部的直接还原。因此一般所指的还原速度都是在温度不高于 $900 \sim 1000℃$，矿石被气体 CO（或 $H_2$）还原的速度。加速铁矿石在固态下的还原对降低直接还原度和焦比、改善高炉技术经济指标具有重大意义。根据以上动力学分析，影响矿石还原速度主要取决于矿石的特性以及煤气流的条件两个方面。矿石特性主要是指提高矿石的还原性，包括粒度、气孔度和矿物组成等。煤气流条件是指煤气温度、压力、流速和成分以及煤气流性质和分布规律等。

#### 2.6.2.1　矿石特性

**A　矿石的粒度**

矿石粒度对还原速度有很大影响。相同质量的矿石，粒度越小与煤气的接触面积则越大，煤气的利用程度越好。而对每一个矿粒来说，在表面已还原的金属铁层厚度相同的情况下，粒度越小，相对还原度越大，因此，一方面，缩小粒度能提高单位时间内的相对还原度，从而加快矿石的还原速度；另一方面，缩小矿石粒度也会缩短扩散行程和减少扩散阻力，从而加快还原反应。但是粒度缩小到一定程度以后，固体内部的扩散阻力愈来愈小，最后限制性环节则由扩散速度范围变为化学反应速度范围，此时再进一步缩小粒度则不再起加快还原的作用，这一粒度称为临界粒度，所以缩小粒度必须在临界粒度之上进行。另外粒度过小（3~5mm）会恶化料柱的透气性，不利于煤气分布和还原反应，同时高炉不顺行且增加炉尘吹出量。比较合适的粒度，对大中型高炉来说为 10~25mm，对难还原的磁铁矿或小高炉来说则应更小些。

**B　矿石的气孔度和矿物组成**

气孔度大而分布均匀的矿石还原性好。气孔度大，矿石与煤气的接触面积大，特别是微气孔率，可以改善气体的内扩散条件，提高内扩散速度。由于内扩散往往成为还原反应的限速步骤，所以孔隙度在很大程度上决定了矿石的还原性。但在高炉中矿石的孔隙度与孔隙的大小、形式（开口气孔或闭口气孔）会因一系列原因（如矿物组成、晶型转变、胀裂、软熔等）而变化。矿石在局部熔化时，初生成的液相有可能堵塞孔隙使孔隙度降低，还原性变差。因此，冷态孔隙度并不能完全决定矿石的还原性，还应考虑冶炼过程中孔隙度变化的影响。常用矿石的还原性由好到差的顺序是：

球团矿──→褐铁矿──→烧结矿──→菱铁矿──→赤铁矿──→磁铁矿

磁铁矿组织致密，还原性最差。赤铁矿的氧化度较高，组织比较疏松，还原成 $Fe_3O_4$ 时有明显的微气孔出现，因此与磁铁矿相比有较好的还原性。褐铁矿和菱铁矿还原性较好，是因为它们在加热时放出 $H_2O$ 或 $CO_2$，可使矿石出现许多气孔，有利还原剂与还原产物气相的扩散。由于烧结矿烧结的条件不同，其还原性也不一样。它的还原性决定于氧化度和硅酸铁的多少。熔剂性烧结矿其还原性一般比赤铁矿好。在普通烧结矿的矿物中，硅酸铁是影响还原性的主要因素。铁以硅酸铁形态存在时就难还原。烧结矿中 FeO 高，则硅酸铁高，难还原。球团矿一般都是在氧化气氛中焙烧，FeO 比较少，还原性也好。熔剂性烧结矿之所以还原性好，是因为 CaO 对 $SiO_2$ 的亲和力比 FeO 大，它能分离硅酸铁，减少了烧结矿中的硅酸铁含量。

**C　脉石的数量和分布**

脉石的数量对铁矿石的还原性不会有很大影响，但在某些时候，脉石会增加还原的困难。因为它可能使气体还原剂难于通向氧化铁的细小晶粒。脉石在矿中成细粒分布时是不利于还原的。如果脉石以较大的块状或片状分布于矿中，由于氧化铁与脉石受热时膨胀系数差别较大，在加热过程中有利于增加矿石的裂纹和孔隙。当已还原的铁壳层成为一个坚实的外壳包围住中间未被还原的氧化铁时，夹杂的脉石反而有利，它可能增加中间部分的疏松作用。如果脉石是易熔的，由于在高温下软化时矿石中气孔度会减少（尤其对微气孔或闭气孔），可能严重影响矿石的还原性。

### 2.6.2.2　温度

随着温度升高，界面化学反应和扩散速度均会加快，但温度对界面化学反应速度常数的影响，比对气体扩散系数的影响要大。因而随温度升高，反应将从化学反应速度范围转向扩散速度范围。从分子运动论的观点来看，这是因为高温下分子运动激烈，增加了还原剂分子的碰撞机会，同时在高温下活化分子数目增加，促进还原反应的进行。图 2－14 为反应速度常数 $K$ 和扩散系数 $D$ 与温度的关系曲线。

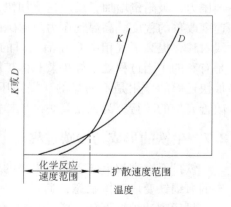

图 2－14　反应速度常数 $K$ 和扩散系数 $D$ 随温度的变化

### 2.6.2.3　煤气中 CO 和 $H_2$ 的浓度

提高煤气中 CO、$H_2$ 的浓度，能提高化学反应速度和气体扩散速度，从而可以加快铁矿石的还原速度。实验结果表明，铁矿石的还原速度随着煤气中 CO 和 $H_2$ 浓度的增加而加快，随着煤气中 $CO_2$ 和 $H_2O$ 的浓度增加而减慢。这是因为煤气中 CO 和 $H_2$ 浓度增加，必然增加了它们与固体氧化物接触的机会，从而加快了内外扩散速度和表面反应速度，即加快铁矿石的还原速度。相反，$CO_2$ 和 $H_2O$ 浓度增加，不仅冲淡煤气中还原剂的浓度，而且必然要促进逆反应进行，阻碍还原过程，从而减慢还原速度。从热力学条件来说，煤气中 CO 和 $H_2$ 的浓度必须高于还原温度下平衡时的浓度，还原才能进行。煤气中 CO 和 $H_2$ 浓度愈高，煤气的还原能力愈强，还原速度愈快。煤气中 $H_2$ 浓度增加对加快还原速度更为有利，因为 $H_2$ 的分子半径小、密度小、黏度小，在固体还原产物层内的扩散能力和氧化物表面的吸附能力都比较强，气体还原产物 $H_2O$ 的扩散能力也比 $CO_2$ 强。根据气体分子运动论的规律，气体分子运动速度与其相对分子质量的平方根成反比。因此，$H_2$ 的扩散速度是 CO 扩散速度的 3.74 倍（$\sqrt{CO}/\sqrt{H_2}=3.74$），而 $H_2O$ 的扩散速度是 $CO_2$ 的 1.56 倍（$\sqrt{CO_2}/\sqrt{H_2}=1.56$）。因此 $H_2$ 能比其他气体更快地到达矿石中心，产物 $H_2O$ 也更易于扩散出来，从而加快矿石的还原速度。

### 2.6.2.4　煤气流速

当反应处于外扩散范围时，提高煤气流速对加快还原速度是非常有利的。这是因为提高煤气流速有利于冲散固体氧化物周围阻碍还原剂扩散的气体薄膜层，使还原剂直接到达氧化物表面。但是当煤气流速提高到一定程度后（超过临界速度），气体薄膜层完全被冲走，随即反应速度受内扩散速度或界面反应速度的控制，此时再进一步提高煤气流速就不再起加快反应速度的作用，相反，由于气流速度过快，煤气利用率将变坏，对高炉冶炼是不利的。因此煤气流速必须控制在适当的水平上，特别是希望煤气能在固体炉料之间分布均匀。

### 2.6.2.5　煤气压力

气体压力通过吸附起作用，当反应速度受界面化学反应速度所限制时，增加气相还原剂压力，吸附量增加，反应速度加快，但产物压力也增大，脱附困难，所以冲淡了对还原速度改善的程度。高煤气压力阻碍碳的气化反应，使其平衡逆向移动，气化反应的平衡曲线右移，提高了气相中 $CO_2$ 消失时的温度，这相当于扩大间接还原区，对加快还原过程是有利的。当过程处于外扩散和内扩散时，气相压力与反应速度无关。因此，提高压力对加快还原的作用是不明显的。提高压力（高压操作）的主要意义在于降低料柱的压差，改善高炉的顺行，为强化高炉冶炼提供可能性。

## 2.7　生铁的形成与渗碳过程

铁矿石在高炉上部已还原出来的少量固态金属铁（海绵铁），随着温度升高逐渐由固态的海绵铁变成液体状态，通过高炉各部位的同时，其他已还原的元素也不断地加入铁中，最后到达炉缸下部，形成高炉冶炼最终产物——生铁。

生铁的形成过程实际上是铁氧化物的逐级还原过程、铁的渗碳过程和非铁元素的逐渐渗入过程。

矿石从加入高炉后即开始还原，在炉身部位就已有部分铁氧化物在固态下还原成金属铁。刚被还原出的铁呈多孔的海绵状，故称海绵铁。这种早期出现的海绵铁成分比较纯，几乎不含碳。但它是 CO 分解反应的催化剂，分解出的 C 附在海绵铁上，形成铁的碳化物：

$$2CO = CO_2 + C$$
$$3Fe + C = Fe_3C$$
$$\overline{\qquad\qquad\qquad\qquad\qquad\qquad\qquad}$$
$$3Fe + 2CO = Fe_3C + CO_2 \qquad\qquad (2-92)$$

海绵铁在低温时以 $\alpha - Fe$ 形式存在，溶解碳的能力很小，含碳最多为 $0.022\%$，温度升高到 723℃ 以上，铁向 $\gamma - Fe$（奥氏体）转变，溶解碳的能力大大提高。由于固体状态的渗碳，只能在与碳素接触的表面上进行，作用较缓慢，所以渗碳甚微。固体海绵铁随着炉料下降到炉腰、炉腹处，因渗碳熔点下降和炉温升高而熔融成液态，黏附在焦炭表面，渗碳迅速进行，此时反应为：

$$3Fe_液 + C = Fe_3C_液 \qquad\qquad (2-93)$$

到风口，铁中含碳量已几乎接近生铁成分（$w(C) = 3\% \sim 4.5\%$），而在炉缸中只能进行少量的渗碳。

生铁最终含碳量在高炉内是无法人为控制的，且含碳多少也与其他元素的含量有关。凡能与 C 形成化合物的元素如 Mn、Cr、V、Ti 等，都会有利于生铁的渗碳。因为 Mn、Cr 等元素能生成很稳定的碳化物，并溶解在生铁中，从而使生铁含碳量增加，冶炼含 Mn15% ~ 20% 的镜铁，含碳量可达 5% ~ 5.5%；含锰量 80% 的锰铁，含碳量可达 7%。相反，Si、P、S 等元素能使 $Fe_3C$ 等碳化物分解，使含碳量降低，如冶炼铸造铁含碳量一般低于 3.9%；而在现代高炉上，一般炼钢生铁含碳 4.5% ~ 5.0%。

Si、S、P 等元素能促使碳化物分解，会阻碍生铁的渗碳。因为 Si、P 的碳化物极不稳定，同时它们本身又极易和铁生成稳定的化合物，破坏铁同碳的结合，使 $Fe_3C$ 分解，析出游离的石墨碳。如含硅高的铸造铁，含碳不超过 3.5% ~ 4%；硅铁中含碳更低到 25% 左右；高磷生铁碳不大于 3.2%。此外，炉渣中 FeO 高时，生铁中的 C 可能被氧化，也将降低生铁含碳量。

$$(FeO) + [C] = Fe + CO \qquad\qquad (2-94)$$

碳在生铁中的存在形式有化合碳和石墨碳两种。呈化合碳如 $Fe_3C$、$Mn_3C$ 形态的生铁，断口为银白色，称为白口铁；若碳以大量的石墨碳形态存在，则生铁的断口呈暗灰色，常称为灰口铁。由于硅可以促使碳石墨化，所以含硅较高的铸造铁断口多是灰色的。冷却速度也影响生铁中碳的最终形态，冷却速度慢有利于石墨碳析出。

从以上分析可以看出，高炉内渗碳过程大致可分三个阶段：

第一阶段为固体金属铁的渗碳，即海绵铁的渗碳反应，渗碳发生在 800℃ 以下的区域，即在高炉炉身的中上部位，有少量金属铁出现的固相区域。这阶段的渗碳量占全部渗碳量的 1.5% 左右。

第二阶段为液态铁的渗碳。这是在铁滴形成之后，铁滴与焦炭直接接触。

据高炉解剖资料分析：矿石在高炉内的下降过程中随着温度的升高，由固相区的块状带经过半熔融状态的软熔带进入液相滴落带，矿石在进入软熔带以后，其还原可达 70%，此时出现致密的金属铁层和具有炉渣成分的熔结聚体。再向下，随温度升高到 1300 ~ 1400℃，形成由部分氧化铁组成的低碱度的渣滴。而在焦炭空隙之间，出现金属铁的"冰柱"，此时金属铁以 $\gamma - Fe$ 形态，含碳量达 0.3% ~ 1.0%，由相图分析得知此金属仍属固体。继续下降至 1400℃ 以上区域，"冰柱" 经炽热焦炭的固相渗碳，熔点降低，才熔化为铁滴并穿过焦炭空隙流入炉缸。由于液体状态下与焦炭接触条件得到改善，加快了渗碳过程，生铁含碳量立即增加到 2% 以上，到炉腹处的金属铁中已含有 4% 左右的碳了，与最终生铁的含碳量差不多。

第三阶段为炉缸内的渗碳过程。炉缸部分只进行少量渗碳，一般渗碳量只有 0.1% ~ 0.5%。

由以上可知，生铁的渗碳是沿着整个高炉高度上进行的，在滴落带尤为迅速。这三个阶段中任何阶段的渗碳量增加都会导致生铁含碳量的增高。

生铁渗碳后熔点降低逐渐熔融成液态，在下降过程中不断溶入其他元素。从取样分析得知，在炉腰的生铁中已有硅但含量不高，硅主要是在炉腹和炉缸内从液态炉渣或 SiO 的蒸气中还原进入生铁；在炉腰处就有部分锰进入生铁但数量也少，锰剧烈还原是在炉腹、炉缸内进行的；磷主要是在炉腹部位还原进入生铁；硫在炉腰处就大量进入生铁，但当铁水穿过渣层时进行脱硫反应，使生铁含硫降低；用普通矿冶炼时，生铁最终组成为 Fe、C、Si、Mn、P、S；用钒钛磁铁矿冶炼时，还含有 V、Ti 等成分。

生产中对生铁成分的常规分析，通常不化验 C 的含量，此时，可由经验公式估计生铁含碳量：

$$[C] = 1.28 + 0.00142t + 0.024[Mn] - 0.304[Si] - 0.31[P] - 0.37[S] \quad (2-95)$$

式中　$[C]$, $[Si]$, $[P]$, $[Mn]$, $[S]$——生铁中该成分的质量分数, %；

$t$——生铁温度, K。

## 复习思考题

2-1　高炉的解体研究对高炉冶炼的理论和实践有何意义？

2-2　高炉中分为哪几个带，各带在高炉什么部位，各有哪些反应？

2 – 3　软熔带的形状对高炉冶炼过程有哪些影响?

2 – 4　高炉炉料中水分的蒸发和碳酸盐的分解对高炉生产有何影响?

2 – 5　炉料中的碱金属有哪些，如何防止碱金属的危害?

2 – 6　金属氧化物能否被还原剂还原的热力学条件是什么?

2 – 7　在高炉中哪些元素是全部还原，哪些元素是部分还原或不能还原?

2 – 8　在高炉内常用的还原剂有哪些，选择原则是什么?

2 – 9　什么是间接还原，用 $CO$ 或 $H_2$ 还原铁氧化物的特点和区别。

2 – 10　什么是直接还原，高炉内间接还原与直接还原的区域界限怎样划分，为什么?

2 – 11　铁氧化物中为什么 $FeO$ 最难还原，$Fe_2O_3$ 最易还原?

2 – 12　为什么 100% 的直接还原或是 100% 的间接还原都不是高炉冶炼最理想的行程?

2 – 13　$CO_2 + C = 2CO$ 是什么反应，对高炉冶炼过程有哪些影响?

2 – 14　什么是直接还原度，如何表示，高炉的直接还原度又是什么?

2 – 15　间接还原铁氧化物时还原剂都要有过量系数 $(n)$，其 $n$ 的物理意义是什么，如何求得 $n$ 值?

2 – 16　还原出来的 $Mn$ 能溶于铁水中，这对 $Mn$ 的还原是有利还是有害，为什么?

2 – 17　试述铁矿石还原的机理和影响还原速度的因素。

2 – 18　生铁生成过程中渗碳反应是如何进行的?

# 3 高炉炉渣与脱硫

高炉冶炼过程，不仅要求铁矿石还原出金属铁，而且要求还原出的铁与未还原的脉石熔化，利用它们的密度不同使之分离。铁经渗碳变成铁水，熔化后的脉石等成为液态炉渣流出炉外。所以炉渣和生铁是在高炉生产中同时形成的两种液态产物。每炼 1t 生铁大约产生 300 ~ 800kg 炉渣，最低的还不到 200kg。

造渣和脱硫是高炉内重要的物理化学过程，它既影响高炉顺行和生铁的质量，又和高炉的产量及焦比有密切关系。炉渣的生成和脱硫过程除与原料有关外，操作人员能否选择合理的造渣制度和其他操作制度也有直接关系。所以不断地改善原料条件和提高高炉操作水平，使炉内的脱硫过程能稳定、正常地进行是实现高产、优质、低耗的主要环节。实践表明"要炼好铁，必须造好渣"。

## 3.1 高炉造渣过程

### 3.1.1 高炉炉渣的成分和作用

#### 3.1.1.1 高炉炉渣的成分

高炉炉渣主要由 $SiO_2$、$Al_2O_3$、$CaO$、$MgO$ 四种氧化物组成，见表 3 - 1。炉渣中的 $SiO_2$ 和 $Al_2O_3$ 为酸性氧化物，主要来自矿石中的脉石和焦炭中的灰分。$CaO$ 和 $MgO$ 为碱性氧化物，主要来自熔剂。烧结矿和球团矿含有 $CaO$ 和 $MgO$ 也都是在烧结或造球中外加的，所以也来自熔剂。

冶炼特殊铁矿石的高炉炉渣，除上述四种氧化物还含有其他成分。例如含氟矿石中的 $CaF_2$，钒钛铁矿中的 $TiO_2$，含钡矿中的 $BaO$ 等。这些化合物在高炉生产过程中也将全部或大部分进入炉渣，并且含量多时将成为炉渣的主要组成部分。此外，在冶炼锰铁时高炉中的 $MnO$ 含量也较多。除上述成分外，在高炉中还经常含有少量的 $FeO$ 和硫化物。

表 3 - 1 一般高炉炉渣成分 （质量分数,%）

| 铁 种 | $SiO_2$ | $CaO$ | $Al_2O_3$ | $MgO$ | $CaO/SiO_2$ |
|---|---|---|---|---|---|
| 炼钢铁 | 30 ~ 38 | 38 ~ 44 | 8 ~ 15 | 2 ~ 8 | 1.0 ~ 1.24 |
| 铸造铁 | 35 ~ 40 | 37 ~ 41 | 10 ~ 17 | 2 ~ 5 | 0.95 ~ 1.10 |

#### 3.1.1.2 炉渣碱度

为了便于判断炉渣的冶炼性质，常利用炉渣碱度这个综合指标。所谓炉渣碱度，就是指炉渣中碱性氧化物与酸性氧化物的比值。

通常把渣中 $m(CaO)/m(SiO_2)$ 称为炉渣碱度或二元碱度。

把 $m(CaO + MgO)/m(SiO_2)$ 称为炉渣总碱度或三元碱度。

把 $m(CaO + MgO)/m(SiO_2 + Al_2O_3)$ 称为炉渣全碱度或四元碱度。

一定的冶炼条件下，$Al_2O_3$ 和 MgO 含量变化不大，也不常分析。因此，为了简便，实际生产中常用二元碱度 $m(CaO)/m(SiO_2)$，而且常把 $m(CaO)/m(SiO_2) > 1$ 的炉渣称为碱性渣；$m(CaO)/m(SiO_2) < 1$ 的炉渣称为酸性渣。

炉渣碱度的选择主要根据高炉冶炼铁种的需要和对炉渣性能的要求而定。这对高炉顺行和生铁质量有较大影响。

我国各钢铁厂高炉炉渣碱度一般在 0.9 ~ 1.2 之间。总碱度在 1.35 ~ 1.5 之间，MgO 一般在 7% ~ 8% 之间。随着渣中 $Al_2O_3$ 含量的增加，渣中 MgO 含量也增加到 10% ~ 12%。

### 3.1.1.3　炉渣的作用与要求

矿石中的脉石和焦炭中灰分多为酸性氧化物 $SiO_2$、$Al_2O_3$，它们各自熔点都很高（$SiO_2$ 为 1713℃，$Al_2O_3$ 为 2050℃），不可能在高炉内熔化。即使它们有机会组成较低熔点化合物，其熔点仍然很高（约 1545℃），在高炉中只能形成一些非常黏稠的物质，这会造成渣铁不分，难以流动。因此，必须加入助熔物质，如石灰石，白云石等作为熔剂。尽管熔剂中的 CaO 和 MgO 自身的熔点也很高（CaO 为 2570℃，MgO 为 2800℃），但它们能同 $SiO_2$ 和 $Al_2O_3$ 结合成低熔点（< 1400℃）化合物，在高炉内熔化，形成流动性良好的炉渣，根据相对密度差异与铁水分离（铁水为 6.8 ~ 7.0，炉渣为 2.8 ~ 3.0），达到渣铁顺利分离。

可见，造渣就是加入熔剂同脉石和灰分作用，将不进入生铁的物质溶解，汇集成渣的过程。

高炉炉渣应具有熔点低、密度小和不溶于铁水的特点，渣与铁能有效分离，获得纯净生铁，这是高炉造渣的基本作用。

在冶炼过程中高炉炉渣应满足下列要求：

（1）炉渣应具有合适的化学成分及良好的物理性能，在高炉内能熔融成液体，实现渣铁分离。

（2）应具有较强的脱硫能力，保证生铁质量。

（3）有利于高炉炉况顺行。

（4）炉渣成分具有调整生铁成分的作用。

（5）有利于保护炉衬，延长高炉寿命。

上述要求主要取决于炉渣黏度，熔化性和稳定性，而这些又主要由炉渣的化学成分以及矿物组成所决定，同时操作制度对这些性质也有重要影响。

## 3.1.2　高炉炉内的造渣过程

现代高炉多用熔剂性熟料冶炼，基本上不直接加入熔剂。在烧结或球团生产过程中熔剂已矿化成渣，大大改善了高炉内造渣过程。

高炉渣按其形成过程有初渣、中间渣与终渣之分。初渣是指炉身下部或炉腰处刚开始出现的液相炉渣；中间渣是指处于下降过程并且成分和温度都不断变化的炉渣；终渣是指已经下降到炉缸，并最终从炉内排出的炉渣。

### 3.1.2.1 初渣的生成

初渣生成包括固相反应、软化、熔融、滴落几个阶段。

**A 固相反应**

在高炉上部块状带发生各种物质的固相反应，形成部分低熔点化合物。固相反应主要是在脉石与熔剂之间或脉石与铁氧化物之间进行。当用生矿冶炼时，固相反应一是在矿块内部 $SiO_2$ 与 $FeO$ 之间进行；二是在矿块表面处脉石或铁的氧化物与黏附在矿石表面的粉状 $CaO$ 之间进行。

当高炉全部使用熔剂性烧结矿或自熔性球团矿做原料时，固相反应已在烧结和球团焙烧过程中完成。

**B 矿石的软化（在软熔带）**

随着炉料下降，炉内温度升高，固相反应生成的低熔点化合物首先出现微小的局部熔化，这就是软化的开始。液相的出现改善了各种矿物的接触条件，炉料继续下降和升温使液相不断增多，最终熔融，变成流动状态。所以矿石软熔是炉料中的脉石从固态转变为流动液相的一个过渡阶段，是造渣过程中对高炉顺行很有影响的一个环节。

各种矿石有着不同的软化性能，矿石的软化性能主要表现在两个方面：一是开始软化温度；二是软化温度区间。显然，矿石开始软化温度愈低，初渣形成愈早，软化温度区间愈大，对气流阻力愈大，对高炉顺行愈不利。矿石的软化温度与软化温度区间要通过实验确定，如图 3 - 1 所示。所以希望矿石软化温度要高，软化温度区间要窄。

一般矿石软化温度在 700~1200℃ 之间。炉料中有碱金属氧化物（$K_2O$、$Na_2O$）存在，则它们会同 $SiO_2$ 组成低熔点化合物使软化开始温度降低，使矿石在高炉开始软化的位置上移。表 3 - 2 所示为这些化合物成分及其熔化温度。

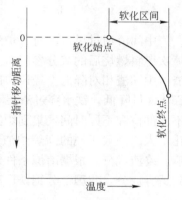

图 3 - 1 矿石软化曲线

表 3 - 2 几种碱金属氧化物的成分及其熔化温度

| 化 合 物 | 成分/% | 熔化温度/℃ |
| --- | --- | --- |
| $K_2SiO_3 - SiO_2$ | $w(K_2SiO_3) = 41.6\%$ ,$w(SiO_2) = 58.4\%$ | 780 |
| | $w(K_2SiO_3) = 20\%$ ,$w(SiO_2) = 80\%$ | 530 |
| $Na_2SiO_3 - SiO_2$ | $w(Na_2SiO_3) = 36.0\%$ ,$w(SiO_2) = 64\%$ | 800 |
| | $w(Na_2SiO_3) = 62\%$ ,$w(SiO_2) = 38\%$ | 830 |

**C 初渣生成**

从矿石软化到熔融滴落就形成了初渣。由于矿石还原得到的 $FeO$ 易与 $SiO_2$ 结合成低熔点硅酸铁，所以初渣中 $FeO$ 含量较高。矿石越难还原，初渣中 $FeO$ 就越高。这也是初渣与终渣从化学成分上的最大区别。高炉内生成初渣的区域称为成渣带，也称为软熔带。

### 3.1.2.2　中间渣的变化

形成的初渣在滴落下降过程中，随着温度升高，一方面，初渣中 FeO 不断被还原而减少，SiO$_2$ 和 MnO 的含量也由于硅和锰的还原进入生铁有所降低；另一方面，炉渣的流动性随温度升高而增加，所以中间渣无论是化学成分和物理性质都处在变化中，并且它的温度、成分和流动性之间相互影响。中间渣的这种变化反映高炉内造渣过程的复杂性对高炉冶炼过程的明显影响。

中间渣能否顺利滴落，取决于原料成分和炉温稳定。使用天然矿石和石灰石的高炉，熔剂在炉料中的分布不可能非常均匀，容易造成炉温和中渣成分的剧烈变化，导致渣黏度发生巨变，引起高炉炉况不顺、悬料、崩料甚至结瘤。使用成分稳定的自熔性或熔剂性烧结矿冶炼时，只要注意操作制度和炉温稳定，就可基本排除以上弊病。当然使用热态强度高的焦炭，保证高炉内煤气流的正常分布是中间渣顺利滴落的基本条件。

### 3.1.2.3　终渣形成

中间渣通过风口区时，炉渣成分和性能还会发生变化并趋于稳定。在风口区，焦炭和喷吹燃料燃烧后的灰分参与造渣，使渣中 Al$_2$O$_3$ 和 SiO$_2$ 明显升高，而 CaO 和 MgO 都比初渣、中间渣相对降低。经风口区再氧化的铁及其他元素在这里不可能还原到铁中，使渣中 FeO 含量降低。铁水穿过渣层和渣铁界面发生的脱硫反应使渣中 CaS 有所增加。最后，从不同部位和不同时间聚集到炉缸的炉渣混合均匀，形成终渣，其成分和性能基本稳定，变化不大。一般所说的高炉炉渣是指终渣。终渣对控制生铁成分、保证生铁质量有重要影响。终渣成分是根据冶炼条件，经过配料计算确定的，若有不当，可通过配料调整使其达到适宜成分。我国部分钢铁厂高炉终渣化学成分见表 3－3。

表 3－3　我国部分钢铁厂高炉炉渣化学成分　　　　（质量分数，%）

| 厂别 | CaO | MgO | SiO$_2$ | Al$_2$O$_3$ | FeO | S | Fe | $\dfrac{CaO}{SiO_2}$ | $\dfrac{CaO + MgO}{SiO_2}$ |
|------|------|-------|---------|---------|------|------|------|------|------|
| 鞍钢 | 42.14 | 7.03 | 40.06 | 6.88 | 0.53 | 0.72 | | 1.04 | 1.23 |
| 首钢 | 38.66 | 12.30 | 36.80 | 12.30 | 0.56 | 0.83 | | 1.05 | 1.38 |
| 本钢 | 43.59 | 7.98 | 38.53 | 10.02 | 0.46 | 0.92 | | 1.13 | 1.34 |
| 武钢 | 38.77 | 5.68 | 38.36 | 12.67 | 0.33 | 1.08 | | 1.01 | 1.16 |
| 包钢 | 40.80 | 3.00 | 29.11 | 14.50 | 0.55 | 1.67 | 8.00 | 1.40 | 1.5 |

我国解剖高炉（首钢试验高炉）一组实验数据见表 3－4 和表 3－5。

表 3－4　高炉初渣按四种氧化物的换算成分　　　　（质量分数，%）

| 取样位置（距炉墙）/mm | CaO | SiO$_2$ | Al$_2$O$_3$ | MgO | $\dfrac{CaO}{SiO_2}$ | $\dfrac{CaO + MgO}{SiO_2}$ |
|------|------|---------|---------|------|------|------|
| －380 | 44.90 | 42.30 | 5.73 | 6.96 | 1.06 | 1.08 |
| 120 | 44.40 | 42.60 | 5.35 | 6.50 | 1.04 | 1.06 |
| －380 | 43.30 | 43.25 | 6.21 | 8.03 | 0.98 | 1.03 |
| －380 | 45.20 | 41.40 | 6.21 | 7.19 | 1.09 | 1.10 |
| 120 | 46.80 | 40.60 | 6.59 | 6.12 | 1.15 | 1.12 |

注：负号表示炉墙侵蚀。

表 3 - 5　高炉中间渣与终渣成分比较　（质量分数，%）

| 月份 | 渣别 | SiO$_2$ | Al$_2$O$_3$ | CaO | MgO | $\dfrac{CaO}{SiO_2}$ | $\dfrac{CaO + MgO}{SiO_2}$ |
|---|---|---|---|---|---|---|---|
| 1 | 中间渣 | 38.21 | 4.41 | 46.55 | 6.21 | 1.218 | 1.381 |
| | 终渣 | 40.04 | 7.00 | 43.92 | 5.78 | 1.072 | 1.238 |
| 2 | 中间渣 | 37.99 | 4.37 | 47.11 | 6.89 | 1.240 | 1.421 |
| | 终渣 | 39.79 | 7.00 | 43.50 | 6.41 | 1.093 | 1.252 |
| 3 | 中间渣 | 38.00 | 4.65 | 45.88 | 6.67 | 1.207 | 1.383 |
| | 终渣 | 39.80 | 7.25 | 42.38 | 6.21 | 1.065 | 1.23 |

从解剖高炉得知，造渣过程中炉渣成分的变化和炉缸内的化学反应如下：

（1）炉渣成分变化。

1）在初渣中 FeO、MnO 含量较高，在炉腹以上达 50% 左右，到炉腹下部其含量下降到 8%，说明这一带进行着大量直接还原。

2）Al$_2$O$_3$ 在初渣中的含量只有 3% ~5%，下降过程中尤其到风口以后有所提高，说明燃料灰分中 Al$_2$O$_3$ 参与造渣。

3）初渣中 MgO 含量只有 5% ~6%，到炉缸前达 11%，接近终渣成分，说明 MgO 是逐渐参与造渣的。

4）初渣中碱金属氧化物较多，到炉缸时降低。这是因为，在风口高温区时有部分被挥发，但在炉子中上部存在循环富集。

（2）炉缸内的化学反应。

1）炉腹中部以上，生铁含碳不超过 0.5%。进入炉缸之前渗碳完成 80% 以上，即大量渗碳反应是在高温区及炉缸附近进行的。

2）风口部位的生铁含硫量超出成品铁含硫量的 8 倍以上，即大量的脱硫反应是在炉缸部位进行的。

3）生铁中的硅、锰含量在进入炉缸之前均高于成品铁，说明风口带出现再氧化过程。

## 3.2　高炉炉渣的性质及其影响因素

高炉炉渣的性质与其化学成分有密切关系，其中碱度对炉渣的性质影响很大。对高炉生产有直接影响的炉渣性质包括熔化性、黏度、稳定性和脱硫能力等。这些性质直接影响高炉下部各种物理化学过程的进行。在高炉生产中为实现高产、优质、低耗就希望高炉渣具有适宜的熔化程度、较小的黏度、良好的稳定性和较高的脱硫能力。

### 3.2.1　炉渣的熔化性

炉渣熔化性是指炉渣熔化的难易程度，它可用熔化温度和熔化性温度两个指标来表示。

#### 3.2.1.1　熔化温度

熔化温度是指固体炉渣加热时，炉渣固相完全消失，完全熔化为液相的温度，即液相线温度（或称熔点）。它可由炉渣相图中的液相线或液相面的温度来确定。炉渣不是纯物质，没有一个固定的熔点，炉渣从开始熔化到完全熔化是在一定的温度范围内完成的，即从固相线到液相线的温度区间。对高炉而言固相线表示软熔带的上边界，液相线表示软熔带的下边界或滴落带的开始。熔化温度高，则渣难熔；熔化温度低，则渣易熔。

　　图 3－2 是 $Al_2O_3$ 含量为 10% 的四元渣系熔化温度与初晶区相图。它反映出炉渣的化学成分与其熔化温度的关系。图中 $CaO < 45\%$、$MgO < 20\%$、$SiO_2 < 65\%$ 的区域是一个低熔化温度区，该区域熔化温度都在 1400℃ 以下。如果把碱度从 1.0 向降低方向变化时，熔化温度还将稍有降低。但是增高碱度超过 1.3 左右时，熔化温度将急剧升高。

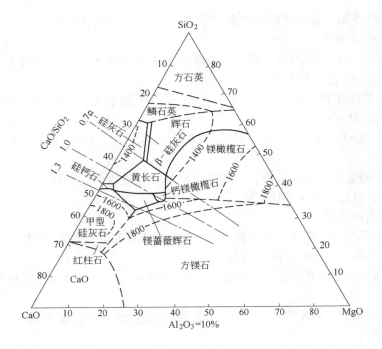

图 3－2　$CaO－SiO_2－Al_2O_3－MgO$ 四元渣系熔化温度与初晶区相图

　　高炉炉渣主要成分为 $CaO$、$SiO_2$、$Al_2O_3$ 和 $MgO$，其等熔化温度曲线采用 $Al_2O_3$ 固定为 5%、10%、15%、20% 时的三元相图表示，坐标轴上刻度扣除了 $Al_2O_3$。

　　图 3－3～图 3－6 是范围经过缩小但仍包括了所有高炉炉渣成分的四元系等熔化温度图。

　　由图 3－3～图 3－6 可以看出，熔渣的熔化温度和其组成有关。$Al_2O_3 = 5\% \sim 20\%$，$MgO \leqslant 20\%$，$CaO/SiO_2 = 1.0$ 左右的区域，炉渣有较低的熔化温度。碱度低于 1.0 的区域，虽然熔化温度也不高，但是由于脱硫能力和流动性不能满足高炉要求，所以一般生产不选用。如果碱度超过 1.0 很多，使炉渣成分处于高熔化温度，也是不合适的。因为这样的炉渣在炉缸温度下不能完全熔化且极不稳定。

　　熔化温度是炉渣的重要性质之一，熔化温度过高（大于 1450～1500℃）的炉渣在炉缸温度下不能完全熔化，会引起黏度升高，生产上不能选用。但是熔化温度较低，在较低

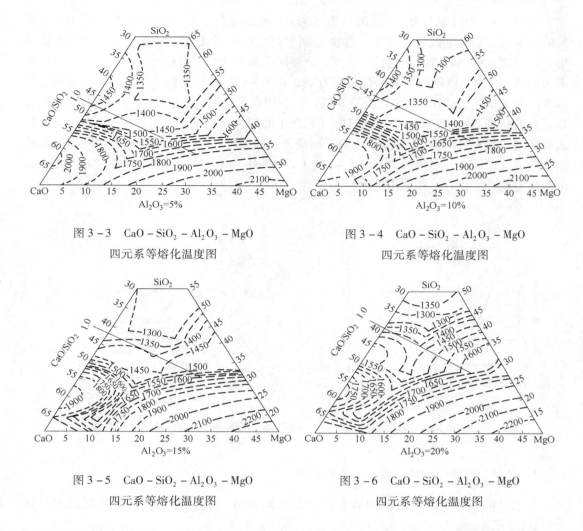

图 3-3 CaO-SiO$_2$-Al$_2$O$_3$-MgO
四元系等熔化温度图

图 3-4 CaO-SiO$_2$-Al$_2$O$_3$-MgO
四元系等熔化温度图

图 3-5 CaO-SiO$_2$-Al$_2$O$_3$-MgO
四元系等熔化温度图

图 3-6 CaO-SiO$_2$-Al$_2$O$_3$-MgO
四元系等熔化温度图

温度下完全熔化的炉渣，其流动性不一定好。而高炉生产要求炉渣熔化后必须有良好的流动性。这一点使熔化温度在生产中应用有很大局限性。

高炉冶炼要求炉渣在熔化后必须具有良好的流动性。有的炉渣（特别是酸性渣）加热到熔化温度后并不能自由流动，仍然十分黏稠，例如 SiO$_2$ 62%，Al$_2$O$_3$ 14.25%，CaO 22.25% 的炉渣在 1165℃ 熔化后再加热至 300~400℃ 时，它的流动性仍很差。又如 CaO 24.1%，SiO$_2$ 47.2%，Al$_2$O$_3$ 18.6% 的炉渣，在 1290℃ 熔化，再加热到 1400℃ 就能自由流动，所以说，对高炉生产有实际意义的不是熔化温度而是熔化性温度。

### 3.2.1.2 熔化性温度

熔化性温度是指炉渣从不能流动转变为能自由流动的温度。熔化性温度高，则表示炉渣难熔，反之，则易熔。熔化性温度可通过测定炉渣在不同温度下的黏度，然后画出黏度-温度（$\eta$-$t$）曲线来确定。$\eta$-$t$ 曲线上的转折点所对应的温度即是炉渣的熔化性温度，图 3-7 是 $\eta$-$t$ 曲线图。

从图 3-7 中可以看出，$A$ 渣的转折点为 $a$，当温度高于 $t_a$ 时，渣黏度比较小，有很好的流动性。当温度低于 $t_a$ 之后，黏度急剧增高，炉渣很快失去流动性，$t_a$ 就是 $A$ 渣的熔化性温度。取样时渣液不能拉成长丝，渣样断面呈石头状，俗称短渣或石头渣。碱性渣多为短渣。$B$ 渣黏度随温度的降低逐渐升高，在 $\eta - t$ 曲线上无明显转折点。确定熔化性温度的办法依横坐标作 45°的直线与 $B$ 线相切，切点对应处的温度即为熔化性温度，或者规定黏度达到 $2.0 \sim 2.5 \mathrm{Pa} \cdot \mathrm{s}$ 时的温度（相当于 $t_b$）为熔化性温度（$2.0 \sim 2.5 \mathrm{Pa} \cdot \mathrm{s}$ 为炉渣能从高炉顺利流出的最大黏度）。取样时渣液能拉成丝，且渣样断面呈玻璃状，俗称长渣或玻璃渣，酸性渣多为长渣。图 3-8 为 $CaO - SiO_2 - Al_2O_3$ 三元系等熔化性温度图，其准确性差些，但仍有一些实用价值。

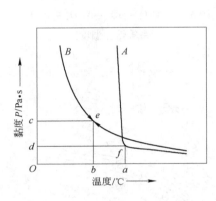

图 3-7　炉渣黏度-温度图

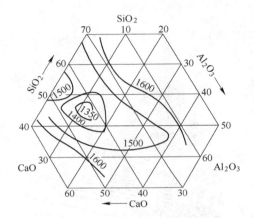

图 3-8　$CaO - SiO_2 - Al_2O_3$ 三元系等熔化性温度

### 3.2.1.3　炉渣熔化性对高炉冶炼的影响

在选择炉渣时究竟是难熔炉渣有利还是易熔炉渣有利，还需要根据不同情况具体分析。

（1）对软熔带位置高低有影响。难熔炉渣开始软化温度较高，从软熔到熔化的范围较小，则在高炉内软熔带的位置低，软熔层薄，有利于高炉顺行。当难熔炉渣在炉内温度不足时，可能会导致黏度升高，影响料柱透气性，不利顺行。一方面，易熔炉渣在高炉内软熔带位置较高，软熔层厚，料柱透气性差；另一方面，易熔炉渣流动性能好，有利于高炉顺行。

（2）对高炉炉缸温度的影响。难熔炉渣在熔化前吸收的热量多，进入炉缸时携带的热量多，有利于提高炉缸温度。相反，易熔渣对提高炉缸温度不利。冶炼不同的铁种时应控制不同的炉缸温度。

（3）影响高炉内的热能消耗和热量损失。难熔渣要消耗更多的热量，流出炉外时炉渣带出热量较多，热损失增加，导致焦比增高。相反，易熔炉渣有利于焦比降低。

（4）对炉衬寿命的影响。当炉渣的熔化性温度高于高炉某处的炉墙温度时，在此炉墙处炉渣容易凝结而形成渣皮，对炉衬起到保护作用。易熔炉渣的熔化性温度低，则在此处炉墙不易形成保护炉衬的渣皮，相反，由于其流动性过大会冲刷炉衬。

### 3.2.2 炉渣的黏度

炉渣黏度是炉渣流动性的倒数，黏度低流动性好，反之亦然。而炉渣流动性直接影响高炉顺行和生铁质量指标。

#### 3.2.2.1 炉渣黏度的物理意义与单位

黏度是指流体的流动速度不同时，两相邻液层之间产生的内摩擦系数。流体流动时所克服的内摩擦力可以用公式（3-1）表示：

$$F = \eta S \frac{d_V}{d_X} \tag{3-1}$$

式中 $F$——流体流动时所克服的液体层间的内摩擦力；

$S$——两液体层间的接触面积；

$d_V$——两液体间的速度差；

$d_X$——两液体间的垂直距离；

$\eta$——内摩擦比例系数，称为黏度。

由式（3-1）可见，液体的黏度是一个常数。其物理意义是：在单位面积上，相距单位距离的两液体层之间，为维持单位速度差所必须克服的内摩擦力。黏度单位用 Pa·s（帕·秒）表示，$1 Pa \cdot s = 1 N \cdot s/m^2$，即 $F = 1N$，$S = 1m^2$，$d_V = 1m/s$，$d_X = 1m$。过去使用泊（P）为单位，$1 Pa \cdot s = 10 P$。

几种常见液体在不同温度下的黏度见表3-6。

表3-6 几种常见液体在不同温度下的黏度

| 名 称 | 温度/℃ | 黏度/Pa·s |
|---|---|---|
| 水 | 20 | 0.001 |
| 甘油 | 25 | 0.5 |
| 蓖麻油 | 20 | 0.95 |
| 钢水 | 1600 | 0.002 ~ 0.003 |
| 铁水（$w(C) = 4\%$） | 1400 | 0.0015 |

黏度和流动性成倒数关系。黏度大则流动性差；反之，黏度小则流动性好。要求高炉炉渣黏度适当，通常高炉炉渣黏度范围为 0.5 ~ 2Pa·s，最好在 0.4 ~ 0.6Pa·s 之间。如果黏度过大，炉渣黏稠，阻损很大，将造成炉料下降或炉气上升的困难，渣铁分离不好，渣铁间的反应速度降低；但是黏度过小，炉衬容易侵蚀。因此炉渣黏度对高炉操作具有重要意义。

#### 3.2.2.2 影响炉渣黏度的因素

影响炉渣黏度的主要因素为温度和炉渣的化学成分。

A 温度的影响

随着温度的升高，所有液态炉渣质点的热运动能量均增加，离子间的静电引力减弱，因而黏度降低。

从炉渣的 $\eta - t$ 曲线看出，炉渣黏度随
温度的增加而减少，流动性变好。但是，
碱性渣和酸性渣有区别，一般碱性渣在高
于熔化性温度后黏度比较低，以后变化不
大；而酸性渣在高于熔化性温度后，虽然
黏度仍随温度升高而降低，但黏度仍高于
碱性渣。

图 3 - 9 是我国部分钢铁厂高炉炉渣的
$\eta - t$ 曲线，它们大多具有碱性渣的性质。

B　炉渣化学成分的影响

在一定温度下，炉渣黏度主要取决于
化学成分。图 3 - 10 ~ 图 3 - 13 是 CaO -
$SiO_2$ - MgO - $Al_2O_3$ 四元渣系黏度图。其中
$Al_2O_3$ 分别为 5% 、10% 、15% 、20% ，温度分别为 1400℃ 和 1500℃ 。由图 3 - 10 ~ 图 3 -
13 可看出各种成分对炉渣黏度的影响。

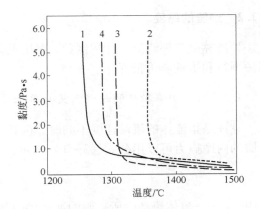

图 3 - 9　我国部分钢铁厂高炉渣的 $\eta - t$ 曲线
1—鞍钢；2—本钢；3—首钢；4—济钢

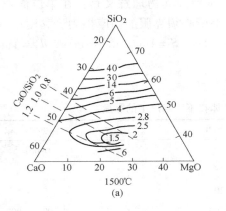

(a) 1500℃

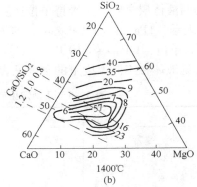

(b) 1400℃

图 3 - 10　$Al_2O_3$ =5% 的四元渣系的等黏度图

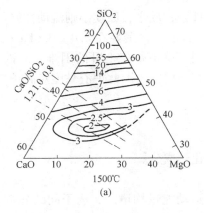

(a) 1500℃

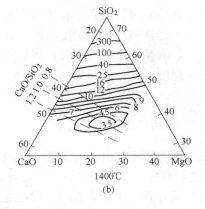

(b) 1400℃

图 3 - 11　$Al_2O_3$ =10% 的四元渣系的等黏度图

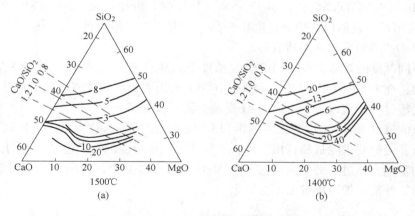

图 3 − 12  $Al_2O_3 = 15\%$ 的四元渣系的等黏度图

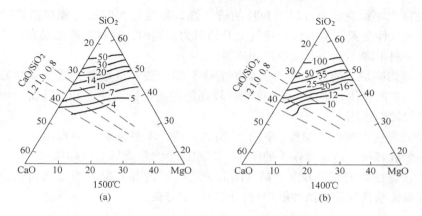

图 3 − 13  $Al_2O_3 = 20\%$ 的四元渣系的等黏度图

a  $SiO_2$ 的影响

从图 3 − 10 ~ 图 3 − 13 中可以看出，$SiO_2$ 在炉渣中的含量对黏度有很大的影响。当 $SiO_2$ 含量为 35% 左右，黏度最低，若再增加 $SiO_2$ 含量则黏度不断提高，并且等黏度曲线几乎是和等 $SiO_2$ 线平行的。

b  CaO 的影响

CaO 对炉渣黏度影响正好与 $SiO_2$ 相反。随着渣中 CaO 含量的不断增加，黏度逐渐降低直至图中的黏度最低点。如果超过黏度最小区再继续增加 CaO 将引起黏度的急剧升高。因此熔化温度的升高，致使在这种温度下炉渣不能完全熔化呈均一的液相，在液相中有悬浮的固体颗粒，因而使炉渣黏度增大。

c  $Al_2O_3$ 的影响

$Al_2O_3$ 对炉渣黏度的影响比 CaO 和 $SiO_2$ 小。CaO 为 30% ~ 50% 的炉渣，当 $Al_2O_3$ 为 10% 左右时，黏度最小；当 $Al_2O_3 <$ 5% ~ 10% 时，增加 $Al_2O_3$ 能降低黏度；$Al_2O_3 >$ 15% ~ 20% 后，继续增加 $Al_2O_3$ 又会使黏度上升。

d  MgO 的影响

MgO 对炉渣黏度的影响与 CaO 类似。在常见的高炉渣范围内，当 MgO < 5% ~ 10%

时，增加 MgO 将使黏度降低；当 MgO > 5% ~ 10% 时，继续增加 MgO，黏度的变化减少；当 MgO 含量超过一定值后，炉渣黏度将升高。因此，在一般条件下，MgO 不宜太高，保持炉渣中 MgO 为 7% ~ 12% 是适宜的。

对于不同碱度的炉渣，在不同的温度条件下，MgO 在一定含量范围内降低黏度的程度是不同的：在 1350 ~ 1400℃ 比在 1500 ~ 1600℃ 时更大；在酸性渣中比在碱性渣中更大；当炉渣碱度超过一定值以后，增加 MgO 反而会使黏度升高。

从炉渣的碱度来看，图 3 - 10 ~ 图 3 - 13 中最低黏度区的碱度在 0.8 ~ 1.2 之间。高炉冶炼对炉渣黏度的要求除从顺行引出发外，渣铁之间脱硫反应的需要也是主要的。在满足这两项要求的基础上，过高的碱度或过高的 MgO 含量不是必要的。因为这将引起每吨生铁渣量的增加，并给高炉冶炼带来不良后果。

### 3.2.2.3　炉渣的黏度对高炉冶炼的影响

（1）黏度大小影响成渣带以下料柱的透气性。黏度过大的初渣能堵塞炉料之间的空隙，使料柱透气性变差，从而增加煤气上升的阻力。同时，这种炉渣也易在高炉炉腹结成炉瘤，引起炉料下降不顺，形成崩料和悬料。

（2）黏度影响炉渣的脱硫能力。高炉冶炼希望炉渣黏度小些，渣流动性好，有利于脱硫反应时的扩散作用，但含 $CaF_2$ 和 FeO 较高的炉渣，流动性过好，反而对炉缸部位的炉衬有化学侵蚀的作用。

（3）炉渣黏度影响放渣操作。过于黏稠的炉渣，不易从炉缸中自由流出，使炉缸壁增厚，缩小炉缸容积，造成操作上的困难。有的还会大量烧坏渣口和风口。

（4）炉渣黏度影响高炉寿命。黏度高的炉渣在炉内容易形成渣皮起到保护炉衬的作用，而黏度低流动性好的炉渣冲刷炉衬，缩短高炉寿命。

## 3.2.3　炉渣的稳定性

炉渣的稳定性是指炉渣的熔化性和黏度随其成分和温度变化而波动的幅度大小。当炉渣成分和温度波动时，其熔化性和黏度变化不大或保持在允许范围内，这样的炉渣稳定性好，称为稳定渣。反之则为不稳定渣。

炉渣的稳定性又有热稳定性和化学稳定性之分。炉渣在温度波动时保持稳定的能力，称为热稳定性。炉渣在成分波动时保持稳定的能力，称为化学稳定性。

判断炉渣热稳定性的方法，其一是在正常炉温基础上，依据 $\eta - t$ 曲线转折点的缓急来判断。短渣转折点急，热稳定性差，长渣则热稳定性较好。其二是炉渣的熔化温度与实际炉缸温度的差值，若炉渣熔化温度低于实际炉缸温度很多，当炉温波动时，仍能保持良好流动性，此渣热稳定性较好；与此相反，炉渣的熔化温度与实际炉温接近，经不起炉温的波动，此渣的热稳定性视为较差。

判断炉渣化学稳定性可根据四元渣系等熔化温度和等黏度图判断。熔化温度或黏度随成分不同而变化的梯度愈小（曲线愈疏），则化学稳定性愈好。相反，随成分不同而变化的梯度愈大（曲线愈密），则化学稳定性愈差。

通常碱度在 1.0 ~ 1.2 的炉渣熔化温度和黏度都比较低，稳定性比较好，适于高炉冶炼。碱度低于 0.9 的炉渣，虽然稳定性也好，但脱硫性能不能满足需要，所以不能适用于生产。碱度在 0.9 ~ 1.2 的成分范围内，渣中适量的 MgO（7% ~ 12%）和 $Al_2O_3$（<15%）都有助于提高炉渣的稳定性。

在实际生产中，冶炼条件和操作情况变化是难以完全避免的，这势必导致炉温和炉渣成分的波动。若炉渣的稳定性太差，那么由于炉温和化学成分波动，炉渣的熔化性和黏度将发生急剧变化，从而破坏高炉行程。显然，高炉冶炼要求炉渣的稳定性愈高愈好，所以在选择高炉渣成分时，应尽可能选择稳定性好的炉渣。

### 3.2.4　炉渣表面张力

熔渣表面张力可理解为生成单位液面与气相的新的交界面所消耗的能量，如渣层中生成气泡即生成了新的渣气交界面。表面张力常用 $\sigma$ 表示，炉渣的 $\sigma$ 值约为 $200 \times 10^{-3}$ ~ $600 \times 10^{-3} N/m$ 之间，只有液态金属表面张力的 $1/3 ~ 1/2$。金属的表面张力值最大，约为 $1000 \times 10^{-3}$ ~ $2000 \times 10^{-3} N/m$。各种主要的高炉炉渣组分的表面张力列于表 3 - 7 中。

表 3 - 7　不同温度下各种炉渣组分的表面张力

| 氧 化 物 | $\sigma/N \cdot m^{-1}$ | | | |
| --- | --- | --- | --- | --- |
| | 1300℃ | 1400℃ | 1500℃ | 1600℃ |
| CaO | | 0.614 | 0.586 | |
| MnO | | 0.653 | 0.641 | |
| FeO | | 0.584 | 0.560 | |
| MgO | | 0.572 | 0.502 | |
| $Al_2O_3$ | | 0.640 | 0.630 | 0.448 ~ 0.602 |
| $SiO_2$ | | 0.285 | 0.286 | 0.223 |
| $TiO_2$ | | 0.380 | | |
| $K_2O$ | 0.168 | 0.156 | | |

在冶炼过程中，当有大量的气体进入炉渣并以气泡的形式分散于熔渣时，则形成具有相界面很大的分散体系，称之为泡沫渣。

泡沫渣的形成与熔渣的起泡性有关。当进入熔渣内的气体被分散后，相界面增加，体系的能量增加，有自动合并、消失的趋势。如果炉渣的表面张力小，体系的界面自由焓值较小，那么体系可能位于能量较低的状态上，熔渣中的气泡就有暂时存在的可能，因而容易形成泡沫渣。因此，熔渣中表面活性物质如 $SiO_2$、$P_2O_5$ 等的存在，能提高熔渣的起泡性，使熔渣容易起泡。

泡沫渣对高炉生产的危害作用很大。例如，高炉冶炼钒钛磁铁矿，尤其当熔渣的 $TiO_2$ 大于 25% 时，不仅炉内产生泡沫渣，对冶炼不利，而且当熔渣排出炉外放入渣罐时，由于泡沫渣的形成使渣罐的利用率大大降低，使高炉出不尽渣，给高炉正常生产带来很大困难。

### 3.2.5　高炉渣的其他成分及其性能的影响

高炉渣除了 CaO、$SiO_2$、MgO、$Al_2O_3$ 四种主要成分外，还有 FeO、MnO、硫化物及碱金属氧化物等，冶炼特殊矿时炉渣成分中还有 $CaF_2$、$TiO_2$ 等成分。

### 3.2.5.1　FeO 和 MnO

FeO 和 MnO 两者都有显著降低炉渣熔化温度和黏度的作用。不同之处在于 FeO 对酸性渣黏度影响强烈，而 MnO 对碱性渣黏度影响较大。高炉终渣中 FeO 和 MnO 含量很少，FeO 一般为 0.5% 左右，终渣中 FeO 增高是炉温降低的象征，它的流动性反而不好。MnO 的含量为 0.2% ~ 1.55% （平均为 0.65%），只有冶炼锰铁时 MnO 可达 10% 以上。但高炉上部的初渣中 FeO 和 MnO 较高，随着炉渣下降，FeO 和 MnO 因不断被还原而逐渐减少。

渣中加入 FeO 和 MnO 可以降低炉渣黏度。现场使用均热炉渣、轧钢皮及锰矿洗炉就是利用这一原理，使炉衬表面之黏结物（主要是高炉下部区域）被冲刷或生成低熔点化合物而脱落，以达到洗炉的目的。

### 3.2.5.2　$CaF_2$

$CaF_2$ 能显著降低炉渣的熔化温度和黏度。图 3 – 14 为 $CaF_2$ 对炉渣熔化温度的影响，在 1400℃ 时，炉渣黏度都小于 0.5Pa·s，而且 $CaF_2$ 在 0 ~ 10% 范围内对黏度的影响最大；$CaF_2$ 大于 10% 后，对黏度影响变小。含氟炉渣的熔化温度低，流动性好，即使在炉渣碱度很高（1.5 ~ 3.0）的情况下，炉渣仍能保持良好的流动性。因此，高炉生产常用萤石（主要成分是 $CaF_2$）作洗炉剂。

### 3.2.5.3　$TiO_2$

部分或全部使用钒钛磁铁矿冶炼的炉渣，$TiO_2$ 为 5% ~ 30%。含 $TiO_2$ 炉渣熔化性温度比普通炉渣高约 100℃，但黏度并不高（1450℃ 时，小于 0.5Pa·s）。

国内曾对含 $TiO_2$ 炉渣进行研究，根据其结果作出钛渣黏度图 3 – 15，从图中曲线看出，在碱度为 0.8 ~ 1.4、$TiO_2$ 为 10% ~ 25% 范围内，钛渣熔化温度大约在 1300 ~ 1450℃ 之间，温度为 1500℃ 时的黏度都小于 0.5 Pa·s。碱度相同时，炉渣的熔化温度随 $TiO_2$ 含

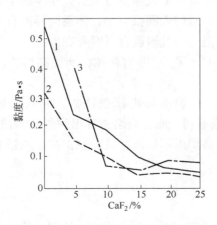

图 3 – 14　$CaF_2$ 对炉渣黏度的影响

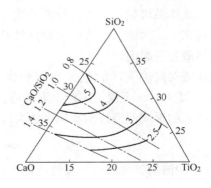

图 3 – 15　$TiO_2$ 对炉渣黏度的影响

量的增加而上升，但黏度都随 $TiO_2$ 含量增加而下降。$TiO_2$ 含量相同时，碱度在 1.0 基础上升高时，熔化温度增高，黏度降低。

在高炉冶炼条件下，钛渣性能不稳定，钛渣会自动变稠，甚至难于流动。其原因是 $TiO_2$ 还原后生成 $Ti_2O_3$、$TiC$、$TiN$，这些物质熔点很高，在渣中成固相分散状存在；因为 $TiC$、$TiN$ 还常常密集在渣内铁珠的表面，形成壳状物，不仅使炉渣黏度增高，还易使渣中带铁。

### 3.2.5.4　BaO

$BaO$ 和 $CaO$ 物质相近，所以在碱度相同时，随渣中 $BaO$ 量增加，熔化温度和黏度也增加。但 $BaO$ 小于 7% 时，黏度变化较小。生产时保持炉缸温度不低于 1450℃，适当降低碱度或增加 $MgO$ 含量，均可降低含钡炉渣黏度。

### 3.2.5.5　CaS

碱性渣中增加 $CaS$ 含量，熔化温度降低，黏度降低。原因是渣中硫与 $CaO$ 结合成 $CaS$，使 $CaO$ 减少，使炉渣碱度变化，炉渣熔化温度降低，黏度降低。酸性渣中若增加 $CaS$，则酸性更酸，黏度反而增加。

### 3.2.5.6　$K_2O$ 和 $Na_2O$

在酸性渣中加入 $K_2O$ 和 $Na_2O$ 能降低黏度，但影响不如同质量的 $CaO$ 大。在碱性渣中加入 $K_2O$ 和 $Na_2O$ 能降低炉渣的难熔性，但不能增加熔融态下炉渣的流动性。通常 $Na_2O$ 对炉渣的稀释作用比 $K_2O$ 大些。渣中一般含量小于 0.5%，含碱金属高的炉渣可达 2% 以上。

## 3.3　炉渣结构及矿物组成

高炉炉渣的性质（熔化性、黏度等）取决于它的化学成分，而化学成分引起性质变化的根本原因是由于炉渣内部结构与矿物组成也随之变化。

### 3.3.1　熔融炉渣的结构

长期以来对液态炉渣的结构，先后提出两种理论，即分子结构理论和离子结构理论。

#### 3.3.1.1　分子结构理论

分子结构理论是在对固体炉渣的化学分析、岩相分析和 X 射线分析以及状态图研究的基础上提出的，其主要论点为：

（1）熔融炉渣是自由氧化物分子和由这些氧化物所形成的复杂化合物的分子所组成的。自由氧化物分子有 $SiO_2$、$Al_2O_3$、$P_2O_5$、$CaO$、$MgO$、$MnO$、$FeO$、$CaS$、$K_2O$、$Na_2O$ 等；复杂化合物有 $CaO \cdot SiO_2$（假硅灰石）、$2CaO \cdot SiO_2$（假型硅灰石）、$2FeO \cdot SiO_2$（铁橄榄石）、$2MnO \cdot SiO_2$（锰橄榄石）、$MgO \cdot Al_2O_3$（尖晶石）、$3CaO \cdot 2SiO_2$（硅钙石）、$CaO \cdot MgO \cdot SiO_2$（钙镁橄榄石）、$3CaO \cdot MgO \cdot SiO_2$（镁蔷薇辉石）以及 $2CaO \cdot Al_2O_3 \cdot SiO_2$（铝方柱石）等。这些自由氧化物与复杂化合物共处于化学平衡中。

（2）复杂化合物由酸性氧化物和碱性氧化物相互作用生成。温度升高，化合物的解离程度增加，自由氧化物的浓度增加；温度降低，自由氧化物浓度降低。

（3）只有熔渣中的自由氧化物，才能参与金属的相互作用。如去硫反应，只能是渣中自由 CaO 才能参加反应：

$$[FeS] + (CaO) = (FeS) + (CaS) \tag{3-2}$$

当向渣中加入 $SiO_2$ 时，由于其与 CaO 生成复杂化合物，因而减少了自由 CaO 的数量，以致降低了炉渣的脱硫能力。

（4）认为炉渣是理想溶液，可用理想溶液的各定律来定量计算。

分子结构理论可以说明与高炉炉渣有关的各种化学反应，定性判断反应进行的条件、难易、方向等，但不能真实反应炉渣的本质，对一些问题也不能解释。例如，当炉渣同样在液相温度以上时，酸性渣与碱性渣黏度存在较大差异；又如液态炉渣既然是分子结构，为什么液态炉渣有导电性能等。不过由于分子理论能够最简单的定性说明一些问题，在生产中仍不失为分析问题的一种依据。

### 3.3.1.2　离子结构理论

离子结构理论认为熔融炉渣不是由分子组成，而是由简单的和复杂的离子构成的。质点间的相互作用力是静电力，炉渣和金属相之间的作用是电化学性质。

离子结构理论认为：

（1）构成熔渣的碱性氧化物，形成正离子和氧离子，如：$Ca^{2+}$、$Mg^{2+}$、$Mn^{2+}$、$Fe^{2+}$ 等和 $O^{2-}$；而酸性氧化物则吸收氧离子形成复合阴离子，如：$SiO_4^{4-}$、$PO_4^{3-}$、$AlO_2^{-}$ 等。

（2）正负离子间的结合是由离子之间的静电力决定的。凡正离子半径愈小，电荷数愈多，则对负离子的静电力就愈大，愈易形成稳定的复合离子，如 $Si^{4+}$；相反，正离子半径愈大，电荷数愈小，对负离子的静电力就愈小，愈易形成稳定的复合阴离子，如 $Ca^{2+}$ 等。

炉渣中常用离子半径和静电力见表 3-8。

**表 3-8　离子半径和静电力**

| 离子 | $P^{5+}$ | $Si^{4+}$ | $Al^{3+}$ | $Mg^{2+}$ | $Fe^{2+}$ | $Mn^{2+}$ | $Ca^{2+}$ | $K^+$ | $O^{2-}$ | $S^{4-}$ |
|---|---|---|---|---|---|---|---|---|---|---|
| 离子半径/nm | 0.034 | 0.039 | 0.057 | 0.078 | 0.083 | 0.091 | 0.106 | 0.133 | 0.132 | 0.174 |
| 静电力 | 3.31 | 2.74 | 1.68 | 0.93 | 0.87 | 0.83 | 0.70 | 0.27 | | |

高炉炉渣中 $Si^{4+}$ 半径很小（0.039nm）电荷数多（4+），因此，它与氧离子结合力强，在熔渣中形成硅氧复合阴离子 $Si^{4+} + O^{2-} = (SiO_4)^{4-}$。$Al^{3+}$ 半径也较小（0.05nm），电荷也较多（3+），所以也形成铝氧复合阴离子 $(AlO_2)^{-}$。

（3）O/Si 不同时，一个硅原子的剩余电荷数也不同，可以形成不同复杂程度的硅氧复合阴离子，见表 3-9。

$SiO_4^{4-}$ 是硅氧复合阴离子中最简单的结构，为硅氧四面体。随着碱度下降（O/Si 下降），硅氧复合阴离子越来越复杂，它们由不同个数的 $SiO_4^{4-}$ 共用 $O^{2-}$ 而形成的各种复杂结构。共用 $O^{2-}$ 愈多，复合阴离子的结构愈复杂，其半径也愈大，如图 3-16 所示。

表 3-9　硅氧离子的结构特征

| O/Si | 复合离子种类 | 一个硅原子剩余电荷数 | 复合离子形状 |
|------|------------|-----------------|------------|
| 4 | $(SiO_4)^{4-}$ | -4 | 单四面体 |
| 3.5 | $(Si_2O_7)^{6-}$ | -3 | 双四面体 |
| 3 | $(Si_3O_9)^{6-}$ | -2 | 环状 |
| 3 | $(SiO_3^{2-})_n$ | -2 | 线状 |
| 2.5 | $(Si_2O_5^{2-})_n$ | -1 | 网状 |

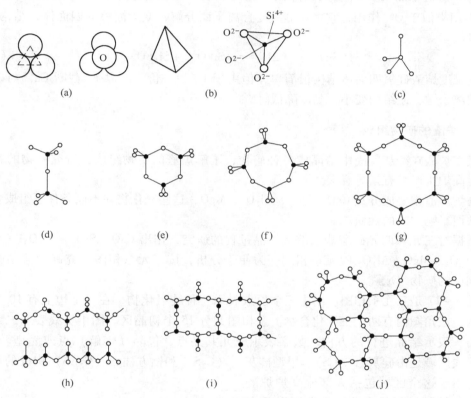

(a)　　　　　　　　　　　　(b)　　　　　　　　　　　　(c)

(d)　　　　　(e)　　　　　(f)　　　　　(g)

(h)　　　　　　　(i)　　　　　　　(j)

图 3-16　硅氧复合阴离子的结构图

（a）四面体空间结构；（b）四面体侧面与水平投影；（c）四面体简单表示法；

（d）$Si_2O_7^{6-}$；（e）$Si_3O_9^{6-}$；（f）$Si_4O_{12}^{2-}$；（g）$Si_6O_{13}^{12-}$

　　图中黑点表示硅原子，圆点表示氧原子。氧原子是负二价，所以图中氧原子价键（图中直线）未满足，表示它将与金属离子结合或者和另一个硅氧四面体共用，成为完整的键。

### 3.3.1.3　应用离子结构理论解释一些重要现象

　　（1）酸性渣在熔化后黏度仍较大，而碱性渣熔化后黏度很低。因为酸性渣的 O/Si 比值小，硅氧复合阴离子形成环状或链状等庞大结构，造成熔渣内摩擦力增加，黏度增加。碱性渣在熔化后，液相中存在的硅氧复合阴离子结构是简单的形式，所以内摩擦力小，黏度低。

（2）向酸性渣中加入碱性氧化物 MeO 能降低黏度。因为碱性氧化物 MeO 解离成 $Me^{2+}$ 和 $O^{2-}$，解离后 $O^{2-}$ 进入硅氧复合阴离子中，使 O/Si 比值增大，大的硅氧复合阴离子分解变为简单硅氧四面体，黏度降低。

（3）在一定温度下，炉渣的碱度升高超过一定值后，炉渣黏度反而增加。这是因为熔渣成分变化而使熔化温度升高，若此时熔渣温度低于熔化温度，则液相中出现固体结晶颗粒，破坏了熔渣的均一性，虽然碱性渣的硅氧复合离子较为简单，但仍具有很高黏度。

（4）炉渣中加入 $CaF_2$ 会大大降低炉渣的黏度。当碱度小时，$CaF_2$ 的影响可解释为 $F^-$ 的作用类似于 $O^{2-}$ 作用，它可使硅氧复合离子团分解，变为简单的四面体，结构变小，黏度降低。

$$(SiO_3^{2-})_3 + 2F^- \Longrightarrow SiFO_3^{3-} + Si_2FO_6^{5-} \tag{3-3}$$

高碱度熔渣硅氧四面体结构很简单，但由于 $F^-$ 为一价，所以 $F^-$ 截断 $Ca^{2+}$ 与硅氧四面体的离子键，使结构变小，黏度降低。

## 3.3.2  炉渣的矿物组成

液态炉渣在冷却凝固中结晶成各种矿物，了解炉渣的矿物组成，研究矿物的各种性能，对高炉生产具有指导意义。

高炉炉渣主要成分是 CaO、$SiO_2$、$Al_2O_3$、MgO，这些氧化物在不同条件下组成各种矿物，从而影响炉渣的性质。

根据对三元和四元硅酸盐系熔渣结晶过程的研究，作出 $CaO - SiO_2 - Al_2O_3$ 三元系和 $CaO - SiO_2 - MgO - Al_2O_3$ 四元系相图。为便于分析，按三元系相图研究高炉渣结晶过程和凝固后的矿物组成。

图 3-17 是三元系相图。图中三个顶点表示三种纯氧化物，在三个边上有 10 个二元化合物，三角图内有两个三元化合物。全相图共分 15 个初晶区。图中实线表示二元共晶线，箭头表示结晶进行的方向，数字表示三元共晶点，包晶（熔解）点或晶型转变点。图中虚线区域是由硅灰石（CS）、甲型硅灰石（$C_2S$）和铝方柱石（$C_2AS$）构成的局部三元系，由于这个区域包括大部分高炉炉渣成分，其结晶过程具有典型性，所以重点讨论这一局部结晶过程和结晶后矿物组成。

图 3-18 是 $CS - C_2S - C_2AS$ 三元系结晶示意图。为了分析方便，用 A 表示硅灰石（$CaO \cdot SiO_2$），B 表示甲型硅灰石（$2CaO \cdot SiO_2$），C 表示铝方柱石（$2CaO \cdot Al_2O_3 \cdot SiO_2$），D 表示硅钙石（$3CaO \cdot 2SiO_2$）。图中 $e_1$、$e_2$、$e_3$ 分别表示二元共晶点，$e_1E$、$e_2E$、$e_3F$ 和 $FE$ 为二元共晶线，E 点为三元共晶点，F 为三包晶点，GF 为二包晶线。

图中 a 点成分熔渣位于 A 的初晶区，

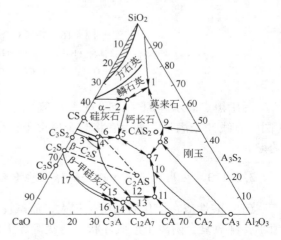

图 3-17  $CaO - SiO_2 - Al_2O_3$ 三元渣系状态图

冷却时首先析出 $A_固$，然后液相成分沿 $Aa$ 向 $e_2E$ 方向改变，到 $a'$ 点开始析出二元共晶体（$A_固 + C_固$），此后液相或沿 $e_2E$ 线向 $E$ 方向改变一直到三元共晶点 $E$。剩余的液相在 $E$ 点等温凝固成（$A_固 + C_固 + D_固$）的三元共晶体。

$b$ 点成分熔渣冷却时首先析出 $C_固$，然后液相成分沿着 $Cb$ 向 $b'$ 方向改变，到达 $b'$ 点开始析出二元共晶体（$C_固 + B_固$），然后液相成分 $b'$ 向 $F$ 点改变，到 $F$ 点进行包晶反应。

$$B_固 + 液相 \Longrightarrow C_固 + D_固$$

反应结果是 $B_固$ 消失，剩余液相成分由 $F$ 点向 $E$ 点变化，并析出二元共晶体（$C_固 + D_固$），到 $E$ 点时则为 $C_固$、$D_固$、$A_固$ 同时析出，直到液相完全凝固。

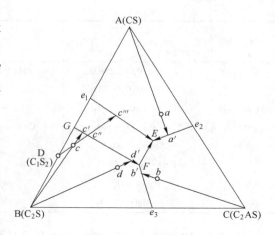

图 3 – 18　$CS - C_2S - C_2AS$ 状态图的结晶过程示意图

依此类推，$c$ 点成分熔渣凝固方向沿 $cc'c''c'''E$ 进行，在 $c$ 点析出 $B_固$，$c'$ 点进行二元包晶反应：

$$B_固 + 液相 \Longrightarrow 液相_2 + D_固$$

反应结果为 $B_固$ 渐减，$D_固$ 渐增；$c''$ 点 $B_固$ 全部消失，体系只有 $D_固$ 和 $c''$ 点液相；而后液相成分沿 $Dc'''$ 向 $e_1E$ 方向改变，到 $c'''$ 点析出二元共晶体（$D_固 + A_固$）；在 $E$ 点液相成分完全消失，析出三元共晶体 $C_固$、$D_固$、$A_固$。

$d$ 点液相成分结晶路线沿 $dd'FE$ 进行。$d$ 点析出 $B_固$；$d'$ 点进行包晶反应（同 $c'$ 点）反应中 $B_固$ 不能完全消失；$F$ 点继续进行包晶反应，结晶 $B_固$ 完全消失；$FE$ 线析出二元共晶体（$D_固 + C_固$）；$E$ 点析出三元共晶。

图 3 – 18 成分范围内的三元熔渣凝固后，生成的矿物有硅灰石（A）、甲型硅灰石（B）、铝方柱石（C）和硅灰石（D）四种。碱度更低的渣中还有钙长石。

关于四元渣系较为复杂，它结晶后可能生成的矿物有：硅灰石、黄长石、镁蔷薇辉石、钙镁橄榄石、甲型硅灰石、尖晶石、辉石、钙长石等。

上述高炉炉渣组成的各种矿物组成，见表 3 – 10。

表 3 – 10　高炉炉渣中各种矿物的组成

| 矿物名称 | 分子式 | 结构式 | 化学成分/% | | | | 熔化温度/℃ |
|---|---|---|---|---|---|---|---|
| | | | CaO | SiO$_2$ | Al$_2$O$_3$ | MgO | |
| 假硅灰石 | $CaO \cdot SiO_2$ | $\{Ca[SiO_3]\}_x$ | 48.2 | 51.8 | | | 1540 |
| 硅钙石 | $3CaO \cdot 2SiO_2$ | $Ca_3[Si_2O_7]$ | 58.2 | 41.8 | | | 1475 分解 |
| 甲型硅灰石 | $2CaO \cdot SiO_2$ | $Ca_2[SiO_4]$ | 65.0 | 35.0 | | | 2130 |
| 尖晶石 | $MgO \cdot Al_2O_3$ | $Mg[Al_2O_4]$ | | | 71.8 | 28.2 | 2130 |
| 钙镁橄榄石 | $CaO \cdot MgO \cdot SiO_2$ | $CaMg[SiO_4]$ | 35.9 | 38.5 | | 25.6 | 1498 |
| 镁蔷薇辉石 | $3CaO \cdot MgO \cdot 2SiO_2$ | $Ca_3Mg[Si_2O_8]$ | 51.2 | 36.6 | 36.6 | 12.2 | |
| 钙长石 | $CaO \cdot Al_2O_3 \cdot 2SiO_2$ | $Ca[Al_2Si_2O_8]$ | 20.1 | 43.3 | | | 1550 |

| 矿物名称 | 分 子 式 | 结 构 式 | 化学成分/% | | | | 熔化温度 /℃ |
|---|---|---|---|---|---|---|---|
| | | | CaO | SiO₂ | Al₂O₃ | MgO | |
| 黄长石 | $m(2CaO \cdot MgO \cdot 2SiO_2)$ $n(2CaO \cdot Al_2O_3 \cdot SiO_2)$ | $Ca_2[(Mg \cdot Al) \cdot (SiAl)_2 O_7]$ | | | | | |
| 镁方柱石 | $2CaO \cdot MgO \cdot 2SiO_2$ | $Ca_2 Mg[Si_2 O_7]$ | 41.2 | 44.1 | 37.2 | 14.7 | 1458 |
| 铝方柱石 | $2CaO \cdot Al_2O_3 \cdot SiO_2$ | $Ca_2\{Al[(SiAl)O_7]\}$ | 40.8 | 22.0 | | | 1590 |
| 辉石 | $m(MgO \cdot SiO_2)$ $n(CaO \cdot MgO \cdot 2SiO_2)$ | | | | | | |
| 斜顽辉石 | $MgO \cdot SiO_2$ | $Mg[SiO_3]$ | | 60.0 | | 40.0 | 1557 |
| 透辉石 | $CaO \cdot MgO \cdot 2SiO_2$ | $CaMg[Si_2 O_6]$ | 25.9 | 55.6 | | 18.5 | 1391 |

从表 3 - 10 可看出，CaO 和 SiO₂ 几乎是所有矿物的构成部分，其次是 MgO 和 Al₂O₃。Al₂O₃ 在炉渣中有三种矿物：铝方柱石（在碱性渣中）、钙长石（酸性渣中）、尖晶石（高镁高铝渣中）。MgO 在碱性渣中呈镁方柱石（或称黄长石）和镁蔷薇辉石。

根据显微分析，碱性高炉炉渣中最常见到的矿物是黄长石和甲型硅灰石，在高镁的碱性渣中可以见到钙镁橄榄石。

结合表 3 - 10，综合考虑炉渣的黏度（主要从 O/Si 判断）、熔化温度和脱硫能力等性能，符合高炉渣冶炼要求的成分范围是：四元系炉渣为黄长石、镁蔷薇辉石和钙镁橄榄石的初晶区；三元系炉渣为假硅灰石、硅钙石和铝方柱石的初晶区。

## 3.4　高炉内的脱硫

硫是影响生铁质量最重要的因素。因为含硫高将使钢材产生热脆性，严重影响钢材使用价值。另外，铸造生铁中的硫使铁水黏度增加，浇注的填充性变差，并产生很多气泡，造成铸件强度降低。因此，生铁中的硫含量是评定生铁质量的主要标准之一，国家标准生铁的允许含量不超过 0.07%。脱硫是高炉生产中获得优质生铁的首要问题。

### 3.4.1　硫在高炉中的变化

#### 3.4.1.1　高炉中硫的来源

高炉中的硫来自焦炭、喷吹燃料、矿石和熔剂，其中以焦炭带入硫量多，一般占入炉总硫量的 60% ~ 80%，其次是矿石和熔剂等。冶炼每吨生铁炉料带入的总硫量称为硫负荷。一般在 4 ~ 8kg/t 范围。表 3 - 11 为我国部分钢铁厂高炉料带入的硫量情况。

**表 3 - 11　冶炼每吨生铁炉料带入的硫量**

| 厂别 | 矿石带入的硫量 | | 焦炭带入的硫量 | | 喷吹燃料带入硫量 | | 入炉总硫量 /kg | 备 注 |
|---|---|---|---|---|---|---|---|---|
| | kg | % | kg | % | kg | % | | |
| 鞍钢 | 1.05 | 31.8 | 2.14 | 64.6 | 0.12 | 3.6 | 3.31 | 油比 93kg |
| 首钢 | 0.35 | 7.9 | 3.42 | 77.4 | 0.65 | 14.7 | 4.42 | 煤比 64kg |
| 武钢 | 2.15 | 34.5 | 3.67 | 58.8 | 0.42 | 6.7 | 6.24 | 油比 134kg |
| 本钢 | 1.14 | 20.8 | 4.26 | 77.6 | 0.09 | 1.6 | 5.49 | 油比 86kg |

### 3.4.1.2 硫的存在形式

硫在炉料中以硫化物、硫酸盐和有机硫的形态存在。矿石和熔剂中的硫主要是 $FeS_2$ 和 $CaSO_4$，烧结矿中的硫则以 FeS 和 CaS 为主，而焦炭中的硫有三种形态，即硫化物、硫酸盐、有机物，前两种主要在焦炭的灰分中，后者存在于有机物中。

### 3.4.1.3 硫在高炉内循环

焦炭中有机硫在到达风口前约有 50% ~75% 以 S、$SO_2$、$H_2S$ 等形态挥发到煤气中，余下部分在风口前燃烧生成 $SO_2$，在高温还原气氛条件下，$SO_2$ 很快被 C 还原，生成硫蒸气：

$$SO_2 + 2C = 2CO + S\uparrow \tag{3-4}$$

硫也可能和 C 及其他物质作用，生成 CS、$CS_2$、HS、$H_2S$ 等硫化物。

矿石中的 $FeS_2$ 在下降过程中，温度达到 565℃以上开始分解：

$$FeS_2 = FeS + S\uparrow \tag{3-5}$$

分解生成的 FeS 在高炉上部，有少量被 $Fe_2O_3$ 和 $H_2O$ 所氧化：

$$FeS + 10Fe_2O_3 = 7Fe_3O_4 + SO_2\uparrow \tag{3-6}$$

$$3FeS + 4H_2O = Fe_3O_4 + 3H_2S\uparrow + H_2\uparrow \tag{3-7}$$

炉料中的硫酸盐在与 $SiO_2$、$Al_2O_3$、$Fe_2O_3$ 等接触时，也会分解或生成硅酸盐：

$$CaSO_4 = CaO + SO_3 \tag{3-8}$$

$$CaSO_4 + SiO_2 = CaSiO_4 + SO_2 \tag{3-9}$$

或者和碳作用，进行下述反应：

$$CaSO_4 + 4C = CaS + 4CO \tag{3-10}$$

硫在上述反应中，生成的气态硫化物或硫的蒸气，在随煤气上升过程中，除一小部分被煤气带走外，其余部分被炉料中的 CaO、铁氧化物或已还原的 Fe 吸收而转入炉料中，随同炉料一起下降。反应生成的 CaS 在高炉下部进入渣中，FeS 有部分分配在渣铁中，其余的硫或硫化物又随同煤气上升。上升过程中硫的大部分再被炉料吸收，下降。这样周而复始，在炉内循环。据日本某高炉解剖研究，该炉硫在炉内循环如图 3-19 所示。

硫在炉内的分布主要集中在软熔带到风口燃烧带区间，即硫在炉内的循环区主要是在风口平面到 1000℃左右的高温区间，在滴落带出现最高值。

如上所述，炉料带入高炉的硫进行各种反应后，在高温区生成的硫蒸气和氧化物随煤气上升到滴落带和软熔带被大量吸收，然后又随炉料下降，形成循环，循环的硫量在该条件下达到 2.67kg/t$_铁$。循环过程中，一部分进入炉缸的硫分配到渣铁中去，一部分硫随煤气带出炉外。

炉料吸收硫的能力随炉料不同而异，碱性烧结

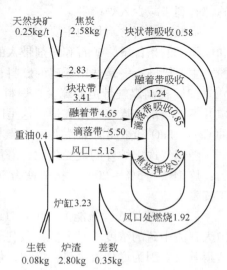

图 3-19 硫在炉内循环
（1t 铁为单位）

矿大于酸性球团矿，原因是炉料中碱性物质增加了对硫的吸收作用。

### 3.4.1.4　硫在煤气、渣、铁中的分配

炉料带入高炉的硫，在冶炼过程中一部分随煤气排出炉外，部分进入生铁，其余大部分进入炉渣。按硫入炉前后平衡关系，可得下式：

$$S_{料} = S_{挥} + S_{铁} + S_{渣}$$

以冶炼 100kg 生铁为单位，则上式可写成：

$$S_{料} = S_{挥} + n(S) + [S] \tag{3-11}$$

式中　$S_{料}$——炉料带入总硫量，$kg/t_{铁}$；

$\quad\quad S_{挥}$——从煤气中挥发硫量，$kg/t_{铁}$；

$\quad\quad n$——渣铁比（每千克生铁的渣量）；

$(S),[S]$——炉渣和生铁的硫含量，% 。

硫在渣铁之间的分配可用分配系数表示：

$$L_S = \frac{(S)}{[S]} \tag{3-12}$$

代入式（3-11）得：

$$[S] = \frac{S_{料} - S_{挥}}{1 + nL_S} \tag{3-13}$$

由式（3-13）看出，进入生铁的硫决定于炉料带入的硫、挥发掉的硫、渣量以及硫的分配系数 $L_S$。

由此可见，降低生铁含硫的途径为：

（1）降低炉料带入的总硫量。减少入炉原燃料含硫量，是降低生铁含硫量，获得优质生铁的根本途径和有效措施。同时，由于硫负荷减少，从而减少了熔剂用量和渣量，这对降低焦比和改善顺行都是有利的。炉料中的硫大部分由焦炭带入，凡一切降低焦比的措施都有利于减少入炉硫量。

降低铁矿石含硫量的主要方法：一是选矿；二是焙烧和烧结。目前高炉在采用烧结矿和球团矿的条件下，矿石和熔剂带入的硫不多，减少入炉硫量的主要途径是处理焦炭和煤粉，主要措施：一是选用低硫的燃料；二是洗煤过程中加强去除有机硫。

（2）提高煤气带走的硫量。炉料中的硫有很大部分转入煤气中。但是进入煤气中的硫并不能全部随煤气逸出高炉。这是因为煤气上升过程与炉料接触，一部分硫又被炉料中的 CaO、FeO 和金属海绵铁吸收而带入下部。

随煤气逸出炉外的硫受焦比、渣量、碱度、炉温等因素的影响。随煤气逸出的硫大约为：炼钢铁为 5% ~20%，铸造铁为 30%，铁合金 30% ~50%。可见，冶炼高温生铁有利于挥发去硫。

（3）改善炉渣脱硫能力。由式（3-13）可看出，增大渣量能降低生铁含硫量。渣量愈大，渣中硫的浓度相对愈低，愈利于硫从生铁转入炉渣。但在实际生产中，增大渣量常适得其反。因为增加渣量热耗增加，焦比升高，焦炭带入硫增加。实际生产中要千方百计提高品位，减少渣量。

当其他条件不变时，$L_S$ 愈大，可使生铁含硫量愈低。

综上所述，在一定原燃料和冶炼条件下，降低生铁含硫量的主要方向和途径是提高硫在渣铁间的分配系数（$L_S$ 值），也就是要改善造渣制度，提高炉渣的脱硫能力。

### 3.4.2 炉渣的脱硫能力

高炉内渣铁之间的脱硫反应在初渣生成后开始，在炉腹或滴落带中进行较多，在炉缸中最终完成。炉渣脱硫主要通过铁滴穿过渣层，炉缸内积聚的渣铁层界面之间，出铁时在铁口通道内铁水与下渣间。

#### 3.4.2.1 炉渣脱硫热力学和动力学

A 热力学

a 分子理论

硫在液态生铁和炉渣中可能以 FeS、MnS、MgS、CaS 形式存在。FeS 既溶于生铁，又溶于炉渣，1000~1500℃时，在生铁中的溶解度可达 2.5%；MnS 大量溶于炉渣，少量溶于生铁；CaS 和 MgS 只溶于炉渣，而不溶于生铁。

熔渣分子理论认为脱硫反应机理为：首先是铁水中的 FeS 扩散到炉渣中，然后在渣中 FeS 和 CaO 反应，反应生成 CaS 和 FeO，FeO 在高温下和碳作用，被碳还原。生铁脱硫的反应过程可用式（3－14）~式（3－17）表示：

$$[FeS] \Longleftrightarrow (FeS) \tag{3-14}$$

$$(FeS) + (CaO) \Longrightarrow (CaS) + (FeO) \tag{3-15}$$

$$(FeO) + C \Longrightarrow [Fe] + CO \tag{3-16}$$

$$[FeS] + (CaO) + C \Longrightarrow (CaS) + [Fe] + CO - 14122kJ \tag{3-17}$$

从上述脱硫反应看出，炉渣中的 CaO 有利于脱硫。由于高炉处于还原气氛中，通常终渣中的 FeO 低（<1%），所以与炼钢比较，高炉脱硫更有效。此外脱硫反应是吸热反应，故炉温高有利于脱硫。

b 离子理论

从炉渣离子理论来看，炉渣是由正负离子而不是分子组成，所以渣铁间的脱硫反应，是在液态的渣铁界面处进行离子迁移的过程。即原来在铁水中呈中性的原子硫，在渣铁界面处吸收熔渣中的电子，变成硫负离子（$S^{2-}$）进入渣中，而炉渣中的氧负离子（$O^{2-}$）在界面处失去电子，变成中性的氧原子进入铁水中，即进行如下反应：

$$[S] + 2e \Longrightarrow (S^{2-})$$

$$(O^{2-}) - 2e \Longrightarrow [O]$$

$$[S] + (O^{2-}) \Longrightarrow (S^{2-}) + [O] \tag{3-18}$$

反应后进入生铁中的氧与生铁中的碳化合生成 CO，并从生铁中排出。

由于铁水中硫和氧的含量很少，可以看成稀溶液，用质量分数 $w([S])$ 和 $w([O])$ 表示。而炉渣中硫和氧的负离子用离子浓度 $N_{S^{2-}}$ 和 $N_{O^{2-}}$ 表示，则式（3－18）脱硫反应的平衡常数为：

$$K_S = \frac{N_{S^{2-}} \cdot w([O])}{N_{O^{2-}} \cdot w([S])} \tag{3-19}$$

炉渣是非理想溶液，因而式中的浓度应改为活度，则式（3－19）变为：

$$K_S = \frac{r_{S^{2-}} N_{S^{2-}} r_{[O]} [O]}{r_{O^{2-}} N_{O^{2-}} r_{[S]} [S]} \qquad (3-20)$$

式中　$r_{S^{2-}}$，$r_{O^{2-}}$——渣中 $S^{2-}$ 和 $O^{2-}$ 的活度系数。

炉渣中硫含量不高，因而（S）近似为 $N_{S^{2-}}$，故硫在渣铁间的分配系数 $L_S$ 可近似为：

$$L_S = \frac{(S)}{[S]} = \frac{N_{S^{2-}}}{[S]} \qquad (3-21)$$

将式（3-21）代入式（3-20）得：

$$L_S = K_S \times \frac{r_{O^{2-}} N_{O^{2-}} r_{[S]}}{r_{S^{2-}} r_{[O]} [O]} \qquad (3-22)$$

由式（3-22）可以看出：

（1）$L_S$ 和 $N_{O^{2-}}$ 成正比。因此，凡是使渣中 $O^{2-}$ 增加的氧化物，均使 $L_S$ 增大而利于脱硫。碱性氧化物 CaO 的增加促使渣中 $O^{2-}$ 增加，而酸性氧化物 $SiO_2$ 等的增加促使渣中 $O^{2-}$ 减少，所以，炉渣碱度升高对脱硫有利。

（2）铁水中的 [O] 愈低，则 $L_S$ 愈高，当炉渣中 $Fe^{2+}$ 浓度增加时，促使反应式（3-23）发生而使 [O] 增大：

$$(Fe^{2+}) + (O^{2-}) \Longrightarrow [Fe] + [O] \qquad (3-23)$$

因而降低 $L_S$，所以，渣中 FeO 的增加对脱硫不利。

（3）减小炉渣中 $S^{2-}$ 的活度系数 $r_{S^{2-}}$ 有利于脱硫。增加硫在铁水中活度系数 $r_{[S]}$，则有利于脱硫。

图 3-20 为各种元素对铁水中硫的活度系数 $r_{[S]}$ 的影响。由图可见，Si、C 和 P 等元素（主要为非金属元素）使 $r_{[S]}$ 增大，而 Mn 和 Cu（金属元素）使 $r_{[S]}$ 减小。由于生铁中 C、Si、P 较钢中的含量高，同时高炉内呈还原气氛，而炼钢炉内是氧化气氛（电炉炼钢的还原期除外），所以在高炉中脱硫过程的进行比在炼钢炉中更顺利。

Mn 和 Fe 对硫的亲和力大，因此铁水中的硫更多地集中在 Mn 的周围，使 $r_{[S]}$ 降低，从这一点看 MnS 似乎对脱硫不利。但实验证明，Mn 在铁水中对脱硫有利。其原因是：形成的 MnS 由于熔点很高（1620℃），铁水中的溶解度很小，因而大部分进入炉渣。从离子理论来看，Mn 能从炉渣中置换出 $Fe^{2+}$，即：

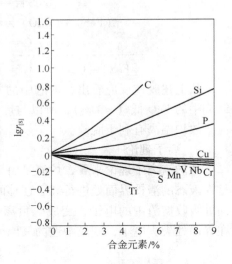

图 3-20　铁水中合金元素对铁水中硫的活度系数影响

$$(Fe^{2+}) + [Mn] \Longrightarrow [Fe] + (Mn^{2+}) \qquad (3-24)$$

因而有利于脱硫。

B　动力学

高炉内生铁与炉渣间的脱硫反应，主要是在两个熔融液体的相界面上进行的，即当铁水滴通过渣层时进行，最后是在炉缸下部铁液与熔渣的接触面上完成的。

按照离子理论，脱硫反应可按以下机理进行：

$$[S] + 2e \Longrightarrow (S^{2-})$$

$$(O^{2-}) - 2e \Longrightarrow [O]$$

$$[O] + [C] \Longrightarrow CO \uparrow$$

$$[S] + (O^{2-}) + [C] \Longrightarrow (S^{2-}) + CO \uparrow \qquad (3-25)$$

由此看出,脱硫反应的速度取决于下列因素:

(1) $O^{2-}$ 从炉渣内部向渣铁界面扩散和 $S^{2-}$ 从渣铁界面向炉渣内部扩散的速度;

(2) 生铁中硫原子从生铁内部向渣铁界面扩散的速度;

(3) 在渣铁界面之间 $S^{2-}$ 和 $O^{2-}$ 的转移速度;

(4) 转移至生铁中的氧原子与生铁中的碳原子反应的速度。

研究表明,脱硫反应主要受到上述第一个因素的影响,即离子在炉渣中的扩散过程是脱硫反应的限制环节。因此,炉渣的黏度是影响生铁脱硫的主要因素之一。显然,炉渣黏度愈小,离子扩散的阻力愈小,扩散速度愈大,脱硫系数 $L_S$ 愈大。实际高炉中脱硫反应并未达到平衡。通常平衡时的 $L_S$ 是 200,至少渣平衡时的 $L_S$ 不会低于 150。所以,改善炉渣的流动性是提高炉渣脱硫能力的重要措施之一。

### 3.4.2.2 影响炉渣脱硫的因素

#### A 炉渣化学成分

##### a 炉渣碱度

炉渣中的 CaO 是主要的脱硫剂,所以,炉渣碱度对脱硫有重大影响。图 3 – 21 为硫分配系数与炉渣碱度的关系。由图可见,在一定温度下,$L_S$ 随碱度升高而增大。当碱度达到一定值后,碱度继续升高时,$L_S$ 反而减小。这是因为碱度达到一定值后,炉渣进入了 $2CaO \cdot SiO_2$ 的结晶区域,炉渣熔化温度升高,在该温度下有未熔化的 $2CaO \cdot SiO_2$ 晶体使炉渣黏度增大,降低炉渣的流动性,影响脱硫反应中离子间的互相扩散。另外,碱度太高,渣稳定性较差,造成炉况不顺行,会造成脱硫效果下降。

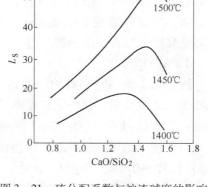

图 3 – 21 硫分配系数与炉渣碱度的影响

##### b MgO

从热力学的观点看,MgO 的脱硫能力没有 CaO 大。因为 $Mg^{2+}$ 半径比 $Ca^{2+}$ 半径小(前者 0.065nm,后者 0.106nm),因此,$Mg^{2+}$ 比 $Ca^{2+}$ 与 $O^{2-}$ 的结合力大,使渣中的 $O^{2-}$ 活度下降所致。

但是,MgO 对炉渣有稀释作用,当炉渣的黏度大、流动性差时,MgO 的加入能提高炉渣的脱硫能力。表 3 – 12 为不同 MgO 含量炉渣的 $L_S$,由表可以看出 MgO 对炉渣脱硫能力的影响规律。当炉渣中(MgO + CaO)随着 MgO 的增加而增加时,一方面使渣中 $O^{2-}$ 浓度增大,另一方面又改善了炉渣的流动性,因而炉渣的脱硫能力增强。但是,当高炉渣的 MgO 含量超过一定值(15%)后,继续增加 MgO 会使炉渣黏度升高,因此 $L_S$ 反而下降。通常 MgO 维持在 7% ~12% 之间时对脱硫有利。

表 3 – 12　不同 MgO 含量炉渣的 $L_S$

| MgO/% | (MgO + CaO)/% | CaO/% | $L_S$ |
|---|---|---|---|
| 0 | 52 | 52 | 14 |
| 5 | 55 | 50 | 23 |
| 10 | 58 | 48 | 84 |
| 15 | 60 | 45 | 110 |
| 20 | 63 | 43 | 55 |

此外，MgO 对碱性渣的脱硫能力影响比对酸性渣的更大。这是由于碱度很高的炉渣熔化性温度高并且黏度大，MgO 的加入能有效地改善炉渣的熔化性和流动性。对一般流动性好的炉渣，若用 MgO 代替 CaO，炉渣的脱硫能力反而降低。

c　MnO

MnO 是比 CaO 弱而比 MgO 强的脱硫剂。对于不同的炉渣，MnO 对其脱硫能力的影响不同。在 MnO 含量接近 5% 的碱性渣中，增加 MnO 的含量以代替 CaO 超过 3% 时，将使炉渣脱硫能力降低，并且当炉渣碱度愈高、MnO 愈高时，脱硫能力降低也愈多。这一方面是由于 MnO 的脱硫能力比 CaO 差，另一方面是由于易熔易流动的 MnO 渣降低了炉缸温度，对脱硫不利。在中等碱度（0.95 ~ 1.05）的炉渣中，MnO 对脱硫无影响。只有在酸性渣中以 MnO 代替 CaO 时能够降低黏度，改善炉渣的脱硫过程。

d　$Al_2O_3$

图 3 – 22 为 $Al_2O_3$ 对炉渣脱硫能力的影响。从图 3 – 22 中看出，在一定温度和总碱度（三元碱度）下，$L_S$ 随着 $Al_2O_3$ 的增加而降低。这是因为 $Al_2O_3$ 的增加降低了渣中自由的 $O^{2-}$。当用 $Al_2O_3$ 代替 $SiO_2$ 时，将使 $L_S$ 增大。

对于碱度很高的炉渣和碱度为 0.4 ~ 0.65 的酸性渣。由于很黏稠，$Al_2O_3$ 对炉渣脱硫能力的影响就消失了。

e　FeO

FeO 是最不利于炉渣脱硫的因素。渣中 FeO 会使炉渣脱硫能力急剧降低，这是因为 FeO 使渣中 $Fe^{2+}$ 浓度增大，促使下列反应进行：

$$(Fe^{2+}) + (O^{2-}) = [Fe] + [O]$$

该反应使生铁中氧的浓度增加，对脱硫很

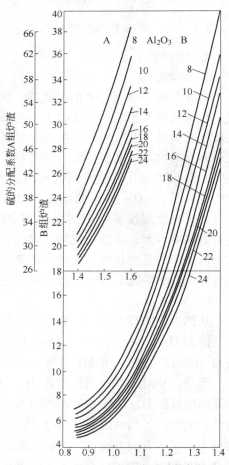

图 3 – 22　1450℃时硫的分配系数与炉渣总碱度和 $Al_2O_3$ 含量的关系

不利。

图 3-23 为 FeO 对炉渣脱硫能力的影响。由图 3-23 可见，随着 FeO 的增加，硫的分配系数 $L_S$ 急剧下降，但降低的幅度逐渐减小；同时，随着碱度的降低，FeO 对炉渣脱硫能力的影响减弱。

在实际的高炉冶炼中，炉渣的 FeO 含量通常很低（<1%）。只有当发生异常的炉凉时，FeO 含量才会较高，这时 $L_S$ 将急剧降低，使铁水中的硫急剧升高，导致生铁不合格。

B 生铁成分

由于各种元素对硫在铁水中的活度系数 $r_{[S]}$ 的影响不一样，所以生铁成分对炉渣的脱硫能力也有一定影响。硅、碳、磷等元素使 $r_{[S]}$ 增大，因而使 $L_S$ 升高；相反，铜等元素使 $r_{[S]}$ 减小，因而使 $L_S$ 降低。然而，生铁中硅、碳和磷等元素的含量取决于冶炼的生铁品种和原料条件。

C 温度

温度对脱硫有重要影响。无论从热力学还是动力学角度来看，温度越高对脱硫越有利。因为脱硫反应是吸热反应，温度越高越有利于脱硫反应的进行；同时，温度越高，可加速渣中 FeO 还原，降低渣中 FeO 含量。再则，温度越高，炉渣的黏度就越低，扩散阻力也就越小。

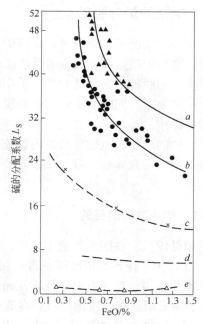

图 3-23　炉渣中低价氧化物（FeO）含量对硫分配系数的影响
（实线为工厂数据；虚线为实验室数据）
$$a — n\left(\frac{CaO + MgO + MnO}{SiO_2}\right) = 1.32;$$
$$b — n = 1.25; \quad c — n = 1.5;$$
$$d — n = 0.8; \quad e — n = 1.05$$

图 3-24 表明炉温对 $L_S$ 的影响。在高炉冶炼中，经常性的炉温波动是生铁含硫量波动的主要因素。因此，控制稳定的炉温是保证生铁含硫合格而稳定的重要措施之一。

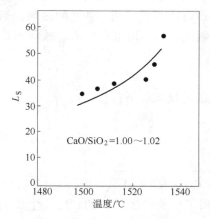

图 3-24　炉温对 $L_S$ 的影响

D 炉渣黏度

扩散过程是脱硫的限制环节。炉渣黏度对脱硫的影响很大。炉渣黏度越低，炉渣的流动性越好，对脱硫就越有利。而炉渣黏度又与化学成分和温度紧密相关，所以不能孤立来看黏度对脱硫的影响。

E 其他因素

除上述因素外，高炉的炉况也是影响脱硫的重要因素。若炉况顺行，炉缸圆周工作均匀且活跃，炉料与煤气分布合理，则脱硫良好，$L_S$ 大；而煤气分布失常，如管道行程、边缘气流发展、炉缸堆积以及炉瘤等，都会导致脱硫效率降低，生铁含硫量增加。

## 3.5  生铁的炉外脱硫

在一般情况下，应尽可能在高炉内完成生铁的脱硫任务，而不采用炉外脱硫的方法。但是，在高炉硫负荷过大或酸性渣操作以及冶炼供特殊用途的低硫生铁条件下，炉内不能完成生铁的脱硫任务，这时就应采用炉外脱硫方法继续降低生铁的硫含量，使生铁硫含量达到用户要求。同时，生铁的炉外脱硫法现已作为炼钢前铁水预处理的主要手段而逐渐得到广泛运用。

生铁的炉外脱硫过程与炉内脱硫过程遵循相同的热力学规律。用能生成比 FeS 更稳定的硫化物的元素（锰、镁、钠、钙）从 FeS 夺取硫，生成硫化物进入炉渣，从而降低生铁的硫含量。

### 3.5.1  炉外脱硫的目的

炉外脱硫，在国内外愈来愈受到重视。实现炉外脱硫的目的在于：

（1）为了保证高炉冶炼获得质量合格的生铁。一方面由于入炉原料含硫的增加，或由于操作不当，难免有时生铁含硫超过标准。另一方面为了节约焦炭、降低焦比和提高生产率，而采用低碱度渣操作得到高硫生铁，都需对铁水进行炉外处理。

（2）为了向炼钢提供优质低硫生铁。为了改善钢材的加工性能及断裂韧性，需要炼出硫含量小于 0.01% ~ 0.005% 的超低硫钢，一般生铁含硫难以满足要求，即使向转炉提供硫含量小于 0.03% ~ 0.01% 的低硫生铁，也给高炉冶炼增加了难度。

（3）炉外脱硫与在炼钢过程中脱硫相比，无论从热力学条件或工艺原理方面都合理许多，经济上也是合算的。

### 3.5.2  炉外脱硫剂和脱硫方法

#### 3.5.2.1  脱硫剂及其脱硫反应

现在被广泛采用的脱硫剂有苏打（$Na_2CO_3$）、石灰（$CaO$）、电石（$CaC_2$）和金属镁（$Mg$）。可以以其中一种作为单一脱硫剂，也可用两种以上组成复合脱硫剂。有的还在主要的脱硫剂中添加一些附加物，如石灰石、白云石、铝、萤石、碎焦等物质。石灰石和白云石分解出 $CaO$、$MgO$ 可以脱硫；$CO_2$ 则具有搅拌作用，可改善脱硫剂与铁水的接触；铝和碎焦可以还原渣中 $FeO$，防止碳、硅、锰等元素的过氧化；萤石可以稀释渣，减弱硫扩散的阻力。

A  苏打

苏打是一种白色粉末。它是一种强碱性脱硫剂，其脱硫反应如下：

$$Na_2CO_3 = Na_2O + CO_2$$
$$Na_2O + FeS = Na_2S + FeO$$
$$FeO + C = Fe + CO$$

$$FeS + Na_2CO_3 + C = Na_2S + Fe + CO_2 + CO - 34960kJ \qquad (3-26)$$

反应生成的 $Na_2S$ 不溶于铁水而进入炉渣，从而达到了生铁脱硫的目的。反应生成的 $FeO$ 不仅能被碳还原，而且能被生铁中的硅、锰还原，因此脱硫后铁水中的碳、硅、锰有所降低。总的脱硫反应为吸热反应，所以，脱硫后铁水温度降低 30~100℃。

脱硫反应生成的 $Na_2S$、$SiO_2$、$MnO$、未反应的 $Na_2O$ 以及由砖衬和铁沟中带来的 $SiO_2$ 等构成了脱硫反应后的炉渣。这种渣中的 $Na_2O$ 和 $Na_2S$ 容易与铁水罐的砖衬发生以下反应：

$$SiO_2 + Na_2S + FeO \xlongequal{\quad\quad} Na_2SiO_3 + FeS \qquad (3-27)$$

这样，不仅会侵蚀铁水罐砖衬，而且产生"回硫"现象，因此，在加苏打脱硫完毕停留一段时间后，必须及时将铁水面上的渣扒掉。

苏打的加入量根据生铁原始含硫量和要求达到的含硫量而定，一般为化学反应计量的 3~7 倍。例如，生铁的原始含硫量为 0.1%~0.12%，若要降到 0.04%~0.06%，则需要铁水质量的 0.5% 的苏打。根据本钢的经验，生铁的原始含硫量为 0.05%~0.09% 时，要使含硫量降低到 0.045% 以下，每吨生铁则需加 4~10kg 苏打，每千克苏打能使 1t 生铁含硫量降低 5%~10%。

苏打的熔点为 852℃，$Na_2O$ 和 $Na_2S$ 的沸点只有 1300~1400℃，加之脱硫过程中产生的气体（$CO_2$、$CO$）的作用，因而 $Na_2CO_3$、$Na_2O$ 和 $Na_2S$ 在脱硫过程中易大量挥发和损失。这不仅降低了苏打的利用率，而且会污染环境、恶化劳动条件。同时，苏打价格高并且来源有限，因而苏打不是理想的脱硫剂。

由于苏打脱硫存在上述许多缺点，故限制了它的运用。苏打脱硫过去应用较广泛，20 世纪六七十年代后已逐渐被其他方法所取代。

B 石灰或石灰石

石灰用作生铁的炉外脱硫，是最经济的脱硫剂。用石灰脱硫的反应为：

$$FeS + CaO + C \xlongequal{\quad\quad} CaS + Fe + CO \qquad (3-28)$$

石灰的脱硫能力较强，其脱硫效率取决于石灰的加入方法，即取决于石灰与铁水的混合和接触情况，生铁的脱硫率可高达 90%~95%。石灰的用量取决于生铁的含硫量和石灰的加入方法，一般为生铁含硫量的 10 倍，为生铁质量的 1%~10%。

用作脱硫剂的石灰，要求含杂质（$SiO_2$、$CO_2$、$H_2O$）少。同时，为了使石灰与铁水能很好混合与接触，要求石灰粒度小于 1mm。

石灰来源广泛，价格低廉。用石灰或石灰为主的石灰基复合脱硫剂进行生铁炉外脱硫时，脱硫效率高、安全、无回硫作用，所以，石灰是一种理想的脱硫剂，在国内外正得到越来越广泛的运用。

C 电石

电石也是高效率脱硫剂，其脱硫反应如下：

$$CaC_2 + FeS \xlongequal{\quad\quad} CaS + 2C + Fe \qquad (3-29)$$

电石脱硫率与用量有关，如图 3-25 所示。由图可见，当电石的消耗量为 3~5kg/$t_{铁}$ 时，生铁的含硫量可以降低到 0.002%~0.005%。

电石作为脱硫剂有其优点，如脱硫能力很强、脱硫时不会降低铁水温度、不产生有害气体和回硫

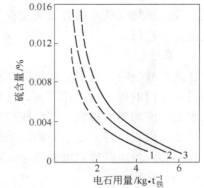

图 3-25 电石用量对生铁含硫量的影响

1—生铁原始硫含量 0.020%；

2—生铁原始硫含量 0.020~0.030%；

3—生铁原始硫含量 0.030~0.040%

现象等。但也有缺点，如电石吸湿性强、与水接触易产生爆炸性气体、价格较贵和来源有限等。电石脱硫在国外得到较为广泛的运用，在我国还处于实验室或半工业性试验阶段。

### D　金属镁

金属镁在脱硫过程中蒸发为气体，脱硫后变为固体。其脱硫反应如下：

$$Mg_{气} + [S] = MgS_{固} \tag{3-30}$$

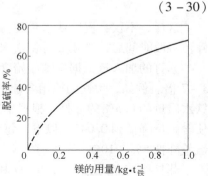

根据前苏联的研究，用金属镁作脱硫剂时，生铁的脱硫率、镁的用量和镁的利用率如图 3 - 26 所示。由图可见，炼钢生铁的脱硫率随着镁用量的增加而增加，当镁用量从 0.3kg/t$_{铁}$ 增加到 1.0kg/t$_{铁}$ 时，则生铁的脱硫率由 35% 增加到 70%。

生铁用镁脱硫具有许多优点：脱硫形成的 MgS 很稳定，其熔化温度高（2000℃），由于密度低（2.82t/m³），容易上浮进入渣中；此反应为放热反应，因此脱硫过程中热量损失不大，也即铁水温度不会降低；不产生对人体有害气体；生铁可达到很高的脱硫率（90%），能将生铁含硫量降低到 0.005% 以下。

图 3 - 26　炼钢生铁的脱硫率与镁用量的关系

镁的密度在固态时为 1.67t/m³，液体状态时为 1.58t/m³。镁的熔化和沸腾温度很低，分别为 651℃ 和 1107℃，所以，就高炉冶炼的温度条件来看，镁在对生铁进行脱硫时蒸发为气体。因此，镁加入铁水罐脱硫时，由于镁剧烈地蒸发为镁蒸气，将造成金属（铁水）喷溅和镁蒸气在铁罐外燃烧及爆炸。为了使镁对铁水脱硫的过程平稳而安全地进行，就必须设置专门的保护设备，或采取其他能延长镁蒸发时间的措施。这是生铁用镁脱硫的关键和困难，也是这一方法过去长时间内未能掌握和得到推广的主要原因。此外，镁的价格昂贵，来源有限，因而也使镁脱硫法的运用受到限制。

#### 3.5.2.2　脱硫方法

铁水炉外脱硫的效果不仅取决于脱硫剂，而且与脱硫方法即与脱硫剂加入铁水的方法有关。脱硫剂加入铁水的方法关键在于，要使脱硫剂与铁水充分混合和紧密接触，以便脱硫反应充分进行。

### A　直接加入法

在高炉放铁时，人工直接将脱硫剂加在撇渣器后面铁沟的铁水流里。这种方法的优点是不需要专门的设置，操作简便，主要适用苏打的加入。但是，此种方法难以保证脱硫剂与铁水充分而均匀的接触，因而脱硫效果差，脱硫剂的利用率不高，而且污染炉前环境、恶化劳动条件。再者，由于炉前铁水的含硫量难以做到准确化验，往往是凭经验估计，因而苏打的加入量也就难以准确确定。现在此法已逐渐被淘汰。

### B　喷吹法

喷吹法是将喷枪插入铁水罐或混铁车内的铁水里，用运载气体将粉末状脱硫剂喷入铁水中并进行搅拌的脱硫方法。一般采用氮气作为运载气体，无氮气时可采用压缩空气。此法适用于石灰、电石、苏打及其复合脱硫剂的加入。此法的优点是保证了脱硫剂与铁水很好地混合和接触，因而脱硫效果好，在国内外得到了广泛的应用。

例如，前苏联亚速钢厂在铁罐中喷吹石灰对生铁进行脱硫，喷枪插入生铁 1.5m 深处，石灰用量为 8.5 ~ 9.7kg/t$_{铁}$，生铁含硫量从 0.06% ~ 0.07% 降低到 0.026% ~ 0.033%，脱硫率达 47% ~ 55%，脱硫装置的实际生产率为每昼夜 800 ~ 1000t$_{铁}$。在满负荷情况下，每套装置每昼夜可处理生铁 4000t。又例如，图 3 - 27 为我国宣化钢铁公司 300m$^3$ 高炉生铁炉外脱硫装置流程图，该装置年处理生铁量 10 余万吨，作业稳定，设备可靠，脱硫剂采用两种：一种全部为石灰，另一种为石灰基复合脱氧剂（3% ~ 7% 萤石，5% 煤粉），石灰粒度小于 0.121mm （120 目）占 80% ~ 90%；运载气体为氮气，单耗 0.15 ~ 0.2m$^3$/t$_{铁}$；喷粉速度 25 ~ 35kg/min；气粉比 40 ~ 60kg/kg$_{氮气}$，最高 150kg/kg$_{氮气}$；气包压力大于 0.49MPa，枪前压力 0.2947MPa；插枪深度为铁水的 50% ~ 80% （30t 铁水罐）；喷吹时间 6 ~ 8min。当脱硫剂全部为石灰，耗量为 10kg/t$_{铁}$ 时，生铁脱硫率平均为 54%；当采用石灰基复合脱硫时，脱硫率稳定在 50% ~ 85% 之间。

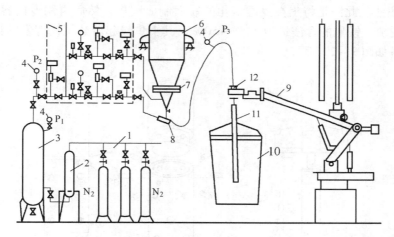

图 3 - 27 宣化钢铁公司 300m$^3$ 高炉生铁炉外脱硫装置流程

1—汇流排；2—硅胶脱水装置；3—2.5m$^3$ 储气包；4—压力表；5—气源控制系统；6—喷粉罐；
7—流化器；8—喷射器；9—喷枪升降机械；10—铁水罐；11—喷枪；12—枪架

#### C 机械搅拌法

机械搅拌法的设备（搅拌装置）如图 3 - 28 所示，日本简称它为 KR （实心搅拌体）。脱硫过程是将涂有浇注耐火材料的实心（或空心）搅拌体插入铁水，以 90 ~ 120r/min 的转速转 10 ~ 15min，同时加入脱硫剂，使生铁含硫量降至 0.005% ~ 0.01%。该方法脱硫效率高（可达 90% 以上）且稳定。脱硫剂主要为电石，用量为 3 ~ 4kg/t$_{铁}$，耐火材料消耗为 0.34kg/t$_{铁}$，铁水温度下降 30 ~ 50℃，作业周期为 30 ~ 50min。

KR 法搅拌体使用寿命一般为 60 ~ 90 次，每 4 次需修补一次。所用耐火材料：主轴含 Al$_2$O$_3$45%，叶片部分含 Al$_2$O$_3$65% 并含 Cr$_2$O$_3$ 约 5%，修补用塑性耐火材料含 Al$_2$O$_3$ > 70%。叶片部分用高频振动机成型（6000 次/min），离心力 250 ~ 1300kg，主轴用棒型振动器成型，成

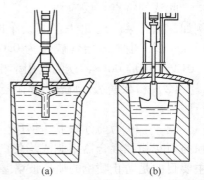

图 3 - 28 机械搅拌装置
（a）空心搅拌体；（b）实心搅拌体

型后养护24h，自然干燥72h后在专用干燥炉内用焦炉煤气烘烤96h。

机械搅拌法在日本、西欧和美国运用较多。例如，日本广二炼钢用该法处理铁水，铁水罐容量100t，月处理量30000t；我国武钢第二炼钢厂从日本引进了KR脱硫装置，该装置运转正常，可将生铁含硫量降到0.006%以下，为提高硅钢质量创造了条件。

D　摇包法和回转炉法

摇包法是在铁水包或其他容器上以偏心转动，同时加入脱硫剂进行脱硫的。回转炉法是在回转炉中用石灰脱硫的。这两种方法均因设备维护费用高，铁水热损失大，热处理时间长而趋于淘汰。

E　镁脱硫法

由于镁的特殊理化性能而不能采用上述几种方法，必须采用专门的加入方法对铁水进行脱硫处理。常用的方法有以下几种：

（1）镁焦法。此法是将焦炭浸透熔化的镁而制成镁焦，然后再用专门容器将镁焦压入铁水进行脱硫。镁焦的含镁量为40%～50%，其中焦炭起着减缓镁挥发的钝化剂作用。镁焦浸入设备如图3-29所示。

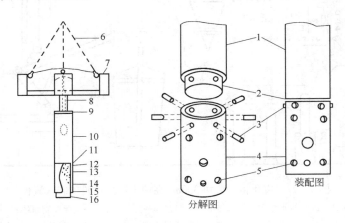

图3-29　镁焦浸入设备

1—石墨体；2—伸缩接头；3—插销；4—石墨钟罩；5—气孔；6—四股钢链；7—钢压件；8—钢轴；9—法兰；
10—石墨杆；11—石墨插销；12—伸缩接头；13—镁焦；14—销钉；15—石墨钟罩；16—镁焦罐

此法的特点是反应快、设备投资少、操作简单，能使生铁含硫量降到0.01%以下。例如，国外某厂用此法在混铁车内脱硫，铁水处理的时间15min，镁焦消耗量为1.1～1.2kg/t铁，生铁原始含硫量为0.073%、0.039%和0.028%，脱硫后分别降到0.027%、0.012%和0.006%，镁的利用率相应为82%、48%和31%。

（2）粉状镁法。此法是先将金属镁制成粉状，然后再用运载气体将其喷吹入铁水进行脱硫。

图3-30为前苏联亚速钢厂生铁喷吹粉状镁脱硫设备的示意图，由图3-30可见，镁粉与石灰粉在混合器中制成均匀的复合脱硫剂，镁与石灰的质量比为1:2。加入石灰的主要目的是防止喷枪的喷嘴被堵塞，同时石灰还对镁粉起到遮挡铁水热辐射的作用。此法脱硫效率高，使生铁含硫量由0.022%～0.035%降到0.005%，但是由于粉状镁是用铣刀加工的，费用很高，而且使用粉状镁需采用专门的防火安全措施，这是粉状镁法的主要缺点。

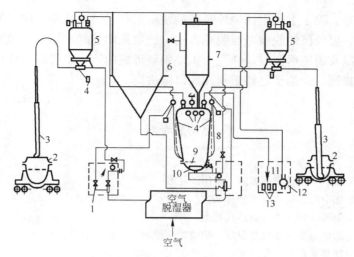

图 3-30 前苏联亚速钢厂生铁喷吹粉状镁脱硫设备的示意图
1—空气总管阀；2—铁水罐车；3—喷枪；4—气动输送线路上的机械传动旋塞；5—储槽；
6—石灰槽；7—滤器-沉淀器；8—混合器；9—充气格板；10—进空气的喷嘴；
11—吸镁软管；12—真空泵；13—盛镁容器

（3）粒状镁法。此法是先将金属镁制成粒度为 0.5~2mm 的粒状，然后再加入铁水进行脱硫。

粒状镁可以采用喷吹法加入铁水，用空气运载气体，不需要石灰作附加填充物。此法与粉状镁喷吹法相比较，具有费用低和工艺简单的优点。

粒状镁还可采用图 3-31 所示的装置加入铁水进行脱硫。

（4）镁锭法。此法是先将金属镁制成镁锭，然后加入铁水进行脱硫。图 3-32 为此法装置示意图。

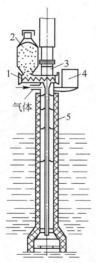

图 3-31 粒状镁加入铁水的装置
1—螺旋给料机；2—储槽；3—气阀杆；
4—给料器的传动装置；5—蒸发器

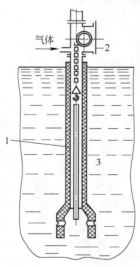

图 3-32 镁锭加入铁水的装置
1—蒸发器；2—计量给料器；
3—镁锭

　　需要指出的是，除了上述生铁炉外脱硫的脱硫剂和脱硫方法外，国内外还正在试验和探寻其他更有效、更经济的脱硫剂与脱硫方法。还应强调的是，尽可能地减少高炉出铁时进入铁罐的炉渣以及脱硫后及时从铁罐中扒除脱硫形成的渣，是提高生铁炉外脱硫效果的操作要点和技术难题，应给予足够重视并加以解决。

## 复习思考题

3-1　什么是炉渣碱度，有几种表示方法，常用的是哪一种？

3-2　炉渣在高炉冶炼中的作用和要求是什么？

3-3　什么是初渣、中间渣和终渣？简述其特点。

3-4　什么是炉渣的熔化温度和熔化性温度，炉渣熔化性对高炉冶炼有什么影响？

3-5　炉渣黏度及物理意义是什么？

3-6　影响炉渣黏度的因素有哪些？

3-7　炉渣的黏度对高炉冶炼有何影响？

3-8　什么是炉渣的稳定性、热稳定性和化学稳定性，如何判断？

3-9　炉渣的分子理论和离子理论的主要内容是什么？

3-10　用离子理论解释炉渣黏度的变化。

3-11　根据硫在高炉中的分配特点，分析提高生铁质量的途径。

3-12　为什么炼铁比炼钢过程更有利于脱硫进行？

3-13　用离子理论分析炉渣脱硫反应。

3-14　分析影响炉渣脱硫的因素。

3-15　炉外脱硫的目的是什么？

3-16　简述炉外脱硫所用脱硫剂及脱硫反应？

3-17　简述炉外脱硫的方法。

# 4 燃料燃烧及煤气在高炉内的变化

入炉焦炭中的碳素除少部分消耗于直接还原和渗碳外，大部分下降至风口前被鼓风所燃烧。焦炭在炉缸中的燃烧对高炉冶炼有重大意义：

（1）在炉缸中不断形成自由空间，为上部炉料的连续下降创造了基本条件；

（2）生成还原过程中所必需的气体还原剂 CO 和 $H_2$；

（3）放出大量的热量，以满足高炉对炉料的加热、分解、还原、熔化、造渣等过程的需要；

（4）焦炭在炉缸风口前的燃烧形成燃烧带及煤气流初始分布，某种程度上决定着高炉内煤气流的合理分布和利用以及炉况顺行等。因此说，焦炭在风口前的燃烧是整个高炉冶炼能够顺利进行的基本前提。

## 4.1 炉缸内燃料的燃烧

### 4.1.1 高炉炉缸内的燃烧反应

#### 4.1.1.1 燃烧反应

高炉炉缸内的燃烧反应与一般的燃烧过程不同，它是在充满焦炭的环境中进行，即在空气量一定而焦炭过剩的条件下进行的。由此，燃烧反应的最终产物是 CO、$H_2$ 及 $N_2$，而没有 $CO_2$。

按普遍规律，碳的燃烧总是同时形成 CO 和 $CO_2$，最终燃烧产物取决于燃烧体系（环境）中氧和碳的数量。在氧充足时，初始形成的 CO 与 $O_2$ 反应成 $CO_2$，最终产物为 $CO_2$；在碳过剩时，初始形成的与碳反应生成 CO，最终产物为 CO。

在风口前由于氧气比较充足，最初有完全燃烧和不完全燃烧反应同时存在，反应产物分别为 $CO_2$ 和 CO，反应式为：

完全燃烧

$$C + O_2 \rule[0.5ex]{1.5em}{0.4pt} CO_2 + 4006600kJ（相当于 1kg\ C\ 33390kJ）\qquad (4-1)$$

不完全燃烧

$$C + \frac{1}{2}O_2 \rule[0.5ex]{1.5em}{0.4pt} CO + 117499kJ（相当于 1kg\ C\ 9790kJ）\qquad (4-2)$$

在离风口较远处，由于自由氧的消失及大量焦炭的存在，而且炉缸内温度很高，反应式（4-1）生成的 $CO_2$ 将与 C 发生反应：

$$C + CO_2 \rule[0.5ex]{1.5em}{0.4pt} 2CO - 165800kJ \qquad (4-3)$$

鼓风中氮气不参加反应，水分在高温下与碳发生反应：

$$H_2O + C \mathop{=\!=\!=}\limits H_2 + CO - 124390kJ \qquad (4-4)$$

因此，炉缸反应最终产物为 CO、$N_2$ 和少量的 $H_2$。

#### 4.1.1.2　燃烧带

上述炉缸煤气成分和数量是碳素燃烧后的最终结果。炉缸内燃烧过程是逐渐完成的。风口前燃料燃烧反应的区域称为燃烧带，它包括氧化区和还原区。有自由氧存在的区域称为氧化区，反应为：

$$C + O_2 \mathop{=\!=\!=}\limits CO_2$$

从自由氧消失直到 $CO_2$ 消失处称为 $CO_2$ 的还原区，此区域内的反应为：

$$CO_2 + C \mathop{=\!=\!=}\limits 2CO$$

由于燃烧带是高炉内唯一属于氧化气氛的区域，因此燃烧带也称为氧化带。

大量的研究已经查明了炉缸风口平面煤气的分布情况。由于从风口鼓入鼓风流股的动能大小不同，焦炭在风口前燃烧情况大致可分为以下两种情况，每种情况下煤气的分布是不同的。

A　层状燃烧

冶炼强度较低时，从风口鼓入鼓风的动能很小时，由于吹不开风口前的焦炭，焦炭基本上处于静止状态，燃烧过程是分层进行的。图 4-1 所示为沿风口径向煤气成分的变化，也称"经典曲线"。

在燃烧带内，当氧过剩时，碳首先与氧反应生成 $CO_2$，只有当氧含量开始下降时，$CO_2$ 才与 C 反应，使 CO 含量急剧增加，$CO_2$ 含量逐渐降低直至消失。燃烧带的范围可按 $CO_2$ 消失的位置确定，常以 $CO_2$ 降到 1% ~2% 的位置定为燃烧带的界限。喷吹燃料后，$H_2O$ 作为喷吹燃料中碳氧化合物的燃烧产物和 $CO_2$ 一样，起着将氧带到炉缸深处的作用。此时，可按 $H_2O$ 1% ~2% 作为燃烧带边缘。

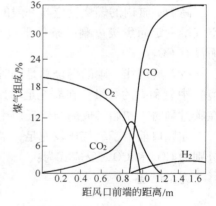

图 4-1　沿风口径向煤气成分的变化

B　回旋运动燃烧

现代高炉由于冶炼强度高和风口风速大（100 ~200m/s），风口前焦炭不是处于静止状态，而是在强大气流冲击下作回旋运动。风口前形成一个疏散而近似球形的自由空间，称为风口回旋区，如图 4-2 所示。现代高炉正常生产时，均为此种情况。

风口前回旋区与燃烧带的范围基本一致，但回旋区是指在鼓风动能作用下焦炭作机械运动的区域，而燃烧带是指燃烧反应的区域，它是根据煤气成分来确定的。回旋区前端即是燃烧带氧化区边缘，而还原区是在回旋区的外围焦炭层内，故燃烧带比回旋区略大一些。

与以上燃烧特点相对应的煤气成分的分布情况也发生
了变化，如图4-2下部所示。自由氧不是逐渐地而是跳跃
式减少。在离风口200～300mm处略有增加，在500～
600mm的长度内保持相当高的含量，直到燃烧的末端急剧
下降并消失。$CO_2$含量的变化与$O_2$含量的变化相对应。分
别在风口附近和燃烧带末端，在$O_2$急剧下降处出现两个
高峰。这是由于气流的回旋运动，燃烧带两端焦炭燃烧剧
烈，造成气流中氧含量急剧下降，$CO_2$出现高峰，而中间
部分由于焦炭稀疏和相对运动速度较低，燃烧较慢，因而
$CO_2$含量较低而$O_2$含量较高。第二个$CO_2$高峰之后，$CO_2$
与C激烈反应，使$CO_2$急剧下降而消失，CO出现并急剧
上升。

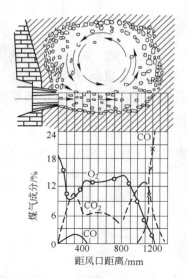

图4-2 燃烧带煤气成分

风口前有焦炭的回旋运动已被高炉解剖研究所证实。
有的单位还在高炉悬料时或冶炼强度较低时的高炉上取样
研究，得到了"经典曲线"。

### 4.1.2 炉缸煤气成分和数量计算

#### 4.1.2.1 碳燃烧所需的风量与形成的煤气量

（1）燃烧1kg碳素所需风量$V_风$。由反应式（4-2）可知，燃烧1kg碳素所需的氧量

为：$\dfrac{\frac{1}{2} \times 22.4}{12} = 0.933\,\mathrm{m^3/kg}$。则燃烧1kg碳素所需风量$V_风$（$\mathrm{m^3/kg}$）为：

$$V_风 = \frac{0.933}{w(1-f) + 0.5f} \qquad (4-5)$$

式中　$w$——鼓风含氧量，%；

　　　$f$——鼓风湿度，%。

当不富氧时，$w = 21\%$，则

$$V_风 = \frac{0.933}{0.21(1-f) + 0.5f} = \frac{0.933}{0.21 + 0.29f} \qquad (4-6)$$

当$f = 0$时　　　　　　　$V_风 = 4.44\,\mathrm{m^3/kg}$

　　$f = 1\%$时　　　　　　$V_风 = 4.39\,\mathrm{m^3/kg}$

（2）燃烧1kg碳素所生成的炉缸煤气体积（即生成的CO、$N_2$、$H_2$体积之和）。

$$V_煤 = V_风(V_{CO} + V_{N_2} + V_{H_2})$$

式中　$V_{CO}$，$V_{N_2}$，$V_{H_2}$——CO、$N_2$、$H_2$燃烧产物的体积。

所以　　　　$V_煤 = \frac{0.933}{0.21 + 0.29f}\left[2 \times (0.21 + 0.29f) + 0.79(1-f) + f\right]$

$$= \frac{0.933}{0.21 + 0.29f}(1.21 + 0.79f) \qquad (4-7)$$

当 $f = 0$ 时                          $V_煤 = 5.38 \text{m}^3/\text{kg}$

$f = 1\%$ 时                          $V_煤 = 5.32 \text{m}^3/\text{kg}$

由此可知，炉缸煤气量约为风量的 1.21 倍，即 $V_煤 = 1.21 V_风$。

（3）干风和湿风的差异。当鼓风不含水分时，由于干空气成分中 $O_2 : N_2 = 21 : 79$，燃烧反应最终产物为 CO 和不参加反应的 $N_2$。其总反应式为：

$$2C + O_2 + \frac{79}{21}N_2 \Longrightarrow 2CO + \frac{79}{21}N_2 \qquad (4-8)$$

则 $1\text{m}^3$ 干风的燃烧产物为：

$$CO = 2 \times \frac{100}{2 + \frac{79}{21}}\% = 34.7\%$$

$$N_2 = \frac{79}{21} \times \frac{100}{2 + \frac{79}{21}}\% = 65.3\%$$

当鼓风中含有一定的水分时，则湿风燃烧产物的最终组成为 CO、$H_2$ 和 $N_2$，而且随鼓风湿度增加，煤气中 $H_2$ 和 CO 的含量也将增加。煤气成分的计算如下：

设鼓风湿度为 $f(\%)$，则 $1\text{m}^3$ 湿风中干风的体积为 $(1-f)$ $\text{m}^3$

$1\text{m}^3$ 湿风中含氧量为 $0.21(1-f) + 0.5f = (0.21 + 0.29f)$ $\text{m}^3$

$1\text{m}^3$ 湿风中含氮量为 $0.79(1-f)$ $\text{m}^3$

$1\text{m}^3$ 湿风燃烧产物的成分为：

$$CO = 2 \times (0.21 + 0.29f) \text{ m}^3, CO\% = \frac{CO}{CO + H_2 + N_2} \times 100\%$$

$$H_2 = f \text{ m}^3, \quad H_2\% = \frac{H_2}{CO + H_2 + N_2} \times 100\%$$

$$N_2 = 0.79(1-f) \text{ m}^3, N_2\% = \frac{N_2}{CO + H_2 + N_2} \times 100\%$$

当鼓风湿度不同时，炉缸煤气成分计算结果见表 4-1。

表 4-1  不同鼓风湿度时炉缸煤气成分

| 鼓风湿度/% | $H_2O/\text{g} \cdot \text{m}^{-3}$① | 炉缸煤气成分/% | | |
|---|---|---|---|---|
| | | CO | $H_2$ | $N_2$ |
| 0 | 0 | 34.70 | 1.63 | 65.3 |
| 1.0 | 8.04 | 34.96 | 0.82 | 64.22 |
| 2.0 | 16.08 | 35.21 | 1.63 | 63.16 |
| 3.0 | 24.12 | 35.45 | 2.43 | 62.12 |
| 4.0 | 32.16 | 35.70 | 13.22 | 61.08 |

① 18kg 水蒸气在标准状态下的体积为 $22.4\text{m}^3$，则 $1\text{m}^3$ 水蒸气含水为 $\frac{18 \times 1000}{22.4} = 804\text{g/m}^3$，当 $f=1\%$ 时，则含水为 8.04g/m³。

（4）富氧和不富氧的差异。设鼓风含氧量为 $w$，鼓风湿度为 $f(\%)$，则 $1\text{m}^3$ 湿风中干风体积为 $(1-f)$ $\text{m}^3$，则

鼓风中含氧量为 $w(1-f)+0.5f\,\mathrm{m}^3$

鼓风中含氮量为 $(1-w)(1-f)\,\mathrm{m}^3$

鼓风中含氢量为 $f\,\mathrm{m}^3$

富氧鼓风时的炉缸煤气成分可同样计算。表4-2是首钢某高炉富氧鼓风时炉缸煤气成分的变化。

**表4-2　首钢某高炉富氧鼓风时炉缸煤气成分的变化**

| 鼓风含 $O_2$/% | 鼓风湿度/% | 炉缸煤气成分/% | | |
|---|---|---|---|---|
| | | CO | $H_2$ | $N_2$ |
| 21.0 | 2.0 | 35.21 | 63.16 | 1.63 |
| 22.0 | 2.0 | 36.52 | 61.86 | 1.62 |
| 23.0 | 2.0 | 37.80 | 60.59 | 1.61 |
| 24.0 | 2.0 | 39.07 | 59.33 | 1.60 |
| 25.0 | 2.0 | 40.82 | 58.10 | 1.58 |

当高炉喷吹燃料特别是喷吹天然气和重油时,炉缸煤气中 $H_2$ 含量会显著升高。表4-3是鞍钢某高炉喷吹重油时炉缸煤气成分的变化。

**表4-3　喷吹重油时炉缸煤气成分的变化**

| 喷吹量/kg·t$^{-1}$ | 鼓风湿度/% | 炉缸煤气成分/% | | |
|---|---|---|---|---|
| | | CO | $H_2$ | $N_2$ |
| 0 | 2.55 | 36.51 | 61.3 | 2.2 |
| 41 | 1.5 | 34.1 | 61.8 | 4.1 |
| 52 | 2.81 | 34.5 | 59.3 | 6.2 |
| 60 | 3.27 | 34.1 | 59.3 | 6.6 |
| 94 | 1.69 | 32.3 | 58.4 | 9.3 |

由此可见,增加鼓风湿度时,炉缸煤气中的 $H_2$ 和 CO 含量增加,$N_2$ 含量减少。

富氧鼓风时,炉缸煤气中 $N_2$ 含量减少,CO 含量相对增加。

喷吹燃料时,炉缸煤气中 $H_2$ 含量显著增加,CO 和 $H_2$ 含量相对降低,这些措施都相对富化了还原性煤气,均有利于强化高炉和降低焦比。

### 4.1.2.2　风口前碳素燃烧的有关计算

风口前碳素燃烧的有关计算中(1)、(2)项与式(4-5)~式(4-7)内容相同如下:

(1)燃烧1kg碳素所需风量 $V_风$。由反应式(4-2)可知,燃烧1kg碳素所需的氧量为:$\dfrac{\frac{1}{2}\times22.4}{12}=0.933\,\mathrm{m}^3/\mathrm{kg}$。则燃烧1kg碳素所需风量 $V_风$（$\mathrm{m}^3/\mathrm{kg}$）为:

$$V_风=\frac{0.933}{w(1-f)+0.5f}$$

式中　$w$——鼓风含氧量,%;

　　　$f$——鼓风湿度,%。

当不富氧时,$w=21\%$,则

$$V_风=\frac{0.933}{0.21(1-f)+0.5f}=\frac{0.933}{0.21+0.29f}$$

当 $f = 0$ 时　　　　　　　　　　　　$V_风 = 4.44 \text{m}^3/\text{kg}$

　$f = 1\%$ 时　　　　　　　　　　　　$V_风 = 4.39 \text{m}^3/\text{kg}$

（2）燃烧 1kg 碳素所生成的炉缸煤气体积（即生成的 $CO$、$N_2$、$H_2$ 体积之和）。

$$V_煤 = V_风 (V_{CO} + V_{N_2} + V_{H_2})$$

式中　$V_{CO}$，$V_{N_2}$，$V_{H_2}$——$CO$、$N_2$、$H_2$ 燃烧产物的体积。

所以　$V_煤 = \dfrac{0.933}{0.21 + 0.29f} \left[ 2 \times (0.21 + 0.29f) + 0.79(1 - f) + f \right]$

$$= \dfrac{0.933}{0.21 + 0.29f} (1.21 + 0.79f)$$

当 $f = 0$ 时　　　　　　　　　　　　$V_煤 = 5.38 \text{m}^3/\text{kg}$

　$f = 1\%$ 时　　　　　　　　　　　　$V_煤 = 5.32 \text{m}^3/\text{kg}$

由此可知，炉缸煤气量约为风量的 1.21 倍，即 $V_煤 = 1.21 V_风$。

（3）风口前每分钟燃烧碳量 $C_风 (\text{kg/min})$ 的计算。

$$C_风 = \dfrac{V_有 I C_K K_\psi}{1440} \tag{4-9}$$

式中　$V_有$——高炉有效容积，$\text{m}^3$；

　　　$I$——高炉冶炼强度，$\text{kg}/(\text{m}^3 \cdot \text{d})$；

　　　$C_K$——焦炭中固定碳的含量，%；

　　　$K_\psi$——焦炭在风口前的燃烧率，一般取 70%；

　1440——每昼夜的分钟数。

还可按焦比计算出冶炼 1t 生铁时风口前燃烧的碳量（kg/t）：

$$C_风 = K C_K K_\psi \tag{4-10}$$

所以每分钟（或冶炼 1t 生铁）所需风量（$\text{m}^3/\text{min}$ 或 $\text{m}^3/\text{t}$）为：

$$V_0 = V_风 C_风 \tag{4-11}$$

（4）高炉入炉风量 $V_0$ 的近似计算。现场对冶炼强度 $I$ 的单位采用 $\text{t}/(\text{m}^3 \cdot \text{d})$，所以将式（4-9）乘以 $10^3$，代入式（4-11）得：

$$V_0 = V_风 \times C_风 = \dfrac{0.933}{0.21 + 0.29f} \times \dfrac{10^3 V_有 I C_K C_\psi}{1440}$$

$$= \dfrac{0.933}{0.21 + 0.29f} \times 10^3 C_K K_\psi \times \dfrac{V_有 I}{1440} \tag{4-12}$$

式中　$\dfrac{0.933}{0.21 + 0.29f} \times 10^3 C_K K_\psi$——入炉 1t 焦炭所需风量，$\text{m}^3/\text{t}$。

根据鼓风湿度 $f$ 与 $C_K$ 和 $K_\psi$ 的变化情况，一般波动在 $2500 \sim 3000 \text{m}^3/\text{t}$ 之间，近似取值 $2880 \text{m}^3/\text{t}$，则 $V_0 (\text{m}^3/\text{min})$ 为：

$$V_0 \approx \dfrac{2880}{1440} V_有 I_气 = 2 V_有 I_气 \tag{4-13}$$

## 4.2 理论燃烧温度与炉缸内的温度分布

### 4.2.1 理论燃烧温度

在高炉炉缸中，焦炭在 1000 ~ 1200℃ 高温气流中燃烧，达到很高的温度。燃烧的温度水平常以理论燃烧温度来表示。

理论燃烧温度（$t_理$）是指风口前焦炭燃烧所能达到的最高平均温度，即假定风口前燃料燃烧放出的热量（化学热）以及热风和燃料带入的热量（物理热）全部传给燃烧产物时达到的最高温度，也就是炉缸煤气尚未与炉料发生热交换前的原始温度。

根据燃烧区的热平衡可用公式（4-14）计算：

$$t_理 = \frac{Q_碳 + Q_风 + Q_燃 - Q_水 - Q_喷}{c_{CO \cdot N_2}(V_{CO} + V_{N_2}) + c_{H_2}V_{H_2}} = \frac{Q_碳 + Q_风 + Q_燃 - Q_水 - Q_喷}{V_煤 c_煤} \qquad (4-14)$$

式中
$Q_碳$——风口区碳素燃烧生成 CO 时放出的热量，kJ/t；

$Q_风$——热风带入的物理热，kJ/t；

$Q_燃$——燃料带入的物理热，kJ/t；

$Q_水$——鼓风及喷吹物中水分的分解热，kJ/t；

$Q_喷$——喷吹物的分解热，kJ/t；

$c_{CO \cdot N_2}$——CO 和 $N_2$ 的比热容，kJ/($m^3 \cdot$℃)；

$c_{H_2}$——$H_2$ 的比热容，kJ/($m^3 \cdot$℃)；

$V_{CO}, V_{N_2}, V_{H_2}$——炉缸煤气中 CO、$N_2$、$H_2$ 的体积，$m^3$/t；

$V_煤$——炉缸煤气的总体积，$m^3$/t；

$c_煤$——理论温度下炉缸煤气的平均比热容，kJ/($m^3 \cdot$℃)。

影响理论燃烧温度的因素：

（1）鼓风温度。鼓风温度升高，鼓风带入的物理热增加，$t_理$ 升高。表4-4为风温对理论燃烧温度的影响。

表4-4 风温对理论燃烧温度的影响

| 风温/℃ | 鼓风湿度/% | 干风含氧量/% | 喷吹量/kg·t⁻¹ | 理论燃烧温度/℃ |
|---|---|---|---|---|
| 800 | 1.5 | 21 | 0 | 1994 |
| 900 | 1.5 | 21 | 0 | 2073 |
| 1000 | 1.5 | 21 | 0 | 2154 |
| 1100 | 1.5 | 21 | 0 | 2237 |
| 1200 | 1.5 | 21 | 0 | 2319 |

注：表中为鞍钢数据。

（2）鼓风中 $O_2$ 的含量。当 $O_2$ 含量增加，鼓风中 $N_2$ 含量减少时，此时虽因风量的减少而减少了鼓风带入的物理热，但由于煤气中 $N_2$ 体积（$V_{H_2}$）降低的幅度较大，煤气总体积减小，$t_理$ 会显著升高，见表4-5。

（3）鼓风湿度。鼓风湿度增加，分解热增加，$t_理$ 会降低。

（4）喷吹燃料量。由于喷吹物的分解吸热和 $H_2$ 体积（$V_{N_2}$）增加，$t_理$ 降低。各种喷吹物的分解热不同（含 $H_2$ = 22% ~ 24% 的天然气分解热为 3350kJ/$m^3$，含 $H_2$ = 11% ~

13%的重油分解热为 1675kJ/kg，含 $H_2$ = 2% ~ 4%无烟煤的分解热为 1047kJ/kg，烟煤比无烟煤高 120kJ/kg），所以使用不同的喷吹燃料时，$t_{理}$降低的幅度不相同，见表 4 - 6。

表 4 - 5　鼓风含氧量对理论燃烧温度的影响

| 鼓风含氧/% | 鼓风温度/℃ | 鼓风湿度/% | 喷吹/kg·t$^{-1}$ | 理论燃烧温度/℃ |
|---|---|---|---|---|
| 21 | 1100 | 1.5 | 0 | 2237 |
| 22 | 1100 | 1.5 | 0 | 2267 |
| 23 | 1100 | 1.5 | 0 | 2314 |
| 24 | 1100 | 1.5 | 0 | 2360 |
| 25 | 1100 | 1.5 | 0 | 2404 |

表 4 - 6　喷吹燃料量对理论燃烧温度的影响

| 喷油量/kg·t$^{-1}$ | 鼓风温度/℃ | 鼓风湿度/% | 鼓风含氧/% | 理论燃烧温度/℃ |
|---|---|---|---|---|
| 0 | 1100 | 1.5 | 21 | 2237 |
| 20 | 1100 | 1.5 | 21 | 2175 |
| 40 | 1100 | 1.5 | 21 | 2117 |
| 60 | 1100 | 1.5 | 21 | 2069 |
| 80 | 1100 | 1.5 | 21 | 2022 |
| 100 | 1100 | 1.5 | 21 | 1980 |

（5）炉缸的煤气体积量。炉缸的煤气体积增加，$t_{理}$会降低，反之则升高。在燃烧带内，有部分碳素完全燃烧生成 $CO_2$，比不完全燃烧生成 CO 时要多放出热量（见式（4 - 1）和式（4 - 2）），因此炉缸煤气中 $CO_2$ 含量最高的区域即是燃烧带中温度最高的区域，也称燃烧焦点，其温度称燃烧焦点温度。由于在不同条件下，最高点 $CO_2$ 位置不断变化，不便于计算燃烧焦点温度。

理论燃烧温度高，表明同样体积的煤气有较多的热量，可以把较多的热量传给炉料，有利于炉料加热、分解、还原过程的进行。尤其在高炉喷吹燃料后，较高的燃烧温度可以加速喷吹物的燃烧，改善喷吹物的利用。但过高的燃烧温度使煤气体积增大，流速增加，炉料下降的阻力增高，并可使 SiO 大量挥发，不利于炉况顺行。因此，要维持适宜的理论燃烧温度。

生产所指的炉缸温度，常以渣、铁水的温度为标志，但理论燃烧温度与渣、铁水温度往往没有严格的依赖关系，甚至有本质上的区别。例如，喷吹燃料后，由于喷吹物分解吸热，$t_{理}$要降低，而渣铁水温度却往往升高。采用富氧鼓风后，$t_{理}$会升高。但富氧鼓风后，炉缸煤气量减少，炉缸中心煤气量相对不足，渣、铁水的温度有可能降低，所以把理论燃烧温度作为衡量炉缸温度的依据，显然是不合适的。但由于 $t_{理}$受喷吹量的影响较明显，故喷吹燃料后，$t_{理}$仍是高炉操作中的重要参考指标。

## 4.2.2　炉缸煤气温度的分布

炉缸内的实际温度不仅受到理论燃烧温度的影响，而且还与焦比、炉渣成分、生铁品种、炉缸直接还原度及冷却水带走的热量等因素有关。因此，各高炉由于冶炼条件和操作制度的不同，炉缸的实际温度不尽相同。

燃料在靠近风口的燃烧带内燃烧，产生的高温煤气（1800 ~ 1900℃）向上和向炉缸中心穿透，把热量传给焦炭、炉渣和铁水，而煤气本身的温度逐渐降低。由于煤气是高炉内唯一载热体，炉内的温度分布与煤气分布有密切的关系。煤气在炉内分布合理与否，对煤气热能的利用有密切的关系。

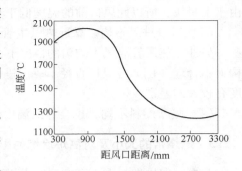

图 4-3　沿半径方向炉缸温度的变化

　　产生煤气的燃烧带是炉缸内温度最高的区域。在燃烧带内其温度与煤气中 $CO_2$ 含量相对应。$CO_2$ 含量最高的地方，也是温度的最高点。炉缸内由边缘向中心穿透的煤气量逐渐减少，温度的分布也逐渐降低，如图 4-3 所示。

　　不同的高炉，由炉缸边缘向中心的温度降低程度是不同的。这主要取决于到达炉缸中心的煤气数量和温度、直接还原发展程度、炉料情况等因素。显然，渗透到中心的煤气数量越多，直接还原度越小，则炉缸温度就越高。炉缸工作均匀、活跃是获得高炉高产、优质、低耗的重要基础。保持足够的炉缸中心温度，使渣铁保持液体熔融状态，并且具有良好的流动性是炉缸工作均匀、活跃的重要条件。冶炼炼钢生铁时，炉缸中心温度不应低于 1350~1400℃。冶炼锰铁或硅铁时，炉缸中心温度应在 1500~1650℃ 以上。炉缸中心温度过低，会使中心的炉料得不到充分加热和熔化，造成"中心堆积"，炉缸工作不均匀，严重影响冶炼进程。为使炉缸中心有足够的温度，最重要的措施是采用合理的送风和装料制度，把炽热的煤气输送到炉缸中心。这一点对容积大、冶炼强度低、原料粉末多及炉渣较黏稠的高炉尤为重要。

　　高炉喷吹燃料时，沿炉缸截面的温度分布发生了变化：由于燃料分解、加热喷吹燃料和燃料生成的 $H_2$ 量显著增大，降低了燃烧带最高温度水平，使炉缸煤气原始温度降低。但煤气数量增加以及炉料进入炉缸前还原充分，减少了炉缸内的直接还原，炉缸中心温度较喷吹前明显升高。由边缘到中心的温度变化曲线更加平坦，沿炉缸截面温度分布更加均匀，炉缸工作改善显著，将保证高炉顺行。

　　炉缸内的温度分布不仅沿炉缸半径方向不均匀，沿炉缸圆周的温度分布也不完全均匀。表 4-7 是某高炉的 8 个风口中 4 个风口前测定的温度数据。

表 4-7　风口前的温度

| 测定时间 | 各风口前平均温度/℃ | | | | 全部风口前的平均温度/℃ |
| --- | --- | --- | --- | --- | --- |
| | 2 号 | 4 号 | 6 号 | 8 号 | |
| 第 1 天 | 1675 | 1775 | 1800 | 1650 | 1725 |
| 第 2 天 | 1650 | 1750 | 1800 | 1650 | 1710 |
| 第 3 天 | 1750 | 1850 | 1700 | 1600 | 1725 |
| 第 4 天 | 1825 | 1775 | 1800 | 1700 | 1775 |
| 10 天平均 | 1729 | 1778 | 1778 | 1693 | 1742 |

各风口前温度不同，有以下原因：

（1）布料不均，焦炭多矿石少的地方，温度较高，反之亦然。

（2）下料速度不均，下料较快的地方，直接还原相对增加，因而温度比其他地方低。一般渣铁口附近，特别是铁口附近下料较其他地方快。表 4-7 中 8 号风口与铁口相邻，由于下料快，所以此风口前的温度低于其他风口。

（3）风口进风不均。靠近热风主管一侧的风口进风可能稍多些，另一侧的风量就少些。另外在热风管混风不均匀的情况下，也可能造成进风时风温和风量的不均匀。如果结构上不合理（例如各风口直径不一、进风环管或各弯管的内径不同），也将使各风口前温度有较大的差别。

（4）喷吹燃料不均，也会导致温度分布不均。

### 4.2.3　燃烧带的大小及对高炉冶炼的影响

首先，燃烧带的大小影响炉缸内煤气的分布及炉缸中心温度。燃烧带是高炉煤气的产生地，燃烧带的大小决定炉缸煤气的初始分布，也在很大程度上影响煤气在上升过程中的分布。燃烧带越伸向中心，中心煤气流越发展，炉缸中心温度就升高。相反燃烧带小，则边缘煤气流发展，炉缸中心温度就降低。因此，希望燃烧带较多地伸向炉缸的中心，但燃烧带过分向中心发展会造成"中心过吹"，而造成边缘煤气流不足，使炉料和炉墙之间的摩擦力增加，也不利于炉料顺行。

其次，燃烧带的大小影响高炉顺行情况。焦炭在燃烧带燃烧，促使燃烧带上方的焦炭不断降落，因此对应燃烧带的上方，是炉料下降最快最松动的地方。适当扩大燃烧带，可增加炉料的松动区，缩小炉料的呆滞区，扩大炉缸活跃区域的面积，有利于高炉的顺行。因此，希望燃烧带的水平投影面积大些，多伸向中心，并缩小风口之间的炉料呆滞区。但即使燃烧带投影面积相同，高炉内的边缘煤气流和中心煤气流也可能有不同的发展情况，这要看燃烧带是靠近边缘还是伸向中心。如图4-4所示，图4-4（a）燃烧带缩短而向风口两侧扩展，它发展边缘煤气流，使炉缸边缘温度升高，中心温度降低。图4-4（b）由于风口直径缩小而使燃烧带变得细长，它发展中心煤气流，使炉缸中心温度升高。最理想的情况是各风口前的燃烧带连成环形，消除各风口之

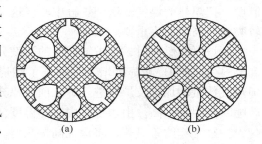

(a)　　　　　　(b)

图4-4　炉缸截面上燃烧带的分布

间的炉料呆滞区，使炉料更加顺利下降。因此，在设计高炉时，应尽可能增加风口数目。

过去有人认为中心料柱有死料（呆区）存在，炉缸直径不宜过大。但由于在强化的高炉上，存在焦炭回旋区，高炉中心有部分炉料会返回到燃烧区域内。因此当今炉缸直径不断扩大到 $\phi 10000 \sim 12000mm$ 以上，炉缸依然活跃。

### 4.2.4　影响燃烧带大小的因素

燃烧带的尺寸，决定于氧气区和 $CO_2$ 还原区的大小之和。在强化的高炉上，有焦炭回旋区的存在。在整个回旋区中氧含量都比较高，可以近似地认为回旋区就是氧化区。由于 $CO_2$ 还原区尺寸较小（一般约 $200 \sim 300mm$），燃烧带尺寸主要取决于焦炭回旋区的大小，而焦炭进行机械运动的范围主要取决于鼓风动能。

在冶炼强度较低的高炉上，风口前无焦炭回旋区，焦炭处于分层燃烧状态。此时影响燃烧带大小的因素除鼓风动能外，还有焦炭的燃烧反应速度、炉料性质及其在炉内的分布等。

### 4.2.4.1 鼓风动能

鼓风动能是指从风口前鼓入炉内的风所具有的机械能，鼓风用以克服风口前料层的阻力层向炉缸中心扩散和穿透。鼓风的各种参数：风量、风温、风压、鼓风密度、风口数目等皆影响鼓风动能。对进风面积已确定的高炉，风量、风温、风压就成为影响鼓风动能的决定性因素，其中风量的影响尤为重要。鼓风动能和燃烧带大小成直线关系，如图 4 – 5 所示。

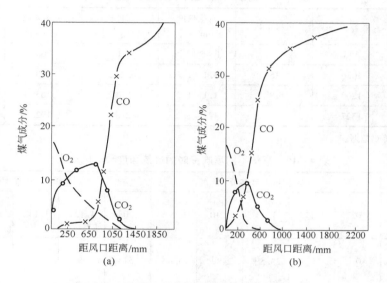

图 4 – 5 鼓风动能和燃烧带长度关系
（a）大风量；（b）小风量

鼓风动能可以式（4 – 15）计算：

$$E = \frac{1}{2}mv^2 = \frac{1}{2} \times \frac{1.293}{9.8} \times \frac{Q_0}{n}\left(\frac{Q_0}{nA} \times \frac{273 + t}{273} \times \frac{1}{p}\right)^2 \qquad (4-15)$$

式中　$E$——鼓风动能，kg·m/s；

　　　$m$——鼓风质量，kg；

　　　$v$——风速，m/s；

　　　$Q_0$——风量（标态），$m^3$/s；

　　　$n$——工作风口数目，个；

　　　$A$——1 个风口的面积，$m^2$；

　　　$t$——鼓风温度，℃；

　1.293——鼓风密度，kg/$m^3$；

　　　$p$——鼓风工作压力，MPa。

由于我国高炉漏风率较高，达 10% ~ 15%，小高炉则更高，可达 30%。式（4 – 15）中采用仪表风量 $Q_0$ 可能有较大误差，最好用每天焦炭消耗量反推计算 $Q_0$。

随着高炉冶炼条件的不同，合理的鼓风动能也不一样，应在实践中摸索获得。表 4 – 8 ~ 表 4 – 10 的数据可供参考。

表 4 - 8　不同容积高炉的鼓风动能范围

| 炉容/m³ | 100 | 300 | 600 | 1000 | 1500 | 2000 | 2500 | 3000 | 4000 |
|---|---|---|---|---|---|---|---|---|---|
| 炉缸直径/m | 2.9 | 4.7 | 6.0 | 7.2 | 8.6 | 9.8 | 11.0 | 11.8 | 13.5 |
| 鼓风动能 /kg·m·s⁻¹ | 1500～3000 | 2500～4000 | 3500～5000 | 4000～6000 | 5000～7000 | 6000～8000 | 7000～10000 | 9000～11000 | 11000～14000 |

注：冶炼强度 0.9～1.2t/(m³·d)。

表 4 - 9　高炉内型与鼓风动能及风速的关系

| 炉　号 | 有效容积/m³ | 风口个数 | 冶炼强度 /t·(m³·d)⁻¹ | 高径比 ($H_有/D$) | 实际风速 /m·s⁻¹ | 鼓风动能 /kg·m·s⁻¹ |
|---|---|---|---|---|---|---|
| 1 | 576 | 15 | 1.45～1.6 | 2.61 | 208 | 5134 |
| 2 | 1036 | 15 | 1.1～1.2 | 2.972 | 150 | 4357 |
| 3 | 1200 | 18 | 1.1～1.2 | 2.792 | 165 | 4446 |
| 4 | 1327 | 22 | 1.1～1.2 | 2.85 | 192 | 5217 |

注：表中为首钢数据。

表 4 - 10　高炉不同喷吹量时的冶炼强度和鼓风动能

| 炉　别 | 某钢厂 1 号高炉 | | | | | 某钢厂 2 号高炉 | | | | |
|---|---|---|---|---|---|---|---|---|---|---|
| 冶炼强度 /t·(m³·d)⁻¹ | 1.027 | 1.173 | 1.03 | 1.10 | 1.235 | 1.08 | 1.129 | 1.142 | 1.121 | 1.205 |
| 喷吹量 /kg·t⁻¹ | 0 | 0 | 23.5① | 248① | 26.6① | 51 | 59 | 64 | 69 | 114 |
| 实际风速 /m·s⁻¹ | 252 | 229 | 215 | 213 | 191 | 194 | 187 | 183 | 177 | 156 |
| 风口面积 /m² | | | | | | 0.2731 | 0.2753 | 0.2764 | 0.2974 | 0.2853 |
| 鼓风动能 /kg·m·s⁻¹ | 5770 | 5040 | 4256 | 4348 | 3825 | 4788 | 4717 | 4322 | 4019 | 2275 |

① 数据为喷吹率，%。

### 4.2.4.2　燃烧反应速度

燃烧反应速度高时，燃烧反应可在较小区域完成，使燃烧带缩小，反之则相反。

在现代高炉生产中，燃烧焦点温度达到 2000℃ 以上，因此燃烧反应一般不受化学反应速度影响；而回旋区内焦炭与气流相对速度较小，可以认为燃烧反应受扩散速度影响。应当指出，在有回旋区存在的高炉上，燃烧带大小主要决定于鼓风动能的高低。这种情况下，燃烧速度仅仅是通过在厚度不大的中间层内 $CO_2$ 对 C 的氧化作用来影响燃烧带，这个作用是很小的，因此可以认为燃烧速度对氧化带无实际影响。

此外，焦炭性质对燃烧带大小也有影响。在层状燃烧的情况下，粒度越大，则单位体积焦炭的总面积越小，反应速度越慢，因而燃烧带越大；在回旋运动燃烧的情况下，焦炭粒度越大，则回旋区越小，因而燃烧带越小。在层状燃烧的情况下，焦炭的气孔率越高，则反应速度越快，因而燃烧带越小；在回旋运动燃烧的情况下，焦炭的气孔率越高，可以使 $CO_2$ 的还原反应加快，缩小还原区，因而燃烧带将缩小。

### 4.2.4.3 炉料在炉缸内分布

显然，当炉缸内料柱松动，透气性变好，在相同的鼓风动能条件下，煤气容易穿入炉缸中心，燃烧带则延长；如果炉缸内炉料紧密，透气性很差，煤气通过的阻力损失将增加，燃烧带则缩小。

## 4.3 鼓风动能与下部调剂

### 4.3.1 鼓风动能的影响因素

（1）高炉容积越大，则炉缸直径越大，为保证中心有足够的煤气量，应有较大的鼓风动能。如果高炉容积相同，对矮胖形高炉（$H_{有}/D$ 较小）也应有较大的鼓风动能。我国 $1000m^3$ 左右的大高炉的鼓风动能在 $4000 \sim 7000kg \cdot m/s$ 之间；$300m^3$ 的中型高炉在 $3000 \sim 4000kg \cdot m/s$ 之间。高炉到末期内衬侵蚀严重时，也应有较大鼓风动能，以控制边缘煤气流的过分发展。

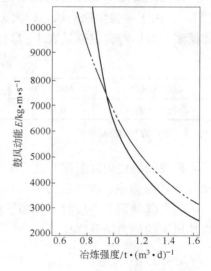

图 4 - 6　鼓风动能与冶炼强度的关系

（2）冶炼强度不同，适宜的鼓风动能也不一样。生产实践表明，适宜的鼓风动能和冶炼强度呈反比的关系，如图 4 - 6 所示。冶炼强度高时，燃烧速度加快，由热能转化为机械功部分的能力增加，回旋区扩大，为维持合理煤气流分布，应适当降低鼓风动能。反之，冶炼强度低时，适宜的鼓风动能应增大。

（3）喷吹燃料后，由于部分燃料在直吹管内就开始燃烧，实际的动能有所增大，即 $E_{喷} = E_{焦} + \Delta E_{喷}$，在 $E_{焦}$ 相同情况下，喷吹量越大，$\Delta E_{喷}$ 越大。因此，喷吹燃料的高炉为维持合理的煤气分布，应适当减小适宜鼓风动能。

（4）炉内料柱透气性也是影响适宜鼓风动能的重要因素。炉内料柱透气性差，应有较大的鼓风动能；反之，应有较小的鼓风动能。

（5）高炉富氧鼓风时，将加快燃料燃烧速度，减少燃烧产物堆积，将使燃烧带缩小。因此，在富氧率较高时，适当加大鼓风动能。

（6）风压升高时，由式（4 - 17）可知，鼓风动能将降低，使燃烧带缩小，边缘气流增加。所以应适当增大鼓风动能，以抑制边缘煤气，增加中心煤气。

另外，在生产中，常常用改变风口的面积和长度的方法来调节鼓风动能。炉缸中心严重堆积或严重失常时，采取缩小风口面积或暂时均匀间隔地堵死部分风口，以提高鼓风动能，有助于改善炉缸工作状态，迅速消除失常和恢复炉况。但堵风口不宜过多和过于集中，时间不宜过长，以免炉缸局部堆积或炉墙局部变厚，反而造成炉况不顺。

### 4.3.2 高炉的下部调剂

高炉的下部调剂是通过改变进风状态控制煤气流的初始分布，使整个炉缸温度分布均匀稳定、热量充沛、工作活跃，也就是控制适宜的燃烧带与煤气流的合理分布。为达到适宜燃烧带，除了与之相适宜的料柱透气性外，要通过日常鼓风参数的调剂（即下部调剂）实现合适的鼓风动能，以保证炉况的顺行。

经常调剂的鼓风参数主要有风温、风量、喷吹量、鼓风含氧量、鼓风湿度等。

#### 4.3.2.1 风温

由鼓风动能的计算公式可以看出，提高鼓风温度，则鼓风动能增加。热风是高炉热源之一，它带入的物理热全部被利用，热量集中于炉缸，若相应降低焦比，则炉顶煤气温度降低，即提高了高炉热能的利用率。

提高风温能降低焦比的数值是变化的，焦比高时（原料差、风温低、煤气分布不合理等），由于单位生铁的风量较大，故提高相同的风温值，实际带入的热量也多，降低焦比就多。鞍钢经验数据见表 4 – 11，其值有代表意义，表中 $K$ 值为焦比。

表 4 – 11　提高风温的效果

| 风温范围/℃ | 600 ~ 700 | 700 ~ 800 | 800 ~ 900 | 900 ~ 1000 | 1000 ~ 1100 |
| --- | --- | --- | --- | --- | --- |
| 降低焦比值/kg | 0.07$K$ | 0.06$K$ | 0.05$K$ | 0.045$K$ | 0.04$K$ |

注：表中为鞍钢经验数据。

提高风温使炉缸温度升高，上升煤气的上浮力增加，不利于高炉顺行。故操作中常常从"加风温为热，减风温为顺"出发，加风温要稳（30 ~ 50℃），减风温要猛。

若有其他调节手段时（如喷吹燃料和加湿鼓风），应把风温固定在最高温度，充分利用热风炉的能力降低焦比。

#### 4.3.2.2 风量

风量对产量、煤气分布影响较大，一般要稳定大风量操作而不轻易调剂，只有其他调剂方法无效时才采用。

增加风量，煤气量增加，煤气流速加快，对炉料上浮力加大，不利顺行。相反，减风能使煤气适应炉料的透气性。当出现崩料，管道行程、煤气流不稳时，减风量是很有效的。

增加风量使鼓风动能增加，有利于发展中心气流，但过大时会出现中心管道。减风会发展边缘气流，但长时间慢风作业会使炉墙侵蚀。

增加风量能提高冶炼强度，下料加快，通常能增加产量。要掌握好风量与下料批数之间的关系，用风量控制下料批数是下部调剂的重要手段之一。

炉子急剧向凉时，减风是有效措施，可以增加煤气和炉料在炉内的停留时间，改善还原而使炉温回升。但有些小高炉由于减风过多或不当，使焦炭燃烧量降低，热量不足，同时由于煤气量的减少而造成分布不合理，反而导致进一步炉凉。

### 4.3.2.3　喷吹燃料

用喷吹量能调剂入炉碳量，在焦炭负荷不变的情况下增加喷吹量能使炉热。相反，减少喷吹量会使炉凉，而且在增加喷吹量时，由于喷吹物要在风口前分解，而且是冷态进入燃烧带，因此对炉缸有暂时的降温作用，当喷吹物生成的 CO、$H_2$ 在上升中增加间接还原后，这部分炉料下达炉缸时，效果才会显示出来。所以有一段热滞后时间，一般为 3~5h。

### 4.3.2.4　鼓风含氧量

富氧鼓风时，随着鼓风中含氧量的增加，燃烧单位碳量生成的煤气量减少，燃烧温度升高，于是燃烧反应速度加快，燃烧带缩小。

但是，有的研究结果也表明，鼓风含氧量对燃烧带的大小没有影响。这是由于高炉过程处于不同的动力学条件，因而影响燃烧带大小的因素及其影响的程度不同所致。

### 4.3.2.5　鼓风湿度

鼓风中的水蒸气在燃烧带分解而吸热。反应式如下：

$$H_2O \longrightarrow H_2 + \frac{1}{2}O_2 - 10800kJ/m^3$$

鼓风湿度增加 $1g/m^3$，分解吸收相当于 9℃ 风温的热量，但分解产生的 $H_2$ 在炉内参加还原反应又放出相当于 3℃ 风温的热量，所以一般考虑每增加 $1g/m^3$ 湿度需补偿热相当于 6℃ 风温。

用湿分调剂的特点是：

（1）调剂方便，可迅速纠正炉温波动。

（2）对鼓风动能、煤气流分布无大影响。较高的湿分可使炉缸热量和温度分布均匀，有利于高炉顺利，但不利于降低焦比。

（3）湿分的变化导致鼓风含氧量的变化，鼓风中带入 1mol $H_2O$，相当于带入 $\frac{1}{2}$ mol $O_2$，提高了鼓风含氧量，有利于提高冶炼强度。

当高炉喷吹燃料时，已有喷吹物在风口前分解耗热，而鼓风中的水分同样会吸收热量，因此不宜采用加湿鼓风操作。

## 4.4　煤气上升过程中的变化

风口前燃料燃烧生成的煤气，在上升过程中与下降的炉料相接触，进行一系列的传热和传质作用，煤气的体积成分和温度都发生重大变化。

### 4.4.1　煤气上升过程中体积和成分的变化

高炉煤气在上升过程中体积和成分的变化如图 4-7 和图 4-8 所示。

煤气的体积在上升过程中有所增大。一般在全焦冶炼的条件下，炉缸煤气量约为风量的 1.21 倍，炉顶煤气量约为风量的 1.35~1.37 倍。喷吹燃料时，炉缸煤气量约为风量的 1.25~1.30 倍，炉顶煤气量约为风量的 1.40~1.45 倍。

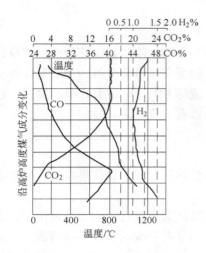

图 4-7　沿高炉高度煤气成分和
温度的变化

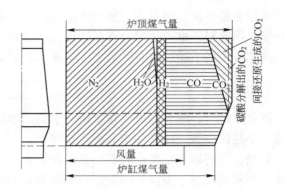

图 4-8　煤气上升过程中体积的变化

导致煤气体积增大的原因主要有以下几个方面：

（1）Fe、Si、Mn、P 等元素直接还原生成部分 CO；

（2）碳酸盐分解放出部分 $CO_2$，其中约有 50% 的 $CO_2$ 与碳作用生成 CO（$CO + C \rightarrow 2CO$）；

（3）部分结晶水与 CO 和碳作用生成一定的 $H_2$、$CO_2$ 和 CO（$H_2O + CO \rightarrow CO_2 + H_2$，$H_2O + C \rightarrow CO + H_2$）；

（4）燃料的挥发分挥发后产生的气体（$H_2$、$N_2$、CO、$CO_2$）。

炉缸煤气上升过程中成分的变化，如图 4-7 所示。

CO：在风口前的高温区，CO 体积逐渐增大，这是因为 Fe、P、Mn、Si 等元素的直接还原生成一部分 CO，同时有部分碳酸盐在高温区分解出的 $CO_2$ 与 C 反应，生成两倍体积的 CO。到了中温区，有大量间接还原进行，又消耗了 CO，所以 CO 量是先增加而后又降低。

$CO_2$：在高温区不稳定，与 C 发生气化反应，炉缸、炉腹处煤气中 $CO_2$ 量几乎为零。在上升过程中由于有了间接还原以及碳酸盐的分解，$CO_2$ 量逐渐增加。由于间接还原时消耗 1 体积的 CO，而生成 1 体积 $CO_2$，所以此时 CO 的减少量等于 $CO_2$ 的增加量，如图 4-8 中虚线左边的 $CO_2$ 即是间接还原生成，而虚线右边代表碳酸盐分解产生的 $CO_2$ 量。总体积有所增加。

$H_2$：鼓风中水分分解，焦炭中有机 $H_2$、挥发分中 $H_2$ 以及喷吹燃料的 $H_2$ 等是 $H_2$ 的主要来源。$H_2$ 在上升过程中有部分参加间接还原，因此总体积有所减少。

$N_2$：鼓风中带入大量 $N_2$，少量是焦炭中的有机 $N_2$ 和挥发分中的 $N_2$，$N_2$ 不参加任何化学反应，绝对量不变。但由于煤气量增加，因而浓度下降。

$H_2O$：在炉顶煤气中含有少量的 $H_2O$ 是由 $H_2$ 的间接还原生成和炉料带入的，一般在分析煤气样时无法测出。

到达炉顶的煤气成分（不喷吹时）大致范围如下：

| 成分 | $CO_2$ | CO | $N_2$ | $H_2$ |
|---|---|---|---|---|
| 含量/% | 15 ~ 22 | 20 ~ 25 | 55 ~ 57 | 1 ~ 3 |

一般炉顶煤气中（CO + $CO_2$）% 比较稳定，为 38% ~ 42%。但 $CO_2$ 和 CO 的含量都随着冶炼条件等因素的变化而相互改变。影响炉顶煤气成分变化的主要因素包括：

（1）焦比升高时，单位生铁炉缸煤气量增加，煤气的化学能利用率（CO 的利用率）降低，CO 量升高，$CO_2$ 量降低，$CO_2$/CO 比值降低。同时由于入炉风量增大，带入的 $N_2$ 增加，使（CO + $CO_2$）相对含量降低。

（2）炉内的直接还原度（$r_d$）提高，煤气中的 CO 量增加，$CO_2$ 下降，同时由于风口前燃烧碳素减少，入炉风量降低，鼓风带入的 $N_2$ 降低，（CO + $CO_2$）量相对增加。

（3）熔剂用量增加时，分解出的 $CO_2$ 增加，煤气中的 $CO_2$ 和（CO + $CO_2$）量增加，$N_2$ 含量相对下降。

（4）矿石的氧化度提高，即矿石中 $Fe_2O_3$ 增加，则间接还原消耗的 CO 量增加，同时生成同体积的 $CO_2$，则煤气中 $CO_2$ 量增加，CO 量降低，（CO + $CO_2$）没有变化。

（5）鼓风中 $O_2$ 增加，鼓风带入的 $N_2$ 量减少，炉顶煤气中 $N_2$ 量减少，CO、$CO_2$ 量均相对提高。

（6）喷吹燃料特别是喷吹 H/C 比值高的燃料时煤气中 $H_2$ 量增加，则 $N_2$ 和（CO + $CO_2$）均会降低。

（7）加湿鼓风时，由于煤气中 $H_2$ 量增加，$N_2$ 和（CO + $CO_2$）量会相对降低。

改善煤气化学能利用的关键是提高 CO 的利用率（$\eta_{CO}$）和 $H_2$ 的利用率（$\eta_{H_2}$）。炉顶煤气中 $CO_2$ 含量越高，说明化学能利用越好；反之，$CO_2$ 含量越低，则化学能利用越差。

CO 的利用率表示为：

$$\eta_{CO} = \left[ CO_2/(CO + CO_2) \right] \times 100\%$$

我国高炉煤气利用较好的是宝钢、首钢，宝钢的炉顶煤气成分中 $CO_2$ 含量已超过 CO 含量，达到 0.5 以上，达到国际先进水平，而首钢的炉顶煤气中 $CO_2$ 含量达 19% ~ 20%。有些中小高炉炉顶煤气中 $CO_2$ 含量还不到 10% ~ 12%。目前国外先进高炉的炉顶煤气中 $CO_2$ 含量也高达 20% ~ 22%。据统计，炉顶煤气成分中 $CO_2$ 含量每提高 1%，可降低焦比 20kg 左右。

### 4.4.2 煤气上升过程中压力的变化

煤气从炉缸上升，穿过滴落带、软熔带，块状带到达炉顶，本身的压力能降低，产生的压头损失（$\Delta p$）可表示为 $\Delta p = p_{炉缸} - p_{炉喉}$，炉喉压力（$p_{炉喉}$）主要取决于高炉炉顶结构、煤气系统的阻力和操作制度（常压或高压操作）等。它在条件一定时变化不大。炉缸压力主要取决于风机提供的风压，而 $\Delta p$ 则由料柱透气性、风温、风量和炉顶压力等决定。一般高炉料柱阻力 $\Delta p$ 可近似表示为：

$$\Delta p = p_{炉缸} - p_{炉喉}$$

当操作制度一定时，料柱阻力变化，主要反映在热风压力（$p_{热风}$）上，所以热风压力增大，说明料柱透气性变坏，阻力变大。

正常操作的高炉，炉缸边缘到中心的压力是逐渐降低的。若炉缸料柱透气性好，则中心的压力较高（压差小）；反之，中心压力低（压差大）。图 4-9 是本钢某高炉煤气静压力沿高度的变化。

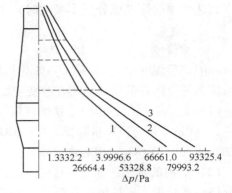

压力变化在高炉下部比较大，即压力梯度大，而在高炉上部则比较小。随着风量加大（冶炼强度提高），高炉下部压力变化更大，说明此时高炉下部料柱阻力增长值提高。因此，改善高炉下部料柱的透气性（渣量、炉渣黏度等）是进一步提高冶炼强度的重要措施。

图 4-9　本钢某高炉煤气静压力沿高度的变化

1—冶炼强度 0.985t/(m³·d)；2—冶炼强度 1.130 t/(m³·d)；3—冶炼强度 1.495t/(m³·d)

### 4.4.3　煤气温度在炉内的变化

煤气在高炉内高度方向和横截面上都有变化。

#### 4.4.3.1　煤气沿高度方向的温度变化

煤气在上升过程中与下降的炉料进行热交换，如图 4-10 所示，由高炉热交换特点决定高炉竖向温度分布呈 S 形曲线。在高炉上部和下部，由于煤气与炉料存在较大的温差，所以温度迅速降低，而在中部温度变化不大（称热交换空区），其具体数值因不同高炉而略有差异。煤气的温度沿高度方向降低的幅度越大，炉顶煤气温度越低，说明煤气热能利用越好，可以说，炉顶温度是反映高炉热能利用率的主要指标。

#### 4.4.3.2　沿高炉横截面上的温度分布

煤气温度沿高炉横截面上的分布是不均匀的，如图 4-11 所示，这主要取决于煤气流

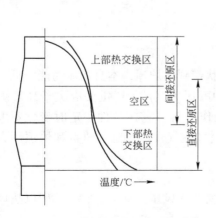

图 4-10　理想高炉的竖向温度分布

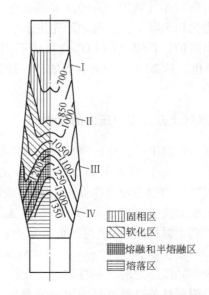

图 4-11　某高炉内各相及等温线分布

的分布。煤气多的地方温度高，煤气少的地方温度低。按煤气流分布可分为以下三种情况：

（1）边缘煤气流过分发展，中心煤气流分布较少，因此边缘温度高，中心温度低，其等温线形状与软熔带形状一致，呈 V 形曲线。

（2）中心煤气流过分发展，高炉中心煤气分布较多，温度高，而靠近炉墙处煤气流分布少，温度低，等温线呈"Λ"形曲线。

（3）边缘和中心煤气流都发展时，炉内等温线呈 W 形状分布。

## 4.5 高炉内的热交换

### 4.5.1 热交换基本规律

高炉内煤气上升和炉料下降的过程中，由于热量传输的结果，煤气温度不断降低，而炉料的温度不断升高，这个热交换过程比较复杂。由于煤气和炉料的数量、形态和温度方向不断变化，要准确计算各部位、各种传热方式的比例很困难。大体来说，炉身上部主要进行的是对流热交换；炉身下部因温度很高，对流热交换和辐射热交换同时进行；而料块本身和炉缸渣铁之间主要进行传导传热；炉身中部的传热作用很小。

由于煤气与炉料之间的热交换量传递以对流传热为主，故其热交换可用以下方程表示：

$$dQ = a_F F \Delta t d_\tau \qquad (4-16)$$

式中　$dQ$——$d_\tau$ 时间（小时）内煤气传给炉料的热量，kJ；

　　　$a_F$——传热系数，$kJ/(m^2 \cdot h \cdot ℃)$；

　　　$F$——散料每小时流量的表面积，$m^2$；

　　　$\Delta t$——煤气与炉料的温度差（$t_{煤气} - t_{炉料}$），℃。

由此可知，单位时间内炉料所吸收的热量和炉料表面积、煤气与炉料的温度差以及传热系数成正比。而传热系数 $a_F$ 又与煤气流速、温度、炉料性质等因素有关。在风量、煤气量、炉料性质一定的情况下，$dQ$ 主要取决于 $\Delta t$。由于沿高度方向上煤气与炉料温度不断变化，因此煤气与炉料的温差也是变化的，这种变化规律可用图 4-12 表示。

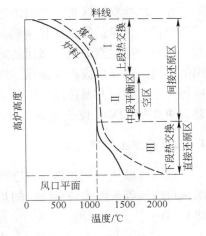

沿高炉高度方向上煤气与炉料之间热交换分为三段；Ⅰ 段为上部热交换区；Ⅱ 段为热交换空区；Ⅲ 段为下部热交换区。在上、下部热交换区（Ⅰ和Ⅲ），煤气和炉料之间存在较大温差，而且下部更大。$\Delta t$ 随高度而变化，在上部是越向上越大，在下部是越向下越大。因此，在这两个区域存在着激烈的热交换。在中段Ⅱ，

图 4-12　高炉热交换过程示意图

$\Delta t$ 较小，而且变化不大（<50℃），热交换不激烈，可认为是热交换动态平衡区，也称热交换空区。

为研究和阐明高炉热交换的问题，引入"水当量"概念。所谓水当量就是单位时间

内通过高炉某一截面的炉料（或煤气），其温度升高（或降低）1℃所产生的热量变化。依据物料的水当量概念，可得出炉料的水当量 $W_{料}$（kJ/(h·℃)）和煤气的水当量 $W_{气}$（J/(h·℃)）：

$$W_{料} = G_{料}\, c_{料} \qquad\qquad (4-17)$$

$$W_{气} = G_{气}\, c_{气} \qquad\qquad (4-18)$$

式中　$G_{料}$——每小时通过某一截面的炉料量，kg/h；

　　　$c_{料}$——炉料的比热容，包括了加热升温和化学反应吸热（放热）的热效应和炉料的熔化热在内的比热容，kJ/(kg·℃)；

　　　$G_{气}$——每小时通过某一截面的煤气量，m³/h；

　　　$c_{气}$——煤气的比热容，kJ/(m³·℃)。

高炉并非一个简单的热交换器，在炉料与煤气进行热交换的同时，还发生了一系列的物理化学反应，因此沿高炉高度方向炉料和煤气的水当量是变化的。

在高炉上部热交换区Ⅰ，主要进行炉料的加热、水分蒸发、结晶水分解、部分碳酸盐分解、炉料挥发分挥发和部分间接还原等。由于炉料吸收热量较少，因此 $W_{料} < W_{气}$，即单位时间内，炉料温度升高1℃，所吸收的热量小于煤气温度降低1℃所放出的热量。在这个区域内炉料温度上升的速度大于煤气温度降低的速度，热量供应充足。

在热交换平衡区Ⅱ，由于间接还原放出热量增加，而直接还原进行的程度较小，$W_{料}$ 逐渐减小，以致在某一时刻与 $W_{气}$ 相等（$W_{料} = W_{气}$），此时煤气和炉料之间的温度差很小（$\Delta t \leqslant 20℃$），并维持相当时间，煤气放出的热量和炉料吸收的热量基本保持平衡，炉料的升温速度大致等于煤气的降温速度，热交换进行缓慢，成为"空区"（Ⅱ）。当用天然矿冶炼而使用大量石灰石时，空区的开始温度取决于石灰石激烈分解的温度，即 850～900℃左右。在使用熔剂性烧结矿（高炉不加石灰石）时，决定于直接还原开始大量发展的程度，即 950～1100℃左右。

在下部热交换区Ⅲ，炉料进行大量直接还原，未完全分解的碳酸盐分解以及渣铁熔化等需要消耗大量的热，而且越到高炉下部消耗的热量越多，$W_{料}$ 不断增大，$W_{料} > W_{气}$，即单位时间内通过高炉某一截面使炉料温度升高1℃所需热量远大于煤气温度降低1℃所放出的热量。热量供应相当紧张，煤气温度迅速下降，而炉料升温并不快，即煤气的降温速度远大于炉料的升温速度。二者之间存在着较大的温差 $\Delta t$，而且越往下 $\Delta t$ 越大，最大温差为 400～500℃，使热交换激烈进行。

### 4.5.2　高炉上部热交换

根据区域热平衡和热交换原理，在高炉上部热交换区Ⅰ的任一截面上，煤气原来所含的热量应该等于固体炉料吸收的热量与炉顶煤气带走的热量之和（不考虑入炉料的物理热），即：

$$W_{气}\, t_{气} = W_{料}\, t_{料} + W_{气}\, t_{顶} \qquad\qquad (4-19)$$

当上段热交换终了，创造空区时，$t_{气} \approx t_{料} \approx t_{空}$，则：

$$t_{顶} = \left(1 - \frac{W_{料}}{W_{气}}\right) t_{空} \qquad\qquad (4-20)$$

式中　$t_{空}$，$t_{顶}$——热交换空区和炉顶煤气温度，℃。

由式（4-20）可见，炉顶煤气温度取决于空区温度和 $W_料/W_气$ 的比值。在原料、操作稳定的情况下，$t_空$ 一般变化不大，因此 $t_顶$ 主要取决于 $W_料/W_气$。

影响 $t_顶$ 高低的因素有：

（1）炉料与煤气在炉内分布合理而均匀，煤气与炉料充分接触，煤气的热能利用充分，$t_顶$ 将降低。相反，煤气分布失常，边缘或中心煤气流过分发展，大量的煤气不能与炉料进行充分的热交换，$t_顶$ 会升高。

（2）降低燃料比，则作用于单位炉料的煤气量减少，$W_气$ 减小，$W_料/W_气$ 比值增大，$t_顶$ 降低。反之，$t_顶$ 会升高。

（3）炉料的性质。炉料中如水分（自由水和结晶水）较多，由于水分蒸发和水化物分解而消耗较多的热量，即 $W_料$ 增大，$W_料/W_气$ 比值增大，$t_顶$ 降低；当使用烧结矿和干燥的炉料时，由于炉料在最上部吸收的热量较少，因而 $W_料$ 较小，$t_顶$ 较高；当使用热烧结矿时，由于其本身的温度较高，炉料在最上部吸热的热量更少，最上部的 $W_料$ 也最小，所以 $t_顶$ 就更高。

（4）风温提高而焦比不变时，由于 $W_气$ 不变，故 $t_顶$ 变化不大。但在实际操作中，风温提高后，焦比必然有所降低，因而 $W_气$ 减小，$t_顶$ 会降低。由此可见热风所带入的热量可以全部为高炉利用，而燃料燃烧所放出的热量有一部分被煤气带走，不能全部被有效利用。

（5）采用富氧鼓风时，由于 $N_2$ 含量减少，煤气量减少，$W_气$ 降低，$W_料/W_气$ 比值升高，$t_顶$ 降低。

炉顶温度是评价高炉热交换的重要指标。高炉采用高压操作后，为保证炉顶设备的严密性，要防止炉顶温度过高。正常操作时的 $t_顶$ 常在 200℃ 左右，煤气利用好时（如首钢 2 号炉）$t_顶 < 200℃$。小高炉的煤气利用差，$t_顶$ 要高些。

### 4.5.3 高炉下部热交换

根据热平衡和热交换原理，可以推出高炉下部热交换区炉缸温度和比值的关系，即：

$$W_料\, t_缸 - W_料\, t_空 = W_气\, t_气 - W_气\, t_空 \tag{4-21}$$

式中　$t_缸$，$t_气$——炉缸内炉料（渣、铁）和煤气的温度，℃。

由于空区内 $W_料 \approx W_气$，因此，可将式（4-21）简化为：

$$W_料\, t_缸 = W_气\, t_气$$

$$t_缸 = \frac{W_气}{W_料} t_气 \tag{4-22}$$

因此，炉缸温度主要取决于 $t_气$ 和 $W_气/W_料$ 比值。一切有利于炉缸煤气温度升高和 $W_气/W_料$ 比值增大的因素都将使炉缸温度升高。

影响 $t_缸$ 的因素主要有：

（1）风温提高而焦比不变，则 $t_气$ 升高，$W_气/W_料$ 比值不变，$t_缸$ 升高；若焦比降低，则煤气量减少，$W_气$ 减小，$W_气/W_料$ 比值减小，$t_缸$ 有可能降低，但 $t_气$ 升高，补偿 $W_气/W_料$ 比值的降低，其结果 $t_缸$ 可能变化不大。若焦比不变，则 $t_缸$ 增加。

（2）富氧鼓风时，$N_2$ 量减少，$W_气$ 减小，$W_气/W_料$ 比值降低。然而富氧鼓风可大大提高 $t_气$，$t_气$ 提高完全可以补偿 $W_气/W_料$ 比值降低而有余，结果使 $t_缸$ 升高。

（3）炉料与煤气分布不合理时，炉料在高炉上部间接还原程度降低，从而增加了高炉下部的直接还原，则煤气中 CO 增加，使 $W_气$ 略有增加，但直接还原吸热很多，使炉料的比热容增大很多，这样 $W_料$ 也增加，而且增大幅度比 $W_气$ 大，因此 $W_气/W_料$ 降低，则 $t_缸$ 降低。当炉料的还原性差时，高炉下部的直接还原必然增加，$t_缸$ 也会降低。

因此，根据冶炼条件和生铁品种，合理地利用有关手段、选择有关参数，就能获得一个适宜的炉缸温度水平。高风温和富氧鼓风有利于提高炉缸温度，因而有利于冶炼高温生铁。

## 复习思考题

4-1　简述炉缸反应对高炉冶炼的重要意义。

4-2　炉缸煤气成分和体积与什么因素有关？

4-3　炉缸煤气与炉顶煤气的成分体积有何不同，为什么？

4-4　何谓燃烧带与回旋区，其大小各受什么影响？

4-5　燃烧带的大小对高炉冶炼进程有何影响？

4-6　什么是鼓风动能，如何计算？

4-7　合适的鼓风动能的调剂参数有哪些？

4-8　炉顶煤气成分变化与高炉冶炼进程有何关系？

4-9　什么是理论燃烧温度、燃烧焦点温度，与一般所指的炉缸温度有何不同？

4-10　炉缸温度分布怎样，影响炉缸中心温度的因素有哪些？

4-11　什么是下部调剂，其主要目的是什么？

4-12　什么是水当量，为什么高炉上部炉料水当量小于煤气水当量，而到高炉下部相反？

4-13　影响炉顶煤气温度和炉缸温度的因素有哪些？

# 5 炉料与煤气运动及其分布

高炉是气体、固体和液体三相流共存的反应器。携带热能和化学能的煤气流，在与固体料流和渣铁液流的逆向运动中完成了动量传递、传热、传质过程。而其中以动量传递为特征的三相流体的力学过程是高炉冶炼的基础过程。它决定了高炉冶炼能否稳定顺行和煤气热能与化学能的充分利用等强化冶炼的核心问题。生产实践证明，改善料柱透气性，使煤气流合理分布是保证高炉顺行，获得高产、优质、低耗的前提。

## 5.1 炉料的下降与力学分析

### 5.1.1 炉料下降的空间条件

任何物体从上向下降落，其下面必须有自由空间，炉料在高炉内也不例外，炉料下降的条件是在炉内不断产生使炉料下降的自由空间。形成这一空间的因素有：

（1）风口前焦炭燃烧，固体焦炭转化为煤气，为上部炉料下降提供了 35% ~ 40% 的自由空间。

（2）风口区上部，由于直接还原，消耗了固定碳，碳变为 CO 向上逸出，提供了约 15% 左右的空间。

（3）矿石在下降过程中重新排列、压紧并熔化成液相而使体积缩小，提供了 30% 左右的空间。

（4）炉缸不断放出渣、铁，可提供约 20% 的空间。

风口前焦炭燃烧提供的空间最大，而且是其他三项因素发生作用的前提，因此对炉料下降起着决定性影响。焦比较高时，风口前焦炭燃烧影响较大；焦比较低时，焦炭燃烧提供空间的影响减小。

大型高炉在喷吹燃料之后，焦比降为 250kg/t 左右，焦炭燃烧提供空间的作用就小得多了，而炉缸不断排放渣铁的作用就会大大增加。因此，在操作过程中，铁口基本不堵，不断地排放渣铁，腾出空间，以利于炉料顺利下降。

### 5.1.2 炉料下降的充分条件

炉内不断形成自由空间，这只是为炉料下降创造了空间条件，但料柱在实际下降过程中还需要克服一系列阻力。炉料是靠自身重力下降的，但高炉内的炉料是散料，散料间的结合力小，且散料下降速度各不相同，散料与散料间有摩擦力，散料与炉墙间有摩擦力，并且煤气上升对炉料下降还有一个阻力，炉料下降的力必须要大于上述摩擦力和煤气上升对料柱的阻力，才能顺利下降。即

$$P = (Q_{炉料} - P_{墙摩} - P_{料摩}) - \Delta P = Q_{有效} - \Delta P \qquad (5-1)$$

式中　$P$——决定炉料下降的力；

$Q_{炉料}$——炉料在炉内的总质量；

$P_{墙摩}$——炉料与炉墙间的摩擦阻力；

$P_{料摩}$——料块相互运动时，颗粒之间摩擦阻力；

$\Delta P$——上升煤气对炉料的阻力或支撑力或浮力；

$Q_{有效}$——炉料下降的有效质量，$Q_{有效} = Q_{炉料} - P_{墙摩} - P_{料摩}$。

显而易见，炉料下降的力学条件是 $P > 0$，即 $Q_{有效} > \Delta P$，即料柱本身重力克服各阻力作用后仍为正值。$P$ 值越大，或者说 $Q_{有效}$ 越大，$\Delta P$ 越小，越有利于炉料顺行。

当 $Q_{有效}$ 接近或等于 $\Delta P$ 时，炉料难行或悬料。

若 $P < 0$，由于上升煤气的支撑力大于炉料下降的有效重力，炉料不能下降，处于悬料或形成管道。

值得注意的是，$P > 0$ 是炉料能否下降的力学条件，并且其值越大，越有利于炉料下降。但 $P$ 值的大小对炉料下降快慢影响并不大。影响下料速度的因素，主要取决于单位时间内焦炭燃烧的数量，即下料速度与鼓风量和鼓风中含氧量成正比。

应当指出，高炉顺行的基本条件不仅是整个料柱的有效质量应大于煤气上升的支撑力 $\Delta P$，而且在料柱中每个局部位置，也应保持 $Q_{有效} > \Delta P$。但生产中的高炉条件复杂多变，如不同部位下料速度、布料情况、煤气流分布情况、初渣性能等等都在随时变化，所以炉料不顺的情况随时都可能在高炉的某截面的某一局部地区出现，操作者必须密切注视，仔细观察和分析各个仪表的变化趋势，及时进行调剂。

### 5.1.3  影响 $Q_{有效}$ 和 $\Delta P$ 的因素

#### 5.1.3.1  影响有效质量的因素

高炉内充满着的炉料整体称为料柱。料柱本身的质量由于受到摩擦力（$P_{墙摩}$ 和 $P_{料摩}$）的作用，并没有完全作用在风口水平面或炉底上，真正起作用的是它克服各种摩擦阻力后剩下的质量，这个剩余质量称为料柱有效质量（$Q_{有效}$）。因此，料柱有效质量要比实际质量小得多。

由于 $Q_{有效}$ 的绝对值受到炉容大小的影响，为了便于比较，有时采用有效质量系数，即（$Q_{有效}/Q_{炉料}$）$\times 100\%$。

影响炉料有效质量的因素有：

（1）炉腹角 $\alpha$（炉腹与炉腰部分的夹角）增大，炉身角 $\beta$（炉腰与炉身部分的夹角）减小，炉料和炉墙间摩擦力减小，炉料的有效质量增大，有利于炉料顺行。但 $\alpha$ 角过大，炉腹砖衬易于烧坏。$\beta$ 角小，边缘气流过分发展，对煤气利用和炉衬保护都不利，所以 $\alpha$ 和 $\beta$ 应全面考虑。

（2）料柱高度。在一定限度内，随料柱高度的增加，炉料有效质量系数增加。但高度超过一定值后，有效质量系数反而随料柱升高而减小，因为这时随高度而增加的 $P_{墙摩}$ 和 $P_{料摩}$ 增加的幅度大于料柱质量增加的幅度。一般情况下，当料柱逐渐增高时，料柱的有效质量系数是不断降低的。所以高炉趋于矮胖形（$H_{有效}/D$ 减小）是有利于顺行的，尤其适合大型高炉。

（3）炉料运动状态。炉料在运动的条件下，有效质量系数比静止的大，因为动摩擦系数比静摩擦系数小。在高炉上用细砂测定结果表明，运动时有效质量系数为 39% ~ 41%，静止时为 15% ~ 16%，在静止条件下，对高炉的实际测定结果表明，风口水平面上的有效质量系数为 18.2%。

（4）造渣制度。高炉内成渣带的位置、炉渣的物理性质和炉渣的数量，对炉料下降的摩擦阻力影响很大。因为炉渣，尤其是初成渣和中间渣是一种黏稠的液体，它会增加炉墙与炉料之间及炉料相互之间的摩擦力。因此，成渣带位置愈高、成渣带愈厚、炉渣的物理性质愈差和渣量愈大时，则 $P_{墙摩}$ 和 $P_{料摩}$ 愈大，而 $Q_{有效}$ 愈小。

（5）风口数目。通过测定，增加风口数目，有利于提高 $Q_{有效}$。这是因为随着风口数目增加，扩大了燃烧带炉料的活动区域，减小了 $P_{墙摩}$ 和 $P_{料摩}$，所以有利于 $Q_{有效}$ 提高。

（6）炉料的堆积密度 $\gamma_{料}$ 越大，$Q_{料}$ 增大，有利于 $Q_{有效}$ 增大。因此，焦比降低后，随着焦炭负荷的提高，炉料堆密度提高，对顺行是有利的。研究表明，$\gamma_{料}$ 是诸多因素中决定性的因素。

（7）在生产高炉上，影响 $Q_{有效}$ 因素更为复杂，如造渣情况、炉料下降是否均匀、炉墙是否结瘤及煤气流分布状况等因素都会造成 $P_{墙摩}$ 和 $P_{料摩}$ 的改变，从而影响炉料有效质量的变化而影响炉料顺行。

### 5.1.3.2　$\Delta P$ 及其影响因素

鼓风在风口区域燃烧焦炭而形成原始煤气流。由于鼓风机所产生的压力，原始煤气流向中心穿透和向上运动。煤气只能穿过炉料与炉料之间和炉料与炉墙之间的空隙而向上运动。由于这些空隙自下而上不断变化，并不是有规则的通道，因而煤气流向上运动的轨迹也是不断变化和无规则的。煤气向上运动的速度非常快，研究表明，煤气在炉内停留时间只有 1 ~ 5s，甚至更短。

煤气对料柱的支撑力（$\Delta P$）是由于高压、高速的煤气流强行通过料柱而产生的压力损失。它包括炉料与煤气之间的摩擦损失和煤气通过形状复杂的料块间隙产生的局部损失。由这种损失而造成料柱上下部压差，即构成对炉料的支托力或称浮力，炉料必须克服这个阻力才能下降。

$$\Delta P = p_{炉缸} - p_{炉喉} \approx p_{热风} - p_{炉顶} \tag{5-2}$$

式中　$p_{炉缸}$ ——煤气在炉缸风口水平面的压力；

　　　$p_{炉喉}$ ——料线水平面炉喉煤气压力；

　　　$p_{热风}$ ——热风压力；

　　　$p_{炉顶}$ ——炉顶煤气压力。

由于炉缸和炉喉处煤气压力不便于经常测定，故近似采用 $p_{热风}$ 和 $p_{炉顶}$ 代替。$p_{热风}$ - $p_{炉顶}$ 称为全压差。

高炉料柱在软熔带以上的块状带由固体散料构成，软熔带由矿石软熔层和焦炭夹层构成，滴落带为固体焦炭构成（液态渣铁流经其空隙）。煤气通过高炉各带时压力损失及其影响因素不尽相同，其阻力损失非常复杂，目前尚无准确可靠的公式表示。

散料层的透气性主要取决于散料的气体力学性质，其中主要取决于散料的粒度、堆密度、孔隙度、比表面积、形状系数、堆角等。这些统称为散料的气体力学参数，现就其中几个主要参数简介如下。

A　孔隙度（$\varepsilon$）

孔隙度为散料中的孔隙体积与散料总体积的比值。

$$\varepsilon = \frac{V_孔}{V_散} = \frac{V_散 - V_料}{V_散} = 1 - \frac{V_料}{V_散} = 1 - \frac{\gamma_散}{\gamma_料} \qquad (5-3)$$

式中　$V_散$，$V_孔$，$V_料$——散料的堆体积、孔隙体积和散料块的实际体积，$m^3$；

　　　　$\gamma_散$，$\gamma_料$——散料堆的密度和料块的假密度，$t/m^3$。

$\varepsilon$ 是一个无因次量，也可以用 $m^3/m^3$ 表示，表示 $1m^3$ 散料中孔隙的体积为 $\varepsilon(m^3)$。从散料堆放的状态来说，均匀粒度状排列（见图 5-1（a））时孔隙度最大为 0.476，但是这种排列最不稳定；以图 5-1（b）的形式排列时孔隙度最小为 0.263，而这种排列是最稳定的。实际自然堆放时孔隙度介于两者之间。

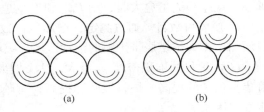

图 5-1　等球体堆积

孔隙度还与粒度组成有关。当两种或多种粒度散料混合时，床层的 $\varepsilon$ 会下降，且粒径差别愈大，下降愈烈。一般靠炉壁处，由于料块不易堆放紧密，所以孔隙度较大，气流容易通过，这种现象称为边缘效应。形状不规则和表面粗糙的颗粒孔隙度比球大。大小颗粒直径相差越大，混合后孔隙度越小。两种粒级混合料床层中，当大粒级含量占 60% ～ 70% 时 $\varepsilon$ 最小；且小粒直径与大粒直径比值愈大，在上述范围内 $\varepsilon$ 下降愈厉害。细颗粒占 30% 时，孔隙度最小。$\varepsilon$ 还可表示为：

$$\varepsilon = \frac{V_孔}{V_散} = \frac{A_空 H_散}{A H_散} = \frac{A_空}{A} = a \qquad (5-4)$$

式中　$A$，$A_空$——散料截面积和散料空隙截面积；

　　　　$H_散$——散料床高度；

　　　　$a$——有效通道面积，与孔隙度有着相同的数值，但意义不同。

高炉炉料粒度组成复杂，形状也非球形，很难确定 $\varepsilon$ 值。在实验室中可以利用量筒注水法来测定，但高炉内因炉料受到压缩和炉料下降等因素影响变化比较大。鞍钢曾用同位素 $K_r^{85}$ 示踪剂测量过 $2580m^3$ 高炉，从料面到风口间的平均孔隙率在 0.231 ～ 0.426 之间，一般认为高炉料层的 $\varepsilon$ 在 0.35 ～ 0.46 之间。

孔隙度是散料层透气性的决定性因素，提高孔隙度的关键是要求入炉料粒度均匀，要筛除粉末，分级入炉。

B　比表面积

比表面积为 $1m^3$ 散料体积中料块的表面积与料块本身的体积之比。有时也用料块表面积与料块质量之比来表示，单位为 $m^2/m^3$ 或 $m^2/kg$。由于研究散料层中的气体阻力、还原速度、传热速度等时常涉及比表面积，所以它是有关散料物理性质的一个重要概念。

对于直径为 $d_0$ 等球体散料，每个球的体积为 $\frac{1}{6}\pi d_0^3$，而球表面积为 $\pi d_0^2$，设 $1m^3$ 体积中的球有 $N$ 个，则 $N = \frac{6(1-\varepsilon)}{\pi d_0^3}$，$1m^3$ 散料的面积为 $N\pi d_0^2$，则 $S(m^2/m^3)$ 为：

$$S = \frac{N\pi d_0^2}{1-\varepsilon} = \frac{6(1-\varepsilon)\pi d_0^2}{(1-\varepsilon)\pi d_0^3} = \frac{6}{d_0} \tag{5-5}$$

比表面积与直径成反比，炉料粒度越细，比表面积越大。从便于还原的角度看，希望比表面积大些，但从透气性角度看，比表面积越大，则透气性越差。

C  形状系数 $\phi$

形状系数 $\phi$ 等于等体积圆球表面积与料块表面积之比。它表示散料粒度与圆球形状粒度不一致的程度，即：

$$\phi = \frac{\pi d_0^2}{A_{实}} < 1 \tag{5-6}$$

对不规则的单一等径散料层表面积 $A_{实}$ 为：

$$A_{实} = N\frac{\pi d_0^2}{\phi} = \frac{6(1-\varepsilon)}{\phi d_0} \tag{5-7}$$

料块比表面积 $S_{实}$ 为：

$$S_{实} = \frac{6}{\phi d_0}$$

不同粒径混合料的形状系数可用式（5-8）计算：

$$\phi = \frac{1}{d_P}\sqrt{\frac{6G}{N\pi\gamma}} \tag{5-8}$$

式中  $G$——散料试样质量，kg；

$d_P$——散料的平均粒径，m；

$N$——试样中料块数目；

$\gamma$——散料堆积密度，kg/m³。

据测定经过破碎筛分后的散料形状系数为：矿石 0.57、焦炭 0.72、石灰 0.45、烧结矿 0.44、球团矿 0.92。

D  当量直径 $d_{当}$

当量直径即水力学直径，是指散料层断面上，气流自由通道总面积的四倍，与各颗粒横切面周界总长度之比，即：

$$d_{当} = \frac{4A_{空}}{u} \tag{5-9}$$

式中  $A_{空}$——气流自由通道总面积，m²；

$u$——颗粒横切面周界总长度，m。

对于球形散料：

$$d_{当} = \frac{2}{3}\left(\frac{\varepsilon}{1-\varepsilon}\right)d_0 \tag{5-10}$$

对于非球形散料：

$$d_{当} = \frac{2}{3}\left(\frac{\varepsilon}{1-\varepsilon}\right)d_0\phi \tag{5-11}$$

对于圆管，其直径即为当量直径。所以当量直径是气流通过复杂通道时计算通道直径的一个形状参数。

E   气流速度

当气流通过空炉时，其平均线速度（即空炉速度）为：

$$\omega = \frac{G}{\gamma} \tag{5-12}$$

在高炉内气流通过散料层的流速远大于空炉速度，即：

$$\omega_孔 = \frac{G}{\gamma_气} \frac{1}{\varepsilon} \tag{5-13}$$

式中   $\omega$——空炉速度，m/s；

$\qquad \omega_孔$——气流穿过料柱的有效平均速度，m/s；

$\qquad G$——煤气流量，kg/（m² · s）；

$\qquad \gamma_气$——气体密度，kg/m³；

$\qquad \varepsilon$——孔隙度。

散料层透气性的变化非常敏感地反映在高炉操作上。现场常采用透气性指数的概念，透气性指数定义式为$\frac{Q^2}{\Delta p}$，或简化为$\frac{Q}{\Delta p}$，即用风量和压差的比值来判断高炉的透气性。它是从流体通过散料层的阻力损失表达式推出的。

流体流经散料层产生的阻力损失的表达式是以流体通过圆形空管的阻力损失为基础的：

$$\Delta p = \lambda \frac{\gamma_g \omega^2}{2g} \frac{L}{d} \tag{5-14}$$

式中   $\Delta p$——流体的阻力损失或压力差；

$\qquad \omega$——流体的空管工作流速，cm/s；

$\qquad \gamma_g$——流体的工作密度，g/cm³；

$\qquad L$, $d$——管路长度和管路的水力学直径，cm；

$\qquad \lambda$——阻力系数，与流体运动状况有关，也就是与雷诺准数有关，$\lambda = f(Re)$。

许多学者研究了气体通过由相同直径的规则球体填充的散料层时 $\Delta p$ 的规律，得出不同运动状态下阻力系数与雷诺准数的关系，并用实际散料与规则球体散料的差异得出高炉散料层的 $\Delta p$ 的表达式，常用的有：

（1）沙沃隆科夫公式。

$$\Delta p = \frac{2f\omega^2\gamma}{gd_当} \frac{H}{F_a} \tag{5-15}$$

在高炉生产中主要为过渡性紊流或紊流情况，式（5-15）可变为：

过渡性紊流时

$$\Delta p = \frac{7.6\gamma\omega^{1.8}\nu^{0.2}}{gd_当^{1.2} F_a^{1.8}}H \tag{5-16}$$

紊流时

$$\Delta p = \frac{1.3\gamma\omega^2}{gd_当 F_a^2}H \tag{5-17}$$

式中   $\Delta p$——散粒状料柱内煤气的压力差；

$\qquad \gamma$——煤气的密度；

ω——煤气假定流速或称空炉速度；

$d_{当}$——通道的当量直径；

$F_a$——散料的平均可通面积，其值等于散料孔隙度 ε；

g——重力加速度；

ν——煤气的动力黏度系数；

H——散料层高度；

f——总的阻力系数，$f = f_摩 + f_局$，$f_摩 = \phi_{(Re)}$，$f_局 = \phi_{(Fa)}$。

（2）埃根（Ergun）公式。埃根研究得出的阻力系数与雷诺数的关系为 $\lambda = 1.75 + \frac{150}{Re}$，这样 Δp 的表达式为：

$$\frac{\Delta p}{H} = 150 \frac{\mu\omega(1-\varepsilon)^2}{\phi d_0^2 \varepsilon^3} + 1.75 \frac{\gamma\omega^2(1-\varepsilon)}{\varepsilon^3 d_0 \phi} \quad (5-18)$$

$$\varepsilon = \left(1 - \frac{\gamma_堆}{\gamma_块}\right) = a$$

式中　Δp——散状料柱内煤气的压力差；

ω——煤气平均流速；

μ——气体的黏度；

ε——散料孔隙度；

$\gamma_堆$——散料堆体积密度；

$\gamma_块$——料块密度；

φ——形状系数，它等于等体积圆球表面积与料块表面积之比，或表示散料粒度与圆球形状粒度不一致的程度，φ < 1；

$d_0$——料块的平均粒径；

H——散料层高度。

式（5-18）对研究高炉冶炼过程中炉料的透气性、煤气管道的形成等很有意义，该式等号右边前一项代表层流，后一项代表紊流。一般高炉内非层流，故前一项为零，即

$$\frac{\Delta p}{H} = \frac{1.75\gamma\omega^2(1-\varepsilon)}{\varepsilon^3 d_0 \phi}$$

移项得：

$$\frac{\omega^2}{\Delta p} = \frac{\phi d_0}{1.75 H\gamma}\left(\frac{\varepsilon^3}{1-\varepsilon}\right)$$

生产高炉的煤气流速一般与风量 Q 成正比关系，当炉料没有显著变化时，φ、$d_0$ 可认为是常数，料线稳定时，H 也是常数，所以 $\frac{\phi d_0}{1.75 H\gamma}$ 都可归纳为常数，用 K 表示，可得：

$$\frac{Q^2}{\Delta p} = K\left(\frac{\varepsilon^3}{1-\varepsilon}\right) \quad (5-19)$$

式（5-19）等号左边项就是前面所说的透气性指数，$Q^2/\Delta p$ 的变化代表了 $\varepsilon^3/(1-\varepsilon)$ 的变化，若想改善料柱透气性，必须降低料柱透气阻力、减少煤气压力损失。从图 5-2 中可以看出高炉内的 ε 正处于变化极为敏感的区域。当 ε < 0.45 时，随着 ε 的降低，

$\dfrac{1-\varepsilon}{\varepsilon^3}$ 升高极快，使 $Q^2/\Delta p$ 快速降低，透气性变差。

由于 $\varepsilon$ 恒小于 1，细小的 $\varepsilon$ 变化，会使 $\varepsilon^3$ 变化很大，所以 $Q^2/\Delta p$ 反映炉料透气性变化非常灵敏，可作为冶炼操作中重要依据。生产高炉的 $Q$ 和 $\Delta p$ 都是已知的，在一定的生产条件下，可求出 $Q^2/\Delta p$ 值在某一适合顺行的范围，当低于此范围时就可能难行甚至悬料。有的高炉上近似采用 $Q/\Delta p$ 作为透气性指数，这仅适用于冶炼强度低、煤气流速较低的生产情况。

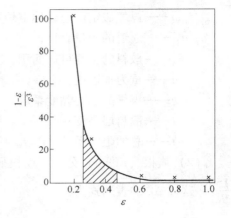

图 5-2　$\dfrac{1-\varepsilon}{\varepsilon^3}$ 与 $\varepsilon$ 的关系

透气性指数的物理意义是单位压差所允许通过的风量。它把风量和高炉料柱全压差联系起来，更好地反映出风量必须与料柱透气性相适应的规律，它在一定范围内波动，超过或低于这个范围，就可能引起炉况不顺，应及时调整。目前，高炉都装有透气性指数这块表作为操作人员判断或处理炉况的重要依据。

从埃根（Ergun）公式可以看出，影响 $\Delta p$ 的因素有煤气流和原料两方面：

（1）煤气流方面影响 $\Delta p$ 的因素有流量、流速、密度、黏度、压力、温度等，主要因素是风量的大小。

1）温度对 $\Delta p$ 影响。气体的体积受温度影响很大，例如 1650℃ 的空气体积是常温下的 6.5 倍。所以当炉内温度升高，煤气体积增大，如料柱其他条件变化不多，煤气流速增大，此时 $\Delta p$ 增大，这直接反映在热风压力的变化上。炉温升高，高炉向热时，热风压力缓缓上升；高炉向凉时，热风压力徐徐下降。

2）煤气压力对 $\Delta p$ 的影响。炉内煤气压力升高，煤气体积缩小，煤气流速降低，有利于炉料顺利下降。同时保持原 $\Delta p$ 的水平，则允许增加风量以强化冶炼和增产。这就是当代高炉采用高压操作的优越性。

3）煤气密度和黏度对 $\Delta p$ 的影响。降低煤气的密度和黏度能降低 $\Delta p$，这对高炉顺行是有利的。喷吹燃料时，由于煤气中含氢量增加，密度和黏度都减少，因而有利于顺行。

4）风量对 $\Delta p$ 的影响。从上述 $\Delta p$ 的公式可见：$\Delta p \propto \omega^2$，压力损失 $\Delta p$ 与流速 $\omega$ 成二次方关系是在散料固定床实验中得到的，高炉冶炼条件下 $\Delta p$ 与流速 $\omega$ 大致成 $1.6 \sim 1.8$ 次方关系。

显而易见，$\Delta p$ 随煤气流速增加而迅速增加，降低煤气流速 $\omega$ 能明显降低 $\Delta p$。然而，对一定容积和截面的高炉，在焦比（燃料比）不变的情况下，降低煤气流速 $\omega$，就意味着风量（或冶炼强度）的下降，正确处理好强化和顺行的关系，在保证顺行的前提下，提高冶炼强度，获得好的冶炼效果，一直是高炉操作者努力的目标。

现代高炉冶炼在使用精料、富氧鼓风、高压操作、降低燃料比等措施之后，成功地将冶炼强度维持在一个较高的水平（大型高炉为 1.2 左右，中小高炉达到 1.5 以上），甚至可以达到更高，一方面是因为：高炉冶炼使用精料，矿石的还原性和料柱透气性大为改善，为强化冶炼提供坚实的基础。富氧鼓风后，由于氧浓度提高，$N_2$ 降低，单位生铁的煤气量减少，允许提高冶炼强度。高压操作（过去炉顶压力为 0.03MPa 以下，现在炉顶压力为 0.08~0.10MPa）使炉内的平均煤气压力提高，煤气体积缩小煤气流速降低，$\Delta p$ 下降。另一方面，随冶炼强度的提高，燃烧带扩大，燃烧速度和下料速度加快，炉料处于松动活跃状态，导致料柱孔增加，允许通过的煤气量增大。据鞍钢高炉条件计算，$I$ 从 1.3 提高到 1.6 时，$\varepsilon$ 从 0.37 提高到 0.4 左右；按本钢高炉统计，$I$ 由 1.0 提高到 1.5 时，$\varepsilon$ 由 0.35 增大到 0.38~0.41。

但也不能认为冶炼强度愈大愈好，冶炼强度太大甚至超过了一定极限，会引起煤气流分布失常，形成局部过吹的煤气管道，此时尽管 $\Delta p$ 不会过高，但大量煤气得不到充分利用，必然导致炉况恶化。实践证明，在一定的冶炼条件下，冶炼强度（风量）与压差大体相对应。所以，既不能为了降低压差而采用过小的冶炼强度操作，又不能不讲条件盲目提高冶炼强度。参考透气性指数来确定是否加减风量会给操作者带来很大方便。例如：加风之后，$\Delta p$ 上升很多，透气性指数已接近合适范围的下限，说明此时料柱透气性已接近恶化程度不可再加风了，如果指数下降，离下限还远，说明还允许再增加风量。

（2）炉料性能方面影响 $\Delta p$ 的因素有孔隙度、通道形状和面积及形状系数等，关键是如何提高料柱孔隙度 $\varepsilon$，降低 $\Delta p$。

1）原料粒度对 $\Delta p$ 的影响。由埃根公式可知，$\Delta p \propto 1/d_0$，所以增大原料粒度（$d_0$），对减少 $\Delta p$ 有利；反之，减小原料粒度（$d_0$），则 $\Delta p$ 增大。实验证实（见图 5-3），随料块直径的增加，料层相对阻力减小，但料块直径超过一定数值范围（$D > 25\text{mm}$）后，相对阻力基本不降低。当料块直径在 6~25mm 范围内，随粒度减小，相对阻力增加不明显，若粒度小于 6mm，则相对阻力显著升高。

虽然增大粒度（$d_0$）能减小 $\Delta p$，改善炉料透气性，有利于顺行，但粒度（$d_0$）过大，对改善透气性无明显效果，且对间接还原非常不利，因此，为加速矿石还原，应适当降低粒度上限。适

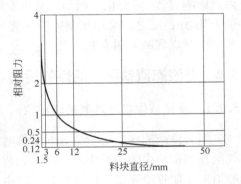

图 5-3 炉料透气性的变化和矿块大小（用计算直径表示）的关系

合高炉冶炼的矿石粒度范围为 6~25mm，5mm 以下粉末危害极大，务必筛除。对于 25mm 以上的大块，得益不多，反而增加还原困难，应予破碎。

2）原料粒度均匀性对 $\Delta p$ 的影响。炉料孔隙度对 $\Delta p$ 影响最大，因为 $\Delta p \propto 1/\varepsilon^3$。炉料粒度组成不均匀，炉料粒度相差越大，小块越易堵塞在大块空隙之间，孔隙度 $\varepsilon$ 就越小，$\Delta p$ 就越大。图 5-4 是实验得到料层孔隙率与大、小料块直径及大、小料块数量比的关系。对于粒度均一的散料，孔隙率与原粒度无关，一般在 0.4~0.5 之间。由图中不同粒径比（小/大）为 0.01~0.5 之间的七种情况可以看出：$\varepsilon$ 都小于 50%，当细粒占 30%，大粒 70% 时，$\varepsilon$ 值最小。而且 $D_{小}/D_{大}$ 比值越小（曲线1），料柱孔隙率 $\varepsilon$ 越小；反之，$D_{小}/D_{大}$ 比值越大，即粒度差减小，此时不但 $\varepsilon$ 增大，其波动幅度也变小（曲线7，近于水平）。因此，为改善料柱透气性，应采取措施，使原料粒度均匀，增大孔隙度 $\varepsilon$，从而减小 $\Delta p$。入炉原料应筛去粉末和小块料，最好分级入炉（如 10~25mm 和 5~10mm 两级）。同时，要切实解决好入炉焦炭和烧结矿的粉化问题及球团矿还原膨胀问题。

总之，加强原料的管理，确保原料的"净"（筛除粉末）和"匀"（减小同级原料

上、下限粒度差），能明显地改善高炉行程和
技术经济指标。粒度均匀可以减少炉顶布料偏
析，使煤气分布更加合理。原料分级和单级入
炉可使 $\Delta p$ 下降，减少煤气管道行程。同时粒
度均匀还能使炉料在炉内堆角变小，布料时可
使中心矿石相对较多，抑制和防止中心过吹
（参见上部调剂），所有这些都有利于煤气能量
的合理利用，有利于降低焦比，提高产量。

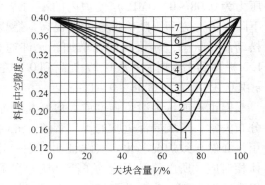

图 5 - 4　料层孔隙率同大、小料块直径
　　以及大、小料块数量比的关系
$D_小/D_大$：1—0. 01；2—0. 05；3—0. 1；
4—0. 2；5—0. 3；6—0. 4；7—0. 5

除上述煤气和炉料两方面原因影响 $\Delta p$ 外，
料柱的高度对 $\Delta p$ 也有一定的影响，高炉炉型
的发展趋向矮胖，即高径比 $H/D$ 下降，其原
因之一就是对同容积的高炉，矮胖型比瘦长型
的料柱更矮（短），因此煤气上升的阻力损失
更小，从而有利于高炉顺行。生产中还有许多
因素影响着 $\Delta p$ 的变化。例如，采用发展边沿气流的装料制度有利于降低 $\Delta p$，尤其影响高
炉上部 $\Delta p$；反之，采用压制边沿气流（发展中心）的装料制度则不利高炉上部 $\Delta p$ 的降
低，但对煤气的利用有利。

## 5.2　有液态渣铁区域的煤气运动

### 5.2.1　渣铁液体在滴落时液泛现象

当渣铁液滴在软熔带生成并滴落时，液体渣铁穿过固体焦炭空隙贴壁向下流动，而煤
气则在剩余的中间通道中向上流动。流量不多时，因为液体贴附在颗粒之间，能显著改变
通道形状使管壁光滑，所以焦炭空隙中少量的液体使 $\Delta p$ 略有降低。但当空隙中液体滞留
量增多时，气体的通道减少，阻力损失 $\Delta p$ 增大，液体受到浮力也增大。达到某一界限点
时，煤气阻力急剧增大，渣、铁液完全被气体托住，不能向下流动，气体以气泡形式穿过
液体层，渣、铁液中充满气泡，犹如沸腾的牛奶或稀饭一样，液层变厚，液体被气体托
升，这种现象称为液泛。渣量大时，更易发生液泛现象。根据模型实验确定，液泛发生与
液体的灌入量、煤气流量与流速以及液体与气体性质等因素有关，并将上述因素归纳为液
泛因子 $f \cdot f$ 和流量比 $f \cdot r$ 两个因子：

$$f \cdot f = \left(\frac{v_g^2 S}{g \varepsilon^3}\right)\left(\frac{\rho_g}{\rho_L}\right) \mu_L^{0.2} \tag{5-20}$$

$$f \cdot r = \left(\frac{G_L}{G_g}\right)\left(\frac{\rho_g}{\rho_L}\right)^{0.5} \tag{5-21}$$

在高炉条件下，$f \cdot r = 0.001 \sim 0.01$，并且有：

$$f \cdot f = (f \cdot r)^{-0.38} \times 0.081 \tag{5-22}$$

式中　　$v_g$——煤气流动的实际流速，m/s；

$\quad\quad S$——焦炭粒子的比表面积，$m^2/m^3$；

$\quad \rho_g$，$\rho_L$——煤气和液体的密度，$kg/m^3$；

$G_L$，$G_g$——液体和煤气的质量流量，kg/s；

　　$\mu_L$——液体的黏度，Pa·s。

　　根据模型实验与高炉实际分析，可将流量比与液泛因子作图，如图 5-5 所示，图中以曲线为界，左下方为安全操作区，右上方为液泛区。在实际生产中，一定操作条件都有一个界限气体流速，超过这一流速将产生液泛。如果滴落的液体数量增加，则界限流速随之降低。

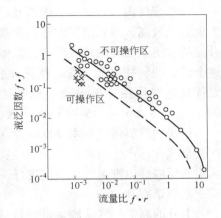

图 5-5　高炉内液泛线
○—模型实验；×—高炉

　　从图 5-5 中可以看出，形成液泛的主要原因是渣量（渣量增加则 $G_L/G_g$ 值增大），渣量大时，更易发生液泛现象。在相对渣量一定时，煤气流速对液泛现象影响较大，其次是比表面积 $S$，$S$ 增加易形成液泛。高炉生产中出现的液泛现象，通常发生在风口回旋区的上方和滴落带。当气流速度高于液泛界限流速时，液体渣铁便被煤气带入软熔带或块状带，随着温度的降低，渣铁黏度增大甚至凝结、阻损增大，造成难行、悬料。所以减少煤气体积（如高压、富氧、低燃料比等），提高焦炭高温强度，改善料柱透气性，提高品位，改进炉渣性能等，均有利于减少或防止液泛产生。

　　应当指出：现代高炉冶炼一般情况下不会发生液泛现象，但在渣量很大，炉渣表面张力又小，而其中 FeO 含量又高时，很可能产生液泛现象。

## 5.2.2　通过软熔带的煤气流动

　　由于高炉内煤气和温度分布的特点，在高炉横断面上分布具有对称性，因而这些软熔层基本上成为环状形态，但在纵断面上其分布却有一定差异，可以有若干个矿石层在不同部位同时形成软熔层，它们与相应焦炭层构成了一个软熔带，操作稳定的高炉内发现的软熔带形状有倒 V 形、V 形与 W 形三种类型，如图 5-6 所示。

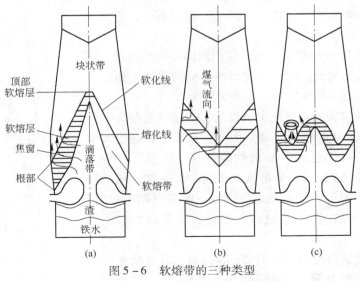

图 5-6　软熔带的三种类型
（a）倒 V 形；（b）V 形；（c）W 形

在软熔带内，当矿石、熔剂开始软化时，随着体积的收缩，空隙率不断下降，煤气阻力也急剧升高，当软熔层在开始滴落前达到最大值。由于软熔层阻力很大，煤气流绝大部分是从软熔层之间的焦炭层穿过软熔带，即焦窗透气，因而提高焦炭的高温强度，对改善这个区域的料柱透气（液）性具有重要意义。同时，改善粒度组成（减少粉末），可充分发挥其骨架作用。焦炭粒度相对矿石略大些，根据不同高炉可将焦炭粒度分为 40～60mm、25～40mm、15～25mm 三级，分别入炉。

焦炭的高温强度与本身反应性（$C + CO_2 = 2CO$）有关，反应性好的焦炭，其部分碳素及早气化，产生溶解损失，使焦炭结构疏松、易碎，从而降低其高温强度。所以，抑制焦炭的反应性以推迟气化反应进行，不但改善其高温强度，而且对发展间接还原、抑制直接还原都是有利的。

上升的高炉煤气从滴落带到软熔带后，只能通过焦炭夹层（气窗）流向块状带，软熔带在这里起着煤气二次分配器的作用。通过软熔带后，煤气被迫改变原来的流向，向块状带流去。所以软熔带的形状和位置，软熔带中焦炭夹层数及其总断面积对煤气流的阻力有很大影响。

（1）软熔带形状的影响。软熔带与炉内温度分布相对应，其形状及其在炉内的位置因高炉操作条件的不同而出现差异。在炉况稳定的情形下，当操作条件使中心煤气流发展时，因高炉中心温度高于边沿，所以软熔带呈倒 V 形。当中心和边沿煤气流均适当发展时，则软熔带呈 W 形。如果边沿气流大量发展，则出现正 V 形软熔带。

高冶炼强度操作的高炉具有倒 V 形软熔带。倒 V 形软熔带，由于中心煤气流较强，有利于疏通和活跃中心，使燃烧带产生的大量煤气易于穿过中心料柱，并横向穿过焦窗，然后折射向上，从而降低 $\Delta p$，有利于冶炼强化。同时，由于边缘气流相对削弱，减轻了炉墙热负荷，既有利于保护炉墙，又有利于减少热损失。具有倒 V 形软熔带的高炉炉缸工作稳定、均匀、活跃，风口、渣口的烧损也可减少。它符合当代高炉生产的要求，但随着软熔带位置的不同，气流的分布和煤气利用不一样。软熔带位置高时，高炉更容易强化，但因煤气利用不好，焦比要升高。

煤气流经过 W 形软熔带后既有从内圆向外圆的流动，也有从外圆向内圆的流动，二次分配后产生局部涡流，使煤气流分布不稳定，流向的冲突使阻力损失增大。

正 V 形软熔带边缘煤气流大量发展，炉墙热负荷大，同时炉缸发生堆积，生产指标不好。因此，在软熔带高度大致相同的情况下，煤气通过倒 V 形软熔带时，压差 $\Delta p$ 最小，W 形软熔带压差 $\Delta p$ 最大，V 形软熔带居中。总之，从顺行的角度说，倒 V 形、正 V 形软熔带较好，W 形软熔带较差；但从煤气利用来说，倒 V 形软熔带最好，W 形次之，正 V 形最差。

（2）软熔带的高度和宽度对 $\Delta p$ 的影响。对形状相同的软熔带（以倒 V 形为例）高度较高（见图 5-7（a）），含有

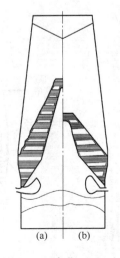

图 5-7　高位（a）和低位（b）"Λ"形软熔带

较多的焦炭夹层，供煤气通过的断面积大，煤气通过的压差 $\Delta p$ 小，有利于提高冶炼强度，但矿石块状带减小，间接还原区相应减少，煤气利用变差，焦比升高。所以高度较高的软熔带属高产型，一般利用系数大的高炉属于此种类型。与之相反，如图 5 - 7 (b) 所示，软熔带高度较低，煤气通过的压差较大，但间接还原区增大，可提高煤气利用率，降低焦比。因此，高度较矮的软熔带属低焦比型，燃料比低的先进高炉大多属于此类型。

增加软熔带宽度（软熔范围扩大）时，由于块状带的体积因软熔带变宽而缩小，而且包含在软熔带内的焦炭夹层长度相对增加，使煤气压力增大。当缩小软熔带宽度时煤气压差减少。

（3）软熔带厚度对 $\Delta p$ 影响。在软熔带焦炭夹层数减少不多的情况下，适当增加焦炭夹层厚度，可降低煤气通过时的压差。但焦炭夹层过厚，会使焦炭夹层数减少，从而使焦炭夹层总的纵断面积减少过多，此时煤气通过时的压差则会增大。

合适的软熔带形状，应由具体高炉原料条件和操作条件决定，据杜鹤桂教授研究，气体通过软熔带的阻力损失与软熔带各参数之间存在如下关系：

$$\Delta p_{\text{软}} = K \frac{L^{0.183}}{n^{0.46} h_{\text{C}}^{0.93} \varepsilon^{3.74}} \qquad (5-23)$$

式中　$\Delta p_{\text{软}}$——软熔带单位高度上透气阻力指数；

　　　$K$——系数；

　　　$L$——软熔带宽度；

　　　$n$——焦炭夹层的层数；

　　　$h_{\text{C}}$——焦炭夹层的高度；

　　　$\varepsilon$——焦炭夹层的孔隙率。

由此可见，软熔带越窄，焦炭夹层的层数越多，夹层越高（厚），孔隙率越大，则软熔带透气阻力指数越小，透气性越好。反之，透气性越差。

在当前条件下，料柱透气性对高炉强化和顺行起主导作用。只要料柱透气性能与风量、煤气量相适应，高炉就可以进一步强化。改善料柱透气性，必须改善原燃料质量，改善造渣，改善操作，获得适宜的软熔带形状和最佳煤气分布。改善造渣和软熔带的根本问题，仍是精料问题，这是强化顺行的物质基础。

## 5.3　炉料运动与冶炼周期

### 5.3.1　高炉炉料的下降

（1）高炉上部炉料的下降。高炉每装入一批料，在炉内就形成一个料层，高炉料柱的下降可以看成是保持层状状态整体下降的活塞流。随着炉料的下降，料层变薄和堆角变平，每批料中矿石和熔剂经过还原、分解、成渣，在炉身下部或炉腰以下熔化成液体，流入炉缸，层次现象消失，而焦炭除了直接还原，一部分碳素气化和渗碳外，在软熔带以下是唯一的固体料柱，层次也消失。从图 5 - 8 中可以看出炉料的分层现象只保持到软熔带。

（2）高炉下部炉料的运动。处于高炉边沿回旋区上方的焦炭呈漏斗状下降，其运动特征如图 5-9 所示。其中，$A$ 区焦炭由于风口前燃烧空间需填充而下降最快；$C$ 区焦炭基本上不能参与燃烧，主要是渗碳溶解、直接还原及少部分在被渣铁浮起挤入燃烧带气化消耗，因而更新很慢，大约需 7~10 天，该区域被称为死料堆或炉芯。而 $B$ 区焦炭则沿着死料堆形成的斜坡滑入风口区，其速度比 $A$ 区慢得多。一般 $A$、$B$ 区圆锥界面的水平夹角 $\theta_1$ 为 60°~65°；而 $C$ 区圆锥表面的 $\theta_2$ 角约为 45°。

引起高炉下部炉料运动的原因主要包括焦炭向回旋区流动、直接还原、出渣出铁等。

死料堆受渣铁的积蓄和排放呈周期性的"浮起"和"沉降"运动。在蓄存渣铁期间，随着液面上升，死料堆受浮力作用越来越大，在渐渐浮起的过程中使滴落带焦炭疏松区的孔隙被压缩而减小，再加上风口区煤气在死料堆中可流动区域的缩小，导致出铁前出现风压升高、回旋区缩短和风口区焦炭回旋运动不活跃等常见现象。相反在出铁后，死料堆的沉降，减少了浮力的挤压作用，滴落带焦炭孔隙度增大而使炉缸异常活跃。

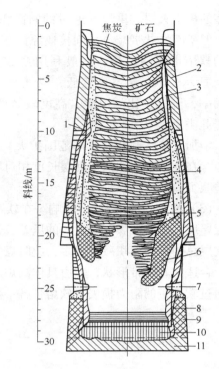

图 5-8　四高炉的炉料下降状况

1—炉墙附着物；2, 11—耐火砖；3—炉料混合层；
4—软熔层；5—由混合炉料形成的软熔层；
6—半熔化带；7—风口；8—炭砖；
9—炉渣；10—生铁

操作人员可通过探料尺的变化和观察风口情况，了解炉内下料情况。图 5-10 是探料尺工作曲线，当炉内料面降到规定料线时，探料尺提到零位，大钟开启将炉料装入炉内，料尺又重新下降至料面，并随料面一起逐步向下运动，图 5-10 中 B 点表示已达料线，紧

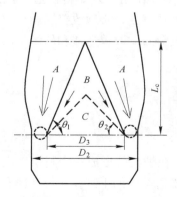

图 5-9　高炉下部炉料运动模式及流动特征区

$A$—焦炭向风口区下降的主流区；
$B$—滑移区；$C$—死料堆

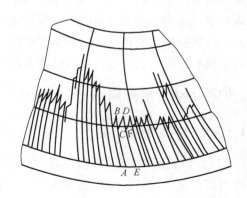

图 5-10　探料尺工作曲线

接着料尺自动提到 A 点（零位）。AB 线代表料线高低，此线越延伸至圆盘中心，表示料线越低。AE 线所示方向表示时间。加完料后，料尺重新下降至 C 点，由于这段时间很短，故是一条直线。以后随时间的延长，料面下降，画出 CD 斜线，至 D 点则又到了规定料线。

BC 表示一批料在炉喉所占的高度，AC 是加完料后，料面离开零位的距离（后尺），CD 线的斜率就是炉料下降速度。当 CD 变水平时斜率等于零，下料速度为零，此即悬料。如 CD 变成与半径平行的直线时，说明瞬间下料速度很快，即崩料。分析料尺曲线能看出下料是否平稳或均匀。探料尺若停停走走说明炉料下行不理想（设备机械故障除外），再发展下去就可能难行。如果两料尺指示不相同，说明是偏料。后尺 AC 很短，说明有假尺存在，料尺可能陷入料面或陷入管道，造成料线提前到达的假象。多次重复此情况，可考虑适当降低料线。

观察各风口前焦炭燃烧的活跃情况，可判断炉缸周围的下料情况，焦块明亮活跃，表明炉况正常，如不活跃，可能出现难行或悬料。

生产中控制料速的主要方法是：加风量则提高料速，减风量则降低料速。其次还可通过控制喷吹量来控制料速或通过控制炉温来微调料速。

## 5.3.2 炉料下降的平均速度

高炉生产中使用探尺来测定料线以便装料，探尺测定的是炉料运动的平均速度 $v_{均}$（m/h）：

$$v_{均} = \frac{V}{S \times 24} \tag{5-24}$$

式中 $V$——每昼夜装入高炉全部炉料体积，$m^3$；

$S$——炉喉面积，$m^2$。

或

$$v_{均} = \frac{V_{有} \eta_{有} V'}{S \times 24} \tag{5-25}$$

式中 $V_{有}$——高炉有效容积，$m^3$；

$\eta_{有}$——有效利用系数，$t/(m^3 \cdot d)$；

$V'$——1t 铁炉料的体积，$m^3$。

可见，在一定条件下，利用系数越高，下料速度越快，每吨铁的炉料体积越大，下料速度也越快。

实际生产中，料速常用每小时下料批数来表示，也可以用冶炼周期即炉料在炉内停留时间来表示。

## 5.3.3 高炉不同部位的下料速度

进一步研究料面各点的炉料下降速度，用料速测定仪、放射性同位素（$^{60}$Co）等方法对炉料运动速度测定。结果表明，高炉不同部位炉料的下降速度是不一样的。

（1）沿高炉半径方向上，炉料下降速度不相等。紧靠炉墙的地方，下料速度最慢，距炉墙 250～600mm 范围内下料速度最快，由此向中心，则料速逐渐降低。炉料在高炉半径方向上下料速度不均的原因：

1）距炉墙一定距离对应的下方，是风口燃烧带的位置，焦炭燃烧产生了很大空间，同时该区域炉料松动。

2）距离炉墙一定距离对应的上方，正是布料堆尖位置，矿石量较多，所以 $Q_{效}$ 较大，加之在其对应的下部由于软化成渣和还原反应，使体积缩减比别处大。

3）炉墙附近下料慢是因为炉料和炉墙摩擦阻力大，且边沿矿石少，$Q_{效}$ 较小。另外，还可以看到炉料刚进炉喉的分布都有一定的倾斜角，即离炉墙一定距离处料面高，炉子中心和紧靠炉墙处料面较低。随着炉料下降，倾斜角变小，料面变平坦了。由此也说明，距炉墙一定距离处炉料下降比半径其他地方要快。这种下料速度不均使炉料在装料时出现的堆尖逐步消失，堆角变平，使整个料柱呈现活塞状下料。

（2）沿高炉圆周方向炉料运动速度不一致。由于热风总管离各风口距离不同，阻力损失也不同，使各风口进风量相差较大（有时风口进风量之差可达25%左右），造成各风口前下料速度不均匀。另外，在渣铁口方位经常排放渣铁，因此在渣铁口上方炉料下降速度相对较快，特别是在铁口方向，所以铁口方向的风口直径通常较小。

（3）不同高度处炉料下降速度不同。炉身部分由于炉子断面往下逐渐扩大，以及炉料软化使炉料体积略有缩减等缘故，运动速度不断降低，到炉身下部下料速度最小。炉料继续下降，虽然炉腹收缩使截面积减小，但因为炉料造渣和还原体积缩减，炉料的下降速度虽有增加，但增加不多。从高炉解剖研究的资料可见，随着炉料下降，料层变薄，这显然是因为炉身部分断面向下逐渐扩大所造成，证明炉身部分下料速度是逐渐减小的。

（4）高温区焦炭的运动对下料速度的影响。当高炉刚放尽渣铁时，整个炉缸充满了焦炭，焦炭只能从燃烧带上方落入燃烧带，在每个燃烧带上方形成了形状为椭圆形，高约 $7 \sim 8m$ 的焦炭疏松区（见图5－11）。由于疏松区和燃烧带距炉子中心略远，形成中心部分炉料的运动比燃烧带上方的炉料慢得多。随着炉内渣铁增多和液面升高，焦炭柱开始漂浮在液体渣铁中，这时焦炭在料柱压力作用下不仅可以从上方落入燃烧带，而且在中心料柱压力和渣铁液的浮力作用下，可以从燃烧带的下方迂回进入燃烧带（见图5－12），因

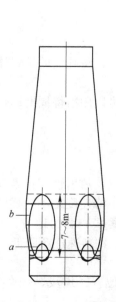

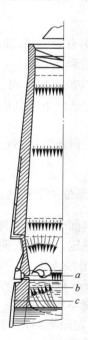

图5－11　高炉燃烧带 $a$ 和松动区位置 $b$　　图5－12　炉缸充满渣铁时高炉内炉料的运动
$a$—风口水平；$b$—渣口水平；$c$—铁口水平

而中心部分炉料下降加快。

### 5.3.4 炉缸内的渣铁运动

在出渣出铁过程中，渣铁流动状态对炉缸工作有两方面影响：一是渣铁残留量影响炉缸工作状态、产品质量及炉况顺行等冶炼过程；二是渣铁流动方式对炉缸炉衬的侵蚀产生不同影响。

在出铁出渣的后期渣铁液面接近渣铁口时，由于煤气压力的作用和渣铁液面的倾斜，炉缸内将残留一部分渣铁。根据模型实验，残留率 $\alpha$ 与无因次滞留系数 $F_L$ 有关。$F_L$ 的定义式：

$$F_L = 180 \frac{(1-\varepsilon)^2}{\varepsilon^3} \frac{1}{(\phi d_P)^2} \frac{\mu_L v_0}{\rho_L g} \left(\frac{D}{H}\right)^2 \qquad (5-26)$$

式中　$v_0$——出渣出铁时炉缸液面的平均下降速度，m/s；

$H$——开始出渣出铁时的渣铁层厚度，m；

$D$——炉缸直径，m。

滞留系数 $F_L$，一方面受液体特性影响，如黏度大、密度小和出渣速度快，则滞留系数大；另一方面则受死料堆焦炭层特性的影响，如焦炭粒度小、空隙低，则滞留系数大。此外还与操作条件有重大关系，如对一定的炉缸直径 $D$，出渣出铁前要有适当的液层厚度，有利于减少炉缸滞留系数。炉缸渣铁残留率 $\alpha$ 与滞留系数 $F_L$ 有明显的正相关关系，而且当渣铁同时从铁口排放时，$\alpha$ 值比单独放渣时要高。图 5-13 是模型实验得到的结果。

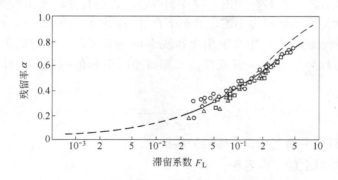

图 5-13　炉缸渣铁残留率 $\alpha$ 与滞留系数 $F_L$ 的关系

炉缸中残留液体，正常炉况时主要是炉渣，因为其黏度比铁水大 100 倍以上。但在异常炉况时铁水也会残留，炉缸渣铁残留率可作为判断炉缸工作状况的一个指数。

出铁时炉缸内的铁水有两种流动方式：当焦炭死料柱直接落于炉底时，铁水流是一个有势流，以铁口为中心点，半径距离愈小愈先流出，愈远流出愈慢，在纵向上的流向也是从垂直下降逐渐转向铁口流出。因铁水积存量足够大时，铁水浮力可以将焦炭死料柱浮起，在炉底和焦炭柱之间形成贯通的铁液池，此时上面的铁液首先垂直下落，进入铁液池后再流向铁口。

在焦炭柱浮起的情况下铁水流速很快，比前一种情况快 20~30 倍，加速了炉底耐火材料的侵蚀；同时由于焦炭柱的底面呈球状突起，致使铁水沿炉缸壁做环形流动，形成了炉缸与炉底的角部的严重侵蚀（即蒜头状侵蚀）。因而近年来的炉底炉缸设计中都加大了死铁层深度、降低焦炭柱下的铁水流速，并且在出铁作业中控制出铁速度，减少对炉底炉缸的冲刷侵蚀。

### 5.3.5　冶炼周期

炉料在炉内的停留时间称为冶炼周期。它表明了高炉下料速度的快慢，是高炉冶炼的一个重要操作指标。公式表示：

（1）用时间表示。

$$t = \frac{24V_{有}}{PV'(1-C)} \tag{5-27}$$

因为

$$\eta_{有} = \frac{P}{V_{有}}$$

所以

$$t = \frac{24}{\eta_{有}V'(1-C)} \tag{5-28}$$

式中　$t$——冶炼周期，h；

　　$V_{有}$——高炉有效容积，$m^3$；

　　$V'$——1t 铁的炉料体积，$m^3$；

　　$P$——高炉日产量，t；

　　$C$——炉料在炉内的压缩系数，大中型高炉 $C \approx 12\%$，小高炉 $C \approx 10\%$。

此为近似公式，因为炉料在炉内，除体积收缩外，还有变成液相或变成气相的体积收缩等。故它可看做是固体炉料在不熔化状态下在炉内的停留时间。

（2）用料批数表示。生产中常采用由料线平面达到风口平面时的下料批数作为冶炼周期的表达方法。如果知道这一料批数，又知每小时下料的批数，同样可求出下料所需时间。

$$N_{批} = \frac{V}{(V_{矿} + V_{焦})(1-C)} \tag{5-29}$$

式中　$N_{批}$——由料线平面到风口平面的炉料批数；

　　　$V$——风口以上的工作容积，$m^3$；

　　$V_{矿}$——每批料中矿石料的体积（包括容积），$m^3$；

　　$V_{焦}$——每批料中焦炭的体积，$m^3$。

通常矿石的堆密度取 $2.0 \sim 2.2t/m^3$，烧结矿堆密度为 $1.6t/m^3$，焦炭堆密度为 $0.45t/m^3$。

冶炼周期是评价冶炼强化程度的指标之一。冶炼周期越短，利用系数越高，意味着生产越强化。冶炼周期还与高炉容积有关，小高炉料柱短，冶炼周期也短。如容积相同，矮胖型高炉易接受大风量，料柱相对较短，故冶炼周期也较短。我国大中型高炉冶炼周期一般为 $6 \sim 8h$，小型高炉为 $3 \sim 4h$。

大型高炉从风口到料面高度约 20 多米，如已知冶炼周期，也可计算下料速度（平均，m/h）：

$$v_{均} = \frac{H}{t} \tag{5-30}$$

一般大中型高炉 $v_{均} = 5 \sim 6\text{m/h}$，小型高炉 $v_{均} = 3\text{m/h}$ 左右。

### 5.3.6　非正常情况下炉料运动

#### 5.3.6.1　炉料的流态化

由于入炉原料粒度和密度很不均匀，在风量很大、煤气量过多、煤气流速增大到一定程度时，高炉散料层内一部分密度小、颗粒也小的料首先变成悬浮状态，不断运动，进而整个料层均变成流体状态，称为"流态化"。实际高炉中炉料粒度和密度等性质各不相同，流态化过程如图 5-14 所示。图中对应 $D$ 点的速度为流态化的临界速度，实验表明，炉料颗粒愈大，密度愈大，料层空隙度愈大，则临界速度也愈高。如气流是穿过由混匀的焦炭和矿石组成的料层，则随着气流速度不断增加，料层会逐渐膨松，并按密度和粒度不同先后流态化，最后当气流速度再增加，会有较多的焦炭和小块矿石从顶部溢出。

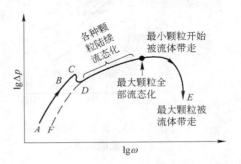

图 5-14　颗粒大小和密度不均时的流态化

在高炉中，由于炉料粒度较大，一般情况下不会发生炉料全部流态化。但炉料的粒度和密度很不均匀，在风量大时，料柱中产生局部或短暂的流态化是可能的，常遇到的流态化现象是炉尘吹出。流态化又往往能造成管道行程，使正常作业受到破坏。前已述及，炉料下降的煤气阻力（$\Delta p$）大约和煤气流速的二次方成正比。所以，当煤气流速增加时，炉料被吹出的最大直径（临界直径）很快增大，吹出的炉尘量也随之增加。假如炉料中含有较多粉末，当煤气流速达到一定值时，除了最上层的粉末极易吹出外，料层内的粉末或通过被吹开的联通管道从炉顶逸出，或沿封闭的管道被吹到别处积聚起来，造成炉料分布不均，进而引起煤气分布紊乱。降低炉顶煤气温度和增加炉顶煤气压力（即高压操作），可以降低煤气流速，有助于减少炉尘和消除煤气管道。因此，为了减少炉尘吹出和消除管道行程，应加强原料管理，筛除炉料中粉末，提高炉料的机械强度（包括冷态和热态），同时采用合理的操作制度，采用高压操作和降低炉顶煤气温度，有助于减少炉尘损失，增加产量。

#### 5.3.6.2　混合料区的形成与焦炭料层的崩塌现象

形成焦炭与矿石的混合料区和发生焦炭层的崩塌现象，都是在焦炭层上装入矿石时发生的。当矿石装入时落到焦层上，在其重力和冲击力的作用下，焦炭层中会产生一个滑动面，如果滑动面上剪切应力超过了临界应力，焦炭层沿滑动面移动，如图 5-15 所示。焦炭料层的崩塌过程往往是一个传递过程，当矿石刚刚落在焦层上，在荷载中心最近的一个小段由于剪切应力超过了临界应力产生崩塌，焦炭层沿滑动面向炉中心移动，其原来位置被矿石填充，荷载中心也随之向炉中心移动，使下一个相邻小段发生崩塌。钟式布料并使用炉喉导料板布料时，焦炭的崩塌现象很严重，因为矿石落至料面的入射方向使焦炭层的剪切应力增大。但是在焦炭层料面靠近炉墙即矿石落点处有一平台时，崩塌现象几乎不发生。在无钟单环布料时，矿石集中布在外环位置上也会引起焦炭崩塌；而采用多环或螺旋方式布料时，几乎可以避免崩塌。一般情况下，焦炭崩塌被矿石推移的焦炭量占焦层总质量的4% ~16%，如图5-16所示。焦炭发生崩塌的同时，该处还会与矿石层产生混合料区，实验表明混入的矿石体积约占15%。

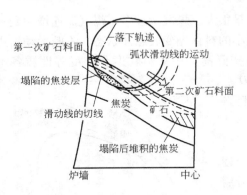

图5-15　焦炭层发生崩塌
现象的示意图

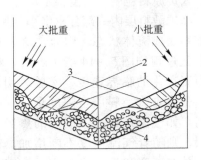

图5-16　矿石对焦炭的推移作用
1—原焦炭料面；2—撞击后的焦炭料面；
3—球团矿；4—焦炭

在特定的条件下矿石层也会崩塌，它是因为后装入的矿石把先装入的料层冲击下去。当矿石与焦炭粒度差别太大，或矿石粉末太多时就容易发生崩塌。焦炭层的崩塌现象不会对高炉造成不良影响，但应在布料时考虑其作用，控制好焦炭在径向上的分布比例。而矿石的崩塌则应尽量避免，因为它会造成中心气流不足和炉缸死料堆的温度过低，给生产带来不利影响。

### 5.3.6.3　超越现象

炉料在下降过程中，由于炉料各组成的物理形态、密度、粒度和软熔性等存在较大差别，造成下料速度快慢有差别。对同时装进高炉的炉料，下降速度快的超过下降速度慢的现象，称为超越现象。

由于现代高炉强化冶炼，加强了原料的管理，大量使用烧结矿和球团矿，矿、焦之间的粒度及密度差别大大缩小，各处料流下降比较均匀，固态颗粒间超越现象大大减少，但在软熔带不同高度上形成的渣铁同时滴入滴落带后进入炉缸和液体渣铁超越固体焦炭现象仍然显著存在。这已为高炉解剖研究所证实。

炉料下降过程中的超越现象，使得在同一时间内加入的炉料不会同时到达炉缸。在高炉正常生产时，这种现象对冶炼进程并无影响。因为沿料柱高度上某断面处的炉料组成超越其他炉料而先下降到下层料柱断面时，同样会得到上层断面超越来的同种炉料组成所补充，前后超越后果互相抵消。

当高炉变料改变负荷、改变铁种时，由于组成新料批的物料不是同时下到炉缸，超越现象对冶炼进程有着明显影响。例如改变焦炭负荷有两种方法：一种是增减料批中的焦炭量，另一种是变更矿石量。由于矿石比焦炭下降快，在正常条件下，当减轻负荷是采用减少矿石量时，此时炉缸要比采用增加焦炭的方法热得早些。当增加焦炭负荷时，增加矿石量要比减少焦炭量炉缸冷得快些。

在高炉不顺、发生崩料时，超越现象发展厉害。由于炉料突然崩落，短时间内炉料大量松弛，密度大、粒度小的矿石会大量超越焦炭进入高炉下部。由于大量生矿下到炉缸，会引起炉缸冷却和其他更严重的故障。

超越现象也可用来纠正炉况，例如，当炉渣碱度过高时，可从炉顶加入细粒河沙，它能很快穿过料层而达到炉缸稀释炉渣。

## 5.4 高炉内煤气分布

煤气流在炉料中的分布和变化，直接影响炉内反应过程的进行，从而影响高炉的生产指标。在煤气流分布合理的高炉上，煤气的热能和化学能得到充分利用，炉况顺行，生产指标改善，反之则相反。寻求合理的煤气分布一直是生产上最重要的操作问题。

### 5.4.1 煤气流分布的基本规律

高炉内煤气的分布是指沿高炉横截面各点通过煤气量的多少。在第四章已经论述过，燃烧带产生的原始煤气流在上升过程中数量、成分、温度和压力不断发生变化。由于高炉结构特点和高炉料柱透气性的影响，煤气在上升过程中分布是变化的，而且也是不均匀的。

高炉煤气的分布实际上可以分为三个阶段：首先是在炉缸燃烧的原始分布，然后是煤气流通过软熔带焦炭夹层的再分布，最后是煤气流在高炉上部块状带内上升过程的再分布。

煤气流在向上运动的过程中总是沿着阻力小、透气性好的地方穿透，因而透气性好的区域通过的煤气流多，煤气流的运动速度也快。煤气流在炉内分布符合自动调节原理。一般认为各风口前煤气压力（$p_{风口}$）大致相等，炉喉截面处各点压力（$p_{炉喉}$）都一样。因此，可以说任何通路的 $\Delta p = p_{风口} - p_{炉喉}$。

如图 5−17 所示，$p_1$、$p_2$ 分别代表 $p_{风口}$ 与 $p_{炉喉}$，煤气分别从 1 和 2 两条通道向上运动，各自阻力系数分别为 $K_1$ 和 $K_2$。煤气通过时阻力分别为 $\Delta p_1 = K_1 \dfrac{w_1^2}{2g}$ 与 $\Delta p_2 = K_2 \dfrac{w_2^2}{2g}$（$w_1$ 与 $w_2$ 分别为煤气在 1 和 2 通道内的流速），此时煤气的流量在通道 1 和通道 2 之间自动调节。由于 $K_1 > K_2$，在通道 1 中煤气量自动减少，使 $w_1$ 降低，而在通道 2 中煤气量增加使 $w_2$ 逐渐增大，最后达到 $K_1 \dfrac{w_1^2}{2g} = K_2 \dfrac{w_2^2}{2g}$ 为止。显然阻力小、透气性好的通道煤气流多，阻力大的通道分布的气流少，这就是煤气分布的自动调节。

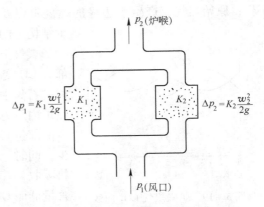

图 5−17　气流分布自动调节原理示意图

一般炉料中矿石的透气性比焦炭差，所以炉内矿石集中区域阻力较大，煤气量的分布必然少于焦炭集中的区域。

但并非煤气流全部从透气性好的地方通过。因为随着流量增加，流速加大并以二次方的关系使压头损失大量增加，当 $\Delta p_1 = \Delta p_2$ 之后，自动调节达到相对平衡。$w_2$ 如若再加大，煤气量将会反向调节。只有在风量很小的情况（如刚开炉或复风不久的高炉），煤气产生较少，煤气从几个阻力最小的通道通过，而不能渗透进每一个通道。在此情况下，即使延长炉料在炉内的停留时间，高炉内的还原过程也得不到改善，只有增加风量，多产煤气量，提高风口前煤气压力和流速，煤气才能穿透进入炉料中阻力较大的地方，促使料柱中煤气分布改善。但增加风量也不是无限的，风量超过一定范围后，与炉料透气性不相适应，会产生煤气管道，煤气利用会严重变坏。

### 5.4.2　高炉内煤气流分布检测

测定炉内煤气流分布方法很多，常用的有两种：一是根据炉喉截面的煤气取样，分析各点的 $CO_2$ 含量，间接测定煤气流分布。二是根据炉身和炉顶煤气温度，间接判断炉内煤气分布。

一般是在炉喉料面下 $1 \sim 2m$ 平面上，沿东、南、西、北四个半径方向，插入取样管，按规定时间沿炉喉半径不同位置进行五点取样，如图 5 – 18 所示，第一点在炉墙的边缘上，第三点在大钟下缘的下方，第五点是高炉的中心。四个方向共 20 点取样，测定各点煤气中 $CO_2$ 含量，绘制出 $CO_2$ 曲线。操作人员即可根据曲线判断各方位煤气的分布情况。

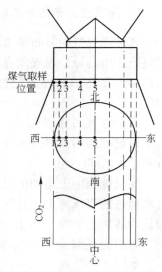

图 5 – 18　煤气取样点位置分布

通常炉喉煤气的分布如图 5 – 19 所示，即边缘和中心通过的煤气量多，而边缘与中心之间的环形区域通过的煤气量少。这主要是由于下述原因造成的：高炉上部加料使中心的大料块和焦炭分布较多，中心料柱的透气性好；炉墙内表面较平整，炉墙与炉料之间的空隙率大于料柱内部的空隙率，因而边缘对煤气流的阻力小，这称为"边缘效应"；原始煤气流产生于边缘的燃烧带以及炉身倾斜等高炉结构上的特点，有利于边缘煤气流的发展。

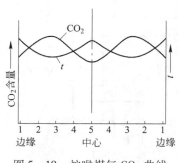

图 5 – 19　炉喉煤气 $CO_2$ 曲线
和温度分布示意图

煤气上升时与矿石相遇产生间接还原反应，煤气中部分 CO 变为 $CO_2$，但不改变（$CO + CO_2$）的总和。高炉内矿石集中的部位透气性差，焦炭集中的部位透气性好，在炉内压力降相等的条件下，透气性好的部位（矿石较少的部位）流过的煤气量多，还原生成的 $CO_2$ 相对量较少，同时，煤气带入该部位的热量多，热量利用（被炉料吸收）率低，温度高，反之则相反。因此，凡是 $CO_2$ 含量低而 CO 含量高的部位，则该处煤气温度高，说明该处煤气流发展，煤气利用不好，可以用温度的分布表示煤气的分布，即温度愈高的地方煤气量也愈多。从图 5 - 19 中可以看出，温度分布曲线与 $CO_2$ 曲线的形状刚好相反。我国大部分高炉已装设有炉喉料面下径向测温装置，可自动测定和绘制温度分布曲线图。由于温度的测定比煤气取样更容易实现连续化、自动化，因而用温度分布曲线表示煤气分布的方法比用 $CO_2$ 曲线更为优越，是值得推广的一项先进技术。

图 5 - 20 表示三种煤气 $CO_2$ 曲线。曲线 2 是煤气在边缘分布多、中心分布少的情况，又称边缘轻中心重的煤气曲线，也称边缘气流型曲线。曲线 3 是中心轻边缘重的煤气曲线，又称中心气流型曲线。曲线 1 介于二者之间，是日常生产中常采用的煤气曲线。

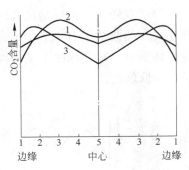

图 5 - 20　炉喉三种煤气 $CO_2$ 曲线

应从下列几方面对煤气曲线进行分析：

（1）曲线边缘点与中心点的差值。如边缘点 $CO_2$ 含量低，属边缘煤气流发展；中心 $CO_2$ 含量低，属中心气流发展。

（2）曲线的平均水平高低。如 $CO_2$ 平均水平较高，说明煤气能量利用好，反之，整个 $CO_2$ 平均水平低，说明煤气能量利用差。

（3）分析煤气曲线的对应性。看炉内煤气分布是否均匀，有无管道或长期某侧透气性不好，甚至出现有炉瘤征兆的煤气曲线。

（4）分析各点 $CO_2$ 含量。由于煤气曲线上各点间的距离不相等，各点所代表的圆环面积不一样，所以各点 $CO_2$ 值的高低对煤气总的利用的影响是不一样的。其中 2 点的影响最大，1、3 点次之，5 点影响最小。煤气曲线的最高点从 3 点移至 2 点，此时即使最高值相等，也说明煤气利用有了改善，因为 2 点代表的圆环面积大于 3 点代表的圆环面积。

现在煤气曲线比较好的是：最高点为 2、3、4 点，1 点稍低，5 点最低，这样能使煤气能量利用得到改善，$CO_2$ 高达 21% ~ 22%，煤气利用好，$CO_2/(CO + CO_2)$ 高达 50% 左右。

现代化高炉有许多检测炉内煤气分布的新方法，如红外线连续分析炉喉和炉顶煤气成分、雷达微波装置测量料面形状或快速显示料面各处温度分布等。

### 5.4.3　合理煤气流分布

高炉顺行是高炉冶炼的基础。合理的煤气流分布应该是：在保证顺行的前提下，煤气的热能、化学能利用充分，焦比最低的煤气流分布。单从煤气能量利用来看，最理想的煤气分布就应该使高炉整个截面上单位质量的矿石所通过的煤气量相等。要达到这种最均匀的煤气流分布就需要最均匀的炉料分布（包括数量、粒度等），但炉料呈最均匀分布则对煤气流的阻力最大。此时，炉料将受到煤气很大的支撑力，引起下料不顺或悬料现象。没有顺行，煤气的热能和化学能有效利用也就不可能实现。另外，按现有的高炉装料设备，达到最均匀布料也不可能。因此，保持较多的边沿和中心两大气流，有利于顺行的同时，使高炉中心料柱活跃，中心温度提高，煤气能量得到充分利用。

必须指出，过分发展边沿或中心煤气流，不仅对煤气利用不利，也会引起炉况不顺，甚至结瘤。

根据高炉大小和冶炼条件的不同，合理煤气分布的 $CO_2$ 曲线也不会完全一样（见图 5-21）。随着生产水平的发展，人们对合理煤气分布曲线的看法和观点也有不同。传统观点认为"双峰式"曲线是最合理的，到 20 世纪七八十年代有人认为"平峰式"或"中心开放式"的曲线最合理。但必须遵循一条总的原则：在保证炉况稳定顺行的前提下，尽量提高整个 $CO_2$ 曲线的水平，以提高炉顶混合煤气 $CO_2$ 的总含量，要充分利用煤气的能量，降低焦比。

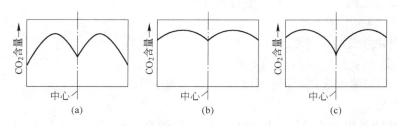

图 5-21　我国煤气分布曲线的发展
(a) 双峰式；(b) 平峰式；(c) 中心开放式

过去中小型高炉大多推行"双峰式"曲线，即所谓"两股气流"的煤气分布。20 世纪 60 年代后，有些厂逐步提高中心和边沿 $CO_2$ 含量，使"双峰式"趋于平坦，向高水平的"平峰式"发展，如图 5-21 (b) 所示。这是由于冶炼强度提高，风量逐渐加大，中心气流过分发展，在操作上必然相应采取扩大批重等措施来抑制中心气流，不仅加重了中心，也相对加重了边沿，使中心和边缘的 $CO_2$ 含量升高。与此同时，由于料速加快和煤气流量增加，料柱变得更为疏松，促使高炉截面煤气分布趋向均匀，煤气得到充分利用，同时又保证了炉料顺行和炉缸工作的均匀活跃、稳定。煤气曲线由"双峰"向"平峰"型过渡，意味着冶炼指标的改善和操作水平的提高，因此这是高炉操作的努力方向，这种曲线需维持较高的压差操作，技术水平要求很高。

随着高炉大型化又提出了新问题，即高炉直径愈大，中心愈易堆积，需要发展中心气流，吹透中心。国内外大型高炉实践表明，要获得好的冶炼指标，必须开放中心气流，下部扩大燃烧带吹透炉缸中心，中部形成"Λ"形软熔带，促使煤气在块状带合理分布的同时，继续把气流引向中心；上部采用分装，大料批压制边缘，发展中心气流，形成中心较边缘低得多的开放式 $CO_2$ 分布曲线（见图 5-21 (c)），有人形象地称之为"喇叭花形"或"展翅形"曲线。这种曲线能保证高炉（特别是巨型高炉）中心料柱的活跃和良好的透气性，高炉顺行，而且炉墙温度相对较低，炉体散热少，炉墙受煤气冲刷少，可延长炉衬寿命。

平峰式煤气流比喇叭花式难得多，但平峰式是煤气利用最好的，所以双峰式应向喇叭花式过渡，最后再争取实现平峰式。现代高炉煤气曲线多数为喇叭花式，少数为平峰式。我国中小型高炉煤气曲线多为双峰式。

生产高炉上出现的几种煤气曲线类型及对高炉冶炼的影响见表5－1。

**表5－1　煤气曲线类型及对高炉冶炼的影响**

| 类型 | 名称 | 煤气曲线形状 | 煤气温度分布 | 软熔带形状 | 煤气阻力 | 对炉墙侵蚀 | 炉喉温度 | 散热损失 | 煤气利用 | 对炉料要求 |
|---|---|---|---|---|---|---|---|---|---|---|
| I | 边沿发展式 | (曲线) | (曲线) | (曲线) | 最小 | 最大 | 最高 | 最大 | 最差 | 最差 |
| II | 双峰式 | (曲线) | (曲线) | (曲线) | 较小 | 较大 | 较高 | 较大 | 较差 | 较差 |
| III | 中心开放式 | (曲线) | (曲线) | (曲线) | 较大 | 最小 | 较低 | 较小 | 较好 | 较好 |
| IV | 平峰式 | (曲线) | (曲线) | (曲线) | 最大 | 较小 | 最低 | 最小 | 最好 | 最好 |

对各煤气曲线类型简要分析如下：

Ⅰ型：煤气分布的特点是边沿气流过分发展而中心堵塞。煤气利用差，焦比高，对炉墙破坏较大。如果时间过长，往往导致炉缸堆积，风口、渣口破损增多，甚至发生风口自动涌渣烧穿事故。以生矿为主的高炉，炉缸温度本来就低，如果用这种煤气分布，情况更坏，它只宜在短期洗炉时采用。

Ⅱ型：煤气分布的特点是边沿和中心煤气流都很发展。软熔带气窗面积最大，料柱阻力小，洗炉或炉子失常后恢复炉况时往往采用这种煤气分布。洗炉时用Ⅱ型煤气分布比Ⅰ型好，它既可以提高边沿温度达到洗炉目的，又不会产生中心堆积的副作用，Ⅱ型煤气分布的缺点是煤气利用差，焦比高，炉身砖容易坏，故Ⅱ型煤气分布也不好，不宜长期采用。

Ⅲ型：煤气分布的特点是中心气流有一定程度的发展（料面上中心煤气温度达600℃上下），而边沿也有适当气流。其最佳状态是把中心气流保持在炉子顺行所需的最低限度（即温度曲线中心的尖峰尽量瘦一些）。这种分布的煤气利用好，焦比低，又利于保护炉墙。虽然边沿负荷较重，阻力较大，但由于它的软熔带有足够"气窗"面积，中心又有通路，所以煤气总阻力比较小，炉子能够稳定顺行。从燃料比、顺行和保护炉墙等全面衡量，它堪称最佳煤气分布。

Ⅳ型：煤气分布特点是边沿和中心气流都不发展，气流分布较均匀，在炉子正常工作时煤气利用好，焦比低，所以多年来一直被当成"理想的"煤气分布来追求。但由于它的软融带"气窗"面积最小，阻力最大，因而往往要被迫降低冶炼强度才能维持炉子继续工作。即便如此，也往往由于崩料、悬料增多而难以持久，所以它也绝非最佳煤气分布。

世界高炉有许多，但并非任何一座高炉都可以无条件地实现最佳煤气分布，不创造必要的条件和采取正确的操作方法，是难以达到最佳煤气分布的。根据国内外的经验，达到最佳煤气分布的条件和方法有：

（1）精料。只有用精料，高炉才能"接受"最佳煤气分布，这是基础。要提高煤气利用率，就得让煤气与矿石有充分的接触机会，就必须对矿石整粒，缩小平均粒度、筛除粉末（<5mm）以增大 $\varepsilon$。对烧结矿和球团矿，要求不仅常温性能要好，粉末要少，且有良好的高温性能，在还原过程中粉化要少，有良好的熔化性。矿石成分稳定性要好，还原性也要好。

焦炭的强度对整个料柱的透气性非常重要，特别在软熔带和软熔带以下的高温区，焦炭强度的好坏更具有决定性的意义，因为软熔带以下的压力降占整个料柱压力降的2/3，因此，要求焦炭既要有良好的常温强度，又要有良好的高温强度。

目前，高炉的入炉粒度为：烧结矿 5～50mm，块矿为 8～25mm；球团矿 8～16mm；焦炭为 25～60mm。

（2）高压。提高炉顶压力能有效地降低煤气流速，减少料柱压力损失、有利于炉况顺行，为实现最佳煤气分布提供有利条件，近年来国内外许多高炉已采用超高压操作，$p_{顶}$ 高达 $2.5 \mathrm{kg/cm^2}$ 以上。

（3）灵活的调节布料手段。钟式炉顶虽可凭借不同的装料制度调节炉料和煤气的分布，但很难得心应手。近几年，我国高炉曾试验采用大料批分装办法来改善炉料和煤气的分布，然而却得不到边沿高中心低的中心开放式最佳煤气分布，得到的往往是"平峰式"曲线。分析其原因，除原料整粒不够外，主要是没有无钟炉顶为控制布料提供灵活而有效的手段。因此，要想达到最佳煤气分布，高炉应采用无钟炉顶布料。

（4）采用喷吹技术。从风口喷吹燃料能改善煤气流及其温度的初始分布，对于活跃炉缸，发展中心气流以及对炉况的稳定顺行十分有利。

（5）搞好上下部调剂。前面四条主要是为达到最佳煤气分布提供有利条件，这些条件利用得好不好，还要看上下部调剂搞得如何。一座高炉应该采用什么样的装料制度或送风制度，要根据不同情况具体分析，基本规律是：

1）进行下部调剂时要考虑软熔带的形式。达到最佳煤气分布时软融带应是"Λ"形，与之对应的炉喉煤气 $CO_2$ 曲线呈"喇叭花形"，温度分布曲线呈"倒喇叭花形"。欲获得这样的煤气分布，边沿和中间带的矿焦比必须大于中心。

2）采用大料批。一方面，只有采用大料批，才有足够的焦层和矿石层厚度，软熔带才会有足够的"气窗"面积，煤气才能稳定，另一方面，矿石层达到一定厚度，煤气才能在矿石中达到比较均匀的分布，从而提高煤气利用。此外，扩大料批还可减少矿焦层的界面而有利于降低煤气在矿焦层界面处的压力损失。

3）当用无钟炉顶时，应采用焦、矿分装，以达到较好的焦、矿分层，这对改善块状炉料区和软熔带的透气性都有好处。当没有无钟炉顶时，是否采用分装，应视实际能否达到好的煤气分布来决定。

4）随着料批加大，必须提高风速和鼓风动能使煤气达到中心。

5）采用适当的冶炼强度。在一定原料条件和冶炼条件下，冶炼强度 $I$ 与焦比 $K$ 存在着一定联系，一般 $I$ 过低时，$K$ 偏高；$I$ 在适当范围，$K$ 最低；$I$ 过高时，$K$ 又升高。因此，根据具体情况，选择适当的冶炼强度改善煤气利用，对降低焦比有重要意义。

我国高炉在上下部调剂方面的基本趋势：上部批重逐渐加大，同时采用正分装或增加正装比例，下部则相应提高鼓风动能。

## 5.5　高炉的上部调剂

　　高炉上部调剂是根据高炉装料设备特点，按原燃料的物理性质及在高炉内分布特性，正确选择装料制度，保证高炉顺行，获得合理的煤气分布，最大限度地利用煤气的热能和化学能。

　　现代多数高炉基本上已淘汰钟式炉顶，在我国 300m³ 以上高炉已基本上是无钟炉顶，只有 300m³ 以下高炉仍采用钟式炉顶装料设备。高炉炉型的特点决定了炉料落入炉内时，在炉喉的分布总是不均匀的，炉料的分布应与煤气的分布相适应。从下料顺畅角度分析，中心的大块料和焦炭应较多，而边缘与中心之间的环形区域小块料和矿石应较多，这样边缘和中心的透气性好，有利于形成两股煤气流分布。但从提高煤气利用率方面分析，炉料应均匀分布，而且边缘炉料的负荷（矿石量/焦炭量）应适当（由于边缘效应等原因，通常边缘煤气流易得到发展），以利于形成平峰式或中心开放式煤气流分布。

　　由上述可知，炉料在炉喉的合理分布应该是：

　　（1）从炉喉径向看，边缘和中心尤其是中心的炉料的负荷应较轻，大块料应较多；而边缘和中心之间的环形区炉料的负荷应较重，小块料应较多。

　　（2）从炉喉圆周方向看，炉料的分布应均匀。有时根据需要还要进行所谓"定点布料"。例如：为了改善某区域炉料的透气性和减轻其炉料的负荷，就将焦炭布在该区域；相反，为了抑制某区域的煤气流，就将矿石布在该区域。

　　影响炉料在炉喉内分布的因素很多，分述如下。

### 5.5.1　炉料的性质对布料的影响

　　散料从一个不太高的空间落到没有阻挡的平面上都会形成一个自然圆锥形料堆，锥面与水平面之间夹角称为"自然堆角"（用 $\alpha_0$ 表示）。对同一种散料，小块比大块的自然堆角要大，若粒度不等的混合料堆成一堆时，将产生按不同粒度的偏析现象，即大块料容易滚到堆脚，而粉末和小块易集中于堆尖，如图 5–22 所示：Ⅰ部分粒度最细；Ⅲ部分粒度最大；Ⅱ部分介于二者之间。

　　对于形状不同的料块，圆滑易滚的堆角小，反之堆角大。

　　高炉常用原料的自然堆角如下：

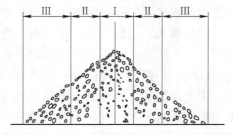

图 5–22　自然布成的散粒料堆中的粒度分布情况

| | |
|---|---|
| 天然矿石（粒度 12～120mm） | 40°30′～43° |
| 烧结矿（粒度 12～120mm） | 40°30′～42° |
| 石灰石 | 42°～45° |
| 焦炭 | 43° |

　　由此可见，各种原料自然堆角差别不大。但是，各种炉料在高炉内的实际堆角由于受到大钟形状、炉喉尺寸以及煤气浮力等因素影响，与自然堆角有差异。实测发现，矿石在炉内的实际堆角为 36°～43°，而焦炭实际堆角则比本身的自然堆角小得多，只有 26°～29°。研究人员得出近似公式（5–31）：

$$\tan\alpha = \tan\alpha_0 - k\frac{h}{r} \tag{5-31}$$

式中　$\alpha$——炉料在炉内的实际堆角；

$\qquad\alpha_0$——炉料的自然堆角；

$\qquad r$——炉喉半径；

$\qquad h$——料线高度（炉料的下落高度）；

$\qquad k$——与炉料性质有关的系数，表示料块下落碰到炉墙或料堆后，剩余的使料块继
续滚动的能量。

由公式（5-31）可知，炉料的落差越大，炉喉半径越小，炉内的实际堆角越小，其
次由于焦炭的弹性和粒度都比矿石大，因而 $K_{焦} > K_{矿}$，所以焦炭比矿石的实际堆角小得
多。由于焦炭和矿石的堆角不同，在炉内互成不平行的料层。焦炭在中心较边沿厚，矿石
与此相反。因此，堆角越大的料，在炉喉的炉墙边沿相对布料越多，对边沿煤气流有压制
作用或者称为加重边沿作用。各种炉料加重边沿由重至轻的排列顺序为：

天然矿→烧结矿→球团矿→焦炭

炉料物理性质不同，在炉内的分布也不同，因此，将对上升煤气流的分布产生不同的
影响。焦炭与大块矿石在边缘和中心较多，故透气性好，对气流通过的阻力小；堆尖附近
由于富集了大量的碎块和粉末，因而透气性差，通过的煤气量也较少，炉喉煤气 $CO_2$ 最
高点和温度最低点，正处在堆尖下面。

### 5.5.2　装料制度对炉喉布料的影响

装料制度是炉料装入炉内方式及顺序的总称，利用上述炉料特性和规律，采用不同的
装料方法，调剂煤气流在炉内合理分布。通常采用的手段有：改变料线高低、变换批重大
小、变动装料顺序和旋转布料器的工作制度等。

#### 5.5.2.1　料线高低

大钟在开启位置时下缘至料面的垂直距离称为料线，而料面一般是指堆尖附近位置。
通常讲料线高是指这段距离短，即 $h$ 小；反之 $h$ 大，称为低料线。

炉料落入炉内的轨迹，是一条既受料块本身重力作用，又受料钟斜面影响的抛物线，
如图 5-23 所示。炉料下落碰到炉喉炉墙的地方称为碰撞点（实际是碰撞带）。当采取不
同料线时，炉料的堆尖位置必然落在落料抛物线上的各个点
上。由于堆尖处，粒度较小的（甚至是粉料）较多，对煤气
阻力影响最大，利用这一规律，在布料时，可有意控制堆尖
离炉墙的不同位置，控制和调剂煤气流。

高炉操作一般都是规定料线操作，料线高低不同，炉料
在料面上分布不一样，如图 5-24 所示。炉料在炉墙上的碰
撞点的料线称为最低料线，此时 $h$ 最大为 $h_{max}$。在 $h_{max}$ 处，炉
料堆尖（透气性不好地带）刚好落在炉墙附近，随着料线的
提高（$h$ 下降），堆尖逐渐离开炉墙，而向中心靠近。此时边
沿料柱透气性逐渐增加，而中心料柱透气性则逐渐降低。

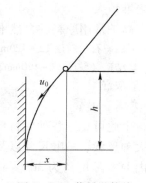

图 5-23　落料抛物线

高炉一般不允许料线在碰撞点以下，其原因是：

（1）在碰撞点以下，炉料多一次碰撞，就多一次破损，使粉末增多；

（2）不能充分利用高炉有效容积；

（3）不能充分利用煤气热能，炉顶温度升高，不利于保护炉顶设备。

因此，除特殊情况外，不允许长期低料线操作。

当然，料线过高也不允许，如果装入一批料后料尺出现零尺，就可能出现大钟关不严或者强迫打开大钟时损坏大钟拉杆等情况。

每个高炉应有本身最适宜的料线，确定料线高低与高炉上部的炉型、炉料性能、料批大小和布料设备的构造有关，在操作中

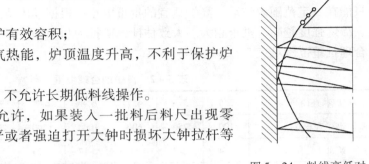

图 5 – 24　料线高低对布料的影响

应找出并保持这个适宜的料线，非必要时不宜过多变动。正常操作中必须严格按规定料线装料，以免布料混乱，绝对不允许长期低料线操作。如因临时故障，加料不满，来不及上料，应适当减风量，防止炉凉。大中型高炉料线一般在 0.8 ~ 2.0m，最高料线不小于 0.5m。

高炉操作过程中，改变料线是调剂布料的一个重要手段，一般情况下，提高料线可压制中心气流，发展边沿气流；反之，降低料线可压制边沿气流，发展中心煤气流。

应当指出：料线调整在钟式炉顶上是调整径向上堆尖位置的唯一手段，调节范围仅限于炉喉间隙的范围内，在无钟炉顶上调节堆尖位置靠溜槽角度，料线不再使用，所以现代高炉上料线已失去调节功能。

### 5.5.2.2　料批大小

每一批炉料中矿石质量称矿批，焦炭质量称焦批。增大批重，使一次入炉的矿石量增加，矿石在炉喉的分布相对均匀，也相对加重了中心，疏松了边沿气流（见图 5 – 25）。

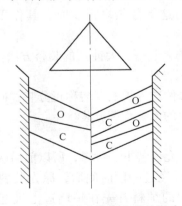

图 5 – 25　批重大小对布料的影响
O—矿石；C—焦炭

因为矿石在炉内的堆角比焦炭大，当矿石入炉后，首先在原来焦炭的堆角的基础上将边沿填充到一定高度，形成自己的堆角后，才以平行的层次向炉中心分布。所以在炉内，堆在焦炭层上的矿石是边沿厚而中心薄，堆在矿石层上的焦炭是边沿薄而中心厚。批重越大，边沿与中心相差的那一部分矿石量所占的比例越小，矿石在炉内分布越均匀，可认为相对加重了中心。而批重小时，相差的那部分矿石占矿批的比例越大，可认为加重了边沿。因此，小料批有利于发展中心煤气流，而大料批有利于发展边沿煤气流。

在高炉大量使用烧结矿和球团矿、均匀粒度、改善原料条件、增大喷吹量、提高冶炼强度的情况下，采用大批重可使炉料分布均匀，抑制过分发展的中心煤气流，提高煤气利用率，降低焦比。我国从 20 世纪 60 年代起就开始推广大料批操作，最近 10 年增大料批更为显著和普

遍。然而，料批并不是越大越好。矿批过大时，加一批料对料柱透气性影响较大，会造成炉况不稳，静压力波动。同时，批重的大小还受到装料设备和上料系统能力的限制。故批重只能在一定范围内波动。高炉适宜的批重大小应根据具体情况而定，一般是有效容积越大、冶炼强度越高，批重越大。大致估计，矿批为 $0.5t/m^2$ 炉喉面积，也有人通过计算提出合理批重范围见表 5 - 2。

表 5 - 2　高炉的合理批重范围

| 炉喉直径/m | 2.5 | 3.5 | 4.7 | 5.8 | 6.7 | 7.3 | 8.2 | 9.8 | 11 |
|---|---|---|---|---|---|---|---|---|---|
| 高炉容积/m³ | 100 | 250 | 600 | 1000 | 1500 | 2000 | 3000 | 4000 | 5000 |
| 矿批重范围/t | >4 | >7 | >11.5 | >17 | >24 | >30 | >37 | >56 | >76.8 |
| 在炉喉内平均厚度/m | 0.51 | 0.46 | 0.41 | 0.40 | 0.43 | 0.45 | 0.44 | 0.46 | 0.51 |

现代高炉为保持软熔带内焦窗的稳定，不影响高炉截面上的煤气分布，当操作中需要改变焦炭负荷时，最好保持焦批体积不变。因为软熔带作为煤气二次分配器，决定煤气分布的是焦窗，也就是焦炭批重。当焦批体积改变时，煤气的分布也将改变，所以在改变焦炭负荷时，常改变矿批重而不改变焦批重。在改换不同堆积密度的矿石时，则应整个调整料批质量而保持焦批体积不变。

### 5.5.2.3　装料顺序

炉料中矿石和焦炭入炉的先后顺序称为装料顺序。一批炉料是由矿石和焦炭等组成的，先入炉和后入炉对炉料分布和煤气分布影响很大。一般情况下：

正装：一批料如果矿石入炉在先，焦炭入炉在后，即先矿后焦（OC）称正装。

倒装：一批料如果焦炭入炉在先，矿石入炉在后，即先焦后矿（CO）称倒装。

半倒装：介于正装与倒装之间的一种装料方法，将一批料中的焦炭分成两部分，一部分在矿石之前，另一部分在矿石之后，一起入炉。半倒装作用介于二者之间，当矿石前这部分焦炭比例很大时，其作用接近倒装；矿石前这部分焦炭很少时，其作用接近正装。

同装：一批料中矿石和焦炭一同入炉（有料钟的高炉，开一次大钟）的装料方法。

分装：矿石和焦炭分两次入炉（开两次大钟）的装料方法。

矿石和焦炭一起入炉的正装称正同装，矿石和焦炭分两次入炉的正装称正分装；矿石和焦炭一起入炉的倒装称倒同装，矿石和焦炭分两次入炉的倒装称倒分装。

图 5 - 26 所示为不同装料顺序时的布料情况。

正常情况下，必须在料线下降到指定料线位置时，才允许装下一批料，所以前后两批料之间，常保持一定时间间隔。由于炉内下料边沿较快，经过一段时间后，原先装料后形成的漏斗状料面逐渐平坦，甚至有可能凹下，先入炉的炉料首先在炉墙边上堆起一个堆角，然后以平行料层往炉喉料面上平铺，故先入炉的炉料大部分布在边沿，而后入炉的炉料在先入炉前已形成的堆角上则多滚向中心。因此正装加重边沿，倒装加重中心。

同装时，后下的料紧跟着先下的料落入炉内，在先下料的堆角上再堆成后下料的堆

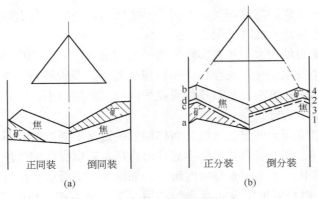

图 5-26 不同装料顺序时的炉料分布
(a) 同装;(b) 分装

角,然后以平行的层次向炉中心布料,后下的料滚向中心较多。

分装时,后下的料与先下的料有一段时间间隔,在这段时间内,料面平坦一些了,炉内料面堆角小于先下料的堆角,有较同装为多炉料落在边沿,这就造成了后下料在边沿部分略为增多。所以有:

正同装 OOCC↓　　　加重边沿　　　发展中心
倒同装 CCOO↓　　　发展边沿　　　加重中心
正分装 OO↓CC↓　　减轻了加重边沿的作用
倒分装 CC↓OO↓　　减轻了加重中心的作用

因此,按不同的装料顺序时,加重边沿的程度由重到轻的顺序为:

正同装　——　正分装　——　半倒装　——　倒分装　——　倒同装
OOCC↓　　　OO↓CC↓　　　COOC↓　　　CC↓OO↓　　　CCOO↓

高炉操作中,为进一步克服单一装料顺序引起煤气分布不均和为了更有效地利用煤气能量,而采取更为灵活的装料方法。如:

OOCC　　　OCOC　　　OCCO　　　COOC　　　COCO　　　CCOO
正装　　　正混装　　　半正装　　　半倒装　　　倒混装　　　倒装

将两批料的矿石和焦炭分别加在一起,一次入炉的装料方法称为双装。双装法是为了集中加矿石和焦炭,以便能加厚料层,处理管道行程。

实际生产中不只用一种装料方法,而是灵活配合,通常大都选用两种基本方法,按比例编成一组,常以 A 代表正装为主的装法,以 B 代表倒装为主的装法,用 $mA + nB$ 编成一组,其加重边沿的程度取决于 $m/(m+n)$ 的比值,随着正装为主的装法增加,将加重边沿并改善煤气利用;反之,倒装为主的装法增加,则加重中心,并有利于顺行。如:

$m$OOCC↓ $+n$CCOO↓ ($m$、$n$ 为常数,一般为 1~10)

($m$OOCC↓ $+n$CC↓OO↓) 1.5,表示入炉 $m$ 批 $m$OOCC↓,再加 $n$ 批 CC↓OO↓,这样一循环的装料制度,料线 1.5m。

应当指出,正装抑制边沿气流发展;倒装疏松边沿,这是布料的一般规律。但要注意反常情况,高炉由于长时间中心气流过分发展,下料过快造成加料前料面呈倾斜的漏斗状时,领先入炉的炉料,将集中滚向中心,而后入炉的料反而堆积于边沿较多,此时装料顺序对布料的影响与前述规律恰恰相反。如图 5 - 27 所示，小高炉由于燃烧带深入中心，中心下料较快，操作上应注意此种情况的发生。

以上规律是在矿石堆角大于焦炭实际堆角一定的值（一般为 10°~15°）时才能成立。但若炉料性质和堆角发生变化，也会导致布料规律变化，即所谓的反常布料。如武钢过去因焦炭质量好，烧结矿粒度小，矿石比焦炭在炉内的实际堆角小，因此，正装时边沿轻中心重，倒装时边沿重中心轻。

装料顺序之所以能起到调整煤气流分布作用的关键是不同炉料有不同的堆角，如果所有炉料的堆角都一样，那么装料顺序将不起任何作用。所以操作中要注意多种炉料堆角的变化，而引起堆角变化的主要因素是粒度组成，如图 5 - 28 所示。在当前高炉熟料率接近或达到 100%，喷吹燃料后焦比大幅度降低的情况下，炉内矿、焦的容积近乎相等，矿、焦堆角也近似相等。因此，装料顺序调节气流分布的作用减弱，而料线一般不常变，故批重的作用显得突出了。

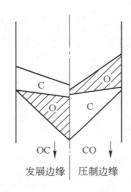

图 5 - 27　深漏斗布料反常情况图

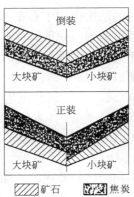

图 5 - 28　装料顺序和粒度对布料的影响

生产中，料线、批重和装料顺序对分布料的影响彼此相关，必须综合考虑和调节，以达到预期的目的。

在无料钟装料设备的高炉上，装料顺序对煤气流分布的调节作用不如料钟式高炉明显。而批重影响仍然较大。

### 5.5.2.4　旋转布料器的工作制度

上述调剂方法主要是改变炉料沿炉喉半径方向上的分布，而沿炉喉圆周的分布是通过旋转布料器实现的（对料钟式装料设备来说）。

钟式炉顶和料车上料的高炉，由于料车沿斜桥轨道单方向上料卸于小料斗内，炉料在小料斗内分布是不均匀的，由图 5 - 29 可见，料车倒入小料斗后，大块料滚向对面而粉末留在堆尖附近。在小料斗上部 $\Delta h$ 高度是偏布的炉料，炉料的量和粒度分布都不均匀。炉料由小

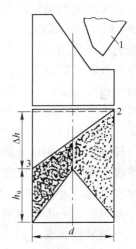

图 5 - 29　炉料在小料斗内的分布
1—料车；2—细粒分布区；
3—块料分布区

斗落入大料斗和由大料斗落入炉内时，仍保持着这种不均匀的分布，结果导致炉料沿炉喉圆周分布的不均匀性。

炉料在小料斗内分布不均匀程度与下列因素有关：

（1）小料斗中料层的平均厚度；

（2）炉料的堆角；

（3）小料斗直径。

当料层平均厚度越高时，不均匀部分（$\Delta h$部分）占全部炉料的比例较小，相对不均匀程度就比较小。小料斗直径越小时，同样数量的炉料高度较高，不均匀程度较小。为改善炉料在小料斗中的分布，曾在一些小高炉上采用细长小料斗，有一定的效果，但并不能彻底消除布料不均现象。

为了消除料车上料时炉料分布的不均匀，马基式旋转布料器于1907年在美国问世，如图5-30所示，它迅速在全世界推广应用。马基式布料器小料斗装料后可以带动小钟一起旋转，一般可以旋转六个位置，即旋转角度分别为60°、120°、180°、240°、300°。这就是所谓的"六点布料制"，前四个角度按顺时针旋转，为了加速旋转（减少旋转角度），后两个角度采用逆时针方向旋转120°和60°（见图5-31）。这种旋转制度看起来装料很均匀，但采用不同装料制度也会出现非常不均匀的情况。

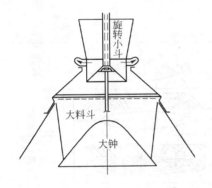

图5-30 马基式布料器

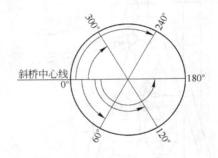

图5-31 小料斗（小钟）旋转角度示意图

除容积很小的高炉外，用料车上料的高炉均采用双料车上料，两个料车倒料位置不可能在斜桥中心线上，而与斜桥中心构成一个夹角（见图5-32），因此，炉料倾倒入小料斗时堆尖位置也与斜桥中心成一夹角。由于这个原因，各种炉料尖沿圆周的分布较为复杂，不易均匀。实际操作中一般均采用每批料小料斗旋转一个角度的装料方法，而且是两种以上装料顺序循环使用。为了保证炉料沿圆周尽可能均匀分布，对六点布料制而言，每个循环的料批数不能为6的倍数或约数，一般为5或10。

从上述马基式布料器的工作情况可以看出，采用旋转布料器后炉料堆尖的分布比较均匀，但并未消除小块

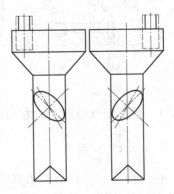

图5-32 左右料车装料时炉料堆尖的分布

和大块料偏析堆集现象。此外，马基式布料器的工作条件差，容易出故障，密封问题难以解决。

为了克服马基式布料器的缺点，使炉料沿圆周方向更加均匀分布，在近代出现了许多新式炉顶布料设备，它们的基本方向是：

(1) 保留小料斗内炉料的堆尖，但堆尖位置可以准确控制。例如，济南钢铁厂一号高炉（255m³）和重钢三号高炉（620m³）采用了偏心旋转布料器，即在受料斗和小料斗之间增加一个空转偏心布料漏斗，这样炉料堆尖位置就能准确控制。

(2) 消除炉料在料斗内的堆尖，使炉料分布均匀。例如，本钢一座高炉采用快速旋转布料装置，即通过不断旋转的漏嘴使炉料不停地漏到大料斗中，这样可以彻底消除堆尖。

当前我国大型高炉采用无料钟装料装置，如图 5-33 所示。

无料钟布料器由两个料仓和一个旋转溜槽组成。两个料仓轮换装料和向炉内布料。旋转溜槽倾角可在 0°~55° 范围内调节，可将炉料分布在炉内所希望的任何部位；溜槽布料过程中，以一定角度在炉内有规律地旋转，转速可调，每批料布 6~12 圈不等，炉料沿圆周方向分布是均匀的，该设备可实现四种主要的布料方式，如图 5-34 所示。

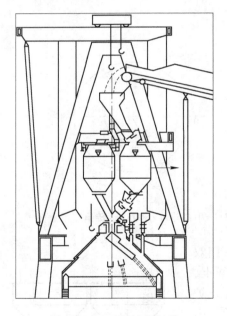

图 5-33　无料钟布料器

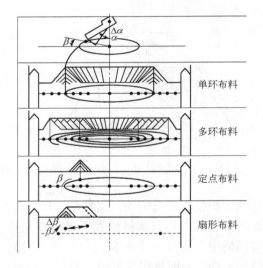

图 5-34　无料钟布料器的布料方式

### 5.5.3　炉型及其他因素对布料的影响

#### 5.5.3.1　炉型

炉身角小、炉腹角大和 $H/D$ 小的矮胖形高炉，边沿气流较发展，容易提高冶炼强度。这种高炉料柱短，有利于顺行。但过于矮胖的高炉会使煤气能量利用变差，焦比增加。对矮胖型高炉还应防止中心吹不透、中心不活跃。

#### 5.5.3.2 炉喉直径及炉喉高度

在炉喉间隙和其他因素不变的情况下，炉喉直径扩大后，小块料和粉末不易布到中心，大块料易于分布在中心；同时，由于矿石堆角大而愈易集中于边缘，造成中心气流发展，边沿加重；反之，炉喉直径减小则起到加重中心疏松边沿的作用。

据大高炉开炉前观察，炉子中心确实有无矿区域，而在生产实践中，根据 $CO_2$ 曲线和高炉解剖研究看，炉子中心确实有矿石分布。这是因为影响炉料分布因素很多，可能是由于高速上升的大量气流将堆尖部分炉料的一部分吹到了中心，通常称为吹集作用。

高炉应有一段垂直的炉喉，这样可改变料线高低来调节炉料的分布，另外，当料面高低不断变化时，炉料在炉喉部位的布料不致有较大波动。

#### 5.5.3.3 大钟形状与开启速度

大钟开启时，炉料沿大钟表面滑下后呈抛物线下落。大钟倾角愈大，则炉料落下的轨迹愈陡，于是堆尖距炉墙愈远；相反，倾角愈小，则炉料落下的轨迹愈平坦，于是堆尖距炉墙愈近。一般大钟倾角为 45°~55°，我国定型设计大中型高炉的大钟倾角均为 53°。

此外，大钟底部伸出大料斗外的长度对布料也会有影响。当大钟没有伸出大料斗外时，大钟打开后最先落下炉料的落下轨迹是垂直的，后来落下的炉料，由于在大钟倾斜面上滚动一段距离而具有一定的初速度，因而落下轨迹才是抛物线形状。显然，大钟伸出大料斗外的长度愈长，则炉料离开大钟时的初速度愈大，因而落下的抛物线轨迹愈平坦，于是炉料堆尖距炉墙愈近。但是，大钟伸出大料斗外的长度由于受到炉型和装料设备结构的限制，是很有限的，不可能太长。炉料由大钟到炉喉内运动情况如图 5-35 所示。

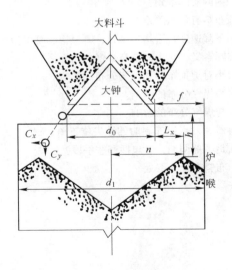

图 5-35 炉料由大钟到炉喉内运动情况

大钟下降速度快，炉料在短时间很快集中落下，堆尖距炉墙近，反之则相反。料钟的启闭多用电动操纵，不易调节速度，如用蒸汽或压缩空气操纵可以变速，应考虑该因素。

上、下部调剂都可以影响煤气流分布，但其作用程度不同。炉顶布料的变化主要影响上部块状带的煤气分布（对下部也有一定影响），下部送风制度的变化主要影响下部煤气分布，而上部煤气分布在很大程度上又取决于下部的煤气分布，必须坚持以下部调剂为基础，上、下部调剂紧密结合的原则。

## 复习思考题

5－1　分析高炉炉料下降的条件。

5－2　什么是高炉炉料的有效质量，它与实际质量有什么差别？

5－3　静止炉料与运动炉料的有效质量是否一样，为什么？

5－4　影响炉料有效质量的因素有哪些？

5－5　煤气压力损失 $\Delta p$ 是如何形成的，怎样降低 $\Delta p$？

5－6　对料柱上部的 $\Delta p$ 和料柱下部的 $\Delta p$ 的影响因素有何不同？

5－7　为什么原料粒度不能过大，又为什么严禁小于 5mm 粉末入炉？

5－8　什么是炉料透气性指数，它在生产上有何实际意义？

5－9　炉喉煤气 $CO_2$ 曲线是如何绘出的？

5－10　如何根据 $CO_2$ 曲线判断炉内煤气流的分布？

5－11　$CO_2$ 曲线的类型有几种，它们对高炉冶炼影响如何？

5－12　如何分析 $CO_2$ 曲线？

5－13　什么是合理的煤气流分布？

5－14　什么是气流分布的自动调节原理？

5－15　什么是炉料的自然堆角，与炉内的实际堆角有何不同？

5－16　什么因素影响炉料在炉内的实际堆角？

5－17　炉料的堆角大小与炉顶布料有什么关系？

5－18　高炉内不同部位炉料的下降速度是否均匀一致，哪里快、哪里慢？

5－19　何谓冶炼周期，有何实际意义，它为何是高炉强化的指标？

5－20　分析变更料线和料批大小对炉顶布料和煤气分布的影响。

5－21　分析正装和倒装对布料与煤气分布的影响。

5－22　分析同装与分装对布料与煤气分布的影响。

5－23　绘出用马基式定点布料器（六点）布料时的堆尖位置图。

5－24　什么是上部调剂，什么是下部调剂，各包括哪些手段？

5－25　无料钟装料设备对高炉布料有什么好处？

# 6 高炉能量利用与工艺计算

炼铁工序能耗在吨钢能耗中占50%以上，钢铁企业降低能耗的主要潜力在炼铁系统。降低炼铁工序能耗是降低成本、提高企业经济效益和竞争力的主要措施。炼铁过程所耗能源品种很多，诸如燃料、电力和各种载能工质等，充分利用高炉冶炼过程中的各种能量是节能的中心问题。通过分析高炉内的能量利用情况，进行物料平衡及热平衡计算，可了解炉内能源消耗和利用水平，找出与能耗相关的各因素，分析节能潜力，明确节能方向。

在分析高炉冶炼的能量利用时，从燃料上分析，节约能量有两个方面，一是节约焦炭消耗，二是改善燃料（焦炭和喷吹燃料）作为热量和还原部分能量的利用程度。高炉鼓风具有的能量，一是鼓风的压力能，二是以风温水平高低表现出的热能。

## 6.1 高炉能量利用指标及分析方法

### 6.1.1 能量利用指标

高炉能量利用指标一般分为两大类，即热能利用指标和化学能利用指标，热能利用指标为有效热能利用系数和碳素热能利用系数。化学能利用指标为 $CO$、$H_2$ 的利用率，直接还原度，间接还原度等。能量总的利用程度主要表现为焦比或燃料比。

#### 6.1.1.1 有效热能利用系数 $K_T$ 与碳素热能利用系数 $K_C$

（1）有效热能利用系数 $K_T$ 是指冶炼单位生铁的有效热量消耗 $Q_{效}$ 占总热量消耗 $Q_{总}$ 的百分比：

$$K_T = \frac{Q_{效}}{Q_{总}} \times 100\% \qquad (6-1)$$

$K_T$ 值大小表明高炉中热能利用的好坏，通常为 $80\% \sim 90\%$。高炉的有效热能利用系数是冶金炉中最高的。

（2）碳素热能利用系数 $K_C$ 是指高炉内冶炼单位生铁固定碳燃烧时放出的热量与碳完全燃烧时放出的热量之比：

$$
\begin{aligned}
K_C &= \frac{Q_C}{33410 \times w(C)} \\
&= \frac{9797 \times [w(C) - w(C_{CO_2})] + 33410 \times w(C_{CO_2})}{33410 \times w(C)} \\
&= 0.293 + 0.707 w(C_{CO_2}) w(C)^{-1}
\end{aligned}
\qquad (6-2)
$$

式中　　$Q_C$——冶炼单位生铁时，在高炉内生成 $CO$ 和 $CO_2$ 放出的总热量，kJ；

　　$w(C_{CO_2})$——冶炼单位生铁燃烧成 $CO_2$ 的碳量，kg；

　　$w(C)$——冶炼单位生铁消耗的碳量，kg。

$K_C$ 值大小表明高炉热效率的高低，通常为 50% ~ 60%。$K_C$ 与氧化成 $CO_2$ 的碳量成正比，而与被氧化的总碳量成反比。因此，间接还原愈发展，被氧化成 $CO_2$ 的碳量愈多，被氧化的总碳量减少，$K_C$ 值就愈高。

#### 6.1.1.2　CO 和 $H_2$ 的利用率

CO 和 $H_2$ 的利用率是衡量煤气化学能利用程度的指标，在计算时不应包括炉料带入的 $H_2O$ 和 $CO_2$。

CO 和 $H_2$ 的利用率是正相关的，因为高炉内存在着达到平衡状态的反应 $H_2 + CO_2 = H_2O + CO$，所以，改善 $H_2$ 的利用，也同时改善了 CO 的利用。但在高炉不同部位，它们的利用率是不一样的。在高炉下部高温区域，$H_2$ 的利用率大于 CO 的利用率；而在高炉上部低温区域，CO 的利用率大于 $H_2$ 的利用率。其相关经验公式表示如下：

$$\eta_{H_2} = 0.88\eta_{CO} + 0.1 \tag{6-3}$$

### 6.1.2　铁的直接还原度 $r_d$ 的计算

从 FeO 中还原的全部铁可用式（6-4）表示：

$$Fe_{还} = Fe_{直} + Fe_{间} + Fe_{H_2} \tag{6-4}$$

此时，铁的直接还原度 $r_d$ 为：

$$r_d = 1 - (r_{i_{CO}} + r_{i_{H_2}})$$

式中　$r_{i_{CO}}$，$r_{i_{H_2}}$——CO 和 $H_2$ 把 FeO 还原成铁的间接还原度。

它们的量可以通过炉顶煤气成分计算。计算时应扣除间接还原高价铁和锰的氧化物到 FeO 和 MnO 时所生成 $CO_2$（实际上对这部分还原，$H_2$ 也有一定作用），但其分配比值缺少科学数据，考虑到 $H_2$ 在高温下还原能力大于 CO，所以本计算中近似认为 $H_2$ 只还原 FeO。高价氧化物的间接还原由 CO 进行。由于计算时气体体积不变，故不影响 $r_d$ 的计算精度，具体方法（根据碳的平衡）如下。

每吨生铁的煤气生成量 $V_{煤}$ 为：

$$V_{煤} = \frac{1.865\left(KC_K + MC_M + \Phi CO_{2\Phi} \times \dfrac{12}{44} - C_{尘} - 10^3[C]\right)}{CO_2 + CO} \tag{6-5}$$

式中　$\Phi$，$CO_{2\Phi}$——每吨铁的熔剂量，熔剂的 $CO_2$ 含量；

　　　　$C_{尘}$——1t 生铁的炉尘中碳的含量，kg/t；

　　　　$C_K$，$C_M$——焦炭、煤粉的含碳量，kg/t；

　　　　$10^3[C]$——1t 生铁中的碳含量，kg/t。

每 1t 生铁煤气中含有的 $H_2$ 量（$m^3$）为：

$$V_{煤} H_2 \tag{6-6}$$

每 1t 生铁煤气中还原生成的 $H_2O$ 量（$m^3$）为：

$$V_{煤} \beta H_2 \tag{6-7}$$

式（6-7）中 $\beta$ 值：由于煤气不分析 $H_2O$ 量（它还受炉料含水等影响），可以根据经验从煤气中残留的 $H_2$ 量来推算还原生成的 $H_2O$ 量，如 $1/3H_2$ 参加还原，则留下 $2/3H_2$，此时 $\beta = 0.5$，故用 $\beta H_2$ 来表示还原反应的 $H_2$ 量。

每 1t 生铁煤气中，其含有（$CO_2 + H_2O$）量为：

$$\frac{1.865(KC_K + MC_M + 0.273\Phi CO_{2\Phi} - C_{尘} - 10^3[C])}{CO_2 + CO}(CO_2 + \beta H_2) \tag{6-8}$$

扣去下列三部分的 $CO_2$（它们并非由于间接还原 FeO 所生成）：

（1）由熔剂带入的 $CO_2$ 量（$m^3/t$）。

$$\Phi CO_{2\Phi} \times \frac{22.4}{44}(1 - r_{CO_2}) \tag{6-9}$$

式中　$r_{CO_2}$——熔剂分解的 $CO_{2\Phi}$ 在高温区的分解部分，它全部进行了碳的气化反应。此值在 0.4 ~ 0.7 之间。

（2）炉料中 $Fe_2O_3 + CO = 2FeO + CO_2$ 反应生成的 $CO_2$ 量（$m^3/t$）。

$$\frac{Fe_2O_{3料}}{160} \times 22.4 \tag{6-10}$$

（3）炉料中 $MnO_2 + CO = MnO + CO_2$ 反应生成的 $CO_2$ 量（$m^3/t$）。

$$\frac{MnO_{2料}}{87} \times 22.4 \tag{6-11}$$

将以上代入 $r_d$ 的定义式得：

$$1 - r_d = \left\{ 22.4 \left[ (KC_K + MC_M + YC_Y + 0.273\Phi CO_{2\Phi} - C_{尘} - 10^3[C]) \times \right.\right.$$

$$\left.\left. \frac{CO_2 + \beta H_2}{12(CO_2 + CO)} - \frac{\Phi}{44}CO_{2\Phi}(1 - r_{CO_2}) - \frac{Fe_2O_{3料}}{160} - \frac{MnO_{2料}}{87} \right] \right\} \div$$

$$\frac{22.4}{56}(10^3[Fe] - Fe_{附})$$

整理成：

$$r_d = 1 - 56 \left[ (\sum C_{燃} + 0.273\Phi CO_{2\Phi} - C_{尘} - 10^3[C]) \frac{CO_2 + \beta H_2}{12(CO_2 + CO)} - \right. \tag{6-12}$$

$$\left. \frac{\Phi}{44}CO_{2\Phi}(1 - r_{CO_2}) - \frac{Fe_2O_{3料}}{160} - \frac{MnO_{2料}}{87} \right] \div (10^3[Fe] - Fe_{附})$$

式中　　　$\beta$——参加间接还原的 $H_2$ 占炉顶煤气中 $H_2$ 的质量分数，取约 0.5；

$Fe_2O_{3料}$，$MnO_{2料}$——每吨铁炉料中所含该物质的质量，$kg/t$。

### 6.1.3　能量利用分析方法

在生产中，能量利用方法一般包括观察炉顶煤气温度，比较 $CO_2$ 曲线，分析混合煤气中 $CO_2$ 含量，计算实际焦比、燃料比等。这些方法比较简便、直观、较为粗略，虽能大致看出高炉内能量利用的情况，但不能全面地反映能量利用的好坏，一般情况下，也不能从中分析出进一步改善煤气能量利用的途径。

另外一种普遍使用的方法是计算法或计算与图解相结合的方法。计算法包括直接还原度、配料计算、物料平衡与热平衡计算、理论焦比计算等。计算与图解法有巴甫洛夫直接还原度图解、RIST 操作线和区域热平衡图解等。

通过计算能对高炉冶炼进行全面定量的分析，为更深入的研究冶炼过程提供数量依据。在计算的基础上做出的图解法，能更清楚地了解所研究探讨的内容。

## 6.2　炼铁工艺计算

炼铁工艺计算是分析高炉冶炼过程的重要方法，也是评价高炉冶炼效率的重要手段。它包括高炉配料计算、物料平衡计算和热平衡计算等。配料计算是物料平衡计算的一部分。物料平衡则是热平衡计算的基础。只有准确的物料平衡，才能得出准确的热平衡。而物料平衡与热平衡是定量分析高炉能量利用的主要方法之一。

通过物料平衡与热平衡计算，能非常清楚地了解高炉冶炼过程中全部物质与能量的来源与去向，从中得出为了进一步降低能耗，应当在生产组织和高炉操作方面采取什么措施；也可为进一步提高操作水平指出方向；也可以检查原料、产品和煤气成分的分析是否正确，以及检查原料和产品称量的精确度。另外，通过计算可获得高炉本体和车间设计所需的基础数据。计算分两类情况，一类是对生产高炉的计算，它根据生产高炉的原始数据（原燃料的公式成分全分析，消耗量，鼓风参数和冶炼产物包括生铁、炉渣、煤气和炉尘等的数量和化学成分等）进行。另一类是对设计高炉的计算，它是在给定的原燃料条件和冶炼参数下进行配料计算和煤气成分的计算，然后进行物料平衡和热平衡计算。下面通过一个实验对设计高炉配料计算、物料平衡和热平衡的内容进行说明。

### 6.2.1　配料计算

高炉配料计算是根据原燃料的化学成分和冶炼条件，通过计算确定各种炉料（矿石、燃料和熔剂）的合理配比，炼出规定成分的生铁，获得最合适的炉渣成分。

#### 6.2.1.1　原始数据的处理与核查

将原料成分按实际存在的化合物形态换算为100%，并合理选择冶炼指标。

（1）原料成分见表6-1。

表6-1　现场原料成分

| 品　种 | Fe | Mn | P | S | FeO | CaO | MgO | SiO$_2$ | Al$_2$O$_3$ |
|---|---|---|---|---|---|---|---|---|---|
| 烧结矿 | 53.01 | 0.093 | 0.047 | 0.031 | 10.18 | 10.8 | 3.74 | 9.76 | 1.00 |
| 天然矿 | 43.00 | 0.165 | 0.021 | 0.134 | 9.2 | 9.0 | 2.10 | 16.34 | 2.32 |
| 石灰石 |  |  | 0.004 | 0.003 |  | 40.68 | 12.15 | 1.38 | 0.34 |

现场提供的化验成分不全面，各种化合物成分之和小于100%，必须将各化合物总和换算成100%。

烧结矿中的硫是以FeS形态存在的，硫的含量应换算成FeS：

即
$$FeS = 0.031 \times \frac{88}{32} = 0.085\%$$

天然矿中的硫是以FeS$_2$形态存在的，因此，天然矿中应有：

$$FeS_2 = 0.134 \times \frac{120}{64} = 0.25\%$$

石灰石中的硫是以SO$_3$形态存在的（有些矿中有硫酸盐时，也要算出SO$_3$），则石灰石中应当有：

$$SO_3 = 0.003 \times \frac{80}{32} = 0.0075\%。$$

烧结矿中的锰是以 MnO 形态存在，烧结矿中应当有：

$$MnO = 0.093 \times \frac{71}{55} = 0.12\%$$

天然矿中的锰常以 $MnO_2$ 形态存在，则天然矿中应当有：

$$MnO_2 = 0.165 \times \frac{87}{55} = 0.26\%$$

天然矿、烧结矿和石灰石中的磷均以 $P_2O_5$ 形态存在，则：

烧结矿中的 $P_2O_5 = 0.047 \times \frac{142}{62} = 0.11\%$

天然矿中的 $P_2O_5 = 0.021 \times \frac{142}{62} = 0.048\%$

石灰石中的 $P_2O_5 = 0.004 \times \frac{142}{62} = 0.01\%$

烧结矿和天然矿中的铁，一部分以 FeO、FeS、$FeS_2$ 形态存在，剩余部分以 $Fe_2O_3$ 形态存在，则：

烧结矿中 $Fe_2O_3 = \left(53.01 - 10.18 \times \frac{56}{72} - 0.085 \times \frac{56}{88}\right) \times \frac{160}{112} = 64.1\%$

天然矿中 $Fe_2O_3 = \left(43.0 - 9.2 \times \frac{56}{72} - 0.25 \times \frac{56}{120}\right) \times \frac{160}{112} = 51.04\%$

石灰石和天然矿中的 CaO 和 MgO 是以 $CaCO_3$ 和 $MgCO_3$ 形态存在，则：

石灰石中 $CO_2 = 40.68 \times \frac{44}{56} + 12.15 \times \frac{44}{40} = 45.33\%$

天然矿中 $CO_2 = 9.01 \times \frac{44}{56} + 2.1 \times \frac{44}{40} = 9.38\%$

通过以上的补充计算，各化合物成分之和应等于100%，但实际上烧结矿仍然不等于100%（烧结矿化验时产生一部分烧损，说明烧结过程中碳酸盐未完全分解，还有少量的残碳，这是产生误差的原因）。故将上述各项之和不足100%的部分确定为烧损量，即 $CO_2$ 含量更多的不是 $CO_2$ 而是残碳。

计算结果：烧结矿烧损量为0.1%。

配料计算时，烧结矿和天然矿之间的配比是根据它们的供应条件确定的。本计算中，假定烧结矿和天然矿以97:3混合使用，以此计算混合矿成分。例如，混合矿含铁量为：

$$53.01 \times 0.97 + 43.0 \times 0.03 = 52.7\%$$

用同样的方法计算出的混合矿及其他成分见表6-2。

表 6-2　混合矿及其他成分　　　　　　　　　　　　　　　　（%）

| 原料 | Fe | Mn | P | S | $Fe_2O_3$ | FeO | $MnO_2$ | MnO | CaO |
|------|------|-------|-------|-------|-------|-------|-------|------|-------|
| 烧结矿 | 53.01 | 0.093 | 0.047 | 0.031 | 64.1 | 10.18 | | 0.12 | 10.80 |
| 天然矿 | 43.0 | 0.165 | 0.021 | 0.134 | 51.04 | 9.20 | 0.26 | | 9.00 |
| 混合矿 | 52.7 | 0.095 | 0.047 | 0.034 | 63.71 | 10.15 | 0.01 | 0.12 | 10.76 |
| 石灰石 | | | 0.004 | 0.003 | | | | | 40.68 |

| 原　料 | MgO | $SiO_2$ | $Al_2O_3$ | $P_2O_5$ | $FeS_2$ | FeS | $SO_3$ | 烧损 $CO_2$ | Σ |
|---|---|---|---|---|---|---|---|---|---|
| 烧结矿 | 3.74 | 9.76 | 1.00 | 0.11 | | 0.09 | | 0.10 | 100.00 |
| 天然矿 | 2.10 | 16.34 | 2.32 | 0.05 | 0.25 | | | 9.38 | 100.00 |
| 混合矿 | 3.70 | 9.96 | 1.05 | 0.11 | 0.01 | 0.09 | | 1.15 | 100.00 |
| 石灰石 | 12.15 | 1.38 | 0.34 | 0.01 | | | 0.01 | 45.33 | 100.00 |

（2）焦炭成分见表 6 - 3。

**表 6 - 3　焦炭成分**　　　　　（%）

| 固定碳 | 灰分(12.17%) | | | | | | | 挥发分(0.90%) | | | | | 有机物(1.3%) | | | Σ | 全硫 | 游离水 |
|---|---|---|---|---|---|---|---|---|---|---|---|---|---|---|---|---|---|---|
| | $SiO_2$ | $Al_2O_3$ | CaO | MgO | FeO | FeS | $P_2O_5$ | $CO_2$ | CO | $CH_4$ | $H_2$ | $N_2$ | $H_2$ | $N_2$ | S | | | |
| 85.63 | 5.65 | 4.83 | 0.76 | 0.12 | 0.75 | 0.05 | 0.01 | 0.33 | 0.33 | 0.03 | 0.06 | 0.15 | 0.40 | 0.40 | 0.50 | 100.00 | 0.52 | 4.8 |

（3）喷吹物成分见表 6 - 4。

**表 6 - 4　喷吹物成分**　　　　　（%）

| 原料 | C | $H_2$ | $O_2$ | $H_2O$ | $N_2$ | S | 灰　　分 | | | | | Σ |
|---|---|---|---|---|---|---|---|---|---|---|---|---|
| | | | | | | | $SiO_2$ | $Al_2O_3$ | CaO | MgO | FeO | |
| 煤粉 | 75.8 | 4.30 | 3.80 | 0.77 | 0.44 | 0.19 | 8.40 | 4.40 | 0.55 | 0.15 | 1.20 | 100.00 |

（4）生铁成分。根据生铁规格确定：Si = 0.5%，S = 0.03%，按元素分配率估算，Mn = 0.09%，P = 0.09%，用公式计算含碳量：

$$C = 1.28 + 0.00142 + 0.024[Mn] - 0.304[Si] - 0.31[P] - 0.37[S] = 4.3$$
$$Fe = 100 - (Si + S + Mn + P + C) = 94.99\%$$

生铁成分见表 6 - 5。

**表 6 - 5　生铁成分**

| 成　分 | Si | Mn | S | P | C | Fe | Σ |
|---|---|---|---|---|---|---|---|
| 含量/% | 0.5 | 0.09 | 0.03 | 0.09 | 4.3 | 94.99 | 100.00 |

（5）元素分配率。根据冶炼条件选定元素分配率见表 6 - 6。

**表 6 - 6　元素分配率**

| 产　品 | Fe | Mn | P | S |
|---|---|---|---|---|
| 生铁 | 0.997 | 0.5 | 100 | |
| 炉渣 | 0.003 | 0.5 | 0 | |
| 煤气 | 0 | 0 | 0 | 0.06 |

（6）燃料比。焦比 450kg/t；煤比 120kg/t。

（7）炉渣碱度。根据生铁品种及冶炼条件选定炉渣碱度：

$$R = CaO/SiO_2 = 1.03$$

有了以上数据就可以进行配料计算。配料计算一般以 1t 生铁为计算单位，计算 1t 生铁所需的矿石、焦炭、石灰石量。其中焦炭量根据生产经验确定，只计算铁矿石和石灰石需要量。

### 6.2.1.2 根据铁的平衡计算矿石需要量

焦炭带入的 $Fe = 450 \times \left( 0.0075 \times \frac{56}{72} + 0.0005 \times \frac{56}{88} \right) = 2.77 kg$

煤粉带入的 $Fe = 120 \times 0.0120 \times \frac{56}{72} = 1.12 kg$

进入渣中的 $Fe = 949.9 \times \frac{0.003}{0.997} = 2.86 kg$

需混合矿供应的 $Fe = 949.9 - 2.77 - 1.12 + 2.86 = 948.87 kg$

$$矿石量 = \frac{10^3 [Fe] - \sum Fe_{煤焦} + Fe_{渣}}{Fe_{矿}} \qquad (6-13)$$

矿石需要量 $= \frac{948.87}{0.5270} = 1800.5 kg$

混合矿带入 $CaO = 1800.5 \times 0.1076 = 193.73 kg$

焦炭带入 $CaO = 450 \times 0.0076 = 3.42 kg$

煤粉带入 $CaO = 120 \times 0.0055 = 0.66 kg$

共带入 $CaO = 193.73 + 3.42 + 0.66 = 197.81 kg$

混合矿带入 $SiO_2 = 1800.5 \times 0.0996 = 179.33 kg$

焦炭带入 $SiO_2 = 450 \times 0.0565 = 25.43 kg$

煤粉带入 $SiO_2 = 120 \times 0.084 = 10.08 kg$

共带入 $SiO_2 = 179.33 + 25.43 + 10.08 = 214.84 kg$

还原 Si 消耗 $SiO_2 = 5 \times \frac{60}{28} = 10.7 kg$

$$石灰石用量 = \frac{\left( \sum SiO_{2料} - 2.14 \times 10^3 [Si] \right) \times R - \sum CaO_{料}}{CaO_{有效}} \qquad (6-14)$$

石灰石用量 $= \frac{(214.9 - 10.7) \times 1.03 - 197.81}{0.4068 - 0.0138 \times 1.03} = 31.72 kg$

考虑机械损失（包括炉尘），实际需要量见表 6-7。

表 6-7 实际需要量

| 名 称 | 干料/kg | 机械损失/% | 水分/% | 实际用量/kg |
|---|---|---|---|---|
| 混合矿 | 1800.5 | 3 | | $1800.5 \times 1.03 = 1854.51$ |
| 石灰石 | 31.72 | 1 | | $31.72 \times 1.01 = 32.04$ |
| 焦炭 | 450 | 2 | 4.8 | $450 \times 1.068 = 480.6$ |
| 合计 | 2282.22 | | | 2367.15 |

### 6.2.1.3 终渣成分及数量的计算

矿石的脉石、焦炭的灰分及熔剂的大部分成分均进入渣中，但原料中 $SiO_2$ 有一部分进入生铁，应予扣除。

（1）终渣的硫量：

炉料全部含硫 $= 1800.5 \times 0.00034 + 450 \times 0.0052 + 120 \times 0.0019 + 31.72 \times 0.00003 = 3.18 \text{kg}$

其中进入生铁 0.3kg

进入煤气 $3.18 \times 0.06 = 0.19 \text{kg}$

进入炉渣的硫 $= 3.18 - 0.3 - 0.19 = 2.69 \text{kg}$

（2）渣中 $FeO = 2.86 \times \dfrac{72}{56} = 3.68 \text{kg}$

（3）渣中 $MnO = 1800.5 \times 0.00095 \times 0.5 \times \dfrac{71}{55} = 1.10 \text{kg}$

（4）渣中 $SiO_2 = 214.79 - 10.7 + 31.72 \times 0.0138 = 204.57 \text{kg}$

（5）渣中 $CaO = 197.16 + 31.72 \times 0.4068 = 210.6 \text{kg}$

（6）渣中 $Al_2O_3 = 1800.5 \times 0.0105 + 450 \times 0.0483 + 120 \times 0.044 + 31.72 \times 0.0034 = 46.02 \text{kg}$

（7）渣中 $MgO = 1800.5 \times 0.037 + 450 \times 0.0012 + 120 \times 0.0015 + 31.72 \times 0.1215 = 71.16 \text{kg}$

炉渣成分见表 6-8。

表 6-8　炉渣成分

| 成分 | $SiO_2$ | $Al_2O_3$ | $CaO$ | $MgO$ | $MnO$ | $FeO$ | $S^{①}/2$ | $\sum$ | $R(CaO/SiO_2)$ |
|---|---|---|---|---|---|---|---|---|---|
| 质量/kg | 204.57 | 46.02 | 210.6 | 71.16 | 1.10 | 3.68 | 1.35 | 538.48 | |
| 含量/% | 38.02 | 8.55 | 39.05 | 13.23 | 0.20 | 0.68 | 0.25 | 100.00 | 1.03 |

① 渣中硫是以 CaS 形态存在，但分析时与 S 结合的 Ca 全部算成 CaO，这就无形中多算了渣中并不存在的氧，因为氧的原子量是 S 原子量的一半。所以多算进去的这一部分氧恰好是硫的一半，这一部分量应从 S 中扣除，故计算百分比及渣量时只算 S/2。

从炉渣的熔化温度和黏度的相图中查得这种炉渣熔化温度为 1300℃，1400℃下的黏度为 0.2Pa·s，可满足高炉冶炼要求。

### 6.2.1.4　生铁成分校核

（1）生铁含磷 $= \left(1800.5 \times 0.00047 + 450 \times 0.0001 \times \dfrac{62}{142} + 31.72 \times 0.00004\right) \times \dfrac{1}{1000} = 0.09\%$

（2）生铁含硫 $= 0.03\%$，此时，$L_s = \dfrac{0.25 \times 2}{0.03} = 19.35$

（3）生铁含硅 $= 0.5\%$

（4）生铁含锰 $= 1.10 \times \dfrac{55}{71} \times \dfrac{1}{1000} = 0.09\%$

（5）生铁含铁 $= 94.99\%$

（6）生铁含碳 $= 100 - (94.99 + 0.09 + 0.5 + 0.03 + 0.09) = 4.3\%$

最终生铁成分列入表6-9。

**表6-9 最终生铁成分**

| 成分 | Fe | Si | Mn | P | S | C | Σ |
|---|---|---|---|---|---|---|---|
| 含量/% | 94.99 | 0.5 | 0.09 | 0.09 | 0.03 | 4.3 | 100.00 |

核验结果与原设计生铁成分相符。若计算中生铁成分不符合时,可变更碳量(在铁种合理范围之内),否则要重新给定生铁成分,重算一遍。

### 6.2.2 物料平衡

物料平衡是根据物质不灭定律在配料计算的基础上进行的。这里进一步计算高炉的入炉风量和煤气量,从而包括全部物质的收入和支出,最后列出物料平衡表。

#### 6.2.2.1 原料条件

除了在配料计算中所用的全部原始条件和每吨生铁的各种原料消耗量以外,还需要以下补充条件:

(1)根据冶炼条件,按经验选定铁的直接还原度,表6-10列出了在全焦冶炼时不同冶炼条件下 $r_d$ 值的大致范围。

**表6-10 不同冶炼条件下的 $r_d$ 值的大致范围**

| 冶 炼 条 件 | $r_d$ |
|---|---|
| 炼钢铁 | 0.35 ~ 0.8 |
| 最易还原的矿石、高碱度熔剂性烧结矿、富褐铁矿及焙烧过的菱铁矿 | 0.35 ~ 0.5 |
| 赤铁矿、假象赤铁矿及普通烧结矿 | 0.45 ~ 0.6 |
| 不很致密的铁矿、含FeO较高的烧结矿和未经焙烧的菱铁矿 | 0.6 ~ 0.7 |
| 致密的磁铁矿、未处理的钛磁铁矿及过熔烧结矿 | 0.7 ~ 0.8 |
| 铸造铁及镜铁 | 较炼钢铁高5% ~ 10% |
| 硅铁及锰铁 | 0.85 ~ 1.0 |

喷吹燃料后,由于 $H_2$ 的还原作用的增强,$r_d$ 有所降低,选定 $r_d = 0.45$。

(2)按当地湿度条件或鼓风加湿情况确定鼓风湿度,取 $f = 1.5\%$ ,即 $12g/m^3$ 。

(3)高炉内不可能生成 $CH_4$ ,相反在高温区,焦炭、喷吹燃料挥发分中的 $CH_4$ 要分解。过去炉顶煤气中分析出 $CH_4$ 是分析方法不准的结果,现代高炉用气相色谱仪分析,证明炉顶煤气中无 $CH_4$ ,所以这里作了说明,免得读者产生错误的概念。去掉这种不符合生产实际的假定,还可使计算简化。

#### 6.2.2.2 根据碳平衡计算入炉风量

按风口前燃烧的碳量计算入炉风量。

A 风口前燃烧的碳量

焦炭带入固定碳 $= 450 \times 0.8563 = 385.34kg$

煤粉带入固定碳 $= 120 \times 0.758 = 90.96$kg

共计燃料带入的碳 $= 385.34 + 90.96 = 476.3$kg

溶于生铁的碳 $= 0.043 \times 1000 = 43$kg

还原 Mn 消耗的碳 $= 0.9 \times \dfrac{12}{55} = 0.20$kg

还原 Si 消耗的碳 $= 5 \times \dfrac{24}{28} = 4.29$kg

还原 P 消耗的碳 $= 0.9 \times \dfrac{60}{62} = 0.87$kg

还原 Fe 消耗的碳 $= 949.9 \times 0.45 \times \dfrac{12}{56} = 91.6$kg

直接还原共耗碳 $= 0.2 + 4.29 + 0.87 + 91.6 = 96.96$kg

风口前燃烧碳：

$$C_{风} = \sum C_{燃} - 10^3[C] - \sum C_{直} = 476.3 - (43 + 96.96) = 336.34\text{kg} \qquad (6-15)$$

$C_{风}$ 占入炉总碳量的比例 $= \dfrac{336.34}{476.3} = 70.62\%$

B　计算风量

鼓风中氧浓度 $= 0.21 \times 0.985 + 0.5 \times 0.015 = 0.2144$m$^3$/m$^3$

风口前燃烧碳素所需的氧量 $= \dfrac{336.34 \times 22.4}{2 \times 12} = 313.92$m$^3$

煤粉可供给氧量 $= 120 \times \left(\dfrac{0.038}{32} + \dfrac{0.0077}{2 \times 18}\right) \times 22.4 = 3.77$m$^3$

每吨生铁的鼓风量（这是风口风量与喷吹用压缩空气量之和）为：

$$V_{风} = \dfrac{\sum C_{料} \times C'_{风} \times 0.933 - Q_{O_2}}{0.21 + 0.29f} = \dfrac{313.91 - 3.76}{0.2144} = 1446.60\text{m}^3 \qquad (6-16)$$

式中　$C'_{风}$——风口前碳素燃烧率；

$\quad Q_{O_2}$——$Q_{O_2} = \left(MO_M + MH_2O_M \times \dfrac{16}{18}\right) \times \dfrac{22.4}{32}$，m$^3$/t。

### 6.2.2.3　计算煤气成分及数量

A　$H_2$

由鼓风水分分解出 $H_2 = 1446.60 \times 0.015 = 21.70$m$^3$

焦炭挥发分及有机 $H_2 = 450 \times (0.0006 + 0.004) \times \dfrac{22.4}{2} = 23.18$m$^3$

煤粉分解出 $H_2 = 120 \times \left(0.043 + \dfrac{0.0077 \times 2}{18}\right) \times \dfrac{22.4}{2} = 58.94$m$^3$

入炉总 $H_2 = 21.70 + 23.18 + 58.94 = 103.82$m$^3$

在喷吹条件下，有 40% $H_2$ 参加还原，因此参加还原的 $H_2$ 量为：

$$103.82 \times 0.4 = 41.53\text{m}^3$$

进入煤气的 $H_2 = 103.82 - 41.53 = 62.29$m$^3$

B CO$_2$

由 Fe$_2$O$_3$ 还原成 FeO 所生成的 CO$_2$ = 1800.5 × 0.6371 × $\frac{22.4}{160}$ = 160.59m$^3$

由 FeO 还原成 Fe 所生成的 CO$_2$ = 949.9 × (1 - 0.45) × $\frac{22.4}{56}$ = 208.98m$^3$

由 MnO$_2$ 还原成 MnO 所生成的 CO$_2$ = 1800.5 × 0.0001 × $\frac{22.4}{87}$ = 0.05m$^3$

另外，H$_2$ 参加还原反应，相当于同体积的 CO 所参加的反应，所以 CO$_2$ 生成量中应减去 41.53m$^3$。

总计，间接还原生成 CO$_2$ = 160.59 + 208.98 + 0.05 - 41.53 = 328.09m$^3$

石灰石分解出 CO$_2$ = 31.72 × 0.4533 × $\frac{22.4}{44}$ = 7.32m$^3$

焦炭挥发分的 CO$_2$ = 450 × 0.0033 × $\frac{22.4}{44}$ = 0.76m$^3$

混合矿分解出 CO$_2$ = 1800.5 × 0.0115 × $\frac{22.4}{44}$ = 10.54m$^3$

煤气中总的 CO$_2$ = 328.09 + 7.32 + 0.76 + 10.54 = 346.71m$^3$

C CO

风口前碳素燃烧生成 CO = 336.34 × $\frac{22.4}{12}$ = 627.83m$^3$

各元素直接还原生成 CO = 96.96 × $\frac{22.4}{12}$ = 180.99m$^3$

焦炭挥发分中 CO = 450 × 0.0033 × $\frac{22.4}{28}$ = 1.19m$^3$

间接还原消耗 CO = 328.09m$^3$

煤气中总 CO = 627.83 + 180.99 + 1.19 - 328.09 = 482.02m$^3$

D N$_2$

鼓风中带入 N$_2$ = 1446.60 × (1 - 0.015) × 0.79 = 1125.67m$^3$

焦炭带入 N$_2$ = 450 × 0.0055 × $\frac{22.4}{28}$ = 1.98m$^3$

煤粉带入 N$_2$ = 120 × 0.0044 × $\frac{22.4}{28}$ = 0.42m$^3$

煤气中总 N$_2$ = 1125.67 + 1.98 + 0.42 = 1128.07m$^3$

根据计算，列出煤气成分见表 6-11。

表 6-11 煤气成分

| 成　分 | CO$_2$ | CO | N$_2$ | H$_2$ | 总计 | $V_煤/V_风$ |
|---|---|---|---|---|---|---|
| 体积/m$^3$ | 346.71 | 482.02 | 1128.07 | 62.29 | 2019.09 | |
| 含量/% | 17.17 | 23.87 | 55.87 | 3.09 | | 1.396 |

6.2.2.4　编制物料平衡表

（1）计算鼓风量：

$$1m^3 鼓风量 = \frac{0.21 \times 0.985 \times 32 + 0.79 \times 0.985 \times 28 + 0.015 \times 18}{22.4} = 1.28kg/m^3$$

全部鼓风量 = 1446.60 × 1.28 = 1851.65kg

（2）计算煤气量：

$$1m^3 煤气 = \frac{0.1717 \times 44 + 0.2387 \times 28 + 0.5587 \times 28 + 0.0309 \times 2}{22.4} = 1.337kg/m^3$$

全部煤气量 = 2019.09 × 1.337 = 2699.47kg

（3）炉料带入的水分 = 450 × 0.048 = 21.6kg

$$H_2 还原生成的水 = 41.53 \times \frac{18}{22.4} = 33.37kg$$

总计水分 = 21.6 + 33.37 = 54.97kg

（4）炉料机械损失（炉尘）= 2367.15 − 2282.22 − 21.6 = 63.33kg

根据以上计算，列出物料平衡表 6 − 12。

表 6 − 12　物料平衡表

| 序　号 | 收入项 | kg | 序　号 | 支出项 | kg |
|---|---|---|---|---|---|
| 1 | 原料 | 2367.15 | 1 | 生铁 | 1000.00 |
| 2 | 鼓风 | 1851.65 | 2 | 炉渣 | 538.48 |
| 3 | 煤粉 | 120 | 3 | 煤气 | 2699.47 |
|  |  |  | 4 | 水分 | 54.97 |
|  |  |  | 5 | 炉尘 | 63.33 |
|  | 共计 | 4338.8 |  | 共计 | 4356.25 |
|  | 绝对误差 | − 17.45 |  | 相对误差 | 0.4% |

一般平衡表中的相对误差应在 1% 以下，所以计算成立。

## 6.2.3　高炉热平衡

高炉热平衡是对高炉冶炼热量收支情况的调查，通过热平衡计算可以了解高炉热量的来源和分配情况，并计算出碳的热能利用系数 $K_C$ 和高炉有效热量利用系数 $K_T$，以确定高炉冶炼过程热能利用的好坏，并找出改善热能利用的途径，从而指导生产实践。

热平衡计算建立在能量不灭定律原则上，即供应高炉的各项热量总和应该等于各项消耗热量的总和。

热平衡计算的方法又分第一热平衡、第二热平衡和高温区域热平衡计算法。常用的第一热平衡建立在热化学盖斯定律的基础上，即化学过程的热效应，只与始态和末态有关，而与过程的途径无关。从这一基本观点出发，可把氧化和还原分成两步：首先是氧化物的分解吸热，然后是还原剂氧化放热。如铁矿石加进炉内，它最终成为铁，在消耗项中是计算铁氧化物的分解耗热。加入的焦炭最终变成煤气，热收入项中计算碳素燃烧放热反应。

这种方法，虽然未反映出高炉冶炼过程的具体情况，但它简便容易，能让读者有全面的了解。

6.2.3.1　需要补充的原始条件

(1) 鼓风温度取 1060℃；

(2) 高炉炉顶温度取 200℃（现代高炉炉顶温度一般为 150～200℃）；

(3) 入炉矿石温度，用冷矿时可不计此项。

6.2.3.2　热量收入部分

(1) 碳素氧化放热。

由 C 氧化成 $1m^3$ 的 $CO_2$ 放出的热量 $= \dfrac{7980 \times 4.184}{22.4} \times 12 = 17887kJ/m^3$

由 C 氧化成 $1m^3$ CO 放出的热量 $= \dfrac{2340 \times 4.184}{22.4} \times 12 = 5245kJ/m^3$

碳素氧化热 $= 328.09 \times 17887 + (482.02 - 1.19) \times 5245 = 8390499kJ$

(2) 热风带入的热量。

1060℃时，干燥空气的比热容 $c = 0.3394 \times 4.184 = 1.42kJ/(m^3 \cdot ℃)$

水蒸气的比热容 $= 0.4135 \times 4.184 = 1.73kJ/(m^3 \cdot ℃)$

因此，含 1.5% 水分的湿空气比热容 $= 0.985 \times 1.42 + 0.015 \times 1.73 = 1.425kJ/(m^3 \cdot ℃)$

鼓风带入的热量 $= 1446.60 \times 1060 \times 1.425 = 2185089kJ$

(3) 成渣热。

炉料中以碳酸盐形态存在的 CaO 和 MgO，在高炉内生成钙铝硅酸盐时，每千克能放热 $270 \times 4.184 = 1130kJ$

混合矿中的 CaO $= 1800.5 \times 0.0115 \times \dfrac{56}{44} = 26.35kg$

熔剂中 (CaO + MgO) $= 31.72 \times (0.4068 + 0.1215) = 16.76kg$

成渣热 $= (26.35 + 16.76) \times 1130 = 48714kJ$

(4) 混合矿带入的物理热（用冷矿时无此项）。

(5) $H_2$ 氧化放热。

$1m^3 H_2$ 氧化成 $H_2O$ 放出热量 $= 2581 \times 4.184 = 10799kJ$

所以 $H_2$ 氧化放热 $= 41.53 \times 10799 = 448482kJ$

即冶炼 1t 生铁的总热量收入 $= 8390499 + 2185089 + 48714 + 448482 = 11072784kJ$

6.2.3.3　热量支出计算

(1) 氧化物的分解与脱硫。

1) 铁氧化物的分解热。设焦炭和煤粉中的 FeO 以硅酸铁形态存在，烧结矿中 FeO 有 20% 以硅酸铁形态存在，其余以 $Fe_3O_4$ 形态存在。

$FeO_{硅酸铁} = 1800.5 \times 0.97 \times 0.1018 \times 0.2 + 450 \times 0.0075 + 120 \times 0.012 = 40.36kg$

去除入渣的 FeO，它也以硅酸铁形式存在，3.68kg 入渣。

剩余 $FeO_{硅酸铁} = 40.37 - 3.68 = 36.69kg$

$FeO_{四氧化三铁} = 1800.5 \times 0.1015 - 1800.5 \times 0.97 \times 0.1018 \times 0.2 = 147.19kg$

$Fe_2O_{3四氧化三铁} = 147.19 \times \dfrac{160}{72} = 327.09kg$

$Fe_2O_{3自由} = 1800.5 \times 0.6371 - 327.09 = 820.01kg$

分解氧化物的热效应值列于算式后的括号内，其单位（根据应用方便）分成两种形式，写成 $Fe_2O_3$ 的是分解 $1kgFe_2O_3 \rightarrow Fe$ 的分解热。而写成 Mn 的是分解生成 $1kgMn$ 所需的分解热。

$FeO_{硅酸铁}$分解热 $= 36.69 \times 4072 = 149402kJ$（以硅酸铁存在的 $1kgFeO$ 分解热 $4072kJ$）

$Fe_3O_4$ 分解热 $= (147.19 + 327.09) \times 4796 = 2274647kJ$（$1kgFe_3O_4$ 分解热 $4796kJ$）

$Fe_2O_3$ 分解热 $= 820.01 \times 5149 = 4222231kJ$（$1kgFe_2O_3$ 分解热 $5149kJ$）

铁氧化物分解总耗热 $= 149402 + 2274647 + 4222231 = 6646280kJ$

2）锰氧化物的分解热。

$1kgMnO_2$ 分解成 MnO 时需热 $1395kJ$

混合矿中 $MnO_2 \rightarrow MnO$ 的分解热 $= 1800.5 \times 0.0001 \times 1395 = 251.17kJ$

MnO 分解成 Mn 需热 $= 0.9 \times 7357 \approx 6621kJ$

锰氧化物分解总耗热 $= 251.17 + 6621 \approx 6872kJ$

3）$SiO_2$ 分解热 $= 5 \times 30267 = 151335kJ$。

4）$Ca_3(PO_4)_2$ 的分解热。

设所有 P 都以磷灰石存在，由 $Ca_3(PO_4)_2$ 分解 $1kgP$ 需 $3573kJ$ 热。

$Ca_3(PO_4)_2$ 分解热 $= 0.9 \times 35731 = 32158kJ$

5）脱硫耗热。考虑 CaO 脱硫耗热（脱 $1kgS$ 耗热 $5397kJ$）与 MgO 脱硫耗热（脱 $1kgS$ 耗热 $8033kJ$）不同，取其渣中成分比例（$39.05 : 13.23 \approx 3 : 1$）来计算平均脱硫耗热。

$$1kgS \text{ 的平均耗热} = 5397 \times \dfrac{3}{4} + 8033 \times \dfrac{1}{4} = 6056kJ$$

脱硫耗热 $= 2 \times 1.34 \times 6056 = 16230kJ$

当渣中 MgO 含量不高时，可不必作此划分，脱 $1kgS$ 耗热 $5397kJ$。

氧化物分解和去硫的总耗热 $= 6646280 + 6872 + 151335 + 32158 + 16230 = 6852875kJ$

（2）碳酸盐分解热。

由 $CaCO_3$ 分解出 $1kg$ $CO_2$ 需吸热 $4042kJ$

由 $MgCO_3$ 分解出 $1kg$ $CO_2$ 需吸热 $2485kJ$

混合矿中 $CO_2 = 1800.5 \times 0.0115 = 20.71kg$

假定 $CaCO_3$ 和 $MgCO_3$ 是按比例分配的，其中以 $CaCO_3$ 形式存在的 $CO_2$ 为 $20.71 \times \dfrac{10.76}{10.76 + 3.7} = 15.4kg$，则以 $MgCO_3$ 形式存在的 $CO_2$ 为 $20.71 - 15.4 = 5.31kg$

熔剂中以 $CaCO_3$ 形式存在的 $CO_2 = 31.72 \times 0.4068 \times \dfrac{44}{56} = 10.14kg$

熔剂中以 $MgCO_3$ 形式存在的 $CO_2 = 31.72 \times 0.4533 - 10.14 = 4.24kg$

碳酸盐的分解热 $= (15.4 + 10.14) \times 4042 + (5.31 + 4.24) \times 2485 = 126964kJ$

当碳酸盐中含 MgO 不高时，可不必作此区分，统取 $4042kJ$。

（3）水分分解吸热（鼓风中）$= 21.70 \times 10799 = 234338kJ$（$1m^3 H_2O$ 分解热 $10799kJ$）。

（4）喷吹物分解热 $= 120 \times 1255 = 150600$ kJ（1kg 煤粉分解热 1255kJ）。

（5）物料游离水的蒸发热（焦炭中）。

1kg 水由 20℃升温到 100℃吸热 335kJ，再变成 100℃水蒸气吸热为 2259kJ，则总吸热 $= 335 + 2259 = 2594$ kJ

游离水蒸发热 $= 450 \times 0.048 \times 2594 = 56030$ kJ

（6）铁水带走热。

| 生铁热焓值 | 炼钢铁 | 铸造铁 | 锰铁 |
| kJ/kg | 1130～1170 | 1255～1300 | 1170～1210 |

铁水带走热 $= 1000 \times 1130 = 1130000$ kJ（热焓值取 1130kJ/kg）

（7）炉渣带走热。

| 炉渣热焓 | 炼钢铁 | 铸造铁 | 锰铁 |
| kJ/kg | 1715～1799 | 1883～2008 | 1841～1966 |

炉渣带走热 $= 538.47 \times 1715 = 923476$ kJ

（8）炉顶煤气带走热：

炉顶煤气在 200℃下，煤气各成分的比热容（kJ/（$m^3 \cdot$℃））如下：

| $CO_2$ | CO | $N_2$ | $H_2$ | $H_2O$ |
| 1.796 | 1.310 | 1.302 | 1.302 | 1.516 |

干煤气比热容 $= 0.1723 \times 1.796 + 0.2376 \times 1.310 + 0.5590 \times 1.302 + 0.0307 \times 1.302$
$= 1.3885$ kJ/（$m^3 \cdot$℃）

干煤气带走热 $= 2019.05 \times 200 \times 1.3885 = 560690$ kJ

水分带走热 $= 54.97 \times \dfrac{22.4}{18} \times 1.516 \times (200 - 100) = 10371$ kJ

炉尘带走的热 $= 63.33 \times 200 \times 0.837 = 10601$ kJ（炉尘比热容取 0.837kJ/（kg·℃））

煤气带走的总热量 $= 560690 + 10371 + 10601 = 581662$ kJ

（9）外部热损失（包括向大气散热和冷却水带走的热量）：用热量总收入减去以上 8 项热支出所得的差值。

外部热损失 $= 11072784 - 6852875 - 126964 - 234338 - 150600 - 56030 - 1130000 - 922344 - 581662 = 1016839$ kJ

根据以上各项计算数据，列出热平衡表见表 6-13。

表 6-13　第一热平衡表

| 序 号 | 收入项名称 | kJ | % | 序 号 | 支出项名称 | kJ | % |
|---|---|---|---|---|---|---|---|
| 1 | 碳素氧化热 | 8390499 | 75.78 | 1 | 氧化物分解与脱硫 | 6852875 | 61.89 |
| 2 | 热风带入 | 2185089 | 19.73 | 2 | 碳酸盐分解 | 126964 | 1.14 |
| 3 | 成渣热 | 48714 | 0.44 | 3 | 水分分解 | 234338 | 2.12 |
| 4 | 炉料物理热 | 0 | | 4 | 喷吹物分解 | 150600 | 1.36 |
| 5 | $H_2$ 氧化 | 448482 | 4.05 | 5 | 游离水蒸发 | 56030 | 0.51 |
| | | | | 6 | 铁水带走 | 1130000 | 10.21 |
| | | | | 7 | 炉渣带走 | 923476 | 8.34 |
| | | | | 8 | 煤气带走 | 581662 | 5.25 |
| | | | | 9 | 外部热损失 | 451281 | 9.18 |
| | 共计 | 11072784 | 100.00 | | 共计 | 11072784 | 100.00 |

6.2.3.4　热平衡指标

热平衡指标有两个，其一是碳素热能利用系数 $K_C$，它是指高炉内 1kg 固定碳燃烧时放出的热量与碳素完全燃烧生成 $CO_2$ 时所放出热量之比，一般在 50% ~60% 。

本例中　　　　　　　　　　　$K_C = \dfrac{8394568 \div 476.3}{7980 \times 4.184} = 52.78\%$

从热能利用系数看，高炉热效率还是比较高的。

其二是炉内热量有效利用系数，以 $K_T$ 表示，它是指高炉内有效热量的消耗（煤气带走、热损失两项除外）与总热消耗之比。$K_T$ 说明热能利用的好坏，一般情况下 $K_T$ 在 80% ~90% 之间，热能利用较好的可达 90% 以上，而小高炉可能低于 75% 。本例中：

$$K_T = [100 - (5.29 + 4.07)] \times 100\% = 90.64\%$$

热量有效利用系数把高炉的热支出分成两部分，一部分是冶炼中必须保证的，另一部分是无效部分。外部热损失与冶炼条件及炉衬的完整程度有关。外部热损失可用式（6 - 17）计算：

$$Z_C = \frac{Z_0}{I} \tag{6 - 17}$$

式中　$Z_C$——1kg 碳素（焦 + 喷吹燃料）的外部热损失值，kJ；

$\quad\quad Z_0$——冶炼强度为 1.0 时，1kg 碳素的热损失，它与炉子大小，炉衬侵蚀情况等有关，一般范围是：炼钢铁 $Z_0 = 837 \sim 1255$ kJ，铸造铁 $Z_0 = 1046 \sim 1464$ kJ；

$\quad\quad I$——冶炼强度，$t/(m^3 \cdot d)$ 。

用这个公式能看出热收支的差别，克服所有误差都进入热损失项这一缺点。

## 6.2.4　第二热平衡

第一热平衡虽然遵循了盖斯定律，但它并不完全符合高炉冶炼过程的真实情况，如 FeO 还原反应 $FeO + C = Fe + CO - 152190$ kJ，按第一热平衡法：在支出项中首先是考虑 FeO 分解，$FeO = Fe + \frac{1}{2}O_2 - 269756$ kJ；然后是碳的氧化，$C + \frac{1}{2}O_2 = CO + 117565$ kJ，将计在收入项。总的热效应为：117565 - 269756 = - 152190 kJ。

实际上，FeO 在高炉内很难分解，而是还原。即没有吸收 269756 kJ 的热量，也没有放出 117565 kJ 的热量。

虽然用第一热平衡计算最终结果没有错误，但收入项的总和与支出项的总和都被夸大了。各热量收入项和支出项所占的比例也就不真实了。

现在主张用比较真实反映炉内状况的第二热平衡来代替第一热平衡。它们二者的差别在热收入的第一项中与热支出的第一项中，而其他项无变化。在第二热平衡中，热收入项只包括风口前燃烧生成 CO 所放出的热量，而在支出项中，只计算实际还原反应的热效应。下面仍以前例条件，按第二热平衡计算。

热收入项：

（1）风口前碳素燃烧放热 = 336.34 × 9790 = 3292769 kJ（1kgC 发热值 9790 kJ）。

（2）热风带入的有效热。

热风带入的热量 = 2185089kJ（计算方法同前时，只取其数值）

风中水分分解热 = – 234338kJ

煤粉分解热 = – 150600kJ

所以，热风带入的有效热 = 2185089 – 234338 – 150600 = 1800151kJ

（3）混合矿带入的物理热为零。

总计热收入项 = 3292769 + 1800151 = 5092920kJ

热支出项：

（1）氧化物的还原与去硫。

1）铁氧化物的还原。高炉内铁氧化物的还原反应有：

$Fe_2O_3 + CO \Longrightarrow 2FeO + CO_2 – 1549kJ$ 　　　　　$Fe_3O_4 + CO \Longrightarrow 3FeO + CO_2 – 20888kJ$

$2FeO \cdot SiO_2 \Longrightarrow 2FeO + SiO_2 – 47522kJ$ 　　　　$FeO + CO \Longrightarrow Fe + CO_2 + 13605kJ$

　　$FeO + H_2 \Longrightarrow Fe + H_2O – 27718kJ$ 　　　　　　$FeO + C \Longrightarrow Fe + CO – 152190kJ$

硅酸铁分解吸热 $= 36.69 \times \dfrac{-47522}{2 \times 72} = -12108kJ$

$Fe_2O_3$ 还原成 $FeO$ 吸热 $= 820.01 \times \dfrac{-1549}{160} = -7939kJ$

$Fe_3O_4$ 还原吸热 $= (147.19 + 327.09) \times \dfrac{-20883}{232} = -42691kJ$

$H_2$ 还原吸热 $= 41.53 \times \dfrac{-27718}{22.4} = -51389kJ$

$FeO$ 间接还原放热 $= 13605 \times \dfrac{949.9 \times (1 - 0.45) - \dfrac{41.53}{22.4} \times 56}{56} = 101702kJ$

$FeO$ 直接还原耗热 $= -152190 \times \dfrac{949.9 \times 0.45}{56} = -1161685kJ$

合计铁氧化物还原耗热 = 101702 – 1161685 – 12108 – 7939 – 42691 – 51390 = – 1174111kJ

2）其他氧化物的还原耗热。

$$MnO_2 + CO \Longrightarrow MnO + CO_2（热效应很小可忽略）$$

锰还原吸热 $= -5087 \times 0.9 = -4578kJ（MnO + C \Longrightarrow Mn + CO \ 1kgMn - 5087kJ）$

硅还原吸热 $= -22049 \times 5 = -110245kJ（SiO_2 + 2C \Longrightarrow Si + 2CO \ 1kgSi - 22049kJ）$

磷还原吸热 $= -15492 \times 0.9 = -13943kJ（P_2O_5 + 5C \Longrightarrow 2P + 5CO \ 1kgP - 15492kJ）$

合计其他氧化物还原耗热 = – 4578 – 110245 – 13943 = – 128766kJ

3）脱硫耗热。

$CaO + FeS \Longrightarrow CaS + FeO – 3057kJ$，热效应太小，可忽略。

去硫反应可看成两步：

第一步 $CaO + FeS \Longrightarrow CaS + FeO$ 　　　　热效应过小

第二步 $FeO + C \Longrightarrow Fe + CO$ 　　　　　　已计入直接还原中

所以氧化物还原及脱硫耗热合计 = – 1174111 – 128766 = – 1302877kJ

（2）碳酸盐分解吸热。

分解热为 – 126964kJ，成渣热为 48601kJ，共计 = 48601 – 126964 = – 78363kJ

（3）游离水蒸发：－56030kJ。

（4）铁水带走热：－1130000kJ。

（5）炉渣带走热：－923476kJ。

（6）炉顶煤气带走：－581662kJ。

（7）热损失（热收入与热支出的差值）。

　　5092920－1302877－78363－56030－1130000－923476－581662＝－1020512kJ

将以上数据列入表6－14中。

**表6－14　第二热平衡表**

| 序号 | 收入项 | kJ | % | 序号 | 支出项 | kJ | % |
|---|---|---|---|---|---|---|---|
| 1 | 风口前碳素燃烧 | 3292769 | 64.7 | 1 | 还原与去硫 | 1302877 | 25.58 |
| 2 | 热风带入 | 1800151 | 35.3 | 2 | 碳酸盐分解 | 78363 | 1.54 |
| | | | | 3 | 游离水蒸发 | 56030 | 1.10 |
| | | | | 4 | 铁水带走 | 1130000 | 22.19 |
| | | | | 5 | 炉渣带走 | 923476 | 18.13 |
| | | | | 6 | 煤气带走 | 581662 | 11.42 |
| | | | | 7 | 热损失 | 1020512 | 20.04 |
| | 合计 | 5092920 | 100.00 | | 合计 | 5092920 | 100.00 |

## 6.3　高炉现场操作工艺计算

　　高炉现场操作工艺计算是高炉工长日常操作中的一项重要工作，其特点是要求简便、快捷、及时，要紧扣炉况和冶炼条件的变化，计算中忽略对结果影响不大的因素，并应用平时积累的经验数据。现场操作计算结果直接指导操作调剂，尽量做到快捷准确，为此要求工长平时注意积累经验数据，计算结果要与现场实际相吻合。

### 6.3.1　高炉现场操作常用的一些工艺计算

#### 6.3.1.1　高炉安全容铁量计算

　　一般以低渣口中心线至铁口中心线间炉缸容积的60%容铁量为安全容铁量。计算公式为：

$$Q = 0.6 \times \frac{\pi}{4} d^2 h_{渣} \rho_{铁} \qquad (6-18)$$

式中　　$Q$——安全容铁量，t；

　　　　$d$——炉缸直径，m；

　　　　$h_{渣}$——低渣口中心线至铁口中心线间距离，m；

　　　　$\rho_{铁}$——铁水密度，$\rho_{铁} = 7.0 t/m^3$。

　　**例6－1**　某高炉有效容积124m³，炉缸直径3.0m，渣口中心线距铁口中心线0.8m，计算安全容铁量为：

$$Q = 0.6 \times \frac{\pi}{4} \times 3.0^2 \times 0.8 \times 7.0 = 23.7t$$

#### 6.3.1.2 冶炼周期计算

炉料在炉内停留时间称为冶炼周期。它主要与冶炼强度和焦比有关，高炉冶炼强度高则冶炼周期短。在正常生产中，根据冶炼周期可以估计改变装料制度（如变料等）后渣铁成分、温度、流动性等发生变化的时间，从而及时注意观察、分析判断、掌握炉况变化动向；当高炉计划休风或停炉时，根据冶炼周期可以推测休风料下达时间，以便掌握休风或停炉的时机。

冶炼周期计算方法：

（1）按时间计算。

$$T = \frac{24V_a}{P(1-\alpha)\left(\dfrac{OR}{\rho_O} + \dfrac{K}{\rho_C}\right)} \qquad (6-19)$$

式中　　$T$——冶炼周期，h；

　　　　$V_a$——高炉工作容积（料线到风口中心线间容积），m³；

　　　　$P$——昼夜产铁量，t；

　　　　$\alpha$——炉料的平均压缩率，%（一般中小高炉为 10% ~ 11%）；

　　　　$OR$——冶炼单位生铁所消耗的主、辅原料量，t/t；

　　　　$K$——焦比，t/t；

　　　　$\rho_O$——主、辅原料的平均堆体积密度，t/m³；

　　　　$\rho_C$——焦炭的体积密度，t/m³。

（2）按上料批数计算。

$$N = \frac{V_a}{(1-\alpha)V_b} \qquad (6-20)$$

式中　　$N$——炉料由规定料线到达风口的上料批数，批；

　　　　$V_b$——每批料的体积（包括焦炭和矿石），m³。

**例 6-2**　某 100m³ 高炉 $V_a = 91.3m^3$，$P = 287t$，$OR = 1.787t/t$，$K = 0.596t/t$，$\rho_O = 1.7t/m^3$；$\rho_C = 0.5t/m^3$，矿批 = 1.859t，焦批 = 0.62t，$\alpha = 10\%$。

$$T = \frac{24 \times 91.3}{287(1-10\%)\left(\dfrac{1.787}{1.7} + \dfrac{0.596}{0.5}\right)} = 3.8h$$

则：

$$N = \frac{91.3}{(1-10\%)\left(\dfrac{1.859}{1.7} + \dfrac{0.62}{0.5}\right)} = 43.5 \text{ 批}$$

因此，经过 3.8h 或下料 43.5 批之后，首批料到达风口水平面。

#### 6.3.1.3 全焦冶炼鼓风动能及风口风速的计算

鼓风动能的计算，包括鼓风的数量和质量，它代表鼓风入炉的能量，可灵敏地反映在不同冶炼条件下与送风制度的规律性关系。

（1）鼓风风量简易计算。计算风口内风速及鼓风动能需要先知道入炉实际风量，由于高炉的设备状态情况不同，漏风率在较大范围内波动，因此由仪表指示风量推算入炉风量有误差。入炉实际风量可由式（6-21）计算：

$$V_B = \frac{0.933 w(C_\text{焦}) w(C_\Phi) KP}{(0.21 + 0.29f) \times 1440} \qquad (6-21)$$

式中　　　　　$V_B$——入炉实际风量，$m^3/min$；

　　　　0.933——1kgC 燃烧需要的氧量，$m^3/kg$；

0.21 + 0.29$f$——湿空气的含氧量，其中 $f$ 为鼓风湿分，%；

　　$w(C_\text{焦})$——综合燃料中碳的质量分数，%；

　　$w(C_\Phi)$——风口前燃烧的碳量占入炉量的比例，%。$C_\Phi$ 与直接还原度 $r_d$ 有关，$r_d$ 升高，$C_\Phi$ 减小，一般取 65%~75%，中、小高炉取较小值；

　　　　$K$——综合燃料比，kg/t；

　　　　$P$——昼夜产铁量，t。

（2）风口风速计算。

1）标准风速计算，由式（6-22）计算：

$$u_0 = \frac{V_B}{60 \sum S} \qquad (6-22)$$

式中　$u_0$——标准风速，m/s；

　　$\sum S$——风口总面积，$m^2$。

2）实际风速计算，由式（6-23）计算

$$u = u_0 \frac{273 + t_B}{273} \times \frac{0.101}{0.101 + p_B} \qquad (6-23)$$

式中　$u$——实际风速，m/s；

　　$t_B$——热风温度，℃；

　　$p_B$——热风压力，MPa。

（3）鼓风动能计算，由式（6-24）计算

$$E = \frac{1}{2} m u^2 \qquad (6-24)$$

$$m = \frac{S}{60 \sum S} V_B \rho$$

式中　$E$——鼓风动能，W；

　　$m$——所选风口的鼓风质量流量，kg/s；

　　$S$——所选风口面积，$m^2$；

　　$\rho$——鼓风密度，$kg/m^3$。

**例 6-3**　已知某高炉，$P = 287t$，$K = 596kg/t$，$f = 2\%$，$w(C_\text{焦}) = 84\%$，$w(C_\Phi) = 65\%$；$\sum S = 0.047m^2$，某个风口面积 $S = 0.0078m^2$，$t_B = 950℃$，$p_B = 0.101MPa$，$\rho = 1.293kg/m^3$，则

实际入炉风量：

$$V_B = \frac{0.933 \times 0.84 \times 0.65 \times 596 \times 287}{(0.21 + 0.29 \times 0.02) \times 1440} = 280.4 m^3/min$$

标准风速：

$$v_0 = \frac{280.4}{60 \times 0.047} = 99.4 \text{m/s}$$

实际风速：

$$v = 99.4 \times \frac{273 + 950}{273} \times \frac{0.101}{0.101 + 0.101} = 222.6 \text{m/s}$$

鼓风动能：

$$E = \frac{1}{2} \times \frac{0.0078}{0.047} \times \frac{280.4}{60} \times 1.293 \times 222.6^2 = 24845.2 \text{W}$$

6.3.1.4 空料线停炉炉顶喷水最大耗水量计算

高炉进行大修或中修时需要停炉。停炉可分为填充法和空料线法。填充法使用碎焦、石灰石或砾石来代替正常料，维持原来的料线或稍低些。而空料线停炉法，停炉过程中不装料，炉内料面下降时从炉顶喷水以控制炉顶温度，当料面降至风口水平时休风。当采用空料线停炉时，因炉顶喷水的需要，应计算出最大耗水量，以据此选择所需水泵。

（1）设定条件。炉顶煤气成分为：$\varphi(CO) = 35.1\%$，$\varphi(H_2) = 1.4\%$，$\varphi(N_2) = 63.5\%$。煤气在炉腰上沿及炉缸上沿的温度分别为1300℃及1450℃，要求炉顶煤气温度为500℃，煤气降温至500℃所放出的热量完全被水吸收，且变成500℃的水蒸气。

（2）计算方法。水量由式（6-25）计算：

$$Q = \frac{(t_{煤} c_{煤}^t - 500 c_{煤}^{500}) \times 1.22 V_B \times \frac{60}{1000}}{c_{水}(100 - t_{水}) + q_{汽} + \frac{22.4}{18}(500 c_{汽}^{500} - 100 c_{汽}^{100})} \quad (6-25)$$

式中　$Q$——所需水量，t/h；

$\quad\quad t_{煤}$——煤气温度，℃；

$\quad\quad c_{水}$——水在汽化前的比热容，约为4.19kJ/(m³·℃)；

$c_{汽}^{100}$，$c_{汽}^{500}$——水蒸气在100℃及500℃时的比热容，分别为1.5kJ/(m³·℃) 和1.6kJ/(m³·℃)；

$c_{煤}^t$，$c_{煤}^{500}$——煤气在100℃及500℃时的比热容，后者为1.344kJ/(m³·℃)；

$\quad\quad q_{汽}$——水的汽化热，2253kJ/kg；

$\quad\quad t_{水}$——入炉水温，℃。

**例6-4** 高炉停炉时初期操作风量为240m³/min，料面降至炉腰时，风量为200m³/min，入炉水温为25℃。

根据式（6-25）带入可得：

风量为240m³/min 时需水量（$Q_1$）为：

$$Q_1 = \frac{(1300 \times 1.448 - 500 \times 1.334) \times 1.22 \times 240 \times 60/1000}{4.19(100 - 25) + 2253 + 22.4/18 \times (500 \times 1.6 - 100 \times 1.5)} = 6.3 \text{t/h}$$

风量降至200m³/min 时需水量（$Q_2$）为：

$$Q_2 = \frac{(1450 \times 1.462 - 500 \times 1.334) \times 1.22 \times 200 \times \frac{60}{1000}}{4.19 \times (100 - 25) + 2253 + \frac{22.4}{18} \times (500 \times 1.6 - 100 \times 1.5)} = 6.28 \text{t/h}$$

因此，停炉过程中最大耗水量为 6.3t/h，应据此选用水泵。

### 6.3.1.5　理论出铁量的计算

通过计算理论出铁量，可以检查放铁的情况（炉缸内的铁水是否放完）和铁损（包括吹损和渣中带铁）的情况。

(1) 每批炉料的理论出铁量由式（6 - 26）计算：

$$出铁量_{批} = \frac{批重_{矿} \times w(Fe_{矿}) + 碎铁_{批} \times w(Fe_{碎})\eta_{Fe}}{w(Fe_{生})} \qquad (6-26)$$

式中　　出铁量$_{批}$——每批炉料的理论出铁量，t；

　　　　批重$_{矿}$——矿石批重，t；

　　$w(Fe_{矿})$——矿石含铁量，%，若几种矿石配合使用，则 $w(Fe_{矿})$ 为混合矿的含铁量；

　　　　碎铁$_{批}$——每批料中碎铁的加入量，t；

　　$w(Fe_{碎})$——碎铁的含铁量，%；

　　　　$\eta_{Fe}$——铁的回收率，取决于冶炼条件和操作水平，通常可取为 98% ~ 99%；

　　$w(Fe_{生})$——生铁的含铁量，取决于冶炼生铁种类，炼钢生铁可取为 93% ~ 94%。

(2) 每炉铁的理论出铁量为：

$$出铁量_{炉} = 批数_{下} \times 出铁量_{批}$$

式中　　出铁量$_{炉}$——每炉铁的出铁量，t；

　　　　批数$_{下}$——上炉出铁结束时到该炉结束时之间炉料的下料批数。

### 6.3.1.6　理论出渣量的计算

理论渣量（渣铁比）可根据 CaO 平衡进行计算。

因为　　　　　　　　　$Q_{CaO批} = w(CaO) \times 渣量_{批}$

所以　　　　　　　　　$渣量_{批} = \dfrac{Q_{CaO批}}{w(CaO)}$

式中　　渣量$_{批}$——每批炉料的理论渣量，t；

　　$Q_{CaO批}$——每批炉料带入的 CaO 量，t；

　　$w(CaO)$——炉渣的 CaO 的质量分数，%。

于是，渣铁比（t/t）为：

$$渣铁比 = \frac{渣量_{批}}{出铁量_{批}} = \frac{Q_{CaO批}}{w(CaO) \times 出铁量_{批}} \qquad (6-27)$$

### 6.3.1.7　理论燃烧温度的计算

高炉喷吹辅助燃料时，维持一适宜的理论燃烧温度是获得良好喷吹效果的重要条件之一。因此，当高炉喷吹燃烧时要经常计算理论燃烧温度。

理论燃烧温度 $t_{理}$ 可用式（6 - 28）计算：

$$t_{理} = \frac{9797 + Q_{风} + Q_{喷燃} - Q_{分}}{V_{煤}\,c_{煤} - 1.25\alpha} \qquad (6-28)$$

式中　$Q_风$——热风带入热量，kJ；

　　　$Q_{喷燃}$——喷吹燃料带入的热量，kJ；

　　　$Q_分$——鼓风水分和喷吹燃料的分解热，kJ；

　　　$V_煤$——燃烧生成的煤气量，$m^3/kg$；

　　　$c_煤$——煤气的比热容，$kJ/(m^3 \cdot ℃)$；

　　　$\alpha$——焦炭的碳占全部碳量的比例，% 。

**例 6 - 5**　（1）已知数据：

1）干焦比 403. 2kg/t，焦炭固定碳含量 84.86% ；

2）煤粉比 120kg/t，煤粉含 C 75.3% ，$H_2$ 3. 66% ；

3）吨铁直接还原消耗的碳 97.79kg/t；

4）进入生铁的碳 43kg/t；

5）鼓风温度 1150℃，湿度 1% 。

（2）计算步骤：

1）$\alpha$ 的计算。显然，当未喷吹燃料时，$\alpha$ 为 100%；喷吹辅助燃料时，$\alpha < 100\%$，$\alpha$ 可按式（6 - 29）计算：

$$\alpha = \frac{w(C_{焦风})}{w(C_{焦风}) + w(C_{喷风})} \qquad (6-29)$$

式中　$w(C_{焦风})$，$w(C_{喷风})$——焦炭和喷吹燃料带入风口前燃烧带内的碳量，kg/t。

假设直接还原、生铁渗碳消耗的碳全部由焦炭提供，则本例 $\alpha$ 的值如下：

$$w(C_{焦风}) = 403. 2 \times 0.8486 - 97.79 - 43.0 - 5.27 = 196.38 kg/t$$

$$w(C_{喷风}) = 80 \times 0.86 + 40 \times 0.753 = 98.92 kg/t$$

于是　　　　　　　　　$$\alpha = \frac{196.38}{196.38 + 98.92} = 0.665$$

2）$Q_风$ 的计算。以燃烧 1kg 碳作为计算基础。

① 风量 $V_风$ 的计算。

$$V_风 = \frac{22.4}{2 \times 12 \times [(1 - 1.01) \times 0.21 + 0.5 \times 0.01]} = 4.38 m^3$$

② $Q_风$ 的计算。

1150℃时，空气（干风）和水气（$H_2O$）的比热容为：

$$c_{干风} = 1. 264 + 0.000092 \times 1150 = 1.37 kJ/(m^3 \cdot ℃)$$

$$c_{H_2O气} = 1. 562 + 0.000209 \times 1150 = 1.803 kJ/(m^3 \cdot ℃)$$

于是 $Q_风 = V_风 c'_风 t_风 = 4.38 \times 1150 \times (1.37 \times 0.99 + 1.803 \times 0.01) = 6922.5 kJ$

3）$Q_{喷燃}$ 的计算。通常煤粉的温度较低，故 $Q_{喷燃}$ 可忽略不计，即本例假设 $Q_{喷燃} = 0$。

4）$Q_分$ 的计算。对于在风口前燃烧 1kg 碳，由煤粉供给的碳量为：

$$w(C_{油风}) = (1 - \alpha)\frac{0.86 \times 80}{0.86 \times 80 + 0.753 \times 40} = (1 - 0.665) \times 0.6955 = 0.233 kg/kg$$

$$w(C_{煤风}) = 1 - 0.665 - 0.233 = 0.102 kg/kg$$

则重油和煤粉的用量为：

重油 = 0. 233/0. 86 = 0. 27kg

煤粉 $=0.102/0.753=0.14kg$

于是 $Q_分 = 4.38 \times 0.01 \times 10806 + 0.27 \times 1880 + 0.14 \times 1050 = 1127.9kJ$

5) $V_煤$ 的计算。燃烧产物即煤气由 CO、$N_2$ 和 $H_2$ 组成，其数量如下：

$$V_{CO} = 4.38 \times (0.99 \times 0.21 + 0.5 \times 0.01) \times 2$$
$$= 1.87m^3$$

$$V_{N_2} = 4.38 \times 0.99 \times 0.79 = 3.43m^3$$

$$V_{H_2} = 4.38 \times 0.01 + (0.27 \times 0.11 + 0.14 \times 0.0366) \times 22.4/2 = 0.43m^3$$

$$V_煤 = 5.73m^3$$

煤气的成分为：

$$\varphi(CO) = 32.64\%, \varphi(N_2) = 59.86\%, \varphi(H_2) = 7.50\%$$

6) $c_煤$ 的计算。煤气的比热容 $c_煤$ 是温度的函数，取决于 $t_理$。即：

$$c_煤 = t_理 \times (0.3264 \times 0.000092 + 0.5986 \times 0.000092 + 0.075 \times 0.000084) +$$
$$(0.3264 \times 1.264 + 0.5986 \times 1.264 + 0.075 \times 1.264)$$
$$= (0.000091 t_理 + 1.264)kJ/(m^3 \cdot ℃)$$

7) $t_理$ 的计算。将以上各相关数据带入得：

$$t_理 = \frac{9797 + 6922.5 - 1127.9}{5.73 \times (1.264 + 0.00091 t_理) - 1.25 \times 0.665}$$

将上式化简后得方程：

$$0.000091 t_理^2 + 0.641147 t_理 - 15591.6 = 0$$
$$t_理 = 2353℃$$

## 6.3.2　现场配料计算

现场配料计算是在矿批、配矿比例、负荷（或焦比）一定的条件下，根据原料成分和造渣制度的要求，计算熔剂（包括萤石、锰矿等洗炉料）的用量，有时还要对生铁中的某一成分（如硫、磷等）做估计。下面结合实例加以介绍。

**例 6-6**　已知原燃料成分（见表 6-15），造渣制度要求炉渣碱度 $w(CaO)/w(SiO_2) = 1.05$，MgO 含量为 12%，有关经验数据及设定值为：

| [Si]/% | [Fe]/% | $\eta_{Fe}/\%$ | $L_S$ | $S_挥/\%$ |
|--------|--------|------|-------|-------|
| 0.50 | 94.5 | 100.0 | 25.0 | 5 |

**表 6-15　原燃料成分**　　　　　　　　　　　　　　（%）

| 物料 | 每批质量/kg | Fe | FeO | CaO | SiO_2 | MgO | S |
|------|-----------|-----|-----|-----|-------|-----|---|
| 烧结矿 | 1432 | 50.95 | 9.5 | 10.4 | 7.70 | 3.2 | 0.029 |
| 球团矿 | 251 | 62.9 | 10.06 | 1.23 | 7.44 | 0.88 | 0.026 |
| 焦炭 | 620 | 0.54 | | | 5.55 | | 0.76 |
| 白云石 | | | | 30.0 | | 20.95 | |
| 石灰石 | | | | 49.0 | | 4.58 | |

**求：** 白云石和石灰石如何配比？生铁中 [S] 能达到多少？

**解:** （1）一批料的理论出铁量（$T_{理}$）与被还原的 $SiO_2$ 计算:

$$T_{理} = \frac{1432 \times 0.5095 + 251 \times 0.629 + 620 \times 0.0054}{0.945} = 937.8\text{kg}$$

被还原的 $SiO_2 = 937.8 \times 0.005 \times \frac{60}{28} = 10.0\text{kg}$

（2）一批料的理论出渣量（$T_{渣}$）计算:

原料带入的 $SiO_2 = 1432 \times 0.077 + 251 \times 0.0744 + 620 \times 0.0555 = 162.7\text{kg}$

进入炉渣的 $SiO_2 = 162.7 - 10.0 = 152.7\text{kg}$

进入炉渣的 $CaO = 152.7 \times 1.05 = 160.3\text{kg}$

烧结矿和生矿中的 $Al_2O_3$ 量平常是不分析的,因而渣中 $Al_2O_3$ 量可取生产经验数据,这里取 $Al_2O_3$ 含量为 12%,另外渣中 S、FeO、MnO 等微量组分之和按生产数据取为 4.0%,由于渣中 MgO 含量要求为 12.0%,故渣中（CaO）+（$SiO_2$）= 100% −（12 + 4 + 12）% = 72%。则 $T_{渣}$ =（152.7 + 160.3）/72% = 434.7kg。

吨铁渣量 =（434.7/937.8）× 1000 = 463.5kg

（3）白云石用量计算:

应进入炉渣的 $MgO = 434.7 \times 0.12 = 52.2\text{kg}$

炉料已带入的 $MgO = 1432 \times 0.032 + 251 \times 0.0088 = 47.7\text{kg}$

应配加的白云石 =（52.2 − 47.7）/0.2095 = 21.5kg,取 21kg

（4）石灰石用量计算:

炉料已带入 $CaO = 1432 \times 0.104 + 251 \times 0.0123 + 21 \times 0.30 = 157.4\text{kg}$

应配加石灰石 =（160.3 − 157.4）/0.49 = 5.9kg,取 6kg

（5）生铁中［S］量估计:

入炉硫量 = $1432 \times 0.00029 + 251 \times 0.00026 + 620 \times 0.0076 = 5.19\text{kg}$

吨铁硫负荷 =（5.19/937.8）× 1000 = 5.53kg/t,其中燃料带入硫量占:

$$(620 \times 0.0076)/5.53 \times 100\% = 85.2\%$$

由硫平衡建立联立方程:

$$937.8[\text{S}] + 434.7(\text{S}) = 0.95 \times 5.19 \qquad (6-30)$$

$$L_S = (\text{S})/[\text{S}] = 25 \qquad (6-31)$$

式中 　（S）——渣中含硫量,%;

　　　　［S］——生铁中含硫量,%。

由式（6-30）、式（6-31）得,［S］= 0.042%。

由于生铁中［S］为 0.042%,普通炼钢铁一级品［S］≤0.030%,现已超过此限,故应注意入炉焦炭含硫动向,以后在变料时应注意提高炉温和炉渣碱度,不宜再往偏低方向调整。

注:（1）本例主要环节在于求渣量。求出铁量→求入渣 $SiO_2$ 量、入渣 CaO 量及入渣 $Al_2O_3$ 量（本例为设定）。一旦渣量确定,白云石和石灰石用量即可顺序算出。

（2）因白云石中含 MgO 和 CaO,石灰石中只含 CaO,故应先算白云石用量,后算石灰石用量,次序勿颠倒。

（3）铁水中［Si］只能根据实际情况假定;铁水中［S］是通过渣量、入炉原料含硫量以及硫在渣铁间的分配系数 $L_S$ 和挥发硫计算得出,冶炼炼钢铁时挥发硫一般为 5% ~ 20%,冶炼铸铁时可达 30%,

本例考虑 [Si] 不高，为保证生铁质量，取值5%是有意取小的；铁中 [Fe] 取值视 [Si] 而定，一般在93.0% ~95.0%之间。

（4）对于采用高磷矿冶炼的高炉，还应对生铁中 [P] 进行核算，防止 [P] 超标。

（5）硫的分配系数（$L_S$）主要受炉温和炉渣碱度影响，提高炉温和炉渣碱度，则 $L_S$ 增大，可视炉温水平和炉渣碱度按经验取值。为保证生铁质量，$L_S$ 可取得偏低些，如本例 $L_S$ 取为25.0。

**例 6 - 7**　洗炉料配用量计算。对于事故性洗炉，通常用萤石作为洗炉料并适当减轻负荷，要根据炉况确定渣中 $CaF_2$ 含量，由此计算配加萤石量。

已知：矿批1700kg，焦炭负荷2.5，[Fe] =93.0%，（CaO）=35%，原料成分见表6 - 16，要求渣中（$CaF_2$）=4.5%，（MgO）=7.0%，碱度1.0，生铁中 [Si] =1.0%，洗炉料组成如何？

**表 6 - 16　原料成分**　　　　　　　　　　　　　　　　　　　（%）

| 炉　料 | Fe | CaO | SiO$_2$ | MgO | CaF$_2$ |
|--------|------|------|---------|------|---------|
| 矿石 | 50.0 | 11.0 | 10.0 | 2.0 | |
| 焦炭 | 1.0 | | 7.0 | | |
| 萤石 | | | 50.0 | | 45.0 |
| 石灰石 | | 50.0 | | | |
| 白云石 | | 30.0 | | 20.0 | |

**解：**（1）计算以一批料为基准：

$$每批料出铁量 = \frac{1700 \times 0.50 + \dfrac{1700}{2.5} \times 0.01}{0.93} = 921.3kg$$

（2）萤石配用量计算：

设萤石配用量为 $x$kg。

一批料带入 $SiO_2$ =1700 × 0.10 + (1700/2.5) × 0.07 + 0.50$x$

　　　　　　=217.6 + 0.5$x$

进入生铁的 $SiO_2$ =921.3 × 0.01 × (60/28) =19.7kg

进入炉渣的 $SiO_2$ =(217.6 + 0.5$x$) – 19.7

　　　　　　=197.9 + 0.5$x$

因炉渣碱度为1.0，故进入炉渣的 CaO 量也为 (197.9 + 0.5$x$)。已知渣中（CaO）=35%，则渣量 = (197.9 + 0.5$x$)/0.35

渣中（$CaF_2$）要求达到4.5%，故渣中 $CaF_2$ 量为：

$$(197.9 + 0.5x)/0.35 \times 0.045$$

由 $CaF_2$ 量平衡列方程得：

$$(197.9 + 0.5x)/0.35 \times 0.045 = 0.45x$$

解得，$x$ =65.9，取66kg。由此可得一批料的渣量为：

$$(197.9 + 0.5x)/0.35 = (197.9 + 0.5 \times 66)/0.35 = 659.7kg$$

（3）白云石用量计算：

进入炉渣的 MgO = 659.7 × 0.07 = 46.2kg

入炉矿中已有 MgO = 1700 × 0.02 = 34kg

还应加入白云石 = (46.2 - 34)/0.20 = 61kg

（4）石灰石配用量计算：

进入炉渣的 CaO = 659.7 × 0.35 = 230.9kg

入炉料中已有 CaO = 1700 × 0.11 + 61 × 0.30 = 205.3kg

应配加石灰石量为：

(230.9 - 205.3)/0.50 = 51.2kg，取 51kg。

所以，洗炉料的组成见表 6 - 17。

表 6 - 17　洗炉料的组成　　　　　　　　　　　　（kg/批）

| 矿　石 | 焦　炭 | 萤　石 | 白云石 | 石灰石 |
|---|---|---|---|---|
| 1700 | 680 | 66 | 61 | 51 |

### 6.3.3　现场变料计算

现场变料计算是指炉料构成不变或变化幅度较小，主要是矿石成分（尤指烧结矿碱度）变化时，在保证炉渣碱度不变的前提下如何调整熔剂用量；或当炉渣碱度要求改变时，如何调整熔剂用量，以及不同情况下的负荷调节计算。

#### 6.3.3.1　熔剂调整

（1）当原料成分（CaO 或 SiO$_2$ 含量）波动时，炉渣碱度也随之波动，为稳定炉渣碱度，熔剂量应作调整。

**例 6 - 8**　用例 6 - 6 中条件，矿批大小和炉料配比不变，只是烧结矿中 CaO 含量由 10.4% 降至 9.4%，石灰石量和焦炭负荷如何调整？

**解：** 设石灰石量增加 $\Delta L$(kg)，焦炭量增加 $\Delta J$(kg)。

利用炉渣碱度不变，列方程：

$$[(0.104 - 0.094) \times 1432 + 1.05 \times 0.0555\Delta J]/0.49 = \Delta L \qquad (6 - 32)$$

由于熔剂用量增加，按经验每增加 100kg 石灰石需补焦 30kg，则：

$$\Delta J = (30/100)\Delta L \qquad (6 - 33)$$

由式（6 - 32）、式（6 - 33）联立解出 $\Delta L = 30$、$\Delta J = 9$，

焦炭负荷为 (1423 + 251)/(620 + 9) = 2.66

因此变料时石灰石增加 30kg/批，焦炭增加 9kg/批。

（2）根据脱硫的需要，操作时常需调整炉渣碱度，调整炉渣碱度是通过改变熔剂用量来实现的。调整碱度时，各原料的熔剂需要量变化用式（6 - 34）计算：

$$\Delta\phi = \frac{\left(SiO_2 - e\frac{60}{28}[Si]\right)\Delta R}{CaO} \qquad (6 - 34)$$

$$e = \frac{Fe_{料} \, \eta_{Fe}}{[Fe]} \qquad (6-35)$$

式中　$\Delta\phi$——各种原料所需熔剂的变动量，kg/kg；

　　　$SiO_2$——各种原料的 $SiO_2$ 含量，%；

　　　$e$——各种原料理论出铁量，kg/kg；

　　　$Fe_{料}$——原料含铁量，%；

　　　$\eta_{Fe}$——铁元素进入生铁比率，%；

　　　$[Fe]$——生铁含铁量，%；

　　　$[Si]$——生铁含硅量，%；

　　　$\Delta R$——碱度变化量；

　　　$CaO$——石灰石的 $CaO$ 含量，%。

**例 6-9**　用例 6-6 中条件，矿石批重及矿石配比等不变，当炉渣碱度由 1.05 提高至 1.10 时，石灰石应如何调整？

**解：** 各原料理论出铁量计算如下：

烧结矿　$T_{烧} = (0.5095 \times 1.0)/0.945 = 0.5392\,kg/kg$

球团矿　$T_{球} = (0.629 \times 1.0)/0.945 = 0.6656\,kg/kg$

焦炭　　$T_{焦} = (0.0054 \times 1.0)/0.945 = 0.0057\,kg/kg$

各种原料需变动的熔剂量为：

烧结矿　$\Delta\phi_{烧} = \dfrac{\left(0.077 - 0.5392 \times \dfrac{60}{28} \times 0.005\right)}{0.49} \times (1.1 - 1.05) = 0.0073\,kg/kg$

球团矿　$\Delta\phi_{球} = \dfrac{\left(0.0744 - 0.6656 \times \dfrac{60}{28} \times 0.005\right)}{0.49} \times (1.1 - 1.05) = 0.0069\,kg/kg$

焦炭　　$\Delta\phi_{焦} = \dfrac{\left(0.0555 - 0.0057 \times \dfrac{60}{28} \times 0.005\right)}{0.49} \times (1.1 - 1.05) = 0.0057\,kg/kg$

设石灰石增加量为 $\Delta L$，焦炭增加量为 $\Delta J$，则根据 $CaO$ 平衡有：

$$1432 \times 0.0073 + 251 \times 0.0069 + 0.0057\Delta J = \Delta L \qquad (6-36)$$

根据经验每增加 100kg，石灰石需补焦 30kg，则：

$$\Delta J = (30/100)\Delta L \qquad (6-37)$$

由式（6-36）、式（6-37）联立解出 $\Delta L = 12$，$\Delta J = 3.6$（取 4）。因此，炉渣碱度提高以后石灰石应增加 12kg/批，焦炭应增加 4kg/批。

### 6.3.3.2　焦炭负荷调节

**A　改变焦炭负荷调节炉温计算**

生产中炉温习惯用生铁中 $[Si]$ 来表示。高炉炉温的改变通常用调整焦炭负荷来实现，理论计算和经验都表明，生铁中 $[Si]$ 每变化 1%，影响焦比 40~60kg/t，小高炉取上限。当固定矿批调整焦批时，可用式（6-38）计算：

$$\Delta J = \Delta[Si]mE \qquad (6-38)$$

式中 $\Delta J$——焦批变化量，kg/批；

$\Delta[\mathrm{Si}]$——炉温变化量，%；

$m$——[Si] 每变化1%时焦比变化量，kg/t；

$E$——每批料的出铁量，t/批；假定铁全部由矿石带入，则 $E = pe_{矿}$，其中 $p$ 为矿批重（t/批），$e_{矿}$ 为矿石理论出铁量（t/t）。

**例6-10** 用例6-9中条件，假设炉温变化量 $\Delta[\mathrm{Si}] = 0.2\%$，取 $m = 60\mathrm{kg/t}$，问焦批如何调整？

**解：** 由式（6-38）得：

$$\Delta J = 0.2 \times 60 \times (1.432 \times 0.5095 + 0.251 \times 0.629) = 10.76\mathrm{kg/批}$$

因此，焦批的调整量为11kg/批。

当固定焦批调整矿批时，矿批调整量由式（6-39）计算：

$$\Delta P = \Delta[\mathrm{Si}]mEH \qquad (6-39)$$

式中 $\Delta P$——矿批调整量，kg/批；

$H$——焦炭负荷。

B 矿石品位变化时的焦炭负荷调节

一般来说，矿石含铁量降低，出铁量减少，负荷没变时焦比升高、炉温上升，应加重负荷；相反，矿石品位升高，出铁量增加，炉温下降，因此应减轻负荷。两种情况负荷都要调整，负荷调整是按焦比不变的原则进行的。

当矿批不变调整焦批时，焦批变化量由式（6-40）计算：

$$\Delta J = \frac{P(\mathrm{Fe}_{后} - \mathrm{Fe}_{前})\eta_{\mathrm{Fe}}K}{[\mathrm{Fe}]} \qquad (6-40)$$

式中 $\Delta J$——焦批变动量，kg/批；

$P$——矿石批重，t/批；

$\mathrm{Fe}_{前}$，$\mathrm{Fe}_{后}$——波动前、后矿石含铁量，%；

$\eta_{\mathrm{Fe}}$——铁元素进入生铁的比率，%；

$K$——焦比，kg/t；

$[\mathrm{Fe}]$——生铁含铁量，%。

**例6-11** 已知烧结矿含铁量由53%降至50%，原焦比580kg/t，矿批1.86t/批，$\eta_{\mathrm{Fe}} = 0.997$，生铁中 $[\mathrm{Fe}] = 95\%$，问焦批如何变动？

**解：** 由式（6-40）计算焦批变动量为：

$$\Delta J = [1.86 \times (0.50 - 0.53) \times 0.997 \times 580]/0.95 = -33\mathrm{kg/批}$$

因此，当矿石含铁量下降后，每批料焦炭应减少33kg。

当固定焦批调整矿批时，调整后的批重（kg/批）为：

$$P_{后} = \frac{P\mathrm{Fe}_{前}}{\mathrm{Fe}_{后}} \qquad (6-41)$$

注：上述计算是以焦比不变的原则进行的，实际上还要根据矿石的脉石成分变化，考虑影响渣量多少、熔剂用量的增减等因素。因此，要根据本厂情况去摸索，一方面借助经验，另一方面做较全面的配料计算。

C 焦炭灰分变化时的焦炭负荷调整

当焦炭灰分变化时，其固定碳含量也随之变化，因此，相同数量的焦炭发热量变化，为稳定高炉热制度，必须调整焦炭负荷。调整的原则是保持入炉的总碳量不变。

当固定矿批调整焦批时，每批焦炭的变动量为：

$$\Delta J = \frac{(C_{前} - C_{后})J}{C_{后}} \qquad (6-42)$$

式中　$\Delta J$——焦批变动量，kg/批；

　$C_{前}$，$C_{后}$——波动前、后焦炭的含碳量，%；

　　　$J$——原焦批质量，kg/批。

**例 6 – 12**　已知焦批量为 620kg/批，焦炭固定碳含量由 85% 降至 83%，问焦炭负荷如何调整？

**解**：由式（6 – 42）计算焦批变动量：

$$\Delta J = [(0.85 - 0.83) \times 620]/0.83 = 15\text{kg}/批$$

因此，当焦炭固定碳降低后，每批料应多加焦炭 15kg。

当固定焦批调整矿批时，矿批变动量为：

$$\Delta P = [(C_{前} - C_{后})JH]/C_{后} \qquad (6-43)$$

式中　$\Delta P$——矿批变动量，kg/批；

　　　$H$——焦炭负荷。

D　风温变化时调整负荷计算

高炉生产中由于多种原因，可能出现风温较大的波动，从而导致高炉热制度的变化，为保持高炉操作稳定，必须及时调整焦炭负荷。

高炉使用的风温水平不同，风温对焦比的影响不同，按经验可取下列数据：

| 风温水平/℃ | 600～700 | 700～800 | 800～900 | 900～1000 | 1000～1100 |
|---|---|---|---|---|---|
| 焦比变化/% | 7 | 6 | 5 | 4.5 | 4 |

风温变化后焦比可按式（6 – 44）计算：

$$K_{后} = \frac{K_{前}}{(1 + \Delta Tn)} \qquad (6-44)$$

式中　$K_{后}$——风温变化后的焦比，kg/t；

　　　$K_{前}$——风温变化前的焦比，kg/t；

　　　$\Delta T$——风温变化量，以 100℃ 为单位，每变化 100℃，$\Delta T = 1$；

　　　$n$——每变化 100℃ 风温焦比的变化率，%（风温提高为正值，风温降低为负值）。

当固定矿批调整焦批时，调整后的焦批由式（6 – 45）计算：

$$J_{后} = K_{后} E \qquad (6-45)$$
$$E = J_{前}/K_{前}$$

式中　$J_{后}$——调整后的焦炭批重，kg/批；

　　　$E$——每批料的出铁量，t/批；

　　　$J_{前}$——风温变化前的焦炭批重，kg/批。

**例 6 – 13**　已知某高炉焦比 570kg/t，焦炭批重 620kg/批，风温由 1000℃ 降至 950℃，问焦炭批重如何调整？

**解**：风温降低后焦比为：

$$K_{后} = 570/(1 - 0.5 \times 0.045) = 583\text{kg}/t$$

当矿批不变时，调整后的焦炭批重为：

$$J_后 = 583 \times (620/570) = 634 \text{kg/批}$$

因此，由于风温降低50℃，焦炭批重应增加14kg/批。

当焦批固定调节矿批时，调整后的矿石批重为：

$$P_后 = J_前 / (K_后 \, e_矿) \qquad (6-46)$$

式中　$P_后$——调整后的矿石批重，t/批；

　　　$e_矿$——矿石理论出铁量，t/t。

E　低料线时焦炭负荷调节

高炉连续处于低料线作业时，炉料的加热变坏，间接还原度降低，需补加适当数量的焦炭。表6-18是鞍钢处理低料线时的焦炭补加量，其对象是1000~2000m³高炉，对于能量利用较差的小高炉，可参考表6-18中补焦量酌情加重。

**表6-18　低料线时间、深度与补焦数量**

| 低料线深度/m | 低料线时间/h | 补加焦炭量/% | 低料线深度/m | 低料线时间/h | 补加焦炭量/% |
|---|---|---|---|---|---|
| <3.0 | 0.5 | 5~10 | >3.0 | 0.5 | 8~12 |
| <3.0 | 1.0 | 8~12 | >3.0 | 1.0 | 15~25 |

**例6-14**　某高炉不减风检修称量车，计划检修时间35min，当时料速为11批/h，正常料线为1m，每批料可提高料线0.45m，焦批620kg，炉况正常，检修前高炉压料至0.5m料线，如检修按计划完成，问：检修完毕料到多深？若卷扬机以最快速度3.5min/批料，多长时间才能赶上正常料线，赶料线时炉料的负荷如何调整？

**解：**检修完毕时料线为：

$$L = 11 \times (35/60) \times 0.45 + 0.5 = 3.2 \text{m}$$

设在 $T$min 后赶上正常料线，在这段时间内共上料（$T/3.5$）批，其中包括：

充填低料线亏空容积（3.2-1.0）/0.45 = 4.89批

赶料线过程高炉下料批数（$T/60$）×11 = 0.183$T$

赶上正常料线后再上一批料，因此有方程：

$$T/3.5 = 4.89 + 0.183T + 1$$

解得，$T = 57$min，在此期间下料57/3.5 = 16批。

由计算可知，赶料线需57min，料线深达3.2m，为了补热，负荷应作调整，按经验应补焦20%；赶料线过程中下料约16批，应补焦3批。

F　长期休风时负荷调整

高炉休风4h以上都应适当减轻焦炭负荷，以利复风后恢复炉况。减负荷的数量取决于以下因素：

（1）高炉容积。炉容愈大，减负荷愈少，否则相反。

（2）喷吹燃料。喷吹燃料愈多，减负荷愈多，否则相反。

（3）高炉炉龄。炉龄愈长，减负荷愈多，否则相反。

表6-19中列出了鞍钢高炉（600~1500m³）的经验数据，中小高炉参考表中数据时，要酌情取较大值。

表 6 – 19　休风时间与负荷调整

| 休风时间/h | 8 | 16 | 24 | 48 | 72 |
|---|---|---|---|---|---|
| 减负荷/% | 5 | 8 | 10 | 10 ~ 15 | 15 ~ 20 |

### 6.3.4　高炉操作综合计算实例

**例 6 – 15**　某 100m³ 高炉，料线 1000mm，炉况顺行，但负荷较轻（2.7），操作风温 950℃（送风温度可达到 1000℃），生铁中［Si］= 0.80%。为了利用风温并把［Si］降至 0.60%，决定将负荷加重到 2.8。问风温应提高到多少，加重负荷的炉料何时下达？

已知混合矿含 Fe52.7%，焦炭含 Fe1.0%，生铁中［Fe］= 94.5%，每批料中混合矿 1674kg，熔剂 27kg，矿石和熔剂堆密度为 1.75t/m³，焦炭堆密度为 0.55t/m³，料速为 10 批/h，高炉工作容积为 90m³，炉料压缩 10%。

**解：**

（1）负荷 2.7 时的焦批 = 1674/2.7 = 620kg/批

每批料出铁量 =（1674 × 0.527 + 620 × 0.01）/0.945 = 940kg/批

焦比 =（620 × 1000）/940 = 659.5kg/t

（2）负荷 2.8 时的焦批 = 1674/2.8 = 598kg/批

每批料出铁量 =（1674 × 0.527 + 598 × 0.01）/0.945 = 939.9kg/批

焦比 =（698/939.9）× 1000 = 636.3kg/t

（3）加重负荷后焦比下降 =（659.5 – 636.3）= 23.2kg/t，其中因降［Si］节减焦比量为（0.8 – 0.6）× 60 = 12kg/t，尚有（23.2 – 12）= 11.2kg/t 要靠提高风温来弥补。在风温为 900 ~ 1000℃时，每提 100℃ 风温，节约焦比 4.5%，设需要提高风温水平为 $\Delta T$，则根据式（6 – 44），有：636.3 =（659.5 – 12）/（1 + $\Delta T$ × 0.045）

解得，$\Delta T$ = 0.39，即相当于风温提高（0.39 × 100）= 39℃。

（4）昼夜产铁量 $P$ = 10 × 24 × 0.94 = 225.6t

根据式（6 – 19）

$$T = \frac{24 \times 90 \times 1000}{225.6 \times (1 - 10\%)\left(\dfrac{1674 + 27}{1.75} - \dfrac{659.5}{0.55}\right)} = 5.1h$$

因此，每批料减焦炭（12 × 0.9399）= 11.3kg/批，该料在 5h 左右到达风口，可在变料后 2 ~ 3h 内将 39℃ 风温分两次提上去。

**例 6 – 16**　由冶炼炼钢生铁改炼铸造铁，要求见表 6 – 20。

表 6 – 20　由冶炼炼钢生铁改炼铸造铁的成分变化

| 项　目 | 矿批/t | 理论出铁量/t·批⁻¹ | ［Si］/% | ［Mn］/% | CaO/SiO₂ |
|---|---|---|---|---|---|
| 变铁种前 | 1.85 | 0.993 | 0.8 | 0.20 | 1.10 |
| 变铁种后 | 1.85 | 0.993 | 1.5 | 0.80 | 1.05 |

已知锰矿含锰 27%，含 $SiO_2$ 20%，Mn 元素进入生铁的比率 $\eta_{Mn}$ 为 0.65，焦炭含 $SiO_2$ 7.0%，石灰石 CaO 含量为 50%，经计算变料前每批料带入的 CaO 量为 180kg/批（即进入炉渣的 CaO 量）。问负荷、锰矿和石灰量如何调整？

**解：**（1）变料前每批料锰矿用量 $P'_{Mn}=0$，变料后锰矿用量为：

$$P'_{Mn}=\left[(0.008-0.002)\times993\right]/(0.27\times0.65)=33.9，取 34kg/批$$

（2）设每批料焦炭变动量为 $\Delta J$，kg/批。

由炼钢铁改炼铸造铁时，按经验生铁中［Si］每升高 1%，焦比增加 60kg/t；［Mn］每升高 1%，焦比升高 20kg/t。石灰石对焦比的影响系数取 0.3，即每 100kg 石灰石影响焦比 30kg/t。石灰石变动量为 $\Delta P_{灰}$，则有：

生铁［Si］变化引起的焦批变动量为 $(1.50-0.80)\times60\times0.993=41.7$kg/批

生铁［Mn］变化引起的焦批变化量为 $(0.80-0.20)\times20\times0.993=11.9$kg/批

石灰石变动引起的焦批变化量为 $0.3\Delta P_{灰}$ kg/批

故　　　　　　　　$\Delta J=41.7+11.9+0.3\Delta P_{灰}=53.6+0.3\Delta P_{灰}$　　　　（6-47）

（3）每批料石灰石变动量 $\Delta P_{灰}$ 的计算。炉渣碱度由 1.10 降到 1.05，由此引起的渣中 CaO 变化量为：

$$\Delta(CaO)_1=\left[(1.05-1.10)/1.10\right]\times180=-8.2kg/批 \qquad (6-48)$$

进入炉渣的 $SiO_2$ 量变化来自三个因素：

（1）［Si］从 0.80% 升到 1.5%，渣中 $SiO_2$ 减少量为：

$$(0.008-0.015)\times993\times(60/28)=-14.9kg/批$$

（2）由锰矿带入的 $SiO_2$ 量：

$$34\times0.20=6.8kg/批$$

（3）焦炭量变动 $\Delta J$ 带入的 $SiO_2$ 量：

$$(53.6+0.3\Delta P_{灰})\times0.07=3.75+0.02\Delta P_{灰}$$

上述三项引起渣中 $SiO_2$ 变化量合计：

$$\Delta SiO_2=-14.9+6.8+3.75+0.02\Delta P_{灰}=0.02\Delta P_{灰}-4.35$$

因炉渣碱度为 1.05，则由 $SiO_2$ 变化引起渣中 CaO 变化量为：

$$\Delta(CaO)_2=1.05\times\Delta(SiO_2)=1.05(0.02\Delta P_{灰}-4.35) \qquad (6-49)$$

故渣中总的 CaO 变化量可由式（6-48）、式（6-49）两式得出：

$$\Delta(CaO)=\Delta(CaO)_1+\Delta(CaO)_2=0.02\Delta P_{灰}-12.77 \qquad (6-50)$$

于是有：

$$\Delta P_{灰}=\Delta(CaO)/0.50=0.04\Delta P_{灰}-25.54 \qquad (6-51)$$

由式（6-51）得，$\Delta P_{灰}=-26.6$，取 -27kg/批，将其代入式（6-45）得，$\Delta J=45.5$，取 45kg/批。

因此，改变生铁品种时，每批料应多加焦炭 45kg/批，加锰矿 34kg/批，减石灰石 27kg/批。

上述计算结果是改变生铁品种时，总的变化量的一笔总账，具体如何安排要视情况而定。为了减少中间产品，可采取"过量"法，即把焦炭、锰矿集中加入，石灰石过量减少，以缩短升温过程。

**复习思考题**

6 – 1　高炉能量利用的指标是什么?

6 – 2　简述高炉能量利用的分析方法。

6 – 3　高炉进行配料计算、物料平衡、热平衡计算的目的和意义是什么?

6 – 4　高炉操作现场配料计算有哪些基本内容?

6 – 5　高炉操作现场变料计算有哪些基本内容?

# 7 高炉强化冶炼

高炉强化冶炼的主要目的是提高产量。高炉强化冶炼的主要途径是提高冶炼强度和降低燃料比；而强化生产的主要措施是精料、高风温、高压、富氧鼓风、加湿或脱湿鼓风、喷吹燃料，以及高炉过程的自动化等。

由于现代炼铁技术的进步，高炉生产有了巨大发展，单位容积的产量大幅度提高，单位生铁的消耗，尤其是燃料的消耗大量减少，高炉生产的强化达到了一个新的水平。

## 7.1 高炉强化冶炼的基本内容

### 7.1.1 高炉生产率的提高

高炉年生铁产量可表示为：

$$Q = Pt \tag{7-1}$$

式中　　$Q$——高炉年生铁产量，$t/a$；

　　　　$P$——高炉日生铁产量，$t/d$；

　　　　$t$——高炉年平均工作日（按设计要求，一代炉龄内扣除休风时间后的年平均天数一般为 350～355 天）。

而

$$P = \eta_V V_{有} = \frac{I}{K} V_{有} \tag{7-2}$$

式中　　$\eta_V$——高炉有效容积利用系数，$t/(m^3 \cdot d)$；

　　　　$V_{有}$——高炉有效容积，$m^3$；

　　　　$K$——焦比（或燃料比），$t/t_{铁}$（或 $kg/t_{铁}$）；

　　　　$I$——冶炼强度，$t/(m^3 \cdot d)$。

从式（7-1）和式（7-2）中可以看出，扩大炉容可提高高炉生铁产量，这也是高炉发展的一个趋势。近40年来国内外都很重视这一问题。目前，国内外超大型高炉（4000～6000$m^3$）已成为发展的主流，经济效益良好。这不仅因为高炉容积大，产量相应增多，而且可以提高生产效率和改善技术经济指标，以及降低单位容积的基建投资。

降低休风率对高炉产量的影响并非简单的比例关系。因为休风前后往往要受慢风操作的影响，以致休风率每增加1%，产量通常降低2%；此外，休风时间长，尤其是无计划休风，常常导致焦比升高，并影响生铁质量。

发挥现有高炉容积的潜在能力，提高有效容积利用系数，即提高冶炼强度和降低焦比，都有利于高炉的强化，提高高炉的产量。而增产降焦措施如精料、高风温等，对提高冶炼强度和降低焦比皆有作用，或者有所侧重。

冶炼强度和焦比是互相关联，互相影响的。降低焦比有利于提高冶炼强度；而冶炼强度的提高，可能导致焦比降低、不变或者升高。当冶炼强度提高同时焦比又降低时，高炉可获得最高的生产率；而在提高冶炼强度的同时，高炉焦比不变，其结果是高炉可获得较高的生产率；若是提高冶炼强度的同时，焦比也升高了，这时高炉的产量可能出现三种情况，即冶炼强度增加的幅度（%）大于、等于或小于焦比上升的幅度（%），高炉产量也可能出现三种情况，即增加、不变或降低。只有最终结果是产量增加时，高炉才得到强化。而其他情况只是增加了消耗，并未使高炉增产。因此，高炉强化确切概念应是以最小的消耗（或投入），获得最大的产量（或产出），高产量、高消耗的强化冶炼是不可取的。

### 7.1.2　高炉冶炼强度的提高

高炉冶炼强度提高，即单位时间内、单位高炉容积能燃烧更多的燃料。

#### 7.1.2.1　提高冶炼强度的措施

提高高炉冶炼强度的措施如下：

（1）增大入炉风量 $V_风$（$m^3$（干风）/min）：

$$V_风 = \frac{4.44 \times 1000 \times C_K K \eta_有 \ V_有 \ K_\phi}{24 \times 60}$$

$$= 3.086 C_K Q_K K_{风口} \qquad (7-3)$$

式中　4.44——1kg 固定焦消耗的干风量；

$C_K$——焦炭的固定碳含量，%；

$K$——焦比，t/t(或 kg/t)；

$K_{风口}$——焦炭在风口区的燃烧率，%；

$Q_K$——高炉昼夜入炉的焦炭量，t/d；

$V_有$，$\eta_有$——分别为高炉有效容积和有效容积利用系数。

焦炭在风口区的燃烧率，一定条件下变化不大。因此可以认为，入炉风量越大，高炉燃烧焦炭越多，即冶炼强度越高。

（2）增加下料速度 $n$。高炉每分钟鼓入的风量（$m^3$/min），可以式（7-4）表达：

$$V_风 = \frac{4.44 \times 1000}{60} \times K_批 \ C_K K_{风口} n \qquad (7-4)$$

$$n = 13.5 \times 10^{-3} \times \frac{V_风}{K_批 \ C_K K_{风口}} \qquad (7-5)$$

式中　$K_批$——每批炉料中的干焦量，t/批料；

$n$——下料速度，批料/时；

其他符号同前。

在一定条件下，可视 $K_批$，$C_K$，$K_{风口}$ 为定值，则下料速度与风量成正比。下料速度加快，则单位时间内燃烧的焦炭增多。

（3）加大燃烧强度 $J$。燃烧强度是指每小时每平方米炉缸截面积燃烧的焦炭量（t/（m² · d）），即：

$$J = \frac{Q_K}{24F} = \frac{V_风}{24 \times 3.086 \times C_K K_{风口} F} = 13.5 \times 10^{-3} \times \frac{V_风}{C_K K_{风口} F}$$ （7-6）

式中　$F$——炉缸截面积，m²；

其他符号同前。

燃烧强度愈大，表明高炉一天内燃烧的焦炭愈多，或者说鼓入高炉的风量愈大，则冶炼强度愈高。

（4）缩短煤气在炉内停留的时间 $\tau$（s）：

$$\tau = \frac{\varepsilon V}{V_煤 \times \dfrac{Q_K}{86400}}$$ （7-7）

式中　$V$——高炉工作容积，m³；

$V_煤$——每吨焦炭生成的煤气，在炉内工况下的平均体积，m³；

$\varepsilon$——炉料总孔隙率。

煤气在炉内停留的时间与高炉内昼夜燃烧的焦炭量 $Q_K$ 成反比，而 $Q_K$ 又与每分钟鼓入炉内的风量成正比。所以鼓风量增加，风速增加，煤气在炉内停留的时间缩短（或者说在一定条件下，煤气在炉内停留时间缩短），则冶炼强度增加。

#### 7.1.2.2 提高冶炼强度对高炉冶炼过程的影响

##### A 提高冶炼强度对顺行的影响

在高炉冶炼史上，提高冶炼强度问题，长期受固体散料层气体力学的影响，认为煤气的压力降 $\Delta p$ 与煤气流速的 1.7~2.0 次方成正比，大风量操作将因炉料所受的支撑力过大而不利于顺行，引起煤气流分布失常，产生管道、悬料、液泛等现象，最终导致焦比升高，产量降低。因此，高炉操作存在一个极限风量，不敢增大冶炼强度，只能维持较低强度的水平。

实践证明，高炉压差 $\Delta p$ 虽与煤气流速或单位时间的风量的 1.7~2.0 次方成正比关系。但是按一般气流通过散料的规律，$\Delta p$ 随着风量增加到一定程度后，散料松动使料层的 $\varepsilon$ 增大，而 $\Delta p$ 相对增加幅度减小，所以高炉在精料基础上可以提高冶炼强度而使 $\Delta p$ 维持在一定的水平上。但是，不能由此而错误地认为：风量愈大，$\Delta p$ 增加愈小，炉料愈松动，炉况愈顺行。因为在一定冶炼和操作条件下，冶炼强度和压差水平还是大体上对应的。增大风量将导致气流分布的改变，如中心气流加强，也增加管道出现的几率；同时 $\Delta p$ 也随煤气流速增加而升高，容易造成难行悬料。在这种情况下，要相应地改善原燃料条件，改进操作制度，高炉可能仍然维持顺行，促使技术经济指标进一步改善。如果不顾客观条件，盲目加风，炉料的透气性与风量不相适应，破坏煤气的正常分布，导致下料不顺，高炉指标恶化。

##### B 提高冶炼强度对焦比的影响

冶炼强度对焦比的影响是多方面的，有有利的一面，也有不利的一面。如冶炼强度提高，煤气停留时间缩短，可能不利于煤气能量的充分利用；煤气流速增加，对改善热传导和还原有利；而压差的增加，对顺行不利又影响煤气的利用等。因此，强调某方面的影响，做出焦比随冶炼强度升高而升高或者降低的结论，都难免失之偏颇。究竟影响怎样，要视不同的冶炼条件做具体的分析，而且随着操作的改进，其结果也是不同的。

具体来说，焦比主要决定于煤气热能和化学能的利用程度。冶炼强度提高后，对焦比的影响表现在对煤气能量的利用方面。

煤气化学能的利用主要决定于煤气和矿石的有效接触时间和接触面积。当冶炼强度低时，煤气流速低，煤气动压头小，往往边缘气流发展而中心煤气不足，煤气不能与矿石充分接触，以致煤气的化学能利用差，焦比升高。若在此基础上提高冶炼强度，煤气分布得以改善，化学能利用也因之提高，焦比则趋下降。但当冶炼强度过高，对改善矿石还原的内扩散环节已无明显作用，而煤气停留时间短的不利影响已成为主流，焦比将升高。这已为生产实践所证明。不过从试验和实践表明，即使炉料在炉内停留的时间缩短到 $2 \sim 3s$，煤气流速达到 $30 \sim 40m/s$，虽然改善生产条件，煤气化学能的利用还是未达到极限。

煤气的热能利用主要取决于煤气带走的热量和外部热损失。冶炼强度的提高使煤气流速增加，改善了炉内的热交换，这对加快冶炼进程和降低焦比有益。但实践表明，冶炼强度增加后对煤气热能利用的不良作用，往往占主要方面，结果炉顶煤气温度升高。外部热损失（主要是冷却水带走的热量）随冶炼强度增加，往往水温差升高，而相应增大冷却水用量，因此外部热损失不一定有明显的降低。

冶炼强度增加对焦比的影响，除直接表现在煤气能量利用的变化外，还间接地表现在顺行的影响上。顺行是改善煤气利用的必要条件，炉况不顺，煤气利用必然变差，焦比也随之升高。在低冶炼强度下，煤气数量少，分布不均匀，有的地方煤气通过很少甚至难以到达，炉子很难顺行，常常形成中心堆积。当冶炼强度提高后，煤气逐渐到达原来很少到达的地方，煤气分布改善，它和矿石有效接触的表面积和时间都得到改善，煤气利用率必然增加。如果煤气流速过高，以致造成局部过分发展，甚至形成管道，则顺行破坏，焦比升高。

综上分析可以看出，当煤气流速过低时（冶炼强度过低），由于气流在炉内分布不均，其能量不能充分利用，因此无法获得低焦比；而冶炼强度过高，由于还原及热传导速度的增长，跟不上气流速度的增加，煤气能量难以充分利用，而且强度过高，容易引起管道行程，焦比必然升高。因此，在一定的冶炼条件下，有一个最适宜的冶炼强度，此时焦比最低，同时，随原燃料和操作条件的不断改善，焦比最低点将不断向更高冶炼强度方向移动，焦比绝对值也可以不断降低。冶炼强度和焦比的关系如图 7-1 所示。

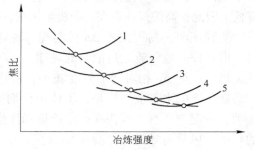

图 7-1　冶炼强度和焦比的关系
1~5—分别表示不同的冶炼条件

### 7.1.2.3 高强度冶炼的操作特点和技术措施

冶炼强度的提高，即风量的增大，必然使风速和鼓风动能增大（不改变风口直径），煤气穿透中心的能力增强，炉缸中心易于活跃，同时燃烧带向中心延伸，炉料下降最快区域也向中心稍有转移，这些变化必将导致上升煤气流的改变，此外也增加出现管道的可能性。因此在高炉操作上要做相应的调整，以保证合理的煤气流分布。

**A 操作特点**

(1) 扩大料批。大料批是抑制管道行程和中心过吹的有效措施。料批增大，矿层加厚，有更多的矿石分布到中心，从而适应增大风量对气流分布的影响，减少或避免煤气分布失常。批重随风量增加而增加的这一客观规律已被高炉的生产实践证明。

(2) 溜槽倾角。无料钟炉顶采用单环布料时，溜槽倾角 $\alpha$ 应选择合适，一般溜槽倾角 $\alpha$ 越大，越布向边缘。当 $\alpha_C > \alpha_0$ 时，边缘焦炭增多，发展边缘，既可抑制中心过吹，也可调整边缘气流的不足。如采用螺旋布料时，可增加高倾角位置焦炭份数，或减少高倾角位置矿石份数，可发展边缘气流，抑制中心过吹。

(3) 扩大风口直径或缩短风口伸入炉内的长度，其目的是缩短燃烧带长度，消除中心过吹和利于扩大回旋区的横向尺寸，使沿炉缸截面下料时，保证煤气的正常分布。

无论是改变上部或下部调剂的措施，都应视冶炼强度增加后煤气的分布和利用状况，以及炉料是否顺行、炉况是否稳定而定，从实际需要出发，有的放矢，不盲动乱动。

一般来说，如原料操作无大的变化，随着冶炼强度的提高，风压及压差都相应升高，大量喷吹燃料时，压差升高的幅度更大。风压和压差升高是煤气阻损增加的表现，会影响到顺行。但是决定顺行的不是压差水平的高低，而在于这个压差是否与风量相适应，只要二者升高的幅度是适应的，高压差也可以维持顺行。改善原料和操作，正是创造条件使料柱的透气性和煤气量相适应，在高压差水平上建立新的平衡关系，高炉的操作和指标也将达到一个新的水平。如本钢的高炉冶炼强度由 0.9MPa 提高到 1.3MPa，压差由 0.09MPa 上升到 0.12MPa，炉况依然顺行。

对小高炉，由于 $V_有/A_缸$ 比值小，料柱短，风口带占炉缸截面积的比例大，容易接受大风量，因而下料快；另外，小高炉热储备少，热损失大，也需通过较大的风量来提高燃烧强度，以确保必要的炉缸温度。但小高炉煤气停留时间短，不利还原，热损失相对大，不利降低焦比。因此，小高炉以提高冶炼强度作为强化生产的主要方向，同时狠抓精料，改进操作，以使焦比达到较低水平，从而获得比大高炉更高的利用系数和强化水平，是完全能够做到的。

**B 技术措施**

为了保证在高冶炼强度条件下，高炉焦比也能同时降低或基本不变，除了加强上、下部调剂外，需要有其他相应的技术措施。

(1) 改善原料条件。改善原料条件是提高冶炼强度的基本要求。提高矿石和焦炭强度，保持合适粒度，筛除粉末，是减少块状带阻力损失的重要手段。同时，提高矿石品位，减少渣量，使软熔层填充物表面积降低，可以减少甚至防止"液泛"的发生，而且也使软熔层透气性得到改善；此外，由于焦炭热强度改善，也能使滴下带至炉缸中心的焦炭柱保持良好的渗透性能，大大改善下部料柱透气性，降低炉内压力损失和高炉全压差。

(2) 采用新技术。采用高压操作、富氧鼓风、高风温等技术，有利于高炉冶炼的强化。

（3）及时放好渣铁。生产强化后渣铁量增多，要及时放好渣、铁，使炉缸处于"干净"状态，以减少渣铁对料柱的支撑作用，促进炉料顺行。

（4）设计合理炉型。矮胖炉形（降低 $H_有/D$ 值）相对降低了料柱高度，有利于降低 $\Delta p$，此外炉缸截面大，风口多，即使维持较高冶炼强度和喷吹量，燃烧强度也并不高，易于加风强化。大炉缸、多风口也利于煤气初始分布和炉缸截面温度趋于均匀，促进顺行。

高炉矮胖要适度，过于矮胖将使煤气利用差，同时也容易出现管道和中心吹不透现象。合适的炉型应根据原燃料和技术条件，以及强化水平综合考虑。

为了增大风量，要注意发挥风机能力，减少漏风损失，珍惜风量的利用。提高冶炼强度是高炉强化的一个方面，如前所述，降低焦比也是强化生产的重要内容，而且在当今世界，节能已是发展生产的战略措施，所以降低焦比尤为重要。在既提高冶炼强度又降低焦比的条件下，高炉才能达到最佳强化水平。事实上降低焦比的技术措施，往往和提高冶炼强度的技术措施是相一致的。特别明显的表现是原料的改善和新技术的使用，在此条件下，提高冶炼强度也将使焦比降低。

对于不同容积的高炉，强化生产的主要方面是有区别的。小高炉易于加风，则提高冶炼强度是强化的主要方面；大高炉则因料柱高，阻损大，$\Delta p$ 高等原因，提高冶炼强度要困难一些，降低焦比却较为容易些，所以大高炉以降低焦比作为强化生产的主要方面是合适的。鉴于焦炭资源日少，焦炭供应较为紧张，千方百计降低焦比，已成为高炉工作者首先考虑的内容，提高冶炼强度则放在次要地位。因此在相当长时期内，我国的高炉生产实行"以精料为主，以节能为中心，选择适宜的冶炼强度，最大限度地降低焦比和燃料比的强化方针"是符合国情的。

为了贯彻这一方针，高炉生产普遍采用了精料、高风温、高压、富氧、喷吹和自动控制等新技术，从而实现了节焦增铁，节能增产，推动了高炉生产的发展，获得了好的技术经济指标。

## 7.2　精料

精料是高炉高产、优质、低耗的物质基础，这是国内外高炉生产实践所证实的。所以，高炉强化冶炼都把精料放在首位。实践证明，只有搞好了精料的高炉才能取得先进的技术经济指标。

精料就是全面改进原燃料的质量，其中心内容是提高入炉品位，降低吨铁渣量和整粒，提高料柱透气性，为降低焦比和提高冶炼强度打下物质基础，保证高炉能在大风、高压、高负荷的生产条件下仍能稳定、顺行。

精料就是要求原燃料的常温性能具有"高、熟、净、匀、小、稳、熔"，具有好的高温冶金性能（如还原性、低温还原粉化率、软熔温度、熔滴特性及高温强度等）及合理的炉料结构。

### 7.2.1　提高矿石品位

高品位是使渣量降到 300kg/t 以下，是保证高炉强化和富氧喷煤的必要条件，是获得好的生产技术经济指标和提高企业经济效益的要求。矿石品位提高后，冶炼的熔剂用量和渣量减少了，因此减少了高炉冶炼过程的热量消耗，同时因为渣量的减少改善了料柱透气性，因此提高矿石品位是高炉节焦增铁的首要内容。生产统计资料说明，矿石品位增加1%，焦比降低约2%，产量增加2%～3%，降低焦比和增加产量的幅度，大大超过矿石品位的提高。因此，提高矿石品位是改善技术经济指标最有效的措施。

### 7.2.2　提高熟料使用率

熟料就是烧结矿和球团矿，又称为人造富矿。

高炉使用烧结矿和球团矿以后，由于还原性和造渣过程改善，促使炉缸热制度稳定，有利于炉况顺行。采用以针状铁酸钙为黏结相的低 FeO、高碱度烧结矿或熔剂性烧结矿，高炉内可少加或不加石灰石，从而减少石灰石在高炉内分解耗热，节省热量消耗，且改善煤气热能和化学能的利用，有利于降低焦比和提高产量。据统计，每提高1%的熟料率可降低焦比2～3kg/t，增产0.3%左右。近年来，我国高炉的熟料率已从小于50%提高到80%～90%。首钢、鞍钢、本钢一般在95%以上，逐渐接近100%。我国烧结矿从自然碱度已发展到自熔性烧结矿，近年来又发展为高碱度或超高碱度烧结矿，高炉已基本上不加熔剂。

使用烧结矿不仅要考虑数量，更应注意质量。高碱度烧结矿比酸性和自熔性烧结矿具有更好的冶金性能和更佳的冶炼效果。

高碱度烧结矿还原粉化率低，软化温度和还原度高，粉末少，易储存，高炉使用后，普遍获得良好的效果。高碱度烧结矿使用效果见表7-1。

表7-1　高碱度烧结矿使用效果

| 项　目 | 碱度变化 | | 使用比例/% | 利用系数提高/% | 焦比降低 |
| --- | --- | --- | --- | --- | --- |
| | 原碱度 | 高碱度 | | | |
| 包钢炼钢厂 | 1 | 2 | 66.7 | 20 | 19.40% |
| 苏州炼钢厂 | 1.19 | 1.97 | 88 | | 70kg/t铁 |
| 南京炼钢厂 | 1.48 | 1.89 | 75 | 48 | 127kg/t铁 |

对于球团矿，由于其强度高，粉末少，粒度均匀，还原性好，铁分高，不怕风化，易储存，因而迅速得到发展，使用效果也好。目前，提高球团矿碱度还有一定的困难，现在使用的球团矿基本上是酸性球团矿。

烧结矿的碱度多为1.7～2.0以上，从而可从根本上改善烧结矿的冶金性能。所以，近年来一些钢铁企业采用高碱度烧结矿配加酸性球团矿的炉料结构。

### 7.2.3　稳定原燃料的化学成分

性能稳定的原燃料条件，特别是矿石成分的相对稳定，是稳定炉况、稳产高产、降低焦比、稳定操作和实现自动控制的先决条件。入炉矿石成分波动，往往会造成炉温波动和生铁质量波动甚至不合格。在这种情况下，值班人员常常被迫采取"宁热勿凉"的保守操作，不能充分发挥高炉的生产能力，高炉冶炼低硅生铁时，矿石含铁波动造成的影响更为明显。入炉矿成分波动对高炉冶炼的影响见表7-2。

表 7 - 2　入炉矿成分波动对高炉冶炼的影响

| 入炉矿成分波动 | 高炉增产/% | 焦比降低/% |
|---|---|---|
| TFe 波动减少 ±0.1%<br>（从 ±1.0% 降至 ±0.5% 时） | 0.39 ~ 0.97 | 0.25 ~ 0.46 |
| | 0.33 ~ 0.40 | 0.20 ~ 0.26 |
| $m(CaO)/m(SiO_2)$ 波动减少 ±0.01<br>（从 ±1.0% 降至 ±0.5% 时） | 0.20 ~ 0.40 | 0.12 ~ 0.20 |

　　保持炉料化学成分和物理性能的稳定，关键在于搞好炉料的混匀即质量中和工作。国内很多企业，通过长期的经验积累，都摸索出一套加强原料管理和质量混匀的具体办法，如坚持无原料成分单不上料、原料分类堆存和混匀即平铺截取的办法等。实践表明，平铺层次愈多，中和效果愈好。如宝钢的混匀料场上，每堆矿石多的有 $20 \times 10^4 t$ 以上，平铺数十层，效果很好，TFe 标准差 $\sigma_{n-1} < 0.5\%$，一般为 $0.2\% \sim 0.4\%$，$SiO_2$、$Al_2O_3$ 的标准差值小于 ±0.03%，这为宝钢高炉能做到长期稳定、顺行奠定了良好的基础，在原料的破碎、转运、储存过程中，也起到一定的混匀作用。但是，还有相当多的企业矿石品位波动在 1% ~1.5% 范围，其原因主要是精矿粉不能在露天原料场混匀，冬天冻结，雨天粘皮带、漏斗，这些问题应设法解决。

　　国外先进高炉对入炉原料成分的波动严加控制，如日本的高炉所用烧结原料含铁波动为 ±0.2%，碱度波动为 ±0.03。英国 Redcar 厂烧结矿质量波动极小见表 7 –3。

表 7 –3　英国 Redcar 厂烧结矿质量波动情况

| 项　目 | 成　分 | | | 粒度/mm | | ISO 强度/% | | 低温粉化率/% | |
|---|---|---|---|---|---|---|---|---|---|
| | Fe | FeO | $\dfrac{CaO}{SiO_2}$ | <5 | >40 | <5mm | >6.3mm | <0.5mm | >6.3mm |
| 平均值 | 55 | 9.2 | 1.85 | 4.7 | 2.3 | 4.2 | 69.5 | 7.4 | 34.4 |
| 标准差 $\sigma$ | 0.15 | 0.58 | 0.03 | 0.9 | 1.9 | 1.4 | 1.5 | 0.8 | 2.2 |

### 7.2.4　加强原料的整粒工作

　　为改善矿石的还原性和炉料的透气性，入炉炉料要有适当的、均匀的粒度。大块要破碎，粉末要筛除，即通常所说的炉料要"净、小、匀"，也称为"整粒"。

　　实验表明，烧结矿中小于 5mm 含量增加，气流阻力系数成比例地上升。当小于 5mm 含量从 4% 增加到 11% 时，阻力系数从 1.6 上升到 2.9。此外，粉末增加将危及装料及除尘设备和污染环境。

　　鞍钢烧结矿粉末减少 10%，焦比降低 1.6%，产量和冶炼强度分别提高 7.6% 和 6%。

　　缩小矿石粒度对降低焦比的作用十分显著。济南铁厂将烧结矿上限由 45mm 缩小到 35mm，下限由 15mm 减小到 5mm，高炉焦比降低了 151kg/t。冷水江铁厂将矿石上限由 80mm 缩小到 40mm 和 30mm，小于 5mm 部分减小到 5% 以下，结果产量提高 2.8%，焦比下降 7.9%（合 61kg/t）。

　　国内资料统计表明，入炉料粉末降低 1%，高炉利用系数提高 0.4% ~1.0%，焦比降低 0.5%。

小块焦入炉是 20 世纪 80 年代开发的技术。以往小于 25mm 的焦丁不再加入高炉，浪费很大。1982 年日本君津厂两座 4000m³ 级高炉试用 7 ~ 20mm 焦丁，每批矿石中掺入 600 ~ 700kg（相当于 11 ~ 15kg/t铁），结果高炉反应良好，而且焦丁与合格焦替换比达到 1.19。这一创举，拓宽了冶金焦粒度使用的范围。

1985 年，马钢在 300m³ 级高炉上使用焦丁，其粒度组成见表 7 - 4。1t 铁加入 20.6kg，炉况顺行，利用系数提高 7.5%，小焦替换比达到 1.13。

表 7 - 4　马钢小块焦炭粒度组成

| 粒度/mm | < 5 | 5 ~ 10 | 10 ~ 15 | 15 ~ 50 |
|---|---|---|---|---|
| 比例/% | 7.1 | 9.7 | 74.7 | 8.5 |

湘钢焦炭经整粒大于 80mm 的减少 27.26%，60 ~ 40mm 的增加 22.81%，40 ~ 25mm 的增加 3.69%。结果产量提高 7.6%，焦比降低 5.5%。

我国对入炉原料粒度的控制范围见表 7 - 5。

表 7 - 5　入炉原料粒度的控制范围　　　　　　　　　（mm）

| 原　料 | 天然矿 | 烧结矿 | 球团矿 | 石灰石 | 焦炭 |
|---|---|---|---|---|---|
| 粒度 | 8 ~ 30 | 5 ~ 50 | 8 ~ 16 | 25 ~ 50 | 25 ~ 60 |

表 7 - 5 中所列粒度范围不是绝对的，还应根据矿石的特性、高炉类型、设备条件等具体选择。按"匀"的要求，还应进行分级入炉，如焦炭可分为 25 ~ 40mm 和 40 ~ 60mm 两级。小于 25mm 的还可分出 15 ~ 25mm 一级供中小高炉使用，或者将这种 15 ~ 25mm 的焦丁与矿石混装入炉，既代替了部分块焦，又可改善软熔层的透气性。

天然矿可分为 8 ~ 15mm 和 15 ~ 30mm 两级。烧结矿也可分为 5 ~ 25mm 和 25 ~ 50mm 两级使用。

### 7.2.5　改善炉料的高温冶金性能

高炉解剖研究表明，人造富矿冷态性能固然重要，但热态性能对改善高炉冶炼过程更为重要。高温冶金性能主要包括还原强度、还原性、烧结矿低温还原粉化、球团矿的还原膨胀、软熔特性等。人造富矿的还原强度对块状带料柱透气性有决定性的影响，而高温软熔特性影响软熔带结构和气流分布。如球团矿高温强度变差，在高温还原条件下球团矿会产生膨胀、碎裂、粉化，使料柱透气性变坏，影响高炉顺行。一般在大型高炉上只使用部分球团矿。日本球团矿使用比例为 20% ~ 40%。

### 7.2.6　合理的炉料结构

从理论上和高炉经营管理的角度看，使用单一矿石并把熟料率提高到 100%（现在并不提倡 100% 熟料率，因为成本高，而是使用适宜数量的富铁矿，如宝钢使用 17% ~ 20% 富铁矿，国内很多厂使用 10% ~ 30% 富铁矿）是合理的。然而目前还没有一种理想的矿石能够完全满足现代大型高炉强化的需要。炉料结构合理与否直接影响高炉冶炼的技术经济指标。目前有四种高炉炉料结构：

（1）以高碱度烧结矿为主，配加部分天然矿或酸性球团矿。如日本及西欧国家的高炉使用的炉料结构。

（2）100%的自熔性烧结矿。我国的少数高炉的炉料结构。

（3）100%的酸性球团矿，或以酸性球团矿为主，配加超高碱度烧结矿。如北美等一些国家的高炉炉料结构。

（4）高、低两种碱度烧结矿搭配使用。如前苏联下塔吉尔钢铁厂采用2.2和0.9两种碱度的烧结矿搭配，效果比单一碱度（1.15）烧结矿好，产量提高2.8%，焦比降低1.5%。武钢、首钢、鞍钢等厂的高炉试用过这种炉料结构，效果也好。但对只有一个烧结厂的企业，生产两种碱度的烧结矿，供料、储放都比较复杂，同时返矿不好处理，故其使用受到限制。

采用什么样的炉料，应依据国家的具体条件，即合理利用国家资源而定。合理炉料结构应从国家和本企业实际情况出发，充分满足高炉强化冶炼的要求，能获得较高的生产率，比较低的燃料消耗和好的经济效益。符合这些条件的炉料组成就是合理的炉料结构。

我国铁矿石原料不足，进口一部分以弥补数量与品种的不足，不可能确定"最佳炉料结构"的模式，应依据我国矿石资源的特点经过试验对比，选择其中最佳者。我国很多企业采用了高炉使用高碱度烧结矿加少量酸性球团矿或高品位块矿的炉料结构。

### 7.2.7　改进焦炭质量

由于高炉焦比降低、炉型扩大和日益强化，焦炭在炉内的作用更为突出，对焦炭技术指标的要求增强，尤其是高温冶金性能。

焦炭从炉顶加入高炉后，经过料柱间的摩擦与挤压以及化学反应，粒度组成变化很大，在炉内产生一定数量粉末。粉末多，使料柱透气性恶化，炉缸中心易堆积，高炉难于接受风量和风温，喷吹量也受到限制；焦粉掺入渣中，炉渣流动性降低，造成炉子难行和悬料，或渣中带铁，导致大量风口和渣口损坏。因此，国内外都把提高焦炭强度作为高炉强化的重要措施。日本$4000m^3$级高炉要求焦炭强度$M_{40} \geq 80\%$，$M_{10} \leq 10\%$。不同容积的高炉对焦炭质量的要求见表7-6。

表7-6　不同容积高炉对焦炭质量的要求

| 炉容/$m^3$ | 大转鼓 | | 小转鼓 | |
|---|---|---|---|---|
| | 鼓内/kg | 鼓外（<10mm）/kg | 鼓内$M_{40}$ | 鼓外$M_{10}$ |
| >2000 | >330 | 10~20 | ≥80~85 | <6~7 |
| 1000~2000 | >320 | 15~30 | ≥76~80 | ≤7 |
| 300~1000 | 300~320 | 20~35 | >75 | ≤8 |
| <300 | 280~300 | <40 | >65 | >12 |

在高温下，焦炭与$CO_2$的反应能力称为反应性，高温下焦炭反应性的好坏，影响焦炭的热强度。反应性愈好，热强度愈差，碳素的熔损越大，焦炭粒度迅速变小并粉化，恶化料柱透气性，破坏顺行。另外，焦炭反应性好，煤气的利用变差，焦炭反应性与煤气利用率的关系见表7-7。

表 7 - 7 焦炭反应性与煤气利用率的关系

| 焦炭反应性 | $CO_2$/% | CO/% | 气化反应范围/℃ |
|---|---|---|---|
| 差 | 17 | 25 | 1000 ~ 1100 |
| 好 | 14 | 28 | 900 ~ 1100 |

实验表明，焦炭反应性增加一倍时，1t 生铁焦耗增加 5% ~ 11%。

由于焦炭反应性影响焦炭强度和能量利用，所以愈来愈受到重视。日本大分厂要求反应性小于 35%，反应后的强度大于 48%。

焦炭灰分增加，则熔剂用量要增加，渣量增多，热量消耗增大，结果焦比升高，产量下降。据统计，焦炭灰分降低 1%（相当于固定碳增高 1%），焦比可降低 1.5% ~ 2.0%，渣量减少 2.7% ~ 2.9%，产量增加 2.5% ~ 3.0%。

焦炭含硫量对冶炼过程的影响更为明显。焦炭含硫高，为保证生铁质量要相应提高炉渣碱度或炉温，从而降低冶炼效果。据统计，焦炭含硫升高 0.1%，焦比要升高 1.2% ~ 2.0%，产量降低 2% 以上。日本高炉强化的措施之一就是使用了低灰分、低硫的焦炭。

## 7.3 高压操作

高压操作就是人为地将高炉内煤气压力提高至超过正常高炉的煤气压力水平，以求强化高炉冶炼。提高炉内煤气压力的方法是调节设在净煤气管道上的高压阀组。高压操作的程度常以高炉炉顶压力的数字来表示，一般常压高炉炉顶压力低于 130kPa（绝对压力），凡炉顶压力超过 130kPa 则为高压操作。

高炉采用高压操作的设想早在 1915 年就由俄国工程师叶斯曼斯基提出，直到 1940 年才在前苏联的一座高炉上采用。美国于 1941 年在高炉上采用高压并取得良好效果。我国于 1956 年首先在鞍钢 9 号高炉实现高压，之后各厂相继推广使用。当前高压水平一般在 140 ~ 150kPa 之间，宝钢可达 350kPa（绝对压力）。日本使用高压较晚，直到 1962 年才从美国引进高压技术，但是发展迅速，日本 2000m³ 高炉为 250 ~ 350kPa，特大型（4000 ~ 5000m³）高炉为 330 ~ 400kPa。目前，新设计的巨型高炉一般都按 350kPa 以上所谓超高压炉顶考虑。可以肯定，高压操作仍是高炉技术发展的一个重要方向。

### 7.3.1 高压操作高炉的工艺流程

高压操作是由在净化煤气管道上（文氏管后）安装一个高压调节阀组来实现的。如包钢 1500m³ 的高炉的高压调节阀组是由 4 个 $\phi$750mm 电动蝶阀（是常闭的）、一个 $\phi$450mm 自动调节阀（按炉顶压力与炉内压力要求调节蝶阀开启度的大小来控制高炉炉顶压力）和一个 $\phi$250mm 的常通管道（常开）组成。包钢高炉高压操作工艺流程如图 7 - 2 所示，此系统可采用高压操作，也可转为常压操作。在常压操作时，为了改善和净化煤气的质量，启用静电除尘器。

在高压调节阀组前喷水，使高压调节阀组也具有相当于文氏管一样的作用，所以高压操作后，一般都可以省去静电除尘器。近年来，为了充分利用炉顶煤气的压力能，采用把压力能通过涡轮机转换成电能（相当于风机用电的 1/5 ~ 1/4），煤气还可继续使用。首钢 2 号高炉使用比较成功，现在全国大型高炉得到了广泛应用。

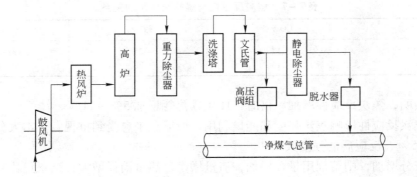

图 7 - 2　包钢高炉高压操作工艺流程

### 7.3.2　高压操作对高炉冶炼的影响

#### 7.3.2.1　高压操作有利于加大风量，提高冶炼强度

高压操作后，炉内的平均煤气压力提高，煤气体积缩小，煤气流速降低，炉内煤气压差下降，据扎沃隆可夫公式：

$$\Delta p = K\omega^{1.8}\gamma^{0.8} \qquad\qquad (7-8)$$

式中　$K$——在具体冶炼条件下，与压力无关的常数；

　　　$\omega$——煤气的平均流速；

　　　$\gamma$——煤气的密度。

根据理想气体方程式：

$$\frac{p}{p_0} = \frac{V_0}{V} = \frac{\omega_0}{\omega}$$

式中　$p_0$，$\omega_0$，$V_0$——分别为标准状态下气体的压力、流速、体积。

得

$$\omega \propto \frac{1}{p}$$

即煤气的流速与其压力成反比。

而当煤气量不变时：

$$\frac{p}{p_0} = \frac{r}{r_0}$$

得

$$r \propto p$$

即密度与压力成正比。

将 $\omega \propto \dfrac{1}{p}$、$r \propto p$ 代入式（7 - 8）得：

$$\Delta p = K\left(\frac{1}{p}\right)^{1.8}p^{0.8} \qquad\qquad (7-9)$$

由式（7 - 9）可知：炉内压差 $\Delta p$ 与炉内煤气的平均压力 $p$ 成反比，密度成正比。由此说明：

（1）当风量不变时，炉内压力 $p$ 提高，则 $\Delta p$ 下降，有利于炉况顺行。煤气浓度提高，则利于加快还原过程。

（2）如果高压后维持 $\Delta p$ 值不变，则可加大风量，强化高炉行程，提高冶炼强度。

根据式（7－8）得高压前、高压后的压差关系：

高压前：

$$\Delta p_1 = K\omega_1^{1.8}\gamma_1^{0.8}$$

高压后：

$$\Delta p_2 = K\omega_2^{1.8}\gamma_2^{0.8}$$

若保持压差不变，即 $\Delta p_1 = \Delta p_2$，则可得：

$$\omega_2^{1.8}\gamma_2^{0.8} = \omega_1^{1.8}\gamma_1^{0.8}$$

或

$$\left(\frac{\omega_2}{\omega_1}\right)^{1.8} = \left(\frac{\gamma_1}{\gamma_2}\right)^{0.8} \tag{7－10}$$

当焦比相同时，生成的煤气量与风量 $V_风$ 成正比，所以 $\left(\dfrac{\omega_2}{\omega_1}\right)^{1.8} = \left(\dfrac{V_{风_2}}{V_{风_1}}\right)$。以 $\left(\dfrac{\gamma_1}{\gamma_2}\right)^{1.8}$ 乘式（7－10）两端并化简得：

$$\frac{G_2}{G_1} = \left(\frac{p_2}{p_1}\right)^{0.56} = \left(\frac{p_{顶_2} + p_{热_2}}{p_{顶_1} + p_{热_1}}\right)^{0.56} \tag{7－11}$$

式中　$G_2$，$G_1$——高压后和高压前的鼓风（质量）流量，$\dfrac{G_2}{G_1} = \dfrac{V_2}{V_1} \times \dfrac{\gamma_2}{\gamma_1}$；

　　　$p_{顶_2}$，$p_{顶_1}$——高压后和高压前的炉顶绝对压力；

　　　$p_{热_2}$，$p_{热_1}$——高压后和高压前的热风绝对压力。

式（7－11）表明，高压后风量与炉内平均压力的 0.56 次方成正比。如以鞍钢某高炉高压前后的有关参数进行计算，则可获知高压后对冶炼强度的影响。其参数为：$p_{顶_1} = 0.1469\text{MPa}$，$p_{热_1} = 0.2818\text{MPa}$，$p_{顶_2} = 0.2066\text{MPa}$，$p_{热_2} = 0.3415\text{MPa}$。

则

$$\frac{G_2}{G_1} = \left(\frac{0.2066 + 0.3415}{0.1469 + 0.2818}\right)^{0.56} = 1.1482$$

可见高压操作后鼓风量增加，例中 $G_2 = 1.1482G_1$，风量增加 14.82%，如果焦比不变，风量增加 14.82%，即冶炼强度提高 14.82%，每提高顶压 0.01MPa，冶炼强度提高为 $i = \dfrac{14.82}{0.2066 - 0.1469} \times 100\% = 2.48\%$，与实际数据接近。国内实践表明，炉顶压力每提高 0.01MPa，可增产 2%～3%。如武钢 2 号高炉炉顶压力由 0.03MPa 提高到 0.135MPa 时，产量增加了 30%。日本统计资料则是顶压每提高 0.01MPa，可增产 1.2%～2.0%，降低焦比 5～7kg/t。

### 7.3.2.2　高压操作有利于炉况顺行，减少管道行程，降低炉尘吹出量

高压后由于 $\Delta p$ 降低，煤气对料柱的支撑力减小，不易产生管道。同时因炉顶煤气流速降低，使炉尘吹出量减少，炉况变得稳定，减少了每吨生铁的原料消耗量。原料含粉尘越多，降低炉尘的作用越显著。例如煤气流速在 2.5～3.0m/s 之间，每降低煤气流速

0.1m/s 时，可降低焦比 2.5 ~ 3kg/t，增产 0.55%。鞍钢某高炉顶压在 150 ~ 170kPa 时，每吨铁的炉尘量只有 12 ~ 22kg，比常压操作时减少了 19% ~ 35%。武钢高炉顶压 100 ~ 140kPa 时，炉尘吹出量在 10kg/t 以下。

#### 7.3.2.3　降低焦比

不同高炉在高压操作后焦比的降低值不同，原因可归纳如下：

(1) 高压操作后，炉况顺行，煤气分布稳定，煤气利用改善，炉温稳定。

(2) 高压操作后，可以加大风量，提高冶炼强度和产量，单位生铁的热损失降低。

(3) 炉尘减少，实际焦炭负荷增加。

(4) 高压操作后能使 $CO_2 + C = 2CO$ 反应向左进行，贝 - 波反应的平衡曲线向左移动，贝 - 波反应开始温度 $T_开$ 升高，故间接还原区域增大，直接还原区域降低，即 $r_d$ 降低，焦比降低。

(5) 高压可抑制硅还原反应 $(SiO_2 + 2C = Si + 2CO)$，有利降低生铁硅含量，促进焦比降低。

### 7.3.3　高压高炉的操作特点

#### 7.3.3.1　转入高压操作的条件

高压操作作为强化高炉冶炼的手段，有时也作为调节手段，顺行是保证高炉不断强化的前提。因此，只有在炉况基本顺行，风量已达全风量的 70% 以上时，才可从常压转为高压操作。

#### 7.3.3.2　高压操作时需加重边沿

由于风压升高，鼓风受到压缩，风速降低，鼓风动能和燃烧带缩小，促使边沿气流得到更大发展，如图 7 - 3 所示。由此可见，高压后煤气分布发生了很大的变化，如不相应地加大风量，或者采取加重边缘的装料制度，则煤气分布将失常，炉喉煤气 $CO_2$ 曲线的最高点向中心移动，类似于慢风操作，煤气利用变差，甚至不顺。

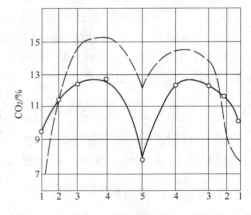

图 7 - 3　炉顶压力大小对煤气分布的影响
—— 0.01MPa；－－－ 0.04MPa

#### 7.3.3.3　高压操作高炉炉内压差变化特点

高压后，在冶炼强度不变的情况下，总压头损失降低，但沿高度方向各部位降低幅度并不一致，如图 7 - 4 所示。高炉上部（块状带）的压差降低较多，下部压差降低较少。如某高炉顶压由 20kPa 提高到 80kPa 表压时，下部压差仅由 0.527kPa 降至 0.517kPa，而上部压差却由 0.589kPa 降至 0.289kPa，即降低了 50% 以上。因此，生产过程产生的难行或悬料多发生在炉子下部，故提高炉顶压力以后，如何采取措施减小下部压头损失、提高下部透气性是十分必要的。

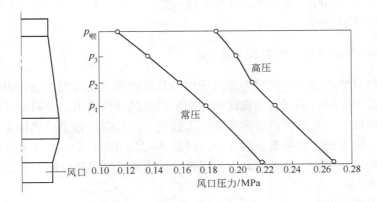

图 7 - 4　高压操作前后沿高炉高度方向的压力变化

#### 7.3.3.4　高压高炉处理悬料的特点

高压操作还是一个有效的调剂炉况的手段。当炉温比较充分，原料条件较好，有时由于管道生成后风压突升，炉料不下时，立即从高压改为常压处理，由于炉内压力降低，风量会自动增加，煤气流速加快。此时上部煤气压力突减，煤气流对炉料产生一种"顶"的作用，使炉料被顶落。同时，应将风量减至常压时风量的90%左右，并停止上料，等风压稳定后可逐渐上料，待料线赶上即可改为高压全风量操作。如果悬料的部位发生在高炉下部时，也需要改高压为常压，但主要措施应该是减少风量（严禁高压放风坐料），使下部压差降低，这样有利于下部炉料的降落。

## 7.4　高风温

高风温是高炉降低焦比和强化冶炼的有效措施。采用喷吹技术之后，使用高风温更为迫切，高风温能为提高喷吹量和喷吹效率创造条件。当前我国大型高炉平均风温在1100 ~ 1200℃之间，先进高炉可达1250℃以上。国外先进高炉风温水平达1300 ~ 1350℃，一般在1250℃，即我国高炉风温距世界高风温还有差距。

### 7.4.1　提高风温对高炉冶炼的作用

#### 7.4.1.1　从高炉内热量利用方面分析

高炉内热量来源于两方面，一是风口前碳素燃烧放出的化学热，二是热风带入的物理热。后者增加，前者减少，焦比即可降低。但是碳素燃烧放出的化学热不能在炉内全部利用（随着碳素的燃烧必然产生大量的煤气，这些煤气将携带部分热量从炉顶逸出炉外，即热损失）。高炉内的热量有效利用率 $K_T$ 随冶炼操作水平不同而变化，一般情况 $K_T$ 为80%左右。

提高热风温度带入的物理热将使焦比降低，产量提高，单位生铁的煤气量减少，炉顶温度有所降低，热能利用率提高，故可认为这部分在高炉内是100%被有效利用。可以说，热风带入的热量比碳素燃烧放出的热量要有用得多。例如，高炉有效热量利用率 $K_T = 0.8$ 时，如果风温提高多带入 100kJ 的热量，其他条件未变，从而节省风口前燃烧的碳素，相当于 100/0.8 = 125kJ 热量的碳。

### 7.4.1.2　从高炉对热量的需求方面分析

从高炉对热量的需求看，高炉下部由于熔融及各种化学反应的吸热，可以说是热量供不应求，如果在炉凉时，采用增加焦比的办法来满足热量的需求，此时必然增加煤气的体积，使炉顶温度提高，上部的热量供应进一步过剩，而且煤气带走的热损失更多。同时由于焦比提高，产量降低，热损失也会增加，因此 $K_T$ 又会降低。如果采用提高风温的办法满足热量需求则是有利的。特别是高炉使用难熔矿冶炼高硅铸造铁时，更需提高风温满足炉缸温度的需要。

此外，采用喷吹燃料（或加湿鼓风）之后，为了补偿炉缸由于喷吹物（或水分）分解造成的温度降低，必须要提高风温，这样有利于增加喷吹量和提高喷吹效果。

### 7.4.1.3　从对高炉还原影响方面的分析

提高风温对高炉还原有有利的一面和不利的一面。有利的一面是加快风口前焦炭的燃烧速度，热量更集中于炉缸，使高温区域下移，中温区域扩大。不利的一面是提高风温使单位生铁还原剂数量因焦比降低而减少，中温区虽扩大，但温度降低，使还原速度变慢等。总的结果是不利的一面超过有利的一面，所以风温提高，间接还原略有降低，直接还原度 $r_d$ 略有升高。

另外，风温的改变也是调剂炉况的重要手段之一。

## 7.4.2　高风温与降低焦比的关系

提高风温带入的物理热，代替了一部分由焦炭燃烧所产生的热量。由热平衡计算可知，热风带入的热量已占总热量收入的 20% ~30%。高风温与降低焦比的关系如下：

（1）高风温带入了物理热，减少了作为发热剂那部分热所消耗的焦炭。

（2）风温提高后焦比降低，使单位生铁生成的煤气量减少，煤气水当量减少，炉顶煤气温度降低，煤气带走的热量减少。

（3）提高风温后，因焦比降低，煤气量减少，高温区下移，中温区虽扩大，但温度降低，使还原速度变慢等，所以风温提高，间接还原略有降低，直接还原度 $r_d$ 略有升高。

（4）由于风温提高焦比降低，产量相应提高，单位生铁热损失减少。

（5）风温升高，炉缸温度升高，炉缸热量收入增多，可以加大喷吹燃料数量，更有利于降低焦比。

不同风温水平提高风温后降低焦比的幅度不尽相同。图 7 - 5 所示为风温与焦比的关系。表 7 - 8 是鞍钢的统计数据。

风温水平不同，提高风温的节焦效果也不相

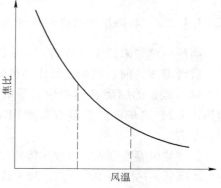

图 7 - 5　风温与焦比的关系

同。风温愈低,降低焦比的效果愈显著;反之,风温水平愈高,增加相同的风温所节约的焦炭减少。高风温需要高发热值的煤气,对热风炉结构及材质要求提高,热风阀等阀门和管道的设备必须耐更高的风温。从能量的观点分析,如果加热冷风所需的热量多于热风给高炉节省的热量就不经济了:一是风温提高后,节能效果下降;二是热风炉效率影响能量消耗。所以风温水平应当有个限度,超过这个水平,再提高风温就无意义了。由此可以引出经济风温的概念,即在能够节能范围内的风温称为经济风温。经济风温与吨铁的耗风量有关。吨铁风量消耗越小,风温的效率越高。当风耗大于$2000m^3/t_{铁}$时,高风温就不经济了。

**表 7 - 8 提高风温与降低焦比的关系**

| 风温水平/℃ | | 600 ~ 700 | 700 ~ 800 | 800 ~ 900 | 900 ~ 1000 | 1000 ~ 1100 |
|---|---|---|---|---|---|---|
| 焦比/kg · t$^{-1}$ | | 860 ~ 800 | 800 ~ 752 | 752 ~ 719 | 719 ~ 600[1] | 600 ~ 570[1] |
| 每提高 100℃ 风温 | 降焦/kg · t$^{-1}$ | 60 | 48 | 33 | 30 | 28 |
| | 降低焦/% | 7 | 6 | 4.4 | 4.2 | 4.7 |

注:表中为鞍钢统计数据。

① 喷吹燃料条件下的燃料比。

图 7 - 6 是以每 100℃ 风温节约 17kg 焦炭算出的风温效率。图中纵坐标表示风温提高 100℃ 所消耗的热量与提高 100℃ 风温节约的焦炭量(17kg)之比值,当比值等于 1 时,热风已不能节能。当热风炉热效率($\eta$)提高时,与经济风温对应的风量还可提高。由此也表明,在提高风温的同时,要努力降低风耗和提高热风炉热效率,才能更好地发挥高风温的作用,提高风温的效果。

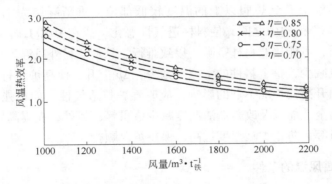

图 7 - 6 热风作用与热风炉效率、风耗关系

### 7.4.3 高风温与喷吹燃料的关系

提高风温为喷吹燃料提供了良好的条件,而喷吹量的增加又促使风温进一步提高。燃料要从常温提高到风口前燃烧时的温度,需要热量;另外,燃烧时分解吸热,同时煤气量增加等原因导致喷吹后燃烧带温度的下降。因此,喷吹燃料后应提高风温进行热补偿。喷吹量愈大,需补偿的热量愈多。据鞍钢经验,喷吹 1kg 重油或煤粉时,要分别补偿 1746kJ和 1009kJ 热量,否则将影响喷吹效果,甚至可能引起炉况失常。

提高风温后,增加了炉缸热量,确保燃烧带具有较高温度水平,促进喷吹燃料的裂化和燃烧，有利于喷吹燃料热能和化学能的充分利用。所以提高风温是加大喷吹量和提高喷吹效果的必要而积极的措施。

鞍钢某高炉风温由 1031℃ 提高到 1149℃ （即提高 118℃），油比增加 35kg/t，焦比降低 55kg/t，燃料比降低 20kg/t，日产量增加 279t，优质率上升 1.06%，煤气中 $CO_2$ 增加 0.9%。经计算，扣除风温本身和生铁含硅量影响后，增加 118℃ 风温，提高置换比 0.3，降低焦比约 6kg，这是提高风温改善了喷吹效果的原因。

首钢高炉风温在 1000℃ 以上时，喷吹燃料量大约为 140～150kg，相当于总燃料的 30% 左右；如果风温降到 900℃ 左右时，喷吹量减少到总燃料量的 20% 左右；当风温低于 900℃ 时，喷吹量将明显减少，效果也不好。

高风温是维持正常冶炼需要的最低理论燃烧温度和提高喷吹物置换比的有效措施。

### 7.4.4　高风温与炉况顺行的关系

生产实践表明，在一定条件下风温提高到某一水平时，再进一步提高风温，高炉顺行将受到影响。其主要原因有：

（1）风温提高后，炉缸温度随之升高，炉缸煤气体积膨胀，煤气流速增大，高炉压差尤其下部压差增加，不利顺行。

（2）风温提高后，会增加风口燃烧区 SiO 的挥发。据北京科技大学研究，温度达到 1500℃，高炉焦炭灰分中 $SiO_2$ 开始挥发为 SiO；1800℃时，灰分中约有 30% 的 $SiO_2$ 挥发为 SiO。1880℃时，SiO 的蒸气压可达到 98066.5Pa，在炉缸表压 0.12～0.15MPa 下，相应的 SiO 沸腾温度为 1970℃。因此风温过高，燃烧焦炭时的温度若大于 1970℃，引起 SiO 大量挥发，并随煤气上升到炉腹以上的温度较低部位，重新凝结为细小颗粒的 $SiO_2$ 和 SiO，沉积在固体炉料的空隙之间，使料柱透气性恶化。或在 1650℃ 时又重新软化，变成一种酸性黏性物质，可能堵塞料柱空隙，以致难行、悬料。另外风温提高以后，料柱内透气性好的焦炭数量减少，整个料柱的空隙度减少，$\Delta p$ 上升，使高炉顺行受到影响。

为了克服风温升高使炉况不顺的影响，应改善炉料透气性，如加强整粒、筛出粉料、改善炉料的高温冶金性能以及改善造渣制度减少渣量等；另外，在提高风温的同时，增加喷吹量或加湿鼓风等，防止炉缸温度过高，保持炉况顺行。

### 7.4.5　高炉接受高风温的条件

凡能降低炉缸燃烧温度和改善料柱透气性的措施，都有利高炉接受高风温。高炉接受高风温的条件如下：

（1）改善原燃料条件。精料（提高矿石品位，降低焦炭灰分和焦炭硫含量，使渣量降低；提高焦炭强度；整粒等）是高炉接受高风温的基本条件。精料有利于改善高炉下部料柱的透气性，为高风温的使用创造条件。

（2）喷吹燃料。高炉风口喷吹的燃料在风口前燃烧时分解吸热，使理论燃烧温度降低，补偿因风温提高而使理论燃烧温度升高带来的不利影响，因而可进一步提高风温。同时喷吹燃料后为了维持燃烧带具有足够温度，也需要有更高的风温来进行补偿。

补偿温度计算公式如下：

$$\Delta t = \frac{Q_{解} + Q_{1500}}{V_{风}\, c_{风}^{t}} \qquad (7-12)$$

式中　$\Delta t$——补偿温度,℃;

　　$Q_{解}$——喷吹物的分解吸热,kJ/t;

　　$Q_{1500}$——将喷吹物温度提高到1500℃所需的热量, kJ/t;

　　$c_{风}^{t}$——温度在$t$℃时的比热容, kJ/($m^3 \cdot$℃);

　　$V_{风}$——单位生铁的风量, $m^3$/t。

风温在1000℃时,喷吹1kg重油需补偿的风温为1.6~2.3℃,喷吹1kg煤粉需补偿的风温为1.3~1.8℃。

(3)加湿鼓风。在鼓风中加入水蒸气一起鼓入高炉的操作方法称为加湿鼓风。加湿鼓风时,因水分解吸热要降低理论燃烧温度,相应提高风温进行热补偿。

$$H_2O \longrightarrow H_2 + \frac{1}{2}O_2 - 240000kJ(即\ 13000kJ/kg) \qquad (7-13)$$

鼓风在900℃时,比热容为1.4kJ/($m^3 \cdot$℃)。因此,1$m^3$鼓风中加入1g$H_2O$需提高风温9.3℃(13/1.4)。考虑到分解出的$H_2$在高炉上部又还原变成$H_2O$,放出相当于3℃热风的热量。故每增加1g$H_2O/m^3$,要提高风温6℃进行热补偿。

(4)搞好上、下部调剂,保证高炉顺行的情况下才可提高风温。

## 7.5　喷吹燃料

高炉喷吹燃料是指从风口或其他特设的喷吹口向高炉喷吹煤粉、重油、天然气、裂化气等燃料的操作。

我国从1963年开始实验、研究并进行工业性试验,1964年在鞍钢、首钢高炉喷煤成功,1975年在苏州钢铁厂高炉试喷烟煤,效果良好。我国喷煤是世界上数量最多、应用最普遍的国家,目前喷煤量一般120~140kg/t$_{铁}$,喷吹量大的达到200kg/t$_{铁}$,甚至更高,喷吹数量主要受煤粉粒度和风温的限制。

高炉喷吹的燃料可分为固体、液体和气体,根据资源条件不同,各国喷吹的燃料有所侧重。20世纪70年代,美国及苏联主要喷吹天然气,而日本以重油为主,中国则以喷煤为主。现在世界上除俄罗斯、美国少数高炉喷天然气,其余国家包括日本、西欧等都喷吹煤粉。我国主焦煤、肥煤少,气煤、瘦煤多,因此应以喷吹气煤、瘦煤为主。

喷吹燃料主要是以资源丰富的各种燃料代替资源贫乏、价格昂贵的冶金焦,达到降低焦比和成本的目的。喷吹燃料也可作为高炉下部调剂的一种手段。

### 7.5.1　喷吹燃料的作用

#### 7.5.1.1　炉缸煤气量增加,煤气的还原能力增加

焦炭、重油、煤粉的化学成分见表7-9。在风口前不完全燃烧条件下,若鼓入的是干风,则每燃烧1kg燃料生成的炉缸煤气成分和体积,见表7-10。

表 7 - 9　焦炭、重油、煤粉的化学成分

| 项目\焦炭 | 固定碳/% | 灰分/% | H₂/% | H₂O/% | S/% | 低发热值 /kJ·kg⁻¹ |
|---|---|---|---|---|---|---|
| 焦炭 | >85.0 | <12.5 | 0.49 | | 0.5 | |
| 重油 | 86.0 | — | 11.5 | 0.25 | 0.19 | 9750~9850 |
| 煤粉 | 75.3 | 产地好的灰分6~8以上，差的14 | 3.66 | 0.83 | 0.32 | 6500~7000 |

（表头 H₂ 列为 $H_2/\%$，H₂O 列为 $H_2O/\%$）

表 7 - 10　每燃烧 1kg 燃料生成的炉缸煤气成分与炉缸煤气体积

| 名称\项目 | 燃料中 H/C （摩尔数） | CO/m³ | H₂/m³ | Σ还原性气体/% | 还原性气体相对于焦炭/% | N₂/m³ | Σ煤气/m³ | CO+H₂ | 风量/m³·kg⁻¹ | 当重油置换比1:1,煤粉置换比为0.85时,生成的Σ煤气/焦炭 |
|---|---|---|---|---|---|---|---|---|---|---|
| 焦炭 | 0.002~0.005 | 1.553 | 0.055 | 1.608 | 100 | 2.92 | 4.528 | 35.5 | 3.685~3.81 | 4.528 |
| 重油 | 0.11~0.13 | 1.608 | 1.29 | 2.898 | 180 | 3.02 | 5.918 | 49.0 | (3.825)3.33 | 5.373 |
| 无烟煤 | 0.02~0.03 | 1.408 | 0.41 | 1.818 | 113 | 2.64 | 4.458 | 40.8 | (3.345) | 5.245 |

注：1. 括号内数值为忽略该燃料 $H_2O$ 中所带入 $O_2$ 的影响所得。

2. 1kg 焦炭燃烧生成 $CO = 0.83 \times \dfrac{22.4}{12} = 1.549 m^3$。

3. 1kg 重油燃烧生成 $H_2 = 0.115 \times \dfrac{22.4}{2} + 0.0025 \times \dfrac{22.4}{18} = 1.29 m^3$。

4. 重油燃烧生成的 $(CO + H_2)\% = \dfrac{2.898}{5.918} \times 100\% = 49.0\%$。

5. 1kg 重油燃烧所需风量 $= 0.86 \times \dfrac{0.993 - 0.0025 \times \dfrac{11.2}{18}}{0.21} = 4.06 m^3$。

从表 7 - 10 中可知，每燃烧 1kg 燃料，在风口前生成的炉缸煤气体积是不一样的。考虑置换比喷吹重油时为 5.375m³，喷吹煤粉时为 5.245m³，都大于焦炭所产生的煤气体积，而且煤气中还原气体所占的比例也相对增加。以焦炭为 100%，则重油为 180%，煤粉为 113%，还原气体中 $H_2$ 量特别多。由于 $H_2$ 导热性好（其他气体的 7~10 倍）、黏度小（其他气体的 0.5 倍）、扩散速度大（CO 的 3.7 倍），生成物 $H_2O$ 也容易扩散（$CO_2$ 的 1.56 倍），故有益于加热矿石和提高间接还原度。因此，喷吹燃料后炉缸煤气量有所增加，而且还原能力也有所加强。

### 7.5.1.2　煤气的分布得到改善，中心气流发展

喷吹燃料之后，造成中心气流发展的原因主要有：（1）炉缸煤气体积增加；（2）部分喷吹燃料在直吹管和风口内与氧汇合而进行燃烧反应，极大地提高了鼓风动能。据国外测定，喷吹天然气时，在天然气用量约为风量的 9%、风温 950℃ 条件下，风口出口处混合气体温度高达 1700℃，显然是部分天然气在风口内燃烧的结果。由于煤气量增加及温度提高，使混合气体速度与鼓风动能增加，穿入炉缸中心的煤气量增多即中心气流加强。喷吹量愈大，生成的煤气量愈多，中心气流愈发展。

### 7.5.1.3 炉缸冷化、炉顶温度升高，有热滞后的现象

喷吹燃料后，由于燃料的物理热小于风口前的焦炭、喷吹物分解吸热和燃烧生成的煤气体积增多等原因，致使炉缸温度降低或风口前理论燃烧温度降低。风口前理论燃烧温度降低称为炉缸冷化。据统计，喷吹 100kg 煤粉大约降低 150℃ 左右，喷吹 100kg 重油降低180℃ 左右。解决炉缸冷化的办法是进行热补偿，通常是指提高风温。热补偿所需温度（热量）可按式（7-12）计算。

例如在喷油（含碳 86%）100kg/t 铁，焦比（焦炭含碳 83%）497kg/t$_{铁}$，风口前碳素燃烧率为 70%，风温 1000℃ 条件下，补偿 100kg 重油对炉缸冷化的影响所需热量（换算成风温）计算如下：

$$V_{风} = \frac{(497 \times 0.83 + 100 \times 0.86) \times 0.70 \times \frac{22.4}{2 \times 12}}{0.21} = 1550 \text{m}^3$$

$$\Delta t = \frac{Q_{物} + Q_{解}}{V_{风} c_{风}^t} = \frac{[(549 - 40) \times 100 + 420 \times 100] \times 4.1868}{1550 \times 0.337 \times 4.1868} = 178℃$$

式中　549——1kg 焦炭在 1500℃ 时的物理热，4.1868kJ/kg；

　　　 40——1kg 重油在 80℃ 时的物理热，4.1868kJ/kg；

　　　420——1kg 重油分解吸热，4.1868kJ/kg。

炉顶温度与单位生铁的煤气量有关，而煤气量变化又与置换比有关。置换比高时产生的煤气量相对较少，炉顶温度上升则少；反之，置换比低时，炉顶温度上升则多。当喷吹刚开始，喷吹量少时，效果明显，置换比较高，炉顶温度有下降的可能。目前炉顶温度大约增加 50~60℃。当喷吹量过大，煤气分布失常时，炉顶温度剧升是必然现象。

喷吹燃料是增加入炉燃料，炉温本应提高。但在喷吹燃料的初期炉缸温度反而暂时下降，只有过了一段时间，炉缸温度才会升上来。喷吹燃料的热量要经过一段时间才能显现出来的现象称为热滞后现象。喷吹燃料对炉缸温度增加的影响要经过一段时间才能反映出来的这个时间称为热滞后时间。产生热滞后的原因主要是煤气中 H$_2$ 和 CO 量增加，改善了还原过程，当还原性改善后的这部分炉料下到炉缸时，减轻了炉缸热负荷，喷吹燃料的效果才反映出来。由于高炉冶炼强度、炉容等条件不相同，热滞后的时间也不一样，一般为冶炼周期的 70% 左右。

### 7.5.1.4 压差升高

高炉喷吹燃料后，炉内压差增加，且随喷吹量增加，压差有升高趋势，尤其是下部压差，如图 7-7 和图 7-8 所示。主要原因是喷吹燃料后，煤气量增加，煤气流速变快，导致压差增加；另外由于喷吹燃料代替了部分焦炭，炉料中矿石加多，焦炭负荷提高，料柱透气性相对变差，特别在高炉下部，渣、焦比（渣量/焦炭量）升高，导致高炉下部压差增加更多。但实践表明，喷吹燃料后由于炉缸活跃，中心气流发展，允许在较高压差的条件下操作，实际并不妨碍顺行，反而更易接受风量和风温。

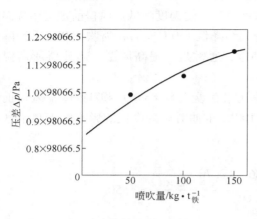

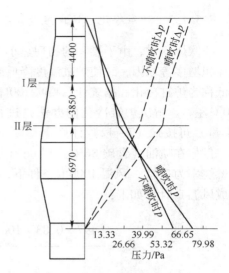

图 7 - 7　压差与喷吹量关系　　　　　　图 7 - 8　喷油前后压差的变化

### 7.5.1.5　生铁质量提高

喷吹燃料后生铁质量普遍提高，生铁含硫下降，含硅更稳定，允许适当降低硅含量，而铁水的温度却不下降。炉渣的脱硫效率 $L_S$ 提高。因此，更适于冶炼低硅、低硫生铁。其原因如下：

（1）炉缸活跃，炉缸中心温度提高，炉缸内温度趋于均匀，渣、铁水的物理热有所提高，这些均有助于提高炉渣的脱硫能力。

（2）喷油时其含硫低于焦炭，降低了硫负荷。

（3）喷吹燃料后高炉直接还原度降低，减轻了炉缸工作负荷，渣中 FeO 比较低，有利 $L_S$ 的提高。

## 7.5.2　喷吹高炉的操作特点

喷吹燃料后，高炉上部气流不稳定，下部炉缸中心气流发展，容易形成边缘堆积，因此要相应进行上、下部调剂：

（1）上部调剂。上部调剂主要方向是适当而有控制地发展边缘，保持煤气流稳定，合理分布。常用的措施是扩大矿石批重、增加倒装比例和适当提高料线。

（2）下部调剂。下部调剂主要是全面活跃炉缸，保证炉缸工作均匀，抑制中心气流发展。为此，喷吹燃料后以扩大风口直径为主，适当缩短风口长度。一般认为大高炉喷吹量每增加 $10 kg/t_铁$，风口面积相应扩大 2% ~ 3%。

（3）调剂喷吹量以控制炉温。喷吹燃料后很多厂已停止加湿并固定风温，而采用调剂喷吹量以控制炉温。在焦炭负荷不变条件下，增加喷吹燃料数量，也就是改变燃料的全负荷，必然会影响炉温；同时，由于喷吹燃料中碳氢化合物的燃烧，消耗风中氧量，使单位时间内燃烧焦炭数量减少，下料速度随之减慢，起着减风的作用。相反，减少喷吹物时，既减少了热源，又增快了料速，因而影响是双重的。

但是，由于热滞后现象以及喷吹物分解吸热和煤气量增加等原因，在增加喷吹物的初期，炉缸先凉后热。所以在调剂时要分清炉温是向凉还是已凉，向热还是已热，如果炉缸已凉而增加喷吹物，或者炉缸已热而减少喷吹物，则达不到调剂的目的，甚至还造成严重后果。此外在开喷和停喷变料时，要考虑先凉后热的特点，即在开始喷吹燃料前，减负荷2～3h，之后分几次恢复正常负荷，当轻负荷料下达风口后，炉温上升便开始喷吹。停喷时则与此相反。

### 7.5.3　喷吹量与置换比

喷吹单位质量或单位体积的燃料在高炉内所能代替的焦炭的数量（千克数）称为置换比，即：

$$置换比 = \frac{取代焦炭量}{喷吹燃料量} = \frac{K_0 - K}{Q} \qquad (7-14)$$

式中　$K_0$，$K$——喷吹前、后焦比，$kg/t_{铁}$；

　　　　$Q$——喷吹燃料量，$kg/t_{铁}$。

置换比与喷吹燃料的种类、数量、质量、煤粉粒度、重油雾化、天然气裂化程度、风温水平以及鼓风含氧量等有关，并随冶炼条件和喷吹制度的变化而有所不同。据统计，通常喷吹燃料置换比为：煤粉0.7～1.0kg/kg，重油1.0～1.35kg/kg，天然气0.5～0.7kg/m³，焦炉煤气0.4～0.5kg/m³。

喷吹效果如何，通常看喷吹物对焦比的置换比（也称为替换比），置换比高，喷吹效果就好。在其他条件不变情况下，置换比随着喷吹燃料量的增加而降低。表7-11为鞍钢高炉喷油时的置换比。

表 7-11　鞍钢高炉喷油时的置换比

| 油比/kg·t⁻¹ | <40 | 40～60 | 60～80 | >80 |
|---|---|---|---|---|
| 置换比 | 1.25～1.35 | 1.15～1.25 | 1.10～1.05 | 1.0～1.1 |

加大喷吹量，置换比降低的原因主要是热补偿跟不上，理论燃烧温度降低。即使热补偿跟上，理论燃烧温度维持在合适的水平，随喷吹量增加，置换比也是递减的。同时，当煤气中 $H_2$ 量增加到某一范围后，其利用率也下降了。

喷吹燃料能置换焦炭的原因主要是：

（1）重油和煤粉中碳氢化合物和固定碳燃烧时，放出的热量和产生的气体产物能够取代焦炭作为热源和还原剂的作用，但不能取代焦炭的骨架作用，所以不能用喷吹燃料代替全部焦炭。发热值愈高，还原剂作用愈强的燃料，置换比愈高。

（2）由于喷吹燃料后单位生铁的煤气量增加，尤其是 $H_2$ 增多，富化了煤气，改善间接还原，降低直接还原度。

（3）喷吹灰分少或不含灰分的燃料如重油，能够减少渣量，节约燃料。

（4）由于热补偿原因，允许高风温操作，使风口前碳素燃烧的有效热升高。

总的来说，喷吹燃料以置换焦炭的作用为主，而降低燃料比的作用较小。所以喷吹燃料能大幅度降低焦比，而综合燃料比下降却不多。

为了获得最大的经济效益，要根据合适的置换比来确定喷吹量。这应从经济和技术两个方面来考虑。从经济方面看，当喷吹燃料的成本与节省的焦炭成本相等时，此时的喷吹量就是极限喷吹量，再增加喷吹量就会引起生铁成本升高；从技术方面看，极限喷吹量取决于以下因素：

(1) 喷吹的燃料在风口前能否完全燃烧。实践表明，喷吹量过大时，燃料的固定颗粒不能完全燃烧，炭粒（黑）将被气流带出回旋区，在成渣带黏附在初渣中，大大增加初渣黏度，恶化料柱透气性，导致炉况不顺。喷吹重油量过大时，可能还有部分未分解的重油被煤气带出炉外，不仅浪费能源，还可能堵塞洗涤塔格孔。此外，因重油不完全燃烧在风口前结焦，可能产生风管烧穿事故。

(2) 必须不破坏炉况顺行。喷吹量过大，产生的煤气体积增加较多，加之没燃烧的炭黑使炉渣变稠，压差增大，顺行将受影响。

提高喷吹量的措施如下：

(1) 尽量缩小煤粉粒度，改善重油雾化程度，加强喷吹燃料与鼓风的混合，使喷吹燃料在燃烧带完全燃烧。

(2) 尽量采用多风口均匀喷吹。均匀喷吹可以保证燃料需要的氧量和必要的燃烧温度，也可使煤气均匀分布，下料均匀，增大炉缸活跃面积，高炉容易稳定、顺行。所以，均匀喷吹是充分利用燃料，增加喷吹量的重要方法。

(3) 保证一定的燃烧温度，尽量提高风温，提高风口前的理论燃烧温度。

### 7.5.4　裂化喷吹

所谓裂化喷吹，就是将重油或天然气预先裂解为还原气体 CO 和 $H_2$，并在 1000℃ 左右的高温下，直接喷入高炉间接还原区。

#### 7.5.4.1　裂化喷吹的优点

根据理论计算和小型工业试验研究：裂化喷吹可以克服从风口喷吹燃料的缺点，如炉缸冷化作用、煤气量增大等，同时也不存在热补偿问题，是强化喷吹的有效措施。裂化喷吹的优点如下：

(1) 炉缸煤气量大大减少。因为喷吹的还原气体是直接进入炉腰以上区域，对软熔带、滴落带的影响小，使高炉下部压差不至于增大，从而有利于顺行。

(2) 由于还原性气体增多，煤气富化，促进间接还原发展，直接还原度降低，大大减轻了炉缸热负荷和炉腹、炉缸的还原任务，炉缸只起熔化分离、储存铁水的作用，因此可以最大限度地降低焦比。据理论计算，焦比可降低到 220kg/t。日本、美国等国家的高炉喷吹还原气体，焦比降低 30% ~ 40%，产量增加 7% ~ 8%。首钢 $23m^3$ 高炉喷吹还原气体，焦比下降 78kg/t，每 $1m^3$ 还原气相当于 0.166kg 焦。

(3) 产量大幅度增加。因为压差减小，高炉顺行，且单位生铁所需风量下降，为加风增产创造了良好条件。

#### 7.5.4.2　裂化喷吹注意的问题

(1) 裂化气质量常以 $(CO + H_2)/(CO_2 + H_2O)$ 表示，要求比值大于 3。还原气中 $CO_2 + H_2O$ 增加 1%，置换比降低 3.71%。

还原气制备方法较多，常使用的为部分氧化法。把天然气和氧气一起通入裂化炉，在一定温度下，碳氢化合物进行部分燃烧。其通式为：

$$C_nH_{2n} + 2 + \frac{n}{2}O_2 == nCO + (n+1)H_2 \qquad (7-15)$$

鞍钢采用天然气裂化，在氧/天然气比值为 0.664，并不进行预热情况下，得到 1250℃ 的还原气，其组成为：

| 组成 | CO | H$_2$ | CO$_2$ | H$_2$O | N$_2$ | CH$_4$ | 总计 | $\dfrac{CO+H_2}{CO_2+H_2O}$ |
|---|---|---|---|---|---|---|---|---|
| 含量/% | 31.5 | 56.5 | 1.86 | 9.49 | 0.68 | 0.27 | 100 | 7.7 |

首钢采用重油裂化，所制取的还原气中 $CO+H_2$ 达到 92%。

（2）喷吹位置要选在炉腰或炉身下部，一般不低于风口中心线到料线间距离的一半。

（3）为确保还原气体与炉内气体充分混合并发挥最大的作用，除要有一定喷吹压力外，还应多开喷吹口，同时气体喷入炉内要有一定的扩张角，使还原气体沿圆周方向分布均匀。

### 7.5.5 高炉喷吹煤粉的工艺流程

#### 7.5.5.1 喷煤工艺流程

我国高炉以喷煤为主，从制粉和喷吹设施配置来分，高炉喷煤工艺可分为间接喷吹和直接喷吹两种模式，其工艺流程分别如图 7-9 和图 7-10 所示。

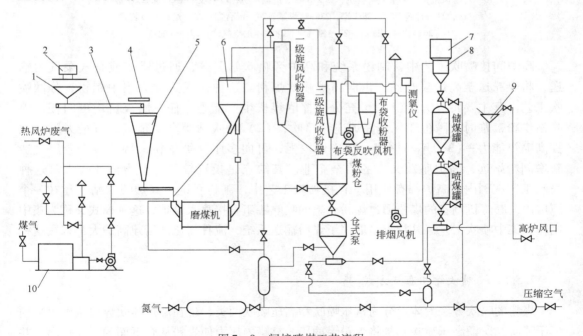

图 7-9　间接喷煤工艺流程

1—原煤槽；2—卸煤机；3—皮带运输机；4—电磁分离器；5—原煤仓；6—粗粉分离器；
7—布袋除尘器；8—收煤罐；9—分配器；10—燃烧炉

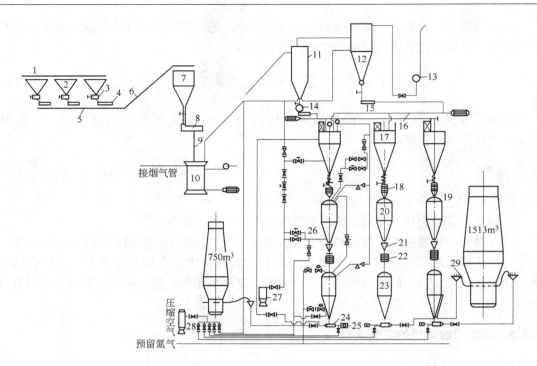

图 7 - 10　直接喷煤工艺流程

1—PM$_1$ 皮带机；2—配煤槽；3—可调式给料机；4—称量皮带；5—PM$_2$ 皮带机；6—PM$_3$ 皮带机；

7—原煤仓；8—圆盘给料机；9—落煤管；10—中速磨煤机；11—旋风分离器；12—布袋收粉器；

13—排烟风机；14—螺旋给料机；15，16—螺旋输送机；17—收粉罐；18，22—波纹管；

19，21—钟阀；20—储煤罐；23—喷煤罐；24—混合器；25—给料调节装置；

26—快速切断阀；27—氮气罐；28—压缩空气罐；29—分配器

　　高炉间接喷吹工艺中，制粉系统和高炉旁喷吹站分开，通过罐车或仓式泵气力输送，将煤粉送至高炉喷吹站，再向高炉喷吹煤粉。这种模式又称为集中制粉、分散喷吹工艺。其主要特点为：（1）可充分发挥磨煤机生产能力，任一磨煤机均可向任一喷吹站供粉，临时故障也能保证高炉连续喷吹；（2）喷吹站距高炉很近，可最大限度地提高喷煤能力；（3）不易堵塞，适应性较强，可向多座高炉供粉，特别适于老厂改造新增制粉站远，高炉座数又多的冶金企业。其缺点是投资较高、动力消耗较大。这种喷吹工艺在国内外高炉都有使用。直接喷吹工艺中，制粉系统与高炉喷吹站共建在一个厂房内，磨煤机制备的煤粉通过煤粉仓下的喷吹罐组直接喷入高炉，这种模式又称为集中制粉、集中喷吹工艺。其特点是取消了煤粉输送系统，流程简化。新建高炉大都采用这种工艺。

### 7.5.5.2　喷吹罐组布置方式

　　煤粉的喷吹方法大体上分为常压喷吹和高压喷吹两类，现在高炉喷吹煤粉基本上采用高压喷吹。所谓高压喷吹，是将煤粉罐冲压，靠罐内压力使煤粉从仓下面的漏斗排出，并可用罐内压力高低调节总的下煤量。高压喷吹罐组布置上有并列罐和串联罐两种方式，如图 7 - 11 和图 7 - 12 所示。

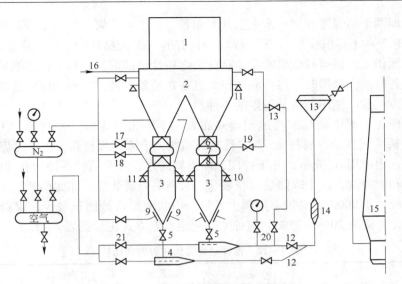

图 7 - 11  并罐喷吹煤粉工艺流程

1—布袋收煤装置；2—煤粉仓；3—喷煤罐；4—混合器；5—下煤阀；6—回转式钟阀；7—软连接；8—升降式钟阀；
9—流化装置；10，11—电子秤压头；12—快速切断阀；13—分配器；14—过滤器；15—高炉；16—输煤管道；
17—补压阀；18—充压阀；19—放散阀；20—吹扫阀；21—喷吹阀

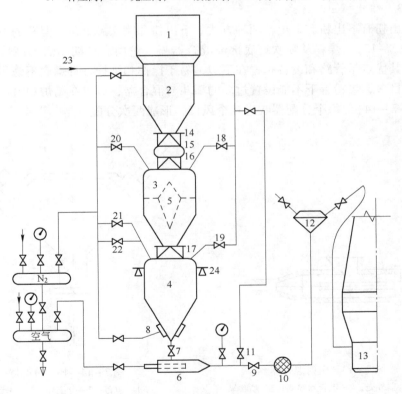

图 7 - 12  串罐喷煤工艺流程

1—布袋收煤装置；2—集煤罐；3—储煤罐；4—喷煤罐；5—导料器；6—混合器；7—下煤阀；8—流化装置；
9—快速切断阀；10—过滤器；11—吹扫阀；12—分配器；13—高炉；14—摆动钟阀；15—软连接；
16—升降式钟阀；17—摆动钟阀；18—储煤罐放散阀；19—喷煤罐放散阀；20—储煤罐充压阀；
21—喷煤罐充压阀；22—补压阀；23—输煤阀；24—电子秤压头

　　并列罐即两个喷煤罐在同一水平上并列布置,一个罐喷煤,另一个罐备煤,相互转换(有的厂2座高炉(容积较小)、3个罐并列,有的一个大型高炉、3个罐并列)。这种布置方式占地面积大,但可降低喷吹设施高度,煤粉计量准确,有利于设备维护检查。早期并罐喷吹装备较差,倒罐时,煤粉波动较大,现在装备先进,可做到倒罐时煤粉基本不波动,为此种方式推广使用创造了很好的条件。

　　串联罐即3个罐串联起来与地面垂直布置。下罐为喷煤罐(高压),中罐为储煤罐(高压),上罐为集煤罐(常压)。如果是直接喷吹,上罐即煤粉仓。当下罐煤粉喷至规定的下限数量,中罐用$N_2$充压,开下钟阀,向下罐卸煤,装完后关下钟阀和均压阀;然后,开上放散阀和上钟阀,向中罐储煤;联系仓式泵向集煤罐装煤,如此循环工作,连续向高炉喷煤。一般大于$2000m^3$高炉采用两个系列。串联罐组占地面积较少,煤粉计量干扰较大,投资约比并罐高20%~25%。两种喷煤罐组布置方式比较见表7-12。

表7-12　两种喷煤罐组布置方式比较

| 布置方式 | 并列罐组 | 串联罐组 | 布置方式 | 并列罐组 | 串联罐组 |
| --- | --- | --- | --- | --- | --- |
| 煤粉计量 | 较准确 | 难度较大 | 建筑高度 | 低 | 高 |
| 设备维护 | 方便 | 不太方便 | 建设投资 | 较低 | 较高 |
| 占地面积 | 较大 | 较小 | | | |

### 7.5.5.3　喷吹罐出粉方式

　　喷吹罐出粉有下出粉和上出粉两种方式。下出粉即喷吹罐下每个漏斗的下面有一个混合器(见图7-13),煤粉从喷吹罐底部经混合器喷入炉内。早期喷煤的高炉均采用这种出粉方式,其优点是管路和设备布置在下边,易于操作和维护,且罐底不易积粉。大型高炉,风口数目多,煤粉罐下不能设置过多的漏斗与混合器,可以在高炉炉台设置若干个分配器(见图7-14),每个分配器吹送几个风口,形成两次分配。

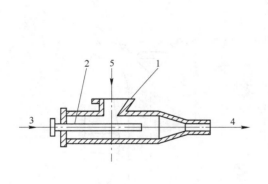

图7-13　引射混合器<br/>1—混合器外壳;2—混合器喷嘴;3—喷吹风;<br/>4—煤风混合物出口;5—下煤口

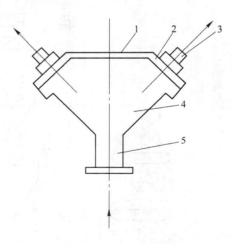

图7-14　扬角分配器<br/>1—顶盖;2—分配环;3—喷嘴;<br/>4—后盘;5—入口管

　　多管路上出粉喷煤工艺如图7-15所示,即在喷吹罐下部设置具有水平流化床的混合器(见图7-16),配煤管线始端与流化板垂直安装,其间距一般为20~25mm,并沿圆周

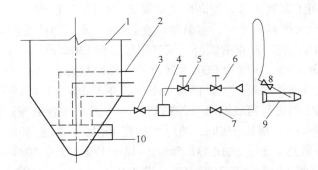

图 7 – 15　多管路上出粉喷煤工艺

1—喷吹罐；2—煤粉导出管；3—快速切断阀；4—合流管；5—二次风调节阀；

6—二次风；7—合流管出口阀；8—喷枪；9—风管；10—流化管

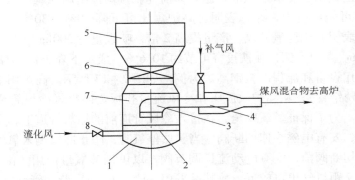

图 7 – 16　流化罐混合器

1—流化气室；2—流化板；3—排料口；4—补气装置；5—喷煤罐；

6—下煤阀；7—流化床；8—流化风入口

均匀排列，煤粉自罐底向上导出，然后喷入高炉。我国宝钢2号高炉和石家庄等高炉上采用此种出粉方式。其特点是：可实现浓相喷吹，通过二次风控制喷吹浓度。增加风量，浓度降低，则喷煤量减少。反之则相反。但是这种出粉方式，罐内煤粉必须经过流化，流化装置比较复杂，有些高炉在喷吹罐底部还增设了煤粉搅拌装置，设备维护量增大。

## 7.6　富氧鼓风与综合鼓风

### 7.6.1　富氧鼓风

提高高炉鼓风中的含氧量称为富氧鼓风。富氧鼓风与喷吹燃料结合是高炉强化冶炼的有效措施。根据计算和生产统计均表明，鼓风中含氧量每增加1%，可增产4%～5%，减少煤气量4%～5%，提高风口理论燃烧温度55℃，相应增加喷吹重油9kg/t、天然气8m³/t，或者煤粉15kg/t。

#### 7.6.1.1　国内外富氧鼓风实践

20世纪初就有人提出提高风中氧量，但是直到1930年才在德国首次进行富氧送风，此后在前苏联也使用了富氧技术，使高炉产量提高，焦比降低。

随着制氧机和喷吹燃料的发展，富氧鼓风在近 20 年来获得广泛应用。

1985 年，苏联诺沃利别茨克钢铁公司氧气用量达到 $136m^3/t$，风中含氧率为 35.05%，喷吹天然气 $125 \sim 136m^3/t$，煤气中 $CO_2$ 达 20.8%，焦比只有 417kg/t，利用系数 2.40。日本在 70 年代富氧送风高炉超过一半，但富氧不多，在 1.2% ～ 2.1% 范围。

我国于 60 年代中期进行富氧鼓风。首钢 1966 年 6 月风中含氧率达 25.2%，利用系数达到 2.26，焦比 369kg/t，煤比 319kg，喷煤率达到 46.4%。鞍钢 1986 年在 2 号高炉富氧到 28.59%，利用系数达 2.34，焦比 431.5kg/t，煤比 170.12kg，喷煤率达 28.26%。据首钢、鞍钢经验，富氧 1%，增产 3% ～ 4%，节焦 0.4 ～ 1kg/t。目前，我国部分高炉的富氧率达到了 4% ～ 6%，煤比达到了 170kg/t，$2000m^3$ 级高炉利用系数达到了 2.8。高富氧、大喷煤取得显著成绩，展现出广阔、美好的前景。

在富氧基础上提出了全氧送风的设想。如前苏联拉姆提出用纯氧送风，所得到的高炉煤气清除 $CO_2$ 后可循环使用。计算表明，高炉焦比可下降 20% ～ 30%，产量提高 7% ～ 11%。国内研究表明，用纯氧鼓风，产量提高 2 倍，喷煤量达 300kg 以上，焦比降到现在的 30%。以 $300m^3$ 高炉为例，吨铁投资可节约 10.6%，成本下降 3% ～ 7%。

富氧鼓风常用设备和流程以鞍钢高炉为例，如图 7 – 17 所示。高炉用工业氧气经氧气管（$\phi450mm$ 不锈钢管），从高炉放风阀和冷风流量孔板之间接入冷风管道，因此冷风流量包含工业氧量。为了保证供氧安全，在接入冷风管道前的输氧管道上，安装有两个截止阀，在截止阀间，安有电磁快速切断阀，当骤然停氧时，防止冷风倒入氧气管引起爆炸事故。在电磁快速切断阀前，安有电动流量调节阀，以供调节氧量使用。由于 P25Dg150 截止阀经常开动，又距氧气出口较近，故其后采用一段（2.2m）紫铜管路以保证安全。

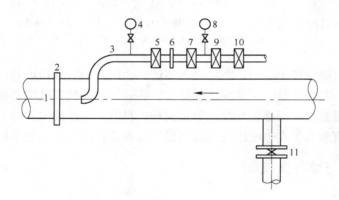

图 7 – 17　富氧鼓风工艺流程

1—冷风管；2—流量孔板；3—氧气插入管；4，8—压力表；5—P20Dg150 截止阀；6—氧气流量孔板；
7—电磁快速切断阀；9—P40Dg125 电动流量调节阀；10—P16Dg100 截止阀；11—放风阀

### 7.6.1.2　富氧鼓风计算

单位体积风中含有的来自工业氧气的氧量称为富氧率。

设：$f$ 表示鼓风湿度，$x_{O_2}$ 表示富氧率，$b$ 表示工业氧气的氧量，$V_氧$ 表示 $1m^3$ 鼓风中含氧量。则每 $1m^3$ 鼓风中含氧量的计算式为：

$$V_{氧} = 0.5f + x_{O_2} + 0.21\left(1 - f - x_{O_2}\frac{1}{b}\right) = 0.21 + 0.29f + x_{O_2}\left(1 - \frac{0.21}{b}\right) \quad (7-16)$$

从式（7-16）可以看出，风中无水或不加氧时，$1m^3$ 风中的含氧量为 $0.21m^3$；若用水蒸气取代一部分干风时，能增加氧量 $0.29f$；而用氧气去取代部分干风时，能增加 $x_{O_2}\left(1 - \frac{0.21}{b}\right)$ 的氧量。可见富氧率和鼓风中氧含量增加是不一致的。

富氧鼓风时，加入氧量的计算举例：设风量为 $2500m^3$ 时，用纯度 $b$ 为 98% 的工业用氧气，使富氧率达到 2%，并保持风量不变，需加入多少工业氧气。

需加入的工业氧量为 $V_{氧}$，则：

$$V_{氧}\, b = V_{风}\, x_{O_2}$$

$$V_{氧} = \frac{V_{风}\, x_{O_2}}{b} = \frac{2500 \times 0.02}{98\%} = 51.02 m^3/min$$

即使保持风量 $2500m^3$ 不变，需加入 $51.2m^3$ 工业氧才能使富氧率达到 2%，而此时从风机来的风量只需 $2448.98m^3$。

富氧后由于风中氧含量增加，所以燃烧单位碳素所需风量和所生成的煤气体积都和富氧前后有所差异。

$$V_{风} = \frac{0.933}{0.21 + 0.29f + x_{O_2}\left(1 - \frac{0.21}{b}\right)} \quad (7-17)$$

$V_{风}$ 为富氧后风口前燃烧 1kg 碳需要的风量。而每燃烧 1kg 碳所生成炉缸煤气体积为：

$$V_{风} = \frac{0.933}{0.21 + 0.29f + x_{O_2}\left(1 - \frac{0.21}{b}\right)} \times$$

$$\left[2 \times 0.21\left(1 - f - x_{O_2}\frac{1}{b}\right) + 2f + 2x_{O_2} + 0.79\left(1 - f - x_{O_2}\frac{1}{b}\right)\right] \quad (7-18)$$

### 7.6.1.3 富氧鼓风对高炉冶炼的影响

（1）提高冶炼强度，增加产量。由于风中含氧量增加，1t 铁需要的风量相应减少；若保持风量不变，冶炼强度可增加，提高产量。在焦比不变时即可获得相同的增产值，若焦比有所降低，可望增产更多。

相当的风量增加率可按式（7-19）计算：

$$\Delta V = \frac{x_{O_2}\left(1 - \frac{0.21}{b}\right)}{0.21 + 0.29f} \quad (7-19)$$

若 $x_{O_2} = 1\%$，$f = 1\%$，$b = 98\%$ 时，则 $\Delta V = 3.69\%$。

即富氧后每 $100m^3$ 风相当于增加了风量 $3.69m^3$。如果风中不含湿分，且 $b = 100\%$。

则 $\Delta V = \dfrac{0.79 \times 0.01}{0.21} = 3.76\%$。

在其他条件不变下，富氧 1%，相当于增产 3.76%。

（2）对煤气量的影响。富氧后风量维持不变，即保持富氧前的风量，则相当于增加了风量，因而也增加了煤气量。煤气量的增加与焦比和富氧率等因素有关。在焦比和直接还原度不变的情况下，富氧鼓风时的煤气量比不富氧时略有增加，因此压差略有升高。一般富氧后，在原来焦比较高的情况下，焦比会略有降低，所以在固定风量操作时，由于以上两因素相互抵消，富氧鼓风以后，煤气量变化不大；在原来焦比比较低（如现在的高炉焦比在 500kg/t 以下）时，焦比不会发生变化，而且可能会因鼓风带入热量的减少而使焦比略有升高。但是，就单位生铁而言，由于风中氮含量减少，故煤气量是减少的。因此富氧鼓风在产量不变时，压差是降低的。

富氧鼓风后，因单位生铁所需风量减少，鼓风带入的物理热也减少，将使热量收入降低。所以，富氧鼓风并没有为高炉开辟新的热源，但可以节省热量支出。

（3）提高理论燃烧温度。由于单位生铁燃烧产物体积减少，故能提高理论燃烧温度。在 $x_{O_2} = 1\%$，$x_{O_2} = 2\%$，$x_{O_2} = 3\%$，$f = 1\%$，$t_风 = 1000℃$（$c_p = 1.5198 kJ/(m^3 \cdot ℃)$）条件下，风口前燃烧 1kg 碳所需风量、产生的煤气量以及理论燃烧温度见表 7 - 13。

表 7 - 13　在一定条件下，风口前燃烧 1kg 碳所需风量、产生的煤气量以及理论燃烧温度

| 名　　称 | 风量 /m³·(kg·℃)⁻¹ | 煤气量 /m³·(kg·℃)⁻¹ | 煤气成分/% | | | $Q_C$/kcal | $Q_物$/kcal | $Q_风$/kcal | $t_理$/℃ |
|---|---|---|---|---|---|---|---|---|---|
| | | | CO | H₂ | N₂ | | | | |
| $x_{O_2} = 0$ | 4.39 | 5.32 | 35 | 0.8 | 64.2 | 2340 | 590 | 1480 | 2285 |
| $x_{O_2} = 1\%$ | 4.23 | 5.18 | 36 | 0.8 | 63.2 | 2340 | 590 | 1426 | 2317 |
| $x_{O_2} = 2\%$ | 4.08 | 5.03 | 37 | 1.6 | 61.4 | 2340 | 590 | 1397 | 2340 |
| $x_{O_2} = 3\%$ | 3.94 | 4.9 | 38 | 2.4 | 59.6 | 2340 | 590 | 1365 | 2415 |
| $x_{O_2} = 4\%$ | 3.82 | 4.77 | 39 | 3.2 | 57.8 | 2340 | 590 | 1339 | 2465 |

注：表中 $Q_C$、$Q_物$、$Q_风$ 的数值应乘以 4.1868kJ（1kcal = 4.1868kJ）。

通过计算表明，$x_{O_2} = 1\%$ 时，约提高理论燃烧温度 32℃，由于 $t_理$ 的提高，能使热量集中于炉缸，有利于冶炼反应的进行和冶炼高温生铁，但另一方面由于 $t_理$ 过高会引起 SiO 的大量挥发不利于顺行，成为限制高炉富氧率提高的原因之一。通常富氧率只到 3%～4%。富氧和喷吹燃料结合，则能克服喷吹燃料时的炉缸冷化问题，为大喷吹创造条件。

（4）增加煤气中 CO 量，促进间接还原。富氧鼓风后改变了煤气中的 CO 和 N₂ 的比例，N₂ 量减少，CO 量升高，有利于发展间接还原。当富氧与喷吹燃料相结合时，炉缸煤气中 CO 和 H₂ 增加，富化了煤气；但若富氧后煤气量减少，炉身部位温度降低，则又限制了间接还原的大量进行。所以，富氧鼓风后对还原过程的影响是不相同的，焦比可能降低，也有可能升高。

（5）炉顶煤气温度降低。富氧后单位生铁煤气量减少，高温区下移，上部热交换区显著扩大，炉顶煤气温度降低。高温区集中于下部，使高炉的竖向温度场发生了变化，这个影响与喷吹燃料所产生的影响恰恰相反，故富氧鼓风与喷吹燃料相结合是很有前途的。

## 7.6.2　综合鼓风

在鼓风中实行喷吹燃料同富氧和高风温相结合的方法，统称为综合鼓风。喷吹燃料煤气量增大，炉缸温度可能降低，因而增加喷吹量受到限制，而富氧鼓风和高风温既可提高理论燃烧温度，又能减少炉缸煤气生成量。若单纯提高风温或富氧又会使炉缸温度梯度增大，炉缸（燃烧焦点）温度超过一定界限，将有大量 SiO 挥发，导致难行、悬料。若配

合喷吹就可避免，它们是相辅相成的。实践表明，采用综合鼓风，可有效地强化高炉冶炼，明显改善喷吹效果，大幅度降低焦比和燃料比，综合鼓风是获得高产、稳产的有效途径。

## 7.7  加湿鼓风与脱湿鼓风

1927～1928 年，苏联某钢铁厂曾用加湿鼓风作为调节手段。1939 年，马格尼托哥尔斯克钢铁公司、库兹涅茨克钢铁公司使用加湿鼓风到 16～23g/m³，高炉产量提高了 10%～15%，焦比降低了 1.45%～3.4%。以后，加湿鼓风作为稳定风中湿分，增加风温和产量的一种强化手段而得到推广。

我国于 1952～1953 年在鞍钢使用加湿鼓风，产量增加了 4.75%，焦比降低了2.16%。随之加湿鼓风得到普遍推行。但到 60 年代喷吹燃料技术兴起，高风温已作为必需的热补偿措施，加湿鼓风就逐渐停止使用了，并进而代之以脱湿鼓风。不过在无喷吹燃料的高炉上，加湿鼓风仍不失为一种调节和强化的手段。

### 7.7.1  加湿鼓风

加湿鼓风是往鼓风中加入蒸汽，使鼓风中所含湿度超过自然湿度，用于调节炉况。大气中总是含有一定量的水分（自然湿度一般为 1%～3%），大气的湿度在不同季节或昼夜之间都有波动。鼓风湿度的波动必然会引起炉况波动。在冷风总管加入一定量的水蒸气是使鼓风湿度稳定在一定的水平，以稳定高炉热制度。

#### 7.7.1.1  水分分解吸热

水分分解吸热反应如下：

$$H_2O \Longrightarrow H_2 + \frac{1}{2}O_2 - 10802kJ/m^3 \text{ 水}$$

当风中含水 1g/m³，其分解热由热风热量补偿时，根据热平衡可得：

$$1 \times 0.335 \times t_补 = \frac{2580 \times 22.4}{18 \times 100}$$

解得：$t_补 = 9.6℃$。

即在 1m³ 风中含水 1g 时，为补偿其分解热，应提高风温 9℃。由此得知干风温度为：

$$干风温度 = 热风温度 - 湿分 \times 9℃ \tag{7-20}$$

但是，考虑到水蒸气分解出的 $H_2$ 在高炉内上升过程中又进行还原变成水，又放出相当于 3℃ 风温的热量，故常用加水 1g/m³，以相当于 6℃ 风温的热量来进行补偿计算。应当指出的是，水分分解吸收的是炉缸热量，它对高温区和燃烧带产生作用；而 $H_2$ 还原放出的热量是在中低温区，其影响是有差异的。

#### 7.7.1.2  对冶炼强度的影响

18g 水在标准状态下的气体体积是 22.4m³，则 1m³ 水蒸气含水为 18×1000/22.4 = 803g。当鼓风湿度 $f = 1$ 时，则含水约为 8g/m³。

加湿后，1m³ 风中含氧量增加的绝对值为 0.29$fm^3$。如加湿 10g/m³，则 $f = 1.25\%$。

由于风中含氧量增加，相当于增加了风量，故对冶炼强度有所提高，其数值为：当 $1m^3$ 风中加湿 10g，而干风量相应减少 1.25%，即鼓风总体积不变时，冶炼强度提高：

$$\frac{0.29 \times 0.0125}{0.21} = 1.7\%$$

当 $1m^3$ 风中加湿 10g，而干风量不减少，即鼓风总体积增加 1.25% 时，冶炼强度增加：

$$\frac{0.5 \times 0.0125}{0.21} = 2.95\%$$

此时若焦比不变，高炉产量可增加约 3%。此外，加湿鼓风后通常炉况更为顺行，可接受更大风量；同时在有热量补偿下，多数情况下焦比是降低的，因此也可增产。

### 7.7.1.3　对焦比的影响

在加湿时进行热补偿，风温相应提高，而湿分在风口前分解生成 $H_2$，$H_2$ 约有 1/3 参加还原又放出热量，故有利于降低焦比。同时，$H_2$ 浓度增加有利于加速矿石还原，降低直接还原度（正常情况下，直接还原度可降低 2% ~ 5%）。加之产量增加和焦比降低，能使单位生铁热损失减少，提高热效率。凡此种种，都有利于节焦。但是若无热补偿时，通常加湿鼓风会导致焦比升高。

### 7.7.1.4　对顺行影响

由于水分分解吸热，从而降低燃烧焦点温度，使炉缸温度趋于均匀，有利于顺行。

如果以水代替蒸汽加湿鼓风，则可以节约蒸汽能耗。日本加水实验结果表明，当喷水量为 $10g/m^3$ 时，热风炉效率提高 0.7%，节省能量 $11.7 \times 10^3 kJ/t_{铁}$，相当于节约焦炭 0.4kg。

喷水位置对降耗节能也有影响。在进入热风炉前喷水比加蒸汽节能 $36 \times 10^3 kJ/t_{铁}$；而喷水位置改在热风炉后，则能耗反而增加 $78.7 \times 10^3 kJ/t_{铁}$（见表 7 - 14）。

表 7 - 14　日本喷水和喷蒸汽的节能效果　　　　　　　　　（kcal/$t_{铁}$）

| 项　目 | 蒸　汽 | 加　水　位　置 | |
| --- | --- | --- | --- |
| | | 热风炉前 | 热风炉后 |
| 热风显热 | 476 | 476 | 476 |
| 热风单耗 | 468.3 | 476.8 | 504.2 |
| 蒸汽耗热 | 17.1 | 0 | 0 |
| 综合节能 | 基准 | -8.6 | +18.8 |

注：表中数据应乘以 4.1868kJ（1kcal = 4.1868kJ）。

## 7.7.2　脱湿鼓风

脱湿鼓风与加湿鼓风正好相反，它是将鼓风中湿分脱除到较低水平，以增加干风温度，从而稳定风中湿度、提高 $t_{理}$ 和增加喷吹量。

1904 年，美国就在高炉上进行过脱湿鼓风试验，湿风含水由 $26g/m^3$ 降到 $6g/m^3$，风温由 382℃ 提高到 465℃，高炉产量增加 25%，焦比下降 20%。但因脱湿设备庞大，成本高，一度未得到发展。70 年代以来，由于焦炭价格暴涨，脱湿设备已臻完善，脱湿鼓风才又被一些企业使用。

日本四面临海，大气湿度高，所以脱湿鼓风作用明显，因而得到采用。日本某高炉（1680m³）使用 5 台氯化锂液脱湿设备，将鼓风中湿度脱除到 5 ~ 6g/m³。结果高炉焦比降低 10% ~ 15%，增产 10%。每脱湿 8.1g/m³，可降低焦炭 18kg（包括多喷油置换的 10kg 焦炭在内）。一般脱湿稳定在 5g/m³ 左右，夏天 6 ~ 10g/m³，经 3 ~ 4 个月可收回投资，同时可以减少湿分波动，稳定炉况，降低铁水硅含量。

目前，脱湿鼓风设备有干式、湿式、热交换器式和冷冻式四种：

（1）氯化锂干式脱湿。采用结晶 LiCl 石棉纸，过滤鼓风空气中的水分，吸附水分后生成 LiCl·2H₂O，然后再将滤纸加热至 140℃ 以上，使 LiCl·2H₂O 分解脱水，LiCl 则再生循环使用。

（2）氯化锂湿法脱湿鼓风。采用浓度为 40% 的 LiCl 水溶液，吸收经冷却的水分，LiCl 溶液则被稀释，然后再送到再生塔，通蒸汽加热 LiCl 的稀释液，使之脱水再生以供使用。此法平均脱湿量可以达到 5g/m³。

（3）冷冻和热交换法。冷冻法是随着深冷技术的发展而采用的一种方法。其原理是用大型螺杆式泵把冷媒（氨或氟利昂）压缩液化，然后在冷却器管道内气化膨胀，吸收热量，使冷却器表面的温度低于空气的露点温度，高炉鼓风温度降低（夏天可由 32℃ 降到 9℃，冬天可由 16℃ 降到 5℃），饱和水含量减少，湿分即凝结脱除。

宝钢采用冷冻法脱湿装置，在鼓风机吸入侧管道上安设大型冷冻机，作为脱湿主要设置。此法易于安装和调节，主要以节能和增加风量为最大优点。表 7-15 为宝钢脱湿装置的主要参数。

表 7-15 宝钢脱湿装置的主要参数

| 项 目 | | 工 况 | |
| --- | --- | --- | --- |
| | | 夏季平均最高（设计条件） | 年平均 |
| 脱湿前 | 空气量/m³·min⁻¹ | 7900 | 7900 |
| | 温度/℃ | 32 | 16 |
| | 相对湿度/% | 83 | 80 |
| | 含湿量/g·m⁻³ | 32.5 | 12.9 |
| 脱湿后 | 温度/℃ | 8.5 | 2.5 |
| | 含湿量/g·m⁻³ | 9.0 | 6.0 |

## 7.8 其他强化措施

### 7.8.1 低硅生铁冶炼

冶炼低硅生铁是增铁节焦的一项技术措施，炼钢采用低硅铁水，可减少渣量和铁耗，缩短冶炼时间，获得显著经济效益。近 20 年来，国内外高炉冶炼低硅铁，每降低硅 0.1%，可降低焦比 4 ~ 7kg/t。

目前，日本生铁含硅量已降到 0.2% ~ 0.3%，名古屋 3 号高炉（3424m³）在 1985 年

生铁含硅就降到 0.12% 。我国大型高炉在 1978 年生铁含硅为 0.78% ，到 1980 年降至
0.6% 左右。我国大部分高炉生铁含硅，如武钢、杭钢、首钢、马钢等厂一般为 0.3% ~
0.4% 左右，其中，杭钢 1983 年 9 ~ 11 月平均只有 0.21% ~0.22% 。

控制生铁含硅量的方法有：

（1）控制硅源，设法减少从 $SiO_2$ 中挥发的 SiO 量以降低生铁的含硅量，控制渣中
$SiO_2$ 的活度，降低风口前的燃烧温度和提高炉渣的碱度。

（2）控制滴落带高度，由于生铁中的硅量是通过上升的 SiO 气体与滴落带铁水中的碳
作用而还原的，降低滴落带高度可减少铁水中硫与 SiO 接触机会，故有利低硅冶炼。

（3）增加炉缸中的氧化性，促进铁水脱硅反应，有利降低生铁含硅量。

（4）控制好炉渣碱度，尤其是三元碱度 （CaO + MgO）/$SiO_2$。

硅在高炉中的反应：焦炭灰分中和炉渣中的 $SiO_2$ 在高温下气化为 SiO，由于灰分中
$SiO_2$ 的条件优于炉渣，故先气化：

$$SiO_2(灰分,渣中) + C =\!=\!= SiO_气 + CO \qquad\qquad (7-21)$$
$$SiO + [C] =\!=\!= [Si] + CO \qquad\qquad (7-22)$$
$$SiO_2 + 2C =\!=\!= [Si] + 2CO \qquad\qquad (7-23)$$

渣中的 MnO、FeO 等通过下列反应可消耗铁水中的硅，因而降低生铁含硅量：

$$[Si] + 2(MnO) =\!=\!= 2[Mn] + SiO_2 \qquad\qquad (7-24)$$
$$[Si] + 2(FeO) =\!=\!= 2[Fe] + SiO_2 \qquad\qquad (7-25)$$
$$[Si] + 2(CaO) + 2[S] =\!=\!= (SiO_2) + 2(CaS) \qquad\qquad (7-26)$$

通过硅在高炉内的反应可以得出，实际生产中冶炼低硅生铁的具体操作如下：

（1）选择合适的炉渣碱度。国内外冶炼低硅生铁高炉的二元和三元碱度见表 7 - 16。

表 7 - 16　国内外冶炼低硅生铁高炉的二元和三元碱度

| 厂名 \ 成分 | [Si] | $CaO/SiO_2$ | $(CaO + MgO)/SiO_2$ | (MgO) |
|---|---|---|---|---|
| 杭钢 | 0.21 | 1.15 ~ 0.20 | 1.45 ~ 1.60 | 10.4 ~ 14.85 |
| 首钢 | 0.29 | 1.06 | 1.37 | 11.1 |
| 马钢 | 0.4 | 1.09 | 1.42 | 10.76 |
| 唐钢 | 0.29 | 1.04 | 1.51 | 15 ~ 16 |
| 日本水岛 2 号炉 | 0.17 ~ 0.31 | 1.23 | 1.45 | 7.6 |
| 瑞典 SSAB | 0.27 ~ 0.31 | 0.97 | 1.54 | 16.3 |
| 日本福山 3 号炉 | 0.27 | 1.28 | | 7.3 |

（2）依靠良好高温冶金性能的原料降低软熔带和滴落带位置。

（3）采用较大的料批，控制边缘与疏松中心的装料制度。

（4）稳定的炉料成分，改善焦炭质量，加强原料的混匀、过筛与分级是冶炼低硅生
铁的可靠基础。

（5）充分发挥渣中 MgO 的作用，或者从风口喷吹矿粉、轧钢皮等，利用其含有的
FeO 在炉缸脱硅。

### 7.8.2 延长高炉寿命

近年来，大量强化措施和新技术使高炉生产能力提高，与此同时，高炉寿命缩短，因此，延长高炉寿命十分重要。高炉一代寿命多取决于炉身寿命，炉身破损到一定程度就必须大修或改建，即为一代炉龄。

日本 20 世纪 70 年代末期所建高炉，寿命都在 10 年以上。鹿岛 3 号炉龄为 13 年 5 个月，单位炉容一代炉役产铁量突破 7000t。80 年代所建或改建的高炉寿命设计目标都在 15 年。英国、德国等国高炉设计寿命都在 13 年以上。现在世界上寿命最长的高炉已达 20 年以上，一代炉役每 $1m^3$ 炉容产铁量达到 13000t 以上。我国高炉炉龄参差不齐，现在大型高炉设计的一代炉龄一般为 10~15 年，目前寿命最高的炉龄已达 13 年以上，每 $1m^3$ 炉容产铁量近10000t。我国已有不少不中修的高炉炉龄达到 10 年以上。每 $1m^3$ 炉容产铁 9000t 以上。

#### 7.8.2.1 延长高炉寿命的措施

（1）合理地设计高炉，改善耐火材料材质。炭砖导热性较差，设计炉底结构时，应将其放在炉底下部边沿，炉底周围强化冷却有助于形成渣皮，防止炉缸烧穿。目前广泛采用综合炉底（高铝砖在炉底中间，炭砖在炉底边沿）。武钢 4 号高炉采用全炭砖薄炉底达到长寿。近年来有采用炭砖与石墨化炭砖设计的炉底，炉身下部与炉腹采用氮化硅砖与碳化硅砖。20 世纪 90 年代开始试用新开发的高铝炭砖作高炉内衬。

（2）改善冷却方式。当前总的发展趋势是强化冷却，有的高炉曾采用汽化冷却，但效果不够理想，有待研究。首钢、太钢等厂采用软水密闭循环冷却水，使用软化水强制循环冷却，防止结垢损坏冷却壁与冷却板，效果较好。

（3）改进冷却器的材质与结构。使用铁素体球墨铸铁冷却壁或铜冷却板；改变冷却壁间的铁屑填料为碳素耐火材料；也有采用可锻铸铁镶入碳化硅 - 氮化硅砖；改善四个角等部位的冷却；用双层水管；在 Γ 形与鼻形冷却壁的凸缘部位另设水管等。

（4）调节布料与煤气流分布，防止冷却壁损坏，也起到延长炉衬寿命的作用。如日本使用布料分布控制技术，当冷却壁温度升高一定程度时即用细粒炉料压制边沿，发展中心。

（5）采用喷补技术，如喷浆与灌浆技术的应用，可延长寿命几个月至两年。有的高炉在炉喉与炉身上部采用光面冷却壁，可保持炉壁的光滑，免除喷补。

#### 7.8.2.2 炉缸、炉底用钛化物护炉

近年来，我国高炉有采用含钛物料补炉和护炉的，对延长炉底和炉缸寿命有明显效果。这种方法既可在炉底和炉缸侵蚀比较严重时使用，也可供正常生产的大型高炉与强化操作的高炉使用。湘钢、武钢、首钢、本钢等几年来采用钒钛矿护炉均取得明显效果。日本高炉在正常生产时炉渣含 $TiO_2$ 大约在 1.5% 左右。

### 复习思考题

7-1 高炉强化冶炼的途径是什么，强化的内容有哪些？

7-2 冶炼强度和焦比有什么关系，为什么？

# 8 高 炉 操 作

高炉生产的目的是以最少的投入获得最大的产出,实现优质、低耗、高产、长寿、环保的目标,因此要求高炉生产顺行、稳定、均衡、安全。顺行、稳定是优质、低耗、高产、长寿、环保的前提条件,均衡生产是关键,安全生产是保证。

高炉生产是连续的、变化的,炉内进行着连续而复杂的物理化学过程。高炉操作的目的是保证高炉内上升煤气流与下降的炉料充分进行能量及质的交换。只有保持煤气流合理分布、下料稳定顺畅以及炉缸温度稳定、热量充足,高炉才能实现良好的经济技术指标。

高炉生产是个系统工程,高炉冶炼受许多因素的影响,如原燃料物理性能和化学成分的波动、气候条件的变化、高炉设备及外界因素的影响、操作方面的失误等。客观条件的变化或主观操作的失误都会使炉况波动,顺行破坏。高炉操作的任务就是全方位及时掌握引起炉况波动的因素,对炉况进行综合判断,准确地把握操作条件的变动,精心操作,适时并且准确地采取调剂措施,做出正确的处理,保证炉况长期稳定、顺行。

随着社会经济的发展,高炉生产技术工艺面临着可持续发展的各种挑战,特别是要求实现低碳、环保。因此,高炉操作的另一任务就是不断提高技术操作水平和管理水平。

## 8.1 高炉操作的基本制度

高炉操作基本制度包括送风制度、装料制度、造渣制度及热制度四个方面。选择好合理的操作制度是高炉操作的基本任务,它必须依据原料的理化性能、各种冶炼技术特征、设备状况、高炉炉型特点、大气温度和湿度变化及冶炼生铁的品种等加以选择。

各操作制度之间既密切相关,又互为影响。合理的送风制度和装料制度能够实现煤气流合理分布,炉缸工作良好,炉况稳定顺行。而造渣制度和热制度不合理时,也会影响煤气流分布和炉缸工作状态,从而引起炉况不顺。生产过程中常因送风制度和装料制度不当,而引起造渣制度和热制度波动,导致炉况不顺。因此,要灵活运用上部调剂和下部调剂手段来操作高炉。

### 8.1.1 炉缸热制度

炉缸热制度是指高炉炉缸所具有的温度水平,它反映了高炉内高温区热量收入与支出的平衡状态。在生产中一般用高炉铁水(炉渣)的温度或铁水硅含量高低表示炉缸热制度的水平。铁水的温度随冶炼品种、炉渣碱度、高炉容积大小的不同而不同。正常生产铁水温度一般在 1400~1550℃ 之间,炉渣温度一般比铁水温度高 50~100℃,俗称"物理热"。另一个指标是生铁硅含量,生铁中的硅全部是直接还原得来的,炉缸热量越充足,越有利于硅的还原,生铁硅含量就越高,所以生产中常用生铁硅含量的高低表示炉缸温度的高低,俗称"化学热"。一般情况下,当炉渣碱度变化不大时,二者基本是一致的,即化学热愈高,物理热愈高,炉温也愈充沛。以前许多厂还没有直接测量铁水温度的仪器,因此生铁硅含量成为表示热制度的常用指标。现在大多数高炉都有铁水测温仪甚至是连续测温装置，所以铁水温度成为炉缸热制度水平的重要标志。

炉缸热制度好坏不仅指铁水温度水平的高低，还指温度水平是否稳定。炉缸热制度是否合理是反映炉缸工作状态的重要指标之一，稳定、均匀而充沛的热制度是高炉稳定、顺行的基础。

### 8.1.1.1　热制度的选择

在一定的原燃料条件下，合理的热制度要根据高炉的具体特点及冶炼品种来定：

(1) 根据铁种的需要，保证生铁硅含量、硫含量在所规定的范围内。冶炼制钢铁时，[Si]应控制在0.2%～0.5%之间，[S]为0.03%；冶炼铸造铁时，应根据生铁牌号来确定生铁硅含量，如冶炼18号铸造生铁时，可将[Si]控制在1.7%左右。

(2) 根据原燃料条件来选择。原燃料含硫高、物理性能好时，可维持偏高的炉温；原燃料稳定时，可维持偏低的生铁硅含量；在保证顺行的基础上，可维持稍高的炉渣碱度，适当降低生铁硅含量。

(3) 结合高炉设备情况选择热制度，如高炉炉缸侵蚀严重或冶炼过程出现严重故障时，要维持较高的炉温。

(4) 结合技术操作水平与管理水平选择热制度，如原料中和、混匀较好，高炉操作水平较高时，可以将生铁硅含量控制在下限，实现铁水物理温度高的低硅操作。

### 8.1.1.2　影响热制度的主要因素

生产中影响热制度的因素很多，任何影响炉内热量收支的因素都会造成热制度的波动：

(1) 原燃料性质的变化对热制度的影响。矿石质量影响热制度的因素有：矿石品位、粒度、粉末率、还原性。矿石含铁越高，脉石就越少，脉石熔化造渣所消耗的热量也越少，而且渣量减少，炉料的透气性得到改善，有利于还原，可降低焦比，一般矿石品位提高1%，焦比约降2%，产量提高3%；矿石粒度均匀有利于透气性改善和煤气利用率提高，对小高炉来说，矿石粒度为10～40mm，而对大高炉则在15～60mm为宜，小于5mm的粉末越少越好。经验数据表明，小于5mm的粉末每增加10%，燃料消耗增加0.5%；烧结矿中FeO含量每增加1%，焦比升高1.5%；FeO含量每降低1%，燃料消耗可降低1%～1.5%。各种因素对高炉冶炼的影响见表8-1。

表 8-1　各种因素对高炉冶炼的影响

| 项　目 | 变动量 | 燃料比变化 | 项　目 | | 变动量 | 燃料比变化 |
|---|---|---|---|---|---|---|
| 入炉品位 | +1.0% | -1.5% | 风温 | >1150℃ | +100℃ | -8kg/t |
| 烧结矿 FeO | ±1.0% | ±1.5% | | 1050～1150℃ | +100℃ | -10kg/t |
| 烧结矿碱度 | ±0.1% | ±(3.0%～3.5%) | | 950～1050℃ | +100℃ | -15kg/t |
| 熟料率 | +10% | -4%～5% | | 950℃ | +100℃ | -20kg/t |
| 烧结矿粉末(<5mm) | ±10% | ±0.5% | 顶压提高 | | 10kPa | -3%～-5% |
| 矿石金属化率 | +10% | -5%～-6% | 鼓风湿度 | | +1g/m³ | +1kg/t |

| 项　目 | | 变动量 | 燃料比变化 | 项　目 | 变动量 | 燃料比变化 |
|---|---|---|---|---|---|---|
| 焦炭 | $M_{40}$ | ±1% | -5.0kg/t | 富氧 | 1% | -0.5% |
| | $M_{10}$ | -0.2% | -7.0kg/t | 生铁含硅 | +0.1% | +4~5kg/t |
| | 灰分 | +1.0% | +1.0%~+2% | 煤气 $CO_2$ 含量 | +0.5% | -10kg/t |
| | 硫分 | +0.1% | +1.5%~+2% | 渣量 | +100kg/t | +40kg/t |
| | 水分 | +1% | +1.1%~+1.3% | 矿石直接还原度 | +0.1 | +8% |
| 入炉石灰石 | | +100kg | +6%~+7% | 炉顶温度 | +100℃ | +30kg/t |
| 碎铁 | | +100kg | -20~-40kg/t | 焦炭 CRS | +1% | -5%~+11% |
| | | | | 焦炭 CSI | +1% | +2%~+3% |

焦炭质量的影响因素有焦炭灰分、焦炭硫含量和焦炭强度。焦炭灰分增加，固定碳含量就会降低，其发热值也随之降低；另外，灰分增加，渣量也增加，从而使消耗热量增加。生产统计数据表明，灰分增加 1%，焦比上升 2% 左右。一般情况下，焦炭带入炉内的硫量约为总硫量的 70%~80%，焦炭含硫增加 0.1%，焦比升高 1.2%~2.0%。因此，焦炭硫含量及灰分的波动，对高炉热制度都有很大的影响。各种因素变化对燃料比的影响见表 8-2。

表 8-2　各种因素变化对燃料比的影响 　　　　（％）

| 因素 | 含铁品位 | 熟料比 | 焦炭灰分 | 矿石含硫 | 烧结含 FeO | 粒度小于 5mm 比例 | 炉渣 $R_0$ | 焦炭转鼓指数 |
|---|---|---|---|---|---|---|---|---|
| 变量 | +1 | +10 | 1 | 0.1 | 1 | 10 | 0.1 | +1 |
| 燃料比变化 | -1.5 | -5 | 2 | 5 | 1.5 | 1 | 3 | -3.5 |

（2）冶炼参数的变动对热制度的影响。冶炼参数变动引起风温、冶炼强度、湿度、富氧率、炉顶压力、炉顶混合煤气 $CO_2$ 含量以及料柱透气性的变化等。风温是高炉冶炼的主要热源之一，提高风温可以有效地增加热量，降低燃料消耗，改变炉缸热制度；喷吹燃料也是热源和还原剂的来源。喷吹燃料会改变炉缸内煤气流的分布。实践证明，喷吹燃料能促进炉缸中心温度升高，使整个炉缸截面积的温度梯度减少，保证炉缸工作均匀、活跃。风量增减直接影响料速的变化。风量增加，料速加快，煤气在炉内的停留时间缩短，直接还原增加，会造成炉温向凉。装料制度，如批重和料线等对煤气分布、热交换和还原反应产生直接影响。

（3）由设备及其他方面的故障引起的，如冷却设备漏水、原燃料称量误差、装料设备故障等都能使炉缸热制度发生变化。

#### 8.1.1.3　热制度的调整

A　炉温的调整

热制度的调整主要是炉温（铁水温度）的调整，主要的手段有送风风温、送风湿度、喷煤量（或喷油量）、负荷（O/C）等，特殊情况炉温下行幅度大时，才会用减风量来控制炉温的下行。调整炉温的实质是使焦比发生变化，或者增加风口焦炭燃烧强度，提高炉缸热量收入。调整炉温还应考虑到作用时间。各种调炉温手段的作用时间和对调整量对焦比的影响是不一样的，而且会因各个高炉大小、冶炼条件情况而异。表 8 - 3 是国内某 4000m³ 级高炉炉温调剂量及作用结果。

表 8 - 3　国内某 4000m³ 级高炉炉温调剂量及作用结果情况

| 项　目 | 作用时间 | 动作量 | 置换焦比/kg · t⁻¹ |
|---|---|---|---|
| 热风温度 | 1h 后 | 10℃ | 0.8 |
| 鼓风湿度 | 2h 后 | 1g/m³ | 0.8 |
| 喷煤量 | 小时后 | kg/t | 0.8 ~ 0.85 |
| 负荷（O/C） | 一个冶炼周期 | 1 | 1 |

在实际生产中为了避免炉温的大幅度变化，在操作中对各参数调剂量的幅度也是有要求的。调剂幅度主要是依据高炉大小和炉温基础而定，调剂量不能太大。目的是既要炉温达到控制要求，同时还要避免由于调剂不当而产生炉温大的波动。当然炉凉和炉热特殊情况除外。

B　调整方法

提炉温时采用动作量顺序：风温→湿分→煤粉→负荷（O/C）→风量；

降炉温时采用动作量顺序：煤粉→负荷（O/C）→湿分→风温。

C　调整负荷（O/C）

负荷（O/C）调整一般在下列情况下进行：

（1）炉温水平要进行调整（如洗炉时或降低硅时），在风温、湿分和喷煤量调剂范围之外时，就以调整负荷（O/C）来达到调炉温的目的。

（2）停、送煤前后及喷吹量波动大时，为平衡热量稳定炉温就要调整负荷（O/C）。

（3）降低焦比或提高产量时往往要调整负荷（O/C）。

（4）原燃料条件变化大（原料的入炉品位、FeO、焦炭的灰分、水分等）时，要调整负荷（O/C）。

（5）改变铁种：由炼钢铁改为铸造铁或铸造铁改为炼钢铁。

（6）长期休风时，应退负荷。表 8 - 4 为休风时间与减焦负荷的关系。

表 8 - 4　休风时间与减焦负荷的关系

| 休风时间/h | 8 ~ 16 | 24 | 48 | 72 | 120 | >168 |
|---|---|---|---|---|---|---|
| 减负荷/% | 5 ~ 8 | 10 | 10 ~ 15 | 15 ~ 20 | 20 | 25 |

（7）发现冷却器漏水时，应退负荷。

（8）低料线时间长时，应退负荷。半小时低料线要减轻负荷 5% ~ 10%，低料线 1h 要补加焦炭原负荷的 15% ~ 25%，低料线 3m 以上时要适当减风量。

（9）采取强烈发展边沿的装料制度或炉况发生重大变化（主要是炉顶煤气利用率发生大的变化）时，要调整负荷（O/C）。

在进行负荷（O/C）调整时应注意以下几点：

（1）降低负荷（O/C）时，应根据炉况需要，可迅速降低负荷（O/C），只要不造成炉子大热，不对炉前作业造成大的困难，不发生质量问题即可。

（2）在提高负荷（O/C）时，应具备下列条件：

1）炉温充沛，热量调剂手段充分；

2）顺行良好；

3）原燃料条件良好，槽存情况良好。

### 8.1.2 造渣制度

造渣制度是控制造渣过程和终渣性能的制度，控制造渣过程实际上就是控制软熔带，控制终渣性能是为了脱硫和控制生铁含硅等。选择造渣制度就是要根据原燃料条件和铁种要求，从脱硫和顺行出发，控制合适的炉渣成分（主要是炉渣碱度），实现合理的熔化性温度、稳定性、流动性，以满足冶炼的要求。

#### 8.1.2.1 高炉冶炼对选择造渣制度的要求

（1）炉料结构的选择应使初渣形成较晚，软熔的温度区间较窄，熔化温度不能太高也不能太低。希望炉渣熔化温度在 1300 ~ 1400℃，黏度小于 1.0Pa·s 左右，可操作的温度波动范围大于 150℃。要求炉渣能自由流动的温度为 1400 ~ 1500℃，黏度小于 0.25Pa·s，黏度转折点温度大约在 1300 ~ 1250℃。

（2）保证炉渣在一定的温度下有较好的流动性和足够的脱硫能力。在炉温和碱度适宜条件下，硫负荷小于 5kg/t，硫的分配系数为 25 ~ 30；硫负荷大于 5kg/t 时，分配系数为 30 ~ 50。

（3）保证炉渣具有良好的热稳定性和化学稳定性，当炉渣成分或温度发生波动时，能够保持比较稳定的物理性能。希望炉渣从流动到不流动的温度范围比较宽，温度波动为 ±25℃、二元碱度波动为 ±0.5 时，有稳定的流动性和熔化性。

（4）当冶炼不同的铁种时，炉渣要根据铁种的需要促进有益元素的还原，防止有害元素进入生铁。一般要求原燃料含硫低，硫负荷小于 5kg/t。原料难熔、易熔组分低，含 $CaF_2$、$TiO_2$ 越低越好。易挥发的 K、Na 含量低，$K_2O + Na_2O < (2.0 ~ 3.0)kg/t$。含有少量的 MnO、MgO 对造渣有利，$Al_2O_3$ 含量低为好。含铅要小于 0.15%。含锌要小于 0.15kg/t。

#### 8.1.2.2 炉渣碱度

表示炉渣碱度的方法如下：

（1）二元碱度。当渣中 MgO 含量稳定时，碱度用 $CaO/SiO_2$ 表示。

（2）三元碱度。$(CaO + MgO)/SiO_2$。

（3）四元碱度。$(CaO + MgO)/(SiO_2 + Al_2O_3)$。

采用普通矿冶炼时，碱度的表示方法常用二元碱度。

根据冶炼铁种的需要，炉渣碱度应满足以下要求：

（1）冶炼硅铁、铸造铁时，需要促进硅的还原，应选择较低的炉渣碱度冶炼。

（2）当冶炼钢铁时，既要控制硅的还原，又要有较高的铁水温度，宜选择较高的炉渣碱度。

（3）冶炼锰铁时，宜采用高 CaO 炉渣。

生铁品种与炉渣碱度的关系见表 8 - 5。

表 8 – 5　生铁品种与炉渣碱度的关系

| 生铁品种 | 硅铁 | 铸造生铁 | 炼钢生铁 | 低硅铁 | 锰铁 |
|---|---|---|---|---|---|
| 碱度（CaO/SiO$_2$） | 0.6 ~ 0.9 | 0.95 ~ 1.10 | 1.05 ~ 1.20 | 1.10 ~ 1.25 | 1.20 ~ 1.50 |

（4）当矿石含碱金属较高时，为了减少碱金属在炉内循环富集的危害，可选用熔化温度较低的酸性炉渣。

（5）若炉料含硫较高时，需提高炉渣碱度，以利脱硫。

（6）当炉缸堆积或有凝结物时，要适当提高炉温，用 CaF$_2$ 炉渣或 MnO 炉渣洗炉。

（7）适当增加 MgO 含量（MgO 含量以 7% ~ 12% 为宜），确保炉渣流动性和稳定性，对脱硫、排碱及冶炼低硅生铁均有好处。

#### 8.1.2.3　造渣制度的调整

造渣制度调整主要是控制炉渣成分组成，这当中除了构成二元碱度的 CaO、SiO$_2$ 外，还有其他一些对炉渣的熔化性、稳定性、流动性、脱硫能力有重要影响的成分，如 MgO、Al$_2$O$_3$ 等。要保证终渣在此成分下具有良好的各项性能，符合冶炼要求。调整炉渣成分（碱度）主要通过控制入炉原料配比、熔剂加入量，并和控制铁水硅含量结合起来实现。在生产操作当中应注意以下几个问题：

（1）造渣制度与生铁硫含量的关系。在保证生铁质量前提下，尽可能把炉渣碱度调整到规定范围的下限。以往多注意单向调整，即硫高提碱度。较好的操作应是双向调整，即硫高提碱度、硫低降碱度。

（2）较大幅度调整炉渣碱度时，必须充分估计炉温状况是否许可。碱度已降、炉温未升，可能影响生铁质量；碱度已升、炉温不足或不稳，将影响顺行。所以较稳妥的做法是将炉温置于合适水平，再调整炉渣碱度。

（3）炉渣碱度控制过高，不仅是个浪费，而且是导致炉况失常的一个隐患。生产实践表明，确保铁水硫含量合格的首要措施在于维持稳定的炉温。这在冶炼低硅生铁时尤其重要。国外许多先进高炉渣量很少，铁水温度高而稳定。在这种条件下，为强化炉渣对生铁成分［Si］和［S］的控制作用，采用高碱度渣（1.20 ~ 1.25）操作。

### 8.1.3　送风制度

送风制度是指在一定的冶炼条件下，通过确定合适的鼓风参数和风口参数，以达到煤气流合理的分布，使炉缸工作均匀、活跃，炉况稳定、顺行。送风制度的中心环节在于选择风口面积，以获得基本合适的风口风速和鼓风动能。风量、风温的调剂主要在于控制料速和炉温，对风速和鼓风动能的调剂只起辅助作用。送风制度的稳定是煤气流稳定的前提，是炉温稳定和顺行的必要条件。

送风制度包括风量、风温、鼓风湿度、风口喷吹、富氧情况及风口面积和长度等。送风制度是高炉下部调剂的主要内容。

#### 8.1.3.1　送风制度检验指标

送风制度检验指标如下：

（1）风口进风参数即风速和鼓风动能，其中风速分为标准风速和实际风速。

（2）风口前燃料燃烧产生的热煤气参数，主要是理论燃烧温度。

（3）风口前回旋区的深度和截面积。

（4）风口圆周工作的均匀程度。

送风制度检验指标的确定：

（1）风速的计算。标准态风速如下：

$$v_{标} = \frac{Q}{n \frac{\pi d^2}{4}} \tag{8-1}$$

式中　$Q$——风量，$m^3/s$；

　　　$n$——风口数，个；

　　　$d$——风口直径，m。

实际风速（m/s）是高炉生产实际情况下（$T_风$、$p_风$）的鼓风通过风口时所达到的风速：

$$v_{实} = \frac{v_{标} \times (273 + T_{热风}) \times 101.325}{(101.325 + p_{热风}) \times (273 + T_{冷风})} \tag{8-2}$$

式中　$T_{热风}$，$p_{热风}$，$T_{冷风}$——分别为热风温度、热风压力、冷风温度。

高炉有效容积与标准风速的关系见表8-6。

表8-6　高炉有效容积与标准风速的关系

| 有效容积/$m^3$ | 100 | 255~300 | 700 | 1000 | 2000 | 3000 | 4000 |
|---|---|---|---|---|---|---|---|
| $v_{标}/m^3 \cdot s^{-1}$ | >80 | >100 | >120 | >140 | >180 | >200 | >220 |

（2）鼓风动能。高炉有效容积与鼓风动能的关系见表8-7。

表8-7　高炉有效容积与鼓风动能的关系

| 有效炉容/$m^3$ | 100 | 300 | 600 | 1000 | 1500 | 2000 | 2500 | 3000 | 4000 |
|---|---|---|---|---|---|---|---|---|---|
| 炉缸直径/m | 2.9 | 4.7 | 6.0 | 7.2 | 8.6 | 9.8 | 11.0 | 11.8 | 13.5 |
| 鼓风动能/$kJ \cdot s^{-1}$ | 15~30 | 25~40 | 35~50 | 40~60 | 50~70 | 60~80 | 70~100 | 90~110 | 110~140 |
| 风速/$m \cdot s^{-1}$ | 90~120 | 100~150 | 100~180 | 100~200 | 120~200 | 150~220 | 160~250 | 200~250 | 200~280 |

冶炼强度升高，鼓风动能降低，原燃料质量好的高炉风速和鼓风动能较高。喷煤量提高，鼓风动能低一些。但也有相反情况。富氧后，风速和鼓风动能均要提高，冶炼铸造铁的风速和鼓风动能比炼钢铁低。长风口比短风口风速和鼓风动能均低一些。风口数目多，鼓风动能低，但风速高。矮胖多风口高炉，风速和鼓风动能均要提高。随高炉炉容的扩大（生产中后期），风速和鼓风动能均要增加。一般情况下，风口面积不宜经常变动。

判断鼓风动能合适的直接表象见表8-8。

表 8 - 8　判断鼓风动能合适的直接表象

| 内　容 | | 鼓风动能正常 | 鼓风动能过大 | 鼓风动能过小 |
|---|---|---|---|---|
| 仪表 | 风压 | 稳定, 并在一定范围内出现小的波动 | 波动大而有规律, 出铁、出渣前显著升高, 出铁后降低 | 曲线呆板, 风压升高时容易悬料、崩料 |
| | 风量 | 稳定, 在小范围内发生波动 | 波动大, 随风压升高, 风量减少; 风压降低, 风量增加 | 曲线呆板, 风压升高, 崩料后风量下降很多 |
| | 料尺 | 小料均匀、整齐 | 不均匀, 出铁前料慢, 出铁后料快 | 不均匀, 有时出现滑料与过满现象 |
| | 炉顶温度 | 带宽正常, 相互交错, 波动小 | 带窄, 波动大, 料快时温度低, 料慢时温度高 | 带宽, 四个方向有分叉 |
| 风口情况 | | 各风口工作均匀、活跃, 风口破损少 | 风口活跃, 但显凉, 严重时风口破损较多, 且多坏风口内侧下端 | 风口明亮, 但不均匀, 有升降; 炉况不顺时, 风口自动灌渣, 破损多 |
| 炉渣 | | 炉温充足, 流动性好, 上下渣均匀, 上渣带铁少, 渣口破损少 | 渣温不均匀, 上渣带铁多, 易喷花, 上渣难放, 渣口破损较多 | 炉渣不均匀, 上渣热, 而变化大, 有时带铁多, 渣口易坏 |
| 生铁 | | 物理热足, 炼钢生铁常是灰口, 有石墨炭析出 | 物理热稍低, 炼钢生铁白口多, 而硫低, 石墨少 | 铁水暗红, 炼钢生铁为白口, 硫高, 几乎没有石墨 |

　　(3) 风口前理论燃烧温度。焦炭和喷吹物在风口前燃烧时, 所能达到的最高绝对温度, 即假定风口前燃料燃烧放出的热量全部用来加热燃烧产物时所能达到的最高温度, 称为风口前理论燃烧温度, 也称燃烧带火焰温度。理论燃烧温度是风口前燃烧带热状态的主要标志。它的高低不仅决定炉缸的热状态和煤气温度, 而且也对炉料传热、还原、造渣、脱硫以及铁水温度、化学成分等产生重大影响。在喷吹燃料的情况下, 理论燃烧温度低于界限值后, 还会使燃烧的置换比下降, 燃烧消耗升高, 甚至使炉况恶化。所以, 风口前理论燃烧温度是送风制度的一个重要指标。理论燃烧温度可通过计算, 也可用经验公式求得。下面介绍首钢高炉的经验公式供参考。

　　首钢高炉的 $t_{理}$ 计算公式:

$$t_{理} = 1536 + 0.7938t + 40.3O_2 - 2.0W_{煤} \qquad (8-3)$$

式中　$t_{理}$——风口前理论燃烧温度, ℃;

　　　　$t$——热风温度, ℃;

　　　　$O_2$——富氧率, %;

　　　　$W_{煤}$——喷煤量, kg/t。

　　(4) 合适的风口回旋区深度。具有一定速度和动能的鼓风, 在风口前吹动着焦炭回旋运动, 形成一个疏松且近似椭圆形的区间, 这个区间就称为回旋区。回旋区形状和大小反映了风口的进风状态, 它直接影响气流和温度的分布, 以及炉缸的均匀、活跃程度。回旋区深度受风速和鼓风动能的影响而变化, 鼓风动能增加, 回旋区深度也增加, 边缘煤气流减少, 中心气流增强。回旋区深度要适宜, 过大或过小将造成中心或边缘气流发展。炉缸直径越大, 回旋区应该越深, 煤气流越向中心扩展, 使中心温度充沛, 控制焦炭堆积数量，维持良好的透气性和透液性。目前测定回旋深度的方法：一是燃烧带气体成分分析法，通常用炉缸煤气中 $CO_2$ 浓度减少至 1%~2% 的位置为燃烧带边缘，来表示回旋区深度；二是实测法，即用铁棒从风口插入，直接测量疏松的回旋区深度。回旋区以风口数目多些，风口循环区面积大一些为宜，这样有利于炉缸工作均匀与炉况顺行。循环区深一些，有利于活跃炉缸中心，也有利于改善生产和煤气利用。

（5）风口圆周工作均匀程度。炉缸工作良好，不仅要求煤气流径向分布合理，还要求圆周气流分布均匀。长时间圆周工作不均匀会使炉衬遭到侵蚀，使正常的工作炉型遭到破坏。这种圆周工作的不均匀必然导致上部矿石预还原程度不均匀，从而破坏炉缸的均匀与稳定。因此要求各风口进风量、风口直径、长度和斜度等参数应基本一致。

### 8.1.3.2 风口参数的选择

风口的面积和长度对进风状态起着决定作用。生产实践表明，在一定冶炼强度下，必须有合理的风速与鼓风动能相对应，其标准是能使初始煤气流达到合理的分布，炉缸活跃、均匀，炉温稳定、充沛，保证炉料正常下降，使炉况顺行。影响鼓风动能的因素有风量、风温等鼓风参数和风口截面积等送风参数。在高冶炼强度下，由于风量、风温必须保持最高水平，通常采用改变风口进风面积的方法来调剂鼓风动能，有时也采用改变风口长度的办法来调节边沿与中心气流。

确定风口面积的依据有以下方面：

（1）如果原燃料强度提高、粒度均匀、粉末和渣量少时，炉料的透气性改善，则有可能接收较高的鼓风动能和压差操作，否则相反。

（2）喷吹燃料使煤气体积增大，促使高炉边缘气流发展，应随煤比增加适当缩小风口面积等。

（3）高炉失常时，由于长期慢风操作而造成炉缸堆积，炉缸工作状态出现异常。为了尽快消除失常，发展中心气流，活跃炉缸，应采取缩小风口面积或堵死部分风口的措施。在生产当中如果不是影响高炉长期不顺的原因，一般不轻易调整风口参数。相反，调整风口参数过频，效果不见得好。

（4）炉缸直径、风口数目都是确定风口进风面积的依据。当高炉为低冶炼强度生产和炉墙侵蚀严重时，可采用长风口操作，这相当于缩小了炉缸工作截面积，易使循环区向炉缸中心移动，有利于吹透中心和保护炉墙。风口长度一般为 380~550mm，大型高炉控制在上限或者更长，如宝钢高炉的风口长度达到 700mm 左右。300m³ 高炉风口长度多在 240~260mm 之间。一般高炉的风口向下倾斜角度为 5°~11°，小型高炉的向下倾斜角度可以稍大一些。生产实践表明，风口向下倾斜可使煤气直接冲向渣铁层，缩短风口和渣铁间的距离，有利于提高渣铁温度，而且有助于消除炉缸堆积和提高炉渣的脱硫能力。

### 8.1.3.3 日常操作（鼓风参数）调整

#### A 风量

在正常生产时，要尽量实现全风量操作，因为风量是稳定送风制度的最大影响因素，对维持煤气流分布合理，活跃炉缸起着重要的作用。

风量对高炉冶炼的下料速度、煤气流分布、造渣制度和热制度都将产生影响。一般情况下，风量与下料速度、冶炼强度和生铁产量成正比关系，但只有在燃料比降低或维持燃料比不变的条件下，上述关系才成立，否则适得其反。

风量在高炉操作中有以下调节作用：

（1）控制料速，达到预期的冶炼强度，实现料速均衡不变；

（2）稳定气流，炉况不顺初期，减少风量是降低压差、消除管道、防止难行、崩料和悬料的有效手段；

（3）在炉凉时，采取减风措施来控制下料速度，能使炉温稳定回升。

风量必须要与料柱透气性相适应，建立最低燃料比的综合冶炼强度为 $1.0 \sim 1.1 t/(m^3 \cdot d)$ 的概念，现在有些高炉研究工作者提出用炉腹煤气量指数来代替冶炼强度，也就是说最大风量的选择以炉腹煤气量指数来衡量，正常范围是 $58 \sim 66 m/s$，上限不超过 $70 m/s$。炉腹煤气量指数的物理意义是炉缸煤气通过炉缸直径的空塔流速。把它控制在一定的合理范围，目的是保持与料柱透气性相适应，改善煤气利用。使用风量过小时，由于燃烧的焦炭量和产生的煤气量过少，也不利于煤气的合理分布利用，不利于提高炉温；而风量过大，则会出现管道行程，破坏顺行，煤气利用变差，同样炉温会降低，导致燃料比升高。因此对于一座高炉来讲，为了维持高炉的顺行和基本的热平衡，风量控制要有个范围。特别是对于矮胖型高炉，在生产中对于风量均有下限要求，需要长时间减风时，下限一般为正常风量的 $65\% \sim 75\%$，为的是避免煤气流失常和炉温下降。

冶炼每吨生铁消耗风量值（不富氧）：

| 燃料比/kg·t$^{-1}$ | 540 | 530 | 520 | 510 | 500 |
|---|---|---|---|---|---|
| 消耗风量/m$^3$·t$^{-1}$ | ≤1310 | ≤1270 | ≤1240 | ≤1210 | ≤1180 |

高炉操作中风量使用的原则和要求：

（1）固定风量操作。稳定操作制度，三个班的要求要统一，实行固定风量操作要求各班装料批数小于 ±2 批料。风量波动不大于正常风量的 3%。进行脱湿鼓风可使一年四季送风量均衡。

（2）调整风量的方法。由于风量变化直接影响炉缸煤气体积，因此正常生产时每次加风不能过猛，否则将破坏顺行。每次调剂风量要在总风量的 3% 左右，两次加风之间要时间大于 20min，加风量每次不能超过原风量的 10%。减风时，减风要一次到位。在未出渣铁前，减风时应密切注意风口状况，避免风口灌渣。

（3）调整风量的依据。在生产中为了保证炉况顺行，煤气流分布正常，一般根据以下几方面因素来调整风量：

1）以透气性指数（或透气性阻力指数）为依据进行风量调整。指数超出正常范围时均应减风控制。

2）以炉温状况为依据进行风量调整。一般炉热不减风。炉凉时要先提风温，提高鼓风温度，增加喷煤量；不能制止炉凉时，可适度减风（5% ~ 10%），使料速达到正常水平。

3）低料线大于半小时要减风，不允许长期低料线作业。

4）休风后复风一般用全风的 70% 左右（风压、压差不允许高于正常水平），待热风压力平稳或有下降趋势时才允许再加风，加风后的热风压力和压差不允许高于正常水平。

5）煤气流失常时，应以下部调剂为主，上部调剂为辅。

（4）加风的条件。

1）高炉未达到规定风量时，有进一步提高冶炼强度的需要及可能时。

2）顺行必须良好：下料顺畅，料速基本均匀，风压平稳，透气性指数在正常范围之内（或以压差作依据）且平稳，静压力曲线正常。

3）炉温充沛，控制水平在规定中上限，且调剂手段有余地。

4）渣铁出尽，而且以后的出铁、出渣作业预计能正常进行。

5）外围条件要好，保证高炉正常生产和加风之后的物料平衡。加风时机的选择，一般选择在下述时刻为好：

① 渣铁出尽时。

② 热风炉刚换完炉后约 10min。

③ 不要在提风温、降低湿度等之后立即加风。

上述三点最好同时具备，则加风易于接受。

（5）减风条件。

1）下料速度显著超过规定时。

2）低料线超过 30min 以上时。

3）炉温向凉，风温、喷煤手段已用尽时。

4）炉况失常（管道行程、偏料行程、崩料频繁或有悬料趋势时）。

5）风压（全压差）超出正常水平时。

6）渣铁连续出不尽时。

（6）减风后的恢复原则。

1）因炉况不佳而减风（如粉末多，有管道行程、连续崩滑料等）情况下，复风要谨慎。要看下料顺畅，透气性指数平稳（压差稳定、风压稳定），外部条件良好，炉温足才可稳步加风，要注意加风速度，每次加风都要以无崩料、滑料为基础条件，加风后要随机调热量。

2）因炉温不足（或高 ［Si］）而减风的复风，必须要在炉温确已回升（或 ［Si］ 已控制不再下降），只要顺行条件许可就可加风，加风速度可视炉温控制情况而定。

3）出铁（渣）不净而减风的恢复，只要渣铁出净就可加风，加风速度可适当快些。

4）料仓仓存低下（包括矿石、焦炭等）而减风，只要仓存上升即可考虑复风。

5）设备事故或故障减风后的加风，这类减风都是视对生产影响程度而减的，所以加风必须视设备恢复情况和对生产的影响程度大小而定。

B 风温

提高风温是强化高炉冶炼的主要措施。提高风温能增加炉缸高温热量的收入，也就同时增加了鼓风动能，提高了炉缸温度，活跃了炉缸，促进了煤气流初始分布合理，改善了喷吹燃料的效果。因此，在高炉生产中，要采用高风温操作，充分发挥热风炉的能力及高风温对炉况的有利作用。

风温调节的原则：

（1）经济性原则。只要条件许可，风温应稳定在最高水平，喷吹燃料的高炉尤为重要。

（2）顺行原则。提高风温的速度要平稳，每次可提高 20~40℃；在风温水平不高时，每小时可提高风温 2~3 次，降风温可一次到位。

由于提高风温会导致炉缸温度升高，上升煤气的上浮力增加而不利于顺行，在调剂时应注意以下几点：

（1）因炉热而需要减风温时，幅度要大一些，一步到位将风温减到高炉需要的水平；炉温向凉时，提风温幅度不宜过大，可分几次将风温提高到需要的水平，每次可提 20~40℃，以防煤气体积迅速膨胀而破坏顺行。

（2）在喷吹燃料情况下，一般不使用风温调节炉况，而是将风温固定在较高水平上，用煤粉来调节炉温。这样可最大限度地发挥高风温的作用，维持合理的风口前理论燃烧温度。

（3）风温对焦比的影响。风温愈低，提高风温时降低焦比的效果愈显著；反之，风温逐渐提高，降低焦比的效果逐步减小。风温在 1000℃ 左右时，增减 100℃ 风温，影响焦比为 17kg。

C　风压

风压直接反映炉内煤气量与料柱透气性的适应情况，它的波动是冶炼过程的综合反映，也是判断炉况的重要依据。目前，高炉普遍装备有透气性指数仪表，对炉况变化反应灵敏，有利于操作者判断炉况。

D　鼓风湿度

全焦冶炼的高炉采用加湿鼓风最有利，它能控制适宜的理论燃烧温度，使风温固定在最高水平。加湿鼓风对炉温的影响为，每 $1m^3$ 鼓风中每增加 1g 湿分，相当于降低约 9℃ 风温，但水分分解出的氢在炉内参加还原反应，又放出相当于 3℃ 风温的热量，所以一般考虑增加 1g 湿分需要补偿相当于 6℃ 风温的热量，故加湿鼓风可以迅速改变炉缸热制度，从而迅速纠正炉温的变化。加湿鼓风对料速有影响，湿分在风口前分解出来的氧与焦炭燃烧，相当于增加鼓风中氧的浓度。1kg 湿分相当于 $2.693m^3$ 的干风量，即 $1m^3$ 干风量加 10g 湿分，约相当于增加风量 3%。因此，湿分又起到调节风量的作用。增加湿分，料速加快；减少湿分，料速减慢。

加湿鼓风对高炉顺行的影响是：鼓风水分在炉缸内分解，使风口回旋区温度有所降低，这样有利于消除由于高风温或炉热引起的热悬料或难行现象；由于加湿鼓风，煤气中含氢量增加，提高了间接还原率，使炉缸中心热能消耗减少。同时，加湿鼓风后，可采用高风温操作，使炉缸中心热量收入增加，所以炉缸中心温度升高，促使炉缸热量充沛，温度分布趋于均匀，有利于炉况顺行、稳定。

如前所述，加湿鼓风需要热补偿，对降低焦比不利。因此，喷吹燃料的高炉基本上不采用加湿鼓风。近几年来，有些大气湿度变化较大的地区，采用了脱湿鼓风技术，对稳定炉况和降低焦比取得了良好效果。宝钢大喷煤以后，为了稳定喷煤量及提高煤粉燃烧率，也采用了脱湿鼓风。无喷煤的高炉采用加湿鼓风可使用高风温炼铁，有利于增铁节焦。

加湿分会增加炉腹煤气量，在大喷吹量时，炉腹煤气量已很大，因此调湿分时，要注意控制炉腹煤气量，不要超过管理的上限值。

E　喷吹燃料

喷吹燃料不仅在热能和化学能方面可以取代焦炭，而且也增加了一个下部调节手段。

喷吹燃料的高炉应固定风温操作，用煤量来调节炉温。调节幅度一般为 $0.5 \sim 1.0\text{t/h}$，最高不超过 $2\text{t/h}$。炉温热行时，减少喷煤量；炉温向凉时，增加喷煤量。增加喷吹量时，分解吸热增加，初期使炉缸温度降低，直至因煤气量和还原气体浓度（尤其是 $H_2$ 浓度）改变而改善矿石的加热和还原后，才开始提高炉缸温度，经过的时间称为"热滞后时间"。所以，用煤量调节炉温没有用风温或湿分来得快。热滞后时间大约为冶炼周期的 70%（约为 $3 \sim 4\text{h}$），煤的挥发分越高，热滞后时间越长。因此，必须准确判断热滞后时间，注意炉温的发展趋势，根据热滞后时间，尽早调整喷吹量。调整喷吹量的幅度不宜过大，以免影响气流分布和炉缸工作状态发生剧烈变化。当喷吹设备临时发生故障时，必须根据热滞后时间，准确地进行变料，以防炉温波动。

**F 富氧鼓风**

空气中的氧气含量在标准状态下为 21%。采用不同方法，提高鼓风中的氧含量就称为富氧鼓风。富氧鼓风减少煤气氮含量，使单位生铁煤气生成量减少，因此富氧鼓风可以提高风口前理论燃烧温度。富氧要与提高喷煤比相结合，有利于提高炉缸温度和冶炼强度及增加喷煤量，同时也增加了一个下部调节手段。富氧后不仅能提高冶炼强度，而且能增加产量。理论上每提高鼓风含氧 1%，可增产 4.76%。实际上因受其他条件的影响，增产率难以达到该值。

应注意的是，富氧鼓风只有在炉况顺行的情况下才宜进行。一般情况，在炉况顺行不好，如发生悬料、塌料等情况及炉内压差高，不接受风量时，首先减少氧量，并相应减少喷煤量。同样低压或休风时，首先停氧，然后停煤。在料速过快而引起炉凉时，首先要减少氧量。

富氧鼓风在生产操作中会因量的大小对送风制度产生影响，主要体现为对理论燃烧温度和鼓风动能、风口回旋区的影响。在风量不变条件下，随着富氧率的增加，中心气流趋于发展，边缘气流则相对减少。如果保持冶炼强度不变，加富氧后风量减少，煤气体积会减小，这样鼓风动能会降低。所以，富氧对鼓风动能的作用应看情况而定。

## 8.1.4 装料制度

装料制度是高炉上部调剂的基本手段。高炉上部气流分布调节是通过变更装料制度，即装入顺序、装入方法、旋转溜槽倾角、料线和批重等手段。调整炉料在炉喉的分布状态目的是要达到炉喉径向矿焦比负荷（O/C）的分布。装料制度优化可使炉内煤气分布合理，改善矿石与煤气接触条件，减少煤气对炉料下降的阻力，避免高炉憋风、悬料，实现炉况稳定、顺行。提高煤气利用率和矿石的间接还原度，可降低焦比。炉料装入炉内的设备有钟式装料设备和无钟装料设备。装料制度包括装料（布料）方式、矿批大小、料线高低等。

### 8.1.4.1 装入顺序

**A 钟式炉顶布料方式及规律**

焦炭和矿石入炉的先后次序称为装料顺序。先矿后焦的装入顺序称为正装，先焦后矿的装入顺序称为倒装。一般规律是正装用于压制边沿气流并有提高炉温的作用。当炉温急剧转热时不可改正装，以免悬料，一般是逐渐增加正装比例。倒装主要用于疏松边沿气流，促进炉况顺行，但有降低炉温的作用，所以在炉凉时不宜采用。一定采用时要考虑减轻焦炭负荷，按加重边缘的作用，由重到轻的装料顺序（钟式炉顶），见表 8 - 9。

表 8 - 9　钟式炉顶的装料顺序

| 加重等级 | 装入名称 | 装入顺序 | 装入方法 |
|---|---|---|---|
| 1 | 正同装 | OOCC↓ | $mA + nB$ |
| 2 | 正分装 | OO↓CC↓ | |
| 3 | 混同装 | COOC↓OCOC↓COCO↓OCCO↓ | A 表示：OOCC↓OCOC↓OOOO↓ |
| 4 | 倒分装 | CC↓OO↓ | B 表示：CCOO↓COCO↓COOC↓ |
| 5 | 倒同装 | CCOO↓ | |
| 6 | 双装 | CCCC↓OOOO↓ | CCCC↓ |

注：O——一车矿；C——一车焦炭；OO—两车矿；CC—两车焦炭。

（1）装料制度包括：装料顺序、炉料批重、布料方式、料线等。

（2）双钟炉顶设备装料方式。1）正同装 OOCC↓；2）正分装 OO↓CC↓；3）半倒装 COOC↓；4）倒分装 CC↓OO↓；5）倒同装 CCOO↓。

（3）大钟倾角一般为 50° ~ 53°，大钟行程一般为 400 ~ 600mm。

（4）加重边缘装料的影响：由重到轻，正同装→正分装→混同装→半倒装→倒分装→倒同装。

高炉均采用综合装入炉料，使煤气流合理分布。表 8 - 9 中，A、B 分别代表不同的装入顺序，$m$、$n$ 则分别代表批数，加重边缘的程度取决于 $m/(m+n)$ 的比值，比值增大则加重边缘，反之则疏松边缘。随着正装比例的增加，煤气利用得到改善，综合煤气 $CO_2$ 含量会进一步提高。

装料顺序能调节布料是由于矿石、焦炭在炉内堆角不同。如果所有炉料堆角一样，装料顺序将不起作用。高炉操作者必须掌握自己所用炉料在炉内的堆角及其变化（一般在开炉装料时亲自到炉内测定），否则会出现反常情况，因为同一种炉料粒度和含粉末多少会影响堆角的变化（见第 5 章）。

　B　无钟炉顶布料方式及规律

无钟炉顶克服了钟式炉顶的缺点，使炉料在炉喉分布更加合理，操作更加灵活。无钟炉顶的布料形式有定点布料、环形布料、扇形布料和螺旋布料等。目前，国内外广泛采用无钟炉顶布料。

（1）定点布料。定点布料方式是手动进行，可任意角度进行布料，其作用是堵塞煤气管道行程。

（2）环形布料。环形布料因为能自由选择溜槽倾角，所以可在炉喉任一部位做单、双、多环形布料。随着溜槽倾角的改变，可将焦炭和矿石布在距离中心不同的部位上，从而实现调整边缘或中心煤气分布。

（3）扇形布料。扇形布料为手动操作。因溜槽可以任意半径和角度向左右旋转（最小角度可达 13°），当产生偏料或局部崩料时，采用此种布料形式。

（4）螺旋布料。螺旋布料自动进行，它是无料钟最基本的布料方式。螺旋布料时，溜槽在作匀速的回转运动，同时作径向运动而形成变径螺旋形炉料分布。其径向运动是布料溜槽由外向里改变倾角而获得的，摆动速度由慢变快。这种布料方法能把炉料布到炉喉截面任一部位。根据生产要求不仅可以调整料层厚度，而且能获得较为平坦的料面，使煤气流分布合理。

a  无钟炉顶布料方式及规律

无钟炉顶布料顺序一般为 C↓O↓ 或 O↓C↓。合理布料方式的确定包含以下几方面内容：布料挡位数的确定；布料角度的确定；布料圈数的确定。

布料挡位的确定通常的方法是把炉喉截面分成若干等分，每一等分对应一挡，从外到内依次称为第 1 挡，第 2 挡，……。一般大高炉分为 8~11 等分，中小型高炉分为 5~8 等分。对于中小高炉现在有些学者提出用实际料流宽度来划分布料挡位。其理由是实际料流宽度大于采用等面积划分法中的圆环面积的宽度，炉料在中间挡位产生重叠，料层厚度增大。而按这种方法划分挡位可以避免这一点，同时和实际操作中使用的挡位也接近。按照这种理论中小高炉一般划分为 3~5 挡。

布料角度的确定一般采取理论计算和开炉实际测量料流轨迹两者结合起来的办法。具体做法是通过输入各种参数，用料流方程计算出等分圆环中心在不同设定料线下所对应的溜槽角度，结果是一组不同料线下的布料角度。按照这些角度布料理论上料流应布到对应的炉喉截面（圆环）上面。但是理论上料流的落点往往和实际计算的结果有较大的出入，所以在开炉前要对一定角度下的料流轨迹进行实测，具体测定方法有多种，有人工测量法、摄影摄像法、激光测距技术结合三角函数法等。经过实测角度的数据和理论计算的数据进行比较，然后对计算参数进行校核，最终确定挡位所对应的布料角度。

根据理论计算及实测，同一角度焦炭落点比矿更偏向炉中心，所以布料到同一落点中矿和焦的 $\alpha$ 角有一定差距，具体值要经过计算及实测。许多高炉采取 $\alpha_0 = \alpha_c + (2° \sim 4°)$。

布料圈数的确定：一般大型高炉选择 14~16 圈，中小型高炉选择 8~12 圈。布料圈数太小，调整一圈对炉况的影响大；圈数太多，则延长了布料时间，影响下料速度。相邻两挡的圈数不能相差太多，一般不超过 3 倍。

在布料过程中，通过控制料流阀开度来实现布料圈数的准确性。而料流阀的开度和料流量（矿、焦）的关系是开炉时通过对设定料流阀开度和实际的布料时间、布料圈数的测定，得出若干组数据，并进行回归得出矿石、焦炭料流量（排料速度）和料流阀开度的关系——FCG（不同料流阀开度所对应的排料速度）曲线。

在操作中无钟布料对炉况的影响有以下规律：

（1）$\alpha_矿$ 或 $\alpha_焦$ 同向且同值，影响最小；

（2）$\alpha_矿$ 或 $\alpha_焦$ 同向不同值，变动次之；

（3）单独动 $\alpha_矿$ 或 $\alpha_焦$，次之（不同时、不同值）；

（4）$\alpha_矿$ 或 $\alpha_焦$ 反向动作影响最大；

（5）动角位比动每圈份数影响大；

（6）$\alpha_矿$ 大于焦边沿重，等于次之，小于边沿轻。

根据以上布料规律，实际生产操作中无钟布料的调整对高炉行程的影响由弱到强依次为：保持挡位（角度）、圈数不变，调整焦炭圈数；保持总挡位、圈数不变，调整矿圈数；保持总挡位（角度）不变，而增减矿或焦圈数；调整矿或焦的挡位（角度）则是影响炉况最大的调整。环位和份数对气流分布影响见表 8-10。

**表 8 – 10   环位和份数对气流分布影响**

| 序号 | 变 动 类 型 | 影响 | 备 注 |
|---|---|---|---|
| 1 | 矿、焦环位同时向相反方向变动 | 最大 | 不轻易采用，处理炉况失常时选用 |
| 2 | 矿或焦环位单独变动 | 大 | 用于原燃料或炉况有较大波动 |
| 3 | 矿、焦环位同时向同一方向变动 | 较大 | 用于日常调节炉况 |
| 4 | 矿、焦环位不动时，同时反向变动份数 | 小 | 用于日常调节炉况 |
| 5 | 矿、焦环位不动，单独变动矿或焦份数 | 较小 | 用于日常调节炉况 |
| 6 | 矿、焦环位不动，向同方向变动矿、焦份数 | 最小 | 用于日常调节炉况 |

采用无料钟布料，调节（炉喉）煤气流分布主要是考虑焦炭平台、矿石平台的宽度和中心漏斗的深度。平台宽则漏斗浅，中心气流不足；平台窄则漏斗深，料面不稳定，气流波动。其中焦炭平台对气流分布作用尤其大。这是因为块状带焦炭层比矿石层透气性好，在软熔带焦炭层也是通过高温煤气的"气窗"，所以焦炭平台的形状对煤气流在炉内二、三次分布显得更为重要。在操作中一旦形成合理的焦炭平台（宽度、漏斗深度合适），一般是不轻易变动，而只调整矿石挡位和圈数（每挡位的圈数或整个矿石圈数）。大型高炉焦炭平台为 1.2 ~ 2.0m，中小型高炉为 0.8 ~ 1.2m，一般矿石平台宽度小于焦炭平台。这个范围根据原燃料条件和高炉装备来定。一般布料比较集中的挡位大致表明其平台宽度。

总的来说，无料钟布料比有料钟布料方式更加灵活，调节炉喉煤气流的分布更方便，也正因为布料自由度大，所以对于一座高炉来讲，要真正寻找出合适的布料模式来保持炉况的稳定、顺行，也是需要不断探索的。

b  布料效应

使用不同炉料，加重边缘效应为：天然矿石→大粒度球团矿→小粒度球团矿→烧结矿→焦炭→小粒度烧结矿。

石灰石要布到中心，防止边缘产生高黏度的炉渣，使炉墙结厚。

**8.1.4.2   批重大小**

批重对炉料在炉喉分布影响很大。批重小时，布料不均匀，小到一定程度，将使边缘和中心出现无矿区。批重增大，则矿石分布均匀，相对加重中心而疏松边缘；而且软熔带气窗增大，料柱界面效应减小，有利于改善料柱的透气性。对于料钟式高炉，一般情况下，小矿批加重边缘，大矿批加重中心，如批重过大，不仅加重中心，而且也有加重边缘的趋势。对于无料钟炉顶高炉，调整煤气流分布主要靠采用调整布料角度。扩大矿批有利于矿石均匀分布，使软熔带透气性改善，从而可以促进顺行，降低焦比。但矿石批重过大会造成料柱透气性变坏，不利于顺行。生产实践表明，合理的批重大小与下列因素有关：

（1）矿石批重与原料的关系。入炉料含铁越高，粉末越少，料柱的透气性越好，批重可以扩大。

（2）批重与喷吹燃料的关系。当喷吹燃料量增加时，矿石批重随之扩大。喷吹的燃料在风口前燃烧分解，使炉缸煤气体积和炉腹煤气体积、速度增加，促使中心气流发展，需适当扩大批重来抑制中心气流。

（3）批重与炉容的关系。随着炉容的增加，炉喉直径也增加，炉喉面积相应加大，为保证煤气流合理分布，必须相应扩大矿石批重。

（4）批重与冶炼强度的关系。随着冶炼强度的提高，风量就逐渐增加，中心气流加大，需适当扩大批重来抑制中心气流。

合理的矿石批重的确定原则：

每座高炉均有一个临界矿石批重，当矿石批重大于临界矿石批重，再增大矿石批重时，会有加重中心的作用。过大矿石批重会加重边缘和中心的作用。不同容积高炉的建议矿石批重见表 8 - 11。

表 8 - 11　不同容积高炉的建议矿石批重

| 炉容/m³ | 100 | 250 | 600 | 1000 | 1500 | 2000 | 3000 | 4000 |
|---|---|---|---|---|---|---|---|---|
| 炉喉直径/m | 2.5 | 3.5 | 4.7 | 5.8 | 6.7 | 7.3 | 8.2 | 9.8 |
| 矿石批重/t | >4 | >7 | 11.5 | 17 | >24 | >30 | >37 | >56 |
| 炉喉矿层厚/m | 0.51 | 0.46 | 0.41 | 0.40 | 0.43 | 0.45 | 0.44 | 0.46 |
| 炉喉焦层厚/m | 0.65 | 0.59 | 0.44 | 0.43 | 0.46 | 0.48 | 0.47 | 0.49 |

目前，原燃料质量的不断改善，有降低矿石批量的趋势。大高炉的焦批厚为 0.65 ~ 0.75m，不宜小于 0.5m。宝钢焦批厚为 0.8m。调焦炭负荷一般不动焦批，以保持焦窗透气性稳定。焦批的改变对布料有重大影响，操作中最好不用。

高炉操作不轻易加净焦，只有在出现对炉温有持久影响的因素存在才加（如高炉大凉、发生严重崩料和悬料、设备大故障等）。而且只有在净焦下达炉缸时才会起作用。加净焦的作用有：有效提高炉温，疏松料柱，改善炉料透气性，改变煤气流分布。根据情况采取改变焦炭负荷的方法比较稳妥，不会造成炉温波动。调剂焦炭负荷不可过猛，改变铁种时，要分几批调剂，间隔最好 1 ~ 2h。

加大矿石批重的条件：边缘负荷重、矿石密度小时（矿石品位降低），焦炭负荷减轻。

减小矿石批重的条件：边缘煤气流过分发展；在矿批重相同的条件下，以烧结矿代替天然矿；加重焦炭负荷；炉龄后期等。

改变装料顺序的条件：调整炉顶煤气流分布，处理炉墙结厚和结瘤，开停炉前后等。

为解决钟阀式炉顶布料不均，使用布料器可消除炉料偏析。

布料器类型：

马基式旋转布料器——可进行 0°、60°、120°、180°、240°、360°六点布料。仍有布料不均现象，易磨损。

快速旋转布料器——转速为 10 ~ 20r/min，布料均匀，消除堆角。

空转螺旋布料器——与快速旋转布料器结构相同，旋转漏斗开口为单嘴，没有密封。

布料器不转时要减轻焦炭负荷 1% ~ 5%。

### 8.1.4.3　料线

在钟式高炉上，调整料线的高低可以改变炉料堆尖位置与炉墙的距离。料线在炉料与炉喉碰撞点以上时，提高料线，炉料堆尖逐步离开炉墙向中心移动，有疏松边沿的作用；反之，当料线降低时，有加重边沿的作用。料线在炉喉碰撞点位置时，边缘最重。在碰撞点以下时，将使布料混乱。生产经验表明，料线过高或过低不仅对炉顶设备不利，而且对炉况和炉温也有很大影响。因此每座高炉必须有自己合适的料线，每次检修均要校正料线零位。

变更料线属于钟式高炉装料制度中的一种调剂方法。因此高炉料线的零位，每次计划检修时都要进行校正。禁止过长时间（如 2h）用单料尺工作。作为一种防止装料过满的措施，高炉如发生偏料时以高料尺为装料标准，禁止低料线作业。若发生低料线情况时，应设法在最短的时间内赶上正常料线，杜绝长时间的低料线作业。

对于无钟炉顶高炉，料线调整的作用不大，因为可以用布料溜槽角度来调整堆尖位置，而且钟式炉顶上堆尖只能在炉喉间隙范围内调整，无钟炉顶高炉上可在炉喉半径的任何点上调整。

中小高炉炉料线在 1.2 ~ 1.5m 范围内，大型高炉在 1.5 ~ 2.0m 范围内。装完料后的料线仍要有 0.5m 的余量。两个料尺下降相差要小于 0.3 ~ 0.5m。料线低于正常规定的 0.5m 以上时，或时间超过 1h，称为低料线。低料线 1h 要加 8% ~ 12% 的焦，料线低于 3m 时，要加 10% ~ 15% 的焦炭。

高炉低料线时间长，就应休风。也不允许长期慢风作业，否则会造成炉缸堆积和炉墙结厚。

### 8.1.4.4　判断装料制度是否合理的标准

（1）煤气利用率：$CO_2/(CO + CO_2)$ 值，好为 0.5 以上，较好为 0.45 左右，较差为 0.4 以下，差为 0.3 以下。$CO_2$ 含量表示能源利用情况：

1）2000$m^3$ 以上高炉应为 20% ~ 24%；

2）1000$m^3$ 左右高炉为 20% ~ 22%；

3）1000$m^3$ 以下高炉为 18% ~ 20%。

（2）煤气五点分析曲线：馒头形差，双峰形有两条通道，喇叭花形中心发展，平坦形（双燕飞）最好。

（3）炉顶温度（十字测温）：中心 400 ~ 600℃，四周 120 ~ 180℃。四周各点温差不大于 50℃。

（4）料尺下料均匀、稳定，透气性指数（透气性阻力指数）在正常范围。

## 8.1.5　高炉冷却制度

高炉冷却制度主要是冷却水参数的管理、冷却器破损的检查与处理。制定高炉冷却制度目的在于保障高炉各部位的合理冷却，以维护正常的操作炉型，保护高炉炉体，延长高炉寿命。

合理的冷却制度要满足三方面要求：

（1）高炉各部位的冷却水量与其热流强度相适应；

（2）高炉每个冷却器内的水速、水量和水质要相适应；

（3）保证足够的水压和合理的进出水温差。

### 8.1.5.1　高炉冷却器水量的管理

高炉冷却水消耗量决定于炉体热负荷。炉体热负荷是指单位时间内炉体热量的损失量。炉体热量的损失除通过炉壳热辐射形式散失很少部分外，绝大部分是通过冷却器的冷却介质（主要是水）带走的。炉体总的热负荷与炉体总的冷却水用量之间的关系可用式（8-4）表示：

$$Q = M(t - t_0) \times 10^3 \qquad\qquad (8-4)$$

$$M = \frac{Q}{c(t - t_0) \times 10^3}$$

式中　$Q$——炉体总热负荷，kJ/h；

　　　　$M$——炉体总的冷却水用量，$m^3$/h；

　　　　$c$——冷却水比热容，kJ/（kg·℃）；

　　　$t_0$，$t$——分别为冷却水的进出水温度（平均值），℃。

由以上关系可知，炉体冷却水消耗量随着炉体热负荷的增加而增加，随进出水温差的增高而降低。但是在实际生产过程中，要想准确、及时地测出热负荷是困难的。因此，在考虑炉体热负荷时，一般是通过经验公式来进行粗略估算。大型高炉负荷计算经验公式如下：

$$Q = 0.12f + 0.0045V_U \qquad\qquad (8-5)$$

式中　$Q$——炉体热负荷，kJ/h；

　　　　$f$——高炉风口数目，个；

　　　$V_U$——高炉有效容积，$m^3$。

高炉各部位由于工作条件不同，其热负荷不相同，且同一部位炉体由于工作条件不稳定，热负荷是在变化的。因此，高炉局部区域冷却水的消耗量应根据所处部位的不同而随时调整。高炉局部区域的热负荷常用热流强度来表示。

热流强度是指单位时间、单位面积的炉衬通过冷却器传递带走的热量。根据热平衡原理，可得如下关系：

$$Q_1 = qF = mc(t - t_0) \times 10^3 \qquad\qquad (8-6)$$

式中　$Q_1$——一个冷却器带走的热量，kJ/h；

　　　　$q$——一个冷却器承受冷却炉衬的热流强度，kJ/（$m^2$·h）；

　　　　$F$——一个冷却器承受的冷却炉衬面积，$m^2$；

　　　　$m$——一个冷却器的冷却水量，$m^3$/h；

　　　　$c$——冷却水的比热容，kJ/（kg·℃）；

　　　$t_0$，$t$——分别为冷却水的进出水温度（平均值），℃。

在利用式（8-6）计算耗水量时，根据各部位的冷却壁热负荷分段计算。表8-12为高炉各部位的热负荷。

表 8 - 12　高炉各部位的热负荷　　　　　　　　　　（W/m²）

| 部　位 | 最大值 | 峰值 | 部　位 | 最大值 | 峰值 |
|---|---|---|---|---|---|
| 炉底 | 50000 ~ 60000 | | 炉身中部 | 30000 ~ 40000 | |
| 炉缸 | 10000 ~ 12000 | | 炉身上部 | 15000 ~ 20000 | |
| 风口带、炉腹 | 20000 ~ 35000 | | 风口小套 | | |
| 炉腰、炉身下部 | 50000 ~ 55000 | | | 铸铁: 8000;铜: 300000 | |

由公式 (8-6) 知, 一个冷却器的耗水量取决于冷却区区域炉衬的热流强度和承受冷却区域面积大小以及冷却器的进出水温差。在实际生产中, 一个冷却器所承受的冷却炉衬面积是不变的, 而热流强度则是随炉况变化而变化的。冷却水温差应该控制在规定的范围之内。因此, 一个冷却器的耗水量主要是根据炉况的变化 (热流强度变化) 来进行调控。表 8 - 13 是武钢 3200m³ 高炉冷却壁各冷却区域热流强度设计值见表 8 - 13, 炉体冷却水消耗量见表 8 - 14。冷却水消耗量一般用每立方米高炉有效容积每小时平均冷却水用量来表示。

表 8 - 13　武钢 3200m³ 高炉冷却壁各冷却区域热流强度设计值

| 区　段 | 热流强度/kJ·(m²·h)⁻¹ | 水温差/℃ | 热负荷/kJ·h⁻¹ | 冷却面积/m² |
|---|---|---|---|---|
| 炉身上部 | 29268 | 0.422 | 3782900 | 129.27 |
| 炉身中部 | 100328 | 2.241 | 29907900 | 289.07 |
| 炉身下部及炉腰 | 167200 | 3.173 | 51259340 | 306.58 |
| 炉腹 | 125400 | 10174 | 15035460 | 119.93 |
| 风口带 | 83600 | 0.370 | 3849780 | 46.06 |
| 炉缸区 | 16720 | 0.591 | 6224020 | 372.28 |
| 合计 | | | 110059400 | |

表 8 - 14　武钢 3200m³ 高炉炉体冷却水消耗量

| 炉容/m³ | 300 | 620 | 1000 | 1260 | 1500 | 3200 | 4063 |
|---|---|---|---|---|---|---|---|
| 耗水量/t·(m³·h)⁻¹ | 2.0 | 1.6 | 1.4 | 循环水 1.75 | 1.3 | 2.0 | 1.6 |

在炉役末期, 对热流强度的监控很重要, 一般在炉体的重要部位, 如炉缸、炉底, 一旦发现热流强度超过规定值时, 就要立即采取护炉措施。

### 8.1.5.2　冷却水流速管理

降低冷却水流速和增加进出水温差可以降低冷却水消耗量。但是冷却水流速太低, 则会使冷却水中机械混合物沉淀, 使进出水温差过高形成局部沸腾而产生碳酸盐沉淀, 这些沉淀物以水垢形式附于水管壁, 使其导热能力大大下降。严重时冷却器因过热而被烧坏。因此, 冷却水流速和水温差的控制以不发生水中机械混合物沉淀以及不产生碳酸盐沉淀为原则。

工业用冷却水经过供水池沉淀和过滤器过滤后, 水中机械悬浮物含量小于 200mg/dm³,

其粒度小于 4mm。为了避免悬浮物在冷却器水管内出现沉淀，当滤网孔径为 4～6mm 时，最低水速应不低于 0.8m/s。表 8－15 是不同粒度的悬浮物不发生沉淀的水速要求。

表 8－15　不同粒度的悬浮物不发生沉淀的水速要求

| 悬浮物粒度/mm | 0.1 | 0.3 | 0.5 | 1 | 3 | 4 | 5 |
|---|---|---|---|---|---|---|---|
| 流速/m·s$^{-1}$ | 0.02 | 0.06 | 0.10 | 0.20 | 0.30 | 0.60 | 0.80 |

风口的冷却水流速根据新日铁公司试验得出。炉容与冷却水流速有关系式为：

$$v_L = 0.31\left(\frac{V_U}{1000}\right)^2 + 7.2 \tag{8－7a}$$

$$v_H = 0.47\left(\frac{V_U}{1000}\right)^2 + 11.6 \tag{8－7b}$$

式中　$v_L$——最低水速，m/s；

　　　$v_H$——最高水速，m/s；

　　　$V_U$——炉容，m$^3$。

选择风口流速 $v_s$ 时应该是 $v_L < v_s < v_H$，才是既经济又安全。按式（8－7）计算，高炉风口的冷却水流速至少应大于 7.2m/s，2000m$^3$ 以上的高炉风口冷却水流速应大于 9.0m/s，才能使高炉风口长寿，这就要求供给高炉风口的冷却水压力要高，水量要多。有条件的高炉应考虑风口不仅单独供水而且加压供水。

### 8.1.5.3　冷却水温度管理

冷却水的进出水温差值允许范围要保证水中碳酸盐不大量产生沉淀，其值大小主要决定于碳酸盐含量、进出水温度。一般工业用循环冷却水的暂时硬度小于 10 德国度（即 CaO < 100mg/dm$^3$），经过多次加热后碳酸盐开始沉淀温度为 50～60℃，而循环水温度一般小于 35℃，因而只要冷却水的允许理论进出水温差控制为 15～25℃，就可以避免碳酸盐的沉淀。但是，实际生产中冷却器的热流强度是不稳定的，考虑这种因素，要求冷却器的实际进出水温差应低于理论进出水温差。考虑冷却器热流强度波动的安全系数（$\varphi$）后，实际进出水温差值应用式（8－8）表示：

$$\Delta t = \varphi \Delta t_1 \tag{8－8}$$

式中　$\Delta t$——实际进出水温差，℃；

　　　$\Delta t_1$——理论进出水温差，℃；

　　　$\varphi$——热流强度波动安全系数，其值大小与炉体部位有关：

| 部位 | 炉腹、炉身 | 风口带 | 渣口以下 | 风口小套 |
|---|---|---|---|---|
| 后备系数 $\varphi$ | 0.4～0.6 | 0.15～0.3 | 0.08～0.15 | 0.3～0.4 |

冷却水水温差监测十分重要。现在，大部分高炉均用人工监测。水温差直接反映了该冷却壁承受的热负荷状况。因此，应加强检查各段冷却壁的水温差，每班至少检查一次，若超过允许范围应及时采取措施，尤其是炉缸水温差升高时，应采取清洗冷却壁、提高给水压力、增加冷却水量、减少冷却壁串联块数等措施。冷却壁的水温差超过规定值时，应采用堵塞超过水温差冷却壁上方的风口、适当加重边缘、对水温差超过的冷却壁改用新水

强制冷却等方法，保证冷却水温差控制在允许范围之内。在给水主管、给水环管上应设有流量、温度、压力等监测设施。长期休风时间超过 8h，应适应控制进水量，使水温差保持上限值，主要办法是停 1~2 台循环水冷却泵。

在炉役末期，由于炉体内衬侵蚀严重，导致炉缸、炉底热流强度升高，炉体冷却壁水温差升高。为了维护炉体的安全，保持水温差控制在正常的范围，这时必须加大冷却壁水流量。监控炉体冷却壁水温差是炉体维护的主要内容之一。

#### 8.1.5.4　冷却水压力管理

由于高炉冶炼的进一步强化，炉内热流强度的波动频繁，热震现象比较严重。所以，为了加强冷却，对水压的要求也越高。风口水压要求 1.0~1.5MPa，其他部位冷却水压力至少要比炉内压力高 0.05MPa，以避免水管破裂后炉内煤气窜到水管里发生重大事故。一般规定水压应比炉内压力高出 50%，若达不到规定，必须立即处理。

高炉冷却水最低压力和冷却设备冷却水流速参考值见表 8-16 和表 8-17。

表 8-16　高炉冷却水最低压力

| 炉容/m³ | ≤100 | 300 | 620 | >1000 |
|---|---|---|---|---|
| 主管及风口/MPa | 0.18~0.25 | 0.25~0.30 | 0.3~0.34 | 0.34~0.4 |
| 炉体中部/MPa | 0.12~0.20 | 0.15~0.20 | 0.20~0.25 | 0.25~0.30 |
| 炉体上部/MPa | 0.08~0.098 | 0.10~0.14 | 0.14~0.16 | 0.16~0.20 |

表 8-17　高炉冷却设备冷却水流速参考值

| 参　数 | 各段冷却壁直段及蛇形管 | 凸台 | 炉底水冷管 | 风口小套 | 风口中 |
|---|---|---|---|---|---|
| 压力/MPa | ≥1.0 | ≥1.0 | ≥0.5 | ≥1.6 | ≥0.7 |
| 流速/m·s⁻¹ | ≥1.8 | ≥2.0 | ≥2.0 | ≥15 | ≥5 |

## 8.2　高炉操作炉况的判断和分析

高炉日常生产中炉况影响因素多种多样，作为高炉的操作和管理工作者，高炉操作的任务就是分析影响炉况的原因，对炉况做出一个客观、真实的判断，采取调整炉况的措施，保持炉况的稳定、顺行。可见炉况的判断和分析至关重要，有了这样的前提，采取的措施、手段才能有针对性，才能实现优质、低耗、高产、长寿、环保的目标。

一般来说，对于高炉操作炉况的判断和分析包括以下几方面内容：

（1）高炉冶炼条件的了解，主要是分析原燃料情况、设备运行情况、渣铁排出情况等。

（2）高炉炉况的判断，主要是通过观察仪器、仪表或计算机监测显示的各种反映冶炼过程的冶炼参数，目测出渣、出铁过程，风口状态来判断炉况的状态和趋向。

（3）对炉况进行综合判断分析，预测炉况趋向，制定下一步的操作方针。

### 8.2.1　高炉冶炼条件的了解

对于炉况的掌握，首先要对原燃料状况做到心中有数，对高炉五大系统的设备运行状况，特别是炉前出铁和出渣状况了如指掌。对原燃料的了解应是全方位的，不仅要了解化学成分还要了解物理性能，重点是入炉原料的品位、烧结碱度、强度、入炉的粉率；焦炭的灰分、水分、粒度、强度（冷态 $M_{10}$、$M_{40}$ 和热态反应性 $CRI$、反应后强度 $CSR$）；还有熔剂的有效成分，如碱性熔剂石灰石中的有效 $CaO$ 和酸性熔剂硅石中的有效 $SiO_2$ 等。对于炉前系统重点是了解铁口的工作状况，以及是否会造成炉内憋风等。

## 8.2.2 高炉炉况的直接判断

高炉炉况的直接判断是高炉操作者获得高炉信息的方法之一，虽然所观察到的往往是高炉的变化结果，但在炉况波动较大时，仍显示出它的重要性。要掌握这种方法，就必须勤观察、细对比、日积月累，才能达到熟练辨识的程度。

### 8.2.2.1 看风口

通过风口窥视孔观察是唯一可以随时观察炉内情况的方法。高炉操作者必须经常观察风口，从风口得到的信息要比看渣、铁及时得多。焦炭在风口区进行燃烧，这里是高炉内温度最高区域，是与煤气流初始分布有直接关系的部位。因此，通过观察焦炭在风口前运动状态及明亮程度，可以判断沿炉缸周围各点工作情况、温度和高炉顺行情况。为了便于对比分析，可设立一个风口现象记录表，以明亮与暗红、活跃与呆滞、升降、挂渣等记录，这样风口带情况便一目了然。另外，还可以记入喷煤、停煤、风口堵塞、捅开和破损更换的时间。积累多了，将是一份宝贵的技术档案。勤观察风口能够及时进行调剂，把炉况波动解决在萌芽阶段，确保高炉长期稳定、顺行。

（1）判断炉缸温度。高炉炉况正常、炉温充沛时，风口工作均匀、活跃。风口明亮但不耀眼，无升降，不挂渣。炉温过热，风口明亮耀眼，活跃程度差。炉温下行时，风口明亮程度下降，有升降，个别风口出现轻微挂渣；高炉大凉时，风口挂渣严重，个别风口出现涌渣，甚至灌渣。在这里应注意区别因炉渣碱度过高和风口破损漏水使风口挂渣的现象。

（2）判断炉缸沿圆周工作状况。炉缸工作全面、均匀、活跃，是保证生铁质量和高炉顺行的一个主要标志。各风口亮度均匀，说明炉缸圆周温度分布均匀。各风口焦炭运动活跃、均匀，说明各风口进风量、鼓风动能相近。这些表明炉缸圆周工作正常。

炉缸圆周工作均匀与否和炉料在炉喉内分布有直接关系。对于没有炉顶布料器的小高炉在用料车上料造成偏料（斜桥一侧矿石多，斜桥对侧焦炭多）现象，使风口明亮程度不均，在观察风口时应注意这一点。

（3）判断炉缸径向的工作状况。高炉炉缸工作均匀、活跃，不单指沿圆周各点，而且炉缸中心也要活跃。由于高炉稳定、顺行时要有边缘与中心适当发展的两股煤气流，如果炉缸中心不活跃，就标志着中心气流发展不充分，而且中心气流发展程度可以从风口前焦炭运动状态来判断。

由于高炉的风速不同，焦炭在风口前的运动状态也不同。中型高炉一般呈循环状态运动，而小高炉则呈跳跃运动。有些中小高炉由于受原燃料条件或风机能力的限制，一是风口普遍活跃程度不好，二是风口活跃程度很不均匀。如果焦炭在风口前只是缓慢滑动，不能在风口前形成回旋区，这就是所说的没有吹透炉缸中心。随着精料方针的落实，原燃料条件不断得到改善，允许中小高炉进一步强化冶炼。目前多数中小高炉解决了吹透中心问题，从而达到沿炉缸半径方向工作趋于均匀，其主要标志就是炉缸工作均匀、活跃，明显地改善了中小高炉的各项经济技术指标。

（4）判断顺行情况。高炉顺行时，风口工作均匀、活跃，明亮但不耀眼，风口无升降、不挂渣、破损很少。高炉难行时，风口前焦炭运动呆滞。例如，悬料时，风口前焦炭运动微弱，严重时停滞。当高炉崩料时，如果属于上部崩料，风口没有什么反映。若在下部成渣区，崩料很深时，在崩料前，风口表现非常活跃，而崩料后，焦炭运动呆滞。在高炉发生管道时，正对管道方向的风口，在管道形成期很活跃，但风口不明亮。在管道崩溃后，焦炭运动呆滞，有生料在风口前堆积。有经验的高炉操作者对观察风口十分重视，并且对所操作的高炉都摸索出自己认为判断炉况最灵敏和最准确的风口。

### 8.2.2.2　看出渣

炉缸中熔渣体积量多于铁水，位置更靠近风口热源区，在放上渣的高炉上出渣时间比出铁早，次数也多，因此要重视对出渣情况的观察。尽管炉渣反映冶炼过程的结果，对小型高炉来说看渣对及早调剂炉况仍然重要。在不设渣口或不放上渣的大中型高炉通过观察铁口放出的下渣温度、流动情况和渣样断面等来判断炉缸温度及炉渣碱度，用以调剂焦炭负荷及炉渣碱度。因此，高炉操作者观察每次渣的变化情况是十分必要的。

（1）从炉渣温度判断炉缸温度。炉热时，渣水温度充沛，光亮夺目，流动性良好，不易粘沟。上下渣温度基本一致，渣中不带铁，渣沟不结厚壳，渣口烧损少，渣水流动时表面有小火焰。炉凉时，渣水颜色变为暗红，流动性变差，易粘沟。严重时，黏稠变黑，上渣带铁多，渣口易被凝渣堵塞，渣沟难清理，放渣困难，炉前劳动强度大。

（2）看渣样判断炉渣碱度。炉渣碱度高时，熔渣样勺倾倒时成粒状滴下，渣块断口粗糙，渣样断口粗糙成石头状，称为石头渣，在空气中存放一定时间后会产生粉化现象。炉渣碱度低时，碱度低的酸性渣熔渣成丝状滴下，断口亮、平滑，成玻璃状，称为玻璃渣。石头渣和玻璃渣又分别称为碱性渣和酸性渣。用样勺取样时，酸性渣易于拉长丝，碱性渣特别是碱度高的渣不能拉长丝而成滴状。当渣中 $MgO$ 含量升高时，炉渣就会失去玻璃光泽而转变为淡黄色石状渣，如果 $MgO$ 含量大于 $10\%$ ，炉渣断口即变为蛋黄色石状渣。

### 8.2.2.3　看出铁

在配料不变的情况下，生铁中硅和硫的变化，反映着炉缸热制度的变化。生铁硅含量的高低，可以从铁水在铁沟中流动情况、铁水凝固情况及铁样断面看出：

（1）看铁流。炉温高时，铁水光亮耀眼，流动性较差，易挂沟。炉温低的铁水颜色暗红，流动性好。铁沟里火花多而密集，跳得低。含硫较高的铁水，铁流表面有一层"油皮"。随着硅含量的升高，火花逐渐稀少，当铁水含硅 $1.0\%$ 以上时，铁沟中几乎看不到火花而出现小火球。

（2）看铁样。铁水在样模中凝固的快慢可以反映生铁含硫的高低。含硫高时，铁样表面多纹并发生颤动，冷却后表面粗糙，铁样较脆、易断，表面中心凹进，四周有飞边，凝固时间长。硅高、硫低的铁样，铁水凝固较快，表面凸起而光滑。从断口看，含硅高的铁样呈灰色，晶粒粗大。随着硅含量的降低，断面逐渐由灰口转为白口，断面边缘是白色放射状结晶，中心处有石墨细结晶粒，以致完全消失。

（3）看铁水成分的变化。出铁前期和后期铁水成分变化不大，说明炉缸工作均匀，炉况正常。如果出铁前期和后期铁水成分相差较大，说明炉温向某个方向变化，据此可以掌握炉况发展的趋势。主要看铁中含硅与含硫情况，其变化反映着炉缸热制度的变化。生铁中硅、硫含量的高低，可从铁水的流动情况、铁样凝固情况和断口状况反映出来。硅含量低时，铁流的火花矮、密、细，流动性好，不粘铁沟，铁样断口色泽呈白色，晶粒呈放射形针状。随着含硅量的提高，火花也逐渐变大而少，流动性也越来越差，粘铁沟现象也越来越严重，铁样断口逐渐由白变灰，晶粒颗粒加粗。当铁水硅含量大于 3.0% 以上后基本上无火星，[Si] 高表示炉温高。铁水含硫情况是以铁水表面"油皮"多少和凝固时表面形状来判断的。当生铁含硫高时，铁水表面的"油皮"多，凝固后，铁样的表面凹下，断口有白色结晶状，铁样质脆易断，难以钻动。反之，含硫低时，铁水表面的"油皮"薄而稀少，铁水明亮，凝固后表面凸起，断口呈灰色，铁样易钻动。高硅、高硫时，铁样断口虽然是灰色的，但布满了白色星点。

#### 8.2.2.4 看料速和料尺的运动状态

料速的快慢与风量的大小、炉料的性质等因素有关。料速正常是高炉顺行的一个重要标志。观察料速主要看料速的快慢和均匀程度、两个料尺下降速度是否一致、料尺有无停滞和突然塌陷等现象。

从料尺下降情况可判断料速的快慢，以及时间上、方位上下料的均匀程度。料速与风口现象相结合可提供不少炉况信息，尤其是来自料速的信息比风口现象又要超前不少时间，因此这也是一个值得重视的信息源。炉况正常时，料尺均匀下降，没有停滞和陷落现象；炉温由凉转热时，料速由快变慢，每小时料批数减少；相反，料批数增快预示炉温由热转凉。炉况难行时，料尺呆滞；料线停止不动（时间超过两批正常料的间隔时间），称为悬料；料线突然陷落深度超过 300mm 以上，称为崩料；两个料线下降不均衡，经常性地相差 300mm 以上时，称为偏料。若两料尺相差很大，但装完一批料后，差距缩小很多时，一般是管道行程。

### 8.2.3 高炉炉况的间接判断

随着检测技术的不断发展，高炉检测手段也越来越多，检测精度也在不断提高，高炉自动化程度也越来越高，这些都大大方便了操作者对炉况的掌握，为准确判断和调剂炉况奠定了良好的基础。

#### 8.2.3.1 利用 $CO_2$ 曲线判断高炉炉况

通过对炉喉煤气取样分析，分别按所在半径上的位置描成曲线，煤气通过多的地方 $CO_2$ 含量低，相反，煤气通过少的地方 $CO_2$ 含量多。炉喉 $CO_2$ 分布曲线以及混合煤气中 $CO_2$ 值反映高炉煤气化学能利用情况。

（1）炉喉煤气 $CO_2$ 分布判断炉况。现代高炉的正常的煤气曲线是中心比边缘低 3%，最高点在 3 点或 3、4 点之间或 3、4 点相同，这就是所谓的喇叭花形曲线。而平坦形曲线是最好的煤气曲线，它的中心比边沿低 2%，2、3、4 点 $CO_2$ 相同。世界先进高炉包括宝钢等国内先进高炉都是平坦形曲线。

炉缸边沿气流不足，而中心气流过分发展时，由于中心气流过多，而使中心气流的 $CO_2$ 值为曲线的最低点，而最高点移向第二点，严重时移向第一点，边沿与中心 $CO_2$ 差值大，其曲线呈"V"形。

炉缸中心堆积时，中心气流微弱，边沿气流发展，这时边沿第一点与中心点 $CO_2$ 差值大，有时边沿很低，最高点移向第四点，严重时移向中心，其 $CO_2$ 曲线呈馒头状。

高炉结瘤时，使第一点的 $CO_2$ 值升高，炉瘤越大，$CO_2$ 值越高，甚至第二点、第三点也升高，而炉瘤表面上方的那一点 $CO_2$ 值最低。如果一侧结瘤时，则一侧煤气曲线失常；圆周结瘤时，$CO_2$ 曲线全部失常。

高炉产生管道行程时，管道方向第一点、第二点 $CO_2$ 值下降，其他点则正常，管道方向最高点移向第四点。

高炉崩料、悬料时，曲线紊乱，无一定规则形式，曲线多数平坦，边沿与中心气流都不发展。

（2）利用混合煤气成分判断炉况。一般在焦炭负荷一定、冶炼条件基本不变的情况下，高炉又比较顺行，混合煤气中 $CO_2$ 升高，预示高炉顺行；$CO_2$ 降低，预示炉温下行。通常我们采用 $CO_2/CO$ 比值衡量高炉煤气能量利用好坏。在高炉顺行情况下，间接还原改善，$CO_2$ 增加，有利于降低焦比。

（3）利用炉喉十字测温来判断炉况

在操作参数一定的条件下，炉喉煤气流分布和煤气温度分布应该是对应的。分析炉喉十字测温曲线一般取 8h 平均值来进行。通过炉喉十字测温曲线判断煤气流分布主要看几个方面：

1）边沿温度。正常炉况时，边沿温度一般为 100~180℃。太高，则边沿煤气流发展，燃料比高；太低，则边沿煤气流不足。

2）中心温度和次中心温度。中心温度一般正常炉况为 500~700℃。具体情况各高炉不尽相同，如有的高炉采用水冷装置，有的没有；有的高炉采用湿法除尘，有的采用干法除尘，显示结果就有差异。次中心温度要结合中心温度高低。

**8.2.3.2 利用热风压力、煤气压力、压差判断炉况**

A 热风压力

热风压力可反映出炉内煤气压力与炉料相适应的情况，并能准确及时地说明炉况的稳定程度，是判断炉况最重要的参数之一。炉况正常时，热风压力曲线平稳，波动微小，并与风量相对应；炉温向热时，风压升高，风量减少；炉温向凉时，风压降低，风量增加；炉况失常时，风压剧烈波动。

B 炉顶煤气压力

炉顶煤气压力曲线有一基准线，它代表煤气上升过程中克服料柱阻力而到达炉顶时的煤气压力。若基准线升高时，表示炉内边沿或中心气流过分发展，或产生管道（煤气压力值升高幅度偏大）。若基准线降低时，表示炉内料柱的透气性变差。当高炉发生悬料时，基准线降低甚至趋近于零；当高炉发生崩料时，基准线剧烈波动。因此，在操作过程中，应将炉顶煤气压力与风压相对照，对判断炉况很有益。

C 压差

热风压力与炉顶压力的差值近似于煤气在料柱中的压头损失，称为压差。热风压力计更多地反映出高炉下部料柱透气性的变化，在炉顶煤气压力变化不大时，也表示整个料柱透气性的变化。而炉顶压力计能更多地反映高炉上部料柱透气性的变化。高炉顺行时，热风压力及炉顶煤气压力变化不大，因此压差在一个较小的范围内波动。高炉难行时，由于料柱的透气性恶化，使热风压力升高而炉顶煤气压力降低，因此压差也升高。当炉温发生波动时，热风压力、炉顶煤气压力和压差三者之间也随之发生变化。高炉在崩料前热风压力下降，压差也随之下降，崩料后转为上升。这是由于崩料前高炉料柱产生明显的管道，而崩料后料柱压紧，透气性变差。高炉悬料时，料柱透气性恶化，热风压力升高，压差升高，炉顶压力锐减。

### 8.2.3.3 利用冷风流量计判断炉况

在一定的冶炼条件下，入炉风量的大小是强化冶炼的重要标志。在判断炉况时，适宜的风量必须与其风压相适应。增加风量，风压也随之上升。当高炉料柱的透气性恶化时，风压升高而风量却缓慢下降，甚至风量下降至零；当料柱的透气性得到改善时，风压降低而风量增加；当高炉发生悬料时，风压急剧上升，风量大幅度减小；当发生管道行程时，将出现风压突增、风量锐减的相互交替的锯齿状波动。一般情况下，炉温升高时，风压升高，风量减少；反之，炉温降低时，则风压降低，风量增加。在高炉正常作业时，应尽量保持高炉的全风作业。在处理失常炉况时，要抓住时机尽快恢复风量，但要密切注意高炉料柱接受风量的能力。

### 8.2.3.4 利用炉顶、炉喉、炉身温度判断炉况

炉顶温度测定的是上升管的煤气温度。从顶温的差别可以判断炉内煤气流的分布，从顶温的变化可以判断煤气利用的好坏。正常炉况时，煤气分布均匀、利用程度好，炉顶温度较低。当边缘煤气过分发展时，炉顶温度升高，温度带变宽。当中心发展时，炉顶温度比正常炉况时的炉顶温度升高，温度带变窄。在悬料、低料线时，炉顶温度升高，管道行程时各上升管温差增大，且管道方位的温度较高。炉喉及炉身温度可以间接地反映边缘煤气流的强弱和温度，并能反映出炉墙的侵蚀程度。在煤气流较发展的地方，炉身温度和炉喉温度较高。当炉身温度从各个方向都升高时，很可能使炉温上行或边缘煤气流发展。当炉料分布不均、偏行、管道行程或结瘤时，炉喉四周各点温度差偏大，温度高的方向气流较强。

### 8.2.3.5 利用炉身静压和静压差判断高炉顺行情况

一般高炉在炉身上、中、下部位装三层炉身静压计，每层 4~6 个方向各装 1 个。炉身静压反映炉内煤气压力的变化情况。静压高表示该部位炉内压力大，也就是该部位的煤气压力大。静压差高表示该方向或部位煤气阻力大，透气性变差。所以，静压和静压差值用来判断和分析圆周方向上煤气流分布情况和炉身垂直方向上煤气的压力变化情况。

实际生产中，可根据炉身静压值判断圆周方向上煤气流分布情况。在正常情况下，四点静压曲线平滑无尖峰，上、中、下三条曲线平行运行，各点平稳，少有曲线交错运行。

如果同一水平静压有多点值高低序列发生了长周期的变化,说明煤气流在圆周上发生了变化,意味着操作炉型发生了变化。如果多方向上、下静压差增大,全炉总压差也升高,说明有炉墙结厚的可能。利用静压变化还可以判断管道行程、悬料发生部位:如果炉身静压圆周上某个方向静压值突然上升,风压却在下降,过一段时间后,静压下降,风压升高,必然是管道行程发生;如果上部静压差(炉身中部到炉顶)升高而下部静压差(炉缸到炉身中部)不变,说明是上部悬料;如果是下部静压差升高,而上部静压差减小,说明是下部悬料。

判断分析炉内煤气流分布时还应该把全压差、炉身温度和炉身静压差结合起来进行。

### 8.2.4　高炉炉况的综合判断分析

对高炉炉况判断的目的是要对炉况做深入的分析和炉况趋向预测。高炉内的各反应是复杂的,影响因素是多方面的,高炉炉况无论出现哪一种变化,它都是炉况的综合反应,都是各种因素互相作用、相互影响的结果:顺行程度对炉温产生影响,炉温又对生铁质量产生影响,同时炉温变化又会对顺行程度产生作用,进而影响煤气的利用率,影响高炉燃料比的大小。而原燃料等冶炼条件的变化会对顺行、炉温、生铁质量都产生影响。所以,对炉况一定要做全面、综合的判断和分析。这样才能找出问题的真正原因,得出正确的结论,对炉况的趋向做到精确的预测,才能提出合理的操作方针,采取合理的预防措施,操作者在调节炉况时才能做到早动、少动,保证炉况的稳定、顺行。

一般在高炉生产当中,表明炉况状态的综合性参数有顺行、炉缸渣铁热量、生铁含硫(质量)、规定料批数(产量),作为高炉操作者对炉况进行综合判断分析。预测时,应重点做好以下几方面的工作:

(1) 首先是对原燃料、装备系统等冶炼条件进行分析。看报表中入炉原燃料数据,看有无大的变化,这些变化对炉况的影响是向哪一个方向发展的,对此要进行分析。结合现场的检查和目测、反应炉况的监控参数进行综合判断分析,对炉况的趋向进行预测。对于影响生产工艺操作的一些设备运行状态也要进行掌握,比如炉顶设备运转是否正常,冷却设备是否工作正常,是否有漏水现象等。

(2) 对前一个冶炼周期的操作进行分析。了解调剂因素,主要是焦炭负荷、装料制度、原料配比、鼓风参数的等调剂量大小并分析其影响情况,判断炉况趋向,考虑应对措施。

(3) 对炉况行程进行综合判断、预测。一般在高炉生产当中,表明炉况状态的综合性参数有顺行、炉缸渣铁热量、生铁含硫,所谓顺行就是指下料均匀、稳定,煤气流分布正常,没有崩料、滑料;能达到规定下料批数,班与班之间差别不大于 ±2 批。

1) 在判断炉况顺行时,应注意风量与风压是否对称,压差是偏高还是偏低,透气性指数(或气性阻力指数)是否在正常范围之内;从炉身静压、炉顶煤气 $CO_2$ 曲线、炉顶十字测温曲线、炉体热负荷变化看煤气流分布和利用是否正常;炉缸工作是否活跃;渣铁热量是否在正常控制之内;下料是否均匀、稳定;风口工作是否均匀、明亮;原燃料变化特别是强度、粒度的变化,否则会影响顺行;还应根据炉身中部、下部、炉腹、炉腰各层热电偶温度变化情况,炉缸、炉底热电偶温度,炉体冷却器水温差高低变化情况,来掌握高炉的操作炉型和炉缸工作是否正常。这样在总体上就会对炉况顺行度有一个基本的判断和预测。

2）在判断炉温时，一要看炉温的绝对水平；二要从总体来看炉温变化的趋势，不要片面地被某炉铁的特殊值所迷惑；要注意[Si]与[S]有明显的相反关系；分析炉温时，还要注意原燃料成分的变化、配比、附加料等因素的变化；同时还要注意下料速度（连续崩料）对炉温的影响；了解风温与焦炭负荷的配合，长时间热风温度过低或过高都会引起炉温大的波动，除此之外，还应注意混合煤气中的 $CO_2$ 含量，它是煤气化学能利用好坏的标志；还有 $H_2$ 量，它比正常高时，有可能有冷却器漏水；其他如装料制度、炉顶温度和 $CO_2$ 曲线都需要了解；还要注意风量与压力关系，如果风量增大，风压降低，不是管道，就是炉温要下行。

3）对于生铁[S]的判断分析主要是看炉渣碱度、脱硫系数、入炉料的硫负荷，并结合炉温的高低、炉缸的工作状况等。

（4）对炉况变化的原因做综合分析。影响炉况的因素是错综复杂的，相同的炉况征兆可能对应的原因不同，对于出现的炉况失常还要看是单一的还是多种的。单一的炉况失常，原因可能是多方面的，但起主要作用的可能就 1~2 个；多种炉况失常原因可能是相同的几个原因所引起，而且几种失常之间都有因果关系，这时就要分析主因，比如风压升高、料速变慢，可能是热行，也可能是原燃料质量变差，或是炉前出铁情况不好造成憋风等。顺行不好，出现了煤气流失常，产生了崩料，可能是炉温波动，也可能是原燃料质量变差，或是炉型失常。炉缸堆积，炉墙结厚，也可能是炉内衬侵蚀等。炉况的综合分析就是从众多原因当中找出关键的因素。制定合理的操作方针，采取措施，保持炉况的长期稳定、顺行。对于出现的炉况失常现象要看是长期的还是短期的，因为其原因是不同的，长期炉况失常的原因可能是更深层的、复杂的，而短期炉况失常的原因可能是暂时的、简单的。

## 8.3 高炉炉况的调剂

高炉炉况的调剂本质上是对五大操作制度的调整，包括上下部调剂（装料制度和送风制度）、负荷的调整（热制度）、炉料配比的调整（造渣制度）、冷却制度的调整。

### 8.3.1 高炉炉况调剂应考虑失常的原因和严重程度

（1）当原因清楚而问题不严重时，可以从消除失常原因入手，其他可以不动。如因为焦炭负荷重或漏水造成炉温不足，只要减轻焦炭负荷，消除漏水就可以了。对不能消除的原因或影响已成为固定因素时，就要调整操作制度。如炉料强度差，影响顺行时，先考虑采取发展边沿的装料制度，不行则要减少风量，采取控制冶炼强度的办法来适应料柱透气性；又如炉料硫负荷高，影响生铁质量，这时先提高炉渣碱度，不行则再提高炉温水平。

（2）原因不清楚，问题又不严重时，可先不考虑原因，而按有效的办法调整。如炉况突然出现滑尺，炉况不顺，只需要调整装料制度，或控制风量；炉温不足时，先提风温，增加煤喷量，不行再控制料速。

（3）当问题严重时，不管原因清楚与否，还应尽快采取有效的措施，不能等、看。如炉温下行很快，有炉凉的危险，这时应减负荷、控制风量、加净焦同时进行；同时认真分析失常原因，从根本上消除影响。

（4）当问题的综合性强，失常经常发生，就应抓住主要问题进行处理，必要时还要牺牲其他方面。如炉凉时，顺行不好，生铁含硫也高，这时炉凉是主因，在操作上应该用一切手段提高炉温，不要太多考虑生铁质量问题。但顺行是根本，是需要考虑的，这时一般采取加净焦、减负荷、减风量等措施。

### 8.3.2　炉况调剂方法的应用

（1）首先确定基本的操作制度。这其中包括送风制度、装料制度、热制度、造渣制度、冷却制度。这些基本制度的确定一般是根据设计条件、工艺理论，再结合生产实际、操作经验总结得出的。在应用时充分发挥上部调剂的作用，下部调剂只有在特别需要时才进行调整。

（2）上、下部调剂结合正确运用的原则是：根据冶炼条件，下部调剂选择合适的风速和鼓风动能，保持炉缸初始煤气流分布合理，中心活跃，圆周工作均匀；上部调剂做到合理布料，合理分布煤气流和改善煤气利用；中部调剂采用合理的冷却制度维持高炉正常操作内型。

（3）在各种冶炼条件中，高炉内型剖面（操作炉型）、原燃料条件、系统装备水平（冷却结构）等客观条件对操作制度影响最大，这是制定操作制度的基础。因此，操作制度的合理与否关键看是否和以上几个因素相适应，这些条件变化了相应的操作制度也应跟着调整。原燃料条件变化了，必须通过调整操作制度和降低冶炼强度来适应。一代高炉在炉役的前、中、后期的操作制度是不一样的，新开的高炉一般要求有较大的风口直径，当炉衬侵蚀后，边沿气流易发展，则需要较小的风口直径和抑制边沿煤气流的装料制度。当高炉内型到了已经无法维持合理状态时，那么这个炉型必须进行修复了，这时如果继续维持生产实际是不经济的。所以维持合理的高炉内型和改善原燃料条件、提高装备水平很重要，高炉生产工艺技术的进步客观上讲就是冶炼条件的优化。

## 8.4　高炉失常炉况的处理

### 8.4.1　正常炉况与失常炉况

#### 8.4.1.1　正常炉况的标志

正常炉况是指高炉稳定、顺行的炉况。正常炉况的标志能够反映炉缸工作、下料和煤气流分布的特征，即炉缸工作均匀、活跃，炉温充沛、稳定，下料均匀、稳定，煤气分布合理。其具体标志如下：

（1）风口明亮，焦炭活跃，风口前无生料、不挂渣，风口破损极少；

（2）炉温充足，炉渣流动性好，上渣不带铁，渣沟不结厚壳，渣口烧损极少；

（3）铁水白亮，物理热高，成分相对稳定；

（4）炉顶温度有规律波动；

（5）风压平稳，风量微微波动，曲线画圆，透气性指数变化平稳，无锯齿状；

（6）顶压稳定，没有频繁的上下尖峰；

（7）下料均匀，不停滞、不塌落，没有时快时慢的现象，双探尺基本一致，料尺曲线整齐、倾角稳定；

（8）炉喉 $CO_2$ 曲线接近于对称的双峰形，中心峰谷较为开阔，尖峰位置在第二点或第三点，边缘与中心数值相近或稍高一些，且 $CO_2$ 平均值较高；

（9）炉喉、炉身、炉基温度变化不大；

（10）炉喉、炉腰和炉身等处冷却水温差符合规定要求。

### 8.4.1.2　炉况失常的表现

炉况失常具体的表现如下：

（1）炉况不顺行，即煤气流与炉料相对运动失常方面的表现有：

1）边沿过轻，表示边沿煤气过分发展，热能、化学能利用不好，焦比高，铁水质量不好。

2）边沿过重，即边沿煤气量不够，下料慢，炉况难行，炉墙结厚等可能发生。

3）管道与偏行。局部煤气流过大，形成"管道现象"，或某一方向布料不均而煤气流过大等。

4）连续崩料。由于某种原因，崩料现象连续不断。

5）悬料。悬料产生后，风压升高，风量降低，料尺不动，料柱停滞，不下降。

（2）炉缸工作失常方面的表现有：

1）炉况热行。炉温偏高，风压上升，风量减少，下料变慢，炉况不稳。

2）炉况冷行。炉温过低，风压下降，风量增加，下料变快，炉况不稳。

3）炉缸堆积。炉缸工作不均匀，从部位上有边沿堆积、局部堆积和中心堆积。从原因上可分为成渣性堆积、石墨性堆积和炉温性堆积。

（3）炉型失常方面的表现有：

1）炉墙结厚。局部炉墙变厚，影响炉料下降和煤气流的正常分布，使炉况受到影响而失常。

2）炉墙结瘤。从实质上看，炉墙结厚与炉墙结瘤无本质区别，结厚部位局部突出后形成所谓炉瘤。

（4）设备失常方面的表现有：

1）风口大量烧坏。由于焦炭强度不好导致炉缸堆积，以及原料质量等因素可能导致高炉风口大量破损，以致使炉况失常。

2）渣口大量烧坏。由于造渣制度不当等原因，使渣口严重破损而使炉况失常。

3）炉底严重侵蚀、炉缸烧穿等原因也能导致炉况失常。

## 8.4.2　炉况初步失常阶段的特征

炉况初步失常阶段的表现首先是煤气流分布的失常，而后才会引发其他的失常。

### 8.4.2.1　煤气流分布不合理引起的失常

在高炉冶炼过程中，由于原燃料质量、送风制度、装料制度和其他设备等方面而导致的煤气流分布不合理，使得边沿煤气或中心煤气流过分发展、管道行程。通过对炉喉 $CO_2$ 曲线变化情况进行分析，是判断煤气流失常的主要手段。

A　边缘煤气流过分发展

由于上、下部调剂不当，使高炉边沿气流过分发展，大量的煤气流沿边沿流动，热能和化学能利用不好，会使炉墙侵蚀，同时也会导致中心过重。

边沿煤气流过分发展的主要表现：

(1) 炉喉 $CO_2$ 曲线呈馒头形，煤气利用率（$CO_2/CO$）下降。

(2) 风量、风压和料速三者关系失调。初期风压平稳，但示值明显偏低；风量自动增大；下料转快。严重时，风压曲线呈锯齿状波动，有崩料现象；顶压常出现向上的尖峰。

(3) 炉喉温度、炉身温度以及炉腹以上冷却器水温差均上升，炉顶温度也升高，且波动幅度加宽。

(4) 风口在出渣、出铁时有向凉的趋势，风口工作迟钝，个别风口有生降，炉温下行，生铁硫含量上升，上下渣温差趋大。

煤气流过分发展的直接后果往往是导致炉温急速下行，故采取措施应充分考虑防炉冷问题，处理办法如下：

(1) 首先计算风速和鼓风动能是否在正常范围内，如偏离正常范围，可适当缩小风口直径，或调整风口长度，使风速合理，并保证吹向中心。

(2) 采取适当抑制边缘气流的装料制度，如降料线、增加正装比例，批重偏大时可以缩小矿批。但不可操之过急，以免边缘和中心同时受堵，造成悬料。

(3) 若炉温不足而顺行程度还好时，可提高风温或增加喷煤量，炉温偏低时应适当减风，若炉温下行之势已成，顺行已被破坏时，则采取减风措施，同时减轻焦炭负荷或加入空焦，以便为以后较快地恢复风量创造条件。

(4) 改善原燃料质量，特别是降低原料的含粉率，从而降低中心处粉末的沉积，促使中心气流的发展。

B　中心气流过分发展

随着高炉冶炼强度的提高及喷煤量的增加，由于鼓风动能增加，如果上、下部调节不协调，将导致中心气流的过分发展。$CO_2$ 曲线呈漏斗形，边沿过重，中心发展，下料变得不稳定，边沿气流不足可视为炉况难行的信号，其表现为：

(1) 风压偏高易波动，透气性指数下降，风量自动减少，崩料后风量下跌过多，且不宜恢复，顶压相对降低、不稳定，并有向上尖峰。

(2) 料速明显不均，风口工作极不均匀，出铁前料速变慢，出铁后加快，伴随有崩料现象。严重时，崩料后容易悬料。

(3) 上下渣温差大，上渣凉、下渣热，渣中易带铁，放渣较难，铁水先凉后热。

形成中心气流过分发展的原因：

(1) 风口截面积过小或风口过长，引起鼓风动能过高或风速过大，超过实际需要水平；

(2) 装料制度不合理，长期采用加重边沿的装料制度；

(3) 使用的原燃料粉末过多，使得料柱的透气性指数下降；

(4) 长期堵风口操作；

(5) 风口、渣口及部分冷却设备大量漏水；

(6) 喷吹燃料使鼓风动能增加后，上下部没有做相应的改变；

（7）长期采用高碱度炉渣操作。

处理中心气流过分发展的基本方针是改善料柱透气性、防止转为悬料，采用疏松边沿的装料制度，扩大批重时务必谨慎：

（1）当上部调剂无效时，应考虑扩大风口直径；

（2）长期炉况不顺，炉墙结厚时应采取洗炉措施；

（3）当炉温充足时，可减风温或煤量，当风压急剧上升或炉温不足时，应减风量、降风压。

### C 管道行程

料柱透气性和风量不相适应，在炉内断面上出现局部煤气流的剧烈发展，其他区域的煤气流相对减弱，称为管道行程。管道产生后，煤气能量利用明显恶化，易引起炉凉，同时料柱结构也会变得不稳定，极易引起悬料。

管道行程的表现：

（1）煤气曲线不规则，在管道方向上的 $CO_2$ 值很低，管道处明显下凹。

（2）风量、风压及顶压波动大。管道严重时，风压下降，风量增加、"风量大，风压低，不是炉凉是管道"，说的就是这种情形。当管道被堵后，风压直线上升，风量锐减。管道方向炉喉煤气温度升高，圆周各点的温差增大。

（3）风口工作不均匀，管道方向忽明忽暗，有时有生降，下料快，管道堵塞后出现生降，其他风口比较呆滞，但较明亮。

（4）渣温不均，上下渣温差大，铁水温度波动大，生铁含硫增加。

（5）管道行程严重时，煤气上升管内有炉料的撞击声或有小焦丁被吹出，更严重时该部位的上升管被烧红。

（6）管道形成后，其最大的特点是"偏"，在下料方面、风口工作方面及各温差方面都会反映出来；其次是高炉行程不稳定，如风量、风压和料速的不稳定，甚至在同一炉炉渣温度也不稳定。

管道行程是一种较易发生，且后果较难预测的炉况。发现管道后要及时处理、力争主动。处理的方针是以疏为主、堵塞为辅。具体方法是：

（1）发现管道，最常用的是适当疏松边沿，减轻边沿负荷。

（2）适当地减少风量，使风量与风压相适应。如果炉温许可的话，可适当减风温或加湿分。

（3）管道严重时要加适当空焦，这样既可以疏松料柱，又可防止炉凉，并为最后坐料、强行破坏管道作准备。

（4）通过布料器，在管道方向上多布矿石或小粒度原料。

（5）在坐料破坏管道后，复风时要注意控制风压和风量水平，一般要低于原来水平然后再逐步恢复。

（6）常有管道气流方位的风口，可考虑缩小风口直径或临时堵上。

### 8.4.2.2 炉温失常

#### A 炉热

炉热是由于热量收入大于热量支出而造成的。与其他失常炉况相比，炉热的先兆不明显，处理也较容易，一般不会导致严重失常，故常被忽略，往往调剂迟缓，丧失时机。

炉热的原因：

（1）燃料负荷过轻，原料的质量改善；

（2）原燃料称量误差大或操作错误；

（3）焦炭含水补偿太多；

（4）煤气热能和化学能的变化。

炉热的征兆：

（1）风压逐步上升，接受风量困难；炉喉、炉身、炉顶温度普遍上升。

（2）下料缓慢，风口明亮耀眼，无生降，各风口工作均匀。

（3）渣铁温度升高。炉渣断口由褐玻璃状变为白石头状断口；生铁含硅升高，并超过规定范围，生铁含硫下降；铁量少，流动性差。

处理方法：

（1）首先分析清楚造成炉热的原因，是操作因素还是客观因素引起的。

（2）对初期炉热，可减喷吹量或降风温；如炉热是长期性因素引起的应加负荷。

（3）当出现难行时，可将风温一次减到适宜程度，并临时减风量，缩小煤气体积，但减风时间不宜过长。

（4）应注意热惯性，防止降温过猛，引起炉温大波动。

B　炉凉

炉凉是高炉操作的大忌，绝大多数严重炉况失常都是由于炉凉未得到及时制止而形成的，因此它的危害极大，尤其是小高炉应特别注意，严防炉凉。

炉凉的原因：

（1）原燃料性能有较大变化，或称量不准，误差超过规定的范围，使实际的负荷过重；

（2）冷却设备严重漏水，未及时制止；

（3）连续两小时以上，料速超过正常批数，而未进行调节；

（4）长时间空料线作业或空料线时补加焦量不足，而重负荷料下达炉缸；

（5）长时间无计划休风，或无准备而过久地停止喷煤；

（6）严重崩料、管道、偏料、炉瘤或炉墙大片黏结物脱落，导致炉缸剧冷；

（7）长期减风作业，使边沿煤气过分发展、炉缸中心堆积，或负荷过重而引起的边沿行程或管道行程；

（8）在雨季水分焦未能及时补足。

炉凉的表现大致分为炉温向凉、大凉和炉缸冻结三个阶段。其表现如下：

（1）风压下降，风量增加，下料转快且顺，容易接受风温；

（2）风口向凉，颜色发暗、发红，有生降，个别风口挂渣、涌渣，甚至自动灌死；

（3）渣铁温度下降，渣沟结壳，渣色变深，转为玻璃渣，渣中 FeO 升高，生铁含硅大幅度下降，含硫迅速升高；

（4）炉顶、炉喉、炉身各部位温度趋低，冷却器温差普遍下降。

处理方法：

（1）要迅速分析制冷原因，应该区别它是由于风量、风温调节不及时或客观条件变化所引起的炉凉，还是由于操作或称量不准等因素引起的炉凉。

（2）初期炉冷，应着力控制料速，可采取增加喷煤量、提高风温、减氧或停氧，直到减风。

（3）如果是长期性炉凉，应加入适当的空焦，并减轻焦炭负荷，着力使空焦、轻料顺利下达，换取冷料柱。

（4）剧烈炉冷时，可将风量减到风口不灌渣为限的最低水平，在下部调节上可加风温、加富氧等。

（5）炉凉时应防止悬料，要适当地采用发展边缘的装料制度。一旦悬料，要谨慎处理，在有风口灌渣危险时，不要急于坐料，只有当出尽渣铁并适当喷吹铁口后，才能坐料。坐料时，要随时准备打开风口窥视孔，以防弯头灌渣，必要时在风口外面打水，以防直吹管烧穿。

（6）当炉况急剧炉冷又发生悬料时，应以处理炉冷为主。

（7）当炉冷且渣碱度高时，应降碱度或加适当批数的酸料。

### 8.4.2.3 炉料分布失常

**A 偏料**

高炉截面上两料线下降不均匀，呈现一边高、一边低的固定性炉况现象，即小高炉两料线的差值为 300mm，大高炉为 500mm，就称为偏料。造成偏料的原因有：

（1）由于高炉炉衬的侵蚀不一致，侵蚀严重的一侧边沿的气流较强，其他地方的煤气较弱，这样就造成炉料的下降不均；

（2）边缘管道行程或炉墙结厚、结瘤致使下料不均，造成偏料；

（3）大钟中心线偏离高炉中心线，或炉喉钢砖损坏脱落，造成炉料沿炉喉截面圆周方向分布不均；

（4）布料器长期不转，或根本就没有布料器的小高炉容易发生偏料。

偏料的征兆：

（1）两料线经常相差（300～500mm），容易发生装料器料满或大钟关不严的现象；

（2）风口工作不均匀，低料面的一侧风口发暗，有升降，易挂渣、涌渣；

（3）炉缸脱硫效果差，炉温稍一下行，生铁含硫就会升高，炉渣的流动性也会变差；

（4）风压波动且不稳定，炉顶压力经常出现向上的尖峰，炉顶温度各点的差值也较大，在料面低的一侧温度高，料面高的一侧温度低；

（5）$CO_2$ 曲线歪斜不规则，最高点移向中心。

偏料的处理方法：

（1）凡能修复校正的设备缺陷（如大料钟中心线与高炉中心线不同心、布料器不转、风口内有残渣堵结），应及时修复校正；

（2）在设备缺陷一时难以修复，上部调剂无效时，可在低料线的一侧改小风口或长风口，以减少该处的进风量，在高料面侧改用大风口；

（3）由于炉型变化而造成的偏料，可适当降低冶炼强度，结合洗炉或控制冷却水温差来消除；

（4）如果是非永久性原因造成的偏料，在上部可设法采取向低料线的一侧集中布料，以减轻偏料程度，把料面找平；

（5）管道行程造成的偏料，要首先消除产生管道行程的因素，采取坐料的方法来破坏管道，同时在赶料线时可找平料线。

**B　低料线**

在生产中，往往由于崩料、悬坐料或设备故障等不能正常上料，造成低料线作业。使操作料线低于规定料线 0.5m 以上时就称为低料线。

低料线作业对高炉的危害很大。低料线作业时，矿石得不到正常的预热和还原，布料紊乱，造成煤气流分布失常，大大降低了煤气能量的利用；同时使炉顶温度升高，易于损坏炉顶设备。某些高炉的炉缸冻结、炉墙结厚或结瘤等事故多是由于长期低料线作业造成的。因此，在日常操作中要严禁低料线作业。

发生低料线时，可做如下处理：

（1）因原燃料供应中断或上料设备故障，估计 1h 内不能恢复时应立即减风，待上料系统正常后再恢复风量。如果只是断矿，可以先上几批焦炭（批数不宜大于 3 批），而后补回矿石。当减风到 50% 以上时，料线仍探不明（大于 3m），且亏料原因仍未排除，应立即组织出渣、出铁，出尽渣铁后休风。

（2）由于炉况失常造成的低料线，可适当减风赶料线。在赶料线时，应考虑到炉温是否有基础，如炉温不足，可适当减焦炭负荷或加空焦来补充炉缸热量或疏松料柱，防止因赶料线过快而导致悬料。待料线赶至正常，炉况稳定后，再逐步把风量恢复上去。

## 8.5　高炉严重失常炉况的预防与处理

当一般失常炉况得不到有效制止，炉况的进一步恶化就发展到严重的失常阶段，给生产造成巨大损失。

### 8.5.1　崩料和连续崩料

炉料突然塌落的现象称为崩料，连续不止一次地崩料称为连续崩料。崩料是高炉内煤气流和炉料相对运动激化的表现。连续塌料会影响矿石的预热和还原，特别是下部的连续塌料，会直接吸收炉缸大量的热量，使炉缸急剧向凉，甚至会造成其他的恶性事故。

#### 8.5.1.1　崩料

A　崩料的原因

（1）原燃料质量恶化、强度变差造成粉末增多，使料柱的透气性变差。

（2）边缘过重或管道行程。

（3）偏料和长期低料线作业而导致的煤气流分布紊乱和炉温的大幅度波动。

（4）在炉温不足时，炉渣碱度偏高。

B　崩料的主要征兆

（1）料线出现停滞、塌落现象，其曲线极不规则。

（2）风压、风量不稳，剧烈波动，接受风量能力变差。

（3）顶压剧烈波动，出现向上尖峰，并逐渐变小。

（4）炉温波动，严重时铁水温度显著下降，风口工作不均匀，有挂渣、涌渣现象，放渣困难。

C 崩料的处理方法

（1）炉热引起的，可减煤直至停煤，也可以撤风温或减氧。

（2）炉凉引起的，可酌情减风，在崩料消除前切忌加风温，要适当地加入一些空焦，以疏松料柱，防止炉冷。

（3）临时可以缩小料批，减轻焦炭负荷，采取疏松边缘的装料制度，严重时可加入适量净焦。

### 8.5.1.2 连续崩料

A 连续崩料的原因

（1）中心或边沿煤气流过分发展或产生管道而没有及时调剂。

（2）炉热或炉凉的进一步发展。

（3）严重偏料和长期低料线作业所引起的煤气流分布紊乱和炉温的大幅度波动。

（4）炉衬严重结厚或高炉结瘤造成高炉操作炉型不规则，又得不到及时处理。

（5）原燃料质量恶化，强度变差造成粉末增多，严重恶化了高炉料柱的透气性。

（6）炉渣碱度偏高（大于1.4），而炉温又偏低，甚至出现炉凉。

B 连续崩料的征兆

（1）料线出现连续的停滞和塌落现象。

（2）风压、风量曲线急剧波动，呈锯齿状；顶压也剧烈波动，出现向上尖峰。

（3）崩料严重时料面塌落很深，使炉缸温度降低，生铁质量下降，渣流动性变差，风口工作不均，部分风口挂渣、涌渣甚至灌渣。

（4）上部管道崩料时，上部静压力波动大；下部管道崩料时，下部静压力波动大。

（5）如因边沿负荷过重或管道行程引起的崩料，则风口不宜接受喷吹燃料。

C 连续崩料的处理方法

（1）立即减风到能够制止崩料的程度，使风压、风量均达到平稳。

（2）对于煤气分布失常引起的崩料，可视炉温酌情处理。炉温充足时可撤风温30~50℃；炉温不足时，可补加适当的轻料或焦炭，既能起到提炉温的作用，又能疏松料柱的透气性。

（3）对于炉温过低引起的崩料，不容许加风温或减风温，只能减风量来使风压降到正常水平。

（4）对于炉墙结厚或结瘤而引起的崩料，可采用疏松边沿的装料制度，以保证炉况顺行，同时使大量的煤气流冲刷结厚或结瘤部位。

（5）对于原燃料质量差引起的崩料，可加强原燃料的筛分，降低入炉粉末，改善料柱的透气性。

（6）连续崩料现象消除前，严禁加大喷煤量或提高风温；崩料现象消除后，炉温回升，下料正常，再逐步恢复风量，不能操之过急。

## 8.5.2 悬料

炉料停止下降称为悬料。悬料也是炉况失常过程中的一种中断性现象，是高炉由顺行转为难行的标志。它可以按部位分为上部悬料、下部悬料；还可以按形成原因分为原燃料粉末大、炉凉、炉热、煤气流失常等引起的悬料。

#### 8.5.2.1　悬料的征兆

（1）炉料停止下降，风口前焦炭呆滞甚至不动。

（2）悬料前风压慢慢上升，风量逐步减少，顶压也相应减少；悬料后风压急剧上升，风量和顶压随之自动减少，严重时两者趋近于零。

（3）顶温和炉喉温度上升且波动范围小，严重悬料时，顶压趋近于零，炉喉温度下降很快。

（4）上部悬料时，上部压差过高；下部悬料时，下部压差过高。

#### 8.5.2.2　悬料的原因

上部悬料的原因：

（1）煤气流分布失常，气流通道突然被炉料堵塞；

（2）原燃料粉末大，料柱的透气性差，高炉的冶炼强度与透气性不相适应；

（3）炉墙结厚或结瘤；

（4）高炉偏料或连续崩料而炉温向热时。

下部悬料的原因：

（1）焦炭强度差粉末多，大量的焦粉进入成渣带引起炉渣黏度的增大；

（2）送风制度不合理，炉缸工作不均匀，初始气流分布不合理，加减风温不适当，造成高温区的软熔带上下波动或成渣带的下移；

（3）渣碱度偏高，渣的流动性差，成分不稳定（$MgO < 3\%$、$Al_2O_3 > 20\%$）；

（4）出铁出渣时间延迟，炉缸内积存的渣铁量过多，造成炉缸的透气性变坏；

（5）高炉长时间慢风或休风后送风，也容易造成悬料；

（6）当燃料比很低，软熔带位置过分下移，其下缘与炉芯之间的活动焦炭区太窄，妨碍了向风口燃烧区顺利地供应焦炭，由此而引起的悬料。

#### 8.5.2.3　悬料的处理

（1）悬料初期可减风 $10\% \sim 20\%$，如果炉温有基础，可适当减少喷吹量，降低风温，增加湿分，停止富氧，争取炉料不坐而下。

（2）如果是上部悬料时，可立即改高压为常压；如果是下部悬料时，应立即减风。

（3）由于炉温高而造成热悬料时，立即停氧、停喷煤或降风温（一次性降风温 $50 \sim 100℃$），使煤气体积减小，但要注意适时地恢复风温；如果是炉凉引起的，可适当减风。

（4）如果是由于原燃料粉末大而造成的悬料，可适当发展边缘，改善料柱的透气性，也可采取降低冶炼强度的方法来解除悬料，待炉况转顺后再恢复风量和正常料制。

（5）坐料后料线仍不能自由活动，可把料线赶到正常后进行二次坐料，但送风的风压要较前次低些，严禁用"大风顶"的蛮干操作，两次坐料的时间间隔在 $20 \sim 30min$。

（6）在多次坐料无效时，可采用高炉与鼓风机同时放风；或将风放到底，开启热风炉废气阀；或休风、倒流休风坐料；或打开渣口、铁口进行适当喷吹后再放风坐料。

（7）对于炉温过低且炉渣碱度又偏高而造成的悬料，应谨慎处理。绝不能采取盲目提高风温的办法来解决，如此时提高风温，将使煤气体积增大，进一步促使悬料。应采用减风的办法以谋求不坐自塌。如果仍不能塌下，就应该采取坐料的方法来消除悬料，但必须在出尽渣铁后再坐料，严防风口灌渣，坐料时一定要密切注意风口变化，如有风口涌渣应及早回风。

（8）悬料消除后，复风应按风压操作，不可超过透气性指数的极限范围。

### 8.5.3 炉缸大凉与炉缸冻结

当炉温向凉而未能及时制止，炉温继续向凉发展，这时不仅炉温很低，炉渣的流动性极差，炉况的顺行也遭到破坏，炉况变成大凉。大凉进一步发展，炉缸处于凝固或半凝固状态，渣铁不分，从渣口和铁口均不能放出渣铁，称为炉缸冻结。处理以上炉况难度大、时间长，给生产带来严重的损失。

#### 8.5.3.1 大凉及炉缸冻结的征兆

（1）渣铁温度急剧下降，生铁含硅明显下降，硫明显上升，炉渣变黑，铁水火花多而密集、跳跃低，最后放不出渣、铁。

（2）大凉时渣温、铁温虽低，但仍可以流动；而炉缸冻结时，渣铁不分，已成凝固或半凝固状态，难以从渣口和铁口流出。

（3）风口暗红，工作不均，出现大量生降，个别风口挂渣和涌渣，甚至自动灌死。

（4）风量、风压不稳，风压升高，风量减少，风量和风压曲线呈锯齿状，当发展到炉缸冻结时，高炉不进风，顶压、顶温极低，高炉的冷却水温度普遍降低。

#### 8.5.3.2 大凉及炉缸冻结的原因

（1）原燃料质量恶化，粉末增多而焦炭负荷较重，而未及时调节，导致炉温急剧向凉。

（2）连续崩料或严重管道行程未能及时制止，使得大量的未还原甚至是生矿直接进入炉缸，吸收炉缸大量的热量。

（3）长期的低料线作业处理不当，炉料分布失常，煤气的热能和化学能未能充分利用。

（4）冷却设备大量漏水，未能及时发现和隔断漏水源。

（5）在炉温较低的情况下，无计划地长时间休风，造成了炉缸内的渣铁冷凝。

（6）炉瘤及炉墙黏结物脱落进入炉缸，吸收炉缸大量的热量，造成炉缸热量的额外支出。

（7）炉渣碱度偏高、稳定性差、熔化性温度高，在炉缸温度不足时，已熔化的渣铁二次凝结，形成炉缸冻结。

#### 8.5.3.3 大凉及炉缸冻结的处理方法

处理大凉及炉缸冻结的关键在于能使高炉能够接受风量，以便使净焦和轻负荷料下达炉缸后能提高炉缸温度，将凝固的渣铁熔化。如果是由于漏水原因造成的，应及时处理和更换冷却设备。

(1) 要及早加入足够数量的焦炭和轻负荷料,其数量应等于或大于炉缸体积。

(2) 停煤、停氧,必要时将风量减到风口不灌渣为限的最低水平。

(3) 当渣口、铁口被凝结时,可用氧气由渣口、铁口向上烧开其上方的凝结物,并使其与风口相通,将熔化下来的冷渣铁从渣口、铁口排出。

(4) 当渣铁口及部分风口均被冻结,可选择一个渣口或风口作为临时排放口,形成一个"小活区",然后逐步向外扩展。打开离此最近的一个或几个相邻的风口,并与排放口沟通,使燃烧、熔化、出渣铁的过程能连续、稳定地进行下去。正确选择临时排放口是处理冻结的关键。首先,应以铁口为主;铁口不行,则改用渣口或风口。用渣口或风口出铁时,要将它们的小套、二套卸下,装上砖套。渣口区域要用氧气烧出一个大空间,使渣口和风口相连通,必要时添入一些焦炭、铝块或食盐等发热剂和助溶剂,然后送入较小风量,一点点地熔化凝结的渣铁。此时,一定要组织好炉前力量,尽可能快、尽可能多的排放渣铁。

(5) 随着"活区"的逐步扩大,应适量的恢复风口和风量。当一个或两个风口工作一段时间后,随着冷凝渣铁向铁口方向的逐步熔化,优先扩展铁口方向上的风口,使风口能和铁口熔化连通,渣铁能从铁口流出,这是一个重要的突破。在此过程中,一定要谨慎,杜绝盲目性扩风口。开风口时只能在工作风口的相邻两侧,每次开 1~2 个风口,待所开风口工作正常,无涌渣、挂渣和烧坏风口的危险后,再考虑开新风口。

(6) 随着风口的增多,加强出渣、出铁的工作更为关键,不能因炉外工作而影响到炉内,否则将会前功尽弃。

(7) 随着炉内冶炼空间的逐步扩大,适当增加风量,加快对凝结物的熔化,待全部风口都能正常工作后,炉况顺行,全风作业,炉温充沛时,将炉渣碱度降至下限,采用清洗炉缸的必要措施,做到稳妥、成功。

### 8.5.4　高炉结瘤

高炉炉墙结厚或结瘤是已经熔化的液相又重新凝结的结果。它是高炉生产中严重的炉况失常,它严重地破坏了高炉的顺行,影响了高炉的生产技术指标。

#### 8.5.4.1　炉墙结厚

炉墙结厚可视为结瘤的前期表现,也可以作为一种炉型畸变现象。它是黏结因素强于侵蚀因素,经长时间积累的结果。在炉温波动剧烈时,也可在较短的时间内形成。

A　炉墙结厚的表现征兆

(1) 高炉不顺,不宜接受风量,应变能力差。当风压较低时,炉况基本平稳;当风压偏高时,易出现崩料、管道和悬料。

(2) 煤气分布不稳定,煤气利用变差;改变装料制度后,达不到预期的目标;上部结厚时,结厚部位的 $CO_2$ 曲线升高;下部结厚常出现边沿自动加重。

(3) 结厚部位的冷却水温差及炉皮表面温度均下降。

(4) 风口工作不均匀,风口前易挂渣。

B  炉墙结厚的原因

(1)原燃料质量低劣、粉末多,造成高炉料柱的透气性差。

(2)长期的低料线作业;对崩料、悬料的处理不当;长期的堵风口作业,或长期休风后的复风处理不当。

(3)炉顶布料不均,造成炉料在炉内的分布不均匀。

(4)炉温的大幅度波动,造成软熔带根部的上、下反复变化。

(5)造渣制度失常,使炉渣碱度的大幅度波动。

(6)冷却器大量漏水。

C  炉墙结厚的处理

(1)初期结厚可发展边沿气流,来冲刷结厚部位,同时要减轻负荷,提高炉温。

(2)对于渣碱度高引起的炉墙结厚,在保证炉况顺行的前提下,降低碱度或加一定数量的酸料。

(3)控制结厚部位的冷却水,适当降低该部位的冷却强度,提高其冷却水温差。

(4)结厚部位较低时,可采用锰矿、萤石、均热炉渣、氧化铁皮或空焦洗炉。

### 8.5.4.2  结瘤

炉墙结厚未能制止,或遇炉况严重失常时发展为炉瘤。

A  炉瘤的表现征兆

(1)炉况顺行程度大大恶化,高炉不宜接受风量,透气性变差,不断发生崩料、管道和悬料,煤气分布失常,生铁质量下降。

(2)结瘤方位的料线下降慢,料线表面出现台阶,有偏料、停滞、崩料和埋住料线等现象。

(3)结瘤方位的炉墙温度和冷却水温差明显下降,但在该部位下方的炉料疏松,煤气过多,炉墙温度反而升高。

(4)炉缸工作不均匀,经常偏料,结瘤方位的风口显凉甚至涌渣。

(5)炉尘吹出量大幅增加。

B  炉瘤形成的原因

(1)原燃料质量低劣、粉末多、软化温度低,或低温粉化严重时,在高炉操作中操作制度与原燃料条件不相适应。在炉料中粉末过大,炉料的透气性指数下降,应适当地控制冶炼强度,防止过吹。但实际上操作者只为了片面地追求产量,强求加风,忽略顺行,造成悬料、崩料及管道行程。随之而来的便是送风制度和热制度的剧烈波动,造成成渣带的上下波动,使炉墙产生结厚,最后形成炉瘤。

(2)高炉煤气流分布不合理,大量的熔剂落在边缘。

(3)在炉渣碱度偏高时,炉温波动易将渣铁挂结在炉墙上。

(4)冷却强度过大或冷却设备漏水,易将已软化的渣铁凝结到炉墙上。

(5)碱金属在高炉上部炉墙上富集。

C  炉瘤的处理

炉瘤一经确认后,一般采用"上炸下洗"的方法处理。

(1)洗瘤。下部炉瘤或结瘤初期可采用强烈发展边缘的装料制度和较大的风量,来促使其在高温和强气流作用下熔化。如果炉瘤较顽固，则应加入均热炉渣、萤石或集中加焦等来消除。但注意要保证炉况顺行、炉温充沛，渣碱度放低，尽量全风作业。

（2）炸瘤。上部或中上部结瘤如靠洗炉效果不明显或无效时，应果断休风炸除炉瘤。

1）在炸瘤作业中最关键的是弄清炉瘤的位置和体积，以便确定休风料的安排与降料线的深度。

2）装入适当的净焦、轻负荷料和洗炉料；然后降料线至瘤根下面，使瘤根能完全暴露出来，休风后用泥堵严风口。

3）打开人孔，观察瘤体的位置、形状和大小，来决定安放炸药的数量和位置。

4）炸瘤时应从上而下，常见的炉瘤一般是外壳硬、中间松，黏结最牢的是瘤根，应先炸除。如果先炸上部，将会使炸落的瘤体覆盖住瘤根，不能彻底驱除瘤根。

5）炸下的炉瘤在炉缸内要经过一段时间才能熔化，在这段时间内要保持足够的炉温。所以，在复风后可根据所炸下的瘤量，补加足够的焦炭，以防炉凉；同时可加一些洗炉料，促使熔化物排出炉外。

D　炉瘤的预防

（1）严格贯彻"精料"方针，改善原燃料的理化性能及冶金性能，降低各种碱金属含量及有害杂质的入炉，降低渣铁比，减少入炉石灰石量。

（2）加强入炉料的筛粉工作，降低入炉粉末，改善料柱的透气性。

（3）稳定高炉的操作制度，防止炉温、炉渣碱度的大起大落，减少或杜绝悬料、崩料、低料线及管道行程的发生。

（4）要勤检查高炉冷却水的变化情况，发现漏水时要及时处理，以维护好合理的操作炉型。

（5）尽量避免长时间的无计划休风，对长期的休风一定要加足焦炭，保证炉温，这样才能为快速复风创造条件。

（6）当出现炉身温度降低，煤气曲线不正常，长时间低料线以及长期休风时，应强烈发展边缘气流，或以萤石、均热炉渣等及时洗炉。

（7）要注意控制冷却强度，使水温差不超过允许值范围。

## 复习思考题

8-1　高炉操作的任务是什么，通过什么方法实现高炉的操作任务？
8-2　高炉有哪几种基本操作制度，根据什么选择合理的操作制度？
8-3　什么叫炉况判断，通过哪些手段来判断炉况？
8-4　如何选择合理的热制度、造渣制度、送风制度和装料制度？
8-5　怎样保证炉缸热制度和造渣制度的长期稳定？
8-6　怎样用直接和间接方法来判断炉况？
8-7　失常炉况如何分类，采取什么措施可以预防炉况失常？
8-8　炉凉且炉渣碱度又偏高时，对高炉有什么危害，应如何处理？
8-9　低料线作业有何危害，应如何处理？

# 9 高炉炉前操作

## 9.1 炉前操作指标

### 9.1.1 炉前操作的任务

炉前操作的任务归纳起来主要有：

（1）密切配合好炉内操作，按时出尽渣、铁，保证炉况顺行。

（2）维护好"三口"（渣口、铁口和风口）及炉前机械设备（泥炮、开口机、堵渣机和炉前行车）；维护渣铁沟、撇渣器，检查渣铁罐。

（3）风口、渣口及其他冷却设备的检查与维护。

（4）保持风口平台、出铁场、渣铁罐停放线、高炉本体各平台的清洁等。

炉前操作是保证高炉正常生产的重要环节，出尽渣铁是炉缸正常工作的必要条件。炉前操作的好坏直接影响高炉炉况的稳定、顺行。如不能按时出尽渣铁，炉缸的容铁量有限，当铁水液面接近或超过渣口甚至风口时，风渣口将被烧坏，甚至发生渣口爆炸事故，迫使高炉休风；铁口维护不好，如铁口长期过浅，将导致炉缸冷却系统烧穿，造成重大恶性事故，不但影响高炉正常生产，而且还会缩短高炉一代寿命。从顺行上看，炉缸是高炉内一个重要的"加工厂"，它必须有一定的工作空间，否则将会恶化炉缸料柱的透气性，使得风压升高，料速减慢，甚至出现崩料、悬料等现象。所以炉前操作要与高炉操作密切配合，千方百计减少炉外事故。

### 9.1.2 炉前操作的指标

（1）出铁正点率。正点出铁次数与总出铁次数之比称为出铁正点率，即：

$$出铁正点率 = \frac{正点出铁次数}{实际出铁次数} \times 100\%$$

出铁正点率是按时打开铁口及在规定的时间内出净渣铁。若出铁晚点会使渣铁出不净，易造成铁口过浅且难以维护，从而影响到高炉的顺行和安全生产。

（2）铁量差。铁量差是指按下料批数计算的应出铁量与实际出铁量之间的差值与应出铁量之比值，即：

$$铁量差 = \frac{nT_{批} - T_{实}}{nT_{批}} \times 100\% \qquad (9-1)$$

式中　　$n$——两次出铁间的装料批数，批；

　　　　$T_{批}$——每批料的理论出铁量，t/批；

　　　　$T_{实}$——本次实际出铁量，t。

铁量差是衡量铁水是否能出尽的标准，也是衡量出铁操作好坏的标志。铁量差数值越小，表示出铁越干净、越正常，有的单位要求铁量差不大于 10% ~ 15% 。

（3）铁口深度的合格率。铁口深度的合格率是指合格的铁口深度次数与实际出铁次数之比值，即：

$$铁口深度合格率 = \frac{铁口深度正常次数}{实际出铁次数} \times 100\%$$

铁口深度合格率是衡量铁口维护好坏的标志，其数值越大，表示铁口越正常；反之，铁口长期不合格、铁口过深，将导致出渣铁时间的延长，过浅则使铁口泥炮破坏严重，易发生出铁事故或酿成炉缸烧穿或出铁"跑大流"、卡焦、喷焦等事故。同时，铁口角度也应固定。这对于保持出铁量稳定，保持一定的炉缸死铁层厚度和一定的铁口深度，都有重要作用。随着冶炼时期的变化，可适当增加铁口角度。

正常铁口深度是以铁口区炉墙厚度来确定。高炉有效容积越大，铁口区炉墙越厚，铁口就越深（见表 9 - 1）。

表 9 - 1　铁口深度与高炉有效容积的关系

| 高炉有效容积/m³ | ≤350 | 500 ~ 1000 | 1000 ~ 2000 | 2000 ~ 4000 | 4000 |
| --- | --- | --- | --- | --- | --- |
| 铁口深度/m | 0.7 ~ 1.5 | 1.5 ~ 2.0 | 2.0 ~ 2.5 | 2.5 ~ 3.2 | 3.0 ~ 3.5 |

（4）上下渣量比。仅适用于设有渣口而且放上渣的高炉。上下渣量比是指每次出铁的上渣量和下渣量之比。它是指一次铁从渣口放出的上渣量和从铁口放出的下渣量之比，其比值应大于 3 ∶ 1 。

上下渣量比是衡量渣口渣放得好坏的指标，计算方法：

上下渣量比 = 上渣量/下渣量

设　每次铁的总渣量 $= AT_{铁}$；上渣量 $= AT_{铁} -$ 下渣量；下渣量 $= (0.6\pi d^2 h/4 - T_{铁}/\gamma_{铁})\gamma_{渣} + t_{铁} A$。

$$上下渣量比 = AT_{铁}\gamma_{渣}/(0.6\pi d^2 h/4 - T_{铁}/\gamma_{铁})t_{铁} A - 1 \qquad (9 - 2)$$

式中　$A$——渣铁比，t/t；

　　　$T_{铁}$——每次出铁量（两次铁之间装料批数 × 每批料出铁量），t；

　　　0.6——炉缸容铁系数，一般取渣口中心线至铁口中心线之间炉缸容积的 50% ~ 70%，开炉初期取较小值，炉役后期取较大值；

　　　$d$——炉缸直径，m；

　　　$h$——渣口中心线至铁口中心线距离，m；

　　　$\gamma_{铁}$——铁水密度，取 7.0t/m³；

　　　$\gamma_{渣}$——熔渣密度，取 2.5t/m³；

　　　$t_{铁}$——流铁期间的产量（即打开铁口起至堵铁口止的期间内装料批数 × 每批料的出铁量），t。

提高上下渣量比不仅可减轻铁口负担，有利于维护铁口，而且有利于稳定风压和料速，从而有利于稳定炉况。

## 9.2 出铁操作

### 9.2.1 出铁口的构造

出铁口是高炉铁水流出的通道，它由铁口框、保护板、铁口框架内砌耐火砖套和泥套构成，如图9-1所示。

出铁口设在炉缸下部的死铁层之上，是一个通向炉外的孔道。在出铁过程中，铁口孔道和泥炮接触高温的液态渣铁会被渣铁侵蚀，同时受到从铁口出来的煤气流的冲刷。铁口能否维护正常深度，完全靠出铁堵泥后所形成的泥炮层和渣皮来维护，因此要求泥炮的泥必须耐渣铁的冲刷。有水炮泥因含有一定量的黏土，因导热性不好且有水蒸气排出，易变形和产生裂缝，会导致泥炮裂断，使铁口变浅。渣中的CaO和泥炮中的$SiO_2$、$Fe_2O_3$反应生成低熔点化合物，使炮泥失去强度，铁口孔道变大。无水炮泥为中性耐火材料，不与熔渣起化学反应，利于铁口维护，能保证铁口深度，满足生产要求。图9-2所示为正常生产时的铁口泥炮断面。

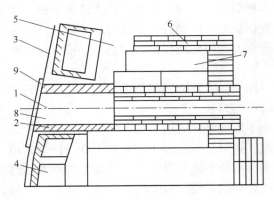

图9-1 出铁口的构造
1—铁口通道；2—铁口框架；3—炉壳；4—冷却壁；
5—填料；6—炉墙砖；7—炉缸环砌炭砖；
8—泥套；9—保护板

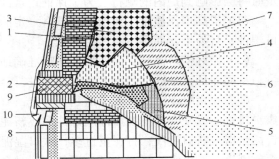

图9-2 正常生产时的铁口泥炮断面
1—残存的炉墙砌砖；2—铁口孔道；3—炉墙渣皮；
4—旧泥炮；5—出铁时泥炮被渣、铁侵蚀的变化；
6—新泥炮；7—炉缸焦炭；8—残存的炉底砌砖；
9—铁口泥套；10—铁口框架

### 9.2.2 铁口工作条件

铁口的工作环境恶劣，长期受高温渣铁的侵蚀和冲刷。一般情况下，高炉投产后不久，铁口前端部位的炉衬一部分被渣铁侵蚀，在高炉的中、后期这种侵蚀更严重。在整个炉役期间，铁口泥炮和该部位的渣皮始终保护着铁口。为了适应恶劣的工作环境，保证铁口正常安全的工作，提高铁口砖衬材质是十分重要的。砌筑铁口砖衬的耐火材料应具有：良好的抗碱性、抗氧化性、抗渣性、耐剥落性、耐铁水溶解性和耐用性。同时要重视堵口泥的质量。堵口泥是一种贵重泥料，其配置有严格要求，在炉前存放使用有特殊要求。堵口泥对于炉前操作，犹如高炉原料对于高炉操作一样重要，不容疏忽。

（1）熔渣和铁水的冲刷。打开铁口以后，铁水和熔渣在炉内煤气压力和炉料有效重力以及渣铁本身静压力的作用下，快速流经铁口孔道，将铁口孔道冲刷成喇叭形。

（2）煤气流对铁口的冲刷。在出铁过程中，当渣铁基本出尽时，有大量的高温煤气会从铁口喷出，有时还夹带一些小焦块，对铁口造成严重的冲刷。

（3）熔渣对铁口的化学侵蚀。炮泥中的酸性氧化物（$SiO_2$、$Al_2O_3$）和熔渣中的碱性氧化物（$CaO$）发生化学反应，生成低熔点化合物，使炮泥中的黏土溶解，铁口扩大。如果炉渣的碱度高且流动性越好时，这种化学侵蚀就越强，铁口的安全系数就越小。

（4）风口循环区对铁口的磨损。由于风口前存在一定大小的循环区，渣铁在循环区的作用下，反复漩涡搅动，使铁口泥炮受到一定程度的磨损，但这种作用很小。

（5）炉缸内焦炭的沉浮对铁口泥炮的磨损。在出铁过程中，随着炉缸内渣铁量的减少，风口前的焦炭逐渐下沉填充，堵上铁口后，随着炉缸积存渣铁量的增多，焦炭又逐渐上升，焦炭的这种上、下运动，也将不同程度地磨损着铁口处的泥炮。

### 9.2.3　铁口维护

铁口维护就是保证铁口能形成坚固的泥炮和铁口有足够的深度。出铁口是炉缸结构中最薄弱部位。正常的铁口深度应该是铁口部位炉墙厚度加炉皮的 1.2 ~ 1.5 倍。高炉每天从铁口流出大量的渣、铁，如果铁口维护不好，将引发一系列卡焦炭、跑大流等事故，严重时将会影响到炉内的顺行。为了保证正常的铁口深度，应做好以下几方面工作：

（1）提高炮泥质量。要求炮泥具有一定的耐火度、耐炉渣侵蚀、耐高温、强度好、有可塑性，且易干，而干后不产生裂纹。

（2）做好铁口泥套。泥套能使炮嘴准确地对准和插入铁口，不跑泥，保证铁口的打泥量，从而保证正常铁口的深度。泥套要进行经常性的修补。

（3）稳定打泥量。打泥量适当且稳定，有利于形成坚固泥炮。打入的炮泥与炉缸中的焦炭接触形成硬壳并向铁口四周延伸形成新泥炮。如果打泥量过少，不利于铁口泥炮的增长甚至造成铁口过浅；打泥量过多，铁口湿泥多，水分不能及时蒸发，受高温的铁水加热而急剧汽化，出铁时易产生开炮现象，同时会破坏泥炮，使铁口变浅，出铁孔道扩大，易发生铁口难堵或跑大流现象，严重威胁炉前的安全生产。

（4）按时出尽渣铁。出尽渣铁后，炉缸内铁口区域无液态渣铁，打入的炮泥被炉内焦炭阻碍从而均匀地贴在铁口周围的炉墙上和旧有泥炮上，利于维持和增长铁口深度。出不尽渣铁时，打入的炮泥可能漂浮或被液态渣、铁冲刷而消失掉，不利于铁口深度的维护。

（5）全风堵铁口。全风堵铁口时，炉内才能具有足够的压力，使打进的炮泥受到一定的阻力向四周扩展，较均匀附着在铁口四周炉墙上，形成坚固的泥炮。反之，如果炉内的压力不大，打入的炮泥不能向四周扩展，形不成泥炮。

（6）维持适宜的铁口角度。铁口角度是指出铁时铁口中心线与水平线之间的角度。在高炉冶炼过程中，随着时间的延长，高炉炉底逐渐被侵蚀，死铁层厚度降低，下渣量增加，严重危及高炉的安全生产。因此，铁口要保持一定的角度利于维持死铁层厚度，利于炉底的保护和渣铁的出净。铁口的适宜角度取决于炉缸和炉底的侵蚀程度，随着炉龄的增加，铁口角度也要随之增加，在一代高炉炉役中铁口角度的变化见表 9 - 2。

表 9 - 2　一代高炉炉役中铁口角度的变化　　　　　　　　　　（°）

| 炉龄期 | 开炉 | 一 年 以 内 | 中期 | 后期 | 停炉 |
|--------|------|-------------|------|------|------|
| 铁口角度 | 0 ~ 2 | 5 ~ 7 | 10 ~ 12 | 15 ~ 17 | 18 |

（7）勤放上渣。通过放上渣，来减少下渣量，可以减少渣铁对铁水口的压力和炉渣对铁水口的机械磨损及化学侵蚀。

（8）保持正常的铁口直径。铁口直径的大小直接影响渣铁流的大小和速度，孔径过大则渣铁流量过大，会造成炉台跑铁或下渣过铁等事故。

### 9.2.4 出铁操作

出铁操作就是按时打开铁口，出净渣铁和堵好铁口。及时出净渣铁有利于改善料柱透气性，有利于炉况顺行。

#### 9.2.4.1 出铁前的检查工作

（1）检查铁口泥套是否合格和完整，如发现有缺口，应及时修补。

（2）检查泥炮是否装满泥并进行试运转，如发现异常及时处理。

（3）检查开铁口机运转是否正常，如发现异常应及时处理。

（4）检查渣铁沟是否畅通，发现有残渣铁应及时清理，保证渣铁能顺利流入罐内。

（5）检查撇渣器是否烤干，制作质量是否合格，撇渣器上凝结壳是否清理。

（6）检查炉前配罐情况：渣铁罐是否对正，渣铁沟嘴是否完好，罐中是否有杂物。

（7）检查出铁各道工序的工具准备是否齐全。

（8）检查渣铁沟和沟嘴是否破损，发现破损应及时修补，防止渣铁外漏。

（9）检查冲渣水水压、水量是否正常。

（10）检查出铁所使用的工具是否烤干，杜绝用潮湿工具接触铁水，以防放炮。

#### 9.2.4.2 出铁操作

A 开铁口

（1）开铁口时间的确定。出铁时间必须正点，应根据产量及炉缸容积来确定出铁时间。

（2）铁口直径大小的确定。可根据炉容及炉内压力来确定铁口直径大小，炉容大、压力高的铁口直径应小些，反之亦然；可根据炉温高低来确定铁口直径大小，炉温高时，铁水流动性差，铁口直径应大些，反之亦然；还可根据铁口深度来确定铁口直径大小，铁口浅时，铁口直径小些，反之亦然。以上铁口直径大小的控制，是通过调整开铁口钻头直径来实现。

（3）开铁口时，应将钻头对准铁口泥套的中心，否则会把铁口钻偏，影响堵口和铁口深度，甚至烧坏铁口框架、铁口附近的冷却壁及炉皮。

（4）当钻头钻进一定深度，已钻到红点时，退出钻头，用圆钢引流，否则会烧坏钻头。

（5）有时铁口泥芯太硬或泥芯内渗入铁水凝结，以致不能钻入，应用氧气按铁口角度烧开。

B 出铁过程中应注意事项

（1）严禁用有潮湿铁口出铁，否则会发生铁口喷溅，危及安全。

（2）开铁口时钻杆要直，孔道要外大内小。为了保护钻头，不应用钻头直接钻透。

（3）出铁过程中，应注意观察铁水流量大小。如发现铁水流量大、流速快时，应加高、加固渣铁沟两侧，必要时采取减风、减压或放风堵口措施，防止渣铁外溢；如铁口被焦炭堵塞以致流量变小或断流，应用圆钢捅铁口，使铁流能按时出净。

（4）铁口深度过浅，应注意出铁中突然喷溅或跑大流，要及时高压转常压、减风或放风以免引起事故。

（5）出铁时砂坝不能铲得过低，以免铁水涌入渣沟。

（6）出铁时要观察撇渣器工作情况，发现撇渣器不畅时，应用圆钢捅动，使其脱落物能及时流出。

（7）炉前使用的工具要烤干，防止发生爆炸。

（8）渣铁罐不能放得太满，一般要求渣铁液面不能高于可熔液面以下 300mm。

（9）出铁时严禁铁口过喷，铁口过喷会喷出大量焦炭，易造成高炉滑尺，损失炉缸热量，破坏铁口泥炮，增加炉前劳动强度。

C　堵铁口

在正常出铁时，当渣铁出净，铁口见喷后，要进行堵铁口操作。

启动泥炮各装置后，将转炮对准铁口，用压炮将铁口压严后，开始打泥堵口。打泥量可根据铁口深度打入，铁口深时增量，浅时减量。

堵铁口时应注意事项：

（1）堵口前应将泥炮检查试转，发现异常，争取在堵口前处理完毕，不能影响堵口。

（2）堵口前应将铁口处沉积残渣清理干净，以保证泥炮炮嘴与铁口泥套严密接触，争取防止堵口跑泥。

（3）堵口前应烤热泥炮头，以免堵口时开炮。

（4）铁口浅时堵口，退炮时间要适当延长，退炮后要及时装泥，以防铁口化开。

（5）起炮后，要对炮头打水冷却，但不能打水过量，防止流入炮内或铁沟内，以免放炮。

（6）使用有水炮泥时，堵铁口后至少 5min 后才能退炮；使用无水炮泥时，堵口后应经过 40~50min 后才能退炮。铁口浅或渣铁未出净时，退炮时间更需慎重。

（7）开泥炮要稳，不冲撞炉壳，压炮要紧，打炮要准，打泥量要稳定。

### 9.2.4.3　铁口失常及事故处理

在高炉生产中，由于铁口维护不好，铁口泥炮破坏，铁口工作得不到保证，将会引发各种事故，影响正常生产（见表 9-3）。

表 9-3　铁口事故的现象、原因及处理办法

| 项　目 | 现　象 | 原　因 | 处 理 办 法 |
|---|---|---|---|
| 出铁口难开 | 开口机钻不动铁口，甚至出现钻杆变弯或钻头磨损脱落 | （1）炮泥硬度太大，配比不合理；<br>（2）渣铁未出净，带铁堵口，泥芯夹有凝固的渣铁 | （1）改变炮泥制作的配方；<br>（2）用氧气烧铁口；<br>（3）出净渣铁适当喷吹铁口 |

| 项 目 | 现 象 | 原 因 | 处 理 办 法 |
|---|---|---|---|
| 出铁跑大流 | 打开铁口后，铁流量偏大，流速急剧增加，远远超过正常铁流，渣铁越过渣铁沟，漫上炉台 | (1) 铁口过浅，泥套破损，未能及时修补；<br>(2) 泥炮质量差，抗冲刷和侵蚀能力差；<br>(3) 潮铁口出铁，铁口内爆炸，使孔径扩大；<br>(4) 连续出不净渣铁，炉内积存渣铁过多 | (1) 铁口浅时，应缩小铁口孔道直径；<br>(2) 改善泥炮质量；<br>(3) 铁流大时，应适当减风、放风，甚至停风；<br>(4) 严禁潮泥出铁 |
| 铁口自动跑铁 | 没开铁口而铁水自动从铁口流出，开始量小，后续逐渐增大 | (1) 泥炮质量差；<br>(2) 炉内压力较高；<br>(3) 渣铁连续排不净；<br>(4) 打泥压力低，打泥量不够 | (1) 提高泥炮质量，加强铁口维护；<br>(2) 铁口自动化开，应立即减风，将铁口堵上，具备出铁条件及时出铁；<br>(3) 渣铁排不净，应减风控制 |
| 铁口连续过浅 | 铁流流量和流速过大，堵口时泥炮漂浮，泥炮得不到修补 | (1) 泥炮质量差；<br>(2) 出渣铁工作紊乱，渣铁不能及时出净；<br>(3) 炉前操作失误，铁口孔道过大；<br>(4) 设备不正常；<br>(5) 潮湿铁口出铁 | (1) 提高泥炮质量；<br>(2) 渣铁连续出不净要及时减风；<br>(3) 严格铁口操作规程；<br>(4) 堵铁口上方风口，改常压出铁；<br>(5) 烤干铁口，或改小钻头 |
| 铁口过深 | 渣铁流量偏小，出铁时间延长 | (1) 打泥量过多；<br>(2) 高炉小风操作或铁口上方风口堵塞 | (1) 根据铁口情况适当控制打泥量；<br>(2) 铁口过深时，开铁口应注意勿使钻杆损伤泥套 |
| 铁流过小 | 铁流细小，用钢钎又捅不开，由于铁水已经流出，又不能用氧气烧，出铁时间延长 | (1) 开铁口时没有钻到红点，铁水从泥炮缝隙中流出；<br>(2) 开眼机设备不正常；<br>(3) 操作经验少 | (1) 可采用闷炮操作（注意：闷炮易造成跑大流事故，因此，在闷炮前要有一定的准备）；<br>(2) 堵铁口，掏出新泥，重新开铁口 |
| 泥炮烧坏 | 由于堵不上铁口，使泥炮炮嘴烧坏 | (1) 铁口过浅，孔道过大，铁水跑大流；<br>(2) 泥炮嘴使用时间过长 | (1) 人工堵铁口；<br>(2) 慢风或休风处理更换泥炮嘴 |
| 出铁放炮 | 在开通铁口的瞬间即喷出大量火星 | (1) 铁口潮湿；<br>(2) 冷却设备漏水 | (1) 铁口烤干后出铁；<br>(2) 加强冷却设备检查，发现漏水及时更换 |
| 堵不住铁口 | 堵口时，炮泥打尽也未能将铁口堵上，被迫放风重新装泥堵口 | (1) 泥套破损与炮嘴接触不严；<br>(2) 堵口时，铁口附近有残渣未清理，阻碍泥炮堵口 | (1) 铁前认真修补泥套；<br>(2) 堵口时把铁口处残渣清理干净 |
| 铁水流出后又凝结 | 铁水流出一段时间后，铁流变得越来越小，最后凝结 | (1) 铁口过深，孔道过小，铁口从泥炮缝隙中流出；<br>(2) 炉温偏低，渣铁温度严重不足 | (1) 适当控制打泥量；<br>(2) 当铁流变小时及时用圆钢捅开铁口，不能等铁流凝结；<br>(3) 采取相应措施，提高炉温 |

### 9.2.5　撇渣器的构造与维护

撇渣器（砂口）是出铁时渣铁分离的设施。撇渣器的主要作用是利用渣、铁水密度不同而使之分离，达到铁沟不过渣，渣沟不过铁，铁流经撇渣器时畅通，使渣铁顺利分离。

#### 9.2.5.1　撇渣器结构

撇渣器的结构如图9-3所示。它是由砂坝、前沟槽、大闸、流铁通道、小井、残铁孔和流铁沟头组成。撇渣器中部的大闸起撇渣作用；前部的砂坝起排渣作用；中间的通道为流铁通道；后部小井是铁流的出口；底部是一放残铁的小孔，便于撇渣器的修补。撇渣器整体由钢板焊接而成，内部由耐火捣打料打制而成。

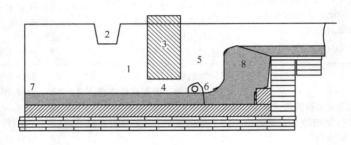

图9-3　撇渣器结构

1—前沟槽；2—砂坝；3—大闸；4—过道孔；5—小井；
6—砂口眼；7—主沟；8—沟头

由于炉渣密度小于铁水密度，炉渣比铁水轻，它总是漂浮在铁水的上面。因此，可利用铁水出口处沟头的一定高度，使大闸前后保持一定平面的铁水，过铁水通道大闸前后，使铁水流经撇渣器前后孔眼，大闸起挡渣作用，把炉渣撇在大闸前面，使其通过砂坝流入下渣沟，从而实现炉渣与铁水的分离。撇渣器尺寸见表9-4。

表9-4　撇渣器尺寸

| 高炉有效容积/m³ | 过道孔 | 大闸 | 小　　井 | | | 砂口眼 | 砂坝 | 存铁量/t |
|---|---|---|---|---|---|---|---|---|
| | 宽×高/mm×mm | 厚度/mm | 上口（长×宽）/mm×mm | 下口（长×宽）/mm×mm | 井深/mm | 直径/mm | 平均宽/mm | |
| 600 | 250×150 | 500 | 350×400 | 300×350 | 500 | 150 | 300 | 4~6 |
| 1000 | 300×180 | 600 | 400×450 | 350×400 | 600 | 200 | 350 | 6~9 |
| 1500~2000 | 450×250 | 800 | 450×500 | 400×450 | 700 | 250 | 400 | 9~12 |

#### 9.2.5.2　撇渣器的操作

（1）出铁前，必须把铁水面上的残渣壳打开，保证铁水能够顺利流过撇渣器。

（2）出铁过程中开始见到下渣时，可适当在大闸前的渣面上撒一层焦粉保温，防止熔渣结壳。

（3）当有一定数量的熔渣覆盖铁水主沟后，才可推开砂坝，使熔渣漫过砂坝流入下渣沟。

（4）出铁结束，经确认铁口堵好后，将砂坝推开，用推耙推开砂口内铁水面上的残渣，然后撒上焦粉或保温剂进行保温。

（5）出铁 20～30min 后，把砂坝处的残渣清理干净，将砂坝制作好并烘烤。

### 9.2.5.3　撇渣器的维护与注意事项

（1）对撇渣器实行定期检查和定期修补。

（2）在修补撇渣器时，必须将撇渣器内存铁放净，将底部和圆周的残铁、残渣清理干净。

（3）捣打或浇注撇渣器衬壁的厚度要大于 250mm。

（4）在使用新撇渣器之前，一定要用木材或煤气将撇渣器烤干。

（5）新撇渣器使用时头几次出铁不能储存铁水，要在第二次、三次出铁后才可，否则会因撇渣器内壁吸收铁水大量热量，而使铁水凝结。

（6）撇渣器的尺寸要选择适当。撇渣器眼过大，易过渣；眼过小，铁水流速过慢，造成铁水溢出主沟而流入下渣沟，发生跑铁或放炮事故。

（7）撇渣器是铁水通过的咽喉，铁水通道必须畅通，才能保证出铁顺利进行。

（8）铁口过浅、铁流量大时，一定要加高砂坝，防止铁水溢出。

（9）开炉、封炉期间的前几次出铁，由于其物理热低、流动性差，易凝结堵死撇渣器。因此，尽量不用撇渣器，待铁温升高后再用。

### 9.2.5.4　撇渣器事故及处理

撇渣器事故原因及处理办法见表 9－5。

表 9－5　撇渣器事故原因及处理办法

| 项　目 | 原　　因 | 处理办法 |
|---|---|---|
| 撇渣器凝结 | （1）炉凉，铁水温度低，流动性差；<br>（2）撇渣器保温不好，出铁时间间隔长；<br>（3）计划休风时间过长，休风后没有排放撇渣器内的铁水；<br>（4）撇渣器结构不合理，造成熔渣进入其内 | （1）炉凉、铁温低时，每次出铁后放净撇渣器存铁；<br>（2）正点出铁，加强保温；<br>（3）休风超过一定时间，要放撇渣器内的铁水；<br>（4）用氧气从前、后通道和底部残铁口三处烧通 |
| 铁水流入下渣沟 | （1）铁水压力大，流速过猛，砂坝低，铁水漫过砂坝或冲垮砂坝；<br>（2）制作砂坝用的砂子湿度不合适，砂子底有凝铁；<br>（3）撇渣器处凝结有残余渣铁没清净，堵塞了撇渣器过道；<br>（4）新做的撇渣器尺寸不合适，过眼太小或沟头高于砂坝底面 | （1）及时减风、减压，同时加高、加厚砂坝；<br>（2）沙子湿度应适宜，松而不散；<br>（3）要清理干净残渣，以防堵塞撇渣器流铁通道；<br>（4）撇渣器尺寸一定要符合实际生产要求；发现铁水流入下渣沟，要及时减风、减压，严重时应放风堵铁口；<br>（5）下渣沟内要挖坑，设置安全事故口 |
| 撇渣器过渣 | （1）撇渣器小井沟头过低；<br>（2）撇渣器大闸侵蚀严重，浸入深度降低 | （1）出铁后垫高沟头；<br>（2）出铁后放净存铁，进行修补 |

续表 9 – 5

| 项　目 | 原　　　因 | 处 理 办 法 |
|---|---|---|
| 撇渣器漏铁 | （1）撇渣器使用时间过长，铁水侵蚀严重；<br>（2）撇渣器检查和修补制度不到位；<br>（3）放残铁孔没堵实，出铁时漏；<br>（4）主沟与撇渣器接口处没打好 | （1）严格落实撇渣器定期的检查与修补制度；<br>（2）一旦发现撇渣器工作异常，要及时放净撇渣器的铁水，进行检查修补；<br>（3）放存铁后，一定要将放铁口周围的残铁清理干净，然后堵实、烤干；<br>（4）选用质量高的耐火材料捣打撇渣器；<br>（5）发现漏铁后，要及时减风堵口，待撇渣器处理后再恢复风量 |
| 撇渣器爆炸 | （1）新修的撇渣器没烤干；<br>（2）撇渣器内没清净，有异物 | （1）新修撇渣器必须烤干后出铁；<br>（2）清净撇渣器内异物；<br>（3）根据情况及时减风或堵口后，待处理后再重新出铁 |

## 9.3　放渣操作

及时放好上渣，有利于改善炉缸料柱透气性，减少炉内压差，有助于炉况顺行。同时，多放上渣可减少下渣量，相应减少炉渣对铁口的侵蚀，有利于铁口的维护。尤其对炉缸小的高炉更为重要。

### 9.3.1　渣口结构

渣口设在炉缸的中下部，由渣口大套、二套、三套和渣口四部分组成，如图 9 – 4 所示。

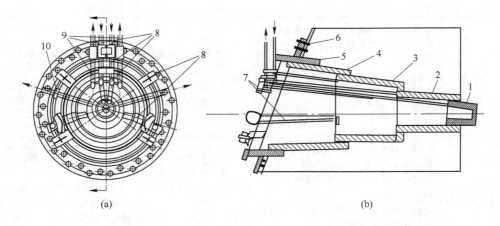

(a)　　　　　　　　　　　　　　　　　(b)

图 9 – 4　渣口结构

1—铜渣口；2—铜三套；3—二套冷却器；4—大套；5—法兰盘；6—铆钉连接；
7，10—支撑挡块；8—冷却水进水管；9—出水管

在渣口装置中，大套与二套不直接与渣铁接触，热负荷较低，故用有螺旋冷却管的铸铁结构。三套和渣口直接与渣铁接触，热负荷较大，故三套和渣口采用导热性好的青铜或

紫铜结构，中间通水冷却。为了更换和安装方便，各套均呈锥形，它们之间的接触面都经过精密加工，使之彼此接触严密，便于更换，减少休风时间。大套和炉缸立水箱之间的缝隙用铁质填料锈结，大套周围有法兰盘。常压下，中小型高炉可用销子固定在炉壳上；高压下，大中型高炉则用螺栓固定。

### 9.3.2 放渣

#### 9.3.2.1 放渣时间的确定及上、下渣量

正常放渣时间是在上次出铁堵铁口后，炉缸中渣铁面开始不断升高，当渣面达到或超过渣口中心线时开始打开渣口放渣。上次出铁后至打开渣口放渣的间隔时间，可根据上料批数和上次出铁情况来确定。如有两个不同高度的渣口，先放低渣口，后放高渣口。

渣口直径必须根据高炉工艺需要选择合理的尺寸，一般渣口直径为 40~60mm，渣量小或高压操作可取下限。渣口直径过大，易喷焦炭，而且易过早出煤气使炉渣放不净；过小，则不能及时把渣放出来，渣面升高。渣流速与渣口大小、炉内压力和熔渣流动性有关，一般渣流速度为 1.3~1.8t/min。

渣口打开后，如果从渣口往外冒煤气或喷火星，说明炉缸内积存渣量还未达到渣口平面，应堵上渣口，稍后再放。

若上、下渣都在炉前冲水渣，不便直接估计放出的渣量，可采用见下渣后的出铁量做指标。见下渣后流出的铁量多，表明上渣放得好；否则相反。一般情况下，见下渣后的出铁量应不大于该次出铁量的 40%，此法受铁口深度和炉缸侵蚀程度等影响较大。

#### 9.3.2.2 放渣与操作

A 放渣前的准备工作

(1) 放渣前，要将渣沟内的残渣清理干净，并将渣沟拨流闸板，用砂叠好。

(2) 检查冲渣水流量和压力是否达到规定要求，检查渣罐是否到位，罐嘴是否破损，罐内是否有杂质、积水，以防罐内放炮。

(3) 检查堵渣机是否灵活、好用，是否能对准渣口中心，否则需校对堵渣机，同时要检查堵渣机塞头，如磨损严重要及时更换。

(4) 检查渣口有无破损，检查渣口和三套接触是否严密，销子是否松动，发现问题及时处理。

(5) 检查放渣工具是否齐全。

B 放渣操作及注意事项

(1) 拔起堵渣机，如果拔不起时，应用大锤轻轻振动后再起，以防将渣口带出；若渣口有凝铁打不开时，应用氧气烧开。

(2) 放渣时，应注意观察渣流量大小，当渣流量变小时要及时用钢钎捅通渣口。

(3) 出渣时，要勤观察和注意渣口变化情况，发现渣口烧坏要立即堵上，待出铁后休风更换。一般情况下，放渣前，渣口损坏时，从渣口中有水流现象；放渣时，若渣口损坏，往往火焰由发蓝色变为红色，渣流表面上有黑色水线或有时有响声。及时发现后一般能堵上渣口，发现不及时则往往不易堵上渣口。

（4）渣口喷溅或渣口带铁时，应堵上渣口后，待一段时间再放，以免烧坏渣口。

（5）在堵渣前要清理干净渣沟两边的残渣，防止堵渣机堵不上渣口。

（6）当炉缸铁水面接近渣口时，或渣口冷却水低于规定值时，禁止放渣。

（7）在做渣口泥套、修补渣沟、更换渣口时，一定要用钢丝绳将堵渣机捆好，防止因堵渣机突然落下，造成安全事故。

（8）如果用钢钎打渣口时，打钢钎的人严禁站在渣沟内或渣口的正面，以防熔渣突然喷出后伤人。

（9）当渣口堵不上时，应酌情减风或人工用堵耙堵上。

### 9.3.3　渣口维护

#### 9.3.3.1　渣口与维护

（1）放渣前，渣口泥套必须完好无损，发现泥套破损后应及时修补，做新泥套时一定要将渣口边沿的残渣铁清理干净，使泥套与渣口接触严密，且与小套下沿平齐，不能偏高或偏低。新做的泥套使用前应烤干。

（2）渣口带铁多时，应勤捅、勤堵、勤放，防止烧坏渣口。

（3）发现渣口损坏应立即堵上，避免事态扩大。

（4）要定期检查渣口各套的连接楔子是否牢固，松动的应打紧，以防渣口松动，造成渣口冒渣事故，或渣口脱出。

（5）在开炉初期或长期休风复风时，由于铁口角度偏小未能达到正常水平，且炉温维持偏高，炉缸工作空间小，渣铁液面高，为了避免渣口事故，因此不宜放上渣。

（6）经常检查渣口冷却水量、水压及水温差情况，保证其足够的冷却强度，如果发现冷却管壁有结垢现象，要及时处理更换。

#### 9.3.3.2　渣口破损的征兆

（1）堵渣机退出后，堵渣机头有水迹。

（2）渣口漏水轻微时，渣口和三套接触面上有水迹。放渣前，提起堵渣机后，有细小水流从渣口泥套流出；或用钢钎伸进渣口内探察，钢钎有水迹。

（3）渣口漏水严重时，液流面上有水渣，带铁多时，有铁水小火星进出，并发出小的放炮声，渣口冷却水出水管出现白色水线；渣口排水管排水时喘气，进出水温差偏大。

（4）放渣时，渣口火焰发红。

（5）放渣时，渣流表面有黑色水线。

### 9.3.4　放渣事故及处理

#### 9.3.4.1　渣口堵不住的原因及采取的措施

A　渣口堵不住的原因

（1）堵渣机塞头与渣口对不准。

（2）渣口与三套接触面上没有清理干净，有残渣铁。

（3）渣口泥套破损，堵渣机塞头不能正常进入。

（4）堵渣机塞头变形，不规则，与渣口接触不严，有缝隙。

**B 渣口堵不住应采取的措施**

（1）修理校正堵渣机，使堵渣机能够灵活、准确地堵上。

（2）清理干净渣口与三套接触面上的残渣铁。

（3）对泥套要进行检查和修补，确保泥套完整，并在泥套做好后进行试堵，以求泥套合适。

（4）放渣前，要认真检查塞头，对磨损严重的要及时更换。

（5）渣口堵不上时，可根据实际情况减风或人工用堵耙堵上，严重时可放风，将堵渣机堵上，尽管不严，但可减少往外流渣量，用冷却水强制将熔渣冷却凝固，然后再处理。

### 9.3.4.2 渣口爆炸的原因及采取的措施

**A 渣口爆炸的原因**

（1）连续出不净渣铁，操作上又未减风控制冶炼强度，造成炉缸内积存的渣铁量过多，渣铁面上升甚至超过渣口水平面引起爆炸。

（2）炉缸工作不活跃，炉缸堆积严重，在渣口附近有积铁存在，放渣时渣口过铁造成爆炸。

（3）渣口漏水未能及时发现，放渣带铁过多，遇水发生爆炸。

（4）高炉在中修开炉初期或长期休风后复风时，炉底凝铁增厚，铁水面升高，烧化渣口或三套发生爆炸。

（5）当炉温低或炉缸冻结未完全消除时，放渣时渣中过铁，烧漏渣口引发爆炸。

**B 渣口爆炸应采取的措施**

（1）连续出不净渣铁时，应根据炉况实际及时减风，控制下料速度，避免炉缸内积存大量渣铁。

（2）发现渣口破损应立即堵口，尽快组织出铁，出铁后休风更换。

（3）由于某种原因不能正点出铁时，应视炉况及时减风，以减少炉缸内积存大量渣铁。

（4）在大、中修或长时间休风开炉后，为防止渣口小套或三套过铁放炮，应等待炉缸工作转入正常后再使用渣口，或可采用卸掉渣口套改用耐火砖砌筑而成的临时渣口放渣，待炉况转入正常后，再使用渣口。

（5）对发生的渣口爆炸事故，要立即减风、放风或休风，尽快组织出铁，出铁堵口后，积极组织人员进行抢修，以缩短休风时间。

### 9.3.4.3 渣口小套拔出或冒渣

**A 渣口小套拔出或冒渣的原因**

（1）堵渣机在堵口时，由于冲力过大，堵渣机塞头与渣口接触太紧，拔堵渣机时，速度过快，拉力过猛，堵渣机连同小套一齐拔出，焦炭和熔渣随之从三套喷出。

（2）在更换渣口时，由于没有把渣口套与三套接触面间的残渣铁清理干净，使得渣口套与三套接触不严密，熔渣从渣口套和三套之间的缝隙流出，烧坏渣口套或三套。

（3）由于操作不当，在更换渣口时，未将渣口安装到位，造成渣口松动或渣口小套与三套接合不严密。

（4）渣口小套的固定销子松动，未能及时发现及时处理。

B　渣口小套拔出或冒渣应采取的措施

（1）拔堵渣机之前，先用大锤轻轻振松后，再提堵渣机。

（2）加强对堵渣机的检查与维修，堵渣机的堵口压力过大时会把渣口带出，过小时却堵不上渣口，所以堵渣机堵口压力应当适宜。

（3）更换渣口之前，必须把渣口小套与三套接触面之间的残渣铁清理干净，将小套安装到位，确保渣口小套与三套之间配合严密。

（4）勤检查渣口小套固定销，发现松动及时将销子打紧。

（5）当渣口拔出或冒渣时，应根据实际情况减风，尽快组织出铁，待出铁后休风进行处理更换。

#### 9.3.4.4　渣口自行流渣

A　渣口自行流渣的原因

（1）高炉长期边缘煤气流过分发展。

（2）高炉熔渣的流动性特好。

（3）堵渣机或堵钯拔出过早，渣口小套端头的冷凝渣壳太薄。

B　渣口自行流渣应采取的措施

（1）发现熔渣自动流出，应立即堵上渣口。

（2）不要过早地拔起堵渣机或堵钯。在拔出后发现渣壳黄红色，表示渣壳薄，应及时堵上；渣色黯黑，表示渣壳厚，可不用再堵。

（3）当熔渣流动性好时，要放渣及时，拔起堵渣机应谨慎。

#### 9.3.4.5　渣口连续烧坏

A　渣口连续烧坏的原因

（1）炉缸工作不活跃，炉缸堆积，渣口前端有铁水积聚，放渣时渣口过铁造成渣口连续烧坏。

（2）炉缸煤气流分布失常，边沿气流过分发展，造成渣铁分离不好，渣中带铁现象严重，接触渣口引起烧坏。

B　渣口连续烧坏应采取的措施

（1）更换渣口时，在渣口小套前端烧出一个小坑，装入少量食盐后添上泥炮，然后把小套安装好。食盐起稀释熔渣的作用，可消除渣口前的堆积物。泥炮可暂时保护渣口小套不与铁水接触，防止渣口烧坏。

（2）出铁前先将渣口打开，用氧气往里深烧一些。放渣时要用钢钎勤捅渣口，使渣流大一些，渣流越小，越容易烧坏渣口。

（3）采用锰矿、均热炉渣、萤石或焦炭热洗炉缸，使炉缸工作均匀、活跃、热量充沛，堆积消除，从根本上消除渣口的连续破损。

### 9.3.4.6　渣口三套、二套或大套烧坏

A　渣口三套、二套或大套烧坏原因：

(1) 渣口泥套做得过高，放渣时渣流击中泥套高处，反溅到二套上部；

(2) 泥套损坏仍继续出渣，渣中带铁经损坏部位渗漏，接触渣口三套、二套或大套时，将其烧坏。

B　渣口三套、二套或大套烧坏应采取的措施

(1) 泥套制作合格，经常保持完好；

(2) 发现烧坏时，根据情况停止此渣口出渣，并关闭其冷却水，然后组织休风更换。

## 9.4　开炉、停炉、封炉和复风的炉前操作

### 9.4.1　开炉炉前操作

#### 9.4.1.1　烘炉前的操作

(1) 搞好炉内的清理工作，把炉底的泥浆、废料和杂物全部清理干净。

(2) 炉内清理干净后，安装铁口烘炉煤气导出管，以利于炉缸的烘干及送风后炉缸的加热。

煤气导出管构造。煤气导出管是由直径为 159mm 的钢管制作而成，其长度为炉缸半径加炉墙厚度，再延长至伸出铁口外约 500mm。

铁口煤气导出管结构如图 9 - 5 所示。

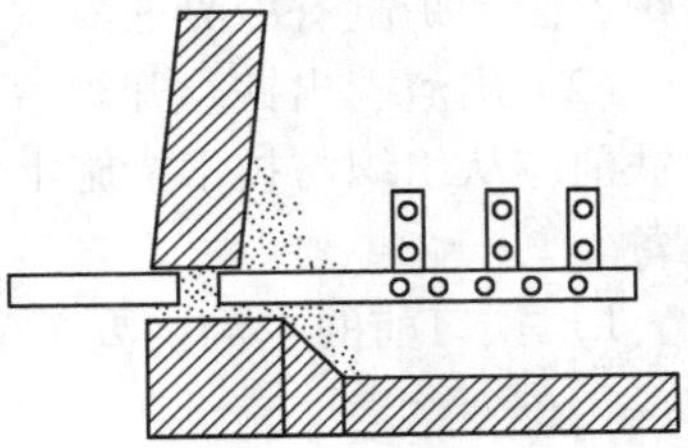

制作煤气导出管注意事项：

图 9 - 5　铁口煤气导出管结构

1) 制作导出管的高度应小于风口二套直径，以便能通过二套将导出管送入炉内安装；

2) 为了使大量煤气导出，在导出管周身钻多个直径 10 ~ 30mm 的进气孔；

3) 为了防止开炉料落入导出管，影响煤气导出，可在导出管进口处安装伞形帽，安装工作要在炉内进行；

4) 铺设导出管应略倾斜，炉内段较高、外段低，以利开炉后熔渣流出。

导出管的作用：

1) 在热风烘炉时，通过导出管可排出部分热风，以利于炉底和铁口区的烘干；

2) 在开炉送风后，通过导出管可排出部分煤气，以利于炉缸下部快速加热，液态渣铁滴落和开第一次铁口；

3) 可根据导出管喷出物的多少，来确定炉缸内的渣铁量。

(3) 铺设铁口泥炮。安放导出管时，要将导出管放于铁口中部，使导出管中心线与铁口中心线一致，在其炉内部分用支架固定，用炮泥或耐火捣料填充铁口与导出管之间的缝隙；然后再用同样的炮泥或耐火捣料把炉内铁口周围制作成泥包。铁口泥包的形状近似半球状，厚度约为 1m，它是用来保护铁口区或铁口区域的炭砖，要求泥炮厚度加铁口通道长度要大于铁口的正常深度。

#### 9.4.1.2　送风前操作

送风前应进行下列操作:

(1) 安装全部风口小套及直吹管,并检查安装是否严密,防止送风后跑风、漏气;

(2) 必须落实风口系统和渣口系统的备品、备件是否到位;

(3) 加强炉前操作工对炉前新设备的熟练程度,做好各设备试运转;

(4) 对炉前所使用的各种工具必须准备、齐全,要求每班所备工具在二套或三套以上;

(5) 对渣沟、铁沟、铁水流嘴、砂坝、撇渣器等进行烘干;

(6) 把铁口外部的导出管割断,做好铁口泥套,以便等铁口流出渣时能顺利将铁口堵上。

#### 9.4.1.3　送风后及出渣、出铁操作

喷吹渣铁口和出渣、出铁是送风后炉前的主要工作:

(1) 喷吹渣铁口。喷吹时间决定于开炉炉缸填充方法。如果用填充木材法开炉,到达炉缸的焦炭是红热的,对加热炉缸有利,渣铁口的喷吹时间就可适当短一些,一般 2~3h 就可以。用添焦法开炉时,炉缸的焦炭是冷的,应利用喷吹铁口,将高温煤气导向炉缸,促使炉缸加热,因此时间应长一些,最好喷到铁口见渣为止。大型中修不清理炉缸的高炉开炉,因为炉缸有冷凝的渣铁,也应多喷吹铁口。

(2) 出渣、出铁。开炉后的第一次铁能否顺利流出,是整个开炉工作的重点。因此,出铁前应从组织与技术措施上做好铁口难开、流速过小或过大、铁口冻结等多方面的充分准备。

1) 铁口前的主沟内要放置一些木材,来点燃从铁口导出管喷出的煤气,防止煤气中毒。

2) 在喷吹过程中,随着时间延长,从喷出的煤气中带有一些熔渣,可用圆钢钎捅入引流,直到有熔渣连续流出时,可打入少量炮泥将铁口堵住。

3) 炉的第一次出铁时间要根据开炉料情况和送风以后下料批数来确定。一般达到正常许可容铁量的 1/2 左右就可以出第一次铁,约在 20h 以上。死铁层越深,出第一次铁的时间越晚。

4) 用氧气烧铁口时,铁口角度要尽量的小,要先水平往里烧,当烧进铁口正常最大深度后开始向上烧。烧铁口时应避免中断,应用二套或三套氧气交替进行。

5) 当铁水流出后,要勤捅铁口,使铁水保持流畅。出铁完毕堵口时,打泥不必过多,以能堵上铁口为宜。

6) 由于铁水温度不足或流动性较差,出铁后,要及时将撇渣器存铁放空,防止撇渣器凝结。

7) 第二次的出铁出渣与第一次相同,直到渣铁温度和流动性都正常后为止。

### 9.4.2　封炉及复风的炉前操作

#### 9.4.2.1　封炉前的准备工作

(1) 在封炉前几天就应将铁口角度适当地增大,尤其在休风前的最后几次出铁时,

在增大铁口角度的同时，还要扩大铁口的孔道，以确保渣铁能够出净。

（2）出铁时间以休风料到达指定位置时且出完铁后执行。

（3）在最后一次铁堵口时，堵口打泥量不要求过多，只需把铁口孔道填满。

（4）出铁后，要将撇渣器放空。

### 9.4.2.2 休风后炉前操作

（1）休风后，要详细检查风口、渣口及所有冷却器是否漏水，对漏水的要及时更换，确认不漏水后，将冷却水水压减至最低。

（2）对炉体必须进行严格密封。即卸下直吹管，将风口三套堵好泥后，在二套前砌砖，并用灰浆封严；取出渣口小套后堵泥，在渣口三套前砌砖并用灰浆封严。

### 9.4.2.3 复风前炉前操作

（1）拆去风口二套前的密封砖及风口三套内的堵泥，并检查各风口是否有漏水迹象。

（2）对暂不送风的风口用炮泥堵严、堵牢固，保证在送风后不能自动吹开；对送风风口，要将风口内冷的残渣铁扒除，或用氧气将其烧除，直至见到焦炭为止。

（3）拆去渣口三套前的砌砖，清除三套内的堵泥，扒出或用氧气烧除其中冷凝的渣铁，直至见到焦炭，然后装上渣口小套。

（4）开铁口时，铁口前 1m 左右可人工或用开口机水平钻出，然后可用氧气水平烧铁口，烧入深度以见到焦炭为止。

（5）对于空料线、未出残渣铁而中修后的高炉，复风前最好将炉缸内的残余炉料和杂物清除干净，安设好铁口导出管、制作铁口泥炮后，进行烘炉，其操作与开炉相同；相反，如果不清理炉缸内的残余物，复风时须从铁口上方邻近的两个风口至渣口，分别清理成一个空间，添入新焦炭后送风。这种复风难度较大，达到正常生产的时间也较长。

（6）根据休风时间长短并参照扒开风口、渣口和铁口所见的情况，如果焦炭见红，说明炉缸具备一定热量基础，可选择从铁口出铁的操作；相反，如果炉缸热量严重不足或炉缸几乎冻结，要采取以渣口为临时出铁口的操作。

（7）在制作临时出铁口时，先卸下渣口小套和三套，将其区域内的残渣铁清理干净，形成一个较大空间；然后用氧气把渣口上方的风口与渣口烧通，添入部分食盐、铝锭或新焦炭，用炮泥将渣口处堵好；最后用炭砖或黏土砖仿照渣口三套大小制作成临时出铁口。

（8）以渣口为突破口，逐步向铁口方向扩展，直至全面恢复。

送风后的炉前操作与开炉时的工作一样。

## 9.4.3 中修、大修停炉炉前操作

### 9.4.3.1 出残铁前准备工作

为了便于炉底施工，在大修停炉时要将留存于炉底被侵蚀的残铁放出，残铁放得越净，对大修工期越有利。而中修高炉一般不放残铁。

（1）选择残铁口位置。选择残铁口位置的方法有两种：确定炉底侵蚀深度和确定残铁口位置。

确定炉底侵蚀深度，对于没有炉底温度测量装置的高炉来说，确定炉底侵蚀深度，只能根据生产实际经验，如铁口角度的大小、下渣量多少、炉底冷却壁水温差及基础的损坏情况等来估计其侵蚀深度。对于炉底有热电偶的高炉，可根据测得的温度进行计算，将计算的结果进行分析，定出炉底侵蚀程度，残铁口的位置是按炉底侵蚀程度而定的。

其次利用计划检修机会，在休风后期使炉缸冷却壁停水 4h 以后，按炉缸圆周划分若干区，每区从上到下按高度划分若干平面，用表面温度计测量各区各平面的炉壳温度。炉底已侵蚀段和未侵蚀段的炉壳温度有明显差异，若测点较密，可测出已侵蚀段和未侵蚀段炉壳温度转折点的高度，即可选出残铁口的高度。从测量记录还可推定径向侵蚀情况，若侵蚀最严重的方位无构筑物妨碍出残铁工作，即可选出残铁口的方位。越临近停炉日期，此法测得的结果越准确。不休风及冷却壁不停水时也可测量，但准确性差。测量时还必须有煤气安全措施，以防煤气中毒。

残铁量 $T_{残}(t)$ 可用式（9－3）估算：

$$T_{残} = \pi/4 d^2 h \gamma_{铁} K \qquad\qquad (9-3)$$

式中　$d$——炉缸直径，m；

　　　$h$——炉缸侵蚀深度，m；

　　　$\gamma_{铁}$——铁水密度，取 $7t/m^3$；

　　　$K$——系数，在 $0.4 \sim 0.65$ 之间，侵蚀严重时，取较大值。

（2）准备足够的盛残铁罐及连接出残铁口至盛残铁罐的溜槽。溜槽可用 10mm 厚的钢板焊制，底部砌黏土砖二层，两侧各砌砖一层，然后再铺沟料衬垫。残铁罐及溜槽均须烘干，保持整洁。

（3）清理好出残铁场地，搭好一个出残铁平台，架设好残铁溜槽。

（4）装设并供应照明、煤气、压缩空气、氧气、烧氧气用管材等，准备出残铁用工具。

### 9.4.3.2　出残铁操作

（1）出残铁可以在休风前进行，也可在休风后进行。

（2）关闭残铁口所在位置冷却壁的进出水，并用压缩空气将冷却壁内的余水吹出。然后将该冷却壁拆除，沿切口清除暴露出来的炭捣料，清除的深度要求为 150 ~ 200mm。再用炮泥将所清出的空间填满，制作出一个残铁口泥套。残铁口泥套的出铁口孔道应成水平。为了防止残铁从炉壳处渗漏，要将泥套外端与炉壳对齐，下口要覆盖残铁溜槽至炉壳的接触处，泥套内端与炉底砖紧密接触，把炉壳与冷却壁之间、残铁口泥套与炉底砖之间所有的缝隙均用泥炮或耐火捣料填实，确保万无一失。

（3）把残铁口泥套、残铁溜槽烘干，以防放炮。

（4）在最后一炉铁出完之后，即可用氧气烧残铁口。如果烧入深度超过该处炉底中心仍无残铁流出，说明所选择残铁口的位置偏低，须另选出残铁口位置。为了能利用原先搭好的溜槽，新的残铁口位置应在原处向上提高。

（5）对于休风前出残铁的关键是：必须准确地确定残铁口位置，恰当掌握烧开残铁口的时机。此时正好是料线降至风口、残铁正好出净，然后休风停炉，这是最理想的结果。

### 9.4.4 炉前事故处理

#### 9.4.4.1 直吹管烧穿

A 直吹管烧穿原因

（1）直吹管内衬捣打料配方不合理，或制作时违反规程要求，使得内衬不耐用、易脱落。

（2）直吹管前端钢圈因高温变形、烧坏。

（3）喷枪长度、角度不合适，喷枪与直吹管交叉处裂缝，交叉处捣料脱落，喷枪口结焦变形，喷吹燃料烧坏直吹管。

（4）铁口不能及时打开，渣铁液面上升至风口，烧坏风口及直吹管。

B 烧穿处理

（1）对检查发现局部发红有烧穿危险的直吹管，要及时进行打水冷却，防止扩大。

（2）对已经烧穿的直吹管，应立即改常压，停止喷吹燃料，放风，使风压减到最低即不灌渣为止。

（3）迅速打开渣口、铁口排放渣铁，待出铁后休风更换。

（4）对烧穿的直吹管，如打水仍不能制止烧穿面的扩大，不得不紧急休风，以避免大量炽热炉料喷出，造成事故。

#### 9.4.4.2 风口灌渣

A 风口灌渣原因

（1）高炉在炉缸堆积、炉凉或炉缸冻结时，由于高炉出现憋风、悬料或设备故障，须减风、放风或休风时，容易造成风口灌渣。严重时，如炉缸冻结前期，随着风量的逐步减少，风口自动灌渣。

（2）由于时间过长或连续未出净渣铁，炉缸内积存有大量的渣铁，高炉在放风或突然停风时，就会造成风口大面积灌渣。

B 风口灌渣处理

（1）由于炉缸堆积、炉凉等原因，炉缸温度不足，风口前大量挂渣、涌渣，严重时流入风口及直吹管内。此时应在该直吹管处打水，将涌入的渣冷凝在直吹管中，避免流入弯头或更高处，待出铁后休风更换处理时能减轻处理难度。

（2）在休风后风口灌渣，应站在风口窥视孔盖的侧面迅速将窥视孔盖打开，让渣流出，防止流入弯头以上，增加处理难度。等渣流停止后，往直吹管内打水使渣凝固，然后卸下直吹管及已灌入渣的弯头，清理掉风口、直吹管及弯头内的渣，并用少量炮泥将风口堵上。若风口内有凝铁不易清理时，可用氧气烧除。

（3）若风口、直吹管和弯头内有铁水灌入凝死，形成一体不能分开卸下，可将悬挂弯头的楔铁卸掉，或用氧气烧掉弯头法兰螺栓，或用氧气烧风口内凝铁等办法将其分开卸下。

（4）将灌渣直吹管、弯头卸下后，将备用直吹管和弯头换上，以尽量缩短休风时间。如果没有备用直吹管和弯头，只能抓紧时间处理被灌的直吹管、弯头。

C　风口大量烧坏或个别风口连续烧坏

a　风口烧坏原因

（1）风口制作质量差，或结构不合理。

（2）入炉焦炭质量差，或焦炭质量在炉内劣化严重，使炉内粉焦积聚，炉缸堆积，风口烧坏。

（3）上、下部调剂长期不当，风量过大，动能过大，与边缘过重的装料制度，经常性的高炉温、高碱度操作等因素一起造成边缘堆积。

b　风口烧坏处理

（1）迅速停止该风口喷吹燃料，在风口外面打水冷却，安排专人监视，防止风口烧穿。

（2）为减少向炉内漏水，应立即控制该风口的冷却水量，力争减水到风口明亮，以免风口粘铁，延长休风时间。

（3）换风口时，应将风口前的凝结物清理干净或用氧气烧除，并在风口前端掏出一个空间，用泥炮填塞空间的上部，防止焦炭塌落，影响更换时间。

（4）安装风口时，一定要将风口三套安装到位，要与二套接触严密，防止漏风。

## 复习思考题

9-1　炉前操作的任务是什么？

9-2　怎样维护好出铁口，出铁口的合理深度是多少？

9-3　炉前操作有哪些主要指标，各项指标有何意义？

9-4　正常出铁的操作与注意事项是什么？

9-5　有哪些常见的出铁事故，如何预防和处理？

9-6　严重炉凉和炉缸冻结对炉前操作有哪些要求？

9-7　常见的渣口事故有哪些，如何预防和处理？

9-8　大修、中修开炉的炉前操作有哪些特点？

# 10 高炉特殊操作

高炉开炉主要包括：开炉的准备工作、开炉配料计算、开炉的炉内操作。

开炉是高炉一代寿命的开始，它直接影响着高炉投产后能否在短期内达产、达效，同时它也是影响高炉使用寿命的关键。新开高炉实际上是一个静态与动态相互转换的启动过程，它牵涉面很广，不容许有任何漏洞。开炉对整个高炉系统的工作要求都很高。这是因为高炉开炉时炉内冶炼过程从无到有，正常冶炼状态，特别是热平衡处于刚刚建立的时候，此时炉内热储备几乎没有，如果由于某种原因造成高炉减风或者休风，极易产生炉凉事故，或者炉缸冻结，频繁休风还会造成炉墙结厚，对生产危害极大。所以，开炉必须要求各方面工作都准备到位。要开好炉、保证开炉顺利要做好以下工作：

(1) 人员培训；

(2) 设备试车；

(3) 烘炉（热风炉和高炉）；

(4) 高炉内部、外围各系统设备、公辅设施工作正常；

(5) 开炉点火前，原燃料，备品，备件，规程等准备到位；

(6) 开炉料计算及高炉装料；

(7) 开炉炉内操作。

## 10.1 开炉准备工作

### 10.1.1 设备验收及试车

试车的范围主要为运转设备。试车的目的就是要把问题尽量暴露在投产之前，并认真解决。试车可分为单体试车、小联动试车及系统联动试车；又分为空负荷试车和带负荷试车。试车顺序是由单体到系统联动；由空负荷联动试车到带负荷联动试车。只有带负荷联动试车成功后才能开炉生产。联动试车的前提是各设备系统、三电控制系统、动力控制系统、安全保护装置等要安装完毕并检验合格，现场清理干净，所用工具准备到位，岗位工作人员培训合格，制定合理试车方案。

(1) 鼓风机、水泵及电器设备在安装完毕后，应进行不少于8h的试车，只有合乎规定要求后才能验收。

(2) 炉顶装料系统、槽下上料系统试车。炉顶装料系统、槽下上料系统试车目的主要是测试槽下上料系统各皮带、闸门、振动筛、槽下称量、探尺、炉顶液压系统、布料器、无料钟炉顶各阀门、旋转溜槽有钟炉顶的大小钟及主卷扬系统等设备性能是否符合设计标准要求，运行控制系统是否能按程序自动进行工作。开炉前要求设备进行不少于72h的连续试车。

(3) 热风炉系统试车。目前，新建高炉的热风炉大多采用计算机控制，试车共分为几个阶段：现场手动单体试运转、中控室联动试运转、全自动运转、模拟送风及燃烧控制过程。

1）现场手动单体试运转主要目的是为了了解设备各项性能指标能否符合使用要求，尽早发现并处理设备存在的机械、电气、控制方面的故障。

2）中控室联动试运转主要目的是为了检验各设备之间的机械、电气连锁是否合理、可靠，掌握设备在实际运行中的各项参数，对连锁条件、自动控制程序、各参数设定做进一步调整。

3）全自动运转、模拟送风及燃烧控制过程主要目的是为了改进和完善自动控制程序，达到设计要求，以实现真正意义上的三电一体化。

若热风炉没有采用计算机控制系统，只进行单试车和联动试车。

（4）试水。高炉整个冷却系统的各种冷却器、风口、渣口及管道、热风炉的热风阀及烟道阀均要按试水标准，即各部水量和水压是否达到规定标准；各进出水管网是否畅通，不向炉内漏水，也不向炉外漏水；各水槽是否畅通，不向外溢水等标准，进行连续8h 的通水试验。如果各冷却器均达到标准，即可通过验收。试水时，要求检查人员应按规定内容、顺序和方法进行检查，对每个水龙头的进出水状况都要查清，对检查要有详细的记录。

试水方法是先将各冷却器阀门关闭，将水龙头接至配水器，并打开配水器下面的泄水阀门，先将管道内杂物冲洗干净；然后关上泄水阀门。从炉缸开始，逐个打开冷却器阀门，将水引入各个冷却器，直至最上层冷却器为止；逐层检查；全部通水后，再检查供水能力与总排水是否畅通。

开炉前，还要对冷却系统水量进行调整，目的是使冷却设备各子系统的流量满足设计要求。调试方法是：对于开路系统，调节进水阀门，控制各支系统的流量，满足设计要求；对于软水闭路循环系统，水量的调整是利用退水阀门进行调节，进水阀门全开，控制退水阀门达到设计要求。先调整总系统流量、压力、流速；然后调整各支系统流量、压力、流速。

（5）试压。高炉炉体、热风炉及煤气系统是由大量的钢结构焊接而成，特别是炉体部分，开孔较多，施工焊接难度大。由于现在新建高炉基本都是高压设计，因此投产前，必须对高炉本体、热风炉、送风系统、煤气系统及其管道、阀门、波纹管等项目进行气密试验和耐压试验。各项指标达到标准或者是设计要求后，高炉才能投产点火。

高炉的气密试验主要是检查高炉、送风系统、管道及阀门是否严密。试压是在高炉烘炉期进行，高炉本体和煤气系统试压一并进行。试压应在设备试车、验收完毕的前提下进行。试压操作如下：

1）关闭炉顶、煤气管道和除尘器的各类放散阀。

2）打开煤气切断阀。

3）炉顶料罐下密封阀打开，上密封阀关闭，料流阀开（有钟炉顶关闭大钟）。

4）倒流阀关，混风大闸，混风阀开。

5）气密箱通氮气。

6）关闭高炉及热风管道灌浆门。

7）热风炉处于休风状态。

8）通知风机送风，关炉顶放散阀，并缓慢加风到所要求水平。

高炉烘炉初期炉顶压力较低，先进行大泄露检验；在高炉烘炉的第一保温阶段，进行气密性试验。第一阶段大泄漏要求顶压较低；第二阶段耐压试验顶压要提高到要求最高设计顶压，并要求保压一定时间；在气密性试验期间，要用肥皂水泄漏检查，并做好标记及记录，漏点在休风后进行处理，试压要求重复进行多次，直到没有泄漏点。

在高炉和煤气系统进行气密试压时，调节顶压用高压阀组进行。高炉的气密试验压力一般要求以设计顶压进行（有的厂不要求达到顶压水平）。热风炉试压同样要经过气密试验，还要经过耐压试验，但是热风炉耐压试验的风压要比气密性试验的风压高很多，一般要求达到设计冷风压的水平。

热风炉系统及冷风管道气密试压，利用鼓风机房的风，关闭热风炉各阀门，仅用充压阀充压到所需的压力即可，并用肥皂水进行气密试验、泄漏试验检查。一般是经过三个阶段：第一阶段是先在较低压时试热风炉系统有无大泄压之处。如有，则停下风机处理。第二阶段是在第一阶段基础上适度提高风压，继续试压，看还有无明显泄漏之处。如没有，则再开始用肥皂水对各部位进行检查，特别要重点检查上次泄漏处理过的泄漏点。第三阶段是继续提高风压到要求水平，重点对第二阶段检查出来泄漏点处理过的地方进行检查，对检查出来的全部泄漏点降压处理。确认泄漏点全部处理完后，再进行上述的同样方法检查和处理，直至该炉无泄漏点。

热风炉三个阶段气密试验全部检查结束后，耐压试验以气密试验同样的方法和要求对热风炉用充压阀进行升压，并要维持一定的压力再对热风炉用肥皂水检查泄漏情况。如有漏点休风处理，而后再升压、保压、检漏、处理。如此往复升压到最高要求，直至没有漏点，热风炉回到休风状态，该炉试压结束。

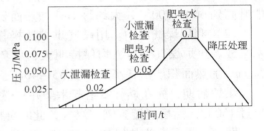

图 10-1 某 4000m³ 级热风炉的气密试压曲线

有的大型高炉还要对炉顶放散自动打开系统进行测试，要求在达到设定炉顶压力时放散能自动打开。

下面是国内某 4000m³ 级热风炉和高炉的气密试压和耐压试验曲线。图 10-1 所示为某 4000m³ 级热风炉的气密试压曲线，图 10-2 所示为某 4000m³ 级热风炉耐压试压曲线，图 10-3 所示为高炉的气密试压曲线。

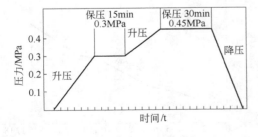

图 10-2 某 4000m³ 级热风炉耐压试压曲线

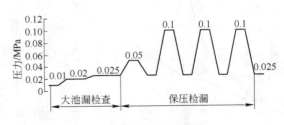

图 10-3 高炉气密试压曲线

（6）试气。高炉使用蒸汽的地方不多，主要是煤气管网系统与保温系统。试气时，事先将蒸汽管阀门打开，然后再将蒸汽引入高炉汽包，以便将凝结水排除。再逐个打开通往煤气管道的蒸汽阀门，并打开相应的放散阀，检查蒸汽是否畅通，阀门是否灵活、严密，压力是否达到设计水平。

### 10.1.2　烘炉

烘炉包括两部分：热风炉烘炉和高炉本体烘炉。烘炉的作用是：缓慢地除去耐火材料砌体内的物理水和结晶水，提高内衬的固结强度；使耐火材料均匀、缓慢充分膨胀，避免开炉时因升温过快，水汽快速逸出致使砌体爆裂和砌体剧烈膨胀而损坏；使热风炉积蓄足够的热量，保证开炉高炉所需的风温。高炉烘炉的重点是炉缸和炉底，烘炉升温的原则是前期慢、中期平稳、后期快。

#### 10.1.2.1　热风炉烘炉

热风炉烘炉目的是使砖衬、灰浆的水分蒸发，使砖衬在升温过程中完成相变，使热风炉升温到工作温度。

热风炉烘炉之前，首先要用烘烟道，然后再烘燃烧室和蓄热室。

热风炉的烘炉方法有两种：没有燃气或燃气量不足的固体燃料烘炉和用煤气烘炉。

（1）没有燃气或燃气量不足的固体燃料烘炉。在新建高炉没有燃气或燃气量不足时，只能用固体燃料烘炉。在热风炉外搭一个简单的炉灶，靠燃烧木柴、煤或焦炭来产生高温烟气由热风炉燃烧口引入燃烧室，再进入蓄热室及烟道，由烟囱抽走。烘烤必须按规定的程序和升温曲线进行。它主要是通过抽入的高温烟气量来控制烘炉温度。用此法炉顶温度能升高到 $600 \sim 700℃$，大约每 $1m^2$ 加热面积需耗煤 $5 \sim 6kg$。

（2）利用煤气烘炉。用煤气烘炉法操作简单，但炉内温度低，须在燃烧室内加一些木柴或者焦炉煤气等易燃物保持明火，以免煤气熄灭。此法能将顶温烘到 $900 \sim 1000℃$，每 $1m^2$ 加热面积要消耗高炉煤气 $35 \sim 40m^3$。

烘炉初期，先在燃烧室搭起木柴并点燃烘烤，利用烟道阀控制拱顶温度缓慢上升，不超过 $150℃$，然后过渡到燃烧煤气，此时可按烘炉升温曲线进行。

图 10 - 4 所示为热风炉烘炉温度曲线，图 10 - 5 所示为某厂 1 号高炉硅砖热风炉的烘炉曲线。

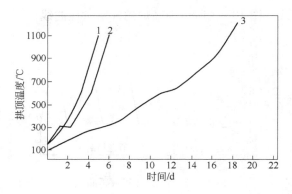

图 10 - 4　热风炉烘炉温度曲线

1—高铝砖中修热风炉；2—新建高铝砖或高炉大修

后硅砖热风炉；3—新建硅砖热风炉

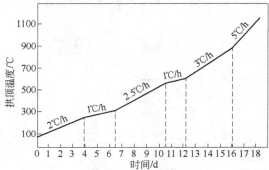

图 10 - 5　某厂 1 号高炉硅砖热风炉的烘炉曲线

1) 对于不同的耐火材料选择用的烘炉曲线是不一样的。采用高铝质、黏土质材料的是一种方法，采用硅质、高铝质结合的又是一种方法。采用高铝质、黏土质的耐火材料，由于在300℃以下时，会发生体积膨胀，这种相变是可逆转的，温度升高到573℃时体积膨胀还在进行中，只有在600℃以上时相变和膨胀才会停止。所以采用这种材料的热风炉烘炉在300℃以下时，以3~5℃的升温速度进行烘炉；300℃时恒温48h；300~600℃按5~7℃的升温速度进行烘炉；600℃时恒温24~48h；600℃以上时，按10~15℃升温速度进行烘炉；900℃以上时，按15~20℃升温速度进行烘炉；升温到1100℃时烘炉结束。

硅砖在117~163℃、180~275℃、573℃时有相变点，体积会发生变化，在600℃以上时体积基本稳定，为防止在升温过程中因相变而发生体积变化，导致炉衬砌体开裂受损，在热风炉烘炉的低温阶段必须缓慢升温。由于其体积变化具有可逆性，因此在烘炉时升温后不能再使温度降到相变点以下，以避免砌体反复膨胀。表10-1是国内某新建2500m³高炉硅砖热风炉烘炉进度表。

表10-1 国内某新建2500m³高炉硅砖热风炉烘炉进度表

| 升温过程/℃ | 温度区间/℃ | 升温速度/℃·h⁻¹ | 所需时间/h |
|---|---|---|---|
| 25~100 | 100 | 2 | 38 |
| 100 | 恒温 | 0 | 84 |
| 100~300 | 200 | 0.5 | 400 |
| 300~400 | 100 | 1.5 | 67 |
| 400~700 | 300 | 4 | 75 |
| 700~1200 | 500 | 7 | 72 |

2) 新建和大修的热风炉按图10-4中曲线1进行。对于高铝质、黏土质耐火材料来说，初期炉顶温度不应超过150℃，以后顶温每班（8h）升温30℃，达到炉顶温度300℃时恒温两个班（16h）；然后炉顶温度再以每班50℃的速度升温至600℃，在600℃再恒温2~4个班（16~32h）；再以每班100℃的升温速度烘到900~1000℃以上，就可以供高炉使用了。

3) 局部改建或中修的热风炉可按图10-4中曲线2烘炉。先在火井内点燃木柴，然后用高炉煤气烘炉。初期炉顶温度不高于150℃，以后按40℃/班升温到300℃，保温8h；然后以60℃/班升温到600℃；再以150℃/班的速度升温达到所规定的炉顶温度。

由于各地原材料的化学成分和物理性能不同，以及在制砖过程中的差异，应根据各厂生产的耐火砖质量及热风炉的砌筑情况，制定热风炉升温曲线。表10-2为热风炉烘炉升温进程表。

表10-2 热风炉烘炉升温进程表

| 项　目 | 砌体材料 | 前期升温速度/℃·班⁻¹ | 关键温度点/℃ | 后期升温速度/℃·班⁻¹ | 总计烘炉时间/d |
|---|---|---|---|---|---|
| 中修 | 高铝砖或黏土砖 | 40 | 300 | 60~100 | 5~6 |
| | 硅砖 | 10 | 300 600 | 20~40 | 15~20 |
| 新建和大修 | 高铝砖或黏土砖 | 30 | 300 | 50~100 | 5~7 |
| | 硅砖 | 2~3 | 300 600 | 2~5 | 20~22 |

烘炉的要求和注意事项：

1）烘炉前要根据新建、局部改建或中修的不同情况，设计出不同的烘炉方案，画出各自的烘炉曲线图。

2）新建或大修后的热风炉烘炉前应先烘烤烟道。在烘炉期间如发生中断烘炉时，应放入木柴保持明火，以防煤气爆炸。

3）利用煤气烘炉时，开始必须先点燃木柴；然后再向木柴火焰上送煤气，以防煤气爆炸。

4）烘炉前，必须把热风炉的地脚螺栓松开。在烘炉期间必须经常检查各螺栓的情况，发现炉壳上胀顶到螺母时，应及时将螺母松开，以防炉壳胀裂。

5）烘炉期间要严格按照烘炉计划温度曲线升温，严格执行烘炉制度，操作时应利用烟道阀、风量调节阀和煤气调节阀，来控制加温速度。

6）在烘炉的低温段（小于150℃）要注意保持明火，以防火焰熄灭，发生煤气事故。

7）烘炉期间严禁一烘一停，以免砖墙破裂。因此，必须经常检查煤气压力及监控燃烧室燃烧火焰情况，并以焦炉煤气为辅助燃料，以防在高炉煤气不足时作为备用。

8）烘炉时烟道温度不得超过正常的规定值。

9）烘炉期间要定期取样分析废气成分和水分。

10）可利用烟道阀的开度和调节空气与煤气量的方法来控制升温速度，实现烘炉曲线。

11）炉顶温度达到700～800℃时，可以烘高炉；达到900～1000℃时可以送风。每次试通风后再次燃烧时，炉顶温度升高的数值应根据具体情况而定，一般控制在40～50℃之间。不允许一次送风后就转为正常的最高温度，而应当通过几次送风方可达到正常规定的最高温度数值，以免发生烘炉事故。

### 10.1.2.2　高炉烘炉

高炉烘炉主要是排除新砌炉衬中的水分，以防开炉时因急剧升温而损坏炉衬。烘炉的重点是炉缸和炉底。烘炉是开炉前一项重要工作，要保证必需的烘炉时间。烘炉时间不足，不仅损害炉衬，缩短高炉一代寿命，而且影响高炉开炉。

A　烘炉条件

（1）热风炉烘炉完毕，已经具备正常生产的条件。

（2）高炉、热风炉、煤气系统试压、试漏均合格，存在的问题得到解决。

（3）高炉、热风炉、上料系统已经经过联动试车，具备开炉条件。

B　烘炉前的准备工作

（1）砌筑好铁口砖套，制作好铁口泥套。

（2）炉底铺设好保护砖，可根据高炉有效容积大小及炉底结构，制作并安装风口、铁口烘炉导管。烘炉导管为"Γ"形，下端为喇叭口，导管直径108mm。风口导管应伸到炉缸半径2/3处，距炉底1m左右，一般有1/3～2/3的风口装上导管就可以了。铁口导管伸到炉底中心，伸入炉缸内的部分钻些小孔，上面加一些防护罩，防止装料时炉料落入堵塞。

（3）安装炉缸、炉底表面测温计。

（4）对于无料钟炉顶，要检查气密箱冷却水的水量、水压是否达到规定要求；检查

气密箱中的 $N_2$ 管路系统是否正常，压力是否能保证生产需要。

（5）烘炉前，先将高炉炉体各冷却设备、风口、渣口通水，风口、渣口通水量为正常水量的 1/4，冷却壁水量为正常水量的 1/2。

C　烘炉方法

高炉烘炉方法见表 10 - 3。高炉采用热风炉烘炉示意图如图 10 - 6 所示。

表 10 - 3　高炉烘炉方法

| 热源 | 适用条件 | 方　法 | 特　点 |
|---|---|---|---|
| 固体燃料（煤、木柴） | 无煤气 | 在高炉外砌燃烧炉，利用高炉铁口、渣口作燃烧烟气入口，调节燃料量及高炉炉顶放散阀开度来控制烘炉温度；或直接将固体燃料通过铁口和渣口直接送入炉缸中，在炉缸内燃烧，调节燃料量来控制烘炉温度 | 烘炉时间长，温度不宜控制 |
| 气体燃料（煤气） | 无热风 | 在高炉内设煤气燃烧器，调节煤气燃烧量来控制 | 热量过于集中，并须注意煤气安全 |
| 热风 | 通常采用 | （1）风口安装烘炉导管，按单双号风口交叉布置，除一根可伸入炉缸中心外，其余相间伸入炉内炉缸半径的 1/2 处和 1/4 处（见图 10 - 6）；<br>（2）对 350m³ 以下的高炉可不设烘炉导管，直接从风口吹入热风，但须在炉缸设一钢架，上置钢板，高度超过风口，该挡风钢板与炉墙的间隙为 300mm 左右。对更小的高炉只用设铁口废气导出管即可 | 最方便，不用清灰，烘炉温度上升均匀，且易控制，烘炉比较安全 |

D　烘炉升温曲线

用热风烘炉一般有两个温度相对稳定区。一是由于黏土砖在 300℃ 左右膨胀系数较大，在此温度区间应恒温 2 ~ 3 个班（16 ~ 24h）；二是 500℃ 左右稳定到烘炉结束开始降温为止。黏土砖或高铝砖砌筑的高炉，最高风温不超过 600℃。炭砖砌筑的高炉，最高风温不超过 400℃。为了保护炉顶设备，烘炉期间炉顶温度不超过 400℃。无料钟炉顶不超过 300℃。

烘炉升温速度在 300℃ 以前为 10 ~ 15℃/h，300 ~ 600℃ 之间为 15 ~ 30℃/h。利用热风炉烘炉初始风温一般为 100℃ 左右，初始风温低时提高较快，初始风温高时提高较慢。

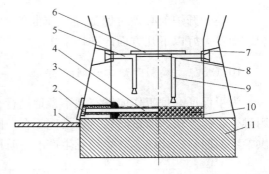

图 10 - 6　高炉采用热风炉烘炉示意图

1—主铁沟；2—铁口泥套；3—泥炮；4—铁口煤气导出管；5—短烘炉弯管；6—烘炉盖板；7—风口；8—固定弯管拉筋；9—长烘炉弯管；10—块状干渣；11—耐火砖

烘炉风量可以从正常风量的 1/4 开始，然后逐渐增大至 3/4，甚至大于正常风量；也可以开始稍大一些，然后减小。为了保护碳素砌体及炉顶设备，使用较低风温和较大风量是适宜的。

烘炉终了时间应根据炉顶废气湿度来判断，当废气湿度等于大气湿度后，稳定两个班

(16h) 以上，以保证达到烘干程度；达到烘干后，以 40 ~ 50℃/h 的速度降温至 150℃ 以下，烘炉即可结束。一般烘炉时间应是 5 ~ 10 天。高炉烘炉曲线如图 10 - 7 所示。

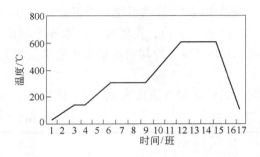

图 10 - 7　高炉烘炉曲线

E　烘炉注意事项

（1）烘炉前，要打开炉壳上的灌浆孔、探瘤孔等，以排出水汽，待烘炉完毕后再封闭；炉体冷却设备通水量要减少（通水量为正常水量的 1/4）。关闭煤气切断阀及大、小斜钟。炉顶放散阀轮流开启其中之一，每个开启时间约为 4h，以求升温均匀。

（2）炭捣和炭砖砌筑的炉缸炉底，烘炉前应在其表面砌筑一层黏土砖保护；铁口区用炭砖砌筑，烘炉前铁口通道应以不可燃物质堵严实；炉身用炭砖砌筑部分，烘炉前涂保护层，以防止烘炉过程中碳素炉衬氧化。

（3）烘炉中，托圈与支柱间、炉顶平台与支柱间的螺栓应处于松弛状态，以防胀断。要设膨胀标志，检测炉体各部位（包括内衬和炉壳）的膨胀情况，发现问题及时处理。

（4）烘炉期间要严格按烘炉曲线进行，升温要均匀，温度误差不大于 15℃，严禁一停一烘。

（5）烘炉必须保证烘炉时间，如果把烘炉时间视为整个开炉工作的缓冲段，哪一环节拖后了，就从烘炉中挤时间，这样不仅会损害炉衬，也会影响开炉。

## 10.1.3　开炉点火前的准备工作

在高炉开炉前必须对保证连续作业的相关条件进行仔细检查和确认，为实现顺利开炉，须要做好以下几方面的准备工作。

### 10.1.3.1　编制开炉工作网络图

为了保证开炉工作能够有条不紊地进行，能够协调各部门之间的工作，努力做到工程用时少、速度快、质量高，达到最优配合。图 10 - 8 所示为高炉系统投产进度，是一个仅供参考的原料、烧结、高炉三元生产准备阶段进度。

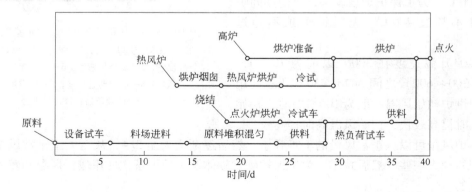

图 10 - 8　高炉系统投产进度

应当指出，那种只想急于看到出铁，准备工作不充分，不具备开炉条件，匆忙开炉的做法是极为有害的。

### 10.1.3.2 各系统设备检查与试运转

无论大修或新建高炉，均应按技术要求标准对设备进行检查、安装和试运转。试运转包括单机、空负荷联动及带负荷联动试车等方式。试车时间要足够长，要使问题能尽量解决在投产前。试运转期间发现的问题要做详细记录，以便逐项安排解决。

### 10.1.3.3 操作人员培训

在安装、检查和试运转过程中，要抓好对操作人员的培训，尤其是新建高炉或有新设备、新工艺采用时更有必要。操作人员不仅应该集中进行专业培训而且应该参加整个安装、调试及试运转工作，有条件的还可以进行必要的操作演习和反事故训练，以确保高炉投产后各岗位人员能熟练操作，应对各种意外情况。

### 10.1.3.4 开炉点火的必要条件

（1）热风炉烘炉全部完毕，确保开炉送风温度达到850℃以上。

（2）新建或大修高炉项目已全部竣工，并验收合格，具备开炉条件。

（3）对上料系统、热风炉系统及高炉本体再次联合试车，要达到连续运转72h无事故。

（4）液压传动系统经试车运行正常。

（5）原燃料按规定进入料仓，质量达到工艺要求。

（6）送风系统、供水系统、煤气系统、冲渣系统经试车运行正常，无泄露。

（7）炉前设备：泥炮、开铁口机、堵渣机及行车等均运转正常、操作灵活、运转可靠。

（8）各岗位生产工具准备齐全，易耗备件准备足够；水、电、风、蒸汽、燃气、氧气等有足够供应。

### 10.1.3.5 开炉前准备工作

（1）按配料要求，从品种及数量上备足，保证开炉后不能断料。为使开炉过程顺利，要求填充料、焦炭、矿石、熔剂等的含水分、小于5mm粉末量及有害杂质少，粒度均匀（上限较小，必要时特殊加工过筛），强度及还原性好。

（2）准备好风口、渣口、直吹管、泥炮嘴、开铁口钻头和钻杆、堵渣机塞头等主要易损备件。

（3）准备好炉前打水胶管、氧气管和氧气、炉前出铁、放渣工具。

（4）准备好高炉生产日报表和各种原始记录纸。

（5）制定各岗位工序的工艺操作规程、安全规程、设备维护规程等。

### 10.1.3.6 开炉前的料面的测定

现在新建的许多高炉多为无料钟炉顶。由于无料钟布料轨迹与炉料的性质、溜槽的结构形状和炉料的摩擦系数、料流阀开度等有很大的关系。为了在开炉后更好地实现精确的上部布料，探索无料钟炉顶的布料规律、为高炉生产操作提供可供参考的指导依据，所以有必要在开炉前对炉料的特性、料流阀开度与料流量（排料速度）的关系（FCG 曲线），在一定布料角度下的布料轨迹等内容进行测定。测定的主要内容见表 10 - 4。

表 10 - 4　开炉前布料轨迹等相关参数

| 序号 | 项 目 | 测 定 内 容 | 安排位置 |
|---|---|---|---|
| 1 | 炉料的物理性能 | 堆密度：用已知体积和质量的铁箱或木箱装满被测物料并称重，求出堆密度。<br>自然堆角：在平坦地面上自然堆积散状物料，测底面直径和堆尖高度，求出自然堆角。<br>粒度组成：用标准套筛筛分被测物料，对不同粒级的物料称重后，计算质量分数。<br>测定物料种类：焦炭、烧结矿、球团矿、锰矿、石灰石、硅石 | 炉外进行 |
| 2 | 炉料的化学性能 | $TFe$、$FeO$、$SiO_2$、$Al_2O_3$、$CaO$、$MgO$、$Mn$、$S$、$P$ | |
| 3 | 炉顶设备工作参数的校订 | 料流调节阀：在调节阀轴头设置码盘，校验调节阀现场实际开度（$\gamma$）与控制室信号显示值是否一致。选 8 个 $\gamma$ 角位：$25° \sim 60°$，$\Delta\gamma = 5°$。本测定在装料前完成。<br>旋转溜槽倾角（$\alpha$）：选 7 个 $\alpha$ 角位，$25° \sim 43°$，$\Delta\alpha = 3°$。应保证炉内实测、气密箱内倾角指针、炉顶炉外机械码盘指针显示与控制室信号显示的 4 个测定值一致。此项测定要求在炉顶设备试车验收时完成。<br>溜槽旋转角（$\beta$）：取 6 个 $\beta$ 角位，$\beta = 0° \sim 360°$，$\Delta\beta = 60°$，由炉内实测、炉顶炉外机械码盘指针显示与控制室信号显示三个测定值对应校验。此项测定要求在炉顶设备试车验收时完成。<br>溜槽旋转速度的校验：用秒表测量溜槽旋转 10 圈的实际时间，算出平均速度 | 装料前，试车过程中完成 |
| 4 | 料罐最大容量 | 测量料罐的最大焦炭容量。根据料罐的容积和充填系数计算有效容积、估算焦炭的装入量。第一次装入比估算量少 1t 左右的焦炭，观察焦炭堆尖上密封阀开放位置的距离和焦炭坡底距均压入口的距离。根据观察结果，再分批装入少量焦炭，直到装至合理高度为止。测量焦炭堆尖距上密封阀开放位置的距离和焦炭坡底距均压入口的距离，确定最大装焦量 | 料罐 |
| 5 | 料流调节阀开度与排料流量关系的测定 | 对所装物料实测料流调节阀开度与排料流量的关系。在炉顶用秒表测量排料时间，与主控画面的自动测量结果对照，确认其准确性。根据生产时料流调节阀开度的可能范围，测量各种炉料在不同料流调节阀开度时的排料速度，其测定间距和结果应满足绘制料流调节阀开度与排料流量关系曲线的需要。根据测量结果，绘制料流调节阀开度与排料流量关系曲线 | 炉腹和炉身 |
| 6 | 料流轨迹 | 由炉顶两个对称人孔下方，垂直错角（$5° \sim 10°$）将两对槽钢焊接固定在炉喉钢砖上。测试时，沿两对槽钢分别在炉喉料线 1m 与 2m 处水平吊挂两根涂白色的标志杆（过炉子轴线），每布一罐料后，将标志杆取出，通过测量涂层擦掉的部位，确定料流轨迹。本项测定在装炉过程中（8m 料线以下）完成 | 风口至炉身 |

| 序号 | 项 目 | 测 定 内 容 | 安排位置 |
|---|---|---|---|
| 7 | 料面形状 | 通过炉顶人孔过炉子中心水平安装一根移动滑杆，滑杆前端安一个可固定滑环，通过滑环处用细米丝作为牵引绳（下方安装重锤）。测量时，通过拉动牵引绳，使测量锤接触料面，测出高度。本项测定在装炉过程中（8m 料线以下）可粗略测量料面形状。<br>填充时间安排较短时，在 4m 以上料线采用人工测量方法。即每装完一罐料后，在料面上放一 7m 长的横杆，每隔 500mm 测量一次料面同横杆的距离，同时记录横杆的料线位置 | 炉身上部 |
| 8 | 装入高度测定 | 用 0～24m 临时探尺测量。每段炉料装入后进行装入高度测定，从而确定每段料的装入层厚 | 炉腰至炉身上部 |
| 9 | 布料方式校验 | 进行无负荷多环（2～4 环）、螺旋、定点、扇形四种布料方式的运行控制检验。<br>由炉内观察实测、炉顶机械指针盘显示与控制室信号显示对应校验。<br>本项测定在炉顶试车验收时完成 | |

## 10.2  开炉配料计算

开炉工作有两个方面的要求：一是安全顺利地完成开炉工作，即做到炉温适中、铁口易开、下料顺畅，并且无人身、设备事故；二是在开炉后能较快平稳地过渡到正常生产，以获得较好的经济效益。因此，开炉时应使炉内各区域适时地达到所需要的温度，故开炉料的选择、开炉焦比的确定，以及料段的安排至关重要。

### 10.2.1  开炉焦比的选择

所谓开炉焦比（总焦比）是指开炉料的总焦量与理论出铁量之比。开炉时，由于高炉炉衬、料柱的温度都很低，炉料未经充分的预热和还原直接到达炉缸，直接还原增多，渣量大，需要消耗的热量也多，因此开炉焦比要比正常焦比高几倍。具体数值应根据高炉容积大小、原燃料条件、风温高低、设备状况及技术操作水平等因素进行选择。开炉焦比的选择见表 10 - 5。

表 10 - 5  开炉焦比的选择

| 炉容/m³ | 100 以下 | 100～500 | 500～1000 | >1000 |
|---|---|---|---|---|
| 焦比/t·t$_铁^{-1}$ | >4 | 3～4 | 2.5～3 | <2.8 |

选择合适的开炉焦比对开炉进程有决定性的影响。焦比选得过高，既不经济，又可能导致炉况不顺，即导致高温区上移，在炉身中上部容易产生炉墙结厚现象，更严重的是延长了开炉时间；焦比选得过低，会造成炉缸温度不足，出渣、出铁困难，渣铁流动不畅，严重时会造成炉缸冻结。一般要求开炉前几次铁水硅含量在 3%～3.5% 之间。

### 10.2.2  开炉造渣制度的选择

为了改善渣铁流动性能，冶炼合格生铁，加热炉缸，稀释渣中的 $Al_2O_3$（$Al_2O_3$ 含量大于 18% 时，开炉配料中需增加低 $Al_2O_3$ 的造渣剂），开炉时渣量要大一些，渣铁比一般为 0.4 ~ 0.5。如渣量小，可加干渣调节。开炉的炉渣碱度 $CaO/SiO_2 = 0.90 ~ 1.05$。控制生铁含锰为 0.8%。为了改善炉渣流动性，可提高渣中的 MgO 含量，使之维持在 8% ~ 10% 之间，也可适当加些萤石来稀释炉渣。小高炉在用全天然矿冷风开炉时，焦比很高，可在空料（即焦炭 + 石灰石）段加些硅石来调整炉渣成分，不用干渣，既可节约焦炭，而且铁口见渣较晚，可以延长喷吹铁口时间，有利于加热炉缸。开炉焦比高，硫负荷就会随之增大，此时炉渣碱度（$CaO/SiO_2$）不宜低于正常时的下限，同时还可选用含硫较低的开炉料。

### 10.2.3　开炉配料计算

#### 10.2.3.1　计算条件

（1）高炉各部位的容积。

（2）开炉使用的原料、燃料、熔剂等的化学成分、体积密度。

（3）选定开炉焦比与正常料焦比。

（4）确定炉缸的填充方法。

（5）选定铁、锰、硫等元素在渣铁、煤气中的分配率。

（6）选定生铁成分与炉渣碱度，一般要求渣中 $Al_2O_3$ 含量不大于 18%。

（7）确定开炉使用料种之间的比例。

（8）选定焦炭或矿石的批重。

#### 10.2.3.2　料段安排

开炉料的料段安排，应根据不同时间、不同区域的需要，提供不等的热源；并且应符合高炉生产时炉料在炉内布置的模式。否则较高的全炉焦比将不能充分发挥作用，甚至有导致开炉失败的可能。

（1）净焦是骨架，也是填充料。高炉生产的主要反应区是风口以上区域。在风口以下的炉内空间多为焦炭所填充。这里的焦炭虽然以后将不断被替换、更新，并也参与一些反应，但从整体讲只起简单的骨架作用。因此全焦法开炉时，在装炉安排上就遵循这一模式，即炉缸和死铁层均应装入不带熔剂的净焦。同时由于软熔带之下有炉芯"死焦堆"存在，炉腹的一部分也应装净焦，一般以炉腹高度 1/2 左右为宜。

（2）空焦是提供开炉前期所需巨额热量的主要热源。如前述，炉腹 1/2 高度以下的净焦实际上只起填充高炉下部空间的作用，那么开炉前期的巨额热量只能由热风以及燃烧在此范围以外的焦炭来获得。这就是确定空焦数量及其所处位置的依据，但因高炉开炉是个非稳态过程，影响因素复杂，目前只能根据经验来决定空焦数量，一般均加至炉腰上沿附近，这大约是点火送风以后 2 ~ 3h 的焦炭消耗量。

空焦数量也不宜过多。空焦过多不仅增加燃料消耗，还会导致局部升温过快危害炉衬。模拟实验表明，升温速度高于 5℃/min，将造成黏土砖砖衬剥落、断裂。

（3）矿料在可能条件下要装在较高位置，以尽量推迟第一批渣铁到达炉缸的时间。开炉时，炉底炉缸是逐渐被加热的，故应避免渣铁流进入还没有充分加热的炉缸。同时，矿料在抵达高炉下部之前，也应得到较充分的预热和还原，至少不以块状生料进入炉缸。凡开炉炉缸温度过低，铁口难开或铁水高硫，大量生矿过早进入还没有准备就绪的炉缸，往往是开炉失败的原因之一。

因此将矿料布置在距风口较高的位置上，是一个重要的原则。

矿料的位置实际上是空焦高度的另一种表述。所以空焦除有提供热量的主要功能外，还有间隔矿料的作用。

（4）空焦的熔剂宜晚加，用于焦炭灰分造渣的熔剂宜晚加，不要与空焦同步加入。有人提出，熔剂应加在风口 5~8m 以上。这样做的理由是：既可减少石灰石在高温区分解耗热的可能性，又可推迟焦炭灰分成渣，延长渣铁口的喷吹时间。而这对加热炉缸十分重要。

（5）带负荷料的分段可从简。由于净焦和集中加入的空焦数量较大，余下供插于正常料间的空焦批数所剩不多，故空焦段上的带负荷料的分段可以简化，如可采用两段或三段过渡。

计算举例：

（1）选定数据。全焦填充，炉缸装净焦（C），炉腹以上装空料（X），炉腰上部 1/3 容积开始过渡至装正常料（N）。料线 1.75m。炉料压缩率 15%（炉缸净焦 19%、炉腹空料 16%、其余 13%）。

焦炭填充容积（已扣除料线以上空间及铁口泥炮）见表 10-6。

表 10-6 焦炭填充容积 （$m^3$）

| 部 位 | 炉喉 | 炉身 | 炉腰 | 炉腹 | 炉缸 | 死铁层 | 合计 |
|---|---|---|---|---|---|---|---|
| 填充容积 | 14.2 | 1219.7 | 189.9 | 259.8 | 274.7 | 49.2 | 2007.5 |

开炉料成分及其他数据如表 10-7 所示。

表 10-7 开炉料成分及其他数据

| 名 称 | Fe | $SiO_2$ | CaO | MgO | Mn | $Al_2O_3$ | S | P | 堆密度 |
|---|---|---|---|---|---|---|---|---|---|
| 烧结矿/% | 52.55 | 11.04 | 11.09 | 1.09 | 0.16 | 0.95 | 0.03 | 0.01 | 1.6 |
| 锰矿/% | 16.9 | 19.21 | 0.55 | 0.32 | 25.24 | 2.01 | 0.17 | 0.42 | 1.9 |
| 石灰石/% | | 1.02 | 51.08 | 2.82 | | 0.03 | | 0.01 | 1.52 |
| 焦炭/% | 0.61 | 6.32 | 0.68 | 0.19 | | 4.73 | 0.63 | 0.005 | 0.45 |

焦炭工业分析：灰分 14.18%，挥发分 0.94%，硫 0.63%，水分 4.4%；

焦炭强度：$M_{40}$ 78%，$M_{10}$ 8%；

预定生铁成分：Fe 92.67%，C 4.0%；

铁的回收率：99.6%；

锰的回收率：60%；

焦炭批重 9000kg/批，总焦比 2.5，正常料焦比 0.9（每批出铁 10000kg）；

Si 2.5%，Mn 0.5%，P 0.4%，S 0.05%；

炉渣碱度 $CaO/SiO_2 = 1.0$。

（2）铁和锰的平衡。列方程解出正常的烧结矿和锰矿的批重。

设：$x$ 为烧结矿批重，kg；$y$ 为锰矿批重，kg；$Fe_烧$、$Fe_锰$、$Fe_焦$ 分别为烧结矿、锰矿、焦炭的铁含量，%；$Mn_烧$、$Mn_锰$ 分别为烧结、锰矿的锰含量，%。

列方程 $(x \cdot Fe_烧 + y \cdot Fe_锰 + 焦炭批量 \times Fe_焦) \times 铁的回收率 = 每批出铁量$

$(x \cdot Mn_烧 + y \cdot Mn_锰) \times 锰的回收率 = 每批出铁量 \times 生铁含锰$

即

$$\begin{cases} (0.5255x + 0.169y + 9000 \times 0.0061) \times \dfrac{99.6}{92.67} = 10000 \\ (0.0016x + 0.2524y) \times 0.6 = 10000 \times 0.005 \end{cases}$$

解方程得：$x = 17543$，$y = 218.8$。

取烧结矿批重为 17500kg，锰矿批重为 220kg。

（3）每批正常料的石灰石用量：

| 已知原燃料带入 | SiO$_2$ | CaO |
| --- | --- | --- |
| 烧结矿带入 | $17500 \times 0.1104 = 1983$kg | $17500 \times 0.1109 = 1940.8$kg |
| 锰矿带入 | $220 \times 0.1921 = 42$kg | $8220 \times 0.0055 = 1.2$kg |
| 焦炭带入 | $9000 \times 0.0632 = 568$kg | $89000 \times 0.0068 = 61.2$kg |

合计 2543.1kg

生铁含硅消耗 SiO$_2$　　　　　　　　　$1000 \times 0.025 \times \dfrac{60}{80} = 535.7$kg

进入渣中的 SiO$_2$　　　　　　　　　　$2543.1 - 535.7 = 2007.4$kg

渣碱度 1.0，还需 CaO　　　　　　　　$2007.4 - 2003.2 = 4.2$kg

石灰石有效 CaO　　　　　　　　　　　$51.08\% - 1.02\% = 50.06\%$

每批正常料需石灰石量　　　　　　　　$4.2 \div 0.5006 = 8.4$kg

为取料方便，每 6 批正常料取石灰石一次，每次量 50kg。

（4）每批空料的石灰石用量：$\dfrac{568.8 - 61.2}{0.5006} = 1014$kg，取值 1000kg/批。

（5）每批净焦、空料、正常料的体积：

净焦（炉缸）　　　　　　　　　$\dfrac{9000}{450} \times 0.81 = 16.2\text{m}^3$

空料 I（炉缸）　　　　　　　　$\left(\dfrac{9000}{450} + \dfrac{1000}{1520}\right) \times 0.84 = 17.353\text{m}^3/批$

空料 II（炉腰上部以上）　　　$\left(\dfrac{9000}{450} + \dfrac{1000}{1520}\right) \times 0.87 = 17.972\text{m}^3/批$

正常料　　　　　　　　　　　　$\left(\dfrac{9000}{450} + \dfrac{17500}{1600} + \dfrac{220}{1900} + \dfrac{8.4}{1520}\right) \times 0.87 = 27.021\text{m}^3/批$

（6）炉缸（包括死铁层空间）填充用净焦批数：$\dfrac{49.3 + 274.7}{16.2} = 19.99$，取 20 批。

（7）炉腹及炉腰下部 2/3 容积装空料批数：$\left(259.8 + 189.9 \times \dfrac{2}{3}\right) \times 17.353 = 22.267$，取 20 批。

（8）按照总焦比和炉腹上部 1/3 以上至料线的容积来计算空料和正常料的批数：

设：$x_1$ 为正常料批数；$y_1$ 为空料批数。

列方程
$$\begin{cases} x_1 \times 正常料体积 + y_1 \times 空料体积 = 炉喉 + 炉身 + \dfrac{1}{3} \\ \dfrac{焦炭批量 \times (炉缸 + 炉腹 + 2/3 炉腰等空间已填充批数) + 焦炭批重 \times (x_1 + y_1)}{x_1 \times 每批正常料出铁量} \\ 总焦比 \end{cases}$$

即
$$\begin{cases} 27.021x_1 + 17.972y_1 = 14.2 + 1219.7 + 189.9 \times \dfrac{1}{3} \\ \dfrac{9(20 + 22) + 9(x_1 + y_1)}{10x_1} = 2.5 \\ 总焦比 \end{cases}$$

解方程得：$x_1 = 34.79$，$y_1 = 19.816$。

取值：正常料为 35 批，空料为 20 批。其分配为：

1）炉腰上部 1/3 及炉身下部装空料 12 批及正常料 9 批，本段计算焦比为 2.087；加上其下的空料 22 批，计算焦比达 $4.21 t_焦/t_铁$。

2）炉身中部装空料 8 批及正常料 16 批，本段计算焦比为 $1.348 t_焦/t_铁$。

3）炉身上部及炉喉装正常料，装料制度 COOC↓，至料线 1.75m 为止。为使炉缸热量充沛，且经高炉解剖研究证实，正常生产时炉腰以下几乎全部被焦炭填充，不应有未还原矿石，所以开炉装料时含有矿石的正常料应装在炉腰以上。

（9）校核。根据以上计算列出校核表（见表 10 – 8）。

表 10 – 8  开炉料计算校核

| 进入生铁/t | | | 进入炉渣/t | | | | | | 渣碱度 $\dfrac{m(CaO)}{m(SiO_2)}$ | 渣量/t |
|---|---|---|---|---|---|---|---|---|---|---|
| Si 折成 $SiO_2$ | S | P | $SiO_2$ | CaO | MgO | $Al_2O_3$ | MnO | S | | |
| 0.069 | | 0.012 | 12.669 | 12.584 | 0.997 | 9.372 | | 1.247 | 0.993 | 36.869 |
| 4.851 | 0.045 | 0.035 | 24.985 | 24.931 | 2.423 | 10.479 | 0.388 | 1.221 | 0.998 | 64.427 |
| 8.528 | 0.08 | 0.062 | 36.74 | 36.695 | 3.703 | 12.95 | 0.69 | 1.371 | 0.999 | 92.149 |
| 5.348 | 0.05 | 0.031 | 20.085 | 20.074 | 2.088 | 5.964 | 0.431 | 0.573 | 0.999 | 49.213 |
| 18.85 | 0.175 | 0.14 | | 94.284 | 9.211 | 38.765 | 1.509 | 4.421 | 0.998 | 242.66 |

注：1. 不计净焦的渣铁比：$\dfrac{242.658}{351.88} = 0.690$。

2. 硫负荷：$\dfrac{0.175 + 4.412}{351.88} = 13.03 kg/t_铁$，炉渣含硫：$\dfrac{4.412}{242.658} \times 100 = 1.82\%$。

3. 生铁含磷：$\dfrac{0.14}{351.88} \times 100 = 0.04\%$。

4. 炉渣含 $Al_2O_3$：$\dfrac{38.765}{242.658} \times 100 = 15.98\%$。

5. 总开炉焦比 2.473，正常料焦比 0.902。

## 10.3  开炉操作

### 10.3.1  开炉装料

开炉装料工作必须按照开炉配料计算的装料表执行。

#### 10.3.1.1　全焦装炉

全焦装炉是指炉缸全部由净焦或净焦和空焦混合填充。全焦法开炉是一种可取的技术，现已在很多高炉上得以应用并获得成功。尽管全焦法开炉给高炉顺行带来一些困难，但在送风制度上做出相应的调整是可以克服的。

#### 10.3.1.2　带风装料

带风装料是指在烘炉后期的凉炉阶段将风温降到 200～300℃ 时，此时如果一切开炉条件具备，即可在送风情况下装料。

带风装料优点：

（1）缩短了凉炉时间，炉缸热状态良好，开炉进程可以加快；

（2）带风装料能将炉料中的粉末吹出，降低了料柱的透气阻力，使炉料处于一个活动状态，料柱比较疏松，同时还由于鼓风浮力可减少炉料下落时碎裂，提高料柱的透气性指数，有利于高炉顺行；

（3）在送风过程中，可用鼓风的热量把炉料预热，排出炉料所带的水分，可减少装料过程中炉体热量损失，而且炉衬也保持了较高温度，有利于降低开炉总焦比和开炉后的出铁操作；

（4）可以减少炉衬被炉料撞击而产生的冲击磨损。带风装料缺点：不能进入炉内对烘炉效果进行检查，也不能在炉喉处进行料面测量工作。

带风装料注意事项：

（1）带风装料时，风温必须能可靠控制，否则会因炉内焦炭着火而被迫休风装料；

（2）在带风装料时，要加强对炉料的检查，不得有木片、棉纱等易燃物夹杂其间，以免在未装至规定料线就发生自动点燃现象；

（3）在带风装料时，其铁口内侧泥炮和铁口喷吹管应在烘炉前安装完毕，从装炉到点火尽量减少休风，不休风效果更佳；

（4）带风装料对设备的要求更加严格，系统所属设备必须具备送风点火要求。

#### 10.3.1.3　全木柴、半木柴法装料

新建高炉无高温热风，或热风温度低（500～800℃），采用全木柴填充炉缸，然后人工点火。对于全木柴或半木柴法装炉，需要凉炉到50℃以下进行，当用木柴烘炉时，应将残灰清除后再装木柴。装木柴时，严禁带入火柴、打火机等火种及一切易燃物品，切断炉顶各设备电源，关闭炉喉人孔和大小钟之间人孔，并设专人监视。

严格按开炉配料计算的料段装料，炉料装满后，要测量大小料钟行程及速度；测定炉料在炉喉内的堆角、堆尖位置；炉料的偏析程度；炉料与炉墙的碰撞点或碰撞带；料面情况等。并做好详细记录，以备在正常生产时参考。

### 10.3.2　开炉点火

对于炉缸添木柴的高炉开炉时，可采用人工点火。即当炉料装到规定位置时，可在风口前装木刨花或油棉纱之类的易燃物，点火前在炉台上砌好烧焦炭的炉灶或准备好火把；

点火后，用烧得赤红的铁棒或火把将各个风口的易燃物点着，而后逐步加风到规定开炉风量为止。

有煤气的新建或大修高炉均采用热风点火。焦炭着火温度在700℃以上。现在开炉风温已提高到这个温度水平，可用热风直接点燃焦炭，开炉点火温度均在800℃左右。

### 10.3.2.1 点火前的准备工作

（1）对于炉缸添木柴的高炉，采用人工点火时，在各风口和渣口前装入一些刨花或油棉纱之类的易燃物，同时准备烧红的铁棒用作点火。

（2）点火前，应打开炉顶放散阀、小钟均压放散阀、除尘器上放散阀及冷风总管上的放风阀。

（3）点火前，应关闭煤气切断阀、高压高炉的煤气阀及热风炉混风阀及煤气管道、炉体各人孔。

（4）将炉顶、除尘器及煤气管道通入蒸汽。

（5）将高炉冷却水系统的水量控制在正常水量的2/3左右。

（6）检查各人孔是否关好，风口直吹管是否通入蒸汽。

（7）全开放风阀，点火前2~4h启动鼓风机，并由放风阀放风，送风系统各阀门处于长期休风状态。检查高炉风渣口及送风装置安装是否严密。

（8）检查炉前设备是否能正常运行，炉前工具是否齐全。

### 10.3.2.2 点火的方法

点火的方法有以下几种：

（1）人工点火。对于热风温度很低或无高风温的高炉开炉时，最好用人工点火。如果是用木柴填充炉缸时，在每个风口前，添装一些木柴、刨花、油棉纱等引火物，在炉外把铁棒烧红，然后用烧红的铁棒插入各个风口、渣口，待木柴、刨花或棉纱点燃后，即可关闭风口盖开始送风。对于焦炭填充的炉缸点火可采用氧气点燃。

（2）热风点火。因为焦炭的着火温度为600~650℃，对于热风温度大于650℃的高炉，可采用热风点火。即将650℃以上的热风直接向高炉送风。在送风时最好使用蓄热较高的靠近高炉的热风炉送风。这样可以得到较高的风温，易将风口前的引燃物和焦炭点着。这种点火方法很方便，但是风温不足的高炉不能采用。

（3）使用烘炉导向管点火。有些高炉在大修开炉时，采用了点火时不撤掉烘炉时所设的风口炉底的导向管，使导向管变成烘炉与点火的两用装置。采用导向管点火可向炉底吹送温度在700℃左右的热风，将炉底焦炭点燃，有利于炉底和炉缸的加热烘烤。同时，在长时间的装炉过程中，一直保持有近300℃的鼓风吹向炉底，并由此折而向上，对于炉缸的内衬和炉料加热也十分有利。

（4）半炉点火。根据开炉的配料计算，当炉料装至炉腰上部，或即将装带负荷炉料时，如果高炉开炉进程顺利，无其他方面故障，即可将风温提高到650~700℃进行点火，这种点火称为半炉点火。半炉点火能将开炉的点火时间大大缩短，使高炉较早进入冶炼状态，缩短了开炉进程。由于点火时炉内料柱较矮，料层中空隙度较大有利于焦炭燃烧，点火后炉料易下降，此外还有利于上部炉衬的加热。

### 10.3.3   开炉送风制度

高炉开炉时送风制度的选择不仅对高炉顺行起决定性作用，而且对高炉升温过程也有重大影响。

#### 10.3.3.1   风量使用

开炉风量按高炉容积大小、炉缸填充方法、点火方式及设备运行情况而决定。一般开炉使用的风量为高炉容积的 0.8 ~ 1.2 倍。为了使点火后炉料有足够的加热与还原时间，通常用正常风量的 1/3 左右，待各风口工作正常，出渣、出铁及下料顺畅后，再逐步将风量加到全风量。

（1）木柴法开炉时，由于木柴很快燃烧尽，迅速形成较大的空间，使炉料塌落，从而疏松料柱，因此木柴法点火的初期风量不能太大，但加风速度可适当加快。同时，加风速度也与木柴的材质、在炉内的摆放有关系。若木柴不易燃烧、燃烧时间长或摆放密实、空隙度小，则加风速度就慢；反之，加风速度就快。把握加风的时机对开炉进程至关重要。若加风过早，炉缸还没有形成一定的空间，在上部料段没有松动情况下易出现悬料；若加风过晚，炉缸形成的较大空间很快被开炉料所充满，也容易造成炉况难行。所以，加风时机要准确把握好。

（2）全焦法开炉适宜使用较大的风量，其风量一般不应低于正常风量的 60%。在风口全部点燃以后，加风不当容易造成悬料，因此要慎重。全焦法开炉不像木柴法开炉那样易形成较大的空间，在点火后必须有足够的风量，才能迅速地形成较大的空间，为松动料柱创造条件。尤其是在软熔带形成期，炉缸透液性差，稍不慎重就会造成炉况失常。

（3）开炉使用得当的风量是提高高炉下部温度的关键，因为风量是决定炉缸工作均匀、活跃程度与初始煤气流分布状况的重要因素。风量大，单位时间产生的热量就多，可使燃烧温度升高，升温过程加快。但风量也不能过大，否则将使高炉的热效率下降，炉料未经必要的预热和还原就下达到炉缸，致使直接还原增加，会大量吸收炉缸热量，对开炉极为不利。因此，开炉初期炉底炉缸的升温主要是靠热煤气流进行热量传递的。

#### 10.3.3.2   风温使用

开炉时最关键的是要给炉缸提供足够的热量，只有炉缸热量问题得以解决，开炉任务可算完成了一大半。仅从区域热平衡出发，使用高风温最有利于提高炉缸温度，因此开炉时比任何时候都需要使用高风温。由于新开高炉的炉衬和炉料都是凉的，即使使用较高的风温，也不会产生过高的理论燃烧温度，更不会因使用高风温而影响炉况的顺行。另外，开炉料负荷较轻，料柱的透气性好，也为使用较高风温提供了有利条件。一般情况下，开炉风温使用水平在 700℃ 左右，甚至到 800℃ 以上。

#### 10.3.3.3   风口面积选择

开炉时，由于使用风量较正常生产时所使用的风量小，为了保证炉内初始煤气流的合理分布和足够的鼓风动能，要相应缩小风口面积，通常以堵风口或风口加砖衬套的办法解决。随着风量的逐渐加大，可根据高炉实际需要来捅开风口或砖套。

### 10.3.4 炉前的操作

（1）开炉点火后，应保证铁口畅通让煤气从铁口煤气导出管喷出，设专人看火，不能熄灭。如果煤气导出管被堵，要及时捅开。

（2）铁口见渣后堵口，在堵口前要烘烤炮嘴。

（3）堵口打泥量要适当，不能太多。看炮泥情况决定堵口时间，一般有水炮泥堵口压炮时间10min左右；无水炮泥堵口压炮时间25～35min。

（4）开铁口前要把铁水主沟、支沟、渣沟、摆动流嘴等清理并烘烤完毕。

（5）新开高炉在铁量达到铁口中心线或渣铁总量接近风口下沿位置时开第一次铁口。一般情况下，由于开炉渣量较大，特别是第一次铁渣比在900～1000kg/t之间，甚至更多。往往铁量未达到铁口中心线，渣量就接近了风口下沿，这时就必须开第一次铁口。在计算渣铁液位置时，要考虑此时炉缸焦炭的填充系数（炉缸焦炭平均空隙度），一般为0.35～0.5，大高炉取小值，小高炉取大值。

（6）在开第一次铁口时，开铁口角度不要太大，一般为0°～2°。如果新建高炉铁口采用固定通道的组合砖，则铁口角度要与通道角度一致。

### 10.3.5 送风点火送煤气操作

送煤气的条件：

（1）风口全部着火；

（2）煤气做爆炸试验合格；

（3）炉顶煤气压力在3kPa以上；

（4）炉顶温度达到100～300℃；

（5）炉况正常。

引煤气时，要按长期休风送煤气程序标准来进行：

（1）和相关单位联系确认，并在执行过程中配合。

（2）参照送风程序，做好煤气系统的准备，包括开、闭各阀门、人孔（干法除尘的箱体的进出口蝶阀、眼镜阀、卸灰球阀、净煤气管道的蝶阀、眼镜阀全部关闭；打开重力除尘器放散，布袋箱体的放散阀，粗、净煤气管道放散阀），通入蒸汽。高炉送风前洗涤塔和脱水器水位应在指定范围。

（3）高炉风压达到正常水平的1/3以上，炉顶压力大于3kPa以上，煤气成分合格，然后开启重力除尘器煤气切断阀。

（4）重力除尘器清灰阀在冒煤气后关闭。

（5）关闭部分炉顶放散，维持炉顶压力在3～5kPa之间。

（6）开炉顶均压阀（大钟均压或炉顶料罐一次均压）10min，以煤气驱赶均压管内的空气。

（7）在开煤气切断阀关闭炉顶、除尘器、煤气系统的蒸气。

（8）在开煤气切断阀15～25min后，开荒煤气管道上的叶形插板（眼镜阀）。如果是干法除尘，则在打开重力除尘器煤气切断阀后，依次打开各箱体进口的蝶阀、眼镜阀；放散10～15min后，开箱体出口蝶阀、眼镜阀；然后再开荒煤气管道上的叶形插板（眼镜阀）。

（9）依据先低后高、先远后近（相对于高炉）的原则，关闭煤气系统各放散阀（干法除尘则要关闭干法除尘管道 $N_2$ 吹扫系统）。

## 10.4　高炉停炉

由于高炉炉衬严重侵蚀，或需要长期检修及更换某些设备而停止生产的过程称为停炉。对要求处理炉缸缺陷、出净炉缸残铁的停炉，称为大修停炉；不要求出残铁的停炉，称为中修停炉。停炉的重点是抓好停炉准备和安全措施，做到安全、顺利地停炉。

### 10.4.1　停炉要求

（1）要确保人身、设备安全。在停炉过程中，由于煤气中 CO 含量增高，炉顶温度也逐渐升高，为了降低炉顶温度而喷入炉内的水分分解会产生大量蒸汽，使煤气中的 $H_2$ 含量也增加，煤气爆炸的危险性就越大。因此，停炉时一定要把安全放在第一位。

（2）尽量出净渣铁，并将炉墙、炉缸内的残渣铁及残留的黏结物清理干净，为以后的拆卸和安装创造条件。

（3）要尽量迅速拆除残余炉衬和减少炉缸残余渣铁量，缩短停炉过程，减少经济损失。

### 10.4.2　停炉方法

停炉方法可分填充法和空料线法两种：

（1）填充法是在停炉过程中用碎焦、石灰石或砾石来代替正常料向炉内填充，当填充料下降到风口附近进行休风。这种方法比较安全，但停炉后清除炉内物料工作量大，耗费许多人力、物力和时间，很不经济。

（2）空料线法即在停炉过程中不装料，采用炉顶喷水来控制炉顶温度，当料面降到风口附近进行休风。此法停炉后炉内清除量较少，停炉进程加快，为大、中修争取了时间。但停炉过程中危险性较大，须特别注意煤气安全。

停炉方法的选择主要取决于具体条件，即炉容大小、炉体结构、设备损坏情况。如果高炉炉壳损坏严重，或想保留炉体砖衬，可采用填充法停炉；如果高炉炉壳完整，结构强度高，多采用空料线法停炉。

### 10.4.3　停炉前准备工作

（1）提前停止喷吹燃料，改为全焦冶炼。停炉前如炉况顺行、炉型较完整、没有结厚现象，可提前 2~3 个班改全焦冶炼；若炉况不顺、炉墙有黏结物，应适当早一些改全焦冶炼。

（2）停炉前，可采取疏导边沿的装料制度，以清理炉墙。同时要降低炉渣碱度、减轻焦炭负荷，以改善渣铁流动性和出净炉缸中的渣铁。如果炉缸有堆积现象时，还应加入少量锰矿或萤石，清洗炉缸。

（3）安装炉顶喷水设备和长探尺。停炉时，为了保证炉顶设备及高炉炉壳的安全，必须将炉顶温度控制在 400℃ 以下。可以安装两台高压水泵，把高压水引向炉顶平台，并插入炉喉喷水管。某些高炉还要求安装临时测料面的较长探尺，为停炉降料面做准备。

（4）准备好清除炉内残留炉料、砖衬的工具，包括一定数量的钢钎、铁锤、耙子、钩子、铁锹、风镐、胶管及劳动安全防护用品等。

（5）停炉前，要用盲板将高炉炉顶与重力除尘器分开，也可以在关闭的煤气切断阀上加砂子来封严，防止煤气漏入煤气管道中。同时，保证炉顶和大小料钟间蒸汽管道能安全使用。

（6）安装和准备出残铁用的残铁沟、铁罐和连接沟槽，切断已坏的冷却设备水源，补焊开裂处的炉皮，更换破损的风口和渣口。

（7）水量的计算。安装炉顶喷水管（安装在四支炉喉取煤气孔，原炉顶上升管四支，不动作，备用）和两台水泵。水泵性能（对 $1200m^3$ 高炉）：水量为 $4050t/h$，扬程为 $70m$ 以上。炉顶喷水量按式（10-1）计算：

$$Q_\text{水} = \frac{60(T_\text{煤}\,c_{\text{煤},T} - 400c_{\text{煤},400}) \times 1.22V_\text{风}}{c_\text{水}(100 - t_\text{水}) + c_\text{化} + \frac{22.4}{18}(400c_{\text{汽},400} - c_{\text{水},100}) \times 1000}$$

$$= \frac{(T_\text{煤}\,c_{\text{煤},T} - 400c_{\text{煤},400}) \times 1.22V_\text{风} \times 6}{76800} \qquad (10-1)$$

式中　$V_\text{风}$——风量，$m/min$；

$\quad Q_\text{水}$——所需水量，$t/h$；

$\quad T_\text{煤}$——煤气温度，$℃$；

$\quad c_\text{水}$——水的比热容，$kJ/(m^3 \cdot ℃)$；

$\quad c_{\text{汽},400}$——400℃时水蒸气的比热容，$kJ/(m^3 \cdot ℃)$；

$\quad c_{\text{水},100}$——100℃时水的比热容，$kJ/(m^3 \cdot ℃)$；

$\quad c_{\text{煤},T}$——$T$℃时煤气的比热容，$kJ/(m^3 \cdot ℃)$；

$\quad c_{\text{煤},400}$——400℃时煤气的比热容，$kJ/(m^3 \cdot ℃)$；

$\quad t_\text{水}$——水的温度，$℃$。

### 10.4.4　休风后的送风

在装完停炉料和盖焦后，要进行一次预备休风。预休风主要是为停炉做一些准备工作，如安装炉顶喷水设备、安装临时探料尺、调整炉顶放散阀配重、补焊炉壳、处理损坏的冷却设备等。休风后的送风基本按长期休风后的送风程序进行，其不同之处是：

（1）炉顶放散煤气的停炉方法，其风量维持的原则是在顺行的情况下，较正常风压低 $0.030 \sim 0.035MPa$；回收煤气的停炉方法是，在最大风量的情况下，可维持正常压差。应根据实际情况调节风温，但必须保证炉况顺行，防止大的崩料、悬料及风口破损，以利安全停炉。

（2）为了缩短预休风时间，停炉送风均不加净焦。

（3）检查炉顶和除尘器蒸汽管道，确保能在送风前炉顶大、小料钟间和除尘器皆通入蒸汽，无料钟炉顶气密箱和阀箱内通入 $N_2$。

### 10.4.5　空料线操作

空料线是整个停炉过程的关键，它分为不回收煤气和回收煤气两种。在停炉过程中，必须确保减少大崩料、悬料、风口破损及炉顶煤气爆炸，达到安全、顺利停炉。

10.4.5.1　不回收煤气的空料线停炉方法

（1）在预休风送风后，将炉顶和除尘器通入蒸汽，无料钟高炉气密箱和阀箱通入氮气。

（2）连续装入盖面净焦（停炉休风时到达炉缸起填充作用），其数量相当于炉缸及炉底死铁层容积的净焦，然后停止上料。

（3）随着料面下降，炉顶温度升高，当炉顶温度在400℃左右时，开始向炉内喷水，将炉顶温度控制在350～500℃范围内，无钟炉顶控制在250～300℃之间，最高点不大于350℃。炉顶温度过高将导致炉顶着火，损坏炉顶设备；炉顶温度过低，则表明打水过量，会造成炉内料柱上段积水，引起爆炸；若炉顶温度长期过低，水可能渗入到高炉下部，甚至浇灭燃火，产生更大的危险。同时必须注意煤气中的 $H_2$ 含量不能超过6%。若 $H_2$ 超过6%，炉顶温度仍然偏高，可适当减风以降低炉顶温度。

（4）停炉过程中不可休风。必要时，应先停止打水，且炉顶点火后再休风。

（5）有条件可每隔半小时取煤气样及测量料线各一次，并认真记录。

（6）空料线过程中的风量调节的基本原则是在炉况顺行的基础上维持允许的最大风量操作，以加快空料的速度：

1）开始空料线时，应按能接受的压差使用风量；

2）当出现崩料的征兆时，应减风控制，防止发生大崩料，但必须维持该炉况下的最大风量；

3）料线接近风口水平时，应注意风压不能低于 0.01MPa，炉顶温度不能低于200℃。

（7）当料面降到炉身中、下部时，可将风量减到全风量的2/3，料面降到炉腰时，将风量减到全风量的1/2 左右。

（8）当料面降到风口以上 1～2m 处时，如需出残铁，此时可从铁口出最后一次铁，同时用氧气烧残铁口。如不必出残铁，可稍晚从铁口出最后一次铁。此外，出残铁也可在休风后进行。

（9）料面降到风口区时的标志是：风口不见焦炭，风口没有亮度，同时炉顶煤气成分中 $CO_2$ 浓度升高，煤气中出现过剩氧。为保证安全，风压不得低于 20kPa。切忌中途停止打水。

（10）在停炉过程中，若发现风口破损，漏水不严重时，可适当减少供水量，使之不向炉内大量漏水。如风口破损严重时，迅速切断冷却水，从外部喷水冷却，直到休风为止。

（11）在停炉过程中，要特别注意顺行，如有悬料或崩料时，应及早地减少风量或降低风温。在炉身下部区的崩料处理，当出现风压下降、风量自动增加的现象时，应减风，减风量以每次降低风压 0.005MPa 为宜，或将料线降到炉身下部时先减风10%～15%；在炉腰区的崩料处理，如果炉顶压力缓慢升高，可以不减风。若顶压升高时，应减风到炉顶压力不升高为止。

（12）在停炉前几天就要将铁口角度逐步增大。对于需要大修的高炉停炉时，最后一次出铁将铁口角度加大到20°左右；中修最后一次出铁铁口角度比大修时稍低，并尽量喷吹铁口，以利于减少残铁量。

（13）停炉过程中一般出两次铁，第一次铁在预休风完送风后 1.5h 左右出铁，第二次发现有个别风口吹空，通知炉前出铁，出完最后一次铁即可休风，可按短期休风进行。如需放残铁，应立即停止向炉内打水，用氧气烧开残铁口。

（14）休风放完残铁后，迅速卸下直吹管，用炮泥将风口堵严，然后向炉内喷水凉炉。中修停炉时，停止打水。大修停炉时要继续打水，直到铁口向外流水为止。休风后的打水量，大修打水要多，一般 8~12h，直到从铁口流出铁水的温度降到 60~80℃。

### 10.4.5.2 回收煤气的空料线停炉

回收煤气的空料线停炉和不回收煤气的空料线停炉基本相同，其不同之处是：

（1）对炉顶蒸汽或氮气的压力要求较高（不低于 0.39MPa）。

（2）不需要关闭煤气切断阀和均压阀。

（3）炉顶放散阀应保留，同时大、小料钟均保持关闭。

（4）开始打水时，由于炉顶大钟不可开启，故不能在大钟上方打水。

（5）根据炉壳及煤气系统破旧情况控制炉顶压力，防止破裂。

（6）每半小时取煤气样及测料线各一次。当煤气成分中 $H_2 > 6\%$、$O_2 > 2\%$，或炉顶压力剧烈波动时，为保证安全，即停止回收煤气，要全开炉顶放散阀，关闭煤气切断阀；往除尘器及洗涤塔系统通入大量蒸汽或氮气；关闭大钟均压阀，全开小钟均压阀。

（7）休风停炉后，必须将荒煤气系统的残余煤气驱散后才能施工、动火。

## 10.4.6 出残铁操作

高炉停炉大修时，必须将留存于炉底被侵蚀部位的残铁放出。

### 10.4.6.1 确定残铁口的位置

选择好残铁口位置是保证放好残铁的关键。其选择原则是：应选择在炉缸水温差和炉底温度较高的方向，同时又要考虑出残铁时铁罐配备及操作方便。确定炉底侵蚀深度的方法有两种：

（1）计算法。又分理论计算法与经验计算。

拉姆热工计算公式：

$$Z = (T_0 - \theta)\lambda / Q - \alpha \tag{10-2}$$

式中　$Z$——炉底最大侵蚀深度，m；

　　　$Q$——炉底中心的垂直热流，$kJ/(m^2 \cdot h)$；

　　　$T_0$——铁口中心线附近的铁水温度，一般取 1450℃；

　　　$\theta$——铁水凝固温度，一般取 1100~1150℃；

　　　$\lambda$——铁水向炉底的导热系数，$kJ/(m \cdot h \cdot ℃)$；

　　　$\alpha$——设计的死铁层深度，m。

莫依森科公式：

$$h = d/K \cdot 1/\mu \cdot \lg(T_0/t), 1/\mu = 1/\lg e = 2.3026 \tag{10-3}$$

式中　$h$——炉底中心剩余厚度，m；

　　　　$d$——炉缸直径，m；

　　$T_0$——炉内铁口中心线铁水温度（1400℃）；

　　　$t$——炉底中心温度，℃；

　　　$K$——系数，参见莫氏曲线，$t \geqslant 0.5T$，以后为渐近线，其极限值为 2.36。

开勒公式：

$$h = 1.2d \lg [(T_0 - t_0) / (t - t_0)]　　　　　　　　(10-4)$$

式中　$h$——炉底中心剩余厚度，m；

　　　$d$——炉缸直径，m；

　　$T_0$——铁口中心线铁水温度，℃；

　　$t_0$——大气温度，℃；

　　　$t$——炉底中心温度，℃。

原冶金部炉体调查组提出的公式（对黏土砖无风冷炉底的高炉）：

$$h = Kd \lg (t_1 / t)　　　　　　　　　　(10-5)$$

式中　$h$——炉底中心剩余厚度，m；

　　　$d$——炉缸直径，m；

　　$t_1$——炉底侵蚀面上铁水温度，℃；

　　　$t$——炉底中心温度，℃；

　　　$K$——系数，$t < 1000℃$时，$K = 0.0022t + 0.2$，$t = 1000 \sim 1100℃$时，$K = 2.5 \sim 4.0$。

鞍钢经验公式：

$$h = (1350 - t) \cdot 1/N　　　　　　　　　(10-6)$$

式中　$h$——炉底剩余厚度，m；

　　　$t$——炉底底面的温度，℃；

　　　$N$——温度系数，$N = 24 \sim 27$，炉役中期，炉底温度稳定时，$N$值取上限，炉役末期，炉底温度上升，取下限。

　　以上五个公式除第一个外，其他四个都属经验公式。由于炉底耐火材料的改进，加上炉底进行了冷却以及炉底的综合结构，计算时不仅复杂而且误差大。用拉姆热工计算式计算时，停炉前一周炉底就应停止冷却，测出准确的炉基温度。

　　（2）直接测量法。直接测量炉缸下部炉皮的表面温度，从上到下炉皮温度（测量温度时要停该处冷却壁进水）变化拐点处就是炉缸侵蚀最严重的地方。以该处为基点再往下 300mm 左右之处即为开残铁口的水平位置（因为残铁口角度是向上的，所以开残铁口眼必须在侵蚀最严重之处下方）。

### 10.4.6.2　残铁量计算

$$W = \frac{\pi}{4} d^2 h \gamma k　　　　　　　　　　(10-7)$$

式中　$W$——残铁量，t；

　　　$k$——容铁系数，$0.35 \sim 0.50$（大高炉取下限，小高炉取上限）；

　　　$d$——炉缸直径，8.9m；

　　　$h$——残铁部分高度，即侵蚀深度加死铁层厚度减铁口角度对应深度，m；

$\gamma$——铁水密度，$7.0t/m^3$。

### 10.4.6.3 出残铁操作

出残铁前要安排好时间，迅速完成出残铁的全部工作如下：

（1）开始降料面时，切开残铁口处的炉缸围板；

（2）当料面降至炉腰时，立即关闭残铁口位置所在冷却壁的冷却水，并拆除该冷却壁；

（3）当料面降到炉腹时，制作残铁口的砖套；

（4）当料面降至风口区时，可一边从铁口正常出铁，一边烧残铁口。

在安装好残铁口时，残铁沟与冷却壁、炉皮的接口一定要牢靠，以保证大量残铁顺利流出，杜绝漏铁、放炮及爆炸事故的发生。具体做法是用砖伸入炉底砖墙内 200mm 以上，使从冷却壁、炉皮到残铁沟的砖套成为一个整体，并用耐火泥料垫好、烤干，才能安全顺利地放好残铁。

## 10.5 高炉封炉

高炉封炉是长期休风的一种特殊形式，它是比长期休风时间还要长的休风。休风期间为防止空气进入炉内或水漏入炉内，要对高炉严格密封。封炉操作正确与否，直接影响开炉炉温和顺行以及能否恢复到正常生产水平。为了能便于以后顺利恢复生产，封炉前必须使炉况顺行、炉缸活跃，否则会使复风很困难。

### 10.5.1 封炉前的准备工作

（1）为了防止焦炭烧损和炉料粉化，封炉前必须严格检查高炉设备，尤其是冷却设备，发现问题及时处理，以确保高炉封炉的密封性。

（2）封炉料的选择：

1）选用粉末少、还原性好及强度高的原燃料，质量要求等同于或高于大中修开炉原燃料标准；

2）由于烧结矿易粉化，短期封炉还可使用，长期封炉（4 个月以上）一般采用还原性好的天然矿或人造富矿；

3）长期封炉时，为了保证料柱有良好的透气性，应使用灰分低、含硫少、强度高和水分少的焦炭；

（3）封炉前，采取发展边缘等一系列措施来保证炉况稳定、顺行，炉缸活跃，炉温充沛，避免发生崩料和悬料。

### 10.5.2 封炉料的确定

#### 10.5.2.1 封炉料的确定

正确确定封炉料、选定总焦比，是封炉成败的关键，是保证开炉后炉缸温度充足、取得合格产品以及顺利而迅速恢复正常生产的基础。由于封炉后炉内热量散失大，开炉后直接还原较高等因素的影响，送风后炉缸温度将降低，如封炉前不加足够的焦炭，开炉后将导致炉缸大凉或冻结。但加入过多焦炭，不仅增加焦炭损耗，而且送风后还会使炉子过热不顺。

### 10.5.2.2　影响封炉总焦比的因素

影响封炉总焦比的主要因素有封炉时间的长短、炉容大小、炉料状况及炉体破损状况等。

**A　封炉时间**

在封炉期间，炉内积蓄的热量会随着时间的延长而逐渐散失，渣、铁冷凝，所以封炉总焦比应选择合适。封炉总焦比随时间的延长而增加，其关系见表 10 - 9。

表 10 - 9　封炉总焦比与时间的关系

| 封炉时间/d | 10 ~ 30 | 30 ~ 60 | 60 ~ 90 | 90 ~ 120 | 120 ~ 150 | 150 ~ 180 | 180 ~ 210 |
|---|---|---|---|---|---|---|---|
| 总焦比/t·t$^{-1}$ | 1.0 ~ 1.2 | 1.2 ~ 1.6 | 1.6 ~ 1.9 | 1.9 ~ 2.2 | 2.2 ~ 2.5 | 2.5 ~ 2.8 | 2.8 ~ 3.1 |

以 1000m$^3$ 高炉为例，封炉焦比可分四个阶段进行考虑：

第一阶段：封炉 10 天以内，炉缸内的渣铁还没有完全凝固，复风较容易；封炉 20 天以内，渣铁虽已凝固，但复风及出渣、出铁还不至于很困难。这一阶段的封炉焦比较低。

第二阶段：停产 20 ~ 60 天，炉缸冷凝，蓄热散失，复风操作随封炉时间延长而增加困难，封炉焦比大幅度增高。

第三阶段：停产 60 ~ 150 天，炉内蓄热散尽，且炉料发生质变，封炉焦比增至相同或略高于大修或中修后开炉的焦比。

第四阶段：停产 150 天以上，考虑炉内炉料更多质变，但封炉焦比较第三阶段增加得不多。

**B　炉容大小**

小高炉比大高炉热损失多，封炉料总焦比应相应提高。一般 600 ~ 1000m$^3$ 高炉的总焦比较大于 1000m$^3$ 的高炉高 10% 左右。中、小高炉炉容、封炉时间与总焦比的关系如表10 - 10 所示。

表 10 - 10　中、小高炉炉容、封炉时间与总焦比的关系　　（总焦比/t·t$^{-1}$）

| 项　目 | 10 ~ 30d | 30 ~ 60d | 60 ~ 90d | 90 ~ 120d | 120 ~ 150d | 150 ~ 180d |
|---|---|---|---|---|---|---|
| 13m$^3$ | 4.2 ~ 4.8 | 4.8 ~ 6.1 | | | | |
| 28m$^3$ | 3.7 ~ 4.3 | 4.3 ~ 5.4 | 5.4 ~ 6.2 | | | |
| 55m$^3$ | 2.0 ~ 3.0 | 3.0 ~ 3.8 | 3.8 ~ 4.4 | 4.4 ~ 5.0 | 5.0 ~ 5.5 | 5.5 ~ 6.0 |
| 100m$^3$ | 1.6 ~ 1.9 | 1.9 ~ 2.3 | 2.3 ~ 2.7 | 2.7 ~ 3.0 | 3.0 ~ 3.3 | 3.3 ~ 3.6 |
| 300m$^3$ | 1.3 ~ 1.5 | 1.5 ~ 1.9 | 1.9 ~ 2.2 | 2.2 ~ 2.5 | 2.5 ~ 2.8 | 2.8 ~ 3.1 |

**C　冷却设备及炉料状况**

高炉炉役后期，冷却设备及炉壳等都已损坏严重，密封程度变差，容易漏水、漏风；高炉使用强度低、还原性差及易粉化破碎的原料；这些高炉一般不允许长期封炉。如果因特殊情况非封炉不可，也必须彻底查出漏水、漏风点，确保不向炉内漏水和漏风，且封炉焦比应额外增高。

### 10.5.3 封炉操作

#### 10.5.3.1 停风前操作

（1）封炉前采取发展边缘等一系列措施来保证炉况稳定顺行，炉缸活跃，炉温充沛，避免发生崩料和悬料。

（2）封炉前，炉渣碱度不宜偏高，可适当减少石灰石用量，同时还可配加少量锰矿，维持炉渣碱度 $CaO/SiO_2 = 1.00 \sim 1.05$，渣中 $MnO$ 含量在 $1.0\% \sim 2.0\%$ 之间，以保证炉渣有足够的流动性。

（3）在封炉前应加萤石清洗炉缸，消除炉缸堆积。

（4）对损坏的风口、渣口要及时进行更换，对烧损的冷却壁要关闭其进出水，杜绝向炉内漏水。

（5）封炉料也由净焦、空料和正常轻料等组成，炉缸、炉腹全装焦炭，炉腰及炉身下部可根据封炉时间长短装入空焦和正常轻料，封炉时间越长，轻料负荷越轻。

（6）封炉前应适当增大铁口角度，特别是在最后一次出铁时要把铁口角度加大到 $14°$，全风喷吹后再堵口，以保证休风前渣铁出净，最大限度地减少炉缸中的剩余渣铁。

（7）当封炉料到达风口平面时可按长期休风程序休风。

（8）炉顶料面加装水渣（或矿粉）封盖，以防料面焦炭燃烧。

#### 10.5.3.2 停风后操作

（1）休风后进行炉体密封，即把各个风口堵泥，外部砌砖，并用泥浆封严；卸下渣口小套后，将三套堵泥后，砌砖封严；对有裂缝的炉壳进行补焊，大缝焊死，小缝刷沥青密封。

（2）对封炉期间损坏的冷却设备更换，严重的要关闭；在冬季要对关闭的冷却设备吹空水管内的积水，防止水管冻裂。

（3）封炉期间减少冷却水量。

（4）封炉两天后，为减少炉内抽力，应关闭一个炉顶放散阀。

（5）炉顶压料后火焰逐渐减小，三天后基本熄灭。如果火焰仍很旺盛，且颜色呈蓝色，表明高炉密封不严，应迅速采取密封弥补；若颜色呈黄色且时有爆裂声，表明是冷却器漏水，应立即检查和处理冷却设备及其他水源。

### 10.5.4 高炉封炉后的送风操作

封炉后的开炉难度较大，特别在封炉时间很长时，炉缸温度逐渐下降，炉缸内积存的残余渣铁会逐渐凝结，并且随时间的延长而加重。当开炉送风后，风口以上炉料受高温煤气流预热和还原，逐步产生的渣铁流向炉缸。此时炉缸加热较慢，凝结的渣铁熔化迟缓，炉缸渣铁不断增加，不但有碍于炉况恢复，而且极易造成风口灌渣或烧坏风口。因此，应尽快从铁口放出铁水和熔渣，这是炉前操作的关键。

#### 10.5.4.1 送风前的准备工作

（1）加强热风炉烘炉工作，保证在开炉期间有较高的风温，应尽量使开炉期间热风温度接近停炉前的水平。热风温度高，有利于加热炉缸。一般情况下，热风炉风温应能达到 800℃ 以上。

（2）送风前，对所有设备进行试运转，认真检查冷却系统、蒸汽系统及煤气系统，确认各系统能正常运行。

（3）以零度角将铁口水平钻开，然后清出铁口前已经熄灭的黑焦炭，直到露出红焦炭为止。

（4）将风口、渣口前已经熄灭的黑焦炭清理出来，补入新焦炭。如果风口、渣口前有渣铁凝结物时，要用氧气把渣铁凝结物烧掉。

（5）送风前用氧气将铁口上方两侧的风口与铁口烧通，如果准备临时出铁口时，还应把临时出铁口上方两侧的风口烧通。在烧出的通道里放入一定量的食盐和铝锭，前者可增加炉渣的流动性，后者在氧化时可放出大量的热量，有利于凝渣的熔化，可有效地防止新生成的铁水聚集在凝渣铁上将风口烧坏。

（6）送风时，可根据封炉时间的长短来决定工作风口的多少。封炉时间越长，送风工作风口越少；反之，封炉时间越短，就应增加风口工作的数量。一般情况下，封炉 3 个月以上，工作风口选 2～4 个为宜。工作风口的位置应集中在铁口附近。送风前将工作的风口之间用氧气烧通，不送风的风口用硬泥堵死，保证送风后不能吹开。

（7）由于开炉的前几次出铁不正常，渣铁的流动性很差，为了防止堵塞撇渣器，要将撇渣器口用铁板和河沙堵好，让铁水改道通过下渣沟流入干渣坑内或带渣壳的渣罐内。

### 10.5.4.2　出渣出铁操作

高炉封炉后送风操作的关键是送风到一定时间后能及时打开铁口或临时出铁口将渣、铁排出。否则，炉缸渣铁会越积越多，不仅影响到高炉顺行，而且还会引发其他事故。因此，在开炉送风后的第一次出铁以前，应采取以下相应措施：

（1）送风前用氧气将铁口与送风风口烧通。

（2）将铁口钻开，从铁口喷出的煤气要用火点燃，同时要经常用钢钎捅铁口，尽量喷吹铁口，加热炉缸。见渣铁后用炮泥把铁口堵上，打泥量要少。

（3）根据风量和下料情况来确定第一次开铁口时间，一般在送风 5～6h 后出第一炉铁。烧铁口要集中力量，连续进行，及时烧开铁口。

（4）如果烧进 3m 以上仍未见渣铁时，根据送风风口情况，准备了临时铁口的用临时铁口出铁，没有准备临时铁口的，可用炸药沟通风口和铁口出铁。

（5）出铁顺畅后，可逐步恢复送风的风口数量，向渣口方向依次移动，不允许间隔开风口。

（6）随着炉缸工作趋于正常，残铁熔化速度加快，铁口角度可逐渐加大，待风口全部工作后，铁口角度应恢复到正常水平。

## 10.6　休风、送风及事故处理

高炉在生产过程中因检修、处理事故或其他原因需要中断生产时，停止送风冶炼就称为休风。根据休风时间的长短，休风 4h 以上就称为长期休风；休风 4h 以下，则称为短期休风。

### 10.6.1 短期休风与送风

10.6.1.1 短期休风程序

（1）休风前应与有关单位联系，通知调度室、鼓风机、热风炉、上料系统及煤气系统等岗位做好休风准备。

（2）在休风前可根据高炉实际适当减风（一般减风到50%左右），并将高压操作转为常压操作，同时停止富氧鼓风和喷吹燃料。

（3）有炉顶喷水降温设施的高炉，要停止炉顶喷水，并向炉顶通入蒸汽，使高炉在休风期间能始终保持正压。

（4）在休风前热风炉应停止燃烧。

（5）打开炉顶放散，关闭煤气切断阀，停止回收煤气。

（6）关冷风大闸、冷风调节阀及鼓风蒸汽，风温调节阀由自动改为手动。

（7）继续减风到0.005kPa时，应停止上料，并提起料线。

（8）检查各风口，没有危险时，再减风到零；然后发出休风信号，热风炉关闭热风阀和冷风阀，放尽废气。

（9）如需倒流休风时，通知热风炉进行倒流，并均匀打开1/3以上风口窥视孔。

10.6.1.2 短期休风注意事项

（1）当风压减到0.005kPa时，要认真观察风口，避免因判断不准贸然休风造成的风口灌渣。在判断不准时应该盯住该风口，缓慢放风，一旦有熔渣流入直吹管，立即回风就可以避免灌渣。

（2）休风前，如果慢风作业时间过长，即使炉温不低，也会造成炉缸活跃程度变差，在休风时风口易灌渣，所以一定要谨慎操作。

（3）一般情况下，倒流休风应用倒流阀进行，如遇事故需要热风炉倒流时，所用热风炉炉顶温度不得低于1000℃，倒流时间不得超过40min，否则应更换热风炉。

（4）休风期间炉顶应保持正压，要求炉顶蒸汽压力不得低于0.3MPa。

10.6.1.3 复风操作程序

（1）在复风前要与热风炉、上料系统、煤气系统及调度等有关单位取得联系。

（2）通知热风炉停止倒流，并把风口窥视孔盖上。

（3）发出送风信号，通知热风炉送风，逐步关闭放风阀复风。

（4）开风以后应检查风口、渣口及直吹管是否严密、可靠，确认不漏风时，方可加风。

（5）当风量加至全风的1/3时，开始引煤气，开启煤气切断阀，关闭炉顶放散阀和炉顶蒸汽。

（6）由常压操作转化为高压操作时，必须打开混风大闸，风温调节阀由手动改为自动，根据情况实施富氧和喷吹燃料。

### 10.6.2 长期休风

长期休风分为计划休风和非计划休风。计划休风又分降料面休风和不降料面休风；非计划休风一般为事故休风。为弥补休风期间高炉的热量损失和顺利复风，休风前应做到炉况顺行，清洗炉缸堆积和炉墙结厚，适当提高炉温等。长期休风要求高炉与送风系统断开，即用关上热风炉的冷风阀、热风阀、卸下风管来实现。高炉与煤气系统断开，即关闭煤气切断阀和与煤气管网联络的叶形插板，切断煤气管网和高炉煤气系统。

#### 10.6.2.1　长期休风的准备

（1）休风前将干式除尘器内的煤气灰放净，防止留存炽热的煤气灰。

（2）准备好点火用的点火枪、红焦、木柴及油棉纱等引燃物。

（3）认真检查通往炉顶各部位和除尘器蒸汽管道。

（4）按休风长短适当减轻负荷，当休风料下达炉腹部位时，出最后一次铁，出铁后休风。休风前炉温适当提高。

（5）出净渣铁，如渣铁未出净，应重新配罐再出，出净后才能休风。

（6）检查风口、渣口、冷却壁等冷却设备。如发现损坏，要适当关水、休风后立即更换，严禁向炉内漏水。

（7）休风前要保持炉况顺行，避免管道行程、崩料、悬料。如遇悬料，必须把料坐下，才能休风。最好将炉况调整顺行后再休风。

#### 10.6.2.2　长期休风操作程序

长期休风分为炉顶点火休风和炉顶不点火休风两种，前者适用于炉顶检修工作。

炉顶点火休风程序：

（1）通知厂调度、鼓风机、热风炉、煤气系统等岗位，并向炉顶通蒸汽。

（2）高压操作的高炉按程序改为常压，先放风50%，开炉顶放散阀。

（3）将热风自动调节改为手动，关冷风大闸及冷风调节阀，关鼓风蒸汽。

（4）当风压减到0.05MPa时，应停止上料，并把料线提起。

（5）通知煤气系统将煤气切断阀关闭。

（6）放风到0.05MPa时，钟式炉顶可按下列程序进行炉顶点火：

1）上料系统将大钟、小钟、料车及料斗内的料全部放净；

2）关大钟均压阀，开小钟均压阀；

3）将炉顶蒸汽全部关闭，并把炉顶压力调到300～500Pa，维持炉顶温度不低于250℃；

4）关闭大钟、小钟间人孔，上红焦或木柴；

5）开小钟将红焦放入大钟后，将小钟关闭；

6）开大钟将红焦放入炉内，禁止关大钟；

7）打开炉喉人孔，若煤气未燃，可投入着火的油棉纱；

8）着火正常后，通知高炉休风。

无料钟的点火程序为：

（1）准备好点火的引燃物；

（2）将炉顶放散阀、除尘器放散阀打开，关闭煤气切断阀，向炉顶和除尘器通入蒸汽，关闭上、下密封阀和截流阀；

（3）打开炉顶人孔；

（4）关闭气密箱和下密封阀的氮气；

（5）关闭炉喉及炉顶蒸汽；

（6）用点燃的油棉纱或其他引燃物点火；

（7）休风按短期休风程序进行；

（8）着火正常后，通知高炉休风。

炉顶不点火休风程序同炉顶点火休风程序，但无需准备点火物和点火操作，并应注意：

（1）炉顶及煤气系统应不间断地通入蒸汽；

（2）大钟、小钟间应装入密封料；

（3）休风1h后才能驱赶煤气系统残余煤气，这时煤气切断阀处于关闭状态。

### 10.6.2.3 长期休风的注意事项

（1）在炉顶未点火之前，严禁工作人员在炉顶工作。

（2）炉顶点火后，如需更换风口、渣口及风口堵泥时，可通知热风炉进行倒流。

（3）要保持炉顶火焰不灭，当火焰熄灭时，应立即点火。点火前，要将大钟、小钟和炉喉人孔打开，通入蒸汽，驱赶残余煤气后再进行。

（4）休风期间要仔细检查冷却设备，发现损坏的要断水并组织处理，严禁向高炉内漏水。

### 10.6.2.4 长期休风的送风程序

（1）送风前检查放风阀是否全开，在送风前4h通知鼓风机启动，提前1~2h提高水压，使各部通水正常。

（2）封闭炉顶、热风炉、除尘器、煤气管道上的所有人孔。

（3）把炉顶放散阀和除尘器放散阀全部打开，除尘器清灰口小开1/3，关闭煤气切断阀，并将炉顶、除尘器及煤气管道通入蒸汽。

（4）按复风的装料程序，将料线加到4m以上。

（5）检查送风管道、煤气管道的各个阀门是否处于停风状态。

（6）送风前要装好风管，捅开送风的风口。

（7）各岗位准备就绪后，可按短期送风程序送风。

## 10.6.3 高炉事故及处理

### 10.6.3.1 鼓风机突然停风

鼓风机突然停风的主要危害如下：

（1）煤气向送风系统倒流，造成送风系统管道甚至风机爆炸；

（2）因煤气管道产生负压，吸入空气而引起爆炸；

（3）因突然停风机，可能造成全部风口、直吹管甚至弯头灌渣。

所以，发生风机突然停风时，应立即进行如下处理：

（1）风口前无风后，将放风阀打开，发信号通知热风炉休风，并打开一座废气温度较低的热风炉的冷风阀、烟道阀，将送风管道内的煤气抽出；

（2）立即关闭混风阀，将高炉与鼓风机隔开，停止喷煤与富氧，同时打开炉顶放散阀，关闭煤气切断阀；

（3）向炉顶、除尘器、切断阀通入蒸汽；

（4）检查各风口，如果发现风口灌渣可打开窥视孔盖排出部分渣液，并立即组织人员处理；

（5）立即组织出渣、出铁；

（6）如休风时间超过2h，应堵严全部风口，并按长期休风操作控制冷却水量。对漏水冷却壁，休风后立即关闭进水。

### 10.6.3.2　突然停电

发生停电时，要根据停电的性质和范围，进行分析和处理。若因突然停电引起鼓风机停风时，则应按鼓风机突然停风处理；若因突然停电引起水泵停水，则应按突然停水处理；若仅是上料系统不能上料，应减风按低料线处理。

### 10.6.3.3　突然停水

因水泵、管道破裂、停电等原因而导致高炉供水系统水压降低或停水时，应采取如下措施：

（1）减少炉身各部的冷却水，以保持风口、渣口冷却用水；

（2）停止喷吹、富氧，改高压为常压，放风到风口不灌渣的最低风压；

（3）迅速组织出渣、出铁，力争早停风，避免或减轻风口灌渣危险。

恢复正常水压的操作，应按以下程序进行：

（1）把来水的总阀门关小；

（2）先通风口冷却水，如发现风口冷却水已尽或产生蒸汽，则应逐个或分区缓慢通水，以防蒸汽爆炸；

（3）风口、渣口通水正常后，由炉缸向上分段缓慢恢复通水，注意防止蒸汽爆炸；

（4）检查全部冷却水出水正常后，然后逐步恢复正常水压，待水量、水压都正常后再送风。

突然停水的注意事项：

（1）高炉突然停水，不管在出渣铁之前或之后都要立即休风。抢在高炉冷却水管出水为零之前休风，就能避免和减少风口、热风阀等冷却设备烧坏。

（2）高炉断水后，在冷却设备出水为零时，要将进出水总阀门关小，目的是防止突然来水，使风口急剧生成大量蒸汽而造成风口突然爆炸。

（3）炉缸内有渣铁情况下休风时，要迅速将风口窥视孔打开，防止弯管灌死。

（4）高炉突然停水的操作必须果断、谨慎，严格按照操作程序操作，保证人身、设备安全。

**复习思考题**

10－1 简述高炉开炉前有哪些准备工作?

10－2 如何确立开炉焦比?

10－3 高炉开炉前为什么要烘炉?

10－4 高炉开炉过程容易出现哪些事故,为什么?

10－5 决定开炉的条件是什么?

10－6 为什么高炉停炉过程要打水?

10－7 为什么开炉时,煤气不能马上引入除尘器?

10－8 如何做到安全、快速降料线停炉?

10－9 停炉过程容易出现哪些事故,为什么?

10－10 什么叫封炉,怎样选择封炉焦比?

10－11 停炉时残铁如何放出来?

10－12 如何处理高炉突然停风、停电和停水?

 **热风炉操作**

在高炉冶炼中，热风炉操作是高炉生产工艺的重要组成部分。稳定地向高炉提供高风温（为了最大限度地发挥热风炉的供热能力，尽量提高风温），为高炉降低燃料比、降低成本、生产优质生铁及提高产量创造条件。尤其在现代高炉生产中，随着喷吹燃料的广泛应用，热风炉需要提供更高的热风温度。目前，我国大型高炉热风平均温度已达 1200℃以上，一些新建大型高炉的风温水平已经接近于国外先进高炉的热风温度，达到 1250℃左右，经济效益得到大幅度提高。

## 11.1 提高热风温度的途径

### 11.1.1 提高热风炉炉顶温度

热风炉炉顶温度指热风炉拱顶温度。炉顶温度直接影响风温水平。据国内外高炉生产实践统计，大、中型高炉操作先进的热风炉炉顶温度比平均风温高 50 ~ 100℃，一般为 150℃左右，小型高炉热风炉炉顶温度比平均风温高 100 ~ 250℃，球式热风炉在中小型高炉上炉顶温度比平均风温高 100℃左右，这个差值大小取决于蓄热室结构、送风周期和冶炼强度高低。

炉顶温度高低决定于耐火材质和燃料的理论燃烧温度。炉顶温度一般应低于耐火材料的荷重软化点 50 ~ 100℃。理论燃烧温度与燃料发热值有关。炉顶温度比理论燃烧温度低 70 ~ 90℃，通常提高理论燃烧温度，炉顶温度相应提高。热风炉温度与炉顶温度关系如图 11 - 1 所示。

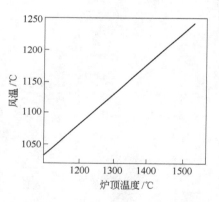

图 11 - 1　热风炉温度与炉顶温度关系

根据理论燃烧温度表达式分析，影响理论燃烧温度的因素见式（11 - 1）：

$$t_{理} = \frac{Q_{燃} + Q_{空} + Q_{煤} - Q_{水}}{V_{产} \cdot c_{产}} \tag{11 - 1}$$

式中　$Q_{燃}$——煤气燃烧放出的热量，$kJ/m^3$；

　　　$Q_{空}$——助燃空气带入的物理热，$kJ/m^3$；

　　　$Q_{煤}$——燃烧用煤气带入的物理热，$kJ/m^3$；

　　　$Q_{水}$——煤气中水分的分解热，$kJ/m^3$；

　　　$V_{产}$——燃烧产物量，$m^3$；

　　　$c_{产}$——燃烧产物的平均比热容，$kJ/(m^3 \cdot ℃)$。

由式（11 - 1）可以看出，影响理论燃烧温度的因素有：

（1）提高煤气发热值 $Q_燃$，理论燃烧温度相应提高，目前高炉焦比大幅度降低，高炉煤气发热值相应降低，在高炉煤气中配一定量的焦炉煤气或天然气，提高 $Q_燃$ 值，以提高理论燃烧温度。

（2）预热助燃空气 $Q_空$ 和燃烧煤气 $Q_煤$，能有效地提高热风炉的理论燃烧温度 $t_理$，进而提高热风温度。特别是高炉降低燃料比以后，预热助燃空气和燃烧煤气显得更为重要。

几种热值的煤气在不同助燃空气温度时对理论燃烧温度的影响见表 11-1。

**表 11-1  几种热值的煤气在不同助燃空气温度时对理论燃烧温度的影响**

| 煤气低发热值 $Q_{DW}$/kJ·m$^{-3}$ | 助燃空气预热温度/℃ | | | | | | |
|---|---|---|---|---|---|---|---|
| | 20 | 100 | 200 | 300 | 400 | 500 | 600 |
| 2931 | 1185 | 1208 | 1237 | 1266 | 1296 | 1326 | 1357 |
| 3349 | 1294 | 1319 | 1351 | 1385 | 1416 | 1450 | 1483 |
| 3768 | 1394 | 1421 | 1456 | 1491 | 1526 | 1563 | 1599 |

从表 11-1 中可以看出，助燃空气温度由 20℃ 升高至 100℃ 时，理论燃烧温度约提高 25℃；助燃空气温度在 100~600℃ 范围内，每升高 100℃，相应提高理论燃烧温度 30~35℃。

几种热值的煤气在不同预热温度时对理论燃烧温度的影响见表 11-2。

**表 11-2  几种热值的煤气在不同预热温度时对理论燃烧温度的影响**

| 煤气低发热值 $Q_{DW}$/kJ·m$^{-3}$ | 煤气预热温度/℃ | | | | |
|---|---|---|---|---|---|
| | 35 | 100 | 200 | 300 | 400 |
| 2931 | 1185 | 1219 | 1270 | 1322 | 1375 |
| 3349 | 1294 | 1325 | 1373 | 1422 | 1472 |
| 3768 | 1394 | 1424 | 1469 | 1515 | 1562 |

从表 11-2 中可以看出，煤气预热温度每升高 100℃，可提高理论燃烧温度约 50℃，其效果是很显著的。但是，在预热过程中，必须考虑煤气的安全性，煤气预热温度过高，势必存在一定的安全隐患。一般预热温度不超过 250℃，同时，要考虑换热器的阻力损失。由于煤气压力往往受到管网等因素的影响，压力偏低，因此在预热煤气时，尽可能降低换热器的阻损，并尽可能提高煤气压力。

预热助燃空气、煤气对提高理论燃烧温度效果是显著的，进而能提高热风温度。有条件的热风炉应大力推广。

对空气、煤气预热后要考虑以下因素：

1）烟气温度、压力、流量条件。有条件的热风炉，应尽可能地提高烟气温度，在热风炉炉箅能承受的温度范围内，提高烟气温度，有利于提高空气、煤气的预热温度。

2）现场条件。选择合适的换热器结构。

3）要考虑空气、煤气预热后对燃烧器的影响。预热后，由于空气、煤气温度提高，对燃烧器燃烧能力的调节范围都产生一定的影响。

4）还要考虑燃烧器对热气体温度的承受能力。

目前，采用的预热器形式主要有：

1) 旋转再生式热交换器。旋转再生式热交换器是以固体作为储热体，在一定的周期内，储热体接触高温流体，从高温流体获得热量，然后又与低温流体接触，将热量传给低温流体。

旋转再生式热交换器如图 11 - 2 所示。

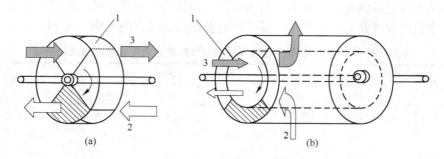

图 11 - 2　旋转再生式热交换器
（a）轴向流动性；（b）径向流动性
1—储热体；2—废气流向；3—助燃空气流向

旋转再生式热交换器预热助燃空气系统如图 11 - 3 所示。

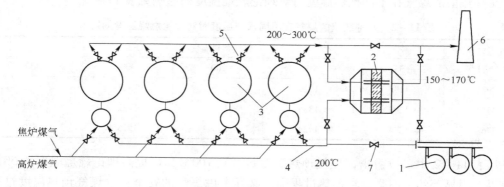

图 11 - 3　旋转再生式热交换器预热助燃空气系统
1—助燃空气风机；2—热交换器；3—热风炉；4—空气通道；
5—烟道；6—烟囱；7—旁通阀

由储热体做成的转鼓一般分为 12 等份，其中 3 ~ 4 个作为助燃空气的通路；4 ~ 5 个作为废气的通路。储热体单位体积的热交换面积为 300m²/m³ 以上，热交换面积比较大。助燃空气热交换系数为 2. 5W/（m²·℃）左右，废气则为 1. 22 W/（m²·℃）。单位体积的热效率与其他形式的热交换器相比是非常高的。由于储热体转鼓处泄漏，一般选用石墨片密封，泄漏量为 5% ~ 10%，阻力损失为 200 ~ 950Pa，主要用于预热助燃空气比较安全。

2) 管式换热器、板式换热器。这两种换热器原理是相同的，都是利用管壁或板壁进行传导传热，进行热交换。一般由钢板或钢管分割成不同的通道，空气和烟气通过器壁热交换，一般管式换热器、板式换热器的热效率比较低，体积也比较大，目前很少采用。

3) 热媒式热交换器。热媒式热交换器按热媒的状态和循环方式可以分为 3 种形式：液相强制循环式、气相循环式和利用蒸发热的自然循环式。热风炉一般利用液相强制循环式。热媒式热交换器废气热量回收设备流程如图 11-4 所示。

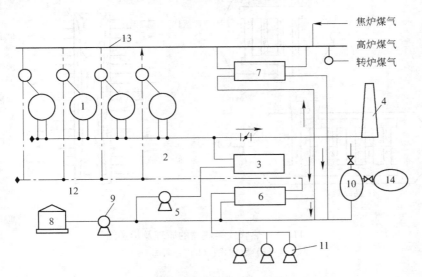

图 11-4 热媒式热交换器废气热量回收设备流程

1—热风炉；2—烟道；3—废气热交换器；4—烟囱；5—热媒循环泵；6—空气预热器；
7—煤气换热器；8—热媒储存罐；9—热媒供给泵；10—热媒膨胀罐；11—助燃风机；
12—助燃空气管道；13—煤气管道；14—氮气罐

热媒被加压循环泵强制压入废气热交换器，被加热以后，分别流入空气和煤气换热器，然后把热量交换给空气或煤气，再循环回循环泵。整个系统设有热媒储存罐、热媒供给泵、热媒膨胀罐等设备。

热媒的种类很多，常用的有水、油、导热姆等。在使用时，一般要考虑热媒的安全性，如有无毒性、是否和管壁反应分解、有无碳化沉积现象等。

热媒换热器具有以下特点：

① 预热空气、煤气换热器分开设置，热媒不泄漏，对预热煤气比较安全。

② 换热器的布置不受场地限制，在已投产的热风炉上建这种预热器比较方便。

③ 对加压循环泵的要求比较高，运行几年以后对泵的检修、维护量比较大。

4）热管式换热器。热管的工作原理是：加热段吸收废气热量，热量通过热管壁传给管内工质；工质吸热后蒸发和沸腾，转变为蒸汽；蒸汽在压差的作用下上升至放热段，受管外空气和煤气的作用，蒸汽冷凝并向外放出汽化潜热，空气和煤气获得热量，冷凝液依靠重力回到加热段。如此周而复始，废气热量便传给空气和煤气，使空气和煤气得到加热。由于热管内部抽成真空或低压，工质极易蒸发与沸腾，热管启动迅速。热管式换热器的原理及示意图如图 11-5 所示。

由若干组排热管形成的换热器，分为整体式和分离式两种。整体式热管就是在所有的热管中间部位由管板分隔成上、下两个独立的箱体，即吸热段和放热段。分离式热管就是将两个独立的热管换热器，由一组联管连接起来，进行热量的交换和传递。整体式热管结构紧凑，但中间管板很难保证介质不窜漏，一般不宜使用在煤气预热上。分离式热管相比之下占地大些，但结构上保证了不会发生窜漏现象，因此使用在煤气预热上比较安全。

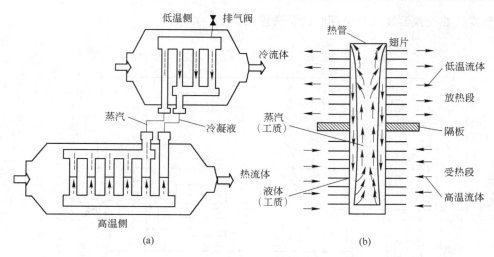

图 11 - 5　热管式换热器的原理及示意图

(a) 整体式；(b) 分离式

热管的材质一般为锅炉钢管，外设翅片，管内的热媒通常为水、导热姆等。热管换热器是一种最经济、节能的换热器，整个引流依靠自循环，不需要外界动力，热效率高，目前被普遍采用。表 11 - 3 和表 11 - 4 为首钢高炉热风炉采用的热管换热器的参数。

表 11 - 3　首钢热风炉空气换热器参数

| 位　　置 | 流量/$m^3 \cdot h^{-1}$ | 温度/℃ | | 阻力损失/Pa |
| --- | --- | --- | --- | --- |
| | | 进　口 | 出　口 | |
| 烟气侧 | $14.2 \times 10^4$ | 280 | 180 | ≤500 |
| 空气侧 | $14 \times 10^4$ | 20 | 160 | ≤500 |

表 11 - 4　首钢热风炉煤气换热器参数

| 位　　置 | 流量/$m^3 \cdot h^{-1}$ | 温度/℃ | | 阻力损失/Pa |
| --- | --- | --- | --- | --- |
| | | 进　口 | 出　口 | |
| 烟气侧 | 17.8 | 280 | 180 | ≤500 |
| 空气侧 | 20 | 45 | 130 | ≤400 |

5）采用热风炉预热助燃空气。废热（烟气）的回收利用，本身就是用低发热值煤气获得较高风温的方法之一。由于这种方法受其可回收热量的限制，对风温的提高也是很有限的。

利用其中一座热风炉送风到不能保证风温供应之后，而热风炉又处在必须开始燃烧的温度控制线之上，这一时段内热风炉已经现实存在的热量，这部分热量温度高、储量大，可以高水平地提高燃烧温度和高炉风温，是一种独创的和非常有价值的开发。

利用余热预热助燃空气必须增设一套冷、热助燃空气管道系统，仍采用集中风机供风输送助燃空气。无论是三座一组或四座一组的热风炉，均可进行预热助燃空气，采用一送一烧一预热或两烧一送一预热的方法，即热风炉送风后转为预热，预热后转为燃烧，燃烧后再转为送风。热风炉的工作周期分为燃烧、送风、预热助燃空气 3 个时期。预热的助燃空气温度由助燃空气调节阀控制。燃烧器空气进口在预热期时用做热空气出口，预热用的炉子向其他燃烧的炉子输送预热风。

利用热风炉预热助燃空气，为使用低发热值高炉煤气获得高风温开辟了新的途径，十分适合我国多数钢铁厂没有高发热值煤气的现实情况。

采用热风炉预热空气原理很简单，但只能预热空气，不能预热煤气，有一定的局限性。采用热风炉数量一般至少两座。这种预热方式能将空气温度预热很高，但也存在不足：

① 由于利用热风炉，排烟温度依然很高，不利于回收余热和节能。

② 建设热风炉配套的风机、阀门、燃烧器设备一个都不能少，建设投资大，运行成本高。

③ 操作、控制繁琐，维护工作量大。

④ 消耗更多的煤气。

只有在煤气比较富裕，能利用旧有设施，又追求较高的热风温度时，才采用热风炉预热助燃空气的预热形式。

（3）减少燃烧产物量 $V_{产}$，理论燃烧温度相应提高。在有条件的地方采用富氧燃烧或缩小空气过剩系数，均使 $V_{产}$ 降低，从而获得较高的理论燃烧温度 $t_{理}$。在相同条件下，理论燃烧温度 $t_{理}$ 随空气过剩系数降低而升高。但这一措施使废气量减少，对热风炉中下部热交换不利。

（4）降低煤气含水量 $Q_{水}$，理论燃烧温度 $t_{理}$ 相应提高。焦炭中水分蒸发以及湿法除尘后的煤气中，含有不少机械水和饱和水，其含量随温度升高而增加。

### 11.1.2 提高烟道废气温度

提高烟道废气温度可以增加热风炉（尤其是蓄热室中下部）的蓄热量，因此，通过增加单位时间燃烧煤气量来适当提高废气温度，可减小周期风温降落，是提高风温的一种措施。在废气温度 200~400℃范围内，每提高废气温度约 100℃可以提高风温 40℃。但提高废气温度将导致热效率降低；同时，存在烧坏下部金属结构炉墙的危险。根据测量表明，燃烧末期炉箅温度比废气平均温度高 130℃左右。因此，一般热风炉废气温度都控制在 350℃以下，大型高炉控制在 350℃左右。

烟道废气温度的影响因素主要有：

（1）单位时间燃烧的煤气量。单位时间燃烧的煤气量越多，烟道废气温度越高。煤气消耗量与烟道废气温度成直线关系，如图 11-6 所示。

（2）燃烧时间。延长燃烧时间，废气温度随之近直线地上升，如图 11-7 所示。

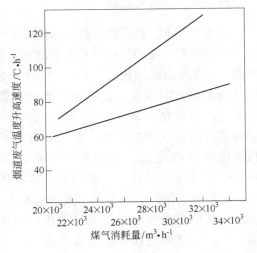

图 11-6 煤气消耗量对废气温度的影响

（3）蓄热面积。在换炉次数相同和单位时间消耗煤气量相等的条件下，热风炉蓄热面积越小，废气温度升高越快，如图 11 - 8 所示。

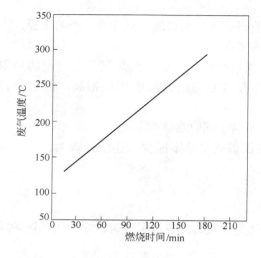

图 11 - 7　废气温度与燃烧时间的关系

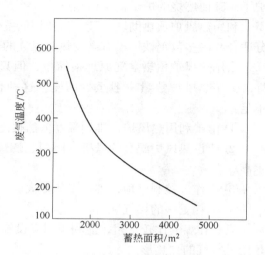

图 11 - 8　废气温度与蓄热面积的关系

## 11.2　热风炉的操作经验

### 11.2.1　快速烧炉法

#### 11.2.1.1　燃烧控制

燃烧控制是为送风周期储备热量进行的。其控制原理是：用调节煤气热值的方法控制热风炉拱顶温度；用调节煤气总流量的方法控制废气温度；助燃空气流量则根据煤气成分和流量设定的比例（加上合理的空气过剩系数）来控制。

#### 11.2.1.2　调火原则

正常情况下，热风炉的烧炉与送风周期大体是一定的，如图 11 - 9 所示。

在烧炉期应使炉顶尽快升至规定的温度 $t_1$，延长恒温时间，使热风炉长时间在高温下蓄热。如果升温时间较长，如图 11 - 9 中虚线所示，相对缩短了恒温时间，即热风炉在高温下的蓄热时间减少。快速烧炉的要点就是缩短图中 $t_2$ 的时间，以尽可能大的煤气量和适当的空气过剩系数，在短期内将炉顶温度烧到规定值，然后再用燃烧期约 90% 的时间以稍高的空气过剩系数继续燃烧。此期间在保持炉顶温度不变的情况下，逐渐提高烟道废气温度，增加蓄热室的热量。但整个烧炉过程中烟道废气温度不得超过规定值。

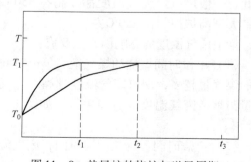

图 11 - 9　热风炉的烧炉与送风周期

### 11.2.1.3 操作方法

一般情况下，应采用固定煤气量、调节空气量的快速烧炉法。这种方法和固定空气量调节煤气量以及空气、煤气都不固定的烧炉法比较，固定煤气量调节空气量的烧炉法在整个燃烧期内使用的煤气量最大，因而废气量较大，流速加快，利于对流传热，强化了热风炉中下部的热交换，利于维持较高的风温。

快速烧炉法具体操作方法是：

（1）开始燃烧时，根据高炉所需要的风温水平来决定燃烧操作，一般应以最大的煤气量和最小的空气过剩系数来强化燃烧。空气过剩系数选择要在保持完全燃烧的情况下，尽量减小，以利于尽快将炉顶温度烧到规定值。

（2）炉顶温度达到规定温度时，适当加大空气过剩系数，保持炉顶温度不上升，提高烟道废气温度，增加热风炉中下部的蓄热量。

（3）若炉顶温度、烟道温度同时达到规定温度时，应该采取换炉通风的办法，而不应该减烧。

（4）若烟道温度达到规定温度时，仍不能换炉，应减少煤气量来保持烟道温度不上升。

（5）如果高炉不正常，风温水平要求较低延续时间在4h以上时，应采取减烧与并联送风措施。

### 11.2.1.4 自动燃烧

自动燃烧（烧炉）就是将机、电、仪一体化，利用机械、电气及计算机PLC等组合成自动控制系统，做到在燃烧过程中空气、煤气达到最佳配比，炉顶温度在短期内上升到最高规定值，废气中CO为零、$O_2$量适合，使燃烧更为合理。在最大限度节约煤气的情况下，充分发挥热风炉的蓄热能力，提高风温度水平，使之更科学、可靠、省力和不受条件限制。自动控制系统如下：

（1）空气、煤气比例自动调节系统。它是借助废气中$O_2$含量自动测量，达到自动控制空气、煤气最佳配比。

（2）比例－极值调节系统。它是在给定最佳空气、煤气配比基础上，极值调节器自动搜索一条燃烧煤气曲线，使之接近理想的燃烧曲线。

（3）计算机控制系统。它是利用计算机自动控制空气、煤气蝶阀角度，调节用量，以达到最佳燃烧状态。图11-10所示为国内某高炉热风炉自动控制系统操作画面。

### 11.2.1.5 影响因素

A 燃烧器的形式和能力

强化燃烧可缩短燃烧时间，有利于提高风温。但须有充足煤气量和相应能力的燃烧器。此外，热风炉一代炉役后期，设备衰老，阻力增加，也要求燃烧器留有一定的余力。

现在很多热风炉用陶瓷燃烧器替代金属燃烧器，为加快燃烧速度创造了条件。例如首

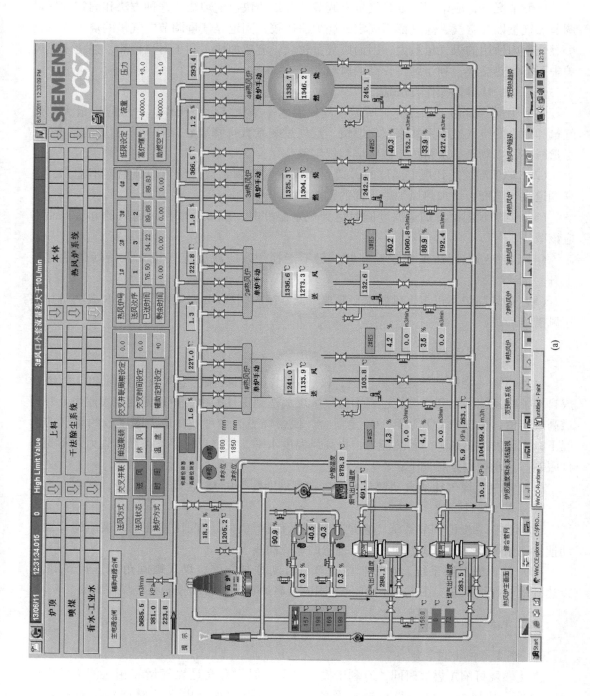

(a)

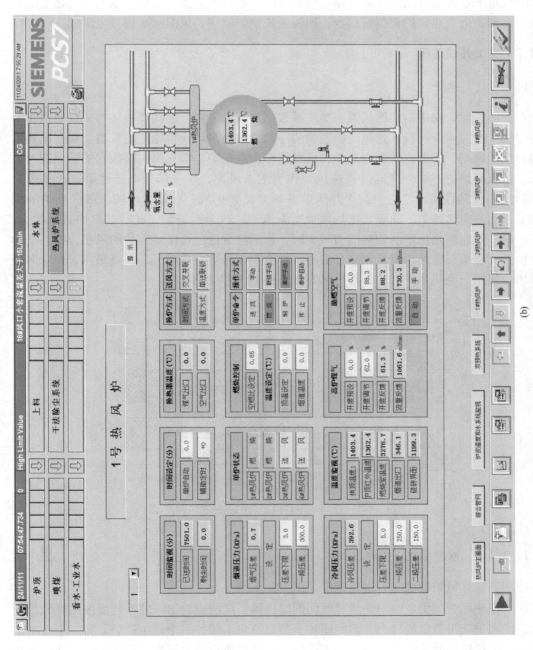

图 11-10 国内某高炉热风炉自动控制系统操作画面
(b)

钢一高炉原来用 20 ~ 25min 将炉顶温度烧到规定值 1300℃，改用陶瓷燃烧器后，只用 15min 就能将炉顶温度烧到规定值。

　　B　煤气量（煤气压力）波动

　　煤气量不足或煤气压力波动，使空气和煤气的配合不适当，也就不能迅速、稳定地升高拱顶温度，造成热风炉蓄热量减少；即使延长烧炉时间，风温水平仍可能降低。

## 11.2.2　交叉并联送风

### 11.2.2.1　单炉、双炉交叉并联送风

　　在三座热风炉组中，根据风温来决定采取半并联的方式，即两烧一送与一烧两送相结合的方法，通过调节后投入送风的副送炉的冷风量来使高炉获得稳定的风温。在一座热风炉的整个送风期，前期它作为主送炉，后期它作为副送炉。即在第一阶段它的蓄热能力很大时，鼓入高炉的一部分风通过该热风炉作为主送风炉，另一部分风通过第二座热风炉（副送炉），此阶段实际上是由两个热风炉并联向高炉送风；在第二阶段，鼓入高炉的风全部通过前一座热风炉，而第二座热风炉（副送炉）改为燃烧炉，此时呈单炉送风状态；第三阶段，当这座热风炉的蓄热能力减少时，逐渐减少通过这座热风炉的风量，将其变为副送炉，而将第三座炉也就是刚烧好的热风炉变为主送炉，此时又是两座热风炉并联向高炉送风。使用三座热风炉时的各种送风制度如图 11 - 11 所示。

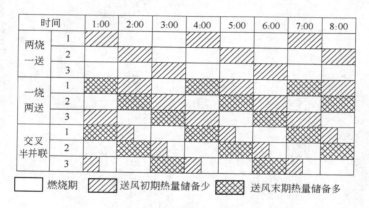

图 11 - 11　使用三座热风炉时的各种送风制度

### 11.2.2.2　双炉交叉并联送风

　　使用四座热风炉时的各种送风制度如图 11 - 12 所示。

　　在四座热风炉组中，两座炉错开时间同时送风，从两座炉出来的不同温度的热风进行混合，使高炉获得稳定的风温。但两座炉子的通风量不同，一个是主送炉，另一个是副送炉。对一个热风炉而言，它前期作为主送炉，后期蓄热量减少后变为副送炉。这样四座热风炉交替工作。

　　交叉并联送风最大的特点是增加了单位高炉体积的蓄热面积和格子砖数量。这种操作方法最大的优点是使热风炉的热效率得到改善，因为热风炉的综合加热能力，不仅取决于

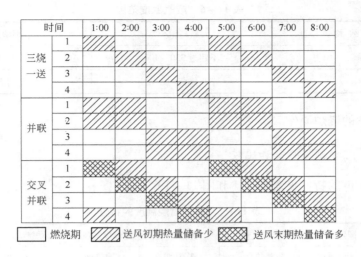

图 11 - 12  使用四座热风炉时的各种送风制度

整个蓄热室的结构，同时还和热风炉的座数以及热工制度有关。

### 11.2.2.3  对交叉并联送风的要求

（1）热风炉容量大，但高炉送风量小或送风温度较低时，蓄热室的热量不能及时带走，废气温度升高，而超过规定的极限。此时为了充分利用热风炉的热量，提高热效率，以保护设备不受损坏，宜采用交叉并联送风。

（2）煤气发热值较低，用以燃烧的煤气量增加，此时也容易引起烟道废气温度升高，热效率降低。这时必须采用交叉并联送风，以扭转这一不利局面。

## 11.3  热风炉的操作制度

### 11.3.1  炉顶温度与烟道废气温度的确定

目前，国内外大多数高风温热风炉炉顶都采用高铝砖或硅砖砌筑，热风炉炉顶用耐火砖的主要理化指标见表 11 - 5。

表 11 - 5  热风炉炉顶用耐火砖的主要理化指标

| 种类 | $Al_2O_3$ 含量/% | $SiO_2$ 含量/% | 荷重软化温度(0.2MPa 开始软化温度)/℃ | 耐火度(开始软化温度)/℃ |
| --- | --- | --- | --- | --- |
| 硅砖 | | ≥95 | >1650 | >1710 |
| 高铝砖 | ≥65 | | >1500 | >1790 |

最高炉顶温度不应超过该耐火材料的最低荷重软化温度。为防止监测仪表误差造成炉顶温度过高，一般都限制稍低于荷重软化温度。

为避免烧坏蓄热室下部的支撑结构，废气温度不得超过表 11 - 6 所列数值。

表 11 - 6    废气温度范围

| 支 撑 结 构 | 大型高炉/℃ | 中小型高炉/℃ |
|:---:|:---:|:---:|
| 金属 | 不超过 350 ~ 400 | 不超过 400 ~ 450 |
| 砖柱 | 无 | 不超过 500 ~ 600 |

### 11.3.2   热风炉的烧炉操作

#### 11.3.2.1   燃烧制度分类和比较

各种燃烧制度的特性见表 11 - 7 和图 11 - 13。

表 11 - 7    各种燃烧制度的特性

| 分　类 | 固定煤气量、调节空气量 | | 固定空气量、调节煤气量 | | 煤气量、空气量都不固定 | |
|:---:|:---:|:---:|:---:|:---:|:---:|:---:|
| 期别 | 升温期 | 蓄热期 | 升温期 | 蓄热期 | 升温期 | 蓄热期 |
| 空气量 | 适量 | 增大 | 不变 | 不变 | 适量 | 减少 |
| 煤气量 | 不变 | 不变 | 适量 | 减少 | 适量 | 减少 |
| 空气过剩系数 | 最小 | 增大 | 最小 | 增大 | 较小 | 较小 |
| 拱顶温度 | 最高 | 不变 | 最高 | 不变 | 最高 | 不变或降低 |
| 废气量 | 增加 | | 稍减少 | | 减少 | |
| 热风炉蓄热量 | 加大，利于强化 | | 减小，不利于强化 | | 减小，不利于强化 | |
| 操作难易程度 | 较难 | | 易 | | 难 | |
| 适用范围 | 空气量可调 | | 空气量不可调，或助燃风机容量不足 | | 空气量、煤气量均可调，并可用以控制废气温度 | |

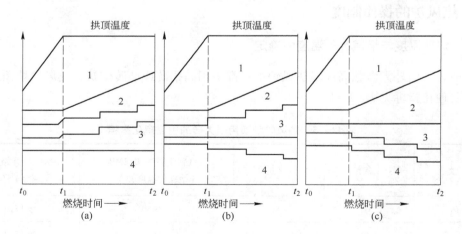

图 11 - 13    各种燃烧制度示意图

（a）固定煤气量调节空气量；（b）固定空气量调节煤气量；（c）空气量、煤气量都不固定
1—烟道废气温度；2—过剩空气系数；3—空气量；4—煤气量

各种燃烧制度的比较见表 11 - 8。

**表 11 - 8　各种燃烧制度的比较**

| 固定煤气量、调节空气量 | 固定空气量、调节煤气量 | 煤气量、空气量都不固定 |
| --- | --- | --- |
| 在整个燃烧期使用最大煤气量，当拱顶温度达到规定值后，增大空气量来控制拱顶温度继续上升；<br>因废气量增大，流速加快，利于对流传热，强化了热风炉中下部的热交换，利于维持较高风温；<br>因煤气空气合适配比难于找准，若无燃烧自动调节，可能造成拱顶温度下降 | 当拱顶温度达到规定值后，以减少煤气量来控制拱顶温度；<br>因废气量减少，不利于传热和热交换的强化，不利于维持较高风温；<br>用煤气量来调节比较方便，容易找准适宜配比 | 当拱顶温度达到规定值后，以同时调节空气量和煤气量的方法来控制拱顶温度；<br>由于废气大量减少，流速降低，传热减慢，蓄热量减少，不利于提高风温 |

#### 11.3.2.2　合理燃烧周期的确定

热风炉内温度是周期性变化的。热风炉一个周期是燃烧、送风和换炉三个过程的总和。

（1）随送风时间的增加，送风热风炉出口的温度逐渐降低。热风出口温度与送风时间的关系，见表 11 - 9。

**表 11 - 9　热风出口温度与送风时间的关系**

| 送风时间/h | 热风出口温度/℃ | 送风时间/h | 热风出口温度/℃ |
| --- | --- | --- | --- |
| 0.5 | 1100 | 1.5 | 1030 |
| 0.75 | 1100 | 2 | 1000 |
| 1 | 1090 | | |

从表 11 - 9 中可以看出，热风炉送风时间由 2h 缩短为 1h，热风炉出口温度提高 90℃。

（2）热风炉送风时间与燃烧时间的关系可用式（11 - 2）描述：

$$\tau_{燃} = (n-1)\tau_{送} - \tau_{换} \qquad (11-2)$$

式中　$\tau_{燃}$——燃烧时间，min；

　　　$n$——一组热风炉座数；

　　　$\tau_{送}$——送风时间，min；

　　　$\tau_{换}$——换炉时间，min。

增加热风炉座数和送风时间及减少换炉时间，则燃烧时间增加；反之，则缩短。

热风炉合理周期可用式（11 - 3）计算：

$$\Delta\tau = \sqrt{2T}\tau_{换} \qquad (11-3)$$

式中　$\Delta\tau$——热风炉烧炉时间（包括换炉时间），h；

　　　$T$——废气温度从开始升到炉顶末温相同水平所需的时间，h。

#### 11.3.2.3　合理燃烧的判断

（1）废气分析。使用废气分析成分来判断热风炉燃烧时的空气与煤气配比是否恰当，燃烧是否合理。其理想的烟道废气成分应该是 $O_2$ 和 CO，含量均为零。在实际生产过程中，为了保证煤气中的可燃成分完全燃烧，单位体积煤气燃烧所需的空气量往往要比理论空气量多，空气过剩系数见式（11-4）：

$$\alpha = \frac{L_n}{L_m} > 1 \qquad\qquad (11-4)$$

式中　$L_n$——实际空气消耗量；

　　　$L_m$——理论空气消耗量。

合理煤气成分见表 11-10。

**表 11-10　合理煤气成分**

| 燃料种类 | 成分/% | | | $\alpha$ |
| --- | --- | --- | --- | --- |
| | $CO_2$ | $O_2$ | CO | |
| 高炉煤气 | 23~25 | 0.5~1.0 | 0 | 1.05~1.10 |
| 混合煤气 | 19~23 | 1.0~1.5 | 0 | 1.10~1.15 |

（2）火焰观察。采用金属（套筒）燃烧器时，操作人员可观察燃烧火焰颜色来判断燃烧情况。影响火焰颜色的因素很多，须不断积累经验方能掌握，一般的经验判断如表 11-11 所示。

**表 11-11　火焰颜色与热风炉燃烧操作的关系**

| 项　目 | 火焰颜色 | 拱顶温度 | 废气温度 | 废气成分/% | |
| --- | --- | --- | --- | --- | --- |
| | | | | $O_2$ | CO |
| 空气、煤气配比合适 | 中心黄色，四周微蓝，透明，燃烧室对面砖墙清晰可见 | 升温期：迅速上升；蓄热期：稳定 | 均匀、稳定上升 | 微量 | 0 |
| 空气量过多 | 天蓝色，明亮耀眼，燃烧室砖墙清晰可见，但发暗 | 上升缓慢，达不到规定值 | 上升快 | 多 | 0 |
| 煤气量过多 | 暗红，混浊不清，难见燃烧室砖墙 | 上升缓慢，达不到规定值 | 上升慢 | 0 | 多 |

（3）综合判断。根据观察燃烧火焰颜色和废气温度、拱顶温度上升速度等情况来综合判断，避免因废气分析不及时、火焰观察不准确所产生的错误。

## 11.4　热风炉换炉、休风及事故处理

### 11.4.1　热风炉的操作程序

热风炉生产工艺是通过切换各阀门的工作状态来实现的，通常称为换炉。当一种状态向另一种状态转换的过程中，应严格按照操作规程规定的程序进行，否则将会发生严重的生产事故，危及人身和设备的安全。

内燃式热风炉的操作程序如下：

（1）燃烧转闷炉操作步骤：

1）关闭煤气调节阀；

2）关闭空气调节阀；

3）关闭煤气切断阀，（联动）打开煤气放散阀；

4）关闭燃烧阀；

5）关闭烟道阀。

（2）闷炉转送风操作步骤：

1）打开冷风均压阀（对炉内进行均压）；

2）待炉内均压完成后打开冷风阀；

3）开热风阀；

4）开混风调节阀调节风温。

（3）送风转闷炉操作步骤：

1）关闭冷风阀；

2）关闭热风阀。

（4）闷炉转燃烧操作步骤：

1）打开废气阀；

2）经过一定时间以后，使热风炉内与烟道之间的废气达到或接近均压后，打开烟道阀；

3）关闭废气阀；

4）打开燃烧阀；

5）打开煤气切断阀；

6）打开空气调节阀（慢开小开点火）；

7）开煤气调节阀。

### 11.4.2 热风炉的休风与送风操作

（1）不倒流的休风及送风。高炉休风（短期、长期或因事故）不采用倒流方式时的热风炉操作程序见表 11 – 12。

表 11 – 12 不采用倒流方式时的热风炉操作程序

| 休 风 | 送 风 |
| --- | --- |
| | 用休风炉送风： |
| （1）打开冷风阀； | （1）打开冷风阀； |
| （2）关闭冷风阀； | （2）打开热风阀； |
| （3）关闭冷风阀 | （3）关闭热风阀。 |
| | 用燃烧炉送风程序同闷炉转送风操作步骤 |

（2）倒流休风及送风。倒流休风常在更换冷却设备时进行。倒流休风的形式有两种：一种是利用热风炉烟囱抽力把高炉内剩余煤气经过热风总管、热风炉、烟道，由烟囱排出；另一种是利用热风炉总管尾部的倒流阀倒流休风。

1）利用热风炉倒流休风。热风炉操作人员接到倒流休风的通知时，应做如下准备工作：

① 将准备作倒流休风的热风炉，改为自然通风燃烧；

② 其余燃烧的热风炉按煤气压力降低来减少燃烧煤气量或停止燃烧；

③ 关闭冷风大闸和混风调节阀，等待高炉倒流休风信号。

2）倒流休风的操作程序：

① 接到倒流休风的信号时，关闭送风炉的冷风阀和热风阀，并关闭废气阀；

② 关闭倒流炉的煤气闸板和调节阀；

③ 打开倒流炉的热风阀倒流；

④ 将倒流完毕的信号通知高炉。

3）倒流休风的送风程序：

① 得到高炉停止倒流转为送风的通知后，关闭倒流炉的热风阀；

② 打开送风炉的冷风阀和热风阀，同时关闭废气阀；

③ 给信号通知风机送风后，关闭冷风阀，打开混风调节阀。

4）倒流休风注意事项：

① 倒流休风热风炉炉顶温度必须在 1000℃；

② 倒流时间不超过 60min，否则应换炉倒流；

③ 一般情况下，不应同时用两个炉倒流；

④ 正在倒流的炉子不得处于燃烧状态；

⑤ 倒流的炉子不能立即用做送风炉，如果必须使用时，应待残余煤气抽净后，方可做送风炉。

现在大多数高炉烟道都安装了换热器，为避免烧坏换热器，一般严禁用热风炉倒流休风。

### 11.4.3　热风炉常见操作事故及处理

新建的大型高炉热风炉，自动化程度高，各阀门采用联锁控制和自动换炉程序，很少发生操作事故。但目前国内还有许多中小型高炉热风炉自动化水平程度低，热风炉在换炉及休风操作中，如果发生下列违反操作规程的错误，将会发生严重事故，给人身或设备带来很大损失。

（1）烟道阀或废气阀未关或未关严就送风充压。

征象：风压表指示达不到指定值，冷风管道漏风增大。

后果：漏风引起高炉风压剧烈波动，甚至发生崩料。

处理方法：关冷风小门，停止灌风，待烟道阀或废气阀关严后再灌风。

（2）煤气阀或燃烧阀未关或未关严就送风均压。

征象：风压表指示达不到指定值，冷风管道声音不正常。

后果：漏风引起高炉炉况剧烈波动，甚至发生崩料；遇煤气切断阀不严，会发生煤气爆炸，破坏热风炉的燃烧设备。

处理方法：关闭冷风均压阀停止送风均压，待煤气阀或燃烧阀关好后再送风均压。

（3）废风阀未开或未放尽就开烟道阀、煤气阀或燃烧阀。

征象：热风炉内冷风压力回到零位。

后果：拉断烟道阀、煤气阀或燃烧阀传动钢丝绳或天轮，烧坏电机。

处理方法：严格监视冷风压力表，不放尽废风不开烟道阀、煤气阀或燃烧阀。若设备已损坏及时停炉更换。

　　（4）先关空气阀，后关煤气阀。

　　征象：拱顶温度下降。

　　后果：一部分为燃烧的煤气进入热风炉，并形成爆炸性气体，可能产生爆炸，炸坏燃烧器或伤人。

　　处理方法：严格按操作工艺规程操作，杜绝此类事故的发生。

　　（5）热风阀或冷风阀未关或未关严就开废风阀。

　　征象：高炉风压急剧下降。

　　后果：高炉漏风，引起高炉风压剧烈波动，甚至发生崩料和高炉风口灌渣。

　　处理方法：关闭废风阀，停止给高炉放风。正常后，关好热风阀或冷风阀再放废风。

## 复习思考题

11 - 1　热风炉操作的基本任务是什么？

11 - 2　热风炉的基本原理是什么？

11 - 3　热风炉有几种类型，一般高炉配备几座热风炉？

11 - 4　怎样确定合适的炉顶温度和烟道温度，影响烟道温度的因素有哪些？

11 - 5　热风炉有哪些常见的操作事故，应如何处理？

11 - 6　怎样通过空气量与煤气量来实现加热期的快速烧炉？

11 - 7　怎样判断燃烧情况，怎样进行换炉操作？

11 - 8　怎样进行热风炉的休风操作和倒流休风操作？

# 🛡12 特殊矿石冶炼

我国的特殊铁矿石品种较多、数量大、储量集中。如攀西地区攀枝花和河北承德的钒钛磁铁矿、内蒙古包头的白云鄂博含氟和稀土金属矿、酒泉的含钡矿等；此外，有的铁矿还含有铜及其他有色金属等。

## 12.1 含氟矿石的冶炼

### 12.1.1 含氟矿石特性

包头含氟矿石是罕见的高温热液铁矿，除含铁外，还有铌、稀土及锰磷等。主要含铁矿物有磁铁矿、赤铁矿、假象赤铁矿和少量褐铁矿，还有黄铁矿；脉石主要是萤石、霓石（$NaFeSiO_6$）、闪石、独居石 [（Ce、La、Dy）$PO_4$]、磷灰石和稀土氟碳酸盐 [（Ce、La、Dy）$FCO_3$] 等，含稀土元素的磷酸盐和氟碳酸盐是该矿的特色。

由于这些矿石成矿条件极其复杂，矿石质地致密、颗粒纤细、矿物种类繁多、结构复杂，是难以选分的矿石。就矿石含铁量而言，矿石较贫，品位不高，而有害元素氟较高，铁精矿难以烧结，入炉难以冶炼。含氟矿石的开始软化温度及软化终了温度都比较高，软化区间比较窄；含氟烧结矿与含氟生矿的软化温度相差不大，但随烧结矿碱度的增加，软化开始温度与软化终了温度都有所降低，软化区间也变窄了。

由于矿石软化温度比较高，高炉固相区比较大，低于 900℃ 的区域里，矿石以固相存在；900 ~ 1100℃软化成渣；大于 1300℃进入滴落带。由于成渣带窄、初渣流动性好（含 $CaF_2$），因此有利于顺行和接受高风温。

矿石还原性差，使用生矿时，高炉直接还原度达50% ~64%；烧成烧结矿尤其是高碱度烧结矿时，还原性得到改善。含氟矿石的还原性如图 12 - 1 所示。

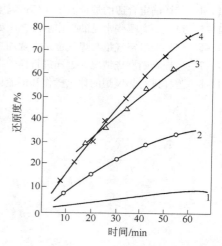

图 12 - 1 含氟矿石的还原性
（还原温度 850℃，试样 6 ~ 9mm）
1—碱度为 0.55 的烧结矿；2—碱度为 1.20 的烧结矿；3—含氟赤铁矿；4—碱度为 3.0 的烧结矿

### 12.1.2 含氟炉渣

含氟初渣大量出现在炉腹部位，因脉石中 $SiO_2$ 低、$CaF_2$ 高，因此初渣是 $CaO - CaF_2$ 型及 $CaO - CaF_2 - FeO$ 型。初渣矿物组成以 $CaF_2$ 及钙铁橄榄石为主，硅酸钙类矿物很少。

初渣中除 $CaF_2$ 高外，FeO 也多，达 30% ~ 40%。FeO 以自由状态存在，且由于流动性好，故很快进入高温区发生直接还原。直接还原的小铁粒与碳有较大接触面积和渗碳机会，所以生铁含碳高，容易再析出石墨碳，造成炉缸石墨碳堆积，出铁时石墨碳大量飞扬。

含氟矿终渣成分见表 12 – 1。

表 12 – 1　含氟矿终渣成分

| 矿石类型 | 成分/% | | | | | | | | | CaO /SiO₂ | 自由碱度 (CaO − 1.473) /SiO₂ |
| --- | --- | --- | --- | --- | --- | --- | --- | --- | --- | --- | --- |
| | CaO | SiO₂ | Al₂O₃ | MgO | MnO | FeO | S | F₂ | RₓOᵧ | | |
| 含氟原矿 | 42 ~ 49 | 20 ~ 28 | 7 ~ 9 | 2 ~ 4 | 0.4 ~ 1.7 | 0.2 ~ 0.4 | 0.9 ~ 1.4 | 9 ~ 15 | 3 ~ 7 | 1.5 ~ 2.0 | 1.00 ~ 1.20 |
| 含氟烧结矿 | 36 ~ 43 | 26 ~ 30 | | | | | | | | 1.3 ~ 1.6 | 0.95 ~ 1.15 |

含氟终渣与一般炉渣比较，除 $CaF_2$ 外，稀土氧化物 $R_xO_y$ 高，FeO 和 SiO₂ 低。因 $R_xO_y$ 高，炉渣密度大，固态时为 $3.25t/m^3$，液态时为 $2.92t/m^3$；炉渣热焓高，为 $(420 ~ 480) \times 4.1868kJ/kg$；导电、导热性好；渣罐易产生热变形，冲水渣时，容易下沉和放炮；终渣含气体多，表面张力小，容易出现泡沫渣。

终渣碱度用自由碱度表示，即依据渣中 $F^-$，换算成 $CaF_2$，将其 $Ca^{2+}$ 折算成 CaO，再从总的 CaO 中扣除后，所计算的碱度：

$$R' = \frac{w(CaO')}{w(SiO_2)} = \frac{w(CaO) - 1.473w(F_2)}{w(SiO_2)} \qquad (12-1)$$

式中　　$R'$——炉渣的自由碱度；

　$w(CaO')$——炉渣中自由 CaO 含量，%；

　$w(CaO)$——将渣中全部 $Ca^{2+}$ 折算成 CaO 含量，%；

　$w(F_2)$——炉渣分析含氟量，%；

　1.473——CaO 相对分子质量与 $F_2$ 相对分子质量之比值，$\frac{56}{38} = 1.473$。

含氟炉渣的熔化温度低，一般为 1170 ~ 1250℃，比一般炉渣低 100 ~ 200℃。原因是 $F^-$ 较 $O^{2-}$ 对 $Si^{4+}$、$Ca^{2+}$ 的作用力弱，炉渣流动性好，脱硫能力强。

含氟炉渣对硅铝质耐火材料有强烈的侵蚀作用，这是由于下列反应造成：

$$4CaF_2 + 2SiO_2 \longrightarrow 4CaO + 2SiF_4 \uparrow \qquad (12-2)$$

$$3CaF_2 + Al_2O_3 \longrightarrow 3CaO + 2AlF_3 \uparrow \qquad (12-3)$$

生成的 $SiF_4$、$AlF_3$ 以气态挥发，而耐火砖则侵蚀成蜂窝状组织，被很快破坏。$CaF_2$ 量越高，侵蚀作用越大。

实践表明，炭砖能抵抗氟渣的侵蚀。因此，冶炼含氟矿时，使用碳质材料比较合适。入炉矿石氟含量的 90% 以上进入炉渣，其余进入炉尘中，只有极少量进入煤气中。

### 12.1.3　含氟矿石的冶炼特点

（1）顺行好。冶炼含氟矿石，一般不易悬料，大幅度提高风温也不会导致难行。

（2）不易冶炼铸造生铁。原因是该矿含磷、锰高；另外，炉缸容易产生石墨碳堆积，要定期改换铁种或洗炉。

（3）生铁含硅低、炉温低、碱度高。为考虑减少炉渣对硅铝质耐火材料的侵蚀，在采用炭砖的大高炉上冶炼，$R' = 1.0 \sim 1.1$，生铁含硅达到 1.0 左右，铁水温度大于 1310℃，比普通矿冶炼时的铁水温度低 100 ~ 150℃，高炉生产正常。

### 12.1.4　含氟矿冶炼的突出问题

#### 12.1.4.1　风口大量破损

一般在炉渣含氟高（大于 14%），炉温、$R'$ 波动大，边缘行程发展时，风口破损多。

风口破损的原因还没有定论，比较有代表性的一种意见是含氟炉渣流动性极强，在风口外壁不易形成稳定的渣皮，经受不住铁流的冲击，为此主要采取以下措施：

（1）通过选矿等方法减少炉料的含氟量，以降低渣中氟量；

（2）稳定操作，减少炉温与炉渣的波动；加重边缘，保持中心通畅，力求较稳定的渣皮在风口外壁形成；

（3）加强风口冷却，使用高压螺旋环流管式风口，以增强导热能力。

#### 12.1.4.2　炉缸堆积严重

由于含氟炉渣熔点低，炉缸热量不足；另外生铁含碳高，炉缸石墨碳堆积；渣口带铁多，出铁时见渣早；低压与休风时，风口极易灌渣灌铁；渣口容易烧坏等，消除炉缸堆积的措施主要有：

（1）提高焦炭质量，降低灰分；提高焦炭强度，减少炉内焦末生成量；

（2）稳定原燃料成分，以稳定热制度和炉渣碱度；

（3）探寻合适的基本操作制度，炉温过高或过低、碱度过高都会使炉缸堆积，应从实践中确定合适的鼓风动能；

（4）调节炉缸冷却强度。

## 12.2　钒钛磁铁矿石的冶炼

钒钛磁铁矿是一种含多种金属元素的复合共生矿，除铁以外，还含有钛、钒、镍、钴、铜、锡、锑等 30 多种有用元素。其中以铁为主，其余元素以钛和钒较多。我国钒钛磁铁矿主要集中在四川攀枝花和河北承德地区。

### 12.2.1　钒钛磁铁矿的矿物组成及还原

钒钛磁铁矿主要含铁矿物为磁铁矿，钒的氧化物以固溶体状态结合于磁铁矿中，即以尖晶石 $FeO \cdot V_2O_3$ 代替部分 $FeO \cdot Fe_2O_3$ 晶格。钛以钛铁矿（$FeO \cdot TiO_2$）和钛铁晶石（$2FeO \cdot TiO_2$）矿物形态存在。钛铁矿（$FeO \cdot TiO_2$）呈粒状，具有弱磁性，可以单独回收得到钛精矿；钛铁晶石（$2FeO \cdot TiO_2$）存在于钛磁铁矿中，具有强磁性，与磁铁矿致密共生，不能单独回收而进入铁精矿。而钒总是富集于铁精矿中。

钒钛磁铁矿是高温矿床，主要脉石为绿泥石、橄榄石和辉石等矿物。

钒钛磁铁矿是致密的难还原矿石，但经洗、选、烧后，人造富矿的还原性就大大提高了。

高炉冶炼条件下，钒的还原率只有75%～85%，钛的还原率更低。取样表明，炉腹区钛的还原率为3.3%，风口区钛的还原率可达20%，终渣钛的还原率只有12.16%。

## 12.2.2 含 TiO₂ 炉渣特性

钒钛磁铁矿的冶炼历史已达百年以上，我国已有30年的实践经验。利用系数现已达2.0以上，吨铁焦比450kg左右，在世界处于领先地位。钒钛磁铁矿冶炼的主要问题来自炉渣，TiO₂含量达25%～30%的炉渣在炉内会自动变稠，严重时放不出渣，导致冶炼中断。

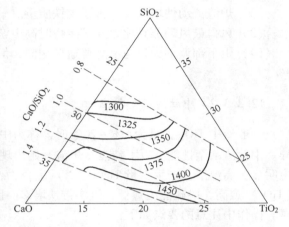

高钛渣在高炉内自动变稠的原因不是由于 $TiO_2$ 本身，而是由于在高炉内还原气氛下，生成钛的低价氧化物（$Ti_2O_3$）和高熔点的 TiC、TiN 及其固溶体 Ti（C，N），温度愈高，还原生成的 Ti（C，N）化合物愈多，炉渣变得愈黏稠。

渣中 $TiO_2$ 含量为25%～30%时，在常用碱度范围内，其熔化性温度一般为1400℃左右（见图12-2），均较普通炉渣高约100℃。熔化性温度随碱度升高而升高，钛渣碱度在1.00～1.25时，熔化性温度升高不多；若碱度超过1.25时，其熔化性温度升高很快。熔化性温度较高

图12-2 TiO₂对炉渣熔化性的影响

的原因是由于高熔点矿物如巴依石（$MgO \cdot Ti_2O_3$）、钙钛矿（$CaO \cdot TiO_2$）等生成的结果。

钛渣在1450℃时，黏度都在0.5Pa·s以下，甚至比普通矿的炉渣黏度稍低，因此不应造成冶炼困难。但生产实践表明，高钛渣在炉内高温还原条件下不稳定，渣中 $TiO_2$ 容易还原成低价钛的化合物等高熔点物质，使炉渣变稠。钛化合物的熔点和密度见表12-2。

表12-2 钛化合物的熔点和密度

| 化合物名称 | TiC | TiN | TiO | Ti₂O₃ |
|---|---|---|---|---|
| 熔点/℃ | 3140 | 2950 | 1750 | 2130 |
| 密度/g·cm⁻³ | 4.3 | 5.21 | 4.13～4.25 | 4.60 |

这些高熔点物质以固体颗粒悬浮于炉渣中，使炉渣黏度增大，而且 Ti(C，N) 还常常密集于金属周围，形成 Ti(C，N) 固体硬壳，使金属铁不能互相合并成铁滴，增加渣中悬浮状铁粒数量，不仅使炉渣黏度升高，而且造成渣中夹铁，降低铁的回收率。

## 12.2.3 钒钛磁铁矿的冶炼特点

渣中 $TiO_2$ 含量和炉温高低对炉渣黏稠的程度影响很大。

#### 12.2.3.1　低钛渣冶炼特点

低钛渣一般指渣中 $TiO_2$ <5% 的炉渣。实践表明，这种炉渣在正常或较高炉温下不会自动变稠，熔化性温度适中，适于冶炼炼钢生铁，炉渣稳定性较好且脱硫能力较强，与普通矿相比无多大差异。在生产操作时注意如下特点：

（1）炉温控制可在较宽范围。由于低钛渣稳定性好，炉温和炉渣成分即使有点波动，仍能保证正常生产。渣中 $TiO_2$ 含量为 2% ~4% 时，生铁含硅一般允许波动范围为 0.4% ~0.7%，含钛为 0.2% ~0.24%；如（$TiO_2$）<2%，则可冶炼铸造生铁。判断炉温以含硅量较为适合。

（2）炉渣流动性增加，改善了生铁质量。

（3）风口鼓风动能宜比普通矿冶炼时高 10%，以保证顺行。

（4）上下部调剂大致与冶炼普通矿相同，但煤气中 $CO_2$ 含量要求中心比边缘低 2% ~3%。

#### 12.2.3.2　中钛渣冶炼特点

一般渣中 $TiO_2$ 含量为 6% ~20% 时，称为中钛渣，这种渣冶炼时与低钛渣有较大的差异。中钛渣冶金性能有以下特点：炉渣开始出现自动变稠现象，（$TiO_2$）愈高，变稠现象愈明显。高温下已产生少量 Ti（C，N）化合物，炉渣稳定性变差，脱硫能力降低，而且（$TiO_2$）愈高，脱硫能力愈低，渣中带铁增多。因此在冶炼时，要注意抑制炉渣变稠和消稠。操作中注意的要点如下：

（1）控制较低炉温，防止钛渣变稠。含硅控制在 0.25% ~0.50% 之间，随（$TiO_2$）的增高，硅控制愈低；钛控制在 0.18% ~0.25% 之间，随（$TiO_2$）增高，钛控制可增高。要求加强原燃料中和工作，并只能冶炼钢铁。

（2）采用加湿鼓风。加湿鼓风有一定消稠作用。

（3）增加风口鼓风动能，以活跃炉缸，减少中心堆积。

（4）采用合适的炉渣碱度，以适应脱硫的需要。炉渣二元碱度可控制在 1.10 ~1.25 之间。

（5）适当缩短钛渣在炉内的停留时间。

#### 12.2.3.3　高钛渣冶炼特点

高炉渣中含 $TiO_2$ 在 20% ~30% 之间时，通常称为高钛渣。高钛型炉渣的冶炼性能更差。其特点是炉渣变稠，严重时放不出渣，脱硫能力低，仅及普通矿的 1/5 ~1/10，渣中夹铁多，为 3% ~5%，产生泡沫渣，既浪费渣罐，又造成炉内压差升高，炉缸炉底容易结厚。因此，生产中要抑制钛的过还原和炉缸消稠。为此：

（1）低硅钛操作（低炉温）。（$TiO_2$）含量大于 22% 时，[Si] 要小于 0.15%，[Ti] 要在 0.20% 以下，渣温保持在 1450 ~1470℃ 之间。

（2）控制适宜的炉渣碱度。二元碱度为 1.0 ~1.10，MgO 为 8% ~9%。

（3）炉缸喷吹压缩空气。在风口下方增设喷吹压缩空气风口 2 ~4 个，压缩空气吹入渣层，并靠近渣铁界面，以氧化 Ti（C，N），达到消稠和减少铁损目的。消稠的原理为：

喷入炉缸中压缩空气中的氧同渣中的高熔点物质直接氧化，即：

$$(TiC) + \frac{3}{2}\{O_2\} = (TiO_2) + \{CO\}\uparrow \qquad (12-4)$$

$$(TiN) + \{O_2\} = (TiO_2) + \frac{1}{2}\{N_2\}\uparrow \qquad (12-5)$$

$$(TiO) + \frac{1}{2}\{O_2\} = (TiO_2) \qquad (12-6)$$

$$(Ti_2O_3) + \frac{1}{2}\{O_2\} = 2(TiO_2) \qquad (12-7)$$

渣中 FeO 同高熔点物质反应，即：

$$(TiC) + 3(FeO) = (TiO_2) + 3[Fe] + \{CO\}\uparrow \qquad (12-8)$$

$$(TiN) + 2(FeO) = (TiO_2) + 2[Fe] + \frac{1}{2}\{N_2\}\uparrow \qquad (12-9)$$

$$(TiO) + (FeO) = (TiO_2) + [Fe] \qquad (12-10)$$

$$(Ti_2O_3) + (FeO) = 2(TiO_2) + [Fe] \qquad (12-11)$$

（4）配加 10% ~15% 普通矿，使（$TiO_2$）降至 25% 以下，并抑制钛的过还原。

（5）增加风口鼓风动能，活跃炉缸中心。

（6）缩短渣铁在炉内停留时间，以防止和减少钛渣变稠。

（7）使用低硫焦，要求焦炭含硫小于 0.5%，硫负荷控制在 3.5kg 以下，以保证生铁质量。

### 12.2.4 冶炼钒钛矿的一些特殊问题

#### 12.2.4.1 渣中带铁

钒钛高炉渣带铁严重。据测试，一座 1200m³ 的高炉，由于渣中带铁，每日损失全铁 88.85t，占全铁量的 4.01%，其中金属铁为 62.495t，焦比相应增加 16.5kg，全年多耗焦炭 12784t。

铁损形式主要是金属铁，其次为 FeO，二者之比约为 7:3。金属铁损以下渣和主沟残渣为主，下渣金属铁损占 39%，主沟残渣铁损占 49%，而下渣中以末期为多，这说明愈靠近渣铁界面的炉渣带铁愈严重。金属铁中以球状和蠕状形态存在，一般肉眼可见，呈弥散分布，直径大的达 7~12mm。

据显微分析研究，造成铁损原因有以下几点：

（1）渣中钛的碳氮化合物是造成带铁的主要原因。渣中钛的碳氮化物对铁珠的润湿角大，容易吸附在铁珠表面，铁珠穿过渣层时吸附了钛的碳氮化物，一方面阻碍铁珠间的聚合长大，减小铁珠的下降力；另一方面表面被钛的碳氮化物包裹的铁珠与炉渣的表面张力增大，进一步阻碍了铁珠向炉缸的滴落沉聚。此外，Ti(C，N) 化合物存在使炉渣黏度增大，阻碍了渣铁分离，致使铁珠残留渣中，大铁珠往往属这种情况，但它不吸附 Ti(C，N) 化合物。而小铁珠有 85% 被碳氮化物包裹，它在上渣中较多。

（2）FeO 造成的铁损比普通矿高，其原因是铁在钒钛烧结矿中不是以简单氧化物形态存在，而是以十分复杂的固溶体存在，如钛赤铁矿、钛磁铁矿等，它们很难还原，直接还原度大，加之冶炼要求炉渣温度低，以致渣中 FeO 高。而 FeO 在终渣中固溶在钛辉石、巴依石这种复杂的固溶体中，降低了 FeO 活度，减弱了渣焦反应，因而 FeO 难以还原。

据以上分析，降低铁损措施主要是维持合适的炉温（1400～1425℃）以降低炉渣黏度和碳氮化合物的生成量；改善炉渣性能，适当增加 MnO 含量及保持 2%～4% CaF$_2$，增大渣铁界面氧化气氛以破坏碳氮化合物生成；采取磁选或回收主沟残铁重新入炉；按时放渣，出净渣铁，减少渣量，活跃炉缸，保持顺行，减少直接还原度等措施，都是行之有效的。

### 12.2.4.2　泡沫渣

出渣时炉渣在渣罐内形成大量泡沫，泡沫上涨使渣罐的有效容积大大减少，渣罐利用率大大降低，对生产的管理、运输和高炉的正常冶炼都造成不少困难。目前仍未找到一个切实可行的好办法来消除泡沫渣。

为从根本上找出消除泡沫渣的办法，需要探明形成泡沫渣的原因，才能有效地防止和减少泡沫渣。

国内一些研究者对高钛型炉渣产生泡沫渣的原因和消除方法进行了系统的研究，对形成泡沫渣的机理和影响因素提出了有价值的见解。

重庆大学裴鹤年教授等认为，形成泡沫渣的必需条件，一要有气和较大的气体生成速度；二是生成的泡沫要具有稳定性。缺少其中任一条件都不能形成泡沫渣。

高钛型渣有充分的气源。据分析，攀钢全钒钛烧结矿冶炼 100g 渣样中，残存气体量为 1190～1320mL，气体组成中 CO 量达 80%～90%，这是钒钛铁氧化物直接还原产生的CO；喷吹压缩空气和高温、高压条件增加了熔渣中气体溶解量，当炉渣放出炉外，压力降低气体被释放；炉渣流入渣罐，形成射流而卷吸入空气，这些都是泡沫渣气体的来源。

泡沫渣稳定性是由炉渣性质决定的。由于 Si－O、Al－O 复合负离子吸附在熔渣表面，形成一个黏弹性的表面膜，从而增加了熔渣的泡沫稳定性和涨泡性能。

由以上分析可知，泡沫渣的形成过程实际上就是气泡在熔渣中及其表面上积累的过程。而熔渣中及其表面上气泡的生成速度与气泡的破灭速度之间是否平衡，是决定熔渣能否泡沫化的关键。如果气泡生成速度大于破灭速度，就会产生泡沫现象；反之，则无泡沫产生。

综上所述，要从根本上消除高钛型渣的泡沫化问题，须从两方面着手：一是合理调整炉渣成分，降低炉渣涨泡性能；二是减少熔渣中气体来源。为此，应进一步抑制钛的还原和 Ti（C，N）生成，以及进一步减少渣中带铁量。

凡是能够使 Si－O、Al－O 网络状复杂离子解体或简单化，并能使表面膜黏弹性降低的组分和措施，都可使炉渣的涨泡性能下降，如抑制和减少 TiO$_2$ 还原，渣中增加 CaF$_2$、MnO、CaO 等都是可行办法。

### 12.2.4.3　钒钛矿护炉

从理论与实践表明，钒钛矿冶炼因难熔物 TiC、TiN 及固溶体 Ti（C，N）和巴依石矿物的生成，使炉渣黏稠，易于生成难熔物而难以冶炼。但利用这一特点于护炉，却可发挥扬长避短的作用。

国内外在20世纪70年代已认识到钛渣这一特点，而强调钛渣护炉作用还是20世纪80年代的事情。湘钢、武钢、重钢、鞍钢等一大批高炉已经积累了丰富经验，并已将钛渣护炉作为延长高炉寿命的重要措施。

被还原出来的钛在铁液中的溶解度很低，且随温度下降而降低。当铁液中过饱和钛以$Ti(C，N)$固溶体析出，并连续生成积累，形成以TiN为主的含钛沉积物，它掺和在渣相矿物、金属铁组成的多相沉积物中，形成含高熔点钛化物的致密而坚硬的黏附物和沉积物，遮挡炉衬并延缓炉衬的侵蚀。

为了获得良好的护炉效果，应注意以下几点：

（1）护炉原料中每吨铁$TiO_2$含量为10~20kg，渣中$TiO_2$为2%，铁中钛为0.1%~0.15%为宜。过高的$TiO_2$容易使炉渣黏稠；过低的$TiO_2$又起不到有效的护炉作用。通常可参照水温差的高低，相应增减$TiO_2$的含量。

（2）为促进钛的还原，炉温应适当控制高些，一些厂将生铁中硅含量控制在0.6%~0.9%之间，但要防止渣铁过分黏稠，破坏顺行。

（3）使用钒钛渣代替钒钛矿，有的厂证明同样可以起到护炉效果。

（4）用钒钛矿护炉时，不应忽视其他护炉措施，如提高水压水质；减小相关风口面积直至堵风口。改炼铸造铁；尽量不要洗炉，尤其是包头矿或萤石洗炉；降低冶炼强度和炉顶压力等。

（5）护炉效果的检验以冷却水温差降低直到规定的范围为止，或用其他先进检测方法验证。

## 复习思考题

12-1 含氟矿冶炼有何特点，含氟炉渣有何特性？

12-2 钒钛铁矿石冶炼有何特点，含$TiO_2$炉渣有何特性？

12-3 简述冶炼钒钛矿的一些特殊问题。

**13** **非高炉炼铁**

非高炉炼铁法是高炉炼铁法之外，不用焦炭炼铁的各种工艺方法的总称。按其工艺特征、产品类型和用途，主要分为直接还原法和熔融还原法两大类。

直接还原（direct reduction）法是指不用高炉而将铁矿石炼制成海绵铁的生产过程。直接还原铁是一种低温下固态还原的金属铁。它未经熔化而仍保持矿石外形，但由于还原失氧形成大量气孔，在显微镜下观察形似海绵，因此也称海绵铁。直接还原铁的碳含量低（小于2%），不含硅、锰等元素，还保存了矿石中的脉石。因此，直接还原铁不能大规模用于转炉炼钢，只适于代替废钢作为电炉炼钢的原料。

熔融还原（smelting reduction）法指在熔融状态下把铁矿石还原成熔态铁水的非高炉炼铁法。它以非焦煤为能源，得到的产品是一种与高炉铁水相似的高碳生铁，适合于做氧气转炉炼钢的原料。

传统的钢铁生产流程是高炉—氧气转炉。由于直接还原特别是熔融还原的重大进展，目前已出现有别于传统钢铁生产流程的新的钢铁生产流程，如图 13－1 所示。在高炉 – 转炉流程中，铁矿石中的铁的氧化物首先在高炉内加热、还原、熔化，渗入近似饱和的碳（3% ～4.5%）而形成生铁。由于碳含量过高，必须在转炉内氧化吹炼，脱除 70% ～80% 的碳形成钢液。此时钢液中的氧含量增至 0.1% 左右，必须再进行脱氧，连铸或铸锭后才能获得所需的钢锭。对于直接还原 – 电炉流程，铁矿石在直接还原设备中加热和还原，但温度较低，生成的铁未熔化，碳不能大量渗入，海绵铁在电炉中熔化，利用自身的氧和碳进行脱氧和脱碳，最后获得与传统工艺相同的产品。

因此，直接还原—电炉流程与传统的高炉—转炉流程相比，建设速度快、投资少、减少了生产环

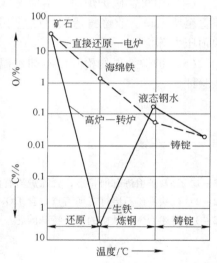

图 13 – 1　直接还原—电炉与高炉—
转炉冶炼过程的比较

节、流程较为合理；可以用各种非炼焦煤和其他燃料作为能源；直接还原铁的有害杂质含量少且稳定，是电炉炼钢的理想原料；由于取消了炼焦等工艺流程，可减轻污染。但用非炼焦煤为能源生产的海绵铁成本较高、产量低、生产效率也较低，还有很多技术问题等待解决。应用直接还原—电炉流程生产 1t 成品钢总计耗量 600～1000kW・h，直接还原要求铁矿石的品位较高。

## 13.1　直接还原法

铁矿石的直接还原与高炉冶炼过程相似，只是没有熔化及造渣过程。铁氧化物的还原

按下列顺序进行：

$$Fe_2O_3 \rightarrow Fe_3O_4 \rightarrow FeO \rightarrow Fe \quad (t > 570℃)$$
$$Fe_2O_3 \rightarrow Fe_3O_4 \rightarrow Fe \quad (t < 570℃)$$

从 $Fe_2O_3$ 还原到铁各阶段的失氧率为：

$$3Fe_2O_3 \rightarrow 2Fe_3O_4 \rightarrow 6FeO \rightarrow 6Fe$$

各氧化物的氧原子数：    9      8      6      0

各还原阶段的失氧率：    0     1/9    3/9    6/9

### 13.1.1 直接还原的技术经济指标

#### 13.1.1.1 单位容积利用系数

单位容积利用系数 $\eta_V(t/(m^3 \cdot d))$ 与高炉冶炼有效容积相同，即单位反应器容积每昼夜的产量，即：

$$\eta_V = \frac{Q}{V_U}$$

式中    $Q$——产品日产量，$t/d$；

      $V_U$——反应器有效容积，$m^3$。

由于反应器的种类不同，反应器的单位容积利用系数相差很大，例如竖炉法的 $\eta_V = 5 \sim 8t/(m^3 \cdot d)$，HYL 法反应器的 $\eta_V = 3 \sim 8t/(m^3 \cdot d)$。因此，对于不同类型的反应器直接比较单位容积利用系数是不合理的，只有同类反应器才有可比性。不同直接还原法的 $\eta_V = 0.5 \sim 10t/(m^3 \cdot d)$。

#### 13.1.1.2 金属化率

海绵中的金属铁含量与总铁含量之比称为海绵铁的金属化率 $M$，即：

$$M = \frac{MFe}{TFe} \times 100\%$$

式中    MFe——海绵铁中的金属铁含量，%；

      TFe——总铁含量，%。

金属化率表示了产品被还原到金属铁的程度，是衡量海绵铁生产的一项重要质量指标。

#### 13.1.1.3 能耗和热耗

能耗指单位能耗，即生产 1t 海绵铁的耗能量。它包括燃料、还原剂消耗和一切辅助设备的能量消耗。

热耗是指生产 1t 海绵铁的燃料和还原剂的消耗。能耗和热耗一般是以每吨海绵铁消耗的热量来表示（kJ/t）。若用气体作还原剂，用每吨产品消耗气体的立方数来表示热耗；用固体碳作还原剂，则用每吨产品消耗的标准煤的吨数来表示热耗。

能耗和热耗是衡量海绵铁生产的重要成本指标。

### 13.1.1.4　再氧化率

完成还原时，海绵铁的金属化率（$M\%$）与成品海绵铁的金属化率（$M_0\%$）之差称为再氧化率 $\alpha$，即：

$$\alpha = M\% - M_0\%$$

直接还原生产出来的海绵铁往往要经过一段时间的储存和一定距离的运输，送至电炉炼钢，在此期间海绵铁同空气接触发生再氧化而使金属化率降低。再氧化率实际上就是再氧化造成的海绵铁金属化率降低的数值。

### 13.1.1.5　产品还原度

产品还原度 $R$ 表示在还原过程中总失氧率，即：

$$R = \frac{失去氧量}{矿石中铁氧化物总氧量} \times 100\%$$

### 13.1.1.6　单位容积出铁率

单位容积出铁率 $\eta_{Fe}(t/(m^3 \cdot d))$ 表示每立方米反应器容积每天生产产品中的金属铁量，即：

$$\eta_{Fe} = \eta \eta_M$$

式中　$\eta$——单位容积利用系数，$t/(m^3 \cdot d)$；
　　　$\eta_M$——产品金属化率，%。

### 13.1.1.7　电耗

电耗包括在能耗之内，一般用每吨海绵铁耗电的度数来表示。

## 13.1.2　直接还原法简介

直接还原法按使用的还原剂可分为两大类，即气体还原剂法和固体还原剂法；按炉型又可分为固定床法、竖炉法、流态化床法和回转窑法四种。其中，除回转窑法主要以煤为还原剂外，其余都以气体为还原剂。

### 13.1.2.1　希尔法

希尔（HYL）法属于固定床法，又称为罐式法。它是用 $H_2$、CO 或其他混合气体将装于移动的或固定的容器内的铁矿石还原成海绵铁的一种方法。第一个工业规模的罐式法生产装置于 20 世纪 40 年代末在美国建成。经改进后，于 1955 年在墨西哥蒙特尔镀锌板和薄板公司（Hozalata. Y. Lemina SA，HYL）建成一座实验设备，效果很好。1957 年建造了有 5 个反应罐的第一套气体罐式法工厂。该法作业稳定，设备可靠，迅速得以推广，年生产能力已超过 100Mt，占直接还原铁总量的 30% 以上。

HYL 法生产流程如图 13-2 所示。

HYL 法设备由两部分组成：

（1）制气部分（主要由转化炉构成）。转化炉内有许多不锈钢管，管内涂有镍催化

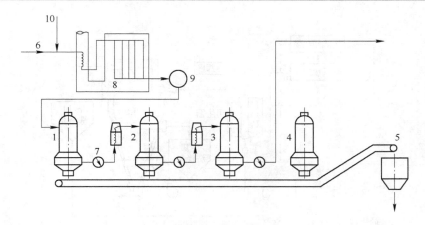

图 13 – 2　HYL 法生产流程

1—冷却罐；2—预还原罐；3—终还原罐；4—装料及排料；5—直接还原铁；6—天然气；
7—脱水器；8—煤气转化；9—冷却塔；10—水蒸气

剂。加热后的天然气和过热蒸汽经过不锈钢管而发生裂解，生成主要由 $H_2$ 和 CO 组成的还原气体，即：

$$CH_4 + H_2O \xrightarrow{\text{催化}} 3H_2 + CO$$

该工艺也可用甲烷、挥发油等制备还原气。

（2）还原部分由四个反应罐组成。还原气体制成后送入反应罐，在同一时间每个反应罐的工作阶段依次是：

1）加热和初还原，使用的还原气是来自主反应罐的还原气。

2）主还原，使用的还原气是来自转化炉的新鲜还原气。

3）冷却和渗碳。冷却后的还原产品通常含碳 2.2%～2.6%。

4）卸料和装料。海绵铁由反应罐底部卸出。关闭密封卸料门，从顶部用插入式旋转布料槽加料，大块料装在下部，以改善料柱透气性和气流分布。

希尔法（HYL）的每个反应罐是间歇式生产，四个罐联合起来构成连续性生产。

### 13.1.2.2　Midrex 法

竖炉直接还原的反应条件与高炉上部间接还原区相似，是一个不出现熔化现象的还原冶炼过程。炉料与煤气逆向运动，下降的炉料逐渐被煤气加热和还原。

竖炉法主要以米德莱克斯（Midrex）法为代表。该法的工艺流程如图 13 – 3 所示。

该法的竖炉为圆形，分为上、下两部分。上部分为预热和还原带。作为还原原料的氧化球团矿由炉顶加入竖炉后，依次经过预热、还原、冷却三个阶段。还原得到的海绵铁冷却到 50℃ 后排出炉外，以防再氧化。还原气（CO + $H_2$）>95%，它是由天然气和炉顶循环煤气按一定比例组成（CO + $H_2$）>75% 的混合气，在换热器温度（900～950℃）条件下，经镍催化剂裂解获得。该气体组成比例不另外补充氧气和水蒸气，由炉顶循环煤气作唯一载氧体供氧。还原煤气的转化反应式：

$$CH_4 + H_2O = 3H_2 + CO + 9203\,kJ/m^3\,CH_4$$

$$CH_4 + CO_2 = 2H_2 + 2CO + 11040.49\,kJ/m^3\,CH_4$$

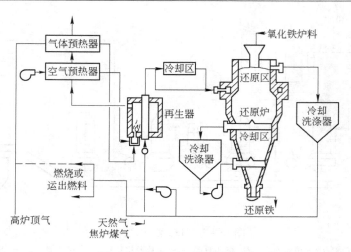

图 13-3　Midrex 法工艺流程

　　生成的还原性气体温度（视矿石的软化程度）定在 700~900℃ 之间，由竖炉还原带下部通入。炉顶煤气回收后，部分用于煤气再生，其余用于转化炉加热和竖炉冷却。因而该法的煤气利用率几乎与海绵铁还原程度无关，而热量消耗较低。

　　竖炉下部为冷却带。海绵铁被底部气体分配器送入含氮气 40% 的冷却气冷却到 100℃ 以下，然后用底部排料机排出炉外。冷却带装有 3~5 个弧形断路器，调节弧形断路器和盘式给料装置可改变海绵铁排出速度。冷却气由冷却带上部的集气管抽出炉外，经冷却器冷却净化后再用抽风机送入炉内。为防止空气吸入和再氧化的发生，炉顶装料口、下部卸料口都采用气体密封。密封气是重整转化炉排出的氧含量小于 1% 的废气。

　　含铁原料除氧化球团矿外，还可用块矿或混合料，入炉粒度为 6~30mm，粒度小于 6mm 料应低于 5%，希望含铁原料有良好的还原性和稳定性。入炉原料的脉石和杂质元素含量也很重要。竖炉原料内（$SiO_2 + Al_2O_3$）最好在 5.0% 以下，全铁含量为 65%~67%。

　　还原产品的金属化率通常为 92%~95%，碳含量按要求控制在 0.7%~2.0%。产品耐压强度应达到 5MPa 以上，否则在转运中产生较多粉末。产品的运输和储存应注意防水，因为海绵铁极易吸水促进再氧化。该法的操作指标见表 13-1。

表 13-1　米德莱克斯法操作指标

| 产品成分 | 煤气成分/% | |
|---|---|---|
| | 还原煤气 | 炉顶煤气 |
| TFe 92%~96% | $CO_2$ 0.2~3.0 | 16~22 |
| MFe >91% | $CO_2$ 24~36 | 16~25 |
| 金属化率 $M$ >92% | $H_2$ 40~60 | 30~37 |
| $Al_2O_3 + SiO_2 \approx 3\%$ | $CH_4$ 约 3.0 | — |
| CaO + MgO <1% | $N_2$ 12~15 | 9.0~22 |
| C 0.7%~2.0% | 还原煤气氧化度 | 竖炉煤气氧化度 |
| P 0.025% | $\dfrac{H_2O + CO_2}{H_2O + CO_2 + H_2 + CO} < 5$ | $\dfrac{H_2O + CO_2}{H_2O + CO_2 + H_2 + CO} > 40$ |
| S 0.01% | | |
| 产品抗压强度大于 5MPa | | |

　　注：利用系数按还原带计算为 9~12t/(m³·d)；作业强度 80~106t/(m³·d)；热耗 10.2~10.5GJ/t；作业率 330 天/年；新水耗量 1.5t/t；动力电耗 120kW·h/t。

### 13.1.2.3 流态化法

流态化（Fior）法由美国埃索尔公司发明，用天然气和重油等作还原剂。

流态化系指物质在气体介质中呈悬浮状态。所谓流态化直接还原则是指在流态化床中用煤气还原铁矿粉的方法。在该法中煤气除用做还原剂及热载体外，还用做散料层的流态化介质。细粉矿层被穿过的气流流态化，并依次加热、还原和冷却。Fior 法生产流程如图 13-4 所示。

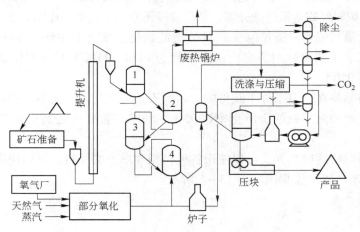

图 13-4 Fior 法生产流程

该法所用还原气可以用天然气（或重油）催化裂化或部分氧化法来制取。新制造的煤气与循环气相混合进入流态化床，用过的还原气经过冷却、洗涤、除去混入的粉尘后脱水，压缩回收再循环使用。

在该法中，流态化条件所需的煤气量大大超过还原所需的煤气量，故煤气的一次利用率低。为提高煤气利用率和保证产品的金属化率，采用了五级式流化床。

第一级流化床为氧化性气氛，矿石直接与燃烧气体接触，被预热到预还原所需的温度，同时可除去矿石中的结晶水和大部分硫。

第二级至第四级用于还原。

第五级用于还原产品的冷却。

该法选用含脉石量小于 3% 的高品位铁矿粉作原料，可省去造块工艺。但由于矿粉极易黏结引起"失常"或矿粉沉积而失去流态化状态，因此要求入炉料含水低，入炉料粒度应小于 4.76mm（4 目），操作温度要求在 600~700℃ 之间。这个条件不仅减慢了还原速度，而且极易促成 CO 的分解反应。另外，该法煤气的一次利用率低。

正常情况下，产品的金属化率可达到 90%~95%。还原产品经双辊压球机热压成球团块，再在一个旋转式圆筒筛通过滚动将团块破碎成单个球团，卸入环形炉箅冷却机冷却并进行空气钝化，最终产品就是抗氧化性产品。

### 13.1.2.4 回转窑法

回转窑（SL-RN）法又称固体还原剂直接还原法，该法的还原剂为固体燃料。矿石

（球团、烧结、块矿或矿粉）和还原剂（有时包括少量的脱硫剂）从窑尾连续加入回转窑，炉料随窑体转动并缓慢向窑头方向运动，窑头设燃烧喷嘴喷入燃料加热。矿石和还原剂经干燥、预热进入还原带，在还原带铁氧化物被还原成金属铁。还原生成的 CO 在窑内上方的自由空间燃烧，燃烧所需的空气由沿窑身长度方向上安装的空气喷嘴供给。通过控制窑身空气喷嘴的空气量来有效控制窑内温度和气氛。窑身空气喷嘴是直接还原窑的重要特征，由它供风燃烧是保证回转窑还原过程进行的最重要的基础之一。窑身空气喷嘴的控制是该法最主要的控制手段之一。炉料还原后，在隔绝空气的条件下进入冷却器，使炉料冷却到常温。冷却后的炉料经磁选机磁选分离，获得直接还原铁。过剩的还原剂还可以返回使用。

　　回转窑内的最高温度一般控制在炉料的最低软化温度之下 100 ~ 150℃。在使用低反应煤时（无烟煤、天然焦）时，窑内温度一般为 1050 ~ 1100℃；在使用高反应煤时，窑内温度可降低到 950℃。

　　回转窑的产品是在高温条件下获得的，因而不易再氧化，一般不经特殊处理就能直接使用。回转窑生产的海绵铁的金属化率达 95% ~ 98%，含硫可达到 0.03% 以下，含碳为 0.3% ~ 0.5%。

　　回转窑对原燃料适应性强，可以使用各种类型和形态的原料，可以使用各种劣质煤作还原剂。SL - RN 法生产流程图如图 13 - 5 所示。

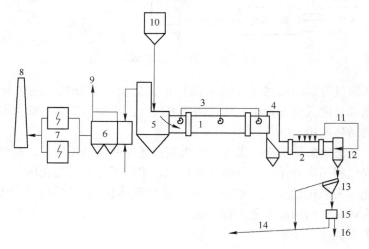

图 13 - 5　SL - RN 法生产流程

1—回转窑；2—冷却回转筒；3—二次风；4—窑头；5—窑尾；6—废热锅炉；
7—静电除尘；8—烟囱；9—过热蒸气；10—给料；11—间接冷却水；
12—直接冷却水；13—磁选；14—直接还原铁；15—筛分；16—废料

　　回转窑填充率低，产量低，$\eta_V \approx 0.5t/(m^3 \cdot d)$，易产生结圈故障，炉尾废气温度高达 800℃ 以上，热效率低，热耗 $(13.4 ~ 15) \times 10^6 kJ/t$。

　　SL - RN 法和 Krupp 法没什么本质区别，二者均采用固体原料褐煤作还原剂。以前使用精矿粉作原料时，一般采用"一步法"，即矿粉造球，湿球团在链算机上利用回转窑的废热气干燥、焙烧，焙烧后的热球团直接进入回转窑，加入还原剂还原。这种形式工艺流程短，设备少，投资省。但是两个相衔接的设备要完成两个完全不同的反应（链算机焙烧要求氧化性气氛，回转窑内则要求还原性气氛）。因此，生产控制困难，链算机工作条件差，维护也困难。目前多采用"二步法",即矿粉经常规工艺制成氧化球团,回转窑以氧化球团为原料,构成两个完全独立的工序。这样就克服了相互干扰,生产稳定。从整个工艺的经济效益分析,"二步法"较为有利。因此,使用精矿粉为原料的回转窑均采用"二步法"。

影响回转窑还原的因素:

(1) 碳的反应性有重大影响。一般条件下,碳的反应性是回转窑还原过程的限制性环节。用反应性不良的无烟煤、焦粉作还原剂,将使生产率降低。

(2) 配碳量越高,还原越快。当使用无烟煤作还原剂时,为保证还原的速度,常配加过剩碳量,达到理论值的 100% ~ 200%。

(3) 温度对还原及碳的气化都有促进效果,尤其对碳的气化效果明显,当还原剂反应性不好时,提高温度尤为重要。但温度的提高受灰分熔点及矿石软化点的限制。因此,使窑内温度保持均匀并达到最高极限,是重要的操作原则。

(4) 提高填充率使再氧化度减少有利于还原。

(5) 添加有效催化剂(锂、钾、钠)或使催化剂与还原剂接触条件改善(如采用含碳球团),将大大改善还原状态。

## 13.2 熔融还原法

液态生铁的生产是个高温作业过程,而高温下只能进行碳的直接还原:

$$3C + Fe_2O_3 =\!=\!= 2Fe + 3CO \quad \Delta H = 466kJ/mol$$

析出的 CO 含有大量的热量:

$$3CO + \frac{3}{2}O_2 =\!=\!= 3CO_2 \quad \Delta H = -840kJ/mol$$

如能充分利用此项热量,则供给还原耗热还有余,如生产过程能用这个热量满足需要,则液态生铁能耗仅 $9.41 \times 10^6 kJ/t$。

熔融还原法按工艺阶段划分,可分为一步法和二步法:

(1) 一步法。用一个容器完成铁矿石的高温还原及渣铁熔化,生成的 CO 排出反应器,再加以回收利用。

(2) 二步法。先利用 CO 能量在第一个反应器内把矿石预还原,在第二个容器内完成还原并熔化。

### 13.2.1 一步熔融还原法

#### 13.2.1.1 回转窑法

回转窑法生产液态铁的特点是把矿石还原反应和 CO 的燃烧反应置于同一个反应器内进行,两个反应(还原和氧化)的热效应相互补充,化学能利用良好。但其最大的缺点是炉衬难以适应十分复杂的工作条件,如还原和氧化及酸性渣和碱性渣的交替变化,在炉渣和铁水的剧烈冲击下炉衬破损严重,作业率低,煤气以高温状态排出,热能利用仍然不好;还原气氛不足,以 FeO 形式损失于渣中的铁量较多。

最有名的回转窑法是生铁水泥法。使用普通回转窑将操作温度提高到 1350℃ 左右,使还原铁在高温下渗碳熔化,当积累一定量的液态生铁后,回转窑停转从炉头开口放出。

为减轻炉衬侵蚀，原料中加入大量石灰造高碱度渣（$CaO/SiO_2 = 3 \sim 4$），这种固态渣含 CaO 60% ~ 66%，$SiO_2$ 20% ~ 24%，$Al_2O_3$ 1% ~ 8%，排出炉外磨细后配加一定量的石膏即成水泥。由于可同时得到生铁和水泥，因此称为生铁水泥法。

### 13.2.1.2　悬浮态法

极细铁矿粉在悬浮状态（稀相流态化）下还原，它具有以下特点：还原速度快；不受温度限制，能高温作业；直接使用细精矿。这就提供了一个不必造块而直接使用细精矿，同时又能脱去脉石成分而且生产率又高的方法。

在悬浮态中，细粉矿与细粒碳粉一起被氧（空气）吹入，在气流中发生下列反应：

$$2C + O_2 \Longrightarrow 2CO$$
$$3CO + Fe_2O_3 \Longrightarrow 2Fe + 3CO_2$$
$$CO_2 + C \Longrightarrow 2CO$$

也可用 $H_2$ 为还原剂进行悬浮还原，但悬浮态反应器的实际效率并不高。

根据实验，当矿石粒度小于 $50\mu m$ 时，其还原速度已达极限，可是在这种条件下还原到 90% 的时间仍需 20 ~ 30s，如用 CO 还原则时间更长。但是在悬浮操作时颗粒较大，停留时间很短，反应速度快，需要很大的反应空间。图 13 - 6 所示为用 $H_2$ 还原的悬浮态反应器中炉料停留时间与反应器利用系数的关系。

由图 13 - 6 中数据综合分析，悬浮态反应器利用系数在 $0.5t/(m^3 \cdot d)$ 左右。

悬浮态法的其他缺点是：煤气排出的温度高，热能不能充分利用；还原出来的铁滴细小，悬浮于渣中不易分离。因此，一步法的悬浮态法总的效果差。

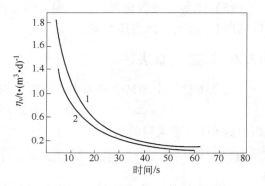

图 13 - 6　用 $H_2$ 还原的悬浮态反应器中炉料停留时间与反应器利用系数的关系
1—按 100% 平衡计算；2—按 70% 平衡计算

### 13.2.1.3　电炉法

电炉法炼铁以碳作还原剂，以电能作热源，理论上从 $Fe_2O_3$ 还原出 1t 金属铁需要还原剂碳为 322kg，热耗为 4098262kJ，按每度电可提供热 3596.4kJ，即最低需消耗 1140kW · h 电能。实际上，由于渣铁熔化、煤气带走及热损失等，电能消耗要大得多。

最常见的炼铁电炉是矿热电弧炉，如图 13 - 7 所示。电极间的电流通过炉料时分散成很多细小的电弧而释放出热量。由矿石、焦炭（无烟煤）及熔剂组成的炉料加入电炉后先受煤气作用，但由于电热煤气仅由还原生成的 CO 构成，每吨铁煤气量只有 $602m^3$（理论值），比高炉煤气少得多，虽然煤气原始温度很高，也不能把炉料预热到 400℃ 以上，因此煤气中的 CO 不能有效还原铁矿石，炉料只有到达电弧区附近，受到电弧的辐射后才迅速升温。因此，电炉中的间接还原很难发展（间接还原度不超过 10% ~ 20%），主要靠固体碳直接还原铁的氧化物。

电炉炼铁作业平稳，炉渣碱度（$CaO/SiO_2$）一般为 1.2 ~ 1.3，因炉渣碱度高，硫负荷低，铁水含硫低。生铁中碳、硅、锰可依靠配料及配碳量来有效加以控制。

电炉操作主要是掌握电极插入深度以及准确配碳。电极位置取决于所用电极炉料电阻，电阻低及电阻大，则有助于电极深插，这对于有效利用热量及提高坩埚反应区温度是有利的。但电压低将使输出功率减少不利于电炉增产，因此一般力求增大炉料电阻。配碳量不准确也会造成作业失常。配碳量过大，电阻减少，铁水中碳、硅升高，电耗增大；配碳量过小，铁水、碳、硅减少，渣中出现 FeO，铁损增大。

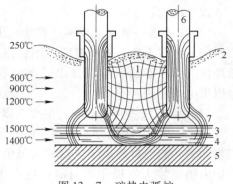

图 13 - 7　矿热电弧炉

1—电力线；2—原料；3—炉渣；4—铁水；
5—炉衬；6—电极；7—焦炭层

最常用的炼铁电炉是三相交流的三相电弧炉，最大的炼铁电炉容量达 60000kV・A，冶炼 1t 生铁耗量 2500kW・h，还原焦炭 380～420kg（碳含量为 86.9% 的焦炭）。

使用预还原或预热炉料，能减少直接还原及电耗，提高煤气化学能利用。如炉料预热良好，会使间接还原增加，大约能节约电耗 300kW・h 及还原焦炭 50kg。

## 13.2.2　二步熔融还原法

二步法是用两种方法串联操作的方法。第一步加热铁矿石和预还原（一般还原到 30%～80%），最常用的是悬浮态法及回转窑法；第二步是制取还原气体，终还原和渣铁的熔化及其分离。第一步预热还原是在较低温度下进行的（高价氧化物的还原反应容易完成），因此可使用低级的能源。最理想的配合是使用第二步还原产生的高温 CO 气体作为第一步过程的能源，但随着预还原度的提高，第二步生产过程中产生的煤气量已大大减少，因此第一步及第二步过程中的能量消耗通常都是分别提供的，或者只用第二步的气流在第一步过程中起部分作用。

在二步法中，第一步操作指标对第二步过程的能量节约（电能，kW・h/t）为：

$$\Delta W = Q R_d (1 - R_I) / 860 \eta$$

式中　$Q$——每吨氧化铁用固体碳还原耗热，kJ/t；

　　　$R_d$——电炉中原来的直接还原度；

　　　$R_I$——第一步还原达到的还原度；

　　　$\eta$——电炉效率。

而还原剂（kg/t）可节约：

$$\Delta C = \frac{3 \times 12}{2 \times 56} \times R_I \times 1000 = 321.4 R_I$$

除预还原外，炉料被预热还原有下列效果：

（1）炉料每升高 100℃，可直接降低电耗 30kW・h/t，而且预热后的炉料能提高第二步的间接还原度，又可进一步降低电耗。

（2）炉料水分降低，每减少 1% 水分可节约 1kW・h。

（3）石灰石已被分解，减少耗电量（1kg 石灰石分解耗电 0.67kW・h）。

常见的二步法类型有：

（1）回转窑—电弧炉双联。此法已用于工业生产，电炉耗电可降低到 $1000 \sim 1500 kW/t$。

（2）悬浮态法—电炉双联。用悬浮态法把矿石还原到 70%，它可直接使用粉煤和矿粉炼铁。悬浮态法反应器排出的高温气体可用来发电以供电炉使用。

（3）流态法—竖炉双联。主要有以下两种：

1）一步法。用悬浮态法预还原，预还原矿粉与煤粉和氧一起通过等离子风口喷入竖炉内燃烧还原。竖炉内仍要装入焦炭作为风口反应产生的少量 $CO_2$ 的脱除剂。悬浮态反应器排出的废气进一步利用（在回转窑中预热矿石）。据称，此法能耗极低（小于 600kg 煤/t）。瑞典有个小试验厂，其生产流程如图 13-8 所示。

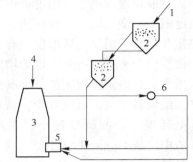

图 13-8　一步法生产工艺流程

1—矿石；2—流化床预还原器；3—竖炉；
4—焦炭；5—等离子风口；6—压气机

2）川崎法。该法由预还原流化床及终还原炉两部分组成。预还原用流化床还原精矿，预还原后的矿粉与煤粉一起用氧气喷入竖炉风口并燃烧还原，其工艺流程如图 13-9 所示。

该法的优点是：生产效率高，单位容积生产率达 $2 \sim 10t/(cm^3 \cdot d)$；以低质焦和煤为能源，可直接使用粉矿，设备投资低，只是高炉的 67%；还可用于铁合金生产。

（4）竖炉—熔融气化炉双联。预还原采用竖炉，铁矿石预还原度可达 90% 以上，熔融气化炉兼有制造还原气、熔化、终还原的作用，上部为流化床，下部为熔池。此法是目前发展最快的熔融还原法，有多种方案在发展中。德国与奥地利联合提出的 Corex 法工艺流程如图 13-10 所示。

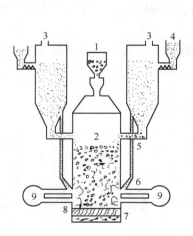

图 13-9　川崎法工艺流程

1—低质焦炭；2—还原炉；3—预还原反
应器；4—精矿粉；5—预还原矿导管；
6—终还原反应风口；7—铁水；
8—炉渣；9—氧、热风及粉煤

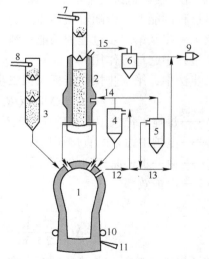

图 13-10　Corex 法工艺流程

1—熔融气炉；2—还原竖炉；3—煤仓；4—热
旋风除尘器；5—煤气冷却器；6—炉顶煤气冷
却器；7—铁矿石；8—煤及石灰；9—外供煤气；
10—氧；11—铁水及炉渣；12—原煤气；
13—冷却气；14—还原气；15—炉顶气

　　此法已投入工业生产，1989 年一座每年 300kt 生产装置在南非投产。煤耗约 1000kg/t，氧耗 500～700m³/t，生产成本和高炉生铁相似。

　　Corex 法的优点是：以非焦煤为能源，对原燃料适应性强，生产的铁水可直接用于转炉炼钢，直接使用煤和氧，不需要焦炉及热风炉设备，污染减少，基建投资降低，生产费用比高炉减少 30% 以上。

　　Corex 法的不足之处是：精矿需要造矿及氧耗多，不易冶炼低硅铁等。

### 13.2.3　熔融还原的主要技术经济指标

　　（1）作业率。作业率是指熔融还原设备的实际作业时间占日历时间的百分比，它反映熔融还原设备的生产利用程度。其计算公式为：

$$作业率 = \frac{实际作业时间（台·时）}{日历时间（台·时）} \times 100\%$$

　　（2）单位煤耗。单位煤耗是评价熔融还原法燃料消耗水平的指标，它是指系统内每炼 1t 合格熔融还原铁所消耗煤的总量。其计算公式为：

$$单位煤耗（kg/t） = \frac{煤消耗总量（kg）}{合格熔融还原铁总产量（t）}$$

　　（3）单位氧气消耗。单位氧气消耗是评价熔融还原法氧气消耗水平的指标，它是指系统内每炼 1t 合格熔融还原铁所消耗氧气的总量。其计算公式为：

$$单位氧气消耗（m^3/t） = \frac{氧气消耗总量（m^3）}{合格熔融还原铁总量（t）}$$

　　（4）原料消耗。原料消耗是评价熔融还原法原料消耗水平的指标，它是指系统内每炼 1t 合格熔融还原铁所消耗的原料矿石量。其计算公式为：

$$原料消耗（t/t） = \frac{原料矿石消耗量（t）}{合格熔融还原铁产量（t）}$$

　　（5）熔剂消耗。熔剂消耗是评价熔融还原法熔剂消耗水平的指标，它是指系统内每炼 1t 合格熔融还原铁所消耗的熔剂量。其计算公式为：

$$熔剂消耗（t/t） = \frac{熔剂消耗量（t）}{合格熔融还原铁产量（t）}$$

　　（6）电力消耗。电力消耗是评价熔融还原法电力消耗水平的指标，它是指系统内每炼 1t 合格熔融还原铁所消耗的电力。其计算公式为：

$$电力消耗（kW·h/t） = \frac{电力消耗量（kW·h）}{合格熔融还原铁产量（t）}$$

　　（7）熔融还原工序单位能耗。熔融还原工序单位能耗是指熔融还原工序生产每 1t 熔融还原铁所消耗的能源。其计算公式为：

$$熔融还原工序单位能耗（kg/t） = \frac{熔融还原工序标煤消耗净用量（kg）}{合格熔融还原铁产量（t）}$$

　　（8）熔融还原全员实物劳动生产率。熔融还原全员实物劳动生产率是指报告期内熔融还原铁生产全员的人均熔融还原铁产量。其计算公式为：

$$熔融还原全员实物劳动生产率（t/人） = \frac{合格熔融还原铁产量（t）}{熔融还原铁生产全员（人）}$$

计算说明：熔融还原铁生产全员包括熔融还原铁厂生产组织和管理人员、各生产工序的生产人员（含学徒工）、日常维修人员。

## 13.3　钢铁生产前沿技术展望

长期以来，高炉—转炉流程（见图 13－11）在冶金生产中一直占绝对优势，因为该流程的技术成熟性和巨大的生产能力是其他方法不能代替的。但是从冶炼原理来分析，高炉—氧气转炉流程是不尽合理的。尤其近 20 多年来，直接还原法取得了新的进展，新熔融还原法的出现，产生了新的钢铁生产工艺流程（见图 13－12～图 13－14）。

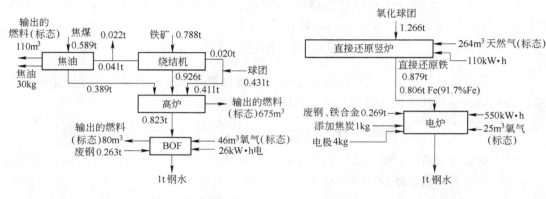

图 13－11　高炉—转炉生产工艺流程　　　　图 13－12　直接还原竖炉—电炉生产流程

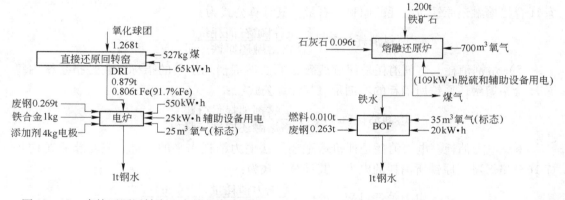

图 13－13　直接还原回转窑—电炉生产流程　　图 13－14　熔融还原（K－R 法）—氧气转炉生产流程

这三种新流程可以省去焦炉和矿石处理车间（烧结或球团生产），直接还原—电炉流程没有反复还原及氧化的缺陷，虽然新工艺流程在基建投资与生产费用上还难与典型的高炉—氧气转炉相竞争，但新流程具有某些有利因素：

（1）直接还原 — 电炉流程更适合小型工厂（如年产 $1 \times 10^5$ t）（见图 13－15）。

（2）直接还原铁专用于电炉，这一特点是高炉无法取代的，在废钢铁缺乏的地区，有发展直接还原的优势。

（3）从发展看，焦炭价格不断上升，而电和氧的价格相对便宜。这对熔融还原的发展

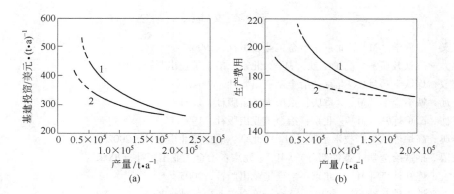

图 13 – 15　直接还原—电炉流程与高炉—转炉流程比较

（a）基建投资；（b）生产费用

1—焦炉—高炉—氧气转炉；2—直接还原—电炉

是有利的。

　　我国高品位铁矿缺乏，而且天然气资源也短缺，发展直接还原存在重大障碍。但由于我国废钢资源贫乏，在一定程度上发展直接还原可以弥补废钢不足的问题。

## 复习思考题

13 – 1　什么叫直接还原法和熔融还原法，它们各有什么特点？

13 – 2　直接还原—电炉流程和高炉—氧气转炉流程各有什么特点，它们的发展前景如何？

## 参 考 文 献

[1] 任贵义. 炼铁学 [M]. 北京：冶金工业出版社，1996.

[2] 东北大学炼铁教研室. 高炉炼铁 [M]. 北京：冶金工业出版社，1978.

[3] 罗吉敖. 炼铁学 [M]. 北京：冶金工业出版社，1994.

[4] 文光远. 铁冶金学 [M]. 重庆：重庆大学出版社，1993.

[5] 张玉柱. 高炉炼铁 [M]. 北京：冶金工业出版社，1995.

[6] 周传典. 高炉炼铁生产技术手册 [M]. 北京：冶金工业出版社，2002.

[7] 王筱留. 钢铁冶金学（炼铁部分）[M]. 北京：冶金工业出版社，2002.

[8] 那树人. 炼铁计算 [M]. 北京：冶金工业出版社，2005.

[9] 贾艳. 高炉炼铁基础知识 [M]. 北京：冶金工业出版社，2005.